化学工业出版社“十四五”普通高等教育规划教材

工科分析化学

周元臻　何盈盈　主　编
党　媛　汤洁莉　白　燕　副主编

化学工业出版社
·北京·

内容简介

本教材针对工科专业学生的实际应用需求，对传统分析化学教材进行了全面革新与优化。教材在保持分析化学经典框架（数据与误差处理、四大化学滴定体系）的基础上，重点突出了仪器分析（光谱、电化学、色谱）和现代结构分析方法（形貌表征、晶体结构、化学结构分析新技术），同时将各模块的知识内容层次化，分为必修、高阶、拓展三个层次，形成开放性、差异化的新型教材。

本教材各章前置核心知识点，便于快速检索总结，可实现不同层次教学内容的精准定制，满足不同工科专业的学生个性化学习需求，并在章节后设置不同知识点的相应习题，强化训练巩固。同时以检测需求、谱图解析问题为导向，以新国标、新应用、新前沿为依托，大量引入应用案例，并简化设计能引发学生思考的思考题，以及进行定性定量分析等。

图书在版编目（CIP）数据

工科分析化学 / 周元臻，何盈盈主编；党媛，汤洁莉，白燕副主编. -- 北京：化学工业出版社，2025. 7.
（化学工业出版社“十四五”普通高等教育规划教材）.
ISBN 978-7-122-48756-8

I. O65

中国国家版本馆 CIP 数据核字第 2025DF8336 号

责任编辑：李　琰　　　　文字编辑：夏　慧　师明远
责任校对：李雨晴　　　　装帧设计：韩　飞

出版发行：化学工业出版社
（北京市东城区青年湖南街 13 号　邮政编码 100011）
印　　装：天津千鹤文化传播有限公司
787mm×1092mm　1/16　印张 24　字数 602 千字
2026 年 1 月北京第 1 版第 1 次印刷

购书咨询：010-64518888　　　　售后服务：010-64518899
网　　址：http://www.cip.com.cn
凡购买本书，如有缺损质量问题，本社销售中心负责调换。

定　　价：68.00 元

前　言

在科技迅猛发展的背景下，分析化学在工科教育中的重要性愈发凸显。本次编写旨在提供一部兼具理论与实际、紧跟前沿应用、具有鲜明特色的《工科分析化学》教材，以满足新时代工科人才培养的需求。本教材的特点主要体现在以下几个方面。

注重基本理论与工程实践和科研前沿的结合，工科特色鲜明： 将分析化学的基础知识与工科应用相结合，强调分析化学在工程技术中的实际应用，帮助学生将理论知识转化为实践能力。通过在教材中引入国家标准或行业标准的分析检测方法，帮助学生理解实际的分析检测过程。通过引用最新的科研论文，并深入剖析论文的重要结论与相关分析化学基础知识之间的关联，来激发学生的学习和科研兴趣。

将教学内容进行层次化设计，满足不同专业、不同层次的学习需求： 将基础内容设计为必修部分，确保学生在较少的课时内掌握必要的分析化学基础知识；高阶选修部分涵盖不同的专业应用，满足不同专业学生的需求；将前沿科研案例设计为拓展部分，深入分析其与分析化学基础知识的关联，激发学生的学习兴趣和科研热情。这样的编排既考虑了高校各课程学时普遍紧张的问题，也可满足不同专业和不同层次学习者的需求。

将教材进行数字化拓展，支持拓展内容的及时更新： 本教材通过二维码形式，提供丰富的拓展材料，及时跟随前沿发展，增强学习的灵活性和实用性。

使用图文并茂的方式，增强理解，提升学习效果： 利用流程图的形式形象化地表示复杂的分析过程，使学生能够更直观地理解分析方法的核心要点和操作步骤。尽可能使用示意图来表示复杂原理，帮助学生更好地理解抽象概念。

针对性的习题设计，提高学习效果： 针对内容较多、难点较多的章节，如第 2 章的化学分析法和第 4 章的光学分析法，将课后习题采用分节对应的方式，便于教师和学生进行有针对性的练习，提升学习效果。

本书由西安建筑科技大学化学与化工学院分析化学课程组组织编写，编者依据多年的教学经验，参考了国内外优秀教材、相关专著和科研文献。其中，第 1 章由周元臻编写，第 2 章由党媛编写，第 3 章由马军平编写，第 4 章由何盈盈编写，第 5 章由汤洁莉编写，第 6 章由于莎编写。周元臻和何盈盈为主编并负责统稿。

尽管我们尽力确保教材的准确性与科学性，但由于编者的能力和水平有限，书中仍存在不足之处，欢迎读者提出宝贵意见和建议，使我们可以不断完善。希望本教材能够为相关工科专业的教师、学生、研究人员以及自学者提供有力的支持和帮助，成为他们在分析化学应用领域的可靠资源。

编者

2025 年 4 月

目　录

第1章 定量分析中的误差、数据处理及一般过程

内容提要

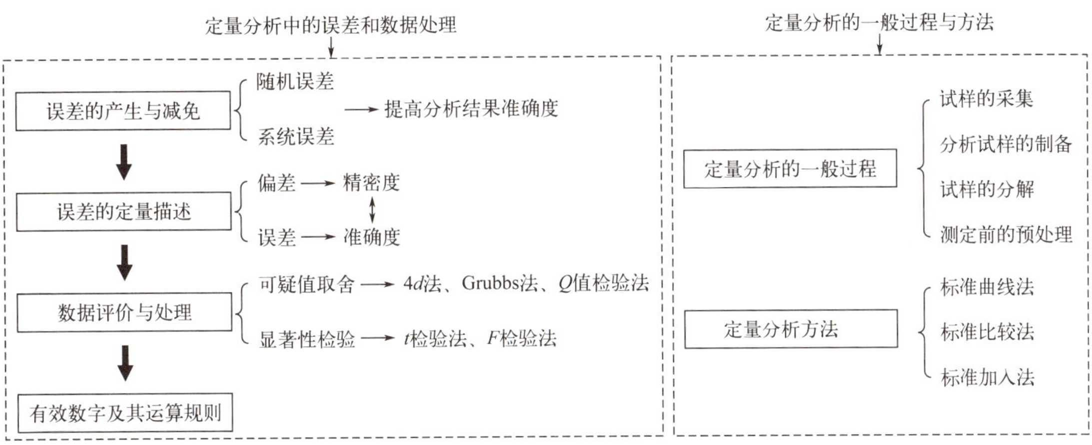

1.1 分析测量中的误差

定量分析的目的是准确测定试样中待测组分的含量。但是，在测定过程中，由于受某些主观和客观条件的限制，所得结果不可能绝对准确，即使是由技术很熟练的分析人员采用最可靠的分析方法，使用最精密的仪器，在相同条件下对同一试样仔细地进行多次测量，也不可能得到绝对准确的结果。这表明误差是客观存在的，且不可能完全避免或消除。因此，在进行定量测定时，必须对分析结果的可靠性和准确度做出合理的判断和准确的表述。一方面，了解分析过程中误差产生的原因及特点，以便采取相应措施尽可能减小误差；另一方面，需要对测试数据进行正确的统计处理，以获得最可靠的数据信息。

1.1.1 误差的产生与减免

在定量分析中，对于各种原因导致的误差，根据误差的来源和性质的不同可以分为系统误差（systematic error）和随机误差（random error）两大类。

1.1.1.1 系统误差

系统误差是由某种固定的原因造成的，具有重复性、单向性、恒定性和可校正性。理论上，系统误差的大小、正负是可以测定的，所以系统误差又称为可测误差。根据系统误差产生的具体原因，可将其分为四类，如表 1-1 所示。

表 1-1 系统误差的来源及分类

系统误差的类型	产生原因	举例
方法误差	不适当的实验设计或所选择的分析方法不恰当	在重量分析中，沉淀的溶解损失、共沉淀和后沉淀、灼烧时沉淀的分解或挥发等；在滴定分析中，反应不完全、有副反应发生、干扰离子的影响、滴定终点与化学计量点不一致等
仪器和试剂误差	仪器误差来源于仪器本身不够精确；试剂误差来源于试剂或蒸馏水不纯	天平砝码质量、容量器皿刻度和仪表刻度不准确等；试剂和蒸馏水中含有少量的被测组分或干扰物质
操作误差	在进行分析测定时，由于分析人员的操作不够正确所引起的误差	称样前对试样的预处理不当；对沉淀的洗涤次数过多或不够；灼烧沉淀时温度过高或过低；滴定终点判断不当等
主观误差	由分析人员本身的一些主观因素造成	在滴定分析中辨别滴定终点颜色时，有人偏深，有人偏浅；在读滴定管刻度时个人习惯性地偏高或偏低等

系统误差是由某种固定的原因造成的，检验和消除测定过程中的系统误差，通常采用如表 1-2 所示方法。

表 1-2 系统误差的消除

消除方法	具体操作	说明
对照试验	①用该分析方法对标准试样进行测定，将所得到的标准试样的测定结果与标准值进行对照，用显著性检验判断是否有系统误差	应尽量选择与试样组成相近的标准试样进行对照分析。由于标准试样的种类有限，有时也用有可靠结果的试样或人工合成试样来代替标准试样进行对照试验
	②用其他可靠的分析方法进行对照试验以判断不同方法的检测结果之间是否有系统误差	一般选用国家颁布的标准分析方法或公认的经典分析方法来对照
	③不同分析人员、不同实验室用同一方法对同一试样进行对照试验，将所得结果加以比较	能检查误差、试剂药品、环境的影响
加标回收法	在测定试样某组分含量(x_1)的基础上，向试样中加入已知量的待测组分(x_2)，再次测定其组分含量(x_3)，由回收试验所得数据计算回收率，考察加入的待测组分是否被定量回收，以判断分析过程是否存在系统误差。 $$回收率=\frac{x_3-x_1}{x_2}\times 100\%$$	当对试样的组成不清楚时，可采用加标回收法进行试验。对回收率的要求主要根据待测组分的含量而定，对常量组分要求一般为 99%以上，对微量组分可要求在 90%～110%

续表

消除方法	具体操作	说明
空白试验	在不加待测组分的情况下，按照与待测组分分析同样的分析条件和步骤进行试验，把所得结果作为空白值，从试样的分析结果中扣除空白值后，就得到比较可靠的分析结果	为了检查蒸馏水、试剂是否有杂质，所用器皿是否被玷污等造成的系统误差，可以做空白试验。当空白值较大时，应找出原因，加以消除。在做微量分析时，空白试验是必不可少的
校准仪器	可减少或消除由仪器不准确引起的系统误差	例如砝码、移液管、滴定管、容量瓶等，在要求精确的分析中，必须对这些计量仪器进行校准，并在计算结果时采用校正值
分析结果的校正	例如砝码、移液管、滴定管、容量瓶等，在要求精确的分析中，必须对这些计量仪器进行校准，并在计算结果时采用校正值	可减少或消除由仪器不准确引起的系统误差

1.1.1.2　随机误差

随机误差亦称偶然误差，它是由某些难以控制且无法避免的偶然因素造成的。因此，随机误差是无法测量的，是不可避免的，也是不能加以校正的。例如，测定过程中环境条件（温度、湿度、气压等）的微小变化；分析人员对各份试样处理时的微小差别等。

随机误差是由一些不确定的偶然原因造成的，但从多次测量结果的误差来看，随机误差是符合正态分布的，具有以下性质：

① 对称性：大小相近的正误差和负误差出现的概率相等，随机误差分布曲线是对称的。

② 单峰性：小误差出现的概率大，大误差出现的概率小，很大误差出现的概率非常小。误差分布曲线只有一个峰值。误差有明显的集中趋势。

③ 有界性：仅由随机误差造成的误差值不可能很大，即大误差出现的概率很小。如果发现误差很大的测定值出现，往往是由其他过失误差造成的，此时，对这种数据应作相应处理。

④ 抵偿性：误差的算术平均值的极限为零。

$$\lim_{n\to\infty}\sum_{i=1}^{n}\frac{d_i}{n}=0 \tag{1-1}$$

由前面的讨论可知，增加平行测定次数可以减小随机误差，在消除系统误差的前提下，平行测定次数越多，平均值就越接近真值。因此，增加测定次数可以提高准确度。但测定次数超过 10 次，不仅收效甚微，而且耗费太多的时间和试剂等。所以，在一般化学分析工作中平行测定 3～5 次就够了。

1-1　误差的产生与减免 mp4

1.1.2　误差的定量描述

1.1.2.1　误差与准确度

1-2　误差的表示 mp4

准确度（accuracy）是指分析结果与真值接近的程度，常用误差的大小表示。误差越小，表示测量值与真值越接近，准确度越高。误差与准确度的关系如图 1-1 所示，左图（a）误差更小，准确度更高。

误差有两种表示方法：绝对误差（absolute error，E）和相对误差（relative error，E_r）。

绝对误差是测量值（x）与真值（x_T）之间的差值，即

$$E = x - x_T \tag{1-2}$$

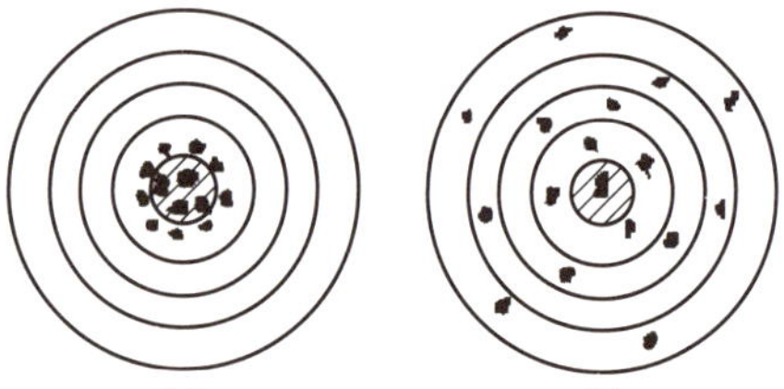

(a) (b)

图 1-1 误差与准确度的关系

绝对误差的单位与测量值的单位相同。

相对误差是指绝对误差相当于真实值的比例，表示为

$$E_r = \frac{E}{x_T} \times 100\% = \frac{x - x_T}{x_T} \times 100\% \tag{1-3}$$

相对误差反映的是误差在真实值中所占的比例大小，因此在绝对误差相同的条件下，待测组分含量越高，相对误差越小；反之，相对误差越大。

例如，分析天平称量两物体的质量为 1.6380 g 和 0.1637 g，假定两者的真实质量分别为 1.6381 g 和 0.1638 g，则两者称量的绝对误差分别为

$$E = 1.6380\ g - 1.6381\ g = -0.0001\ g$$

$$E = 0.1637\ g - 0.1638\ g = -0.0001\ g$$

两者称量的相对误差分别为

$$E_r = \frac{-0.0001}{1.6381} \times 100\% = -0.006\%$$

$$E_r = \frac{-0.0001}{0.1638} \times 100\% = -0.06\%$$

由此可知，绝对误差相同，相对误差并不一定相同。同样的绝对误差，当被测定的量较大时，相对误差较小，测定的准确度也就较高。因此，用相对误差来表示各种情况下测定结果的准确度更为确切。

绝对误差和相对误差都有正值和负值。正值表示分析结果偏高，负值表示分析结果偏低。

无论是计算绝对误差还是相对误差，都涉及真值 x_T。所谓真值就是指某一物理量本身具有的客观存在的真实数值。实际工作中，真值实际上是无法获得的。那么如何计算误差呢？在分析化学中常将以下的值当作真值来处理。

① 理论真值：如某化合物的理论组成等。

② 约定真值：如国际计量大会上确定的长度、质量、物质的量单位等。

③ 相对真值：人们设法采用各种可靠的分析方法，使用最精密的仪器，经过不同实验室、不同人员进行平行分析，用数理统计方法对分析结果进行处理，确定出各组分相对准确的含量，此值称为标准值。一般用标准值代表某物质中各组分的真实含量。这种真值是相对而言的，如科学实验中使用的标准试样及管理试样中组分的含量等。

1.1.2.2 偏差与精密度

精密度（precision）是指在相同条件下多次测量结果相互吻合、相互接近的程度，用偏差来衡量。偏差越小，表示精密度越好。它表示了测量结果的再现性、重复性。偏差与精密度的关系如图 1-2 所示，左图(a) 的精密度虽然很高，但准确度低；右图(b) 的精密度与准

确度均很差，测定结果均不可靠。

偏差（deviation）是指个别测量结果 x_i 与几次测定结果的平均值之间的差值。

与误差相似，偏差也有绝对偏差 d_i 和相对偏差 d_r 之分。测定结果与平均值之差为绝对偏差，绝对偏差在平均值中所占的比例为相对偏差。

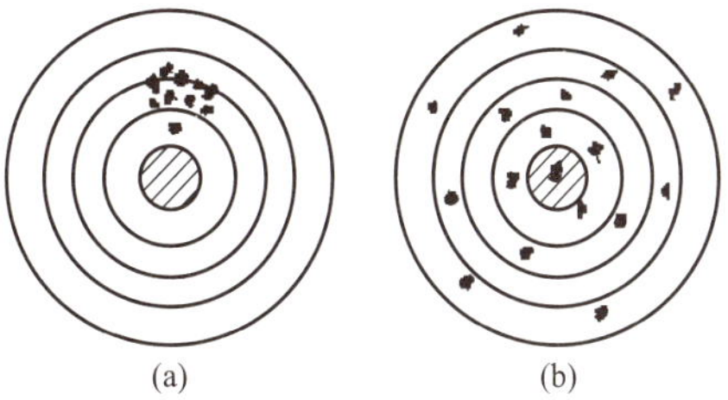

图 1-2　偏差与精密度的关系

$$d_i = x_i - \overline{x} \tag{1-4}$$

$$d_r = \frac{x_i - \overline{x}}{\overline{x}} \times 100\% \tag{1-5}$$

多次测量结果的平均偏差称为单次测定的平均偏差 $\overline{d}$（average deviation），即

$$\overline{d} = \frac{1}{n}\sum_{i=1}^{n} |d_i| \tag{1-6}$$

平均偏差 $\overline{d}$ 代表一组测量值中任何一个数据的偏差，没有正负号。因此，它最能表示一组数据间的重现性。在一般分析工作中，平行测量次数不多时，常用平均偏差来表示分析结果的精密度。

多次测量结果的相对平均偏差（$\overline{d}_r$）为

$$\overline{d}_r = \frac{\overline{d}}{\overline{x}} \times 100\% \tag{1-7}$$

当测量次数较多时，常使用标准偏差（standard deviation，s）或相对标准偏差（relative standard deviation，RSD，s_r）来表示一组平行测量值的精密度。

多次测定结果的标准偏差的表达式是

$$s = \sqrt{\frac{\sum_{i=1}^{n}(x_i - \overline{x})^2}{n-1}} \tag{1-8}$$

当测定次数 n 趋于无限多时，称为总体标准偏差，用 σ 表示如下：

$$\sigma = \sqrt{\frac{\sum_{i=1}^{n}(x_i - \mu)^2}{n}} \tag{1-9}$$

式中，μ 为总体平均值。在校正了系统误差的情况下，μ 即代表真值。

标准偏差 s 与平均值之比称为相对标准偏差（relative standard deviation，RSD）：

$$s_r = \frac{s}{\overline{x}} \tag{1-10}$$

s_r 如以百分数表示又称为变异系数（coefficient of variation，CV）。

在偏差的表示中，用标准偏差更合理，因为将单次测量值的偏差平方后，能将较大的偏差显著地表现出来。

1.1.2.3　准确度与精密度的关系

准确度、精密度以及误差来源的关系可通过下面的例子形象地加以说明。图 1-3 表示 A、B、C、D 4 人用同一方法同时测量一铁矿石中 Fe_2O_3 的含量，其真值以质量分数表示为 37.40%。由图 1-3 可见，C 的测量数据集中，随机误差小，精密度高；平均值与真值接近，系统误差小，准确度高；分析结果可靠。B虽然随机误差小，精密度高，但平均值与真值相差较远，存在系统误差，准确度低，分析结果不可靠。A的精密度与准确度均很差，分析结果不可靠。D的平均值虽接近真实值，但4次平行测量的精密度很差，只是由于大的正负误差互相抵消，结果接近真实值，因此这个结果是偶然得到的，是不可靠的。

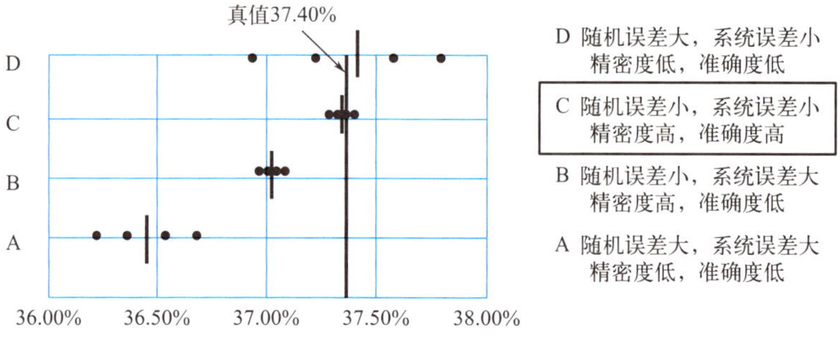

图 1-3　不同分析人员分析同一试样的结果

由此可知，精密度是保证准确度的前提。在确认消除了系统误差的情况下，可用精密度表达测量的准确度。

高阶选修 A1-1　随机误差的正态分布

如测量次数较多，在已经排除系统误差的情况下，随机误差的分布有一定的规律，如以横坐标表示随机误差的值，纵坐标表示误差出现的概率大小，当测量次数无限多时，则得随机误差正态分布曲线（见图 A1-1）。

图 A1-1 中 u 的定义为

$$u=\frac{x-\mu}{\sigma} \tag{A1-1}$$

式中，x 为测量值；μ 为总体平均值；σ 为总体标准偏差。

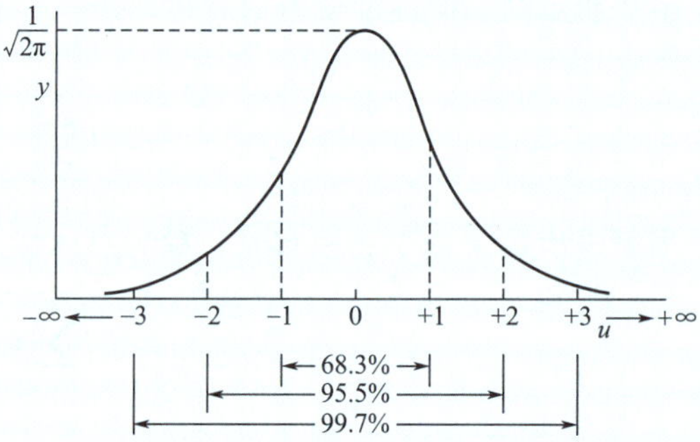

图 A1-1　随机误差正态分布曲线

在随机误差正态分布曲线上，如把曲线与横坐标从 $-\infty$ 至 $+\infty$ 之间所包围的面积（代表所有随机误差出现的概率的总和）定为100%，通过计算发现误差范围与出现的概率有如下关系（见表 A1-1 和图 A1-1）。

表 A1-1　误差在某些区间出现的概率

随机误差出现的区间	测量值出现的区间	概率
$u=\pm1$	$x=\mu\pm\sigma$	68.3%
$u=\pm1.96$	$x=\mu\pm1.96\sigma$	95.0%
$u=\pm2$	$x=\mu\pm2\sigma$	95.5%
$u=\pm2.58$	$x=\mu\pm2.58\sigma$	99.0%
$u=\pm3$	$x=\mu\pm3\sigma$	99.7%

测量值或误差出现的概率称为置信度或置信水平（confidence level），图 A1-1 中 68.3%、95.5%、99.7%即为置信度，其意义可以理解为某一定范围的测量值（或误差值）出现的概率，用 P 表示。$\mu \pm \sigma$、$\mu \pm 2\sigma$、$\mu \pm 3\sigma$ 等称为置信区间（confidence interval），其意义为，在系统误差已经排除的情况下，真实值在指定概率下，分布在某一个区间。置信度选得高，置信区间就宽。

高阶选修 A1-2　t 分布

在分析测试中，测量次数是有限的，一般平行测量 3～5 次，无法计算总体标准偏差 σ 和总体平均值 μ，只能用样本的标准偏差 s 来估计测量数据的分散情况。用 s 代替 σ，这必然使分布曲线变得平坦，从而引起误差。为了得到同样的置信度（面积），必须用一个新的因子代替 μ，这个因子是由英国统计学家、化学家 Gosset 用笔名 Student 提出来的，称为置信因子 t，定义为

$$t = \frac{\overline{x} - \mu}{s}\sqrt{n} \tag{A1-2}$$

以 t 为统计量的分布称为 t 分布。t 分布可说明当 n 不大时（$n<20$），随机误差分布的规律性。t 分布曲线的纵坐标仍为概率密度，但横坐标则为统计量 t。图 A1-2 为 t 分布曲线。

由图 A1-2 可见，t 分布曲线与正态分布曲线相似，只是分布曲线随自由度（degree of freedom，f，$f=n-1$）的改变而改变。在 $f<10$ 时，t 分布曲线与正态分布曲线差别较大；在 $f>20$ 时，二者很近似；当 $f \to \infty$ 时，t 分布曲线与正态分布曲线一致。

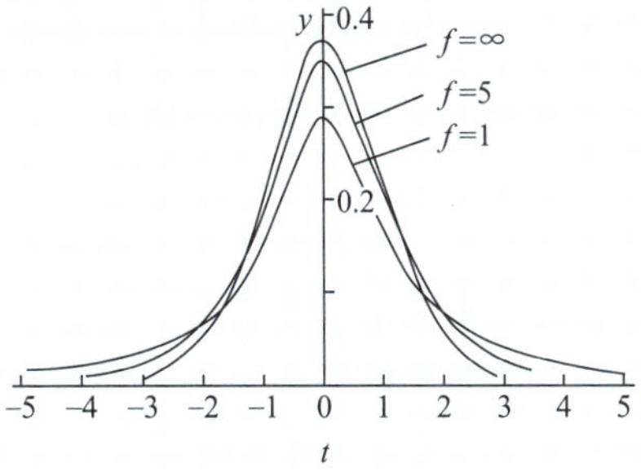

图 A1-2　t 分布曲线

与正态分布曲线一样，t 分布曲线下面一定区间内的积分面积，就是该区间内随机误差出现的概率。不同的是，对于正态分布曲线，只要 u 值一定，相应的概率也一定。但对于 t 分布曲线，当 t 值一定时，由于 f 值的不同，相应曲线所包括的面积也不同，即 t 分布中的区间概率不仅随 t 值而改变，还与 f 值有关。不同 f 值及概率所对应的 t 值已由统计学家计算出来。表 A1-2 列出了最常用的部分 t 值。表中置信度（confidence）用 P 表示，它表示在某一 t 值时，测量值落在（$\mu \pm ts$）范围内的概率。显然，测量值落在此范围之外的概率为 $1-P$，称为显著性水平（significance level），用 α 表示。由于 t 值与置信度及自由度有关，一般表示为 $t_{\alpha,f}$。例如，$t_{0.05,10}$ 表示置信度为 95%，自由度为 10 时的 t 值；$t_{0.01,5}$ 表示置信度为 99%，自由度为 5 时的 t 值。f 小时，t 值较大。理论上，只有当 f 为无穷大时，各置信度对应的值才与相应的 u 值一致。但从表 A1-2 中可以看出，当 $f=20$ 时，t 值与 u 值就已经很接近了。

t 值与置信度和测定次数有关，其值可由表 A1-2 中查得。

表 A1-2　t 值表

自由度 f	测定次数 n	置信度 P(显著性水平 α)		
		$P=90\%$ $\alpha=0.10$	$P=95\%$ $\alpha=0.05$	$P=99\%$ $\alpha=0.01$
1	2	6.314	12.706	63.657
2	3	2.920	4.303	9.925
3	4	2.353	3.182	5.841
4	5	2.132	2.776	4.604
5	6	2.015	2.571	4.032
6	7	1.943	2.447	3.707
7	8	1.895	2.365	3.500
8	9	1.860	2.306	3.355
9	10	1.833	2.262	3.250
10	11	1.812	2.228	3.169
20	21	1.725	2.086	2.846
∞	∞	1.645	1.960	2.576

1.1.2.4　分析结果的表示——置信区间

分析结果常用置信区间表示

$$\mu=\bar{x}\pm\frac{ts}{\sqrt{n}} \tag{A1-3}$$

上式表示在某一置信度下，以平均值 $\bar{x}$ 为中心，包括总体平均值 μ 在内的可靠性范围，称为平均值的置信区间。对于置信区间的概念必须正确理解，如 $\mu=47.5\%\pm0.10\%$（置信度为 95%），应当理解为在 47.5%±0.10%的区间内包括总体平均值 μ 的概率为 95%。μ 是个客观存在的恒定值，没有随机性，谈不上什么概率问题，不能说 μ 落在某一区间的概率是多少。

μ 公式的意义：在一定置信度下（如 95%），真值（总体平均值）将在测定平均值 $\bar{x}$ 附近的一个区间，在 $\bar{x}-\frac{ts}{\sqrt{n}}$ 至 $\bar{x}+\frac{ts}{\sqrt{n}}$ 之间存在，把握程度为 95%。

μ 公式常作为分析结果的表达式，$\pm\frac{ts}{\sqrt{n}}$ 表示不确定度。

置信区间的宽窄与置信度、测量值的精密度和测定次数有关，当测量值精密度愈高（s 值愈小），测定次数愈多（n 值愈大）时，置信区间愈窄，即平均值愈接近真值，愈可靠。

置信度选择越高，置信区间越宽，其区间包括真值的可能性也就越大，在分析化学中，一般将置信度定为 90%或 95%。

【例 1-1】计算平均值的置信区间

测定 SiO_2 的质量分数，得如下数据：28.62%，28.59%，28.51%，28.48%，28.52%，28.63%。求平均值、标准偏差及置信度分别为 90%和 95%时平均值的置信区间。

解：$\bar{x}=\left(\dfrac{28.62+28.59+28.51+28.48+28.52+28.63}{6}\right)\%=28.56\%$

$$s=\sqrt{\frac{(0.06)^2+(0.03)^2+(0.05)^2+(0.08)^2+(0.04)^2+(0.07)^2}{5}}\%=0.06\%$$

查表 A1-2，置信度为 90%，$n=6$ 时，$t=2.015$，因此

$$\mu=\bar{x}\pm\frac{ts}{\sqrt{n}}=\left(28.56\pm\frac{2.015\times0.06}{\sqrt{6}}\right)\%=(28.56\pm0.05)\%$$

同理，对于置信度为 95%，可得

$$\mu=\bar{x}\pm\frac{ts}{\sqrt{n}}=\left(28.56\pm\frac{2.571\times0.06}{\sqrt{6}}\right)\%=(28.56\pm0.06)\%$$

上述计算说明，若平均值的置信区间取 (28.56±0.05)%，则真值在其中出现的概率为 90%，而若使真值出现的概率提高为 95%，则其平均值的置信区间将扩大为 (28.56±0.06)%。

同时，在一定测量次数范围内，适当增加测量次数，可使置信区间显著缩小，即可使测定的平均值与总体平均值 μ 接近。

1.2　分析化学中的数据评价处理

分析工作者获得了一系列数据后，需对这些数据进行处理，譬如有个别偏离较大的数据（称为离群值或极值）是保留还是弃去，测得的平均值与真值或标准值的差异是否合理，相同方法测得的两组数据或用两种不同方法对同一试样测得的两组数据间的差异是否在允许的范围内，都应做出判断，不能随意处理。分析结果的数据处理步骤如图 1-4 所示。

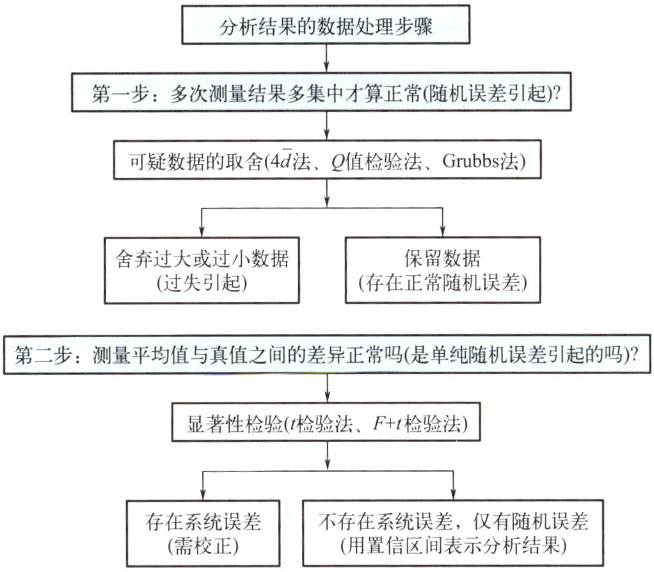

图 1-4　分析结果的数据处理步骤

1.2.1 可疑值的取舍

1-3 随机误差与过失的判断 mp4

在实验中，当对同一试样进行多次平行测定时，常常发现某一组测量值中有个别数据与其他数据相差较大，这一数据称为可疑值（也称离群值或极端值）。可疑值不能随意舍弃或保留，应该用统计的方法，确定该可疑值与其他数据是否来源于同一总体，即该数据是否是由过失造成，以决定取舍。统计学中对可疑值的取舍有几种方法，下面简单介绍处理方法较简单的 $4\bar{d}$ 法、Q 值检验法及效果较好的格鲁布斯（Grubbs）法。

1.2.1.1 $4\bar{d}$ 法

根据正态分布规律，偏差超过 3σ 的测量值的概率小于 0.3%，故这一测量值通常可以舍去。而单次测量的平均偏差 $\delta=0.80\sigma$，$3\sigma\approx4\delta$，即偏差超过 4δ 的个别测量值可以舍去。

对于少量实验数据，可以用 s 代替 σ，用 $\bar{d}$ 代替 δ，故可粗略地认为，偏差大于 $4\bar{d}$ 的个别测量值可以舍去。采用 $4\bar{d}$ 法判断可疑值取舍虽然存在较大误差，但该法比较简单，不必查表，至今仍为人们所采用。当 $4\bar{d}$ 法与其他检验法判断的结果发生矛盾时，应以其他法为准。

采用 $4\bar{d}$ 法判断可疑值取舍时，首先应求出除可疑值外的其余数据的平均值 $\bar{x}$ 和平均偏差 $\bar{d}$，然后将可疑值与平均值进行比较，如绝对差值大于 $4\bar{d}$，则将可疑值舍去，否则保留。

1.2.1.2 Q 值检验法

如果测定次数在 10 次以内，使用 Q 值检验法比较简便。步骤是将测定值由小到大排列，$x_1<x_2<\cdots<x_n$，其中 x_1 或 x_n 可疑。

当 x_1 可疑时，用下式计算 Q 值：

$$Q_{计算}=\frac{x_2-x_1}{x_n-x_1} \tag{1-11}$$

当 x_n 可疑时，用下式计算 Q 值：

$$Q_{计算}=\frac{x_n-x_{n-1}}{x_n-x_1} \tag{1-12}$$

式中，x_n-x_1 称为极差，即最大值和最小值之差。

若 x_1 与 x_n 均可疑时，可比较 x_2-x_1 及 x_n-x_{n-1} 之差值，差值大的先检验。

若 $Q_{计算}>Q_{0.90,表}$，则弃去可疑值，反之则保留。$Q_{表}$ 的数据见表 1-3。

表 1-3 Q 值表

测定次数 n	$Q_{0.90}$	$Q_{0.95}$	$Q_{0.99}$
3	0.94	0.98	0.99
4	0.76	0.85	0.93
5	0.64	0.73	0.82
6	0.56	0.64	0.74

续表

测定次数 n	$Q_{0.90}$	$Q_{0.95}$	$Q_{0.99}$
7	0.51	0.59	0.68
8	0.47	0.54	0.63
9	0.44	0.51	0.60
10	0.41	0.48	0.57

1.2.1.3　Grubbs 法

步骤是将测定值由小到大排列，$x_1 < x_2 < \cdots < x_n$，其中 x_1 或 x_n 可疑，需要进行判断。首先算出 n 个测定值的平均值 $\overline{x}$ 及标准偏差 s。

若 x_1 为可疑值，则：

$$G_{计算} = \frac{\overline{x} - x_1}{s} \tag{1-13}$$

若 x_n 为可疑值，则：

$$G_{计算} = \frac{x_n - \overline{x}}{s} \tag{1-14}$$

得出的 $G_{计算}$ 值若大于表 1-4 中临界值，即 $G_{计算} > G_{表}$，则 x_1 或 x_n 应弃去，反之则保留。

表 1-4　G 值表

测定次数 n	不同置信度的 G 值		
	95%	97.5%	99%
3	1.15	1.15	1.15
4	1.46	1.48	1.49
5	1.67	1.71	1.75
6	1.82	1.89	1.94
7	1.94	2.02	2.10
8	2.03	2.13	2.22
9	2.11	2.21	2.32
10	2.18	2.29	2.41
11	2.23	2.36	2.48
12	2.29	2.41	2.55
13	2.33	2.46	2.61
14	2.37	2.51	2.66
15	2.41	2.55	2.71
20	2.56	2.71	2.88

此法计算过程中，应用了平均值 $\overline{x}$ 及标准偏差 s，故判断的准确性较高。

【例 1-2】$4\overline{d}$ 法、Q 值检验法、Grubbs 法判断可疑值

测定某药物中钼的含量（$\mu g \cdot g^{-1}$），4 次测定结果分别为 1.25、1.27、1.31、1.40，试分别用 $4\overline{d}$ 法、Q 值检验法、Grubbs 法（置信度 95%）判断 1.40 这个数据是否应保留？

解：(1) $4\overline{d}$ 法：首先求出除 1.40 外的其余数据的平均值 $\overline{x}$ 和平均偏差 $\overline{d}$ 为 $\overline{x}=1.28$，$\overline{d}=0.023$。可疑值与平均值之差的绝对值为 $|1.40-1.28|=0.12>4\overline{d}(0.092)$，故 1.40 这一数据应舍去。

(2) Q 值检验法：

$$Q_{计算}=\frac{x_n - x_{n-1}}{x_n - x_1}=\frac{1.40-1.31}{1.40-1.25}=0.60$$

查表 1-3，$Q_{0.90}=0.76$，$Q_{计算}<Q_{表}$，故 1.40 应保留。

(3) $\overline{x}=1.28$　　　　$s=0.066$

$$G_{计算}=\frac{x_n-\overline{x}}{s}=\frac{1.40-1.31}{0.066}=1.36$$

查表 1-4，$G_{0.05,4}=1.46$，$G_{计算}<G_{表}$，故 1.40 这个数据应保留。

Grubbs 法和 Q 值检验法的结论与 $4\overline{d}$ 法判断所得结论不同，在这种情况下，一般取 Grubbs 法的结论，因这种方法的可靠性较高，判断可疑值用 Grubbs 检验法更准确。

Q 值检验法中，不必计算 $\overline{x}$ 及 s，故使用起来比较方便。Q 值检验法在统计上有可能保留离群较远的值，置信度常选 90%，如选 95%，会使判断误差更大。

1.2.2　显著性检验

1-4　系统误差的判断 mp4

在分析工作中，常常会遇到这样一些问题，如对标准试样或纯物质进行测定时，所得到的平均值与标准值的比较问题；不同分析人员、不同实验室和采用不同分析方法对同一试样进行分析时，两组分析结果的平均值之间的比较问题；革新、改造生产工艺后的产品分析指标与原指标的比较问题等。由于测量都有误差存在，测量平均值与真值之间、两相分析结果的平均值之间存在差异是毫无疑问的。这种差异是由随机误差引起的？还是由系统误差引起的？这类问题在统计学中属于“假设检验”。如果分析结果之间存在“显著性差异”，就认为它们之间有明显的系统误差；否则，就认为没有系统误差，纯属由随机误差引起，是正常的。在分析化学中常用的显著性检验（significance test）方法是 t 检验法和 F 检验法。

1.2.2.1　平均值与标准值的比较——t 检验法

为了检验一个分析方法是否可靠，是否有足够的准确度，常用已知含量的标准试样进行试验，用 t 检验法将测量的平均值与已知值（标样值）比较，按下式计算 t 值：

$$t=\frac{|\overline{x}-\mu|}{s}\sqrt{n}$$

若 $t_{计算}>t_{表}$（见表 A1-2），则 $\overline{x}$ 与 μ 之间存在显著性差异，说明该分析方法存在系统误差；若 $t_{计算}\leqslant t_{表}$（见表 A1-2），则可认为 $\overline{x}$ 与 μ 之间的差异是由随机误差引起的正常差异。在分析化学中，通常以 95% 的置信度为检验标准，即显著性水平为 5%。

1.2.2.2　两组平均值的比较——F-t 检验法

当需要对两个分析人员测定相同试样所得结果进行评价，或需对两种方法进行比较，检查两种方法是否存在显著性差异，即是否有系统误差存在，以便于选择更快、更准确、成本更低的一种方法时，可选用 F-t 检验法进行判断，此法可信度较高。

(1) F 检验

判断两个平均值是否有显著性差异时，首先要求这两个平均值的精密度没有大的差别，为此可采用 F 检验法进行判断。

F 检验又称方差比检验（方差即标准偏差的平方）：

$$F=\frac{s_{大}^{2}}{s_{小}^{2}} \tag{1-15}$$

式中，$s_{大}$ 和 $s_{小}$ 分别代表两组数据中标准偏差大的数值和小的数值，若 $F_{计算}<F_{表}$（$F_{表}$ 见表 1-5），再继续用 t 检验法判断 $\overline{x}_1$ 与 $\overline{x}_2$ 是否有显著性差异；若 $F_{计算}>F_{表}$，不能用此法进行判断。

表 1-5　置信度 95%时 F 值

$f_{s小}$ \ $f_{s大}$	2	3	4	5	6	7	8	9	10	∞
2	19.00	19.16	19.25	19.30	19.33	19.36	19.37	19.38	19.39	19.50
3	9.55	9.28	9.12	9.01	8.94	8.88	8.84	8.81	8.78	8.53
4	6.94	6.59	6.39	6.26	6.16	6.09	6.04	6.00	5.96	5.63
5	5.79	5.41	5.19	5.05	4.95	4.88	4.82	4.77	4.74	4.36
6	5.14	4.76	4.53	4.39	4.28	4.21	4.15	4.10	4.06	3.67
7	4.74	4.35	4.12	3.97	3.87	3.79	3.73	3.68	3.63	3.23
8	4.46	4.07	3.84	3.69	3.58	3.50	3.44	3.39	3.34	2.93
9	4.26	3.86	3.63	3.48	3.37	3.29	3.23	3.18	3.13	2.71
10	4.10	3.71	3.48	3.33	3.22	3.14	3.07	3.02	2.97	2.54
∞	3.00	2.60	2.37	2.21	2.10	2.01	1.94	1.88	1.83	1.00

注：$f=n-1$（$f_{s大}$ 为方差大的数据的自由度；$f_{s小}$ 为方差小的数据的自由度）。

(2) t 检验

在经过 F 检验，两组数据平均值的精密度没有显著差别的前提下，继续进行 t 检验。设两组分析数据的测定次数、标准偏差及平均值分别为 n_1、s_1、$\overline{x}_1$ 和 n_2、s_2、$\overline{x}_2$，因为这种情况下两个平均值都是实验值，这时需要先用下面介绍的 F 检验法检验两组数据的精密度，即 s_1 和 s_2 之间有无显著性差异，如证明它们之间无显著性差异，则可认为 $s_1\approx s_2$，然后再用 t 检验法检验两组平均值有无显著性差异。

用 t 检验法检验两组平均值有无显著性差异时，首先要计算合并标准偏差：

$$s_{合}=\sqrt{\frac{偏差平方和}{总自由度}}=\sqrt{\frac{\sum(x_{1i}-\overline{x}_1)^2+\sum(x_{2i}-\overline{x}_2)^2}{(n_1-1)+(n_2-1)}} \tag{1-16}$$

或

$$s_{合}=\sqrt{\frac{(n_1-1)s_1^2+(n_2-1)s_2^2}{(n_1-1)+(n_2-1)}} \tag{1-17}$$

然后计算出 t 值

$$t=\frac{|\overline{x}_1-\overline{x}_2|}{s_{合}}\sqrt{\frac{n_1n_2}{n_1+n_2}} \tag{1-18}$$

在一定置信度时，查出表 A1-2 值 $t_{\alpha,f}$（总自由度 $f=n_1+n_2-2$），若 $t<t_{\alpha,f}$，说明两组数据的平均值不存在显著性差异，可以认为两个平均值属于同一总体，即 $\mu_1=\mu_2$；若 $t>t_{\alpha,f}$ 时，则存在显著性差异，说明两个平均值不属于同一总体，两组平均值之间存在系统误差。

【例 1-3】*t* 检验法判断分析方法是否存在系统误差

一种新方法用来测定试样的含铜量，用含量为 11.7 $mg\cdot kg^{-1}$ 的标准试样进行五次测定，所得数据为 10.9、11.8、10.9、10.3、10.0。判断该方法是否可行（是否存在系统误差）。

解：计算平均值 $\overline{x}=10.8$，标准偏差 $s=0.7$，则

$$t=\frac{|\overline{x}-\mu|}{s}\sqrt{n}=\frac{|10.8-11.7|}{0.7}\sqrt{5}=2.87$$

查表 A1-2，$t_{(0.05,4)}=2.776$，$t_{计算}>t_{表}$，说明该方法存在系统误差，结果偏低。

【例 1-4】*F*-*t* 检验法判断两种分析方法间有无显著性差异

甲、乙二人对同一试样用不同方法进行测定，得两组测定值如下。

甲：1.26，1.25，1.22；

乙：1.35，1.31，1.33，1.34。

问两种方法间有无显著性差异？

解：$n_{甲}=3$　　$\overline{x}_{甲}=1.24$　　$s_{甲}=0.021$

　　$n_{乙}=4$　　$\overline{x}_{乙}=1.33$　　$s_{乙}=0.017$

$$F_{计算}=\frac{s_{大}^2}{s_{小}^2}=\frac{(0.021)^2}{(0.017)^2}=1.53$$

查表 1-5，F 值为 9.55，$F_{计算}<F_{表}$，说明两组数据的方差无显著性差异。

进一步用 t 检验法进行计算

$$t=\frac{|\overline{x}_1-\overline{x}_2|}{s_{合}}\sqrt{\frac{n_1n_2}{n_1+n_2}}$$

式中

$$s_{合}=\sqrt{\frac{(3-1)(0.021)^2+(4-1)(0.017)^2}{3+4-2}}=0.019$$

则

$$t=\frac{|1.24-1.33|}{0.019}\sqrt{\frac{3\times4}{3+4}}=6.20$$

查表 A1-2，当 $f=n_1+n_2-2=5$，置信度 95%时，$t_{表}=2.571$，$t_{计算}>t_{表}$，说明甲、乙二人采用的不同方法间存在显著性差异。

在工作中，当用一种新方法对试样中某组分进行测定，获得一组测定数据，这时应进行以下工作：

① 首先要判断数据中的极值（极大值或极小值）是否属于异常值，如属异常值则应舍弃。

② 进行方法的可靠性检验，用标准试样在与试样相同的测试条件下进行测试，将测试平均值与标准值用 t 检验法进行检验，或采用在原试样中加入被测标准物，测定加标回收率，以判断方法是否存在系统误差。若检验结果表明新分析方法无系统误差，则新方法可行。

③ 通过上述两步处理后，用 $\mu=\bar{x}+\frac{ts}{\sqrt{n}}$ 表示结果。

1-5　有效数字与测量误差 mp4

1.3　有效数字及其运算规则

1.3.1　有效数字

在定量分析中，分析结果所表达的不仅仅是试样中待测组分的含量，同时还反映了测量的准确程度。因此，在实验数据的记录和结果的计算中，保留几位数字不是任意的，要根据测量仪器、分析方法的准确度来决定，这就涉及有效数字的概念。

有效数字（significant figure）就是指在分析工作中实际上能测量到的数字。

在科学实验中，任何一个物理量的测定，其准确度都是有一定限度的。例如，用分析天平称量同一试样的质量，甲得到 12.3456 g，乙得到 12.3457 g，丙得到 12.3454 g，这些 6 位数字中，前 5 位数字都是很准确的，第 6 位数字是由标尺的最小分刻度间估计出来的，所以稍有差别。第 6 位数字称为可疑数字，但它并不是臆造的，所以记录数据时应保留它，这 6 位数字都是有效数字。对于可疑数字，除非特别说明，通常可理解为它可能有±1 个单位的误差。

有效数字的位数直接影响测量的相对误差。在测量准确度的范围内，有效数字位数越多，表明测量越准确；但一旦超过了测量准确度的范围，则过多的位数是没有意义的，而且是错误的。确定有效数字位数时应遵循以下几条原则：

（1）一个测量值只保留一位不确定的数字。在记录测量值时必须记一位不确定的数字，且只能记一位。

（2）数字 0～9 都是有效数字，0 在仅起定小数点位置作用时不是有效数字。例如，1.0080 是五位有效数字，0.0035 则是两位有效数字。

（3）不能因为变换单位而改变有效数字的位数。例如，0.0345 g 是三位有效数字，用毫克（mg）表示时应为 34.5 mg，用微克（μg）表示时则应写成 3.45×10^4 μg，不能写成 34500 μg，因为这样表示比较模糊，有效数字位数不确定。

（4）在分析化学计算中，常遇到倍数、分数关系，这些数据都是自然数而不是测量得到的，因此它们的有效数字位数可以认为没有限制。

（5）在分析化学中还经常遇到 pH、pM、lg$K$ 等对数值，其有效数字位数取决于小数部分（尾数）数字的位数，其整数部分（首数）只代表该数的方次。例如 pH=10.28，换算为 H^+ 浓度时，应为 $[H^+]=5.2\times10^{-11}$ mol·L^{-1}，有效数字的位数是两位，不是四位。

1.3.2 有效数字的修约规则

在数据处理过程中，涉及的各测量值的有效数字位数可能不同，因此需要按下面所述的计算规则，确定各测量值的有效数字位数。各测量值的有效数字位数确定之后，就要将它后面多余的数字舍弃。修约的原则是既不因保留过多的位数使计算复杂，也不因舍掉任何位数使准确度受损。舍弃多余数字的过程称为数字修约（rounding data），按照国家标准采用"四舍六入五成双"规则（见表 1-6）。

表 1-6 "四舍六入五成双"规则

测量值中被修约的数字	修约规则	举例
等于或小于 4 时	该数字舍去	0.24574→0.2457
等于或大于 6 时	进位	0.24576→0.2458
等于 5 时，要看 5 前面的数字	5 前面的数字为奇数，则进位	0.24575→0.2458
	5 前面的数字为偶数，则将 5 舍掉，即修约后末位数字都成为偶数	0.24585→0.2458
若 5 的后面还有不是"0"的任何数	无论 5 的前面是奇数还是偶数，均应进位	0.245851→0.2459

修约数字时，只允许对原测量值一次修约到所要求的位数，不能分几次修约。例如将 0.5749 修约为两位有效数字，不能先修约为 0.575，再修约为 0.58，而应一次修约为 0.57。

高阶选修 A1-3 误差的传递

分析结果是将各步骤测量值按一定公式计算出来的，而每个测量值的误差将传递到最后的结果中去，传递方式随系统误差和随机误差而不同。

(1) 系统误差的传递公式

对于加减法运算，如以测量值 A、B、C 为基础得出分析结果 R：

$$R=A+B-C$$

则根据数学推导可知，分析结果最大可能的绝对误差 $(\Delta R)_{\max}$ 为各测量值绝对误差之和，即

$$(\Delta R)_{\max}=\Delta A+\Delta B+\Delta C$$

对于乘除法运算，如由测量值 A、B、C 相乘除，得出分析结果 R：

$$R=\frac{AB}{C}$$

则分析结果最大可能的相对误差 $\left(\frac{\Delta R}{R}\right)_{\max}$ 为各测量值相对误差之和，即

$$\left(\frac{\Delta R}{R}\right)_{\max}=\frac{\Delta A}{A}+\frac{\Delta B}{B}+\frac{\Delta C}{C}$$

需要指出，以上讨论的是最大可能误差，即各测量值的误差相互累加。但在实际工作中，各测量值的误差可能相互部分抵消，使得分析结果的误差比按上式计算的要小。

(2) 随机误差的传递公式

对于加减法运算，分析结果的方差为各测量值的方差之和。如 $R=A+B-C$，则

$$s_R^2=s_A^2+s_B^2+s_C^2$$

式中，s 为标准偏差，s_A 为 A 的标准偏差。

对于乘除法运算，分析结果的相对偏差的平方等于各测量值的相对标准偏差平方之和。如 $R=\frac{AB}{C}$，则

$$\left(\frac{s_R}{R}\right)^2=\left(\frac{s_A}{A}\right)^2+\left(\frac{s_B}{B}\right)^2+\left(\frac{s_C}{C}\right)^2$$

关于误差的传递，有时不需要严格运算，只要估计一下过程中可能出现的最大误差，并加以控制，常用极值误差表示，即假设每一步产生的误差都不是最大的，而且相互累积。例如，分析天平绝对误差为+0.1 mg，称量一个试样，需两次读数，估计最大误差可能是+0.2 mg。滴定操作中，每读一次数误差为+0.01 mL，一次操作必须读两次数（初读数、末读数），总误差为+0.02 mL。但在实际工作中不一定都是这种情况，很可能有正、负误差相互部分抵消，但作为一种粗略估计还是比较方便的。

1.3.3　有效数字的运算规则

基于误差传递的规律，不同位数的几个有效数字在进行运算时，所得结果应保留几位有效数字与运算的类型有关（见表 1-7）。

表 1-7　有效数字运算时的保留规则

运算类型	加减法	乘除法
保留规则	以小数点后位数最少的数据为准	以有效数字位数最少的数据为准
保留依据	小数点后位数最少的那个数的绝对误差最大	有效数字位数最少的那个数的相对误差最大
举例	0.0121+25.64+1.05782=? 每个数据中最后一位数有±1 的绝对误差，即分别为 0.0121±0.0001 25.64±0.01 1.05782±0.00001 其中小数点后位数最少的 25.64 的绝对误差最大，在加和的结果中总的绝对误差取决于该数，所以有效数字位数应以它为准，先修约再计算： 0.01+25.64+1.06=26.71	0.0121×25.64×1.05782=? 这三个数的相对误差分别为 $\pm\frac{1}{121}\times100\%=\pm0.8\%$ $\pm\frac{1}{2564}\times100\%=\pm0.04\%$ $\pm\frac{1}{105782}\times100\%=\pm0.0009\%$ 因 0.0121 的相对误差最大，所以应以此数的位数为标准将其他各数均修约为三位有效数字，然后再计算，即 0.0121×25.6×1.06=0.328

在乘除法的运算中，经常会遇到第一位为 9 的数，如 9.00、9.86 等，通常将它们当作四位有效数字的数值处理。

在计算过程中，为提高计算结果的可靠性，可以暂时多保留一位数字，而在得到最后结果时，舍弃多余的数字，使最后计算结果恢复到与准确度相适应的有效数字位数。现在由于普遍使用计算器运算，虽然在运算过程中不必对每一步的计算结果进行修约，但应注意根据其准确度要求，正确保留最后计算结果的有效数字位数。

在表达分析结果时，一般要求高含量（>10%）组分以四位有效数字表示；含量在 1%～10%的组分以三位有效数字表示的一般要求；含量小于 1%的组分只要求取两位有效数字。分析中的各类误差通常取 1～2 位有效数字。

1.4 定量分析的一般过程与定量分析方法

1.4.1 定量分析的过程

试样的定量分析过程一般包括下列步骤：试样的采集和制备、试样的分解、干扰组分的分离和掩蔽、测定方法的选择、数据处理及分析结果的表示。关于各类测定方法的原理和特点，分析结果的计算和处理，以及干扰组分的掩蔽和分离等问题，将在后面各章分别讨论。本章仅就试样的采取、处理、分解，测定前的预处理，测定方法的选择进行讨论。

1.4.1.1 试样的采集和制备

在实际分析中，要求分析试样能反映整批物料的真实情况，即试样应具有高度的代表性。因此，需根据试样的不同特征选用合适的取样方法。试样的采取大致可分为三步：①从大批物料中采取最初试样（原始试样）；②将每份原始试样混合、粉碎或缩分，减少至适合分析所需的数量；③制备成供分析用的最终试样（分析试样）。

(1) 试样的采集

试样种类繁多，形态各异，性质和均匀程度也各不相同，因此采样方法也各有不同。下面针对不同种类的物料简略讨论一些采样方法（如表 1-8 所示）。

表 1-8 不同种类试样的采样方式

试样类型	采样方式	举例/说明
组成分布较均匀的试样	可随机地取一部分，或在不同部位取样，混合均匀后再取出一部分，即能代表整批样品的质量。对于分装在小容器里的物料，应从每个容器里取样，然后混匀作为分析试样	例如，装在大容器里的物料，可在贮槽的不同深度取样，混合均匀即可作为分析试样
组成分布不均匀的试样	对于矿石、煤炭、土壤等一些颗粒大小不均、成分复杂、组成不均的试样，应先从批样的不同部位选取若干份试样，混匀后制成原始试样。然后将原始试样经粉碎、过筛、混匀及缩分等工序，制成量小(100～300 g)且均匀的分析试样	原始试样的采样量与试样的均匀度、颗粒度及破碎难易度有关。一般地，可根据下列切乔特采样公式(经验公式)进行计算： $m \geqslant Kd^2$ 式中，m 为采取原始试样的质量；d 为试样的最大粒度，mm；K 为表征物料特性的缩分系数，可根据经验确定，K 值通常为 0.05～1.0

续表

试样类型	采样方式	举例/说明
植物试样	生物物料组成因部位和时季不同有较大差异，采样时应根据研究或分析需要选取适当部位和生长发育阶段。 对于植物试样，采集好后需用清洁水洗净，并及时用滤纸吸干或置于干燥通风处晾干，或者用干燥箱烘干。	用于鲜样分析的试样，应立即进行处理（如切细、捣碎、研磨等）和分析。如测定生物试样中的酚、亚硝酸、有机农药、维生素、氨基酸等在生物体内易发生转化、降解或不稳定的成分，一般应采用新鲜试样进行分析。若需进行干样分析，可先将风干或烘干后的试样粉碎，再根据分析方法的要求，分别通过 40～100 号的筛，然后混匀备用。
动物试样	对于动物试样，如动物的尿液、血液、脑脊液、唾液、胃液、胆汁、乳液、粪便、毛发、指甲、骨、脏器和呼出的气体等，采集好后应根据分析项目的要求对试样进行适当处理。	如毛发和指甲，采样后要用中性洗涤剂处理，经蒸馏水冲洗后，再用丙酮、乙醚、酒精或 EDTA（乙二胺四乙酸或其二钠盐）溶液洗涤。对于采得的血液试样，可根据分析需要分别在自然凝固后离心分离、加抗凝剂（如柠檬酸钠-葡萄糖混合溶液）后进一步离心分离，以得到所需的血清、全血或血浆。

(2) 分析试样的制备

分析实验中所需试样量一般为零点几克至几克，而原始试样的量一般很大（数千克至数十千克），且其组成复杂，化学成分的分布常常不均匀。因此，需对其进行加工处理，使其数量大为减少，但又能代表原始试样。通常要将其制备成 100～300 g 供分析用的最终试样，即分析试样。由于液体和气体试样在混匀后取少量即可用于分析，因此，试样的制备主要是针对不均匀的固体试样而言的。这里以矿石试样为例，简要介绍固体分析试样的制备方法。将原始固体试样处理成分析试样一般需要经过破碎、过筛、混匀和缩分等过程。

① 破碎和过筛　用机械或人工方法将试样逐步破碎，一般分为粗碎、中碎和细碎等阶段。

粗碎：用颚式破碎机或球磨机把试样粉碎至能通过 4～6 号筛。

中碎：用盘式碎样机把粗碎后的试样粉碎至能通过 20 号筛。

细碎：用盘式碎样机进一步把中碎后的试样粉碎至合适的粒度，必要时用研钵研磨，一般要求能通过 100～200 号筛。

矿石中的粗颗粒与细颗粒的化学成分常常不同，因此在任何一次过筛时，都应将未通过筛孔的粗颗粒进一步破碎，直至全部过筛为止，而不可将粗颗粒弃去，否则会影响分析试样的代表性。

筛子一般用细铜合金丝制成，其筛孔大小用筛号（网目）表示，我国现用的标准筛的筛号与相应的孔径见表 1-9。

表 1-9　标准筛的筛号与孔径

筛号(网目)	20	40	60	80	100	120	200
筛孔大小/nm	0.83	0.42	0.25	0.177	0.149	0.125	0.074

② 混合和缩分　试样每经一次破碎后，使用机械（分样器）或人工方法取出一部分有代表性的试样，继续加以破碎，这样就可使试样量逐步减少，这个过程称为缩分。常用的缩分方法是“四分法”，即将已粉碎的试样充分混匀后堆成圆锥形，然后将它压成圆饼状，再通过圆饼中心按“十”字形将其分为四等份，弃去任意对角的两份，将留下的一半试样收集在一起混匀。这样，试样便缩减了一半，称为一次缩分（如图 1-5 所示）。经过多次缩分后，剩余试样可减少至所需量。但缩分的次数不是随意的，而是根据需保留的试样量确定的。每次缩分后应保留的试样量与试样的粒度有关。欲使试样量减少，粒度应相应减小，不然就应在进一步破碎后，再缩分。关于试样保留量与粒度的关系，有不同的经验公式，其中较简单的为前面提到的切乔特采样公式。

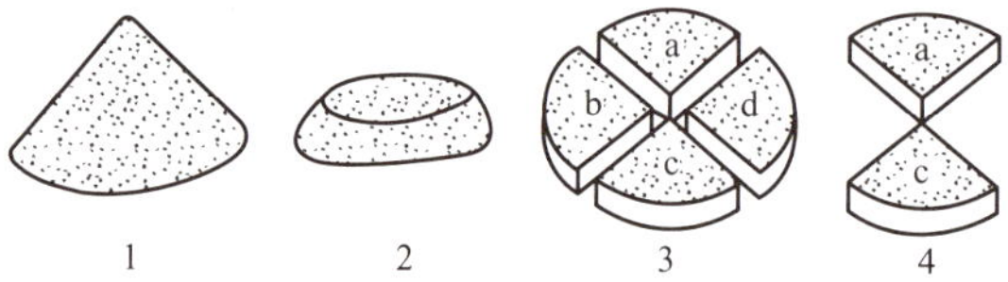

图 1-5　“四分法”示意图

1.4.1.2　试样的分解

在分析工作中，除少数干法分析（如某些无损光学分析）外，其余的分析方法常要求试样为溶液，因此，若试样不是溶液，则需通过适当方法将其转化成溶液，这个过程称为试样的分解。在分解试样时，必须注意使试样分解完全，得到的溶液中不应残留原试样的细屑或粉末。此外，试样分解过程中待测组分不应挥发损失，不应引入被测组分和干扰物质。分解试样的方法较多，可根据试样的组成和特性、待测组分的性质及分析目的，选择合适的方法进行分解。下面介绍几种常见的分解方法。

(1) 溶解法

溶解法是指采用适当的溶剂将试样溶解制备成溶液的方法，这种方法比较简单、快速。下述是几种常用的溶解剂（见表 1-10）。

表 1-10　常用的溶解剂

溶解剂	试样种类
水	易溶于水的碱金属盐、铵盐、无机硝酸盐及大多数碱土金属盐和一些有机物
盐酸	作为一种强酸及其中 Cl^- 的还原性和与某些金属离子的配位作用，盐酸能分解电位次序在氢以前的金属（如 Fe、Zn 等）或其合金、弱酸盐（如碳酸盐、磷酸盐）及某些氧化物矿石（如 Fe_2O_3、MnO_2）等
硝酸	作为一种具有强氧化性的强酸，硝酸能溶解除金、铂族和某些稀有金属及表面容易钝化的铁、铝、铬以外的绝大部分金属。此外，锑、锡、钨则生成不溶性的酸（偏锑酸、偏锡酸和钨酸），这些金属不宜用硝酸溶解。浓硝酸和浓盐酸按 1∶3（体积比）混合所得的王水，或 3∶1（体积比）混合所得的逆王水，以及二者按不同比例混合所得的混合酸也广泛应用于金属及矿石的分解
硫酸	浓、热的硫酸具有强氧化性和脱水能力，常用于多种合金及矿石的分解，也用于有机物的分解。利用硫酸的高沸点（338 ℃），当其加热到冒 SO_3 白烟时，可挥发除去沸点较低的酸如 HF、HCl、HNO_3 等及氮的氧化物，并可破坏试样中的有机物干扰物
高氯酸	浓、热的高氯酸是一种强氧化剂和脱水剂，常用于分解不锈钢、铬矿石、钨铁矿、硫化物和破坏有机物等。在使用高氯酸时，应注意避免与强脱水剂（如浓硫酸）、有机物或某些还原性物质一起加热，以免发生爆炸

续表

溶解剂	试样种类
氢氟酸	氢氟酸常与 H_2SO_4、HNO_3、$HClO_4$ 等混合使用，用来分解硅铁、硅酸盐及含有钨、铌、钛的试样。此时，硅以 SiF_4 形式挥发逸出。用氢氟酸分解试样时，应用铂坩埚或聚四氟乙烯的烧杯（温度低于 250 ℃），在通风橱内进行，并防止氢氟酸与皮肤接触造成灼伤
氢氧化钠	常用来溶解两性金属铝、锌及其合金，以及它们的氧化物（如 Al_2O_3）等。分解反应应在银或聚四氟乙烯器皿中进行

(2) 熔融法

熔融法是将固体熔剂与试样混合均匀后在高温下进行分解反应，使待测成分转变为可溶于酸或水的化合物。根据所用的熔剂性质，熔融法可分为酸熔法和碱熔法（见表 1-11）。

表 1-11　熔融法

熔融法类型	酸熔法	碱熔法
所用熔剂	采用酸性熔剂如 $K_2S_2O_7$（熔点 419 ℃）和 $KHSO_4$（熔点 219 ℃），$KHSO_4$ 经灼烧脱水后也生成 $K_2S_2O_7$	常用的碱性熔剂有 Na_2CO_3（熔点 853 ℃）、K_2CO_3（熔点 891 ℃）、NaOH（熔点 318 ℃）、Na_2O_2（熔点 460 ℃）或它们的混合熔剂等
分解试样类型	碱性试样，如 Al_2O_3、Fe_3O_4、ZrO_2、钛铁矿、铬矿、中性耐火材料（如铝砂、高铝砖）及碱性耐火材料（如镁砂、镁砖）等	酸性试样，如酸性矿渣、酸性炉渣和酸不熔试样
分解原理	这类熔剂在 300 ℃以上可与碱或中性氧化物作用，生成可溶性的硫酸盐	这些熔剂除具碱性外，在高温下均可起氧化作用，可把一些元素氧化成高价状态，有利于试样的分解
举例	金红石（TiO_2）与 $K_2S_2O_7$ 的反应如下： $TiO_2+2K_2S_2O_7 \rightleftharpoons Ti(SO_4)_2+2K_2SO_4$	①Na_2CO_3 或 K_2CO_3 常用来分解硅酸盐和重晶石（$BaSO_4$）等，在 900 ℃左右熔融后可转化为可溶解于水和酸的化合物，分解反应如下： $Al_2O_3 \cdot 2SiO_2+3Na_2CO_3 \rightleftharpoons 2NaAlO_2+2Na_2SiO_3+3CO_2$ $BaSO_4+Na_2CO_3 \rightleftharpoons BaCO_3+Na_2SO_4$ ②Na_2O_2 是强氧化剂，常用来分解含 Se、Sb、Cr、Mo、V 和 Sn 的矿石及其合金，并能把其中大部分元素氧化成高价状态。例如，铬铁矿的分解反应为： $2FeO \cdot Cr_2O_3+7Na_2O_2 \rightleftharpoons 2NaFeO_2+4Na_2CrO_4+2Na_2O$ 用水浸去熔块，溶出 Na_2CrO_4，同时 $NaFeO_2$ 水解而生成 $Fe(OH)_3$ 沉淀，反应如下： $NaFeO_2+2H_2O \rightleftharpoons NaOH+Fe(OH)_3\downarrow$ 然后利用 Na_2CrO_4 溶液和 $Fe(OH)_3$ 沉淀可分别测定铬和铁的含量
注意事项	温度不宜过高，时间也不宜过长，以免硫酸盐再分解生成难溶氧化物。 熔融反应常在瓷坩埚中进行，也可在铂器皿中进行，但对铂器皿稍有腐蚀	Na_2O_2 腐蚀性较强，通常用价廉的铁坩埚，也常用刚玉或镍坩埚。 NaOH 和 KOH 是低熔点碱性熔剂，常用来分解硅酸盐、铝土矿、钼矿和耐火材料等。用 NaOH 和 KOH 熔融时，对铂器皿腐蚀较严重，应用银或镍坩埚

(3) 半熔法

除上述两种方法外，还有一种方法，是在低于熔点的温度下，将试样与熔剂反应，此时试样不是全熔，故称半熔法（烧结法）。因为此方法在低温下进行，不易损坏坩埚，故通常可在瓷坩埚中进行。例如，常用 $2MgO+Na_2CO_3$ 或 $2ZnO+Na_2CO_3$ 来分解矿石及煤中的硫，其中高熔点的 MgO、ZnO 可防止 Na_2CO_3 在灼烧时熔合，保持松散状态，使矿石氧化更快更完全。

(4) 干式灰化法

干式灰化法（dry ashing）是在一定温度和气氛下加热，使待测物质分解、灰化，留下的残渣再用适当的溶剂溶解。干式灰化法适用于分解有机和生物试样，以便测定其中的金属、硫及卤素元素的含量。如表 1-12 所示，干式灰化法主要有高温灰化法、氧瓶燃烧法、低温灰化法和燃烧法等几种，常用的是高温灰化法。

表 1-12　干式灰化法分类

类型	操作	分解试样类型
高温灰化法	将试样置于敞口皿或坩埚内，在空气中一定温度范围（500～550 ℃）内，加热分解，灰化，所得残渣用适当溶剂溶解后进行测定。灰化前加入一些添加剂（CaO、MgO、Na_2CO_3 等），可使灰化更有效	常用于测定有机物和生物试样中的无机元素，如锑、铬、铁、钼、锶及锌等
氧瓶燃烧法	在充满 O_2 的密闭瓶内，用电火花引燃有机试样，瓶内可盛适当的吸收剂以吸收其燃烧产物，然后用适当方法测定	广泛用于有机物中卤素、硫、磷、硼等元素的测定，也可用于许多有机物中部分金属元素如 Hg、Zn、Mg、Co 和 Ni 等的测定
低温灰化法	通过高频电激发的气产生的强活性游离基在 100 ℃时即可使试样分解，可以最大限度地减少挥发损失	适用于生物试样中 As、Se、Hg 等易挥发元素的测定

(5) 湿式消化法

湿式消化法（wet digestion）常用硫酸、硝酸或混合酸分解试样，在克氏烧瓶中加热，试样中的有机物即被氧化成 CO_2 和 H_2O，金属元素则转变为硝酸盐或硫酸盐，非金属元素则转变为相应的阴离子。此法适用于测定有机物中金属、卤素等元素的含量。

克氏（Kjeldahl）法是测定有机化合物中氮含量的重要方法。该法是向有机试样中加入硫酸和硫酸钾溶液进行消化，硫酸钾的作用是提高酸溶液的沸点。通常还加入硒粉（或汞、铜盐）作催化剂，以提高消化效率。在消化过程中，试样中的氮定量转化为 NH_4HSO_4 或 $(NH_4)_2SO_4$。

湿式消化法的优点是速度快，缺点是有可能因加入试剂而引入杂质，因此，应尽可能使用高纯度的试剂。干式灰化法和湿式消化法所需的时间因试样的性质和分析要求不同而异，干式灰化法一般为 2～4h，湿式消化法一般为 0.5～1 h。

(6) 微波辅助消解法

除在常温和一般加热条件下分解试样外，也可采用微波加热辅助分解方法。微波辅助消解法（microwave assisted digestion）是利用试样和适当的溶（熔）剂吸收微波能产生热量加热试样，同时微波产生的交变磁场使介质分子极化，极化分子在高频磁场中交替排列导致分子高速振荡，使分子获得高的能量。由于这两种作用，试样表层不断被搅动和破裂，因而迅速溶（熔）解。由于微波能是同时直接传递给溶液（或固体）中的各分子，因此溶液（固体）整体快速升温，加热效率高。微波辅助消解一般采用密闭容器，这样可以加热到较高温度和较高压力，使分解更有效，这样也可减少溶剂用量和易挥发组分的损失。这种方法可用于有机和生物试样的氧化分解，也可用于难熔无机材料的分解。

对于有机和生物试样，如果不是测定其中的无机成分含量，而是要测定有机或生物分子的含量，就不能采用湿式消化和干式灰化等对试样进行完全分解，而应该根据试样的类型（如浆汁、体液、组织）和被测组分的性质，采用溶剂萃取、溶液提取、沉淀、色谱分离等方法将其提取出来，再制备成适当的溶液用于分析。这样可避免破坏待测组分的结构并减少对生物活性物质活性的影响。如果涉及细胞组分的测定，则事先还需用机械（如研磨）、物理（如超声破碎、反复融冻）或化学（如加丙酮、丁醇或氯仿等有机溶剂）等方法破坏细胞膜，以便释放出内容物。

应当指出的是，分解试样是为了后续的测定，为了能简便、快速地进行测定，试样分解最好与干扰组分的分离相结合。例如，铝合金中 Fe、Mn、Ni 的测定，如用 NaOH 溶液溶解试样，此时 Fe、Mn、Ni 形成氢氧化物沉淀，过滤后再用酸溶解沉淀，制成分析试液，可避免大量 Al 的干扰。又如铬铁矿中铬的测定，若用 Na_2O_2 作为熔剂进行熔融，然后用水浸取熔块，Cr 被氧化成 CrO_4^{2-} 留在溶液中，Fe 和 Mn 等重金属则形成氢氧化物沉淀。这样，过滤后酸化，制备分析试液，可避免铁、锰等元素的干扰。

1.4.1.3　测定前的预处理

试样经分解后，有时还需进一步处理才能用于测定。处理的方法应根据试样的组成和采用的测定方法而定，不同的分析方法和分析项目对试样的要求不一样。对试样的处理一般应考虑下述几个方面。

（1）试样的状态

根据分析方法和分析项目的要求，将试样转化成固态、水溶液、非水溶液等形式，以适于待测组分的结构、形态和含量等的测定。处理的方法有蒸发、萃取离子交换、吸附等。一般化学分析和仪器分析在水溶液中进行；红外光谱、光电子能谱表征等要求试样为固态或非水溶液。

（2）被测组分的存在形式

被测组分的氧化数、存在形式（如游离态、配位化合物、盐等）应适当，可采用适当的化学方法将其转变为所需形式。

（3）被测组分的浓度或含量

各种分析方法均有一定的适用范围，被测组分的浓度或含量应在所用分析方法的检测范围内才能保证测定结果的准确性。因此，对于含量低的组分，应采取分离、富集的方法使其含量提高；对于含量很高的试样，可适当稀释，然后再进行测定，以减小测定误差。

(4) 共存物的干扰

根据共存物的干扰情况，测定前可采取化学掩蔽和沉淀、萃取、离子交换等分离方法消除干扰组分的影响。

(5) 辅助试剂的选择

有时在测定前尚需向被测试样中加入一些辅助试剂，以便较好地检测被测组分，如催化剂、增敏剂、显色剂等，这些可根据相关分析手册或具体实验确定。

试样的预处理方法很多，针对具体的试样应根据实验或参考资料采取相应的方法。处理得当，不仅可简化操作手续，还可提高分析结果的准确性。因此，试样的预处理在分析工作中非常重要。

1.4.1.4 测定方法的选择

工农业生产和科学技术的发展，对分析化学不断提出更高的要求和任务，同时也为分析化学提供了更多更先进的测定方法，而且一种组分可用多种方法测定，因此必须根据不同情况选择适当的方法。选择测定方法应考虑如下一些问题：

(1) 测定的具体要求

首先应明确测定目的及要求，其中主要包括需要测定的组分、准确度及完成测定的时间等。一般对标准物和成品分析的准确度要求较高，微量成分分析则对灵敏度要求较高，而中间控制分析则要求快速简便。

例如，在无机非金属材料（如黏土、玻璃等）的分析中，SiO_2 的含量是主要测定项目之一。测定 SiO_2 的含量较多采用重量分析法，试样分解后，在盐酸溶液中蒸干，脱水两次，使 SiO_2 呈硅酸胶凝状沉淀析出，然后过滤，将沉淀灼烧至恒重。但得到的 SiO_2 往往仍含有少量杂质，如 Fe^{3+}、Al^{3+}、Ti^{4+} 等，使结果偏高。

若是标准样，则准确度要求更高，因此应用 HF 和 H_2SO_4 作进一步处理使 SiO_2 转化为 SiF_4，挥发除去，再灼烧至恒重，由减差法求得 SiO_2 含量。此法具有干扰少、准确度高、滤液可用于其他组分测定等优点，但操作烦琐，时间冗长。如果是成品分析，可只脱水两次，或改用动物胶-盐酸脱水一次，这样分析时间就大大缩短。如果是生产过程中的例行分析，则要求更快，此时就宜采用氟硅酸钾滴定法。

(2) 待测组分的含量范围

在选择测定方法时应考虑待测组分的含量范围。常量组分多采用滴定分析法（包括电位、电导、库仑和光度等滴定法）和重量分析法，它们的相对误差为千分之几。由于滴定法简便、快速，因此当两种方法均可应用时，一般选用滴定法。对于微量组分的测定，则应用灵敏度较高的仪器分析法，如分光光度法、原子吸收光谱法、色谱分析法等。这些方法的相对误差一般是百分之几，因此用这些方法测定常量组分时，其准确度就不可能达到滴定法和重量分析法的那样高；但对微量组分的测定，这些方法的准确度已能满足要求。

例如钢铁中硅含量的测定，不能用重量分析法和滴定法，而应用分光光度法或原子吸收光谱法。

(3) 待测组分的性质

了解待测组分的性质常有助于测定方法的选择。例如，大部分金属离子均可与 EDTA 形成稳定的配合物，因此配位滴定法是测定金属离子的重要方法。对于碱金属，特别是钠离子等，由于它们的配合物一般都很不稳定，大部分盐类的溶解度较大，又不具有氧化还原性质，但能发射或吸收一定波长的特征谱线，因此火焰光度法及原子吸收光谱法是较好的测定方法。又如，溴能迅速加成于不饱和有机物的双键，因此可用溴酸盐法测定有机物的不饱和度。再如，生物碱大多数具有一定的碱性，可用酸碱滴定法测定其含量。

(4) 共存组分的影响

选择测定方法时，必须同时考虑共存组分对测定的影响。例如，测定铜矿中的铜时，用 HNO_3 分解试样，选用碘量法测定，其中所含 Fe^{3+}、Sb(Ⅴ)、As(Ⅴ) 及过量 HNO_3，都能氧化 I^- 而干扰测定；若用配位滴定法测定，Fe^{3+}、Al^{3+}、Zn^{2+}、Pb^{2+} 等能与 EDTA 配位，也干扰测定；若用原子吸收光谱法测定，则 Fe、Zn、Pb、Al、Co、Ni、Ca、Mg 等均不干扰，但 H_2SO_4（或 SO_4^{2-}）存在时可使吸收值降低产生负干扰。因此，如果没有合适的直接测定法，应改变测定条件，加入适当的掩蔽剂或进行分离，排除各种干扰后再行测定。

(5) 实验室条件

选择测定方法时，还要考虑实验室是否具备所需条件。例如，现有仪器的精密度和灵敏度，所需试剂和水的纯度以及实验室的温度、湿度和防尘等实际情况。有些方法虽能在很短时间内分析成批试样，很适合于例行分析，但需要昂贵的仪器，一般实验室不一定具备，只能选用其他方法。

一个理想的分析方法应该是灵敏度高、检出限低、精密度佳、准确度高、操作简便，但在实际中往往很难同时满足这些要求，所以需要综合考虑各个指标，对选择的各方法进行综合分析。综合评价分析方法特征的主要参数有：标准偏差、检出限、灵敏度、测定次数、系统误差及置信概率等。

选择分析方法时，首先查阅有关文献，然后根据上述原则判定切实可行的分析方案，通过实验进行修改完善，最好应用标准样或管理（合成）样判断方法的准确度和精密度，确认能满足分析的要求后，再进行试样的测定。

1.4.2 定量分析方法

在科学研究和工业生产中，定量分析方法对于准确评估物质的含量、性能和变化至关重要。以下是几种常用的定量分析方法。

1.4.2.1 标准比较法

标准比较法是一种通过将待测样品与标准样品进行对比，来确定其成分或性质的分析方法。标准比较法优点在于操作简单、成本较低，适用于成分复杂、难以直接测定的样品，特别适用于大批量样品的快速分析。

在标准比较法中，待测样品和标准样品在相同的实验条件下进行测定，比较两者的特征值，如颜色、尺寸、质量等。通过这种方法，可以确定待测样品的成分或性质。然而，这种方法也存在一定的局限性，如标准样品的准确性、实验条件的一致性等都会影响比较结果的准确性。

1.4.2.2 标准曲线法

标准曲线法是一种常用的简便、快速的定量分析方法，用于确定目标物质的浓度，也称外标法或直接比较法。标准曲线法操作简便、快速，适用于大批量样品的快速分析。

基本步骤如下：首先，配制一系列已知浓度的标准溶液，这些溶液中包含待测物质。然后，对这些标准溶液进行测定，记录其响应值，如吸光度、峰面积等。绘制标准溶液的浓度与响应值之间的关系曲线，即标准曲线。当需要对未知样品进行定量时，测定其响应值，然后在标准曲线上找到相应的浓度值。

1.4.2.3 标准加入法

当配制与试样组成一致的标准样品遇到困难时，可采用标准加入法。标准加入法是一种通过向待测样品中加入已知浓度的标准溶液，通过比较加入标准溶液前后样品中目标物质的总量变化，以确定待测样品中目标物质浓度的定量分析方法。为了确保测定结果的准确性，加入的标准溶液应与待测样品中的目标物质在物理和化学性质上尽可能相似。标准加入法在环境监测、药品质量控制等领域有着广泛的应用。

【例 1-5】食品中维生素含量的测定

请设计实验，分别采用标准比较法、标准曲线法和标准加入法测定橙汁样品中维生素 C 的含量。

答：(1) 标准比较法：通过比较样品与已知浓度的标准溶液在特定测试条件下的反应，来估算样品中的维生素 C 含量。

步骤：

① 配制已知准确浓度为 c_s 的维生素 C 标准溶液一份。

② 对标准溶液和橙汁样品进行相同的显色反应，使维生素 C 转化为某种有色物质。

③ 分别测定标准溶液和橙汁样品中有色物质的吸光度值，记为 A_s 和 A_x。

④ 由于吸光度 A∝有色物质的浓度∝维生素 C 的浓度，则可通过 $\frac{A_x}{A_s}=\frac{c_x}{c_s}$ 计算橙汁样品中维生素 C 的浓度 c_x。

(2) 标准曲线法：

步骤：

① 配制一系列已知浓度的维生素 C 标准溶液。

② 对每个标准溶液进行相同的显色反应，并测定其吸光度 A；以标准溶液的浓度为横坐标，吸光度值 A 为纵坐标，绘制标准曲线。

③ 对橙汁样品进行相同的显色反应，并测量其吸光度 A_x。

④ 在标准曲线上得到橙汁样品的吸光度值 A_x 对应的维生素 C 浓度 c_x。

（3）标准加入法：通过向样品中加入已知浓度的维生素 C 标准溶液，来校正样品中可能存在的背景干扰，从而提高测定的准确性和灵敏度。

步骤：

① 取一定量的橙汁样品，其维生素 C 含量为未知值 c_x；向其中加入已知量的维生素 C 标准溶液，使得加入的标准溶液浓度为 c_s。

② 另取橙汁样品，与加入了标准溶液的样品进行相同的显色反应。

③ 分别测量橙汁样品与加入了标准溶液的橙汁样品各自的吸光度，记为 A_x 和 A_s。

④ 根据公式计算橙汁样品中维生素 C 浓度。

高阶选修 A1-4　标准曲线的回归分析及绘制应用

（1）标准曲线的回归分析

在分析化学中，经常使用标准曲线来获得试样中某组分的浓度。如光度分析中的浓度-吸光度曲线，电位法中的浓度-电位值曲线，色谱法中的浓度-峰面积（或峰高）曲线等。

怎样才能使这些标准曲线绘制得最准确、误差最小呢？这就需要找出浓度与某特性值两个变量之间的回归直线及代表此直线的回归方程。下面简单介绍回归方程的计算方法。

设浓度 x 为自变量，某性能参数 y 为因变量，在 x 与 y 之间存在一定的相关关系，当用实验数据 x 与 y 绘图时，由于存在实验误差，绘出的点不可能全在一条直线上，而是分散在直线周围。为了找出一条直线，使各实验点到直线的距离最短（误差最小），需要用数理统计方法，利用最小二乘法关系算出相应的方程 $y=a+bx$ 中的系数 a 和 b，然后再绘出相应的直线，这样的方程称为 y 对 x 的回归方程，相应的直线称为回归直线，从回归方程或回归直线上求得的数值，误差小，准确度高。式中，a 为直线的截距，与系统误差大小有关；b 为直线的斜率，与方法灵敏度有关。

设实验点为（x_i，y_i），则平均值

$$\overline{x}=\frac{\sum_{i=1}^{n}x_i}{n}$$

$$\overline{y}=\frac{\sum_{i=1}^{n}y_i}{n}$$

由最小二乘法关系得

$$b=\frac{\sum_{i=1}^{n}(x_i-\overline{x})(y_i-\overline{y})}{\sum_{i=1}^{n}(x_i-\overline{x})^2}$$

或

$$b=\frac{\sum_{i=1}^{n}x_iy_i-\frac{\left(\sum_{i=1}^{n}x_i\right)\left(\sum_{i=1}^{n}y_i\right)}{n}}{\sum_{i=1}^{n}x_i^2-\frac{\sum_{i=1}^{n}(x_i)^2}{n}}$$

若 a、b 值确定，回归方程也就确定了。但这个方程是否有意义呢（即使数据误差很大，仍然可以求出一个相应方程）？这就需要判断两个变量 x 与 y 之间的相关关系是否达到一定的密切程度，为此可采用相关系数（r）检验法。

① 当 $r=\pm1$ 时，两变量完全线性相关，实验点全部在回归直线上。

② $r=0$ 时，两变量毫无相关关系。

③ $0<|r|<1$ 时，两变量有一定的相关性，只有当 $|r|$ 大于某临界值时，二者相关性才显著，所求的回归方程才有意义。

r 按下列公式计算：

$$r=\frac{\sum_{i=1}^{n}(x_i-\overline{x})(y_i-\overline{y})}{\sqrt{\sum_{i=1}^{n}(x_i-\overline{x})^2\sum_{i=1}^{n}(y_i-\overline{y})^2}}$$

或

$$r=\frac{\sum_{i=1}^{n}x_iy_i-n\overline{x}\,\overline{y}}{\sqrt{\left(\sum_{i=1}^{n}x_i^2-n\overline{x}^2\right)\left(\sum_{i=1}^{n}y_i^2-n\overline{y}^2\right)}}$$

r 的临界值与置信度及自由度的关系见表 A1-3。

表 A1-3　r 的临界值

置信度 r \ $f=n-2$	1	2	3	4	5	6	7	8	9	10
90%	0.988	0.900	0.805	0.729	0.669	0.622	0.582	0.549	0.521	0.497
95%	0.997	0.950	0.878	0.811	0.755	0.707	0.666	0.632	0.602	0.576
99%	0.999	0.990	0.959	0.917	0.875	0.843	0.798	0.765	0.735	0.708

(2) 误差棒及其应用

样品测量时，同一样品的多次测量结果通常要用误差棒（error bar）注明所测量数据的不确定度的大小。误差棒是以被测量的算术平均值为中点，在表示测量值大小的方向上画出的一条线段，线段长度的一半等于（标准或扩展）不确定度，它表示被测量值以某一概率（68%或 95%）落在棒上。文章中的柱状图、折线图中我们经常会看到一条条的横线或竖线，这其实就是误差棒。简单来说，误差棒就是一组数据误差的可视化表达方法，可以一眼看出这组数据的离散程度，所以在处理实验数据时经常需要添加误差棒来展示实验的误差范围。若误差棒明显过长，甚至超过柱状图的长度，那么这个实验数据就存在明显的变异性，可重复性较差。反之，误差棒长短都比较均一，则误差较小，实验数据较为稳定，离散性小，可信度高。

例如文献 Anal. Chem. 2020，92，7，5302-5310 报道的对癌细胞衍生的外泌体中 microRNA 的检测方法中，由实验结果可以看到，误差棒短，离散性小，数据可信度高（见图 A1-3）。

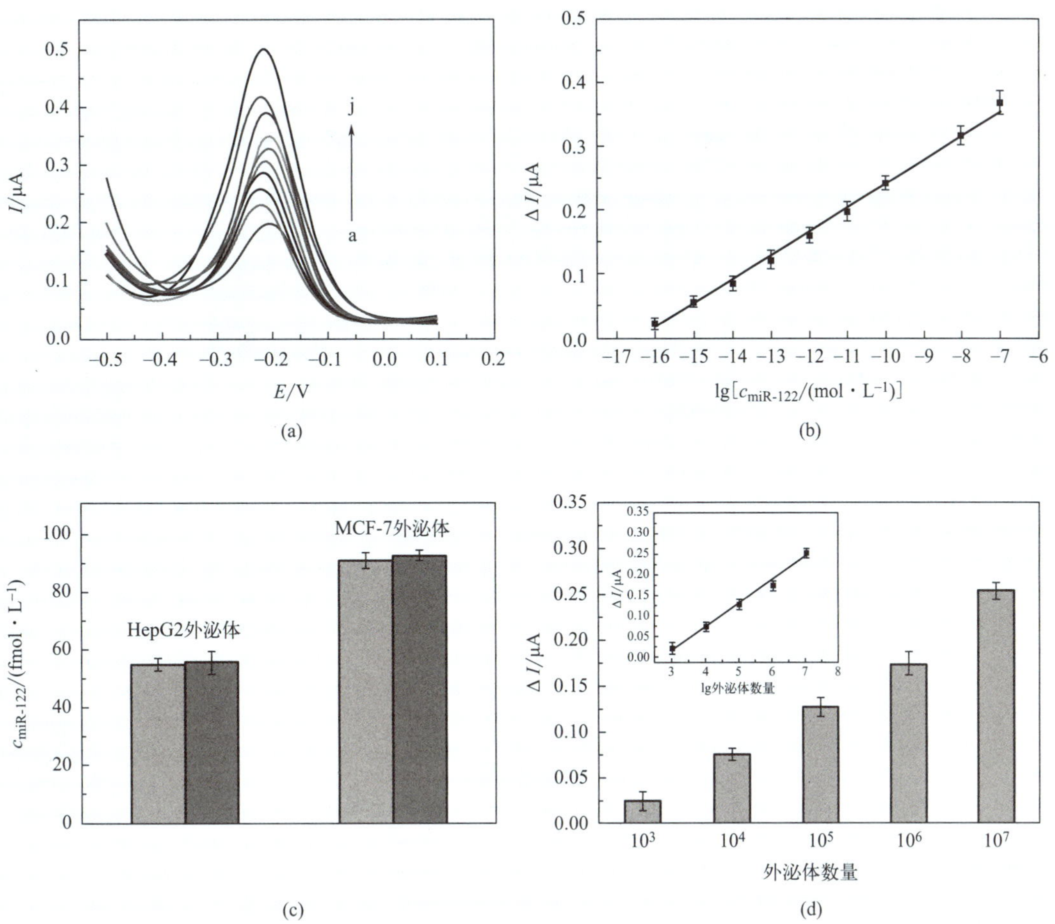

图 A1-3　误差棒的应用

（3）Origin 软件绘制线性方程和线性曲线

Origin 是一款专业的绘图软件，它可以用于绘制各种类型的图表，包括线性方程和线性曲线。图 A1-4 是使用 Origin 软件绘制线性方程和线性曲线的基本步骤：

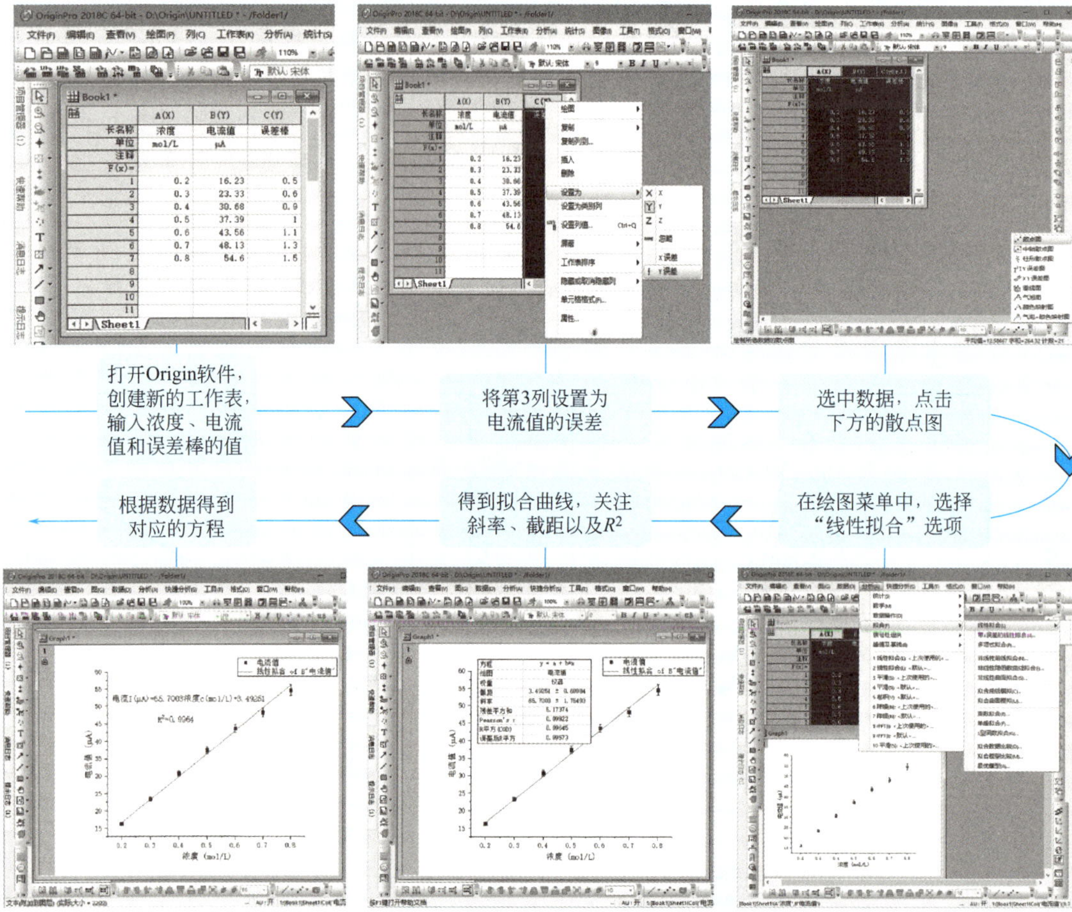

图 A1-4　Origin 软件绘制线性方程和线性曲线基本步骤

习题

1. 判断题

(1) 误差是以真值为标准的，偏差是以平均值为标准的，实际样品测定中获得的所谓“误差”，实际上仍为偏差。

(2) 系统误差可以通过增加测量次数取平均值来消除。

(3) 随机误差是由偶然因素引起的，无法避免。

(4) 对随机误差来说，大小相近的正误差和负误差出现的概率是均等的。

(5) 精密度高的数据，其准确度也一定高。

(6) 某测定数据的准确度愈好，则该测定的精密度愈好。

(7) 某测定数据的精密度愈好，则该测定的准确度愈好。

2. 选择题

(1) 甲、乙两人同时分析一矿物中的含硫量，每次取样 3.5 g，分析结果为甲：0.042%、0.041%；乙：0.04199%、0.04201%，哪份报告是合理的？（　　）

A. 甲合理　　B. 乙合理

C. 甲、乙都合理　　D. 甲、乙都不合理

(2) 在分析过程中，通过（　　）可以减少随机误差对分析结果的影响。

A. 增加平行测定次数　　B. 做空白试验

C. 对照试验　　D. 校准仪器

(3) 在定量分析中，精密度与准确度之间的关系正确的是（　　）

A. 精密度高，准确度必然高　　B. 准确度高，精密度必然高

C. 精密度是保证准确度的前提　　D. 准确度是保证精密度的前提

(4) 若不知所测样品的组成，则要想检验分析方法有无系统误差，有效的方法是（　　）

A. 用标准试样对照　　B. 用人工合成样对照

C. 空白试验　　D. 加入回收试验

(5) 以下哪些情况下，需要进行显著性检验（　　）

① 用某种分析方法对标准试样进行分析，所得数据平均值与标准值不一致；

② 某分析人员用两种不同的分析方法对某试样进行分析，所得数据平均值不一致；

③ 平行测定的数据中，出现一两个与其他结果相差较大的测定值；

④ 不同实验室对同一试样进行分析，所得数据平均值不一致。

A. ①④　　B. ②④　　C. ①②④　　D. ①③④

(6) 测定 $BaCl_2$ 试样中 Ba 的质量分数，四次测定得到置信度 90% 时平均值的置信区间 (62.85±0.09)%，若该测量无系统误差，对此区间有四种理解，正确的是（　　）

A. 真值落在此区间的概率为 90%

B. 有 90% 的把握此区间包含真值在内

C. 再做一次测定结果落入此区间的概率为 90%

D. 有 90% 的测定值落入此区间

(7) 两组数据进行显著性检验的基本步骤是（　　）

A. 可疑数据的取舍—精密度检验—准确度检验

B. 可疑数据的取舍—准确度检验—精密度检验

C. 精密度检验—可疑数据的取舍—准确度检验

D. 精密度检验—准确度检验—可疑数据的取舍

(8) 有两组分析数据，要比较它们的精密度有无显著性差异，则应当用（　　）

A. *F*-*t* 检验　　B. *t* 检验　　C. F 检验　　D. *Q* 值检验

(9) 下列数据中，有效数字的位数是四位的是（　　）

A. $[H^+]=3.305\times10^{-3}\ mol\cdot L^{-1}$　　B. pH=10.53

C. $m(Fe_2O_3)=0.0532\ g$　　D. 0.098%

(10) 将以下测量值修约为三位有效数字，不正确的是（　　）

A. 3.0146 修约为 3.01　　B. 4.125 修约为 4.13

C. 5.135001 修约为 5.14　　D. 1.755 修约为 1.76

3. 简答题

(1) 在下列情况下，哪些会引起系统误差？应该采用什么方法减免？

① 天平的两臂不等长；

② 天平的零点有微小变动；

③ 试剂中含有微量的被测组分；

④ 读取滴定体积时最后一位估读不准；

⑤ 滴定时不慎从锥形瓶中溅出一滴溶液；

⑥ 重量分析中杂质被共沉淀。

(2) 准确度和精密度，误差和偏差有何区别与联系？

(3) 用标准偏差和算术平均偏差表示结果，哪一种更合理？

(4) 如何减少随机误差？如何减少系统误差？

(5) 下列数据的有效数字位数各是多少？

0.007、7.026、pH=5.36、6.00×10^{-5}、1000、91.40、$pK_a=9.26$

(6) 某分析天平的称量误差为±0.1 mg，如果称取试样 0.0600 g，相对误差是多少？如果称取试样为 1.0000 g，相对误差又是多少？这些结果说明什么问题？

(7) 某人以示差分光光度法测定某药物中主成分含量时，称取此药物 0.0350 g，最后计算其主成分含量为 97.26%，此结果是否合理？为什么？

(8) 正态分布曲线和 t 分布曲线有何不同？

(9) 用加热法驱除水分以测定 $CaSO_4\cdot1/2H_2O$ 中结晶水的含量。称取试样 0.2000 g，若天平称量误差为±0.1 mg，则分析结果应以几位有效数字报出？

(10) 叙述置信概率、显著性水平和置信区间的含义及相互之间的关系。

4. 计算题

(1) 某试样经分析测得含锰质量分数为 41.24%、41.27%、41.23%、41.26%。求分析结果的平均偏差、标准偏差和变异系数。

(2) 某矿石中钨的质量分数测定结果为 20.39%、20.41%、20.43%。计算标准偏差及置信度为 95%时平均值的置信区间。

(3) 水中 Cl^- 含量经 6 次测定，求得其平均值为 35.2 $mg\cdot L^{-1}$，$s=0.7\ mg\cdot L^{-1}$，计算置信度为 90%时平均值的置信区间。

(4) 用 Q 值检验法判断下列数据中有无应舍弃的？置信度选 90%。

① 24.26、24.50、24.73、24.63

② 6.400、6.416、6.222、6.408

③ 31.50、31.68、31.54、31.82

(5) 测定试样中 P_2O_5 的质量分数，测定结果为 8.44%、8.32%、8.45%、8.52%、8.69%、8.38%。用 Grubbs 检验法及 Q 值检验法对可疑数据决定取舍。并对保留的数据求平均值、平均偏差、标准偏差和置信度为 90%及 99%时平均值的置信区间。

(6) 分析血清中钾的质量浓度时，6 次测定结果分别为：0.162 $g\cdot L^{-1}$、0.149 $g\cdot L^{-1}$、0.155 $g\cdot L^{-1}$、0.154 $g\cdot L^{-1}$、0.153 $g\cdot L^{-1}$、0.156 $g\cdot L^{-1}$。试计算：

① 计算其平均值、平均偏差和相对标准偏差；

② 用 Q 值检验法或者 Grubbs 法对最大值和最小值进行有无异常值的检查；

③ 计算置信度为 95%时，平均值的置信区间。

(7) 用两种方法测定某试样中碳的质量分数，数据如下：

方法一：4.17%、4.12%、4.04%、4.00%、4.06%、4.09%

方法二：4.08%、4.02%、4.00%、4.07%、4.03%

判断两种方法的精密度是否有显著性差异。（已知 $n_{大}=6$，$n_{小}=5$，置信度 $P=0.95$ 时，$F_{表}=6.26$，$t_{0.05,9}=2.262$）

(8) 测定某矿样中硫的质量分数（%），8次测定结果分别为 31.50、31.62、31.52、31.49、31.51、31.53、31.48、31.47，试计算：

(1) 用 $4\bar{d}$ 和 Q 检验法检验上述测定值中有无异常值（$n=8$，$P=95\%$时，$Q=0.54$）；

(2) 计算相对平均偏差和相对标准偏差（提示：若有异常值，应舍去）；

(3) 置信度为95%时，总体平均值 μ 的置信区间（$n=7$，$P=0.95$ 时，$t=2.447$；$n=8$，$P=0.95$ 时，$t=2.365$）

第 2 章

化学分析法

内容提要

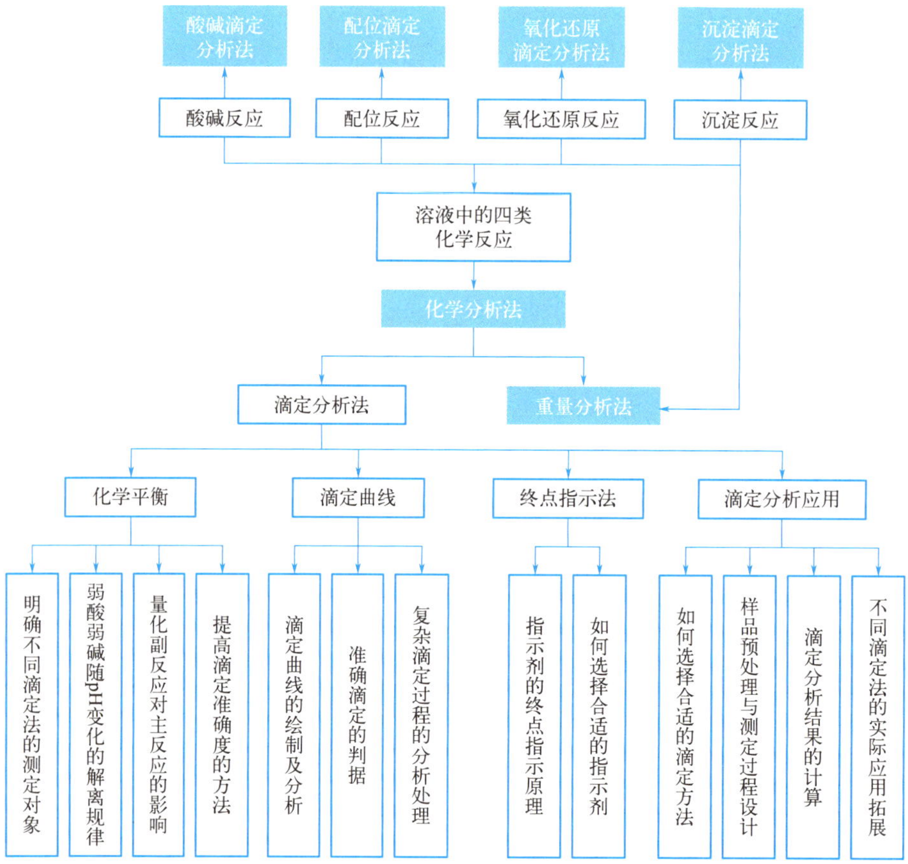

2.1 滴定分析概述

2-1 滴定分析概述 mp4

滴定分析法主要用于组分含量在1%以上（常量组分）物质的测定。该法的特点是：准确度高（一般相对误差小于0.1%～0.2%），能满足常量分析的要求，常作为标准方法使用；操作简便、快速；使用的仪器简单、价廉；可应用多种化学反应类型进行分析测定。

2.1.1　滴定分析的基本概念

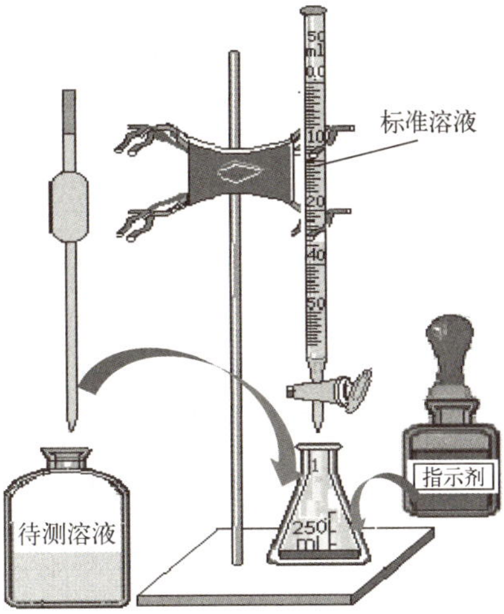

图 2-1　滴定装置示意图

滴定分析法（titration analysis）也称容量分析法（volumetric analysis），是最常用的定量化学分析法。在滴定分析时，一般先将待分析试样配成溶液并置于锥形瓶中，通过滴定管向被测物质溶液中逐滴地滴加已知准确浓度的溶液（标准溶液，也称滴定剂），直至所加溶液物质的量与被测物质的物质的量按化学计量关系恰好反应完全，然后根据所加标准溶液的浓度和所消耗的体积，计算出被测物质的含量，上述操作过程称为滴定（titration）（如图 2-1 所示）。所加标准溶液与被测物质按化学反应方程恰好完全反应的这一点称为化学计量点（stoichiometric point，sp）。在滴定分析中，化学计量点时往往没有什么明显的外部特征，一般需要向待测溶液中加入指示剂，通过指示剂的颜色突变判定化学计量点的到达，从而停止滴定，上述通过指示剂判定的终点称为滴定终点（end point of the titration，ep）。通常情况下，指示剂发生颜色突变所指示的滴定终点与化学计量点之间存在一定差异，称为终点误差。终点误差的大小既取决于滴定反应的完全程度，还与使用的指示剂是否恰当有关，是滴定分析中误差的主要来源。

2.1.2　基准物质与标准溶液

2.1.2.1　基准物质

基准物质（primary standard substance）也称滴定分析标准物质，用于直接配制标准溶液或用来标定某一溶液的准确浓度。基准物质必须具备下列条件：

① 物质的组成与化学式完全相符。若含结晶水，其含量也应与化学式相符。

② 物质的纯度足够高，一般要求其纯度在 99.9%以上。

③ 性质稳定，在保存或称量过程中其组成不变，如不易吸水、不易吸收 CO_2 等。

④ 试剂最好具有较大的摩尔质量，这样称样量相对较多，可减小称量误差。

例如，硼砂 $Na_2B_4O_7 \cdot 10H_2O$ 和碳酸钠作为碱的基准物质，都符合上述前三条要求。但 $Na_2B_4O_7 \cdot 10H_2O$ 的摩尔质量大于 Na_2CO_3，若其所含结晶水与其化学式完全相符，则用它作为碱的基准物质更适合。

实际生产科研实践中可作基准物质的并不多，常见基准物质的干燥条件及标定对象见附录 1。在酸碱滴定中，常用 $Na_2B_4O_7 \cdot 10H_2O$ 和 Na_2CO_3 作为碱的基准物质，邻苯二甲酸氢钾和 $H_2C_2O_4 \cdot 2H_2O$ 作为酸的基准物质。氧化还原滴定中常用 $K_2Cr_2O_7$、KIO_3（氧化剂）和草酸钠 $Na_2C_2O_4$（还原剂）作为基准物质。以 ZnO、纯金属（如 Ag、Cu）、$CaCO_3$ 等作为相应金属离子的基准物质。

2.1.2.2　两种配制标准溶液的方法

标准溶液（standard solution）指已知准确浓度的溶液。在滴定分析中，不论采用哪种滴定方式，都是利用标准溶液的浓度和消耗体积来计算待测组分的含量，因此必须正确地配制标准溶液和确定标准溶液的准确浓度。标准溶液的配制可分为直接配制法和间接配制法。

(1) 直接配制法

只有符合基准物质条件的物质才能采用直接配制法。通过准确称取一定量的基准物质，溶于水后转入容量瓶中定容，然后根据所称物质的质量和定容的体积即可计算出该标准溶液的准确浓度。例如，准确称取4.903 g基准物质 $K_2Cr_2O_7$，用水溶解后，定量转移至1000 mL容量瓶中，加水稀释至刻度，即得0.01667 mol·L^{-1}的 $K_2Cr_2O_7$ 标准溶液。标准溶液的浓度通常用物质的量浓度mol·L^{-1}表示，工业上常规测量时也会用到滴定度来简化计算(见高阶选修A2-1内容)。

(2) 间接配制法

配制标准溶液时所用试剂若不完全满足基准物质的要求，则不能采用直接配制法。可先将它们配制成近似浓度的溶液，然后再用基准物质或已知准确浓度的标准溶液来标定其准确浓度，这种配制标准溶液的方法称为间接配制法，也称标定法。例如，欲配制准确浓度的0.1 mg·L^{-1}的HCl标准溶液，根据要配制溶液的体积，计算所需体积的浓盐酸，用水将其稀释后得到近似浓度的HCl溶液，再用 $Na_2B_4O_7 \cdot 10H_2O$ 或 Na_2CO_3 等基准物质对其进行标定，或用已知浓度的NaOH标准溶液标定其准确浓度。

2.1.3 滴定分析对化学反应的要求

2.1.3.1 可直接用于滴定分析的化学反应

滴定分析法虽然能利用各种类型的反应，但并不是所有的化学反应都可以用于滴定分析，用于滴定分析的化学反应必须具备下列条件：

① 反应物间要有确定的化学计量关系，即按一定的化学反应方程式进行，这是定量计算的前提。

② 反应程度达到99.9%以上，无副反应发生。

③ 反应速率要快。对于反应速率慢的反应，应采取适当措施来提高反应速率，如加热、加催化剂等。

④ 要有适当的指示剂或仪器方法来指示滴定的终点。

凡能同时满足上述条件时，可直接用标准溶液滴定被测物质。但有些反应不能完全满足上述条件，因而不能采用直接滴定法。

2.1.3.2 应用于滴定分析的多种滴定方式

除了直接滴定法外，也可调整滴定方式，采用间接滴定的方法。常用的滴定方式有以下几种。

① 直接滴定法。凡能满足上述条件的反应，都可用标准溶液直接滴定被测物质的溶液。例如，用氢氧化钠标准溶液直接滴定盐酸。直接滴定法是滴定分析中最常用和最基本的滴定方法。

② 返滴定法。当反应速率较慢或反应物是固体时，向被测物质溶液中滴加滴定剂，反应不能立即完成。在此情况下，可向被测物质中先加入一定量过量的滴定剂，通过加热、放置等，待反应完成后，再用另一种标准溶液滴定剩余的滴定剂，这种滴定方式称为返滴定。例如固体 $CaCO_3$ 含量的测定，可先加入一定量过量的 HCl 标准溶液，待 $CaCO_3$ 与 HCl 反应完全后，剩余的 HCl 可用 NaOH 标准溶液返滴定。根据 HCl 标准溶液的总消耗量和 NaOH 标准溶液的消耗量的差值可得出 $CaCO_3$ 消耗的 HCl 标准溶液的量，从而间接计算出 $CaCO_3$ 的含量。

$$\boxed{CaCO_3(s)} \xrightarrow{\text{HCl(过量定量)}} \boxed{\begin{matrix} CaCl_2+H_2O+CO_2 \\ \text{HCl(剩余)} \end{matrix}} \xrightarrow[\text{标液}]{\text{NaOH}} \boxed{NaCl+H_2O}$$

$$\begin{aligned} w_{CaCO_3} &= \frac{m_{CaCO_3}}{m_{样品}} \times 100\% \\ &= \frac{(n_{HCl} - n_{NaOH})/2 \times M_{CaCO_3}}{m_{样品}} \times 100\% \\ &= \frac{(c_{HCl}V_{HCl} - c_{NaOH}V_{NaOH})/2 \times M_{CaCO_3}}{m_{样品}} \times 100\% \end{aligned}$$

③ 间接滴定法。若被测物质与滴定剂的反应不按确定的化学反应方程式进行，伴有副反应或者不能直接反应时，可以先用适当的试剂与被测物质反应，使被测物质定量地转换成另外一种物质，再用标准溶液滴定生成的这一物质，从而求出被测物质的含量，这种方法称为间接滴定法。例如，$KMnO_4$ 标准溶液不能直接滴定 Ca^{2+}，可先将 Ca^{2+} 转化为 CaC_2O_4 沉淀，用 H_2SO_4 溶液溶解后，再用 $KMnO_4$ 标准溶液滴定溶解释放出的 $C_2O_4^{2-}$，从而间接测定 Ca^{2+} 浓度。部分教科书将间接滴定与置换滴定区分开来，本书不作区分。

高阶选修 A2-1　滴定度

在生产部门的例行分析中，由于测定对象比较固定，常使用同一标准溶液测定同种物质，因此常采用滴定度表示标准溶液的浓度，使计算简便快速。所谓滴定度是指每毫升标准溶液相当于被测物质的质量（g 或 mg），以符号 $T_{A/B}$ 表示，其中 A、B 分别表示标准溶液中的被测物质、溶质，单位为 $g \cdot mL^{-1}$（或 $mg \cdot mL^{-1}$）。

$$T_{A/B}(g \cdot mL^{-1}) = \frac{m_A(g)}{V_B(mL)}$$

滴定剂物质的量浓度与滴定度的换算

$$\underset{\text{被测物}}{aA} + \underset{\text{滴定剂}}{bB} \rightleftharpoons cC + dD$$

$$n_A = \frac{a}{b} n_B$$

将二者的物质的量关系代入到滴定度的定义式中，则得滴定度的计算式如下：

$$T_{A/B} = \frac{m_A}{V_B} = \frac{n_A M_A}{V_B} = \frac{a}{b} \times \frac{c_B M_A}{1000}$$

例如，1.00 mL H_2SO_4 标准溶液恰能与 0.04000 g NaOH 完全反应，则此 H_2SO_4 溶液对 NaOH 的滴定度 $T_{NaOH/H_2SO_4}=0.04000\ g\cdot mL^{-1}$。如采用该溶液滴定某烧碱溶液，用去 H_2SO_4 溶液 22.00 mL，则试样中 NaOH 的质量为

$$m_{NaOH}=0.04000\ g\cdot mL^{-1}\times 22.00\ mL=0.8800\ g$$

推而广之，如果滴定时消耗了 V_B 的滴定剂，则待测组分的质量为

$$m_A=V_BT_{A/B}$$

如果同时固定试样的质量，滴定度还可以用每毫升标准溶液相当于被测组分的质量分数（%）来表示。例如，$T_{NaOH/H_2SO_4}=2.69\%\cdot mL^{-1}$，则表明固定试样为某一质量时，滴定中每消耗 1.00 mL H_2SO_4 标准溶液，就可以中和试样中 2.69%的 NaOH。测定时如用去 H_2SO_4 溶液 10.50 mL，则试样中 NaOH 的质量分数为

$$w_{NaOH}=2.69\%\cdot mL^{-1}\times 10.50\ mL=28.24\%$$

此外，还可以用单位体积中含某物质的质量来表示浓度，称为质量浓度（ρ），例如 $g\cdot L^{-1}$、$mg\cdot L^{-1}$ 或 $mg\cdot mL^{-1}$ 等。

2.2 滴定分析中的化学平衡

滴定分析中主要涉及溶液中的四大化学平衡，即酸碱平衡、配位平衡、氧化还原平衡、沉淀溶解平衡。一般来说酸碱反应和配位反应速率比较快，而氧化还原和沉淀反应常常涉及速率问题，因此酸碱反应和配位反应重点考虑平衡问题，氧化还原、沉淀反应需综合考虑反应平衡和速率问题。

2.2.1 酸碱平衡

由于溶液的酸度通常会影响物种的存在型体，尤其是金属离子和作为氧化剂的含氧酸盐，因而影响各类反应的完全程度及反应速率，因此酸碱平衡的处理不仅是酸碱滴定的基础，也是其他化学分析法的基础。

2.2.1.1 酸碱平衡理论基础

酸碱质子理论 1923 年由 Brønsted 提出，界定凡是能给出质子（H^+）的物质是酸，凡是能接受质子（H^+）的物质是碱。以 HAc 为例，HAc 为酸，Ac^- 为碱，二者通过得失一个质子可以相互转化，因此，将 HAc 和 Ac^- 称为共轭酸碱对。水溶液中的酸碱反应实质上是两个共轭酸碱对之间的质子转移过程。酸碱的强弱取决于物质给出质子或接受质子的强弱，定量地可用酸的解离常数 K_a、碱的解离常数 K_b 的数值来表示。解离常数 K_a(K_b) 越大，酸（碱）性越强，其共轭碱的碱（共轭酸的酸）性越弱。常见弱酸及其共轭碱在水中的解离常数见附录 2。以 HAc 和 Ac^- 为例，其解离过程和解离常数如下：

$$HAc \rightleftharpoons H^+ + Ac^- \qquad K_a=\frac{[H^+][Ac^-]}{[HAc]}=1.8\times 10^{-5}$$

$$Ac^- + H_2O \rightleftharpoons OH^- + HAc \qquad K_b = \frac{[HAc][OH^-]}{[Ac^-]}$$

则共轭酸碱对的解离常数之间的关系（25 ℃）为：

$$K_a K_b = [H^+][OH^-] = K_w = 1.0 \times 10^{-14}$$

$$pK_a + pK_b = 14$$

对于多元酸碱而言，其在水中是逐级解离的，解离强度逐级递减，表现为解离常数逐级减小，$K_{a1} > K_{a2} > K_{a3}$，$K_{b1} > K_{b2} > K_{b3}$；同时，形成的多元共轭酸碱对中最强酸的解离常数 K_{a1} 对应最弱共轭碱的解离常数 K_{b3}，即：

$$K_{a1} K_{b3} = K_{a2} K_{b2} = K_{a3} K_{b1} = K_W = 1.0 \times 10^{-14}$$

高阶选修 A2-2　浓度、活度和活度系数

在电解质溶液中，由于带电离子间以及离子和溶剂间的相互作用，离子在化学反应中表现出的有效浓度与真实浓度间有差别。离子在化学反应中起作用的有效浓度称为离子的活度，在有关化学平衡的计算中，严格来说应当用活度而不是浓度。

$$a = \gamma_i c$$

γ 为离子的活度系数，用它衡量实际溶液和理想溶液间差别的大小。对于极稀溶液，离子间距很大，可忽略离子之间的相互作用，视为理想溶液，$\gamma \approx 1$。随着溶液浓度增加，$\gamma < 1$，$a < c$。中性分子不带电荷，$\gamma = 1$，如 HAc 等。纯溶剂的活度规定为 1。活度系数与溶液的离子强度有关，而离子强度与溶液中各种离子的浓度及电荷有关，可用下式计算：

$$I = \frac{1}{2}\sum c_i Z_i^2$$

式中，c_i、Z_i 分别为溶液中第 i 种离子的浓度和电荷。

高阶选修 A2-3　活度解离常数和浓度解离常数

弱酸的解离常数若用活度表示则为

$$HA \rightleftharpoons H^+ + A^-$$

$$K_a = \frac{a_{H^+} a_{A^-}}{a_{HA}}$$

K_a 与 HA 的本性及温度有关，但在分析化学中常用浓度表示上述平衡关系，得到浓度常数 K_c。

$$K_c = \frac{[H^+]\ [A^-]}{[HA]} = \frac{a_{H^+} \cdot a_{A^-}}{a_{HA}} \times \frac{\gamma_{HA}}{\gamma_{H^+} \cdot \gamma_{A^-}} = \frac{K_a \cdot \gamma_{HA}}{\gamma_{H^+} \cdot \gamma_{A^-}}$$

如果分析测定中酸碱平衡的处理，溶液的浓度不高或对准确度要求不是太高时，就可忽略离子强度的影响，用 K_c 代替 K_a 作近似计算。本章一般都采用近似处理，仅在准确度要求较高时（如标准缓冲溶液的 pH 计算），才考虑离子强度的影响。

高阶选修 A2-4 质子条件式

物料平衡方程：在平衡状态下某一组分的分析浓度等于该组分各种型体的平衡浓度之和，表述这种关系的方程称为物料平衡方程，简称物料平衡，用 MBE 表示。

例如，浓度为 c 的 Na_2CO_3 溶液的物料平衡方程为

$$[H_2CO_3]+[HCO_3^-]+[CO_3^{2-}]=c$$

$$[Na^+]=2c$$

电荷平衡方程：在平衡状态下，溶液是电中性的，即溶液中带正电质点所带正电荷的量（单位为 mol）一定等于带负电质点所带负电荷的量（单位为 mol），表述这种关系的方程称为电荷平衡方程，用 CBE 表示。

例如，$NaHCO_3$（浓度为 c）的 CBE 为

$$[H^+]+[Na^+]=[HCO_3^-]+2[CO_3^{2-}]+[OH^-]$$

$$[H^+]+c=[HCO_3^-]+2[CO_3^{2-}]+[OH^-]$$

质子平衡方程：酸碱反应的本质是质子转移，当反应达到平衡时，酸失去质子的量（单位为 mol）与碱得到质子的量（单位为 mol）相等，表述这种关系的方程称为质子平衡方程或质子条件式，用 PBE 表示。它是处理酸碱平衡计算问题的基本关系式。

质子条件式是反映溶液中质子转移的量的关系式，因此应根据溶液中得质子后产物与失质子后产物的质子得失量相等的原则进行书写。先选择适当物质作为参考，以它作为衡量质子得失的标准，常称为参考水准，然后根据质子转移数相等的数量关系写出 PBE。**作为参考水准的物质通常是在溶液中大量存在并参与质子转移的物质。**

以 HAc 为例，溶液中大量存在并参与质子转移的物质是 HAc 与 H_2O，选二者作为参考水准，溶液中存在的质子转移反应有

$$HAc+H_2O \rightleftharpoons H_3O^+ + Ac^-$$

$$H_2O+H_2O \rightleftharpoons H_3O^+ + OH^-$$

根据得失质子的量应当相等的原则，HAc 溶液的 PBE 为

$$[H_3O^+]=[Ac^-]+[OH^-]$$

式中，$[H_3O^+]$ 是水得到质子后的产物浓度（也可直接写作 $[H^+]$），$[Ac^-]$ 和 $[OH^-]$ 分别是 HAc 和 H_2O 失去质子后的产物浓度。

再以 $NaHCO_3$ 溶液为例，此时溶液中大量存在且参与质子转移的物质为 HCO_3^- 和 H_2O，因此选二者作为参考水准，其质子条件式为

$$[H_3O^+]+[H_2CO_3]=[CO_3^{2-}]+[OH^-]$$

因此，**在选好参考水准后，只要将所有得到质子后的产物写在等式的一端，所有失去质子后的产物写在另一端，**就得到 PBE，**显然参考水准在质子条件式中是不出现的。**

对于多元酸碱，**如果得失质子数多于 1，应在其产物前加上得失质子的数目作为平衡浓度的系数。**为简化起见，$[H_3O^+]$ 以 $[H^+]$ 表示。以 Na_2CO_3 为例，参考水准为 CO_3^{2-} 和 H_2O，则有如下解离方程

$$CO_3^{2-} + H_2O \longrightarrow HCO_3^- + OH^-$$

$$H_2O + HCO_3^- \longrightarrow H_2CO_3 + OH^-$$

$$H_2O \longrightarrow H^+ + OH^-$$

其质子条件式为：

$$[H^+] + 2[H_2CO_3] + [HCO_3^-] = [OH^-]$$

在该式中需要注意，H_2CO_3 是由参考水准 CO_3^{2-} 得 2 个质子后形成的产物，所以应在 $[H_2CO_3]$ 前乘以系数 2。

2.2.1.2　常见溶液 pH 值的估算及缓冲溶液

2-2　酸碱溶液 pH 计算 mp4

溶液中 H^+ 浓度的大小对很多化学反应都有重要影响，因此计算常见溶液的 pH 值至关重要。通常是从质子条件式出发，将对 H^+ 浓度有贡献的所有物种均列出，再根据对计算准确度的要求，忽略非主要因素对 H^+ 浓度的贡献，从而计算溶液中 H^+ 浓度。表 2-1 中列出了常见酸碱体系中估算 H^+ 浓度的公式以及公式所忽略的非主要因素（计算误差<5%）。若需要准确计算溶液 pH 值，可参考高阶内容的质子条件式和弱酸弱碱溶液酸度的准确计算方法。具体计算推导过程详见高阶选修内容 A2-5。

表 2-1　常见溶液的 $[H^+]$ 计算最简式及使用条件

常见溶液	计算最简式	使用条件	主要考虑因素	忽略因素
强酸溶液	$[H^+] \approx c$	—	$[H^+]$主要来自强酸的解离	忽略水解离对$[H^+]$的贡献
强碱溶液	$[OH^-] \approx c$	—	$[OH^-]$主要来自强碱的解离	忽略水解离对$[OH^-]$的贡献
一元弱酸溶液 HA	$[H^+] = \sqrt{K_a c}$	$cK_a \geqslant 10K_w$，且 $c/K_a \geqslant 100$	$[H^+]$主要来自一元弱酸的解离	忽略水解离对$[H^+]$的贡献和弱酸解离对弱酸浓度的影响
一元弱碱溶液 NaA	$[OH^-] = \sqrt{K_b c}$	$cK_b \geqslant 10K_w$，且 $c/K_b \geqslant 100$	$[OH^-]$主要来自一元弱碱的解离	忽略水解离对$[OH^-]$的贡献和弱碱解离对弱碱浓度的影响
多元弱酸溶液 H_nA	$[H^+] = \sqrt{K_{a1} c}$	$\sqrt{cK_{a1}} > 40K_{a2}$，且 $c/K_{a1} > 400$	$[H^+]$主要来自多元弱酸的一级解离	忽略二、三级等解离和水解离对$[H^+]$的贡献，同时忽略第一级解离对多元弱酸浓度的影响
多元弱碱溶液 Na_nA	$[OH^-] = \sqrt{K_{b1} c}$	$\sqrt{cK_{b1}} > 40K_{b2}$，且 $c/K_{b1} > 400$	$[OH^-]$主要来自多元弱碱的一级解离	忽略二、三级等解离和水解离对$[OH^-]$的贡献，同时忽略第一级解离对多元弱碱浓度的影响
两性物质溶液 NaH_2A	$[H^+] = \sqrt{K_{a1} K_{a2}}$	$K_{a2}c \geqslant 10K_w$，且 $c \geqslant 10K_{a1}$	$[H^+]$主要来自两性物质的解离	忽略水解离对$[H^+]$的贡献、H_2A^-酸式和碱式解离对两性物质浓度的影响
两性物质溶液 Na_2HA	$[H^+] = \sqrt{K_{a2} K_{a3}}$	$K_{a3}c \geqslant 10K_w$，且 $c \geqslant 10K_{a2}$	$[H^+]$主要来自两性物质的解离	忽略水解离对$[H^+]$的贡献及HA^{2-}酸式和碱式解离对两性物质浓度的影响

续表

常见溶液	计算最简式	使用条件	主要考虑因素	忽略因素
缓冲溶液 HA-NaA	$[H^+]=K_a\frac{c_{HA}}{c_{A^-}}$ $pH=pK_a+\lg\frac{c_{A^-}}{c_{HA}}$	c_{HA}、c_{A^-}远大于溶液中的$[H^+]$和$[OH^-]$（均大于20倍）	$[H^+]$和$[OH^-]$主要来自HA和NaA的解离	忽略水的解离和因共轭酸碱的解离对其浓度的影响

【例 2-1】两性物质溶液 pH 值的计算

计算 $0.10\ mol\cdot L^{-1}$ $NaHCO_3$ 溶液的 pH 值。

解：根据酸碱质子理论可知 $NaHCO_3$ 既可得质子也可失质子，因此 $NaHCO_3$ 溶液是两性物质溶液。已知 $c=0.10\ mol\cdot L^{-1}$，H_2CO_3 的 $pK_{a1}=4.2\times10^{-7}$，$pK_{a2}=5.6\times10^{-11}$。

结合表 2-1 中两性物质溶液的最简式的使用判据，该溶液满足 $c>10K_{a1}$，$cK_{a2}\gg10K_w$，故采用最简式计算。

$$[H^+]=\sqrt{K_{a1}K_{a2}}=\sqrt{4.2\times10^{-7}\times5.6\times10^{-11}}=4.9\times10^{-9}(mol\cdot L^{-1})$$

$$pH=8.31$$

该 $NaHCO_3$ 溶液的 pH 值为 8.31。

缓冲溶液是一类能在一定范围内维持溶液酸度不发生显著变化的溶液，其酸度（溶液 pH）不因溶液稀释或外加少量酸、碱而发生显著变化。缓冲溶液一般可分为两大类：①强酸或强碱溶液，其酸度或碱度较高，外加少量酸、碱或稀释对溶液的酸度或碱度影响不大；②浓度较大的弱酸及其共轭碱或弱碱及其共轭酸，如 $HAc-Ac^-$、$NH_4^+-NH_3$ 等。

对于一般控制酸度用的缓冲溶液，因缓冲剂本身浓度较大，对计算结果准确度要求不高，可采用近似方法计算。以 $HA-A^-$ 缓冲体系为例：

$$pH=pK_a+\lg\frac{[A^-]}{[HA]}$$

因缓冲剂本身浓度较大，可以认为 HA 和 A^- 的平衡浓度 [HA] 和 $[A^-]$ 分别等于它们的初始浓度 c_{HA} 和 c_{A^-}，可获得缓冲溶液 pH 值的计算公式如下：

$$pH=pK_a+\lg\frac{c_{A^-}}{c_{HA}}$$

分析化学中控制溶液酸度的常用缓冲溶液很多，通常根据实际情况选择，其选择原则是：①缓冲溶液对测量过程应没有干扰；②所需控制的 pH 应在缓冲溶液的缓冲范围之内，如果缓冲溶液是由弱酸及共轭碱组成，应尽量控制使 $pK_a\approx pH$；③缓冲溶液应有足够的缓冲能力。

【例 2-2】缓冲溶液 pH 值的计算

$0.1\ mol\cdot L^{-1}$ 的 HAc 500 mL 与 $0.2\ mol\cdot L^{-1}$ 的 NaAc 250 mL 配成缓冲溶液，计算溶液的 pH 值。（HAc 的 $pK_a=4.75$）

解：根据表 2-1 得知缓冲溶液的计算公式，同时结合题意已知 $c_{HAc}=0.1\ mol\cdot L^{-1}$，$c_{NaAc}=0.2\ mol\cdot L^{-1}$，HAc 的 $pK_a=4.75$，则

$$pH=pK_a+\lg\frac{c_{Ac^-}}{c_{HAc}}=4.74+\lg\frac{0.2\times250}{0.1\times500}=4.74$$

该缓冲溶液的 pH 值为 4.74。

表 2-2 列出了一些常用的缓冲溶液，可供参考。在实际工作中，有时要求在较宽 pH 范围内都有缓冲能力，具有这种性质的溶液称为全域缓冲溶液，它们是由多元酸及其共轭碱组成的。

表 2-2　常用缓冲溶液

缓冲溶液	酸	共轭碱	pK_a
氨基乙酸-HCl	$^+NH_3CH_2COOH$	$^+NH_3CH_2COO^-$	2.35(pK_{a1})
一氯乙酸-NaOH	$CH_2ClCOOH$	CH_2ClCOO^-	2.86
邻苯二甲酸氢钾-HCl	$HOOC\text{-}C_6H_4\text{-}COOH$	$HOOC\text{-}C_6H_4\text{-}COO^-$	2.95(pK_{a1})
甲酸-NaOH	HCOOH	$HCOO^-$	3.76
HAc-NaAc	HAc	Ac^-	4.74
六亚甲基四胺-HCl	$(CH_2)_6N_4H^+$	$(CH_2)_6N_4$	5.15
NaH_2PO_4-Na_2HPO_4	$H_2PO_4^-$	HPO_4^{2-}	7.20(pK_{a1})
三乙醇胺-HCl	$^+HN(CH_2CH_2OH)_3$	$N(CH_2CH_2OH)_3$	7.76
Tris-HCl	$^+NH_3C(CH_2OH)_3$	$NH_2C(CH_2OH)_3$	8.21
$Na_2B_4O_7$-HCl	H_3BO_3	$H_2BO_3^-$	9.24(pK_{a1})
$Na_2B_4O_7$-NaOH	H_3BO_3	$H_2BO_3^-$	9.24(pK_{a1})
NH_3-NH_4Cl	NH_4^+	NH_3	9.26
乙醇胺-HCl	$^+NH_3CH_2CH_2OH$	$NH_2CH_2CH_2OH$	9.50
氨基乙酸-NaOH	$^+NH_3CH_2COO^-$	$NH_2CH_2COO^-$	9.60(pK_{a1})
$NaHCO_3$-Na_2CO_3	HCO_3^-	CO_3^{2-}	10.25(pK_{a2})

表 2-3 列出了在实际工作中常用的标准缓冲溶液，它们是测量溶液 pH 值时用作参照标准的溶液。标准缓冲溶液的 pH 值是由非常精确的实验确定的。标准缓冲溶液用于校准 pH 计，校准 pH 计的标准缓冲溶液的 pH 值应当与被测溶液 pH 值相近，这样测得的准确度才能高。

表 2-3　pH 标准缓冲溶液及标准值（25 ℃）

pH 标准缓冲溶液	pH 标准值
饱和酒石酸氢钾(0.034 $mol \cdot L^{-1}$)	3.56
0.05 $mol \cdot L^{-1}$ 邻苯二甲酸氢钾	4.01
0.025 $mol \cdot L^{-1}$ KH_2PO_4—0.025 $mol \cdot L^{-1}$ Na_2HPO_4	6.86
0.01 $mol \cdot L^{-1}$ 硼砂	9.18

高阶选修 A2-5　溶液 pH 值的准确计算

(1) 强酸（强碱）溶液

以浓度为 c 的 HCl 溶液为例，其质子条件式为

$$[H^+]=[OH^-]+c$$

当 HCl 的浓度不是很小时，即 $c \gg [OH^-]$。通常分析化学中计算溶液酸度时允许相对误差为±5%，当 $c \gg 20[OH^-]$ 时，可忽略 $[OH^-]$。一般情况下，只要 HCl 溶液浓度

$c \geqslant 10^{-6}\ \text{mol} \cdot \text{L}^{-1}$，则可近似求解，即

$$[\text{H}^+] \approx c \text{ 或 } \text{pH} = -\lg[\text{H}^+] = -\lg c$$

对于强碱溶液（如 NaOH 溶液），处理方法与强酸相同。

$$\text{当 } c \geqslant 10^{-6}\ \text{mol} \cdot \text{L}^{-1} \text{ 时，} [\text{OH}^-] \approx c\text{。}$$

(2) 一元弱酸（弱碱）溶液

设一元弱酸（HA）的浓度为 c，其质子条件式为

$$[\text{H}^+] = [\text{A}^-] + [\text{OH}^-]$$

根据解离平衡，设 HA 的解离常数为 K_a，得

$$[\text{H}^+] = \frac{K_a[\text{HA}]}{[\text{H}^+]} + \frac{K_w}{[\text{H}^+]}$$

则

$$[\text{H}^+] = \sqrt{K_a[\text{HA}] + K_w} \tag{A2-1}$$

[HA] 可表达为 $[\text{H}^+]$ 与 K_a 的函数

$$[\text{HA}] = c\delta_{\text{HA}} = c\,\frac{[\text{H}^+]}{[\text{H}^+] + K_a} \tag{A2-2}$$

将式(A2-1) 代入式(A2-2)，整理后得

$$[\text{H}^+]^3 + K_a[\text{H}^+]^2 - (K_a c + K_w)[\text{H}^+] - K_w K_a = 0 \tag{A2-3}$$

式(A2-3) 为计算一元弱酸溶液 $[\text{H}^+]$ 的精确公式，解该方程十分麻烦，更主要的是在实际工作中也没有必要。因此，可根据具体情况作合理的近似处理。通常分析化学计算中允许相对误差为±5%。因此，在式(A2-1) 中，当 $K_a c \geqslant 20K_w$ 时，K_w 可忽略；考虑到 HA 的解离度不是很大，为了方便计算，以 $K_a[\text{HA}] \approx K_a c \geqslant 20K_w$ 进行判断。这样，当 $K_a c \geqslant 20K_w$ 时，K_w 可忽略，即水的解离可忽略。此时

$$[\text{H}^+] \approx \sqrt{K_a[\text{HA}]} \tag{A2-4}$$

根据解离平衡

$$[\text{HA}] \approx c - [\text{H}^+] \tag{A2-5}$$

将式(A2-5) 代入式(A2-4)，得

$$[\text{H}^+] = \sqrt{K_a(c - [\text{H}^+])} \tag{A2-6}$$

$$[\text{H}^+]^2 + K_a[\text{H}^+] - K_a c = 0$$

$$[\text{H}^+] = \frac{-K_a + \sqrt{K_a^2 + 4cK_a}}{2} \tag{A2-7}$$

式(A2-7) 是计算一元弱酸溶液 $[\text{H}^+]$ 的近似式。

当 $K_a c \geqslant 20K_w$ 且 $c/K_a \geqslant 500$ 时，弱酸的解离可以忽略不计，由近似式(A2-6) 得

$$[\text{H}^+] = \sqrt{K_a c} \tag{A2-8}$$

式(A2-8) 是计算**一元弱酸溶液中 $[\text{H}^+]$ 的最简式**，实际上也是计算一元弱酸溶液 pH 最常用的公式。

对于一元弱碱（B），其在水溶液中的质子条件式为

$$[OH^-]=[BH^+]+[H^+]$$

因此，可采用与一元弱酸相同的处理方法，只要将有关公式中的 K_a 换成 K_b，就可用于计算一元弱碱溶液中 OH^- 的浓度。

(3) 多元酸（碱）溶液

设二元弱酸 H_2A 的浓度（$mol \cdot L^{-1}$）为 c，解离常数为 K_{a1} 和 K_{a2}，其质子条件式为

$$[H^+]=[HA^-]+2[A^{2-}]+[OH^-]$$

$$[H^+]=\frac{K_{a1}[H_2A]}{[H^+]}+2\frac{\frac{K_{a1}[H_2A]}{[H^+]}K_{a2}}{[H^+]}+\frac{K_w}{[H^+]}$$

整理得：

$$[H^+]=\sqrt{K_{a1}[H_2A]\left(1+\frac{2K_{a2}}{[H^+]}\right)+K_w} \tag{A2-9}$$

上式是计算 H_2A 溶液中 $[H^+]$ 的精确公式。用此公式进行求解非常麻烦，因此在实际应用中应根据具体情况近似求解。

a. 当 $K_{a1}[H_2A] \geqslant 20K_w$ 时，忽略 K_w。为了进一步简化计算，可按 $K_{a1}[H_2A] \approx K_a c$ 初步判断。当 $K_a c \geqslant 20K_w$ 时，K_w 可忽略，即忽略水的解离。

b. 当 $\frac{2K_{a2}}{[H^+]} \approx \frac{2K_{a2}}{\sqrt{cK_{a1}}} < 0.05$ 时，$\frac{2K_{a2}}{[H^+]}$ 与 1 相比可忽略（计算结果的相对误差小于 5%），即 H_2A 的二级离解可忽略，该二级弱酸可按一元弱酸处理。若 $[H_2A] \approx c-[H^+]$，由式(A2-9) 的精确式可得

$$[H^+]=\sqrt{K_{a1}(c-[H^+])} \quad 或 \quad [H^+]^2+K_{a1}[H^+]-K_{a1}c=0 \tag{A2-10}$$

该式是计算二元弱酸 H_2A 溶液中 $[H^+]$ 的近似公式。

c. 当 $c/K_{a1} > 500$ 时，说明二元弱酸的一级解离度也较小。此时，二元弱酸的平衡浓度可视为等于其初始浓度，即 $[HA]=c-[H^+] \approx c$，得到计算二元弱酸 H_2A 溶液中 $[H^+]$ 的最简式

$$[H^+]=\sqrt{cK_{a1}} \tag{A2-11}$$

多元碱溶液中 $[OH^-]$ 的浓度可同样按照处理多元酸的方法进行处理。

2.2.1.3　弱酸、弱碱随 pH 变化时的解离规律——分布分数与分布曲线

在弱酸（碱）的平衡体系中，溶质往往以多种型体存在。当溶液的酸度增大或减小时，各型体之间会因为得失质子而相互转化，因此各型体浓度的分布将随溶液的酸度而变化。在分析化学中常常利用这一性质，通过控制溶液的酸度来控制反应物或生成物某种型体的浓度，以便使某

2-3　酸碱平衡与弱酸不同型体的分布系数 mp4

反应进行完全，或对某些干扰组分进行掩蔽。

溶液酸度对弱酸（碱）各型体分布的影响可用分布分数来描述。**溶质某种型体的平衡浓度在其分析浓度中所占的分数称为分布分数，以 δ_i 表示，下标 i 表示它所属的型体。**其中，平衡浓度指溶液达到平衡状态时溶质的某种存在型体的浓度，用符号［i］表示。分析浓度指溶液中各种型体的平衡浓度之和，用符号 c 表示。平衡浓度和分析浓度的单位通常为 $mol \cdot L^{-1}$。以一元弱酸 HA 为例，其分析浓度为 c $mol \cdot L^{-1}$，在水溶液中达到解离平衡后，存在 HA 和 A^- 两种型体，根据分布分数的定义，可以写出如下两个分布分数：

$$\delta_{HA}=\frac{[HA]}{c} \qquad \delta_{A^-}=\frac{[A^-]}{c_{A^-}}$$

分布分数 δ 与溶液 pH 值之间的关系曲线称为分布曲线，讨论分布曲线可以帮助深入理解酸碱滴定的过程、终点误差及分步滴定的可能性，而且也有利于了解配位滴定与沉淀滴定反应条件的选择。

以一元弱酸（碱）各型体的分布分数和分布曲线为例，简要介绍弱酸分布分数及分布曲线。设一元弱酸 HA 的浓度为 c（$mol \cdot L^{-1}$），在水溶液中达到解离平衡后，两种存在型体的浓度分别为［HA］和［A^-］，根据分布分数的定义和 K_a 的表达式有：

$$\delta_{HA}=\frac{HA}{c}=\frac{[HA]}{[HA]+[A^-]}=\frac{[HA]}{[HA]+\dfrac{[HA]\cdot K_a}{[H^+]}}=\frac{[H^+]}{K_a+[H^+]}$$

$$\delta_{A^-}=\frac{[A^-]}{c}=\frac{[A^-]}{[HA]+[A^-]}=\frac{[A^-]}{[A^-]+\dfrac{[A^-]\cdot[H^+]}{K_a}}=\frac{K_a}{K_a+[H^+]}$$

显然，
$$\delta_{HA}+\delta_{A^-}=1$$

根据分析浓度 c 和有关的分布分数，就可以计算出在某一酸度的溶液中，一元弱酸两种存在型体的平衡浓度。

【例 2-3】分布分数和平衡浓度相关计算

计算 pH=5.00 时，0.10 $mol \cdot L^{-1}$ HAc 溶液中各型体的分布分数和平衡浓度。

解：已知一元弱酸 HAc 的解离常数 $K_a=1.8\times10^{-5}$，$[H^+]=1.0\times10^{-5}$ $mol \cdot L^{-1}$，则

$$\delta_{HAc}=\frac{[HAc]}{c}=\frac{[H^+]}{K_a+[H^+]}=\frac{1.0\times10^{-5}}{1.8\times10^{-5}+1.0\times10^{-5}}=0.36$$

$$\delta_{Ac^-}=1-\delta_{HAc}=1-0.36=0.64$$

$$[HAc]=\delta_{HAc}\cdot c=0.36\times0.10\ mol\cdot L^{-1}=0.036\ mol\cdot L^{-1}$$

$$[Ac^-]=\delta_{Ac^-}\cdot c=0.64\times0.10\ mol\cdot L^{-1}=0.064\ mol\cdot L^{-1}$$

可见，利用分布分数可以方便地得出 pH=5.00 时，大部分的 HAc 发生了解离，64% 以酸根离子 Ac^- 的型体存在。

按照类似的方法计算出不同 pH 时的 δ_{HAc} 和 δ_{Ac^-} 值，并绘出如表 2-4 中所示的 δ-pH 曲线，即分布曲线。由图可知，随着溶液的 pH 值增大，δ_{HAc} 逐渐减小，而 δ_{Ac^-} 则逐渐增大。在两条曲线的交点处，即 $\delta_{HAc}=\delta_{Ac^-}=0.50$ 时，溶液的 $pH=pK_a$（4.75），显然此时有 $[HAc]=[Ac^-]$。图形以 $pH=pK_a$ 为界可分为两个区域，当 $pH<pK_a$ 时，溶液以 HAc 为

表 2-4 多元弱酸溶液的分布分数及分布曲线

弱酸类型	分布分数	分布曲线	分布曲线规律
一元弱酸（HA）	$\delta_1=\delta_{HA}=\frac{[HA]}{c}=\frac{[H^+]}{K_a+[H^+]}$ $\delta_0=\delta_{A^-}=\frac{[A^-]}{c}=\frac{K_a}{K_a+[H^+]}$	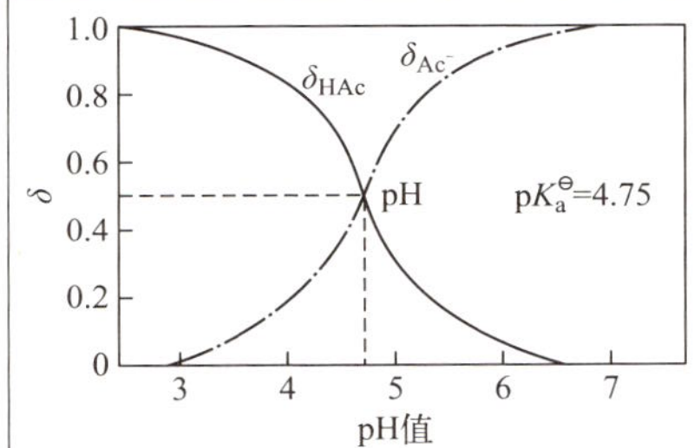 以 HAc 为例	■在两条曲线有 1 个交点处，即 $\delta_{HA}=\delta_{A^-}=0.50$ 时，溶液的 $pH=pK_a$，显然此时有 $[HA]=[A^-]$ ■ 当 $pH < pK_a$ 时，溶液以 HA 为主要成分 ■ 当 $pH > pK_a$ 时，A^- 为主要存在型体 ■ 任意一元弱酸 HA 的分布曲线均是由两条线、一个交点组成，区别在于交点对应的 pH 值随一元弱酸的 K_a 发生变化
二元弱酸（H_2A）	$\delta_2=\delta_{H_2A}=\frac{[H_2A]}{c}=\frac{[H^+]^2}{[H^+]^2+K_{a1}[H^+]+K_{a1}K_{a2}}$ $\delta_1=\delta_{HA^-}=\frac{[HA^-]}{c}=\frac{K_{a1}[H^+]}{[H^+]^2+K_{a1}[H^+]+K_{a1}K_{a2}}$ $\delta_0=\delta_{A^{2-}}=\frac{[A^{2-}]}{c}=\frac{K_{a1}K_{a2}}{[H^+]^2+K_{a1}[H^+]+K_{a1}K_{a2}}$	以 $H_2C_2O_4$ 为例 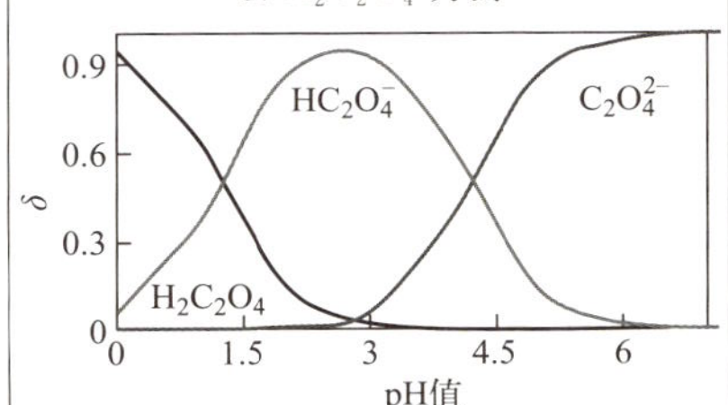	■ 分布曲线有两个交点，交点处溶液 pH 值分别对应于 pK_{a1} 和 pK_{a2} ■ 当 $pH<pK_{a1}$ 时，溶液中 H_2A 是主要型体 ■ $pH>pK_{a2}$ 时，A^{2-} 型体占优势 ■ 当 $pK_{a1}<pH<pK_{a2}$ 时，则以 HA^- 型体为主 ■ pK_{a1} 与 pK_{a2} 的值越接近，以 HA^- 型体为主的 pH 范围就越窄，其 δ 的最大值亦将明显小于 1
三元弱酸（H_3A）	$\delta_3=\delta_{H_3A}=\frac{[H_3A]}{c}=\frac{[H^+]^3}{[H^+]^3+K_{a1}[H^+]^2+K_{a1}K_{a2}[H^+]+K_{a1}K_{a2}K_{a3}}$ $\delta_2=\delta_{H_2A^-}=\frac{[H_2A^-]}{c}=\frac{K_{a1}[H^+]^2}{[H^+]^3+K_{a1}[H^+]^2+K_{a1}K_{a2}[H^+]+K_{a1}K_{a2}K_{a3}}$ $\delta_1=\delta_{HA^{2-}}=\frac{[HA^{2-}]}{c}=\frac{K_{a1}K_{a2}[H^+]}{[H^+]^3+K_{a1}[H^+]^2+K_{a1}K_{a2}[H^+]+K_{a1}K_{a2}K_{a3}}$ $\delta_0=\delta_{A^{3-}}=\frac{[A^{3-}]}{c}=\frac{K_{a1}K_{a2}K_{a3}}{[H^+]^3+K_{a1}[H^+]^2+K_{a1}K_{a2}[H^+]+K_{a1}K_{a2}K_{a3}}$	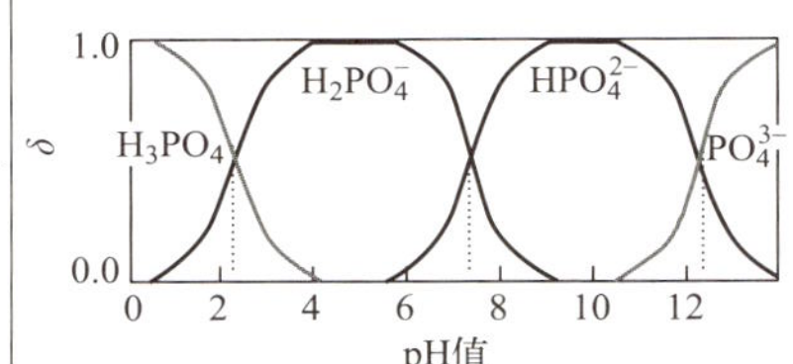 以 H_3PO_4 为例	■ 分布曲线有三个交点，交点处的 pH 值分别对应于 H_3A 的三级解离常数 pK_{a1}、pK_{a2} 和 pK_{a3}，各交点处的 δ 值均为 0.5 ■ 在 $pK_{a1} < pH < pK_{a2}$ 范围内，溶液中以 H_2A^- 为主 ■ 若三级解离常数之间相隔很大，则四种型体的最大 δ 值均近似为 1。即当 $pH=(pK_{a1}+pK_{a2})/2$ 时，H_2A^- 的分布分数达到最大值 99.8%，这意味着如果用 NaOH 滴定 H_3A，可以将其中和至 H_2A^-，只有 0.2% 的误差。其他弱酸型体同理

主要存在型体；反之，当 $pH>pK_a$ 时，Ac^- 为主要存在型体。在 $pH=pK_a-2$ 时，δ_{HAc} 趋近于 1，δ_{Ac^-} 接近于 0；而当 $pH=pK_a+2$ 时，则 δ_{Ac^-} 趋近于 1。因此，可以通过控制溶液的 pH 值得到所需要的型体。

以上讨论结果原则上亦适用于其他一元弱酸（碱）。由 δ_{HA} 和 δ_{A^-} 的计算式可知，在平衡状态下，一元弱酸 HA（或弱碱 A^-）各型体分布分数的大小首先与酸（碱）本身的强弱（即 K_a 或 K_b 的大小）有关；对于特定的某酸（碱）而言，分布分数是溶液中 $[H^+]$ 的函数。任意一元弱酸 HA 的分布曲线均是由两条线、一个交点组成，区别在于交点对应的 pH 值随一元弱酸的 K_a 发生变化。

与一元弱酸溶液类似，可得其他多元弱酸体系的分布分数如表 2-4：

综上所述，在多元弱酸（碱）H_nA（A^{n-}）的水溶液中存在 $n+1$ 种可能的型体，各型体的分布分数与溶液的 pH 值和解离常数 pK_a 有关，与酸的分析浓度 c 无关。溶液 pH 值不同时，主要存在型体不同。若已知溶液 pH 值和分析浓度，可以求得各型体的平衡浓度。反之，若已知所需的平衡浓度，可以推出对应的 pH 值。

拓展案例 B2-1　分布曲线用于研究电芬顿过程中不同 pH 值下铁离子的存在形式和还原再生性能

（Kong L H，Guo J X，Li Y B，et al. Using flow-through reactor to enhance ferric ions electrochemical regeneration in electro-fenton for wastewater treatment. Process Safety and Environmental Protection，2024，191：907-916，DOI：10.1016/j.psep.2024.09.003）

电芬顿技术是难降解有机污染物废水的常用处理方法，主要原理是通过电化学方法在阴极上还原溶解氧生成过氧化氢（H_2O_2，反应式 B2-1），然后加入二价铁离子（Fe^{2+}）作为催化剂，通过 H_2O_2 与 Fe^{2+} 之间的芬顿反应产生羟基自由基（·OH）和 Fe^{3+}（反应式 B2-2），生成的 Fe^{3+} 被还原为 Fe^{2+}（反应式 B2-3），重复上述过程，方可不断产生·OH。

$$O_2+2H^++2e^-=\!=\!=2H_2O_2 \tag{B2-1}$$

$$Fe^{2+}+H_2O_2=\!=\!=\cdot OH+Fe^{3+}+OH^- \tag{B2-2}$$

$$Fe^{3+}+e^-=\!=\!=Fe^{2+} \tag{B2-3}$$

·OH 自由基具有极高的氧化电位，能够有效地将有机污染物氧化降解为二氧化碳和水。但是在该技术中，铁离子在中性和碱性条件下稳定性差，易生成铁的羟基配合物，甚至氢氧化物沉淀，也制约了 Fe^{2+} 的还原再生。因此，研究电芬顿技术中不同 pH 值下铁离子的存在形式和 Fe^{2+} 的还原再生性能至关重要。

上海交通大学贾金平教授课题组设计了一种流过式电芬顿反应器，以增强污水处理过程中铁离子的再生。如图 B2-1(b)，文中研究了不同 pH 值条件下铁还原反应（FeRR）的线性伏安扫描曲线（LSV），其中相同电位下电流密度越大，说明 Fe^{3+} 的还原反应活性越高；同时，研究了不同 pH 条件下对模型污染物的去除效率（图 B2-1(c)）。请问：

（1）请结合分布分数的定义式，写出 $Fe(OH)^{2+}$ 的分布分数，并分析其数值大小受哪些因素的影响。

（2）请结合图 B2-1(a) 判断 pH=3.0 和 pH=5.0 时，三价铁化合物在溶液中主要是哪种存在形式。

（3）图 B2-1(b) 中，试结合不同 pH 值下三价铁化合物存在形式及带电情况分析，为何 pH 值从 5.0 降低到 2.0 时，三价铁在石墨阴极表面的还原反应的电流密度越来越大。

（4）图 B2-1(c) 中，试结合不同 pH 值下三价铁化合物存在形式及带电情况，解释为何 pH=3.0 时的污染物去除效率高于 pH=5.0？

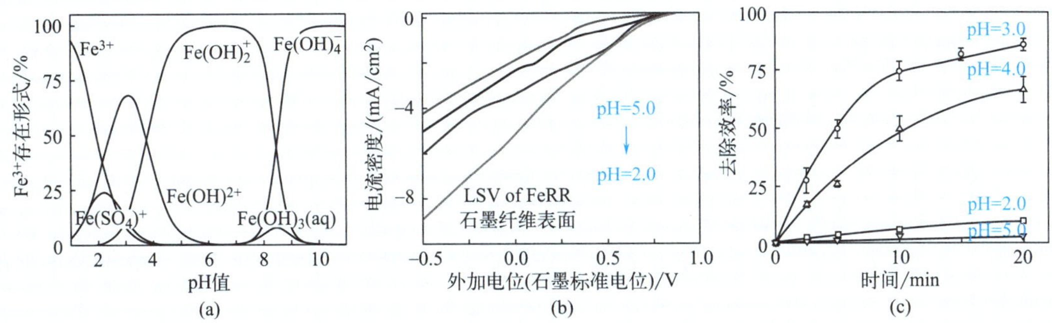

图 B2-1 (a) Fe^{3+} 化合物在不同 pH 值下的分布曲线，(b) 不同 pH 值下铁还原反应（FeRR）的线性伏安扫描曲线（LSV），(c) 不同 pH 值下该流过式电芬顿反应器对污染物的去除率比较

答：(1) 与上述弱酸分布分数定义式的推演过程类似，上述过程可视为 Fe^{3+} 的四级羟基配位过程，分别如下：

$$Fe(OH)_4^- \rightleftharpoons Fe(OH)_3 + OH^- \qquad K_1$$

$$Fe(OH)_3 \rightleftharpoons Fe(OH)_2{}^+ + OH^- \qquad K_2$$

$$Fe(OH)_2{}^+ \rightleftharpoons Fe(OH)^{2+} + OH^- \qquad K_3$$

$$Fe(OH)^{2+} \rightleftharpoons Fe^{3+} + OH^- \qquad K_4$$

与上述弱酸的分布分数定义式类似，$Fe(OH)^{2+}$ 的分布分数 δ 写法如下：

$$\delta_{Fe(OH)^{2+}} = \frac{[Fe(OH)^{2+}]}{c} = \frac{[Fe(OH)^{2+}]}{[Fe^{3+}]+[Fe(OH)^{2+}]+[Fe(OH)_2{}^+]+[Fe(OH)_3]+[Fe(OH)_4^-]}$$

$$= \frac{K_{b1}K_{b2}K_{b3}[OH^-]}{[OH^-]^4 + K_{b1}[OH^-]^3 + K_{b1}K_{b2}[OH^-]^2 + K_{b1}K_{b2}K_{b3}[OH^-] + K_{b1}K_{b2}K_{b3}K_{b4}}$$

根据上述定义式可知，其数值大小仅与溶液中 OH^- 的浓度有关。

（2）根据图 B2-1(a) 可知，在 pH=3.0 时，此时约有 70%的三价铁以 $Fe(OH)^{2+}$ 存在。在 pH=5.0 时，此时约有 80%的三价铁在溶液中以 $Fe(OH)_2{}^+$ 形式存在。

（3）随着 pH 值从 5.0 降低到 2.0，Fe^{3+} 的还原电流密度逐渐增加，且在 pH 值为 2.0 时，电流显著增加，这一现象主要与不同 pH 值条件下水合铁离子的表面带电情况有关。根据图 B2-1(a) 中不同 pH 值下三价铁化合物的分布曲线可知，在 pH 值较低的情况下，带三个正电荷 Fe^{3+} 的比例较高，正电荷的增加有助于三价铁在阴极表面得电子。相反，随着 pH 值升高，Fe^{3+} 逐渐与 OH^- 配位，且 pH 值越大，配位程度越高，离子的总电荷越低，且部分 Fe^{3+} 会产生氢氧化铁的沉淀，导致了 Fe^{3+} 的还原电流密度降低。

(4) pH＝3.0 的条件下，三价铁主要以 $Fe(OH)^{2+}$ 形式存在，带正电荷程度较高，易在阴极表面得电子被还原为 Fe^{2+}（表现为 Fe^{3+} 还原电流增大），保证了 Fe^{2+} 能持续与 H_2O_2 反应生成氧化性的羟基自由基，从而有效降解有机污染物。而 pH＝5.0 时，三价铁在溶液中以 $Fe(OH)_2^{+}$ 形式存在，带的正电荷减少，在阴极的还原反应变弱，不能有效转化为 Fe^{2+}，更多的铁可能转化为铁的氢氧化物沉淀，不能生成足够的羟基自由基去氧化降解污染物。因此，pH＝3.0 时的污染物去除效率高于 pH＝5.0。

2.2.2 配位平衡

2.2.2.1 常用配位剂的特点

配位滴定法（complexometric titration）又称络合滴定法，是以配位反应为基础的滴定方法，常用来测定多种金属离子或间接测定其他离子的含量。用于配位滴定的反应同样需要满足滴定分析对化学反应的要求，因此尽管能与金属离子配位的配位剂很多，但满足条件的并不多。

多数无机配位剂是只有一个配位原子的单齿配体，如 F^-、Cl^-、CN^-、NH_3 等，与金属离子生成逐级配位的配合物，使得配位反应没有确定的化学计量关系，配合物的稳定性也常常不高，因此多数无机配位剂不用于配位滴定，它们在分析化学中通常用作掩蔽剂、辅助配位剂和显色剂等。有机配位剂通常含有多个配位原子，可与金属离子形成稳定且组成固定的配合物。目前，配位滴定中应用最多的是含有氨基二乙酸 $-N(CH_2COOH)_2$ 基团的氨羧配位剂，它含有配位能力很强的氨基氮和羧基氧两种配位原子，能与大多数金属离子配位形成稳定的配合物。常见氨羧配位剂与金属离子形成配合物的稳定常数数值见附录 3。氨羧配位剂的种类很多（近四十种），应用最广泛的是乙二胺四乙酸（EDTA），其分子结构如图 2-2 所示，通常用 H_4Y 表示。

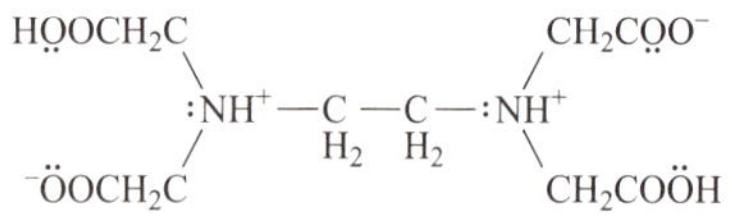

图 2-2 乙二胺四乙酸（ethylene diamine tetraacetic acid，EDTA）

两个羧基上的 H 解离，转移到碱性的氨基氮原子上，形成双偶极离子。当溶液的酸度较大时，这两个羧酸根可以再接受两个质子 H^+，因此 EDTA 相当于六元酸，用 H_6Y^{2+} 表示。EDTA 在水中的溶解度很小（0.02 g/100 mL 水，22 ℃），但其二钠盐（$Na_2H_2Y \cdot 2H_2O$，11.1 g/100 mL 水，22 ℃）在水中的溶解度较大。因此，实际使用的是其二钠盐。EDTA 与金属离子发生配位反应具有如下特点：

① 普遍性。EDTA 分子中存在六个配位原子，几乎能与所有的金属离子形成稳定的螯合物（形成五元环结构）。

② 组成恒定。与大多数金属离子形成螯合物时，金属离子与 EDTA 以 1∶1 配位。

③ 可溶性。EDTA 与金属离子形成的螯合物易溶于水。

④ 稳定性高。EDTA 与金属离子形成的螯合物很稳定，稳定常数都较大。

⑤ 配合物的颜色。与无色金属离子形成的配合物是无色的，与有色金属离子形成配合物的颜色一般较深。

⑥ 酸度影响显著。

2.2.2.2　EDTA 配位反应的条件稳定常数

(1) 副反应与副反应系数

2-4　配位平衡及副反应对平衡的影响 mp4

以 EDTA 作为滴定剂，在测定金属离子的反应中，由于大多数金属离子与其生成的配合物具有较大的稳定常数，因此配位反应可以定量完成。但在实际反应中，除了被测金属离子与 EDTA 的主反应外，还不可避免地存在许多副反应，使形成的配合物的稳定性发生变化。因此有必要定量处理副反应的影响，以评估副反应存在时 EDTA 的配位反应能否用于滴定分析。

配位滴定体系中常存在的副反应类型如图 2-3 所示：

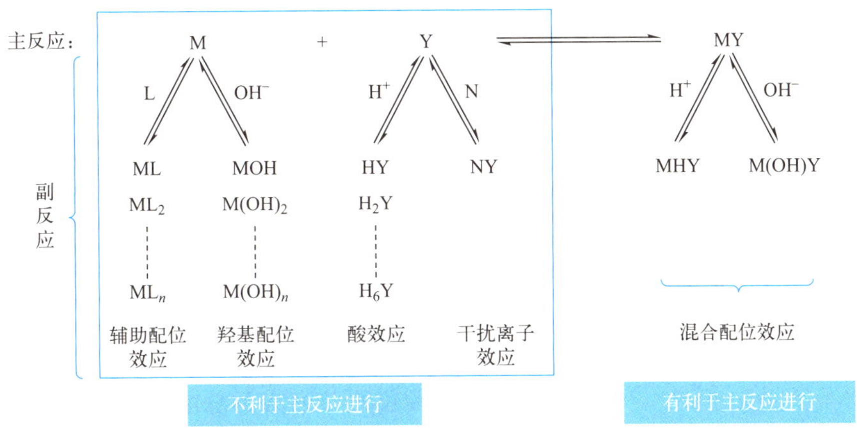

图 2-3　配位滴定中主副反应类型

图 2-3 中，用待测金属离子 M 与滴定剂 Y 生成配合物 MY 来表示 EDTA 的配位反应，即配位滴定反应。由于在复杂待测溶液中常有共存的其他金属离子，在滴定体系中需要加入掩蔽剂 L 进行掩蔽，同时也要加入缓冲溶液以维持合适的酸度，这使得溶液中可能存在**对于待测金属离子 M 的羟基配位效应和辅助配位效应两类副反应，以及对于配位剂 EDTA 的干扰离子效应和酸效应两类副反应。**从平衡移动的角度而言，M 和 Y 的副反应对于主反应是不利的，而 MY 的混合配位效应对主反应是有利的，因此只考虑 M 和 Y 的副反应。**为了定量描述 M、Y 及 MY 的各种副反应对主反应影响的程度，引入副反应系数。副反应系数 α 的定义式如下：**

$$\alpha=\frac{[X']}{[X]}$$

其中，$[X']$ 为未参加主反应的组分的浓度，$[X]$ 为未参加反应的该组分浓度，即平衡浓度。对于如上的滴定反应而言，金属离子和 EDTA 的副反应系数分别如下：

$$\alpha_M=\frac{[M']}{[M]}\qquad \alpha_Y=\frac{[Y']}{[Y]}$$

显然，平衡时剩余的游离 $[X]$ 仅为 $[X']$ 中的一部分，根据上述主、副反应分析，可得出：

$$[M']=[M]+[M(OH)]+\cdots+[M(OH)_n]+[ML]+\cdots+[ML_n]$$

$$[Y']=[Y]+[HY]+\cdots+[H_6Y]+[NY]$$

结合副反应系数的定义，得出 EDTA 的总副反应系数 α_Y 主要考虑酸效应系数 [$\alpha_{Y(H)}$] 和共存离子效应系数 [$\alpha_{Y(N)}$]，可具体表示为：

$$\alpha_Y=\frac{[Y]+[HY]+[H_2Y]+[H_3Y]+[H_4Y]+[H_5Y]+[H_6Y]+[NY]}{[Y]}$$

$$=\frac{[Y]+[HY]+[H_2Y]+[H_3Y]+[H_4Y]+[H_5Y]+[H_6Y]}{[Y]}+\frac{[Y]+[NY]}{[Y]}-\frac{[Y]}{[Y]}$$

$$=\alpha_{Y(H)}+\alpha_{Y(N)}-1$$

金属离子 M 的总副反应系数主要考虑羟基效应系数 $\alpha_{M(OH)}$ 和辅助配位效应系数 $\alpha_{M(L)}$，可表示为：

$$\alpha_M=\alpha_{M(L)}+\alpha_{M(OH)}-1$$

在一般情况下，如果体系中没有干扰离子，且没有其他配位剂，则影响主反应的因素主要是 EDTA 的酸效应及金属离子的羟基配位效应。下面以 EDTA 的酸效应为例，重点介绍副反应系数的推导过程。

在 EDTA 的七种型体中，只有 Y^{4-} 型体可以与金属离子有效配位，但是由 EDTA 的六元酸属性及其分布曲线可知，仅当 pH>10.26 时，EDTA 才主要以 Y^{4-} 型体（简写为 Y）存在。随着溶液酸度的增高，Y 和 H^+ 的质子化反应逐级进行，造成有效配体浓度 [Y] 逐渐减小，从而对滴定反应不利。**由滴定剂 Y 与 H^+ 的副反应引起的酸效应的大小用酸效应系数 $\alpha_{Y(H)}$ 来量度。**根据副反应系数的定义式，EDTA 的酸效应系数如下：

$$\alpha_Y=\frac{[Y']}{[Y]}\begin{matrix}\rightarrow \text{表示平衡浓度}\\ \rightarrow \text{表示未与 M 配位的 EDTA 的总浓度}\end{matrix}$$

若仅考虑酸效应，$[Y']=[Y]+[HY]+[H_2Y]+[H_3Y]+[H_4Y]+[H_5Y]+[H_6Y]$，

$$\alpha_Y=\frac{[Y']}{[Y]}=\frac{[Y]+[HY]+[H_2Y]+[H_3Y]+[H_4Y]+[H_5Y]+[H_6Y]}{[Y]}$$

若将副反应方程式写出，则可以方便地得到副反应平衡常数与副反应系数的关系式：

$$Y+H^+\rightleftharpoons HY \qquad \text{平衡常数 } \beta_1=\frac{[HY]}{[Y][H^+]}$$

$$Y+2H^+\rightleftharpoons H_2Y \qquad \text{平衡常数 } \beta_2=\frac{[H_2Y]}{[Y][H^+]^2}$$

……

$$Y+6H^+\rightleftharpoons H_6Y \qquad \text{平衡常数 } \beta_6=\frac{[H_6Y]}{[Y][H^+]^6}$$

将各副反应的平衡常数代入 $\alpha_{Y(H)}$ 的公式中，可方便地得出**酸效应系数 $\alpha_{Y(H)}$，计算式如下：**

$$\alpha_{Y(H)}=\frac{1}{\delta_Y}=1+\beta_1[H^+]+\beta_2[H^+]^2+\cdots+\beta_6[H^+]^6$$

上式中，EDTA 作为六元酸的六级平衡常数 β_6 可直接查到，也可以由其作为六元酸的解离常数方便地推导得到。可见，**酸效应系数 $\alpha_{Y(H)}$ 的大小受溶液酸度的影响，酸度越高（pH 值越小），$\alpha_{Y(H)}$ 越大，EDTA 的酸效应越严重，游离 [Y] 越小，其参与主反应的能力亦越低。**由上式可得到不同 pH 值时 $\alpha_{Y(H)}$ 的数值，整理如表 2-5 所示。$\alpha_{Y(H)}$ 的最小值等于 1，表明 EDTA 此时全部以 Y^{4-} 型体存在，即未发生酸效应，这种情况仅在 pH>12 才有

可能。由于绝大多数配位滴定是在 pH<12 的某酸度下进行，因此 EDTA 的酸效应是影响配位滴定最经常、最主要的因素之一，在实际应用中应注意控制其大小。

表 2-5 EDTA 在不同 pH 值条件下的酸效应系数

pH	$\lg\alpha_{Y(H)}$	pH	$\lg\alpha_{Y(H)}$	pH	$\lg\alpha_{Y(H)}$	pH	$\lg\alpha_{Y(H)}$
0.0	23.64	3.8	8.85	7.4	2.88	11.0	0.07
0.4	21.32	4.0	8.44	7.8	2.47	11.5	0.02
0.8	19.08	4.4	7.64	8.0	2.27	11.6	0.02
1.0	18.01	4.8	6.84	8.4	1.87	11.7	0.02
1.4	16.02	5.0	6.45	8.8	1.48	11.8	0.01
1.8	14.27	5.4	5.69	9.0	1.28	11.9	0.01
2.0	13.51	5.8	4.98	9.4	0.92	12.0	0.01
2.4	12.19	6.0	4.65	9.8	0.59	12.1	0.01
2.8	11.09	6.4	4.06	10.0	0.45	12.2	0.005
3.0	10.60	6.8	3.55	10.4	0.24	13.0	0.0008
3.4	9.70	7.0	3.32	10.8	0.11	13.9	0.0001

其他副反应系数的推导过程同上，具体计算公式总结如表 2-6，本书中不再赘述，可参考其他书目。

表 2-6 配位滴定副反应系数总结

副反应系数	具体计算公式	相关分析
EDTA 的酸效应系数 $[\alpha_{Y(H)}]$	$\alpha_{Y(H)}=\dfrac{1}{\delta_Y}=1+\beta_1[H^+]+\beta_2[H^+]^2+\cdots+\beta_6[H^+]^6$ 仅考虑酸效应	■ EDTA 的酸效应是影响配位滴定最主要的因素之一，具体数值大小可根据滴定体系的 pH 值大小，查表 2-5 得到。 ■ $\alpha_{Y(H)}$ 的最小值等于 1，表明 EDTA 此时全部以 Y^{4-} 型体存在，即未发生酸效应。 ■ 酸度越高（pH 值越小），$\alpha_{Y(H)}$ 越大，EDTA 的酸效应越严重
EDTA 的共存离子效应系数 $[\alpha_{Y(N)}]$	$\alpha_{Y(N)}=\dfrac{[Y']}{[Y]}=\dfrac{[Y]+[NY]}{[Y]}=1+K_{NY}[N]$ 仅考虑共存离子效应	■ 游离 N 离子的平衡浓度[N]越大，副反应的平衡常数越大，N 离子对主反应的影响越严重 ■ 如果溶液中有多种离子 N_1、N_2、…、N_m 与 M 共存，$\alpha_{Y(N)}$ 的大小由其中影响最大的一种或少数几种决定
金属离子的羟基效应系数 $[\alpha_{M(OH)}]$	$\alpha_{M[OH]}=\dfrac{[M]+[M(OH)]+[M(OH)_2]+\cdots+[M(OH)_n]}{[M]}$ $=1+\beta_1[OH]+\beta_2[OH]^2+\beta_3[OH]^3+\cdots+\beta_n[OH]^n$ 仅考虑羟基配位效应	■ 金属离子的羟基效应系数 $\alpha_{M(OH)}$ 与溶液的 pH 值有关，pH 值越大，金属离子发生水解的程度越大，越不利于主反应的进行 ■ 常见金属离子在不同 pH 值的 $\lg\alpha_{M(OH)}$ 值见附录 4，可直接查表得到

续表

副反应系数	具体计算公式	相关分析
金属离子的辅助配位效应系数 [$\alpha_{M(L)}$]	$\alpha_{M(L)}=\frac{[M]+[ML]+[ML_2]+\cdots+[ML_n]}{[M]}$ $=1+\beta_1[L]+\beta_2[L]^2+\cdots+\beta_n[L]^n$ 仅考虑辅助配位效应	■ 金属离子的辅助配位效应系数大小仅与掩蔽剂 L 的浓度大小有关

(2) 条件稳定常数

如果没有副反应发生，当达到平衡时，EDTA 与金属离子形成配合物的稳定性用条件稳定常数 K_{MY} 来衡量，可反映此配位反应的进行程度。

$$M+Y \rightleftharpoons MY \qquad K_{MY}=K_{稳}=\frac{[MY]}{[M][Y]}$$

但在实际反应中，由于 EDTA 或金属离子可能存在一定的副反应，所以配合物的稳定常数 K_{MY} 不能真实反映主反应进行的程度。为了定量描述有副反应存在时，主反应实际进行的程度，应该用未与滴定剂配位的金属离子 M 的各种存在型体的总浓度 [M′] 来代替 [M]，用未参与配位反应的 EDTA 各种存在型体的总浓度 [Y′] 代替 [Y]，这样配合物的稳定性可用**条件稳定常数 K'_{MY}** 表示，其定义式为

$$K'_{MY}=\frac{[MY']}{[M'][Y']}$$

因 $[M']=\alpha_M[M]$，$[Y']=\alpha_Y[Y]$，$[MY']=\alpha_{MY}[MY]$，代入上式

$$K'_{MY}=\frac{[MY']}{[M'][Y']}=\frac{\alpha_{MY}[MY]}{\alpha_M[M]\ \alpha_Y[Y]}=K_{MY}\frac{\alpha_{MY}}{\alpha_M\alpha_Y}$$

式子左右同时取对数，因 MY 的副反应为有利反应，一般不予考虑，故 $\alpha_{MY}=1$，则**条件稳定常数 K'_{MY} 可进一步简化为**

$$\lg K'_{MY}=\lg K_{MY}-\lg\alpha_M-\lg\alpha_Y$$

附录 5 中对常见金属 M-EDTA 配合物校正酸效应、羟基配位效应后的条件稳定常数 K'_{MY} 进行了总结。

【例 2-4】条件稳定常数计算

计算在 pH=1.0 和 pH=5.0 时，PbY 的条件稳定常数。

解：已知 $\lg K_{PbY}=18.04$

查表可知 pH=1.0 时，$\lg\alpha_{Y(H)}=18.01$

所以 $\lg K'_{PbY}=\lg K_{PbY}-\lg\alpha_{Y(H)}=18.04-18.01=0.03$

pH=5.0 时，$\lg\alpha_{Y(H)}=6.45$

所以 $\lg K'_{PbY}=\lg K_{PbY}-\lg\alpha_{Y(H)}=18.04-6.45=11.59$

2.2.3 氧化还原平衡

酸碱反应中，质子交换和共轭酸碱对相对应。与此相似，在氧化还原反应中，电子转移和氧化还原电对相对应。各种不同氧化剂的氧化能力和还原剂的还原能力是不同的，其氧化还原能力的大小，可以用电极电位的大小来衡量。对于任何一个可逆氧化还原电对有如下关系：

$$Ox(氧化态)+ne^- \rightleftharpoons Red(还原态)$$

当达到平衡时，电对的电极电位与氧化态、还原态活度之间的关系遵循能斯特方程

$$E_{Ox/Red}=E^{\ominus}_{Ox/Red}+\frac{RT}{nF}\ln\frac{a_{Ox}}{a_{Red}}$$

式中，a_{Ox} 和 a_{Red} 分别为电对的氧化态和还原态的活度；R 为摩尔气体常数，8.314 $J \cdot K^{-1} \cdot moL^{-1}$；$T$ 为热力学温度，K；F 为法拉第常数，96485 $C \cdot moL^{-1}$；n 为电极反应中转移的电子数。将以上常数代入上式，并取常用对数，于 25℃ 时得

$$E_{Ox/Red}=E^{\ominus}_{Ox/Red}+\frac{0.0591}{n}\lg\frac{a_{Ox}}{a_{Red}}$$

常见氧化还原电对的标准电极电位数值可在附录 6 中可进行查询。

2-5　氧化还原平衡和条件电极电位 mp4

2.2.3.1　条件电极电位

实际应用中，当溶液浓度较大，尤其是高价离子参与电极反应时，或有其他强电解质存在时，需考虑离子强度对电极电位的影响。此外，当溶液中的介质不同时，氧化态、还原态还会发生某些副反应，如酸效应、沉淀反应、配位效应等进而影响电极电位。因此，在实际计算电极电位时，需综合考虑离子强度、副反应等的影响。为了更准确地描述电极电势，将活度、副反应系数（α_{Ox} 和 α_{Red}）等代入能斯特方程，进行整合，引入条件电极电位 $E^{\ominus\prime}$。**条件电极电位 $E^{\ominus\prime}$ 的定义为：在一定的介质条件下，参与电极反应的氧化态和还原态的分析总浓度均为 1 mol·L^{-1} 时的实际电极电位**。条件电极电位反映了离子强度和各种副反应影响的总结果，是氧化还原电对在客观条件下的实际氧化还原能力，它在一定条件下为常数。

$$E^{\ominus\prime}=E^{\ominus}+\frac{0.059}{n}\lg\frac{\gamma_{Ox}\alpha_{Red}}{\gamma_{Red}\alpha_{Ox}}$$

因此，在一定介质条件（通常为 25 ℃）下，**考虑副反应影响时，氧化还原电对的能斯特方程可写成**

$$E_{Ox/Red}=E^{\ominus\prime}_{Ox/Red}+\frac{0.059}{n}\lg\frac{c_{Ox}}{c_{Red}}$$

在进行氧化还原平衡计算时，应采用与给定介质条件相同的条件电极电位。若缺乏相同条件的 $E^{\ominus\prime}$ 数值，可采用介质条件相近的条件电极电位数据。对于没有相应条件电极电位的氧化还原电对，则采用标准电极电位。附录 7 列出了部分常用氧化还原电对的条件电极电位值供查阅。

【例 2-5】条件电极电位的计算并结合判断反应方向

$H_3AsO_4+2H^+ +3I^- \longrightarrow HAsO_2+I_3^- +2H_2O$，$E^{\ominus}[As(Ⅴ)/As(Ⅲ)]=0.56V$，$E^{\ominus}(I_3^-/I^-)=0.545$ V。试求 pH=8 时 As(Ⅴ)/As(Ⅲ) 电对的条件电极电位，判断此反应能否正向进行？（忽略离子强度的影响）H_3AsO_4 的 $pK_{a1}\sim pK_{a3}$ 分别为 2.2、7.0、11.5。$HAsO_2$ 的 $pK_a=9.2$。

解：$\delta_{H_3AsO_4}=\dfrac{[H^+]^3}{[H^+]^3+K_{a1}[H^+]^2+K_{a1}K_{a2}[H^+]^3+K_{a1}K_{a2}K_{a3}}=10^{6.8}$，$\delta_{HAsO_2}=\dfrac{[H^+]}{[H^+]+K_a}\approx 1$

$$E=0.56+\frac{0.059}{2}\lg\frac{[H_3AsO_4][H^+]^2}{[HAsO_2]}=0.56+\frac{0.059}{2}\lg\frac{\delta_{H_3AsO_4}c_{H_3AsO_4}[H^+]^2}{\delta_{HAsO_2}c_{HAsO_2}}$$

当$\frac{c_{H_3AsO_4}}{c_{HAsO_2}}=1$时，$E=E^{\ominus\prime}$，故

$$E=E^{\ominus\prime}=0.56+\frac{0.059}{2}\lg\frac{10^{-6.8}\times(10^{-8})^2}{1}=-0.11(V)\ll 0.545(V)=E^{\ominus}_{I_3^-/I^-}$$

故此反应只能逆向自发进行。

2.2.3.2 条件平衡常数

氧化还原滴定要求反应进行得越完全越好，反应进行的完全程度常用反应平衡常数的大小来衡量，平衡常数可根据能斯特方程从有关电对的条件电极电位或标准电极电位求出。如氧化还原反应 $n_2Ox_1+n_1Red_2\rightleftharpoons n_1Ox_2+n_2Red_1$，可分别写出：

$$Ox_1+n_1e^-\rightleftharpoons Red_1\qquad E_1=E_1^{\ominus\prime}+\frac{0.059}{n_1}\lg\frac{c_{Ox_1}}{c_{Red_1}}$$

$$Ox_2+n_2e^-\rightleftharpoons Red_2\qquad E_2=E_2^{\ominus\prime}+\frac{0.059}{n_2}\lg\frac{c_{Ox_2}}{c_{Red_2}}$$

在反应达到平衡时，两电对电位相等。即有

$$E_1^{\ominus\prime}+\frac{0.059}{n_1}\lg\frac{c_{Ox_1}}{c_{Red_1}}=E_2^{\ominus\prime}+\frac{0.059}{n_2}\lg\frac{c_{Ox_2}}{c_{Red_2}}$$

又平衡常数 K 与电池电动势 $E^{\ominus}$之间存在关系：

$$\lg K^{\ominus}=\frac{nE^{\ominus}}{0.059}$$

$$故\ \lg\frac{c_{Red_1}^{n_2}c_{Ox_2}^{n_1}}{c_{Ox_1}^{n_2}c_{Red_2}^{n_1}}=\lg\left[\left(\frac{c_{Red_1}}{c_{Ox_1}}\right)^{n_2}\left(\frac{c_{Ox_2}}{c_{Red_2}}\right)^{n_1}\right]=\frac{n(E_1^{\ominus\prime}-E_2^{\ominus\prime})}{0.059}$$

其中，K'被定义为条件平衡常数，

$$K'=\frac{c_{Red_1}^{n_2}c_{Ox_2}^{n_1}}{c_{Ox_1}^{n_2}c_{Red_2}^{n_1}}$$

n 是反应中的电子转移数，为 n_1、n_2 的最小公倍数。则有

$$\lg K'=\frac{n(E_1^{\ominus\prime}-E_2^{\ominus\prime})}{0.059}$$

2.2.3.3 化学计量点时反应进行的程度

条件平衡常数 K'与 $\Delta E^{\ominus\prime}$（条件电极电位之差）及电子转移数 n 有关。当两电对的条件电极电位相差越大，氧化还原反应的平衡常数 K'就越大，反应进行得也越完全。对于氧化还原滴定反应，反应完成程度应在 99.9%以上。因此在化学计量点时，要求：反应产物的浓度≥99.9%，即 $c_{Ox_2}\geqslant 99.9\%$，$c_{Red_1}\geqslant 99.9\%$，而剩余反应物的量 $c_{Ox_1}\leqslant 0.1\%$，$c_{Red_2}\leqslant 0.1\%$，则

$$\lg K'=\lg\frac{c_{\mathrm{Red}_1}^{n_2}c_{\mathrm{Ox}_2}^{n_1}}{c_{\mathrm{Ox}_1}^{n_2}c_{\mathrm{Red}_2}^{n_1}}=\lg\left[\left(\frac{c_{\mathrm{Red}_1}}{c_{\mathrm{Ox}_1}}\right)^{n_2}\left(\frac{c_{\mathrm{Ox}_2}}{c_{\mathrm{Red}_2}}\right)^{n_1}\right]\geqslant\lg\left[\left(\frac{99.9}{0.1}\right)^{n_2}\left(\frac{99.9}{0.1}\right)^{n_1}\right]$$

当 $n_1=n_2=1$ 时，$\lg K'\geqslant\lg[10^3\times10^3]\geqslant6$，故要使该氧化还原反应进行完全，两个氧化还原电对的条件电极电位之差 $\Delta E^{\ominus\prime}\geqslant0.35$ V。同理，当两电对的电子转移数均为 2($n_1=n_2=2$) 时，$\Delta E^{\ominus\prime}\geqslant0.18$ V 时，化学计量点时该氧化还原反应程度才足够高，才能用氧化还原滴定进行定量分析。

可见，当反应类型不同时，对 K' 值的要求也不同，实际运用中要根据反应平衡常数 K' 和 $\Delta E^{\ominus\prime}$ 的大小进行判断。一般认为两电对的条件电极电位之差大于 +0.4 V，反应就能定量地进行。在氧化还原滴定中往往通过选择强氧化剂作滴定剂或控制介质改变电对的电位来满足这个条件。

高阶选修 A2-6 条件电极电位的推导过程

实际应用中，当溶液浓度较大，尤其是高价离子参与电极反应时，或有其他强电解质存在下，计算结果就会与实际测定值发生较大的偏差。因此，若以浓度代替活度，应引入相应的活度系数 γ_{Ox} 及 γ_{Red}，即 $a_{\mathrm{Ox}}=\gamma_{\mathrm{Ox}}c_{\mathrm{Ox}}$，$a_{\mathrm{Red}}=\gamma_{\mathrm{Red}}c_{\mathrm{Red}}$。

此外，当溶液中的介质不同时，氧化态、还原态还会发生某些副反应，如酸效应、沉淀反应、配位效应等进而影响电极电位，还必须考虑这些副反应的发生，引入相应的副反应系数 α_{Ox} 和 α_{Red}。则

$$[\mathrm{Ox}]=\frac{c_{\mathrm{Ox}}}{\alpha_{\mathrm{Ox}}}\quad[\mathrm{Red}]=\frac{c_{\mathrm{Red}}}{\alpha_{\mathrm{Red}}}\quad\alpha_{\mathrm{Red}}=\gamma_{\mathrm{Red}}[\mathrm{Red}]=\frac{\gamma_{\mathrm{Red}}c_{\mathrm{Red}}}{\alpha_{\mathrm{Red}}},\alpha_{\mathrm{Ox}}=\gamma_{\mathrm{Ox}}[\mathrm{Ox}]=\frac{\gamma_{\mathrm{Ox}}c_{\mathrm{Ox}}}{\alpha_{\mathrm{Ox}}}$$

将以上两式代入能斯特方程，

$$E_{\mathrm{Ox/Red}}=\left(E^{\ominus}+\frac{0.059}{n}\lg\frac{\gamma_{\mathrm{Ox}}\alpha_{\mathrm{Red}}}{\gamma_{\mathrm{Red}}\alpha_{\mathrm{Ox}}}\right)+\frac{0.059}{n}\lg\frac{c_{\mathrm{Ox}}}{c_{\mathrm{Red}}}$$

当 $c_{\mathrm{Ox}}=c_{\mathrm{Red}}=1\ \mathrm{mol\cdot L^{-1}}$ 时，条件电极电位

$$E^{\ominus\prime}=E^{\ominus}+\frac{0.059}{n}\lg\frac{\gamma_{\mathrm{Ox}}\alpha_{\mathrm{Red}}}{\gamma_{\mathrm{Red}}\alpha_{\mathrm{Ox}}}$$

高阶选修 A2-7 影响条件电极电位大小的因素

由条件电极电位公式可知，影响电对条件电极电位的主要因素是离子强度和各种副反应。主要包括以下几方面：

① 离子强度。在氧化还原反应中，溶液的离子强度一般较大，氧化态和还原态的价态通常较高，因而活度系数小于 1。但由于各种副反应对电位的影响远比离子强度的影响大，同时离子强度的影响又难以校正，因此一般都忽略离子强度的影响。

② 生成沉淀的影响。在氧化还原反应中，当加入一种可与氧化态或还原态生成沉淀的沉淀剂时，就会改变电对的电位。氧化态生成沉淀使电对的电位降低，反之，还原态生成沉淀则使电对的电位升高。

③ 形成配合物的影响。当溶液中有多种阴离子存在，与氧化态形成的配合物越稳定，电位值降得越低；相反，还原态形成的配合物越稳定，电位值升高越多。例如，用碘量法测定 Cu^{2+} 的含量时，如果试样中含有 Fe^{3+}，它将与 Cu^{2+} 一起氧化 I^-，从而干扰 Cu^{2+} 的测定。如果在试液中加入 F^-，F^- 与氧化态 Fe^{3+} 形成稳定的铁氟配合物，干扰就被消除了。

④ 溶液酸度。当 H^+ 或 OH^- 参与氧化还原反应时，在能斯特方程中包括 $[H^+]$ 项或 $[OH^-]$ 项，溶液的酸度变化将直接影响电对的电极电位。另外，一些物质的氧化态或还原态是弱酸或弱碱，酸度变化影响其主要存在形式，也会影响电对的电位值。应当注意，酸度对反应方向的影响，只在两个电对 $E^{\ominus}$ 值相差很小时才能实现。如上述反应中两电对的电位值只相差 0.02 V，所以只要改变溶液的 pH 就可以改变反应进行的方向。

2.2.4 沉淀平衡

2-6 沉淀平衡及其影响因素 mp4

沉淀滴定法（precipitation titration）是依据生成沉淀的反应建立的滴定分析法，它是以沉淀溶解平衡为基础的分析方法。很多沉淀反应不能用于定量分析或造成方法误差的主要因素有：①沉淀没有固定的组成；②有些沉淀的溶解度比较大，在化学计量点时反应不够完全；③由于沉淀吸附构晶离子或者其他离子的共沉淀现象造成较大的测定误差；④很多沉淀反应的速率较慢；⑤一些晶形沉淀容易产生过饱和现象；⑥缺少合适的指示剂及确定终点的方法等。因此，虽然形成沉淀的反应众多，但是能够用于滴定分析的却很少，比较有实际意义的是生成难溶性银盐的沉淀反应，例如：

$$Ag^+ + Cl^- \rightleftharpoons AgCl$$

$$Ag^+ + SCN^- \rightleftharpoons AgSCN$$

利用生成难溶性银盐的沉淀滴定法称为银量法，主要用于测定 Cl^-、Br^-、I^-、Ag^+ 及 SCN^- 等离子及与其有关的有机化合物。在沉淀滴定中，必须了解沉淀的溶解度及影响因素，以便在实验中有针对性地选择滴定剂，控制沉淀的条件，使沉淀趋于完全，减少因沉淀溶解而引起的损失。

2.2.4.1 条件溶度积

在更复杂的沉淀溶解平衡体系中，除了构晶离子和分子（或离子对）形式的化合物外，还有其他一些离子形式的化合物存在于溶液中。当微溶化合物 MA 在水溶液中的溶解平衡（主反应）受到副反应的影响（如金属离子的水解反应，弱酸盐的水解反应，酸度的影响和配位反应等）时，MA 的溶解度会增大。此时，实际的溶解度应为金属离子所有型体的总浓度（或 A 的总浓度）。为了计算方便，在这里参考配位平衡的处理方法，引入相应的副反应系数 α_M 和 α_A：

$$K_{sp} = [M^+][A^-] = \frac{[M'][A']}{\alpha_M \alpha_A}$$

令
$$K'_{sp} = [M'][A'] = K_{sp}\alpha_M\alpha_A$$

式中，K'_{sp} **称为条件溶度积**。此时沉淀的实际溶解度为

$$s=[M']=[A']=\sqrt{K'_{sp}}$$

当考虑了温度、离子强度或副反应等具体条件的影响之后，K'_{sp} 能反映出溶液中沉淀溶解平衡的实际情况，用它进行有关计算更能真实地反映沉淀反应的完全程度。同理，可推导出 M_mA_n 型沉淀的条件溶度积

$$K'_{sp}=K_{sp}\alpha_M^m\alpha_A^n$$

2.2.4.2　影响沉淀溶解度的因素

影响沉淀溶解度的因素很多，如同离子效应、盐效应、酸效应和配位效应等。此外，温度、介质、沉淀颗粒的大小和晶体结构等因素，对溶解度也都有一定的影响。

(1) 同离子效应

当沉淀达平衡后，若向溶液中加入组成沉淀的构晶离子试剂或溶液，使沉淀溶解度降低的现象，称为同离子效应。如用 $BaSO_4$ 重量法测定 SO_4^{2-} 含量时，以 $BaCl_2$ 为沉淀剂，等量加入 Ba^{2+} 时，$BaSO_4$ 沉淀的溶解度为 1.0×10^{-5} mol·L^{-1}；过量 0.01 mol·L^{-1} 加入 Ba^{2+} 时，则 $BaSO_4$ 沉淀的溶解度变为 1.1×10^{-8} mol·L^{-1}，可见同离子效应对难溶电解质溶解度的影响很显著。因此，一般为了保证沉淀完全，沉淀剂过量 50%～100%为宜，非挥发性沉淀剂过量 20%～30%即可，过多加入沉淀剂会增大盐效应或其他配位副反应，而使溶解度增大。

(2) 盐效应

溶液中存在大量强电解质使沉淀溶解度增大的现象，称为盐效应。如在 KNO_3 强电解质存在的情况下，AgCl 和 $BaSO_4$ 的溶解度比在纯溶剂中大，而且溶解度随强电解质浓度的增大而增大。发生盐效应的原因是加入的强电解质的种类和浓度影响被测离子的活度系数，当强电解质的浓度增大到一定程度时，离子强度增大而使离子活度系数明显减小。但需注意：当沉淀溶解度很小时，常忽略盐效应。沉淀溶解度很大，且溶液离子强度很高时，要考虑盐效应的影响。

(3) 酸效应

溶液的酸度对于沉淀溶解度的影响，称为酸效应。产生酸效应的原因是沉淀的构晶离子与溶液中的 H^+ 或 OH^- 发生了副反应。酸度对强酸型沉淀物的溶解度影响不大，如 AgCl、$BaSO_4$；但对弱酸型或多元酸型沉淀物的溶解度影响较大，如 CaC_2O_4、$Ca_3(PO_4)_2$，pH 值越小，构晶离子会与溶液中的 H^+ 反应，降低构晶离子的浓度，使沉淀溶解平衡向溶解方向移动，从而使沉淀溶解度增大。当溶液的酸度高到一定程度以后，甚至可以使沉淀完全溶解。因此，对于弱酸形成的沉淀，正确控制酸度是使其能沉淀完全的重要条件。例如，CaC_2O_4 的沉淀反应需在 pH>5.0 的溶液中进行。

(4) 配位效应

由于形成沉淀的构晶离子参与了配位反应而使沉淀的溶解度增大的现象，称为配位效应。配位效应对于沉淀溶解度的影响与沉淀的溶度积、配位剂的浓度和形成配合物的稳定性

有关。如 AgCl 在氨水中的溶解度比纯水中大得多，因 Ag^+ 与 NH_3 配位形成 $[Ag(NH_3)_2]^+$，促使沉淀-溶解平衡向溶解一方移动，从而增大 AgCl 的溶解度。当沉淀剂本身又是配位剂时，应避免加入过多，因此时既有同离子效应，又有配位效应。

例如：$Ag^+ + Cl^- \rightleftharpoons AgCl$

$AgCl + Cl^- \rightleftharpoons AgCl_2^-$

$AgCl_2^- + Cl^- \rightleftharpoons AgCl_3^{2-}$

当 $[Cl^-]=0.01\ mol\cdot L^{-1}$ 时，以同离子效应为主；若 $[Cl^-]\geqslant 0.5\ mol\cdot L^{-1}$，则 AgCl 的溶解度超过在纯水中的溶解度，此时配位效应超过同离子效应对溶解度的影响；若 $[Cl^-]$ 继续增大，由于配位效应起主导作用，可能观察不到 AgCl 沉淀。此外，配位效应与沉淀的溶解度和配合物的稳定常数有关，溶解度越大，配合物越稳定，配位效应越显著。

(5) 其他因素

①温度：绝大多数沉淀的溶解是吸热过程，因此沉淀的溶解度一般随温度的升高而增大。②溶剂极性：通常溶剂极性越小，沉淀的溶解度越小，因此在沉淀滴定或重量分析中，可适度加入有机溶剂以减小溶解损失。③沉淀颗粒度的大小。同种沉淀，小颗粒的溶解度比大颗粒的溶解度大。因此，在沉淀滴定或重量分析中，应尽可能获得大颗粒的沉淀，这样不仅可以减小溶解损失，且易于过滤和洗涤；同时沉淀的比表面积小，吸附杂质亦少。④胶体形成："胶溶"使沉淀溶解度增大，溶解损失增大，可通过加入大量电解质破坏溶胶。⑤水解作用：某些沉淀易发生水解反应，对沉淀溶解度造成影响。

高阶选修 A2-8 沉淀平衡的量化处理过程

(1) 溶解度与溶度积

当微溶化合物 MA 在水中溶解并达到饱和状态后，有下列平衡关系：

$$MA(s) \rightleftharpoons MA(aq) \rightleftharpoons M^+(aq) + A^-(aq)$$

即 MA 除了以离子状态 M^+、A^- 存在以外，还有尚未解离的 MA(aq)。根据 MA(s) 和 MA(aq) 之间的沉淀平衡可得：

$$s_0 = \frac{a_{MA}(aq)}{a_{MA}(s)}$$

通常认为纯固体活度等于 1，而且溶液中中性分子的活度系数也近似为 1，则

$$a_{MA}(aq) = [MA](aq) = s_0$$

此式表明在一定温度下，溶液中分子状态（或离子对化合物状态）MA(aq) 的浓度为一常数 s_0（该物质的**固有溶解度或分子溶解度**）。

对于微溶化合物 MA，如果忽略溶液中存在的其他副反应，则其溶解度

$$s = s_0 + [M^+] = s_0 + [A^-]$$

在处理微溶化合物的沉淀平衡时，考虑到其中大多数的固有溶解度都比较小，因此可忽略其分子（或离子对）形式，只考虑简单的水合离子，上式可进一步简化：

$$s=[M^+]=[A^-]$$

该式表明，微溶化合物的溶解度等于溶解平衡时构晶离子的浓度。

(2) 活度积和溶度积

微溶化合物 MA 的溶解度 s 可通过活度积或溶度积计算。根据沉淀 MA 在水溶液中的平衡关系，可推导出

$$K=\frac{a_{M^+}a_{A^-}}{a_{MA(s)}}=a_{M^+}a_{A^-}=K_{ap}$$

为该微溶化合物的活度积常数，简称活度积，它仅与温度有关。需要指出的是，一般仅在计算沉淀在纯水中的溶解度时才采用活度积。若溶液中电解质的浓度较大，需要考虑离子强度的影响时，则应采用浓度来表示沉淀的溶解度，考虑到活度与浓度之间的关系后则可得出

$$K_{ap}=a_{M^+}a_{A^-}=\gamma_{M^+}[M^+]\gamma_{A^-}[A^-]$$

故

$$K_{sp}=[M^+][A^-]=\frac{K_{ap}}{\gamma_{M^+}\gamma_{A^-}}$$

式中，**K_{sp} 称为溶度积常数**，简称溶度积。它除了受温度影响外，还与溶液的离子强度有关，常见难溶化合物的溶度积常数 K_{sp} 值（$I=0.1\ mol\cdot kg^{-1}$）见书后附录 8 中。

因此，微溶化合物 MA 的溶解度 s 与 K_{ap} 或 K_{sp} 的关系可表示如下：

$$s=[M^+]=[A^-]=\sqrt{K_{sp}}=\sqrt{\frac{K_{ap}}{\gamma_{M^+}\gamma_{A^-}}}$$

通常情况下，由于难溶化合物的溶解度一般都较小，溶液中的离子强度不大，可不考虑离子强度的影响，不加区别地用 K_{sp} 代替 K_{ap} 使用。

对于其他类型的沉淀 M_mA_n 型，其溶解平衡反应为：

$$M_mA_n(s)\rightleftharpoons mM^{n+}(aq)+nA^{m-}(aq)$$

设 M_mA_n 溶解度为 s，其溶解度的公式如下：

$$s=\sqrt[m+n]{\frac{K_{sp}}{[M^+]^m[A^-]^n}}$$

2.3 滴定曲线

在滴定分析中，一般用溶液浓度（如酸碱滴定的 pH 值、配位滴定和沉淀滴定的 pM 值）或与浓度相关的参数（如氧化还原滴定的电极电位）等来表示溶液的性质。在滴定过程中，随着标准溶液的加入，滴定剂与待测组分不断进行反应，这些溶液的性质会随着标准溶液的加入不断变化，此变化可以采用滴定曲线予以描述。将溶液性质（pH 值、金属离子浓度、电极电位等）对滴定剂的加入量（体积或滴定分数）作图，得到的曲线称为滴定曲线（如图 2-4 所示），它是滴定过程形象、直观地表示，反映了溶液性质从量变到质变的变化

规律。

滴定曲线有如下特点。

① 曲线的起点取决于被滴定物质的性质或浓度，一般被滴定物质的浓度越高，曲线的起点越低。

② 滴定开始时，加入滴定剂引起的浓度或参数变化比较平缓。其变化的速度与被滴定物质的性质（如被滴定酸的强弱）或滴定反应平衡常数（K'）的大小有关。至化学计量点附近，滴定函数将发生突变，曲线变得陡直。

③ 化学计量点后，曲线由陡直逐渐趋于平缓，变化趋势取决于滴定剂的浓度。

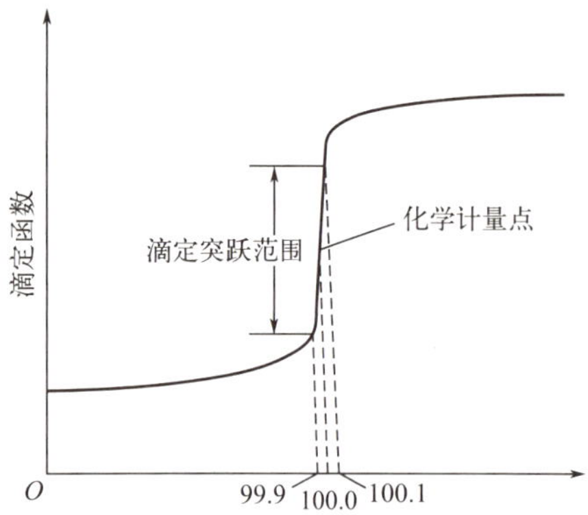

图 2-4　滴定曲线

④ 在化学计量点前后±0.1%（滴定分析允许误差）范围内，滴定函数将发生急剧变化，这种参数（如酸碱滴定中的 pH 值）的突然改变叫作滴定突跃。突跃所在的范围称为滴定突跃范围。

绘制滴定曲线的关键是要确定有关溶液性质的参数，这些参数通常可由实验测定（如电位滴定法），也可根据理论计算得到（即求出滴定函数，再代入数据），两者之间存在一定的差异。理论计算滴定曲线数据是运用溶液平衡关系计算滴定中每一点的溶液性质。为简化研究过程，计算时假定滴定剂的浓度和被测物质的浓度相等，一般以等浓度、等体积滴定为基础进行讨论。

2.3.1　酸碱滴定曲线

2.3.1.1　强碱滴定强酸的滴定曲线

2-7　酸碱滴定曲线 mp4

酸碱滴定曲线可直观反映溶液 pH 值随滴定剂加入量的变化情况。通过理论计算不同滴定剂加入量时溶液的 pH 值，即可绘制酸碱滴定曲线。当滴定剂与被滴定物之间的反应定量完成，即滴定到达化学计量点时，溶液的 pH 值用 pH_{sp} 表示。下面以强碱（酸）滴定强酸（碱）的滴定反应为例，重点介绍酸碱滴定曲线的绘制过程，以及影响滴定准确度的因素。

酸碱滴定中的滴定剂一般为强酸或强碱。上述类型的滴定反应为

$$H^+ + OH^- \rightleftharpoons H_2O$$

$$K_t = \frac{1}{[H^+][OH^-]} = \frac{1}{K_w} = 1.0 \times 10^{14} (25\ ℃)$$

此类滴定反应的平衡常数相当大，说明反应进行得十分完全。下面以 0.1000 mol·L^{-1} NaOH 溶液滴定 20.00 mL（V_0）等浓度的 HCl 溶液为例进行讨论，设滴定中加入 NaOH 的体积为 V，整个滴定过程可按以下四个阶段来考虑。

① 滴定之前（$V=0$）

溶液的 pH 值由 c_{HCl} 决定，即

$$[H^+] = c_{HCl} = 0.1000\ mol \cdot L^{-1} \qquad pH = 1.00$$

② 滴定开始至化学计量点之前（$V<V_0$）

随着滴定剂的加入，溶液中 $[H^+]$ 取决于剩余 HCl 的浓度，即

$$[H^+]=\frac{V_0-V}{V_0+V}c_{HCl}$$

例如，当滴入 19.98 mL NaOH 溶液时（−0.1%相对误差）：

$$[H^+]=\frac{(20.00-19.98)mL}{(20.00+19.98)mL}\times 0.1000\ mol\cdot L^{-1}=5.0\times 10^{-5}\ mol\cdot L^{-1}$$

$$pH=4.30$$

③ 化学计量点时（$V=V_0$）

滴入 20.00 mL NaOH 溶液时，HCl 与 NaOH 恰好完全反应，溶液呈中性，H^+ 来自水的解离，此时溶液 pH 值约为 7.0。

④ 化学计量点后（$V>V_0$）

溶液的 pH 值由过量的 NaOH 的浓度决定，即

$$[OH^-]=\frac{V-V}{V_0+V}c_{NaOH}$$

例如，当滴入 20.02 mL NaOH 溶液时（+0.1%相对误差）：

$$[OH^-]=\frac{(20.02-20.00)mL}{(20.00+20.02)mL}\times 0.1000\ mol\cdot L^{-1}=5.0\times 10^{-5}\ mol\cdot L^{-1}$$

$$pOH=4.30\qquad pH=9.70$$

按照上述方式逐一计算出滴定过程中各阶段溶液 pH 值变化的情况，并将主要计算结果列入表 2-7 中。然后以横坐标表示滴定分数（或加入滴定剂的体积），以纵坐标表示 pH 值作图，即得 NaOH 滴定 HCl 的滴定曲线，如图 2-5 所示。

表 2-7　NaOH 滴定 HCl 时溶液的 pH 值

（$c_{NaOH}=c_{HCl}=0.1000\ mol\cdot L^{-1}$，$V_{HCl}=20.00\ mL$）

加入 NaOH 溶液体积/mL	HCl 被滴定的百分数/%	剩余 HCl 溶液体积/mL	过量 NaOH 溶液体积/mL	$[H^+]$/$mol\cdot L^{-1}$	pH 值	
0.00	0.00	20.00		1.0×10^{-1}	1.00	
18.00	90.00	2.00		5.3×10^{-3}	2.28	
19.80	99.00	0.20		5.0×10^{-4}	3.30	
19.96	99.80	0.04		1.0×10^{-4}	4.00	
19.98	99.90	0.02		5.0×10^{-5}	4.30	突跃范围
20.00	100.0	0.00		1.0×10^{-7}	7.00	
20.02	100.1		0.02	2.0×10^{-10}	9.70	
20.04	100.2		0.04	1.0×10^{-10}	10.00	
20.20	101.0		0.20	2.0×10^{-11}	10.70	
22.00	110.0		2.00	2.0×10^{-12}	11.70	
40.00	200.0		20.00	3.0×10^{-13}	12.50	

由图 2-5 和表 2-7 可知，在滴定过程中的不同阶段，加入单位体积的滴定剂时，溶液 pH 值的变化程度是不同的。从滴定开始至滴入 18.00 mL NaOH 溶液时，HCl 被滴定了 90%，但溶液的 pH 值仅增加了 1.3 个单位，此段是强酸缓冲区。随着滴定剂继续加入，溶液中 $[H^+]$ 降低较快，其缓冲作用减小，pH 值增大加快。从 19.98 mL 到 20.02 mL，总

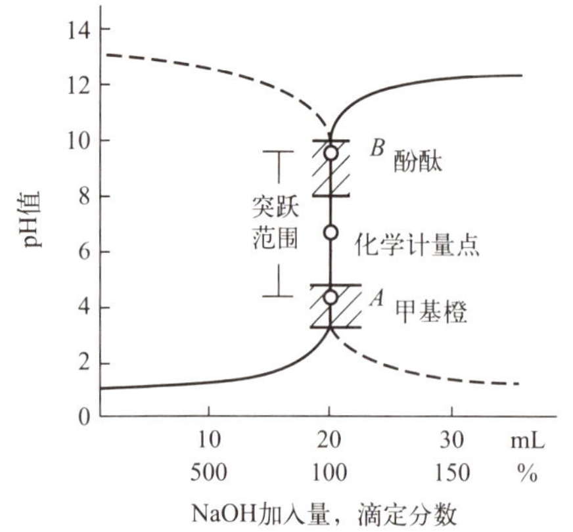

图 2-5　0.1000 mol·L^{-1} NaOH 溶液滴定 20.00 mL 同浓度 HCl 的滴定曲线

共加入 0.04 mL NaOH 溶液（约一滴的量），滴定曲线就发生了由量变到质变的转折，溶液从酸性（pH＝4.30）急剧变化到碱性（pH＝9.70），这种在化学计量点－0.1%～＋0.1%范围内溶液 $[H^+]$ 发生显著变化的现象称为滴定突跃，突跃区所含的 pH 值范围称为滴定突跃范围。在此之后，继续加入 NaOH 溶液，随着溶液中 $[OH^-]$ 浓度增大，pH 值的变化减缓，滴定曲线进入强碱缓冲区。

滴定突跃范围是选择指示剂的依据。对于本例来说，凡在滴定突跃范围（pH＝4.30～9.70，图 2-5 中 A、B 两点之间）以内能发生颜色变化的指示剂（即指示剂变色的 pH 值范围全部或大部分落在滴定突跃范围之内），例如酚酞、甲基红和甲基橙等指示剂均可用于指示该滴定过程的滴定终点。虽然使用这些指示剂确定的终点并非化学计量点，但是可以保证由此差别引起的误差不超过±0.1%。若用 HCl 溶液滴定 NaOH 溶液（条件与前相同），其滴定曲线与上述曲线互相对称（见图 2-5 中虚线），溶液 pH 值变化的方向相反。

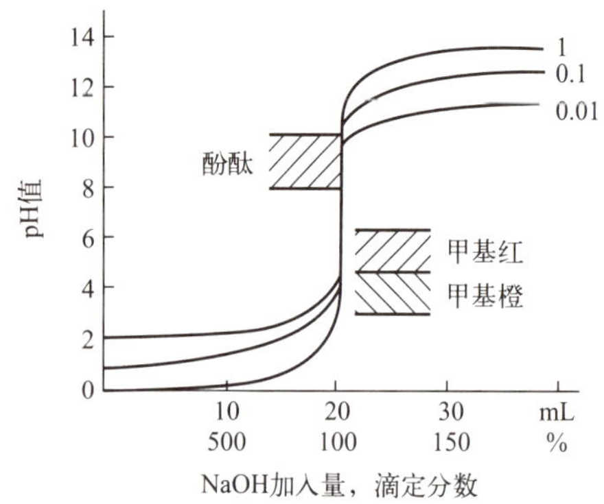

图 2-6　浓度对滴定突跃的影响（同浓度 NaOH 滴定 HCl，$c_{NaOH}=c_{HCl}$）

滴定突跃的大小通常与滴定剂和被滴定物的浓度有关（见图 2-6），**浓度越大，滴定突跃也越大**。例如，用 1.000 mol·L^{-1} NaOH 溶液滴定 20.00 mL 1.000 mol·L^{-1} HCl 溶液，突跃范围为 pH＝3.3～10.7。说明强酸、强碱溶液的浓度各增大 10 倍，滴定突跃范围则向上下两端各延伸一个 pH 单位。滴定突跃越大，可供选用的指示剂也越多。若 NaOH 和 HCl 的浓度均为 0.01000 mol·L^{-1}，则突跃范围为 pH＝5.3～8.7，此时欲使终点误差不大于 0.1%，采用甲基红作为指示剂最适宜，酚酞略差一些，若采用甲基橙作为指示剂，误差会大于 1%。

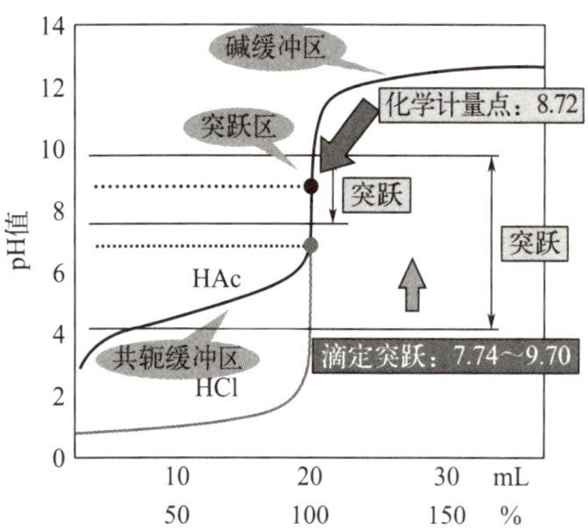

图 2-7　强碱滴定一元弱酸与强碱滴定强酸的滴定曲线对比

2.3.1.2　强碱滴定一元弱酸的滴定曲线

与强碱滴定强酸体系类似，当以 0.1000 mol·L^{-1} NaOH 溶液滴定 20.00 mL 同浓度 HAc 溶液时，按照表 2-8 中所列不同阶段溶液 pH 值的计算公式，计算出不同体积滴定剂加入时溶液的 pH 值，绘制 pH 值随滴定剂加入体积（滴定百分数）的变化曲线，即可获得如图 2-7 所示强碱滴定一元弱酸的滴定曲线。

由图 2-7 可知，强碱滴定一元弱酸的滴定曲线形状与强碱滴定强酸类似，也分为酸缓冲区、突跃区和碱缓冲区。其化学计量点与强碱滴定强酸相比，上移到了 8.72。在酸缓冲区，由于 HAc 的解离常数较小，因此起始 pH 值要比盐酸大，滴定突跃范围变小。

表 2-8　强碱滴定一元弱酸（以 NaOH 滴定 HAc 为例）不同阶段的 pH 值计算公式

滴定阶段	溶液组成	所用 pH 值计算式
滴定前	一元弱酸溶液（HAc）	$[H^+]=\sqrt{cK_a}$
化学计量点前	缓冲溶液（HAc-NaAc）	$pH=pK_a+\lg\dfrac{c_{Ac^-}}{c_{HAc}}$
化学计量点	一元弱碱溶液（NaAc）	$[OH^-]=\sqrt{cK_b}$
化学计量点后	强碱弱碱混合液（NaOH+NaAc）	$[OH^-]=c_{NaOH}$

2.3.1.3　影响酸碱滴定突跃范围大小的因素

对比强碱滴定不同强度的酸得到的滴定曲线，可见酸碱滴定反应平衡常数 K 或者酸的解离常数大小直接影响滴定突跃范围。一般情况下，**滴定反应平衡常数 K 或者酸的解离常数 K_a 越大，表明该反应进行得越完全，滴定突跃范围也越大**（见图 2-8）。此外，酸碱的初始浓度也会对其滴定曲线有影响，一般情况下，**酸碱浓度越小，滴定曲线的上限越低，滴定突跃范围越小；浓度越大，滴定突跃范围也越大。**结合解离常数的影响，可得出只有初始浓度 c 和解离常数 K_a 的数值足够大时，才能保证足够宽的滴定突跃范围，用合适的指示剂去指示终点。

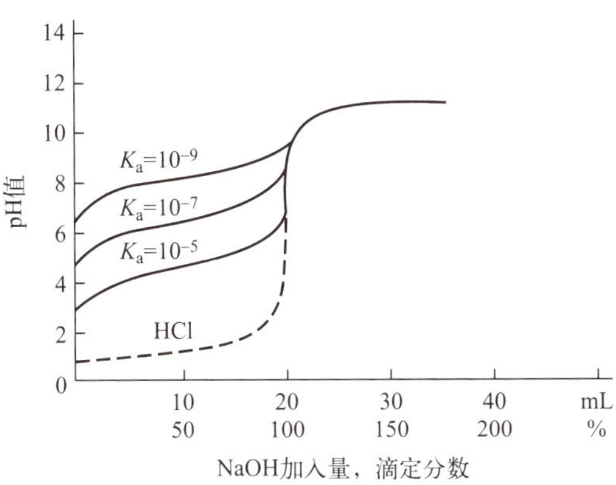

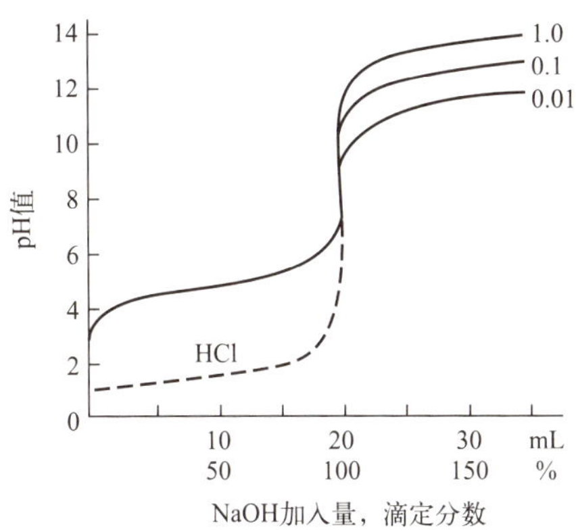

图 2-8　滴定突跃与 K_a、HCl 浓度的关系曲线

2.3.1.4　直接准确滴定一元弱酸（碱）的可行性判据

滴定反应的完全程度是能否准确滴定的首要条件。当被滴定溶液的浓度一定时，酸碱滴定反应平衡常数 K 越大，表明该反应进行得越完全，滴定突跃范围亦越大（相对误差大小一定），此时判断滴定终点较准确。c 和 K_a（或 K_b）一定时，正确选择指示剂就成为提高滴定准确度的关键。即使指示剂恰好在化学计量点改变颜色，但由于人们对指示剂实际变色点的判断通常至少有±0.2 个 pH 单位的误差，因此要求滴定突跃不得小于 0.4 个 pH 单位。要达到这一要求，同时保证滴定终点误差在 0.1%以内，需要一元弱酸的 $cK_a\geq10^{-8}$。因此，**$cK_a\geq10^{-8}$ 是采用指示剂判断终点时，直接准确滴定某一元弱酸的可行性判据（滴定误**

差≤0.1%）。式中，c 是按化学计量点的体积计算时被滴定物质的分析浓度，K_a 是弱酸的解离常数。

同理，对于一元弱碱，能直接准确滴定的条件是：$cK_b \geq 10^{-8}$。

若采用仪器来指示终点，由于检测终点的不确定性小于目测法（<0.05 个 pH 单位），因而对于 K_a 更小的弱酸（碱）也有较准确滴定的可能。但是 $K_a(K_b)$ 很小时反应的完全程度低，就决定了会有较大的测定误差，是不能通过选择指示剂来避免这一问题的。因此，与检测终点的不确定性相比，滴定反应的完全程度是影响滴定结果准确度更重要的因素。

2.3.1.5 多元酸和混合酸滴定的可行性判据

因多元酸（H_nA）存在多步解离过程，因此在用强碱滴定多元酸时，首先需考虑各步解离的酸是否能被准确滴定，其次考虑各步滴定对应的滴定突跃区间是否有重合。同时，因为多元酸和混合酸滴定过程较为复杂，根据目测时滴定突跃的 $\Delta pH \leq \pm 0.2pH$，滴定误差≤1%，各级解离产生的 $[H^+]$ 被准确滴定需满足：$cK_a \geq 10^{-9}$。以强碱滴定二元酸为例，首先根据满足 $cK_a \geq 10^{-9}$ 与否，判断能否对第一、二级解离的 $[H^+]$ 进行准确滴定；然后再结合 $K_{a1}/K_{a2} \geq 10^5$，判断第二级解离的 H^+ 是否对滴定第一级解离的 H^+ 产生干扰，即两步的滴定突跃区间是否有重合。例如，草酸的 $K_{a1}=5.9\times10^{-2}$，$K_{a2}=6.4\times10^{-5}$，K_{a1} 和 K_{a2} 均较大，可见两步解离的 H^+ 均可被准确滴定，但是 $K_{a1}/K_{a2} \approx 10^3$ 不满足分步滴定的判据，因此在滴定过程中只有一个较宽的滴定突跃区间。

混合酸滴定的情况与多元酸相似，如用强碱滴定弱酸 HA（解离常数 K_a，浓度 c_1）和 HB（解离常数 K'_a，浓度 c_2）的混合溶液。若其中 HA 为酸性较强的弱酸（$c_1K_a \geq 10^{-9}$），且两种弱酸的浓度较大又相等，则在第一化学计量点时，溶液中的 H^+ 浓度可按下式计算。

$$[H^+]=\sqrt{K_aK'_a} \qquad 即\ pH=\frac{1}{2}(pK_a+pK'_a)$$

同样，只有当 $K_a/K'_a \geq 10^5$ 时，才能准确滴定第一种弱酸 HA。如果两者的浓度不相等，则要求 $c_1K_a/c_2K'_a \geq 10^5$，才能准确滴定第一种弱酸 HA。若其中的 HA 为强酸，HB 为弱酸，则当 HB 的解离常数足够小时（一般要求 $K_a < 10^{-4}$），两种酸才可分步滴定，或在滴定 HA 时 HB 不影响测定结果。

高阶选修 A2-9　酸碱滴定曲线绘制，滴定突跃的计算

强碱滴定弱酸时，滴定反应及其反应平衡常数为

$$HA+OH^- \rightleftharpoons H_2O+A^-$$

$$K=\frac{[A^-]}{[HA][OH^-]}=\frac{K_a}{K_w}$$

现以 NaOH 溶液滴定 HAc 为例进行讨论。设 HAc 的浓度 c_0 为 $0.1000\ mol\cdot L^{-1}$，体积为 V_0(20.00 mL)；NaOH 的浓度 $c=0.1000\ mol\cdot L^{-1}$，滴定时加入的体积为 V mL。与强

碱滴定强酸相似，整个滴定过程也可以分为四个滴定阶段来计算滴定过程中溶液 pH 值的变化。

① 滴定开始前($V=0$)：溶液中的 H^+ 主要来自 HAc 的解离。因为 $K_a=1.8\times10^{-5}$，$c_0K_a>20K_w$，$c_0/K_a>400$，则

$$[H^+]=\sqrt{c_0K_a}=\sqrt{0.1000\times1.8\times10^{-5}}=1.3\times10^{-3}\ (\mathrm{mol\cdot L^{-1}})$$

$$pH=2.89$$

② 滴定开始至化学计量点前 ($V<V_0$)：在此过程中，滴加的 NaOH 与 HAc 作用生成 NaAc，从而和溶液中剩余的 HAc 组成缓冲溶液，因此可根据缓冲溶液的 pH 值计算公式进行求算。

$$pH=pK_a+\lg\frac{c_{Ac^-}}{c_{HAc}}$$

$$c_{HAc}=\frac{c_0V_0-cV}{V_0+V}\qquad c_{Ac^-}=\frac{cV}{V_0+V}$$

例如，滴入 19.98 mL NaOH 溶液时，HAc 被滴定掉 99.9%：

$$c_{HAc}=\frac{0.1000\ \mathrm{mol\cdot L^{-1}}\times0.02\ \mathrm{mL}}{(20.00+19.98)\mathrm{mL}}=5.0\times10^{-5}\ \mathrm{mol\cdot L^{-1}}$$

$$c_{Ac^-}=\frac{0.1000\ \mathrm{mol\cdot L^{-1}}\times19.98\ \mathrm{mL}}{(20.00+19.98)\mathrm{mL}}=5.0\times10^{-2}\ \mathrm{mol\cdot L^{-1}}$$

$$pH=pK_a+\lg\frac{c_{Ac^-}}{c_{HAc}}=4.74+\lg\frac{5.0\times10^{-2}}{5.0\times10^{-5}}=7.74$$

③ 化学计量点时 ($V=V_0$)：HAc 全部被 NaOH 中和，生成 NaAc，因此可按一元弱碱进行分析。HAc 与 NaOH 定量反应全部生成 NaAc，又因溶液的体积增大 1 倍，故 $c_{Ac^-}=0.050\ \mathrm{mol\cdot L^{-1}}$，此时溶液的碱度主要由 Ac^- 的解离决定。因为 $K_b=K_w/K_a=5.6\times10^{-10}$，$cK_b>20K_w$，$c/K_b>400$，于是

$$[OH^-]=\sqrt{K_bc}=\sqrt{\frac{10^{-14}\times0.05}{1.8\times10^{-5}}}=5.3\times10^{-6}\ (\mathrm{mol\cdot L^{-1}})$$

$$pOH=5.28,\ pH=14-pOH=8.72$$

④ 化学计量点后 ($V>V_0$)：与强碱滴定强酸情况完全相同，溶液由 OH^- 和 Ac^- 组成，即为强碱与弱碱的混合溶液。由于 NaOH 过量，Ac^- 的解离受到抑制 ($K_b=5.6\times10^{-10}$)，溶液的碱度主要由过量的 NaOH 决定。若 NaOH 过量 0.1% (加入体积 20.02 mL)，于是

$$c_{OH^-}=0.1000\times0.02/40.02=5.0\times10^{-5}\ \mathrm{mol\cdot L^{-1}}$$

$$pH=14-pOH=9.70$$

按上述方法，可计算出整个滴定过程中溶液的 pH 值，结果列于表 A2-1，并根据各点的 pH 值绘出滴定曲线，如图 A2-1 所示。

表 A2-1　NaOH 滴定 HAc 时溶液的 pH 值

($c_{NaOH}=c_{HAc}=0.1000\ mol \cdot L^{-1}$，$V_{HAc}=20.00\ mL$)

加入 NaOH 溶液体积/mL	HAc 被滴定的百分数/%	剩余 HAc 溶液体积/mL	过量 NaOH 溶液体积/mL	pH 值	
0.00	0.00	20.00		2.89	
10.00	50.00	10.00		4.70	
18.00	90.00	2.00		5.70	
19.80	99.00	0.20		6.74	
19.98	99.90	0.02		7.74	突跃范围
20.00	100.0	0.00		8.72	
20.02	100.1		0.02	9.70	
20.20	101.0		0.20	10.70	
22.00	110.0		2.00	11.70	
40.00	200.0		20.00	12.50	

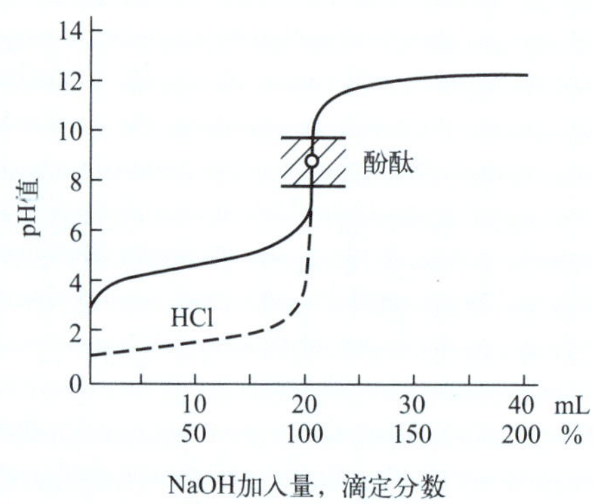

图 A2-1　0.1000 mol·L^{-1} NaOH 滴定 0.1000 mol·L^{-1} HAc 的滴定曲线

同理，在滴定百分数 99.9%～100.1% 的范围内，7.74～9.70 的 pH 区间即为 0.1000 mol·L^{-1} NaOH 滴定 20.00 mL 0.1000 mol·L^{-1} 的 HAc 的滴定突跃区间。

高阶选修 A2-10　多元酸、混合酸的分步滴定

常见多元酸碱多数是弱酸或弱碱，它们在水溶液中分步解离，每一分子可以给出或接受一个以上的 H^+。那么在酸碱滴定中，是否每一级（或者哪几级）解离的 H^+ 或 OH^- 都能被准确滴定，滴定能否分步进行，能形成几个较明显的突跃，如何选择指示剂检测终点，这些都是滴定多元酸碱时需要讨论的问题，因此多元酸碱滴定较一元酸碱滴定要复杂得多。下面以 0.1000 mol·L^{-1} NaOH 滴定 20.00 mL 0.1000 mol·L^{-1} 的 H_3PO_4 为例讨论滴定的可行性。已知 H_3PO_4 的各级解离常数分别为 $pK_{a1}=2.12$，$pK_{a2}=7.20$，$pK_{a3}=12.36$。

三级解离过程，此滴定反应可以分解为三个一元弱酸滴定反应：

$$H_3PO_4 \rightleftharpoons H_2PO_4^- + H^+ \longrightarrow H_3PO_4 + NaOH \rightleftharpoons NaH_2PO_4 + H_2O \quad pK_{a1}=2.12$$

$$H_2PO_4^- \rightleftharpoons HPO_4^{2-} + H^+ \longrightarrow NaH_2PO_4 + NaOH \rightleftharpoons Na_2HPO_4 + H_2O \quad pK_{a2}=7.20$$

$$HPO_4^{2-} \rightleftharpoons PO_4^{3-} + H^+ \longrightarrow Na_2HPO_4 + NaOH \rightleftharpoons Na_3PO_4 + H_2O \quad pK_{a3}=12.36$$

磷酸为三元酸，存在三级解离过程，有三个解离常数。因此，滴定磷酸这一反应，可以分解成三个一元弱酸的滴定反应。这三个滴定反应分别与磷酸的三级解离过程相对应。在滴定磷酸时，首先需要明确是否各步酸碱反应都能够被准确滴定，此时需要结合一元弱酸准确滴定的判据。这是一个滴定多元酸的过程，同样采用指示剂判断终点，$\Delta pH=\pm0.2$，若允许终点误差<1%，判断每一级可解离的 H^+（OH^-）能否被直接滴定，此时只需 $c_{sp}K_{a1} \geqslant 10^{-9}$ 即可。结合上述判据，首先 H_3PO_4 被中和生成 $H_2PO_4^-$，出现第一个化学计量点；然后 $H_2PO_4^-$ 继续被中和，生成 HPO_4^{2-}，出现第二个化学计量点；HPO_4^{2-} 的 K_{a3} 太小，$cK_{a3}<10^{-8}$，不能直接准确滴定。NaOH 滴定 H_3PO_4 的滴定曲线见图 A2-2。

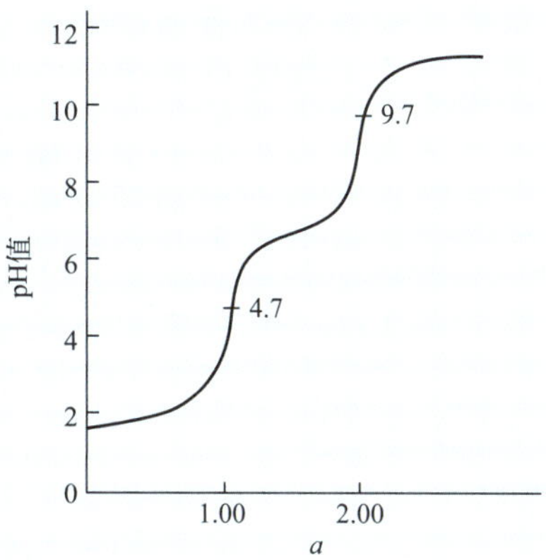

图 A2-2　0.1000 mol·L^{-1} NaOH 滴定等浓度 H_3PO_4 的滴定曲线

准确计算多元酸的滴定曲线，涉及比较复杂的数学处理，这里不予介绍。下面只讨论化学计量点时 pH 值的计算和指示剂的选择。

第一化学计量点：用 NaOH 滴定 H_3PO_4 至第一化学计量点时，产物是 $H_2PO_4^-$，浓度为 0.0050 mol·L^{-1}，它是两性物质，可按近似式计算溶液此时的 pH 值，求得

$$[H^+]=\sqrt{\frac{K_{a1}K_{a2}c}{K_{a1}+c}}=\sqrt{\frac{7.5\times10^{-3}\times6.3\times10^{-8}\times0.050}{7.5\times10^{-3}+5.0\times10^{-2}}}=2.0\times10^{-5}(\mathrm{mol\cdot L^{-1}})$$

$$pH=4.70$$

如以甲基橙为指示剂，终点由红变黄，滴定结果的误差约为−0.5%。

第二化学计量点：$H_2PO_4^-$ 作为二元酸被滴定，产物是 HPO_4^{2-}，浓度为 0.033 mol·L^{-1}，溶液 pH 值按如下近似式计算，求得

$$[H^+]=\sqrt{\frac{K_{a2}(K_{a3}c+K_w)}{K_{a2}+c}}=\sqrt{\frac{6.3\times10^{-8}\times(4.4\times10^{-13}\times0.033+1.0\times10^{-14})}{0.033}}$$

$$=2.2\times10^{-10}(\mathrm{mol\cdot L^{-1}})$$

$$pH=9.66$$

选用百里酚酞（变色点 pH=9.4～10.6）作指示剂，终点颜色由无色变为浅蓝，分析结果的误差约为+0.3%。

第三化学计量点：由于 HPO_4^{2-} 的 K_{a3} 太小，故 HPO_4^{2-} 不能用 NaOH 直接滴定，但可通过适当的化学反应使其 H^+ 被释放出来，这样便可用 NaOH 滴定 HPO_4^{2-} 了。

2.3.2 配位滴定曲线

2-8 配位滴定曲线 mp4

2.3.2.1 配位滴定曲线绘制

配位滴定法常用来测定多种金属离子或间接测定其他离子。与酸碱滴定类似，随着滴定剂 EDTA 的不断加入，在化学计量点附近，溶液中金属离子 M 的浓度会发生急剧变化。如果以 pM[$-\lg c(\mathrm{M})$] 为纵坐标，以加入标准溶液 EDTA 的体积 V 为横坐标作图，则可得到与酸碱滴定曲线类似的配位滴定曲线。要绘制滴定曲线，需要计算不同滴定剂加入体积时，溶液中待测金属离子的浓度。表 2-9 为不同配位滴定阶段，溶液中 pM 的计算公式。

表 2-9 EDTA 滴定 M 时不同阶段的 pM 计算公式

滴定阶段	组成	pM 计算式
滴定前	M	$\mathrm{pM}=-\lg c_{\mathrm{M}}$
化学计量点前	M+MY	$\mathrm{pM}=-\lg[\mathrm{M}]$
化学计量点	MY	$\mathrm{pM}=1/2(\lg K'_{\mathrm{MY}}+\mathrm{p}c_{\mathrm{M,sp}})$
化学计量点后	MY+Y	$\mathrm{pM}=\lg K'_{\mathrm{MY}}+\mathrm{p}c_{\mathrm{M,sp}}-\mathrm{p}c_{\mathrm{Y}}$

以 $0.02000\ \mathrm{mol\cdot L^{-1}}$ EDTA 滴定同浓度锌离子为例，基于表 2-9 中的公式，计算不同 EDTA 滴加体积时溶液的 pZn′值，得到表 2-10 的系列数据，然后绘制如图 2-9 所示的滴定曲线。可见，得到的配位滴定曲线形状与酸碱滴定曲线类似，也是存在两个缓冲区和一个突跃区。由表 2-10 可以看出，在化学计量点前后为±0.1%的范围内，ΔpM′(pM) 发生突跃，称为配位滴定的 pM′(pM) 突跃范围（本例为 5.00～7.12）。

表 2-10 EDTA 滴定 Zn^{2+} 的 pZn′

($\mathrm{pH}=9.0$，$[\mathrm{NH_3}]=0.10\ \mathrm{mol\cdot L^{-1}}$，$c_{\mathrm{Zn}}=c_{\mathrm{Y}}=0.02000\ \mathrm{mol\cdot L^{-1}}$)

EDTA 加入量		未被滴定的 Zn^{2+}/%	过量的 EDTA/%	pZn′	
V/mL	滴定百分数(f)/%				
0.00				1.70	
10.00	50.00	50.00		2.18	
18.00	90.00	10.00		2.98	
19.80	99.00	1.00		4.00	
19.98	99.90	0.10		5.00	滴定突跃
20.00	100.0	0		6.06	
20.02	100.1		0.10	7.12	
20.20	101.0		1.00	8.12	
22.00	110.0		10.00	9.12	
40.00	200.0		100.0	10.12	

2.3.2.2 影响配位滴定突跃范围的因素

由酸碱滴定可知，滴定突跃的大小反映了滴定反应的完全程度，因此讨论有关影响因素甚为重要。综合上述滴定曲线的绘制过程可以看出，被滴定金属离子的分析浓度 c_Y 和配合物的条件稳定常数 $\lg K'_{MY}$ 是影响滴定突跃的重要因素。

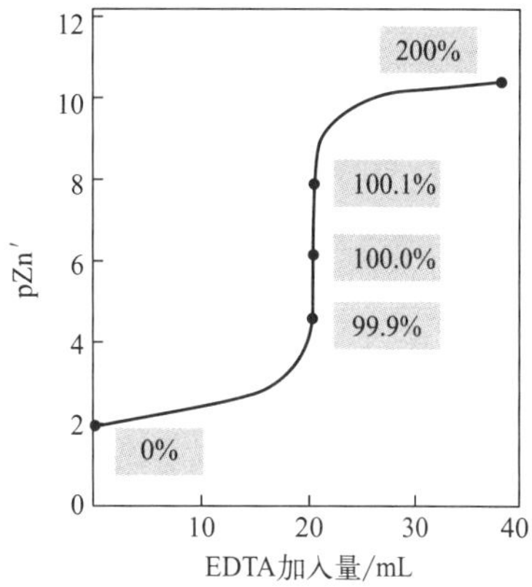

图 2-9　EDTA 滴定 Zn^{2+} 的 pZn′值（$c_{Zn}=c_Y=0.02000\ mol \cdot L^{-1}$）

图 2-10(a) 为 $c_Y=0.010\ mol \cdot L^{-1}$，$c_M/c_Y=1$，但 K'_{MY} 不同的一系列滴定曲线。由于 K'_{MY} 值越大，滴定反应的完全程度越高，因此图中突跃上限（滴定误差为+0.1%时的 pM 或 pM′）的位置越高，滴定突跃也越大。K'_{MY} 的大小与 K_{MY}、α_M、和 α_Y 均有关。有些金属离子，例如碱土金属与 EDTA 配合物的 K_{MY} 一般不太大，为了避免酸效应对 K'_{MY}、滴定突跃和反应的完全程度有较大的影响，应在适当低的酸度下进行滴定。虽然在较低的酸度下进行滴定有利于减小 EDTA 的酸效应，但酸度过低又容易引起金属离子的水解反应。其水解加入的辅助配位剂和为消除干扰加入的掩蔽剂又会成为配位效应的来源，它们的浓度越大，α_Y 也越大，致使 K'_{MY} 减小，pM′的突跃范围减小。同时因溶液的酸度降低，还可能增大各种配位剂作为配体的平衡浓度，从而进一步增大了配位效应的影响。因此，在实际工作中应全面考虑上述各因素的综合作用。

如同酸碱滴定法中所述，增大滴定剂与被滴定物的浓度时，可以使滴定突跃增大，这是滴定分析中的一种规律。图 2-10(b) 为在 $\lg K'_{MY}$ 一定，c_M 不同时（$c_M/c_Y=1$）的一组滴定曲线。如图所示，c_Y 越大，其 pM(pM′) 越小，滴定突跃的下限（滴定误差 0.1%时的 pM 或 pM′）越低，滴定突跃也越大。

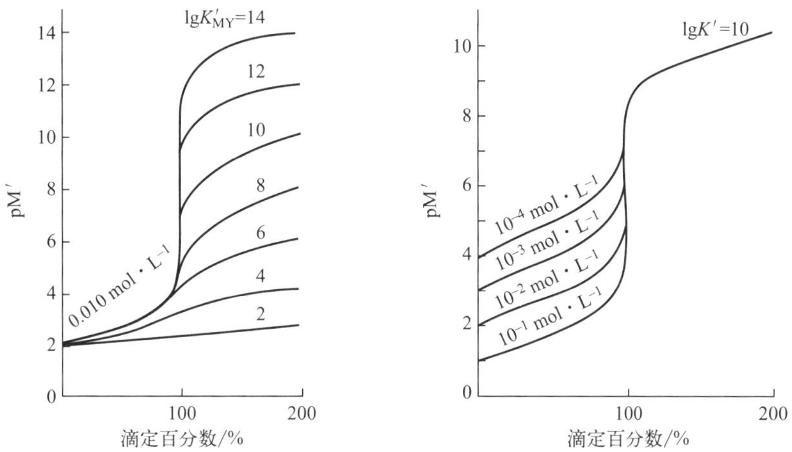

图 2-10　K'_{MY} 和 c_M 对 pM′突跃大小的影响

综上所述，配位滴定中所涉及的情况较酸碱滴定法要复杂得多。为了保证在某些副反应存在时，主反应能够进行完全，合理地选择并控制适宜的滴定条件（主要是酸度和配位剂的浓度）十分重要。这样才能有效地减小 α_M 和 α_Y，从而获得较大的 K'_{MY}，在 c_M 一定时，可以使滴定突跃增大。

2.3.2.3 配位滴定准确滴定的判断依据

与酸碱滴定法相似，配位反应能否用于测定与待测金属离子的浓度 c_M（也与滴定剂的浓度）、配合物的条件稳定常数 K'_{MY}、对滴定准确度的要求和指示剂的选择（决定 ΔpM 或 ΔpM′的大小和检测终点的敏锐性）等因素有关，但首先取决于滴定反应的完全程度。当 c_{Msp} 与 K'_{MY} 的乘积越大时，配位滴定的突跃范围越大，表明滴定反应的完全程度越高，此时滴定误差越小。此外，检测终点的准确度亦影响金属离子的准确滴定，它与 ΔpM（或 pM′不同）的大小等因素有关。如果采用金属指示剂目测终点，由于受观察颜色变化的局限性所致，即使指示剂恰好在化学计量点变色（理论上 ΔpM＝0），仍可能存在（±0.2～±0.5）ΔpM 的观测误差（称为观测终点的不确定性）。按照最理想的情况设 ΔpM＝±0.2（即 $\lg A \approx 0$），显然，只有当滴定突跃不小于 0.4 个 pM 单位时，指示剂的变色点才可能落于其中。若要求滴定误差≤0.1%，此时得出如下**配位滴定中直接准确滴定金属离子的可行性判据**。

$$\lg c_{M,sp} K'_{MY} \geqslant 6$$

这是使用指示剂判定终点的最好情况（滴定误差≤0.1%），而实际的误差则往往较此要大，一般为千分之几至百分之一。若采用仪器分析法（电位法或光度法）检测终点，其准确度较目视法高，可进一步减小终点误差。应该指出的是，如果对终点误差的要求放宽，需要结合林邦公式重新计算得出相关公式。需要注意的是，上述各类判别式仅仅为金属离子的准确滴定提供了理论上的可行性，而实际情况则要复杂得多。例如，能否找到合适的指示剂既满足 ΔpM＝±0.2，又在终点时变色敏锐；操作者能否准确判断终点，不加大观测终点的不确定性；能否有效地控制溶液的酸度和消除共存离子的影响等。这些都是影响配位滴定准确度的重要因素，均须认真考虑。

2.3.2.4 配位滴定的适宜酸度范围

在配位滴定中，随着滴定剂的加入，离子 M 与 H_2Y 反应时有 H^+ 放出，溶液的酸度会逐渐增高。

$$M + H_2Y \longrightarrow MY + 2H^+$$

酸度增高不仅会减小 MY 的条件稳定常数，降低滴定反应的完全程度；而且还可能影响指示剂的变色点和自身的颜色，导致终点误差变大，甚至不能准确滴定。为了减小酸效应的影响，因此广泛采用缓冲溶液来控制溶液的酸度。

当溶液的酸度降低到一定程度后，金属离子的水解效应逐渐严重，甚至产生碱式盐或氢氧化物沉淀，导致滴定终点难以确定。有些缓冲剂组分也可以与金属离子形成配合物，如 NH_3 与 Zn^{2+}、Ac^- 与 Pb^{2+} 等，可能影响金属离子的准确滴定。因此，在选择缓冲溶液时，不仅要考虑它的缓冲范围和缓冲容量，还要注意可能引入的副反应。例如，要滴定较低浓度的 Pb^{2+} 时，常选择六亚甲基四胺-HCl 而不宜采用 HAc-NaAc 来控制溶液的酸度。

(1) 配位滴定反应的最高酸度（pH_{min}）

由于 EDTA 的酸效应是影响配位滴定最主要的因素之一，假若金属离子不发生副反应，则 K'_{MY} 仅受酸效应的影响，其大小由 $\alpha_{Y(H)}$ 决定。也就是说，溶液的酸度存在着一个高限，如超过了它就不能直接准确滴定某一金属离子，这一最高允许酸度简称为“最高酸度”，即最小 pH 值（pH_{min}）。

由于 $\lg K'_{MY}=\lg K_{MY}-\lg\alpha_{Y(H)}$，代入单一金属离子准确滴定判别式 $\lg c_{M,sp}K'_{MY}\geqslant 6$ 得：

$$\lg c_{M,sp}+\lg K_{MY}-\lg\alpha_{Y(H)}\geqslant 6$$

则最大酸效应为

$$\lg\alpha_{Y(H)}\leqslant \lg c_{M,sp}+\lg K_{MY}-6$$

查阅表 2-5 酸效应系数，通过内插法即可查出其相应的 pH 值，这个 pH 值即为滴定某一金属离子所允许的最低 pH 值（pH_{min}）。

更直观地，将各种金属离子的 $\lg K_{MY}$ 与其最低允许 pH 值（或对应的 $\lg\alpha_{Y(H)}$）绘成曲线，就得到 EDTA 的酸效应曲线或林邦曲线，如图 2-11 所示。

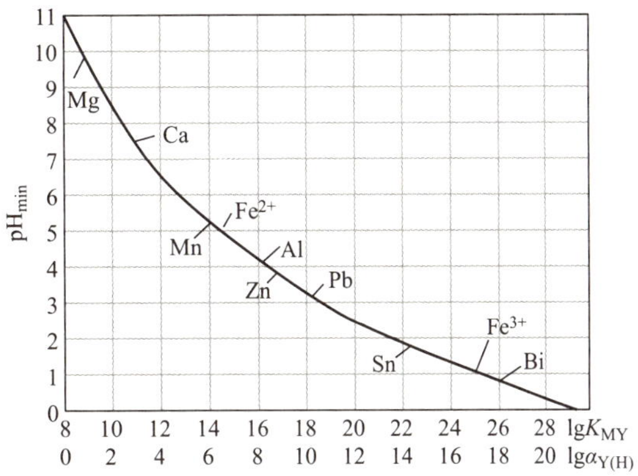

图 2-11　EDTA 的酸效应曲线

从曲线上可以找出，单独滴定某一金属离子所需的最低 pH 值。例如，滴定 Fe^{3+} 时，pH 值必须大于 1.3；滴定 Zn^{2+} 时，pH 值必须大于 4。同时也可根据酸效应曲线判断金属离子之间是否存在干扰及干扰的程度，从而利用控制酸度的方法，达到分别滴定或连续滴定的目的。

（2）配位滴定反应的最低酸度（pH_{max}）

为了不致因酸度过低而引起金属离子的水解效应，在没有辅助配位剂存在时，可以将金属离子开始生成氢氧化物沉淀时的酸度作为配位滴定最低的允许酸度（最大 pH 值），并通过相应氢氧化物的溶度积求出。

$$[OH^-]=\sqrt[n]{\frac{K_{sp}}{c_{M^{n+}}}}$$

其中，$c_{M^{n+}}$ 为滴定开始前的金属离子浓度。应当指出，由于在计算最低酸度时忽略了形成多种羟基配合物、离子强度以及沉淀是否易于再溶解等因素的影响，因此所得的值仅能作为粗略估计用，与实际情况有时略有出入。此外，通过加入适当的辅助配位剂，滴定是可以在更低的酸度下进行的。

【例 2-6】适宜酸度范围的计算

用 0.020 mol·L^{-1} EDTA 滴定 0.020 mol·L^{-1} Fe^{3+} 溶液，求滴定 Fe^{3+} 的适宜的酸度范围。$K'_{FeY}=25.1$，$K_{sp}[Fe(OH)_3]=2.79\times10^{-39}$。

解：$K'_{FeY}=25.1$，$c_{Fe,sp}=0.010$ mol·L^{-1}

$$\lg\alpha_{Y(H)}\leqslant \lg c+\lg K_{FeY}-6=25.1-2-6=17.1$$

查酸效应系数表得 pH=1.2

$$[OH^-]=\sqrt[3]{\frac{K_{sp}}{c_{Fe^{3+}}}}=\sqrt[3]{\frac{2.79\times10^{-39}}{0.020}}=5.19\times10^{-13}(mol\cdot L^{-1})$$

$$pH=14-pOH=14-12.3=1.7$$

故滴定的适宜酸度范围为：pH＝1.2～1.7。

2.3.2.5 混合金属离子的分别滴定

EDTA具有相当强的配位能力，能与大多数金属离子生成稳定的配合物。如果溶液中存在着多种金属离子，而要用EDTA溶液滴定其中的一种离子，其他离子的存在往往干扰较大。在多数情况下，可通过以下几种方法消除干扰，从而提高配位滴定的选择性。

(1) 用控制pH的方法进行分别滴定（控制酸度法）

若溶液中同时含有金属离子M和N，当 $K_{MY}>K_{NY}$，且 $\alpha_{Y(N)}\gg\alpha_{Y(H)}$ 时：

$$[MY]/[M][Y']=K'_{MY}=K_{MY}/\alpha_Y=K_{MY}/\alpha_{Y(N)}$$

$$\alpha_Y=\alpha_{Y(N)}=1+K_{NY}[N]\approx K_{NY}[N]$$

$$K'_{MY}\approx K_{MY}/K_{NY}[N]$$

两边同乘 c_M：

$$c_M K'_{MY}\approx c_M K_{MY}/K_{NY}[N]$$

如果N等其他离子不干扰M的滴定，则 $[N]=c_N$，两边同取对数：

$$\lg K'_{MY}c_M\approx \lg K_{MY}c_M-\lg K_{NY}c_N$$

得到： $\lg c_M K'_{MY}\approx \lg K_{MY}-\lg K_{NY}+\lg(c_M/c_N)\approx \Delta\lg K+\lg(c_M/c_N)$

$\Delta\lg K$ 越大，被测离子浓度 c_M 越大，干扰离子浓度 c_N 越小，则在N存在下准确滴定M的可能性就越大。

控制酸度进行分别滴定的条件：对有干扰离子存在时的配位滴定，一般允许相对误差≤±0.5%，当用指示剂检测终点 $\Delta pM\approx0.3$ 时，只需满足：$\lg c_M K'_{MY}\geqslant5$

即：$\lg c_M K'_{MY}\approx \lg K_{MY}-\lg K_{NY}+\lg(c_M/c_N)\approx\Delta\lg(c\cdot K)\geqslant5$

当：$c_M=c_N$　　　　需：$\Delta\lg K\geqslant5$

控制酸度进行分别滴定的判别步骤：

① 比较混合物中各离子与EDTA形成配合物的稳定常数大小，首先被滴定的应是 K_{MY} 最大的离子；

② K_{MY} 最大的金属离子与其相邻的另一金属离子是否满足 $\Delta\lg(cK)\geqslant5$；

③ 若无干扰，则可按照与单组分测定相同的方式进行测定，其他离子依此类推；

④ 若有干扰，则不能直接测定，需采取掩蔽、解蔽或分离的方式去除干扰后再测定。

(2) 用掩蔽的方法进行分别滴定

当 $\Delta\lg(cK)<5$，滴定M时，N必然产生干扰。因此，要设法降低 $K_{NY}c_N$ 值，一般有三种途径。

a. 降低N离子的游离浓度，使

$$\lg[K_{MY}c_{M(sp)}]-\lg(K_{NY}[N])\geqslant5$$

可采用配位掩蔽法和沉淀掩蔽法。

b. 应用氧化剂或还原剂改变N离子的价态，降低其与Y形成配合物的稳定性或使其不与Y配位，达到选择性滴定M的目的，称为氧化还原掩蔽法。

c. 选择其他的氨羧配位剂或多胺类螯合剂X作滴定剂，使

$$\lg[K_{MX}c_{M(sp)}]-\lg(K_{NX}c_{N}[N])\geqslant 5$$

达到选择性滴定 M 的目的。

① 配位掩蔽法　通过加入一种能与干扰离子生成更稳定配合物的掩蔽剂来消除干扰。在选择滴定 M 时，N 有干扰。加入配位掩蔽剂 L 后，使 N 与 L 形成稳定的配合物，降低溶液中 N 的游离浓度。此时

$$\alpha_{N(Y)}=1+K_{NY}[N]=1+K_{NY}c_{N(sp)}/\alpha_{N(L)}$$

即 $K_{NY}c_{N(sp)}$ 值降低了 $\alpha_{N(L)}$ 倍，可使 $\Delta\lg(cK)\geqslant 5$，达到选择滴定 M 的目的。

具体实施的方法如下：

a. 先加配位掩蔽剂，再用 EDTA 滴定 M。

例如，溶液中含有 Al^{3+}、Zn^{2+}，则先在酸性溶液中加入过量 Al^{3+} 的配位掩蔽剂，如 F^-，再调至 pH＝5～6，使 Al^{3+} 生成 AlF_8^{3-} 后，再用 EDTA 准确滴定 Zn^{2+}，此时 Al^{3+} 不干扰。

b. 先加配位掩蔽剂，使 N 生成 NL 后，用 EDTA 准确滴定 M，再用 X 破坏 NL，从 NL 中将 N 释放出来，以 EDTA 再准确滴定 N。由于 X 起了消除掩蔽剂的作用，故称 X 为解蔽剂。

例如，测定铜合金中的铅、锌时，可在氨性试液中用 KCN 掩蔽 Cu^{2+}、Zn^{2+}，以铬黑 T 为指示剂，用 EDTA 滴定 Pb^{2+}。随后，向滴定 Pb^{2+} 后的溶液中加入甲醛（也可以用三氯乙醛），则 $[Zn(CN)_4]^{2-}$ 被解蔽而释放出 Zn^{2+}，然后用 EDTA 滴定释放出来的 Zn^{2+}。

$$4HCHO+[Zn(CN)_4]^{2-}+4H_2O \rightleftharpoons Zn^{2+}+4OH^-+\underset{\text{羟基乙腈}}{4CH_2(OH)CN}$$

$Cu(CN)_2^-$ 比较稳定，不易解蔽。在实际工作中，要注意甲醛用量、加入速度和溶液的温度，否则 $Cu(CN)_2^-$ 部分被解蔽，使 Zn^{2+} 的测定结果偏高。

c. 先以 EDTA 直接滴定或返滴定测出 M、N 的总量，再加配位掩蔽剂 L，L 与 NY 中的 N 配位

$$NY+L \rightleftharpoons NL+Y$$

例如，在有多种金属离子的 EDTA 配合物溶液中，加入苦杏仁酸 $C_6H_5CHOHCOOH$，从 SnY（或 TiY）中夺取金属离子，释放出定量的 EDTA，然后用标准锌离子溶液滴定释放出来的 EDTA，即可求得 Sn^{4+}［或 Ti(Ⅳ)］的含量。

一些常见的配位掩蔽剂见表 2-11。

使用配位掩蔽剂时需要注意以下几点：

a. 掩蔽剂不与待测离子配位，即使形成配合物，其稳定性也应远小于待测离子与 EDTA 配合物的稳定性。

b. 干扰离子与掩蔽剂形成的配合物远比与 EDTA 形成的配合物稳定，而且形成的配合物应为无色或浅色。

c. 使用掩蔽剂时应注意适用的 pH 范围。如：KCN 是剧毒，只允许在碱性溶液中使用，否则在酸性条件下会产生 HCN 气体溢出，对环境和人体带来危害。在 pH＝8～10 时测定 Zn^{2+}，用铬黑 T 作指示剂，则用 NH_4F 可掩蔽 Al^{3+}；但在测定含有 Ca^{2+}、Mg^{2+} 和 Al^{3+} 溶液中的 Ca^{2+}、Mg^{2+} 总量时，于 pH＝10 滴定，因为 F^- 与被测物 Ca^{2+} 将生成 CaF_2 沉淀，故不能用氟化物来掩蔽 Al^{3+}。

② 沉淀掩蔽法

于溶液中加入一种沉淀剂，使其中的干扰离子浓度降低，在不分离沉淀的情况下直接进行滴定，这种消除干扰的方法称为沉淀掩蔽法。例如，在强碱溶液中用 EDTA 滴定 Ca^{2+} 时，强碱与 Mg^{2+} 中形成 $Mg(OH)_2$ 沉淀而不干扰 Ca^{2+} 的滴定，此时 OH^- 就是 Mg^{2+} 的沉淀掩蔽剂。

沉淀掩蔽法不是一种理想的掩蔽方法，它常存在下列缺点：

a，某些沉淀反应进行得不完全，有时掩蔽效率不高。

b，发生沉淀反应时，通常伴随共沉淀现象，影响滴定的准确度。沉淀会吸附金属离子、指示剂，影响终点的观察。

c，某些沉淀颜色很深，或体积庞大，妨碍终点观察。

在配位滴定中，采用沉淀掩蔽法的实例如表 2-12 所示。

表 2-11　一些常见的配位掩蔽剂

名称	pH 值范围	被掩蔽的离子	备注
氟化铵	4～6	Al^{3+}、Ti(Ⅳ)、Sn(Ⅳ)、Zn^{2+}、W(Ⅵ)等	NH_4F 比 NaF 好，加入后溶液 pH 值变化不大
	10	Al^{3+}、Mg^{2+}、Ca^{2+}、Sr^{2+}、Ba^{2+}及稀土元素	
氰化钾	>8	Co^{2+}、Ni^{2+}、Cu^{2+}、Zn^{2+}、Hg^{2+}、Cd^{2+}、Ag^{+}、Tl^{+}及铂系元素	
邻二氮杂菲	5～6	Cu^{2+}、Co^{2+}、Ni^{2+}、Zn^{2+}、Cd^{2+}、Mn^{2+}	
三乙醇胺(TEA)	10	Al^{3+}、Ti(Ⅳ)、Sn(Ⅳ)、Fe^{3+}	与 KCN 并用，可提高掩蔽效果
	11～12	Fe^{3+}、Al^{3+}及少量 Mn^{2+}	
二巯基丙醇	10	Hg^{2+}、Cd^{2+}、Zn^{2+}、Bi^{3+}、Pd^{2+}、Ag^{+}、As^{3+}、Sn(Ⅳ)及少量 Cu^{2+}、Co^{2+}、Ni^{2+}、Fe^{3+}	
硫脲	弱酸性	Cu^{2+}、Hg^{2+}、Tl^{+}	
铜试剂(DDTC)	10	能与 Cu^{2+}、Hg^{2+}、Pd^{2+}、Cd^{2+}、Bi^{3+}生成沉淀，其中 Cu-DDTC 为褐色，Bi-DDTC 为黄色，故其存在量应分别小于 2 mg 和 10 mg	
酒石酸	1.5～2	Sb^{3+}、Sn(Ⅳ)	在抗坏血酸存在下
	5.5	Fe^{3+}、Al^{3+}、Sn(Ⅳ)、Ca^{2+}	
	6～7.5	Mg^{2+}、Cu^{2+}、Fe^{3+}、Al^{3+}、Mo^{4+}	
	10	Fe^{3+}、Al^{3+}、Sn(Ⅳ)	

表 2-12　配位滴定中常用的沉淀掩蔽法示例

名称	被掩蔽的离子	待测定的离子	pH 值范围	指示剂
NH_4F	Mg^{2+}、Ca^{2+}、Sr^{2+}、Ba^{2+}、Ti(Ⅳ)、Al^{3+}及稀土元素离子	Zn^{2+}、Cd^{2+}、Mn^{2+}(有还原剂存在下)	10	铬黑 T
		Cu^{2+}、Co^{2+}、Ni^{2+}	10	紫脲酸铵
K_2CrO_4	Ba^{2+}	Sr^{2+}	10	Mg-EDTA 铬黑 T
Na_2S 或铜试剂	Bi^{3+}、Cd^{2+}、Cu^{2+}、Hg^{2+}、Pb^{2+}等	Mg^{2+}、Ca^{2+}	10	铬黑 T
H_2SO_4	Pb^{2+}	Bi^{3+}	1	二甲酚橙
$K_4[Fe(CN)_6]$	微量 Zn^{2+}	Pb^{2+}	5～6	二甲酚橙

③ 氧化还原掩蔽法

当某种价态的共存离子对滴定有干扰时，利用氧化还原反应改变干扰离子的价态以消除干扰的方法，称为氧化还原掩蔽法。

例如，$\lg K_{Fe(Ⅲ)Y}=25.1$，$\lg K_{Fe(Ⅱ)Y}=14.33$，根据这个特性，在 Fe^{3+} 与一些 $\lg K_{MY}$ 与其相近的离子如 ZrO^{2+}、Bi^{3+}、Th^{4+}、Sc^{3+}、In^{3+}、Sn^{4+}、Hg^{2+} 等共存时，可将溶液中的 Fe^{3+} 还原为 Fe^{2+}，增大 $\Delta\lg K$ 值，达到选择性滴定上述离子的目的。

有的氧化还原掩蔽剂既有还原性，又能与干扰离子生成配位物。例如，$Na_2S_2O_3$ 可将 Cu^{2+} 还原为 Cu^+，并与 Cu^+ 配位。

$$2Cu^{2+}+2S_2O_3^{2-} \rightleftharpoons 2Cu^{+}+S_4O_6^{2-}$$

$$Cu^{+}+2S_2O_3^{2-} \rightleftharpoons Cu(S_2O_3)_2^{3-}$$

有些离子的高价状态对 EDTA 滴定不发生干扰。例如，Cr^{3+} 对配位滴定有干扰，但 CrO_4^{2-}、$Cr_2O_7^{2-}$ 对滴定没有干扰，故将 Cr^{3+} 氧化为 $Cr_2O_7^{2-}$ 后，即可消除其干扰。

2.3.3　氧化还原滴定曲线

2-9　氧化还原滴定和沉淀滴定曲线 mp4

在氧化还原滴定中，随着滴定剂的加入和反应的进行，体系中反应物的氧化态和还原态的浓度逐渐变化，体系的电位也随之不断改变。这种体系电位 E 随着滴定剂的加入而变化的情况可以用氧化还原滴定曲线来表示。氧化还原滴定曲线多是根据实验数据绘制的，理论计算则往往比较困难。这主要是由于滴定中常涉及不可逆电对，它们的实际电位不符合能斯特方程的计算结果。本节以两电对均为可逆电对的氧化还原滴定体系为例，说明利用能斯特方程计算氧化还原滴定曲线的基本思路。

在 $1\ mol\cdot L^{-1}$ H_2SO_4 介质中，以 $0.1000\ mol\cdot L^{-1}$ 的 Ce^{4+} 溶液滴定 20.00 mL $0.1000\ mol\cdot L^{-1}$ 的 Fe^{2+} 溶液。其氧化还原反应方程式如下所示：

$$Ce^{4+}+Fe^{2+} \rightleftharpoons Ce^{3+}+Fe^{3+}$$

已知在此条件下两个可逆电对 Ce^{4+}/Ce^{3+} 和 Fe^{3+}/Fe^{2+} 的半反应及条件电极电位分别为

$$Fe^{3+}+e^{-} \rightleftharpoons Fe^{2+} \qquad E_1=E_1^{\ominus\prime}+\frac{0.059}{n_1}\lg\frac{c_{Ox_1}}{c_{Red_1}} \qquad E^{\ominus\prime}_{Fe^{3+}/Fe^{2+}}=0.68\ V$$

$$Ce^{4+}+e^{-} \rightleftharpoons Ce^{3+} \qquad E_2=E_2^{\ominus\prime}+\frac{0.059}{n_2}\lg\frac{c_{Ox_2}}{c_{Red_2}} \qquad E^{\ominus\prime}_{Ce^{4+}/Ce^{3+}}=1.44\ V$$

与酸碱、配位滴定曲线类似，根据表 2-13 所示公式，计算不同滴定剂加入体积时，溶液对应的电位值 E。根据表 2-14 的数据绘制出该体系的滴定曲线，如图 2-12 所示。

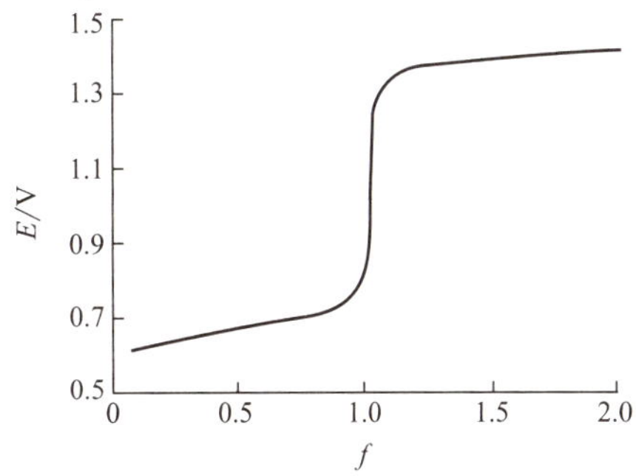

图 2-12　Ce^{4+} 滴定 Fe^{2+} 的滴定曲线

由于在滴定过程中有关电对的氧化型和还原型的浓度比发生了变化，特别是在化学计量点附近发生突变，故使得体系的电极电位 E 也发生了相应的变化。当滴定分数 $f=0.500$ 时，体系的电位恰等于 Fe^{3+}/Fe^{2+} 电对的条件电极电位；而当滴

表 2-13　Ce^{4+} 滴定 Fe^{2+} 时不同阶段 E 的计算公式

滴定阶段	计算依据	E 计算式
滴定前	—	—
化学计量点前	被滴物所在电对的电位公式计算	$E=E^{\ominus'}_{Fe^{3+}/Fe^{2+}}+0.059\lg\dfrac{c_{Fe^{3+}}}{c_{Fe^{2+}}}$
化学计量点	被滴物和滴定剂的电位	$E=\dfrac{E^{\ominus'}_{Fe^{3+}/Fe^{2+}}+E^{\ominus'}_{Ce^{4+}/Ce^{3+}}}{2}$
化学计量点后	滴定剂所在电对的电位公式	$E=E^{\ominus'}_{Ce^{4+}/Ce^{3+}}+0.059\lg\dfrac{c_{Ce^{4+}}}{c_{Ce^{3+}}}$

表 2-14　0.1000 mol·L^{-1} 的 Ce^{4+} 滴定 20.00 mL 0.1000 mol·L^{-1} 的 Fe^{2+}

[V (Fe^{2+}) =20.00 mL，1 mol·L^{-1} H_2SO_4 介质]

滴入 Ce^{4+} 溶液的体积 V/mL	滴定分数 f	体系的电极电位 E/V	
1.00	0.050	0.60	
2.00	0.100	0.62	
4.00	0.200	0.64	
8.00	0.400	0.67	
10.00	0.500	0.68	
12.00	0.600	0.69	
18.00	0.900	0.74	
19.80	0.990	0.80	
19.98	0.999	0.86	
20.00	1.000	1.06	滴定突跃
20.02	1.001	1.26	
22.00	1.100	1.38	
30.00	1.500	1.42	
40.00	2.000	1.44	

定分数 $f=2.000$ 时，体系的电位则等于 Ce^{4+}/Ce^{3+} 电对的条件电极电位。此外，结合如下准确滴定的判据：

$$\Delta E^{\ominus'}\geqslant\frac{3\times0.059\times(n_1+n_2)}{n}$$

显然，两电对的条件电极电位之差 $\Delta E^{\ominus'}$ 越大，滴定反应越完全，化学计量点附近的电位突跃也将越大，滴定时指示剂的变色越明显，滴定越准确；此外，凡是影响条件电极电位差的因素，都可以影响电极电位，从而改变滴定突跃（主要包括副反应、离子强度）。在这里，需要跟前面介绍的酸碱滴定、配位滴定进行区分，在氧化还原滴定中，滴定突跃范围与待测物的浓度无关。

高阶选修 A2-11 氧化还原滴定化学计量点的电位值计算

以两个可逆电对的氧化还原滴定体系为例，说明利用能斯特方程计算氧化还原滴定的化学计量点。在 1 mol·L^{-1} H_2SO_4 介质中，以 0.1000 mol·L^{-1} 的 Ce^{4+} 溶液滴定 20.00 mL 0.1000 mol·L^{-1} 的 Fe^{2+} 溶液。已知在此条件下两可逆电对 Ce^{4+}/Ce^{3+} 和 Fe^{3+}/Fe^{2+} 的半反应及条件电极电位分别为：

$$Ce^{4+} + e^- \rightleftharpoons Ce^{3+} \qquad E^{\ominus'}_{Ce^{4+}/Ce^{3+}} = 1.44\ V$$

$$Fe^{3+} + e^- \rightleftharpoons Fe^{2+} \qquad E^{\ominus'}_{Fe^{3+}/Fe^{2+}} = 0.68\ V$$

滴定反应为：$Ce^{4+} + Fe^{2+} \rightleftharpoons Ce^{3+} + Fe^{3+}$

滴定一旦开始，体系中就会同时存在 Ce^{4+}/Ce^{3+} 和 Fe^{3+}/Fe^{2+} 两个氧化还原电对，达到化学计量点时，由于 Ce^{4+} 和 Fe^{2+} 均已全部定量反应完毕，它们的浓度都极小且不易求得，因此单独采用铈电对或铁电对的能斯特方程都无法求得 E。为此可将二者联系起来考虑，按照它们各自的能斯特方程计算体系的电位：

$$E_{sp} = E^{\ominus'}_{Ce^{4+}/Ce^{3+}} + 0.059\lg\left(c_{Ce^{4+},sp}/c_{Ce^{3+},sp}\right)$$

$$E_{sp} = E^{\ominus'}_{Fe^{3+}/Fe^{2+}} + 0.059\lg\left(c_{Fe^{3+},sp}/c_{Fe^{2+},sp}\right)$$

化学计量点时，两个电对的浓度之间存在如下关系：

$$c_{Ce^{4+},sp} = c_{Fe^{2+},sp} \quad c_{Ce^{3+},sp} = c_{Fe^{3+},sp}$$

在此浓度公式的基础上，对上述两式进行相加，即得：

$$2E_{sp} = E^{\ominus'}_{Fe^{3+}/Fe^{2+}} + E^{\ominus'}_{Ce^{4+}/Ce^{3+}} + 0.059\lg\left(\frac{c_{Ce^{4+},sp}\,c_{Fe^{3+},sp}}{c_{Ce^{3+},sp}\,c_{Fe^{2+},sp}}\right)$$

即有 $E_{sp} = \dfrac{E^{\ominus'}_{Fe^{3+}/Fe^{2+}} + E^{\ominus'}_{Ce^{4+}/Ce^{3+}}}{2} = \dfrac{1.44 + 0.68}{2} = 1.06(V)$

如反应方程式为： $n_2Ox_1 + n_1Red_2 \rightleftharpoons n_1Ox_2 + n_2Red_1$

化学计量点时，两个半反应的能斯特方程分别如下：

$$E_{sp} = E^{\ominus'}_{Ox_1/Red_1} + \frac{0.059}{n_1}\lg(c_{Ox_1,sp}/c_{Red_1,sp})$$

$$E_{sp} = E^{\ominus'}_{Ox_2/Red_2} + \frac{0.059}{n_2}\lg(c_{Ox_2,sp}/c_{Red_2,sp})$$

对上述两式进行整合，得：

$$(n_1+n_2)E_{sp} = n_1E^{\ominus'}_{Ox_1/Red_1} + n_2E^{\ominus'}_{Ox_2/Red_2} + 0.059\lg\left(\frac{c_{Ox_1,sp}\,c_{Red_2,sp}}{c_{Red_1,sp}\,c_{Ox_2,sp}}\right)$$

同上，化学计量点时，两个电对的浓度比之间存在如下关系：

$$\frac{c_{Ox_1,sp}}{c_{Ox_2,sp}} = \frac{n_2}{n_1} \quad \frac{c_{Red_2,sp}}{c_{Red_1,sp}} = \frac{n_1}{n_2}$$

即有 $E_{sp} = \dfrac{n_1E^{\ominus'}_{Ox_1/Red_1} + n_2E^{\ominus'}_{Ox_2/Red_2}}{n_1+n_2}$

2.3.4 沉淀滴定曲线

沉淀滴定法是基于沉淀反应的滴定分析方法。随着滴定剂的加入，待测物和滴定剂的浓度发生变化，待测物完全沉淀时达到反应终点，选择合适的指示剂指示终点，最后计算待测物的量。本节以银量法为例介绍沉淀滴定曲线的绘制。以 0.1 mol·L^{-1} $AgNO_3$ 滴定 50 mL 0.1 mol·L^{-1} NaCl 为例，绘制 Ag^+ 浓度（pAg）与滴定剂滴加体积之间的曲线。与前三种滴定曲线绘制过程类似，也是根据表 2-15 先确定不同滴定阶段的 pAg 计算公式，计算不同滴定剂加入体积时，溶液对应的 pAg 值。根据计算得出的数据绘制出该体系的滴定曲线，如图 2-13 所示。

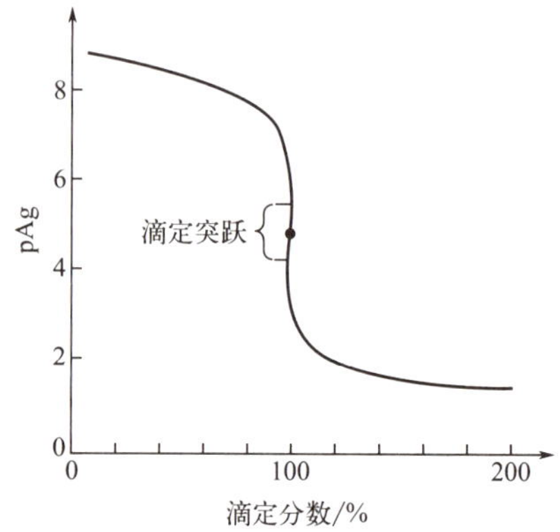

图 2-13　0.1 mol·L^{-1} $AgNO_3$ 滴定 20 mL 0.1 mol·L^{-1} NaCl 的滴定曲线

表 2-15　$AgNO_3$ 滴定 NaCl 时不同阶段的 pAg 计算公式

滴定阶段	组分	pAg 计算式
滴定前	NaCl	pCl=1.00
化学计量点前	$AgCl\text{-}Cl^-$	$[Cl^-]_{剩}=\dfrac{c_{Cl}V_{Cl}-c_{Ag}V_{Ag}}{V_{Cl}+V_{Ag}}$　$pAg=pK_{sp}+\lg[Cl^-]_{剩}$
化学计量点	AgCl	$pAg=pCl=1/2pK_{sp}$
化学计量点后	$AgCl\text{-}Ag^+$	$[Ag^+]_{剩}=\dfrac{c_{Ag}V_{Ag}-c_{Cl}V_{Cl}}{V_{Cl}+V_{Ag}}$　$pAg=-\lg[Ag^+]_{剩}$

滴定突跃范围为 4.3～5.2，化学计量点处的 pAg 等于 4.75。与酸碱滴定和配位滴定类似，影响沉淀滴定突跃范围的因素，其中之一是物质的浓度。物质的初始浓度越大，滴定突跃范围越大，一般浓度增大 10 倍时，滴定突跃范围增加两个 pAg 单位，即初始浓度增大到 1 mol·L^{-1} 时，滴定突跃范围就变成了 6.2～3.3。另外一个影响沉淀滴定突跃范围的因素就是对应的难溶电解质的溶度积常数，一般溶度积常数越小，滴定突跃范围越大，溶度积常数减小 10^n 倍，滴定突跃增加 n 个 pAg 单位。

2.3.5 滴定曲线小结

以上四类滴定曲线，都是以标准溶液的体积或者滴定分数作为横坐标；根据被测物性质的不同，纵坐标参数有所不同，在酸碱滴定曲线中纵坐标是 pH 值，配位滴定曲线是以 pM 为纵坐标，氧化还原滴定曲线的纵坐标是电位值 E，而沉淀滴定中，主要是以 pAg 或 pX 为纵坐标。影响滴定突跃范围的因素也有所不同，酸碱、配位和沉淀滴定较为类似，包括初始的物质浓度和不同的化学平衡常数。其中氧化还原滴定较为特殊，其影响因素主要是条件电极电位差，与物质的初始浓度无关。

2.4　滴定分析终点指示——指示剂法

在各类滴定分析过程中，随着滴定剂的加入，被滴定物质和滴定剂的浓度都在不断变化，在化学计量点附近，离子浓度会发生较大变化，能够对这种离子浓度变化作出溶液颜色变化的反应试剂就叫指示剂。常用指示剂来指示滴定终点，一般分为酸碱指示剂、金属指示剂、氧化还原指示剂、沉淀滴定指示剂等。

2.4.1　酸碱指示剂

2.4.1.1　酸碱指示剂的变色原理

酸碱指示剂一般是某些有机弱酸或弱碱，或是有机酸碱两性物质，它们在酸碱滴定过程中参与质子转移反应，发生分子结构的改变而引起自身颜色的变化，并且这种颜色伴随结构的转变是可逆的。当酸碱滴定至化学计量点附近时，随着溶液 pH 值的变化，指示剂不同型体的浓度之比迅速改变，溶液的颜色亦开始变化。当某种型体达到一定的浓度时，溶液显示为其相应的颜色而指示滴定终点。

例如，酚酞（phenolphthalein）是有机弱酸，是一种酸型指示剂，它在水溶液中有如下结构和颜色变化：

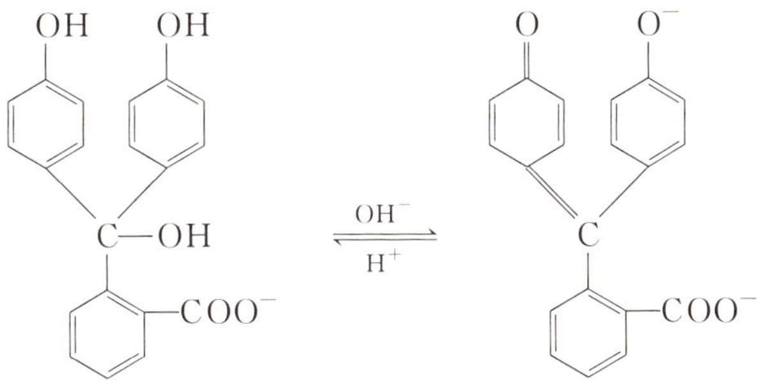

酸性，无色　　　　　　　　　碱性，红色（醌式）

在酸性溶液中，酚酞以各种无色型体存在。随着溶液中 H^+ 浓度的逐渐减小，上述平衡向右移动，当溶液呈碱性时，酚酞转化为其醌式结构而显红色；反之，溶液则由红色变为无色。酚酞的碱型是不稳定的，在浓碱溶液中它会转变成羧酸盐式的无色三价离子而使溶液的红色褪去。类似酚酞，在酸式或碱式型体中仅有一种型体具有颜色，这类指示剂称为单色指示剂。

甲基橙（methyl orange）是有机碱，是一种碱型指示剂，因其酸式和碱式型体均有颜色而称为双色指示剂。它在水溶液中的解离作用和颜色变化为：

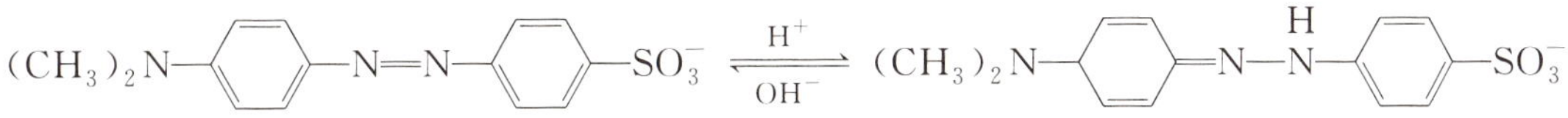

碱性，黄色（偶氮式）　　　　　　　　酸性，红色（醌式）

以上平衡关系表明，增大溶液的酸度，平衡向右移动，溶液由黄色变成红色；反之，则由红色转变为黄色。甲基红的变色情况与甲基橙相似。

2.4.1.2　酸碱指示剂的变色范围

现以弱酸型双色指示剂为例进行讨论，HIn 在溶液中有如下解离平衡：

$$HIn(酸式型体) \rightleftharpoons H^+ + In^-(碱式型体)$$

$$\frac{[In^-]}{[HIn]} = \frac{K_a^{\ominus}(HIn)}{[H^+]}$$

式中，$K_a^{\ominus}(HIn)$ 为指示剂的解离常数。溶液的颜色是由$[In^-]/[HIn]$的比值来决定的。对于某指示剂，在一定的条件下，$K_a^{\ominus}(HIn)$ 是常数，因此$[In^-]/[HIn]$仅随溶液中$[H^+]$的变化而改变。指示剂呈现的颜色与溶液中$[In^-]/[HIn]$的比值及 pH 三者之间的关系为：

$\frac{[In^-]}{[HIn]} \leqslant \frac{1}{10}$　　$pH \leqslant pK_a^{\ominus}(HIn)-1$　　酸型体的颜色

$\frac{1}{10} \leqslant \frac{[In^-]}{[HIn]} \leqslant 10$　　pH 在 $pK_a^{\ominus}(HIn) \pm 1$ 之间　　颜色逐渐变化的混合色

$\frac{[In^-]}{[HIn]} \geqslant 10$　　$pH \geqslant pK_a^{\ominus}(HIn)+1$　　碱型体的颜色

由上可知，当 pH 小于 $pK_a^{\ominus}(HIn)-1$ 或大于 $pK_a^{\ominus}(HIn)+1$ 时，都观察不出溶液的颜色随酸度变化的情况，因为此时指示剂以某一种型体占绝对优势，只显示其颜色。如图 2-14 所示，只有当溶液的 pH 由 $pK_a^{\ominus}(HIn)-1$ 变化到 $pK_a^{\ominus}(HIn)+1$ [或由 $pK_a^{\ominus}(HIn)+1$ 变化到 $pK_a^{\ominus}(HIn)-1$] 时，才可以观察到指示剂由酸型（碱型）色经混合色变化到碱型（酸型）色这一过程。这一颜色变化的 pH 值范围，即 **$pH = pK_a^{\ominus}(HIn) \pm 1$，称为指示剂的理论变色范围**。

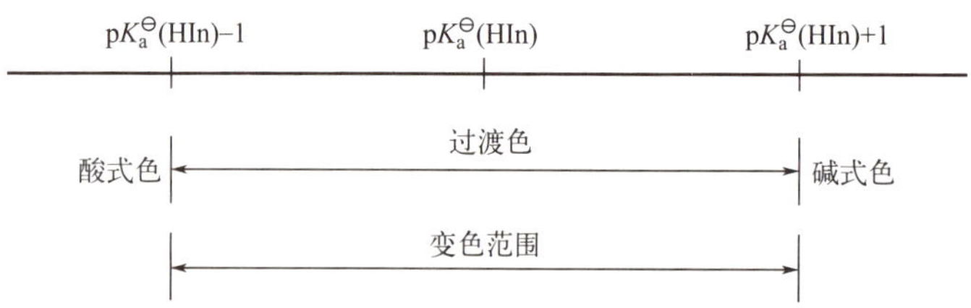

图 2-14　指示剂的理论变色范围

指示剂的实际变色范围是由人目测确定的，与理论值 $pK_a^{\ominus}(HIn) \pm 1$ 并不完全一致，具体数据见表 2-16。这是因为人眼对各种颜色的敏感程度有所差别，以及指示剂两种颜色的强度不同所致。例如，甲基橙的 $pK_a^{\ominus}(HIn)=3.4$，理论变色范围应为 pH=2.4～4.4，但实际测量值却是 pH=3.1～4.4。常用的酸碱指示剂列于表 2-16。

表 2-16　常用的酸碱指示剂

指示剂	变色范围 pH 值	颜色变化	$pK_a^{\ominus}(HIn)$	浓度	用量滴/10 mL 试液
百里酚蓝	1.2～2.8 8.0～9.6	红～黄 黄～蓝	1.7 8.9	0.1%的 20%乙醇溶液 0.1%的 20%乙醇溶液	1～2 1～4
甲基黄	2.9～4.0	红～黄	3.3	0.1%的 90%乙醇溶液	1
甲基橙	3.1～4.4	红～黄	3.4	0.05%的水溶液	1
溴酚蓝	3.0～4.6	黄～紫	4.1	0.1%的 20%乙醇溶液 (或其钠盐的水溶液)	1

续表

指示剂	变色范围 pH 值	颜色变化	$pK_a^\ominus$(HIn)	浓度	用量滴/10 mL 试液
溴甲酚绿	4.0～5.6	黄～蓝	5.0	0.1%的 20%乙醇溶液（或其钠盐的水溶液）	1～2
甲基红	4.4～6.2	红～黄	5.0	0.1%的 60%乙醇溶液（或其钠盐的水溶液）	1
溴百里酚蓝	6.2～7.6	黄～蓝	7.3	0.1%的 20%乙醇溶液（或其钠盐的水溶液）	1
中性红	6.8～8.0	红～橙黄	7.4	0.1%的 60%乙醇溶液	1
酚酞	8.0～9.6	无～红	9.1	0.1%的 90%乙醇溶液	1～2
百里酚酞	9.4～10.6	无～蓝	10.0	0.1%的 90%乙醇溶液	1～2

指示剂的变色范围越小越好，这样在化学计量点时，微小的 pH 值改变使指示剂变色敏锐。酸碱滴定中选择的指示剂的 $pK_a^\ominus$(HIn) 值应尽可能接近化学计量点的 pH 值，以减小终点误差。对于需要将酸度控制在较窄区间的反应体系，可以采用混合指示剂来指示酸度的变化。常见混合酸碱指示剂见附录 9。如同时使用两种指示剂或者将指示剂与惰性染料进行混合，利用彼此颜色之间的互补作用，使变色更加敏锐。例如，当以 HCl 标准溶液滴定硼砂时，常采用溴甲酚绿（BCG）+甲基红（MR）混合指示剂。pH<5.1 时，颜色为橙红色（BCG 黄+MR 红），当 pH>5.1 时，颜色为绿色（BCG 蓝绿+MR 黄），而在 pH=5.1 时，BCG 的青蓝色与 MR 的橙色恰好互补，此时溶液呈灰色。当溶液在滴定过程中由碱性向酸性方向变化时，在 pH=5.1 溶液的颜色由绿色突变为橙红色，中间几乎没有过渡色，变化非常敏锐。

2.4.1.3　酸碱指示剂的选择原则

如何选择酸碱指示剂对于提高滴定分析结果的准确度至关重要。图 2-15 为 NaOH 滴定 HCl 的滴定曲线，已知该滴定过程的化学计量点为 pH=7，滴定突跃范围也已标示出来，同时给出了酚酞、甲基红和甲基橙的变色范围。显而易见，酚酞和甲基红的变色范围都落在了滴定突跃范围内，而甲基橙落在滴定突跃范围之外。**为了减小终点误差，指示剂的变色范围应全部或部分落在滴定突跃范围内，此时才可保证滴定的终点误差小于 0.1%。**由此可以判定，用 NaOH 滴定 HCl 时，可选酚酞或甲基红作为指示剂。此外，**指示剂的理论变色点与化学计量点越接近，造成的终点误差也会越小。**在 NaOH 滴定 HAc 这样一个体系中，可选的指示剂就只能是酚酞了。在选择指示剂的时候，还有一个补充原则，**一般根据滴定产物的酸碱性，选择能在相应范围内变色的指示剂，可进一步减小终点误差。**

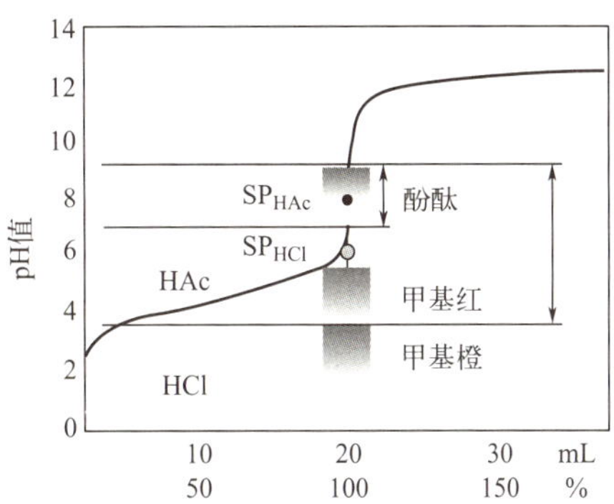

图 2-15　NaOH 滴定 HCl 的滴定曲线

2-10　酸碱指示剂的变色原理及选择原则 mp4

2.4.2 金属指示剂

2-11 金属指示剂 mp4

在配位滴定中，通常利用一种能与金属离子生成有色配合物的显色剂来指示滴定过程中金属离子浓度的变化，这种显色剂称为金属离子指示剂，简称金属指示剂。金属指示剂也是一种配位剂，在滴定过程中借助于它的颜色突变来指示化学计量点附近 pM(pM′) 的突跃，从而确定滴定终点。

下面以铬黑 T 在滴定反应中的颜色变化来说明金属指示剂的变色原理，如图 2-16 所示。

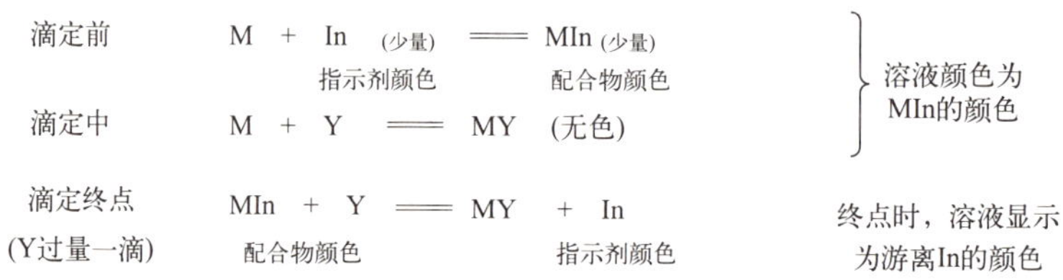

图 2-16 金属指示剂在滴定过程中的颜色变化示意图

一般来说，金属指示剂应具备下列条件：

（1）显色配合物（MIn）与指示剂（In）的颜色应显著不同。

（2）显色反应灵敏、迅速，有良好的变色可逆性。

（3）显色配合物的稳定性要适当。MIn 既要有足够的稳定性，但又要比 MY 配合物的稳定性小。如果 MIn 配合物的稳定性太差，就会提前出现终点，而且变色不敏锐；如果稳定性太高，就会使终点拖后，而且有可能使 EDTA 不能置换出 MIn 中的金属离子，显色反应失去可逆性，得不到滴定终点。

（4）金属离子指示剂应比较稳定。如果生成胶体溶液或沉淀，则会使变色不明显。

在使用金属指示剂时，需要注意以下几个问题：

（1）指示剂的封闭现象。这一现象主要是由于金属与指示剂形成的配合物 MIn 的稳定常数过大。一般改善这一问题的主要对策是加入掩蔽剂，使得干扰离子转化成更稳定的配合物。

（2）指示剂的僵化现象。主要是由于金属与指示剂形成的配合物 MIn 水溶性不好，使得终点的置换反应速率较慢，终点拖长。改善这一现象的主要策略就是加入适当的有机溶剂或者对溶液进行加热，改善指示剂的溶解性能，使其终点变色更为敏锐。

（3）金属指示剂变质问题。因为大多数金属指示剂是含有双键的有机染料，容易受日光、氧化剂及空气等的影响而发生分解变质。在实际应用中，为了改善这一问题，通常是将其与氯化钠等中性盐配成固体混合物使用。

铬黑 T 是常用的金属指示剂之一，其化学名称是 1-(1-羟基-2-萘偶氮)-6-硝基-2-萘酚-4-磺酸钠，为弱酸性偶氮染料。在不同的 pH 值溶液中存在不同的解离平衡。如图 2-17 所示，当 pH<6.3 时，指示剂显红色，而它与金属离子所形成的配合物也是红色，终点无法判断；在 pH 值为 6.3～11.6 的溶液里指示剂显蓝色，与红色有极明显的色差，所以用铬黑 T 作指示剂应控制 pH 值在 6.3～11.6 的范围内；当 pH>11.6 时，则显橙色，与红色的色差也不够明显。实验证明，以铬黑 T 作指示剂，用 EDTA 进行直接滴定时 pH 值在 9～10.5 之间最合适。

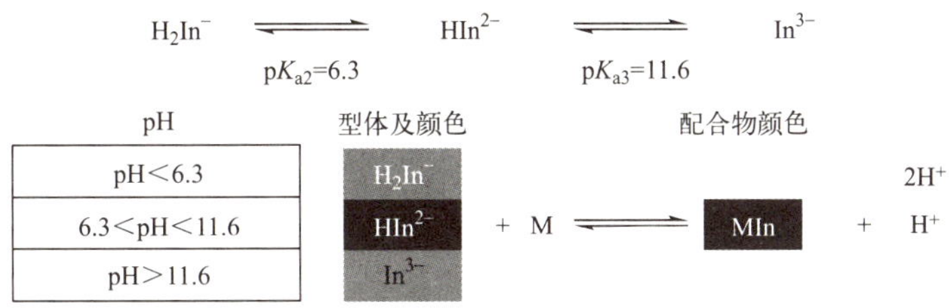

图 2-17　铬黑 T 变色示意图

其他金属指示剂与其类似，也需在一定的 pH 值范围内使用，才可灵敏、准确地指示配位滴定终点。到目前为止，已合成的金属指示剂达 300 种以上，表 2-17 总结了几种常用金属指示剂的适用 pH 范围、颜色变化情况、可滴定的金属离子等。

表 2-17　常见的金属指示剂

指示剂	适用的 pH 值范围	颜色变化		直接滴定的离子	配制	注意事项
		In	MIn			
铬黑 T (eriochrome black T) 简称 EB 或 EBT	8～10	蓝	红	pH＝10，Mg^{2+}、Zn^{2+}、Cd^{2+}、Pb^{2+}、Mn^{2+}、稀土元素离子	1∶100NaCl（固体）	Fe^{3+}、Al^{3+}、Cu^{2+}、Ni^{2+} 等离子封闭 EBT
酸性铬蓝 K (acid chrome blue K)	8～13	蓝	红	pH＝10，Mg^{2+}、Zn^{2+}、Mn^{2+} pH＝13，Ca^{2+}	1∶100NaCl（固体）	
二甲酚橙 (xylenol orange) 简称 XO	<6	亮黄	红	pH<1，ZrO^{2+} pH＝1～3.5，Bi^{3+}、Th^{4+} pH＝5～6，Tl^{3+}、Zn^{2+}、Pb^{2+}、Cd^{2+}、Hg^{2+}、稀土元素离子	$5\ g\cdot L^{-1}$ 水溶液	Fe^{3+}、Al^{3+}、Ni^{2+}、Ti(Ⅳ)等离子封闭 XO
磺基水杨酸 (sulfosalicylic acid) 简称 ssal	1.5～2.5	无色	紫红	pH＝1.5～2.5，Fe^{3+}	$50\ g\cdot L^{-1}$ 水溶液	ssal 本身无色，FeY^- 呈黄色
钙指示剂 (calconcarboxylic acid) 简称 NN	12～13	蓝	红	pH＝12～13，Ca^{2+}	1∶100NaCl（固体）	Ti(Ⅳ)、Fe^{3+}、Al^{3+}、Cu^{2+}、Ni^{2+}、Co^{2+}、Mn^{2+} 等离子封闭 NN
1-(2-吡啶偶氮)-2-萘酚 [1-(2-pyridylazo)-2-naphthol] 简称 PAN	2～12	黄	紫红	pH＝2～3，Th^{4+}、Bi^{3+} pH＝4～5，Cu^{2+}、Ni^{2+}、Pb^{2+}、Cd^{2+}、Zn^{2+}、Mn^{2+}、Fe^{2+}	$1\ g\cdot L^{-1}$ 乙醇溶液	MIn 在水中溶解度很小，为防止 PAN 僵化，滴定时需加热

要选择合适的金属指示剂，需综合考虑滴定该金属离子适合的 **pH** 范围以及指示剂的适用 **pH** 范围是否一致。首先，需要结合其酸效应和羟基配位效应，计算待测金属离子适用的 pH 范围。结合这一 pH 范围，去筛选合适的指示剂。在指示剂选择时，需要综合考虑指示剂适用的 pH 范围，以及金属离子适用的 pH 范围，从而得到测定的最佳 pH 条件。常见金属离子的测定条件，可以通过查阅林邦曲线以及常用金属指示剂表（见表 2-17）直接去确定。例如，在测定 Mg^{2+} 时，可选用铬黑 T 作为指示剂，溶液的 pH 值控制在 10 左右，然

后用 EDTA 直接进行滴定分析，终点时溶液由酒红色变成蓝色。其他金属离子与此类似。

2.4.3 三类氧化还原指示剂的终点指示原理

在氧化还原滴定中，除了用电位法（属于仪器分析法，详见 3.2.2）确定终点外，还可以采用不同类型的指示剂来确定终点。常用于氧化还原滴定的指示剂主要有三种。

2-12 氧化还原和沉淀滴定指示剂 mp4

2.4.3.1 氧化还原指示剂

氧化还原指示剂是一类本身具有氧化还原性质的有机试剂，其特点是其氧化型与还原型具有不同的颜色。在进行氧化还原滴定时，化学计量点附近，指示剂参与电子转移，由氧化型转变为还原型，或者由还原型转变为氧化型，从而引起颜色改变指示终点。

若以 In(Ox) 代表指示剂的氧化型，In(Red) 代表还原型，则氧化还原指示剂的氧化还原半反应为

$$\mathrm{In(Ox)} + n\mathrm{e}^- \rightleftharpoons \mathrm{In(Red)}$$

用条件电极电位表示的能斯特方程为

$$E = E_{\mathrm{In}}^{\ominus'} + \frac{0.059}{n}\lg\frac{c_{\mathrm{In(Ox)}}}{c_{\mathrm{In(Red)}}}$$

这里 $E_{\mathrm{In}}^{\ominus'}$ 为指示剂在一定条件下的条件电极电位。与酸碱指示剂类似，在滴定过程中，当滴定体系的电位 E 发生变化时，指示剂的氧化型与还原型的浓度比 $c_{\mathrm{In(Ox)}}/c_{\mathrm{In(Red)}}$ 也随之变化。从理论上讲，当浓度比 $c_{\mathrm{In(Ox)}}/c_{\mathrm{In(Red)}}>10$ 时，溶液呈现氧化型的颜色；当浓度比 $c_{\mathrm{In(Ox)}}/c_{\mathrm{In(Red)}}<0.1$ 时，溶液呈现还原型的颜色；而当 $10 \geqslant c_{\mathrm{In(Ox)}}/c_{\mathrm{In(Red)}} \geqslant 0.1$ 时，能明显观察到溶液颜色的变化。所以，氧化还原指示剂的理论变色范围是

$$E_{\mathrm{In}}^{\ominus'} + \frac{0.059}{n}$$

表 2-18 列出了一些常用氧化还原指示剂及其条件电极电位和颜色变化。在选择指示剂时，应使其条件电极电位 $E_{\mathrm{In}}^{\ominus'}$ 处于体系的滴定突跃范围之内，并尽量使之与化学计量点电位 E_{sp} 接近，以减小终点误差。

表 2-18 常用的氧化还原指示剂

指示剂	$E_{\mathrm{In}}^{\ominus'}$/V([$H^+$]=1 mol·$L^{-1}$)	颜色变化		配制方法
		氧化型	还原型	
次甲基蓝	0.36	蓝	无色	0.05%水溶液
二苯胺磺酸钠	0.85	紫红	无色	0.8 g+2 g Na_2CO_3 并溶于 100 mL 水中
邻苯氨基苯甲酸	1.08	紫红	无色	0.11 g 溶于 20 mL 5% Na_2CO_3，稀释至 100 mL
邻二氮菲-Fe(Ⅱ)	1.06	浅蓝	红	1.485 g 邻二氮菲+0.695 g $FeSO_4$，溶于 100 mL 水中

在选择氧化还原指示剂时，一般需要满足：指示剂的变色范围需要部分或全部落在滴定突跃范围内；其次为了减小终点误差，指示剂的条件电极电位尽量与化学计量点的电位值相一致。如用 Ce^{4+} 滴定 Fe^{2+}，其滴定突跃范围为 0.86～1.26 V。若选择二苯胺磺酸钠为指示剂，此时滴定终点 0.85 V 在突跃范围之外，产生一定的负误差。为此可加入 H_3PO_4，使

之与 Fe^{3+} 形成稳定的 $Fe(HPO_4)^+$ 配合物，从而降低 Fe(Ⅲ)/Fe(Ⅱ) 电对的电位，使突跃范围增大，指示剂的变色点落入其中，从而提高测定结果的准确度。

2.4.3.2 自身指示剂

通过滴定剂或者待测物的氧化态和还原态自身的颜色变化来指示终点。例如，在高锰酸钾法中，滴定剂 $KMnO_4$ 为紫红色，常在酸性介质中用它来滴定无色或浅色的还原剂。在化学计量点前，滴加的 $KMnO_4$ 都被还原为近乎无色的 Mn^{2+}，整个溶液仍保持无色或浅色。在化学计量点时，还原剂已全部反应完毕，稍过量的 $KMnO_4$ 就可使溶液呈稳定的浅红色，从而指示终点，故 $KMnO_4$ 自身就可作为指示剂。因此，在高锰酸钾法中，无须额外加入指示剂。$KMnO_4$ 作为指示剂是相当灵敏的，只要其浓度达到 $2\times10^{-6}mol\cdot L^{-1}$ 就能观察到溶液的浅红色，因此过量 $KMnO_4$ 所造成的误差通常可以忽略，只有在更精确的测定中才需作空白校正。

2.4.3.3 显色指示剂

这类指示剂本身并无氧化还原性质，但它能与滴定体系中的氧化剂或还原剂结合而显示出与其本身不同的颜色，从而指示终点。例如，淀粉指示剂（可溶性淀粉溶液）本身无色，但它与 I_2(或 I_3^-) 可生成深蓝色的结合物，利用蓝色的出现或消失可指示终点。如在以 I_2 溶液滴定还原剂的直接碘量法中，化学计量点之前，滴加的 I_2 均被还原，溶液颜色不变。化学计量点时，还原剂被全部滴完，稍微过量的 I_2 就会与淀粉结合而使溶液显蓝色，从而指示终点。淀粉指示剂的灵敏度很高，只要其浓度达 $1\times10^{-3}mol\cdot L^{-1}$ 即可与 I_2 结合并表现出明显的蓝色。又如，无色的 KSCN 可作为 Fe^{3+} 滴定 Sn^{2+} 的专属指示剂。化学计量点前，滴加的 Fe^{3+} 全部与 Sn^{2+} 发生反应，溶液颜色不变。化学计量点时，Sn^{2+} 全部反应完毕，稍过量的 Fe^{3+} 即可与 SCN^- 结合生成红色的配合物，指示终点。

2.4.4 三种沉淀滴定指示剂的终点指示原理、适用条件及颜色变化

在沉淀滴定中，以银量法为主，指示剂的类型有三种：铬酸钾指示剂、铁铵矾指示剂和吸附指示剂，分别对应于莫尔法、福尔哈德法和法扬斯法。表 2-19 总结了三种沉淀滴定指示剂的终点指示原理、适用 pH 值条件和使用注意事项。

此处对吸附指示剂做进一步说明。吸附指示剂是一类有机染料，当它被吸附在胶体沉淀表面之后，可能因形成某种化合物导致指示剂的分子结构发生改变，从而引起沉淀颜色变化以指示滴定终点。利用吸附指示剂确定终点的银量法称为法扬斯法。

例如，用 $AgNO_3$ 标准溶液滴定 Cl^- 时，可以采用荧光黄作指示剂。荧光黄是一种有机弱酸，用 HFIn 表示，在溶液中存在如下解离平衡：

$$HFIn \rightleftharpoons FIn^-(\text{黄绿色}) + H^+ \qquad pK_a = 7$$

化学计量点前，AgCl 沉淀吸附溶液中过量的 Cl^-，形成 $(AgCl)\cdot Ag^+$，此时，FIn^- 不被吸附，溶液呈现它的黄绿色。化学计量点后，AgCl 沉淀吸附过量的 Ag^+，形成 $(AgCl)\cdot Ag^+$，它将强烈吸附 FIn^- 使其结构改变而使沉淀变为粉红色。终点的变色反应为

$$AgCl\cdot Ag^+ + FIn^- \rightleftharpoons AgCl\cdot Ag\cdot FIn(\text{粉红色})$$

上述过程的颜色变化如图 2-18 所示。如果用 NaCl 标准溶液滴定 Ag^+，则颜色的变化正好

相反。

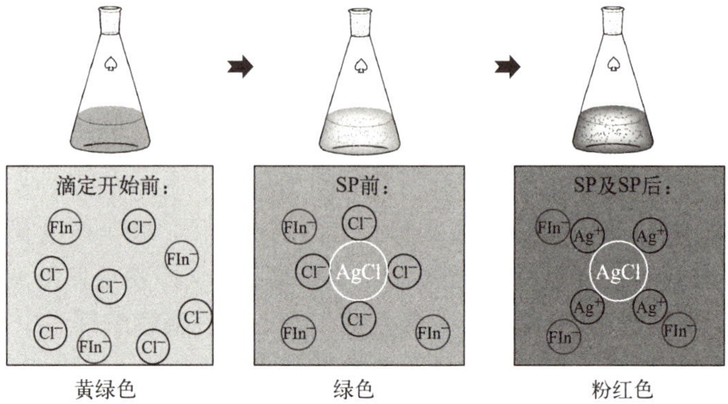

图 2-18　$AgNO_3$ 标准溶液滴定 Cl^- 的过程溶液颜色变化示意图（以荧光黄为指示剂）

几种常用的吸附指示剂列于表 2-20。吸附指示剂在使用时，除了与 pH 值条件有关外，还需额外关注沉淀对指示剂的吸附能力，应略小于（也不能太小）对待测离子的吸附能力，否则会使终点提前。卤化银对卤离子和几种指示剂的吸附能力的大小顺序如下：$I^- > SCN^- > Br^-$ >曙红> Cl^- >荧光黄。

表 2-19　三种沉淀滴定指示剂

指示剂名称	适用方法	滴定涉及反应方程	颜色变化	常用滴定剂	常见测定对象	适用 pH 值条件	使用注意事项
K_2CrO_4 指示剂	莫尔法	终点前：$Ag^+ + Cl^- \rightleftharpoons AgCl\downarrow$ 终点时：$Ag^+ + 2CrO_4^{2-} \rightleftharpoons Ag_2CrO_4\downarrow$	白色→砖红色	$AgNO_3$	Cl^-、Br^- 等	在 pH = 6.5～10.5 溶液中进行；当存在 NH_4^+ 时，pH 值应控制在 6.6～7.2 之间	①滴定时应充分振摇，使被吸附的离子释放出来；②应预先分离除去或用适当的方法掩蔽干扰离子后再滴定
铁铵矾指示剂	佛尔哈德法	终点前：$Ag^+ + SCN^- \rightleftharpoons AgSCN\downarrow$（白色） 终点时：$Fe^{3+} + SCN^- \rightleftharpoons FeSCN^{2+}$	白色→红色	直接法：NH_4SCN 间接法：$AgNO_3$、NH_4SCN	直接法：Ag^+ 间接法：卤离子或 SCN^-	在 0.1～1 mol·L^{-1} 的 HNO_3（强酸性溶液）中进行	①指示剂的适宜浓度为 0.01 mol·L^{-1}；②滴定在振荡条件下进行；③消除干扰离子；④测定 Cl^- 时，加入过量 $AgNO_3$ 后，再加入 1～2 mL 硝基苯，避免沉淀发生转化；⑤测定 I^- 时，指示剂必须在加入过量 $AgNO_3$ 溶液后才能加入
吸附指示剂	法扬斯法	终点前：$Ag^+ + Cl^- + FIn^- \rightleftharpoons (AgCl)\cdot Ag^+$ 终点时：$(AgCl)\cdot Ag^+ + FIn^- \rightleftharpoons (AgCl)\cdot Ag^+FIn^-$	黄绿色→粉红色	$AgNO_3$	卤离子或 SCN^-	溶液的酸度应适当，指示剂应保持离子状态：pH = pK_a～10	①加入糊精或淀粉，以防止卤化银胶体凝聚；②沉淀对指示剂离子的吸附能力应略小于沉淀对被测离子的吸附能力；③被测离子溶液的浓度一般要求浓度大于 0.005 mol·L^{-1}

表 2-20　常用的吸附指示剂

指示剂	被测离子	滴定剂	终点颜色变化	滴定条件
荧光黄	Cl^-、Br^-、I^-	$AgNO_3$	黄绿→粉红	pH=7～10
二氯荧光黄	Cl^-、Br^-、I^-	$AgNO_3$	黄绿→红	pH=4～10
曙红	Br^-、SCN^-、I^-	$AgNO_3$	橙黄→红紫	pH=2～10
甲基紫	Ag^+	NaCl	黄红→红紫	酸性溶液

2.5　滴定分析的应用

2-13　酸碱滴定应用 mp4

2.5.1　酸碱滴定

酸碱滴定法在生产实际中应用广泛，许多化工产品，如烧碱、纯碱、硫酸铵和碳酸氢铵等，一般用酸碱滴定法测定其主成分的含量。钢铁及某些原材料中碳、硫、磷、硅和氮等元素的测定，也可采用酸碱滴定法。其他如有机合成工业和医药工业中的原料、中间产品及成品的分析等，有时也用酸碱滴定法。下面主要介绍有机氮和混合碱的测定过程。

2.5.1.1　有机氮的测定及计算

欲测定土壤和有机化合物（如蛋白质、生物碱和其他含氮化合物）中的氮含量时，先将试样经过一定的化学处理后（在无水 $CuSO_4$、硒或其他催化剂存在下，将试样在浓硫酸中加热消化），可使各种含氮化合物分解并定量转变成铵盐。铵盐如 NH_4Cl 和 $(NH_4)_2SO_4$ 等，是很弱的酸（NH_4^+，$K_a=5.6\times10^{-10}$），不能直接用碱标准溶液准确滴定，可采用下列方法间接测定。

(1) 蒸馏法

向铵盐试液中加入浓 NaOH 并加热，将 NH_3 蒸馏出来。如图 2-19 所示，用 H_3BO_3 溶液吸收释放出的 NH_3，然后采用甲基红与溴甲酚绿的混合指示剂，用标准硫酸溶液滴定至灰色时为终点。H_3BO_3 的酸性极弱，它可以吸收 NH_3，但不影响滴定，故不需要定量加入。也可以用标准 HCl 或 H_2SO_4 溶液吸收，过量的酸用 NaOH 标准溶液返滴定，以甲基红或甲基橙为指示剂。

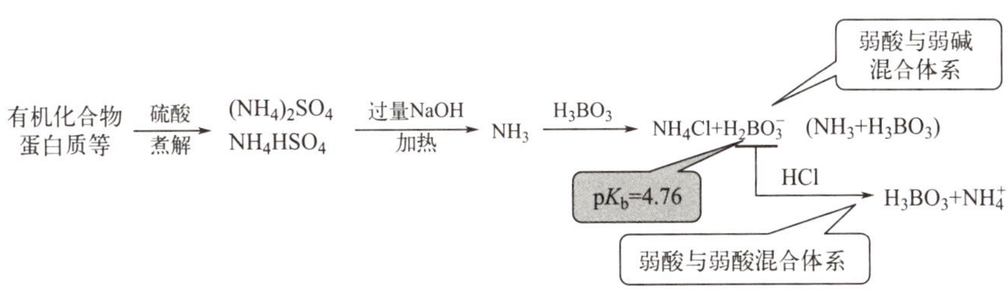

图 2-19　蒸馏法测定氮含量的流程

根据消耗的盐酸体积，可根据下式计算得出其中的氮含量：

$$w_N=\frac{(cV)_{HCl}M_N}{m_s\times1000}\times100\%$$

以上方法即著名的凯氏（Kjeldahl）定氮法，在有机化合物分析中有着广泛的应用。凯氏定氮法适用于蛋白质、胺类、酰胺类及尿素等有机化合物中氮的测定。各种蛋白质中氮的含量大致相同，因此将所测得的氮含量换算成蛋白质的含量时，须乘以换算因子 6.25。通常通过下式计算蛋白质含量。而各种食品中的蛋白质，它们的换算因子略有区别，如乳类为 6.38，大米为 5.95，花生为 5.46 等。

$$w_{蛋白质}=\frac{(cV)_{HCl}M_N\times 6.25}{m_s\times 1000}\times 100\%$$

(2) 甲醛法

甲醛与 NH_4^+ 作用，按化学计量关系定量生成 H^+ 和质子化的六亚甲基四胺（$K_a=7.1\times 10^{-6}$）：

$$4NH_4^+ + 6HCHO \rightleftharpoons (CH_2)_6N_4H^+ + 3H^+ + 6H_2O$$

以酚酞为指示剂，用 NaOH 标准溶液滴定。如试样中含有游离酸，则应先以甲基红作指示剂，用碱将其中和。此时不能用酚酞作指示剂，否则部分 NH_4^+ 也将被中和。甲醛法简便快速，在工农业生产中被广泛应用。

2.5.1.2 混合碱的测定及计算

氢氧化钠俗称烧碱，在生产和贮藏过程中，常因吸收空气中的 CO_2 而部分转变为 Na_2CO_3。对于烧碱中 NaOH 和 Na_2CO_3 含量的测定，通常有两种方法。

(1) 氯化钡法

准确称取一定量试样，将其溶解于除去 CO_2 的蒸馏水中，稀释到一定体积后分成两等份进行滴定。整体测定过程如图 2-20 所示。

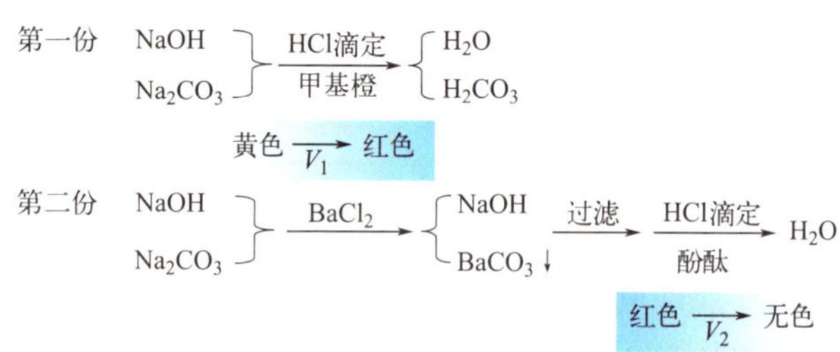

图 2-20 $BaCl_2$ 法测定混合碱的实验流程

第一份溶液用甲基橙作指示剂，用 HCl 标准溶液滴定，测定其总碱度。反应如下：

$$NaOH + HCl \rightleftharpoons NaCl + H_2O$$

$$Na_2CO_3 + 2HCl \rightleftharpoons 2NaCl + CO_2\uparrow + H_2O$$

根据图中消耗的 HCl 体积，可求得 NaOH 的质量分数：

$$w_{NaOH}=\frac{c_{HCl}V_2M_{NaOH}}{m_s}\times 100\%$$

滴定混合碱中 Na_2CO_3 所消耗的 HCl 的体积为（V_1-V_2），所以：

$$w_{Na_2CO_3}=\frac{\frac{1}{2}c_{HCl}(V_1-V_2)M_{Na_2CO_3}}{m_s}\times 100\%$$

(2) 双指示剂法

双指示剂法测定过程如图 2-21 所示。

需要注意的是，以酚酞为指示剂，指示剂变色时 NaOH 全部被中和，而 Na_2CO_3 仅被中和到 $NaHCO_3$。继续加入甲基橙进行滴定至终点变色时，$NaHCO_3$ 才能完全转化为 NaCl、CO_2 和 H_2O。由化学计量关系可知，Na_2CO_3 被中和至 $NaHCO_3$ 与 $NaHCO_3$ 被中和至 H_2CO_3 所消耗的 HCl 的体积是相等的。所以

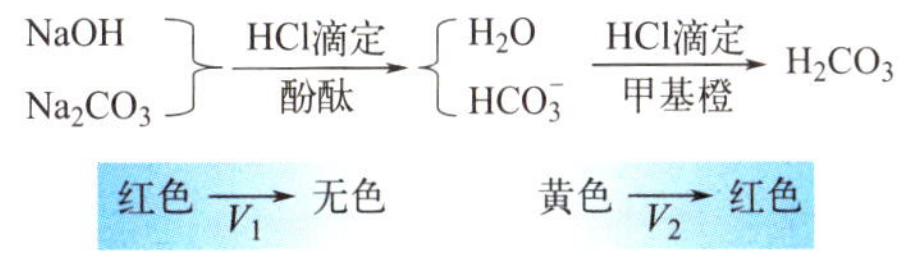

图 2-21 双指示剂法测定混合碱的实验流程

$$w_{Na_2CO_3}=\frac{\frac{1}{2}c_{HCl}\times 2V_2M_{Na_2CO_3}}{m_s}\times 100\%$$

$$w_{NaOH}=\frac{c_{HCl}(V_1-V_2)M_{NaOH}}{m_s}\times 100\%$$

若此混合碱的组成情况未知，可能含有 NaOH、$NaHCO_3$ 或 Na_2CO_3，要确定其组成及含量，仍可选用双指示剂法。第 1 步中，溶液由红色变为无色时，消耗的 HCl 体积是 V_1；第 2 步是溶液由黄色变为红色，消耗的 HCl 体积是 V_2。当 V_1 和 V_2 取值不同时，混合碱的组成分以下五种情况：

① 当 $V_1>0$，$V_2=0$ 时，说明此时只有 NaOH 存在；

② 当 V_1、V_2 均大于 0，同时 $V_1=V_2$ 时，溶液中只有 Na_2CO_3 存在；

③ 当 $V_1=0$，$V_2>0$ 时，说明溶液中只存在 $NaHCO_3$；

④ 当 $V_1>V_2>0$ 时，说明溶液的组成是 NaOH 和 Na_2CO_3；

⑤ 当 $V_2>V_1>0$ 时，说明溶液中主要存在的是 Na_2CO_3 和 $NaHCO_3$。

【例 2-7】混合碱的计算

饼干中通常需要加入 Na_2CO_3、$NaHCO_3$ 作为发酵剂，它们能在饼干制作过程中产生二氧化碳，帮助面团膨胀，使饼干更加松软可口；同时 Na_2CO_3 的强碱性有助于调节饼干面团的酸碱度，确保烘焙效果，因此饼干中 Na_2CO_3、$NaHCO_3$ 的残留量是衡量饼干质量的重要检测指标之一。现称取饼干试样 0.6524 g，以酚酞为指示剂，用 0.0200 mol·L^{-1} HCl 标准溶液滴定至终点，用去酸溶液 11.76 mL。再加甲基橙指示剂，滴定至终点，又耗去酸溶液 20.15 mL。求试样中各组分的质量分数。

解：因为 $V_2=20.15\ \text{mL}>V_1=11.76\ \text{mL}$，所以，可以确认饼干中含有 $NaHCO_3$ 和 Na_2CO_3。

$$w_{Na_2CO_3}=\frac{11.76\times 10^{-3}\times 0.0200\times 105.99}{0.6524}\times 100\%=3.82\%$$

$$w_{NaHCO_3}=\frac{0.0200\times(20.15-11.76)\times 10^{-3}\times 84.01}{0.6524}\times 100\%=2.16\%$$

拓展案例 B2-2 硅酸盐水泥熟料中游离氧化钙含量的测定（GB/T 176—2017）

硅酸盐水泥是建筑行业中广泛使用的一种重要材料，游离氧化钙（f-CaO）是水泥熟料中的一种主要成分。熟料中游离氧化钙含量不仅是熟料的一个重要质量指标，还是衡量原料易烧性、熟料煅烧质量以及能源消耗的一个关键性技术指标。经生产实践验证，如果

熟料中游离氧化钙含量大于2.0%，就可能导致水泥的安定性不合格，强度下滑。但如果熟料中游离氧化钙含量小于0.5%，此时熟料活性差，强度明显降低。因此，硅酸盐水泥熟料中游离氧化钙含量的测定，对于保证水泥的质量和性能至关重要。

乙二醇-乙醇法是测定水泥熟料中游离氧化钙含量的常用方法。此方法中需严格控制无水条件，为非水溶液的酸碱测定过程。因水泥熟料中的各矿物相与水发生反应生成氢氧钙石（氢氧化钙）、水化硅酸钙凝胶、水化铝酸钙等，影响测定结果的准确性。具体原理为：在100～110 ℃下，游离氧化钙在乙二醇-乙醇（2+1）溶液中反应生成乙二醇钙，反应式如下：

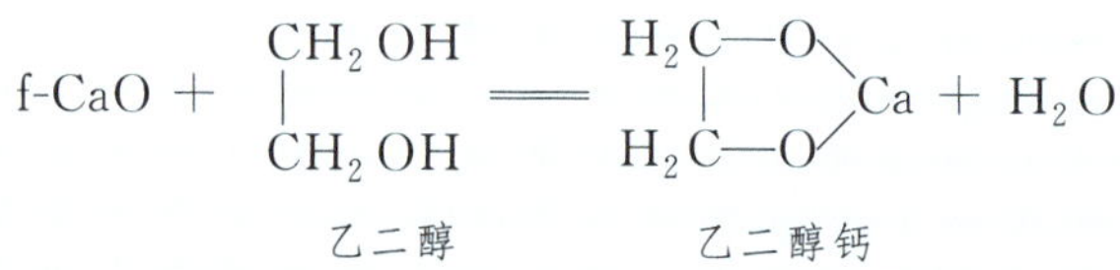

萃取完成后，用无水乙醇过滤洗涤后收集滤液，以酚酞为指示剂，用苯甲酸的无水乙醇标准溶液直接滴定至红色消失，根据苯甲酸的无水乙醇标准溶液的消耗体积即可求算出水泥熟料中游离氧化钙的含量。具体测定过程如图B2-2所示。

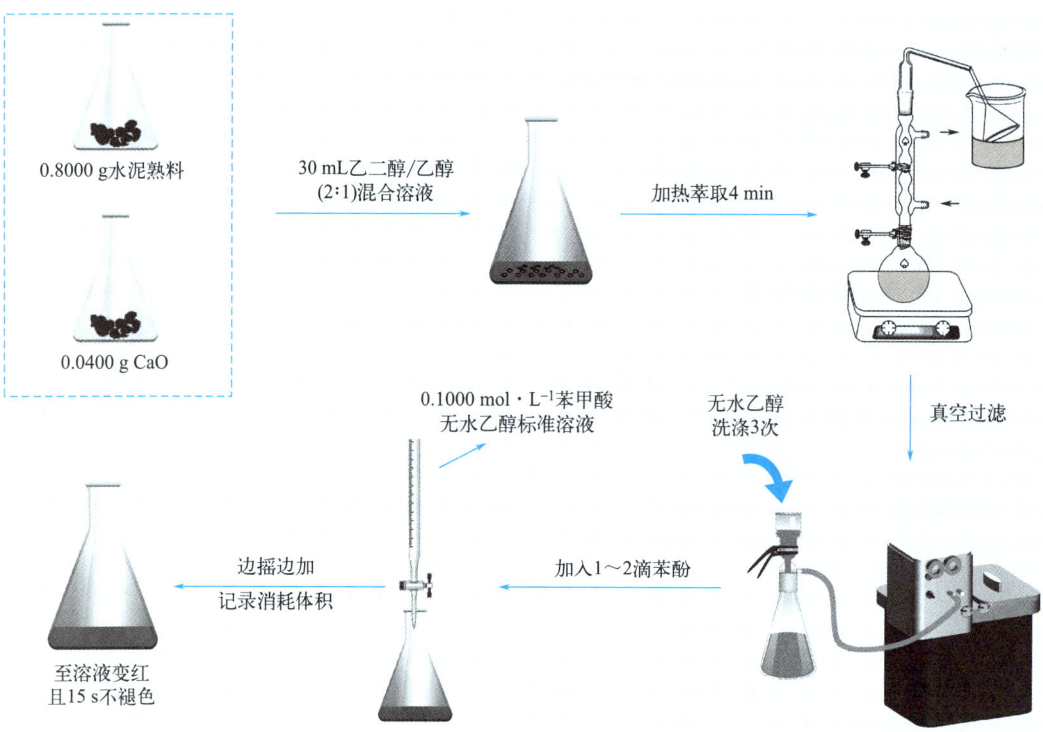

图 B2-2　水泥熟料中游离氧化钙含量测定的示意图

准确称取0.8000 g水泥熟料试样，置于干燥的250 mL锥形瓶中，加入30 mL乙二醇-乙醇（2+1）溶液，轻摇锥形瓶使试样分散开，磁力搅拌，装上冷凝管，100～110 ℃下加热萃取4 min，使氧化钙转化为乙二醇钙；用预先润湿过的快速滤纸抽气过滤，用无水乙醇洗涤锥形瓶和沉淀3次，滤液及洗液收集于250 mL干燥的锥形瓶中，加入1～2滴苯酚，立即用0.1000 mol·L^{-1}苯甲酸无水乙醇标准溶液滴定至红色消失，记录消耗的体积为10.02 mL。

采用纯的活性氧化钙重复上述实验，根据滴定乙二醇钙时消耗的苯甲酸无水乙醇标准溶液的体积计算出每毫升苯甲酸无水乙醇标准溶液相当于氧化钙的质量，即苯甲酸无水乙醇标准溶液对氧化钙的滴定度 $T(CaO)$，单位为 $mg \cdot mL^{-1}$。具体做法为：准确称取 0.0400 g 氧化钙置于 250 mL 干燥锥形瓶内，重复上述步骤，消耗的 $0.1000\ mol \cdot L^{-1}$ 苯甲酸无水乙醇标准溶液的体积为 12.90 mL。

试问：

(1) 请写出上述滴定反应的方程式。

(2) 计算上述苯甲酸的无水乙醇标准溶液对氧化钙的滴定度 T (CaO)，单位为 $mg \cdot mL^{-1}$。

(3) 计算样本中水泥熟料中游离氧化钙的含量，并根据熟料中游离氧化钙含量与水泥性能之间的关系以及国内外水泥生产方面的经验和资料，将生料易烧性按熟料游离氧化钙含量大小分为如下 4 个等级（表 B2-1），结合具体计算结果，判断该硅酸盐水泥的易烧性等级和难易程度。

表 B2-1　水泥熟料中游离氧化钙含量与易烧性等级和难易程度表

熟料中 f-CaO 质量分数/%	<1	1～1.5	1.5～2.5	>2.5
生料易烧性等级	A	B	C	D
易烧性难易程度	易	较易	较难	难

答：(1) 滴定过程中发生的反应方程式如下：

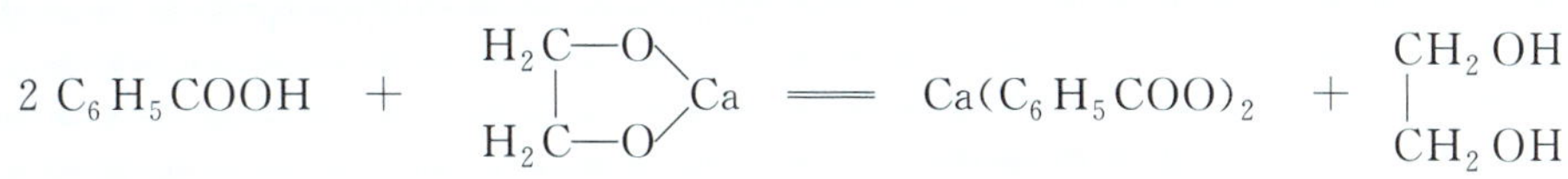

苯甲酸　　　　乙二醇钙　　　　苯甲酸钙

(2) 根据滴定度的定义，即每毫升苯甲酸无水乙醇标准溶液相当于氧化钙的质量，得出 $T(CaO)$ 的计算式如下：

$$T(\text{CaO}) = \frac{m(\text{CaO}) \times 1000}{V(\text{苯甲酸})} = \frac{0.0400 \times 1000}{20.90} = 1.91(\text{mg} \cdot \text{mL}^{-1})$$

(3) 根据滴定熟料时消耗的苯甲酸无水乙醇标准液的体积（10.02 mL）及苯甲酸无水乙醇标准溶液对氧化钙的滴定度 $[T(CaO)=1.91\ mg \cdot mL^{-1}]$，可以列出待测水泥熟料中游离氧化钙的质量分数的计算公式如下：

$$w(\text{f-CaO}) = \frac{T(\text{CaO}) \times V}{m_s \times 1000} \times 100\% = \frac{1.91 \times 10.02}{0.8000 \times 1000} \times 100\% = 2.39\%$$

该水泥熟料中游离氧化钙含量为 2.39%，根据表格等级可知，该熟料易烧性等级为 C，易烧性难易程度为较难。

拓展案例 B2-3　油脂酸值的测定（GB 5009.229—2016）

动植物油暴露于空气中一段时间后，在微生物、酶、热、光、氧气等作用下，部分甘油酯会分解产生游离的脂肪酸，导致油脂酸败，降低食品品质，甚至对人体健康产生不良影响。通常游离脂肪酸的含量越少，说明油脂新鲜度和精炼程度越好。游离脂肪酸的含量可以用酸值（酸价，S）来表示，即中和 1 克油脂所需的氢氧化钾毫克数（$mg \cdot g^{-1}$）。因此，油脂酸值的测定是植物油油品检测的重要指标之一。根据国标规定（GB 5009.229—2016），油脂酸值的测定是通过 KOH 标准溶液滴定油脂中的游离脂肪酸，根据消耗的 KOH 的物质的量和油脂的质量，计算油脂的酸值。测定过程如图 B2-3，具体过程简述如下：

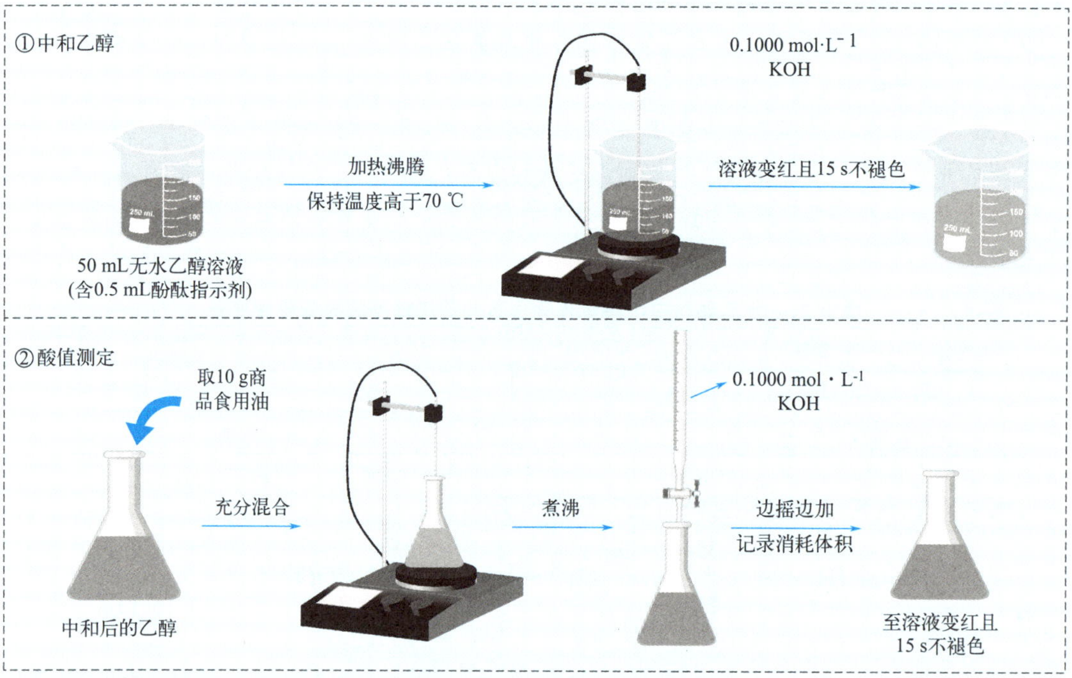

图 B2-3　食用油中酸值测定的示意图

乙醇的中和：含有 0.5 mL 10 $g \cdot L^{-1}$ 酚酞指示剂的 50 mL 无水乙醇溶液，加热至沸腾使样品充分溶解。保持乙醇的温度高于 70 ℃时，用 0.1000 $mol \cdot L^{-1}$ 的 KOH 溶液滴定至溶液变红，并保持溶液 15 s 不褪色。

酸值的测定：平行准确称取 10 g 商品食用油 3 份于 250 mL 锥形瓶中，加入上述中和后的乙醇，充分混合，煮沸。一边摇动一边滴加 0.1000 $mol \cdot L^{-1}$ 的 KOH 标准溶液，至溶液变红，并保持溶液 15 s 不褪色。三份平行样品的样品称取量和消耗的 KOH 标准溶液体积如表 B2-2。

表 B2-2　平行样品消耗的 KOH 标准溶液体积

样品编号	样品质量 m_s/g	V(KOH)/mL
1	10.0081	15.21
2	10.0023	15.05
3	10.0052	15.28

试问：

(1) 写出上述滴定过程的反应方程式。

(2) 计算上述食用油的酸值 S。($M_{KOH}=56.1\ g \cdot mol^{-1}$)

(3) 若所测油脂颜色较深，如何提高酸值检测的准确度？

答：(1) 上述滴定过程的反应方程式如下：

$$R{-}COOH + KOH = R{-}COOK + H_2O$$

(2) 油脂酸值 S 计算公式如下：

$$S=\frac{c_{KOH}V_{KOH}M_{KOH}\times 1000}{m_s}$$

根据上式，分别计算三个平行样品的酸值：

$$S_1=\frac{0.1000\times 0.01521\times 56.1\times 1000}{10.0081}=8.53(mg \cdot g^{-1})$$

$$S_2=\frac{0.1000\times 0.01505\times 56.1\times 1000}{10.0023}=8.44(mg \cdot g^{-1})$$

$$S_3=\frac{0.1000\times 0.01528\times 56.1\times 1000}{10.0052}=8.56(mg \cdot g^{-1})$$

三次测定结果求平均值，可得上述食用油的酸值为：

$$(8.53+8.44+8.56)/3=8.51(mg \cdot g^{-1})$$

(3) 若所测油脂颜色较深，可从以下两方面提高酸值检测的准确度：①若油脂酸值较高时，可加入中和处理的溶剂对试样进行充分的稀释，以减少颜色的干扰；②用 pH 计实时监测溶液的 pH 值变化情况，用电位滴定法确定滴定终点（原理详见 3.2.2 电位滴定法）。

2.5.2　配位滴定

2-14　配位滴定应用 mp4

水硬度是工业用水、饮用水质量控制中的重要指标之一（$<450\ mg \cdot L^{-1}$）。EDTA 滴定法是国家标准规定的水硬度测定方法。水的硬度是指水中可溶性钙盐和镁盐的总浓度，暂时硬度是指碳酸盐硬度，包括 $Ca(HCO_3)_2$ 和 $Mg(HCO_3)_2$；永久硬度是指非碳酸盐硬度，包括 $CaSO_4$、$CaCl_2$、$Ca(NO_3)_2$、$MgSO_4$、$MgCl_2$、$Mg(NO_3)_2$ 等。

在 pH=10 的 NH_3-NH_4Cl 缓冲溶液中加入铬黑 T 指示剂，铬黑 T 和 EDTA 都与 Ca^{2+}、Mg^{2+} 形成配合物，四种配合物的稳定性顺序为：

$$[CaY]^{2-} > [MgY]^{2-} > [MgIn]^{-} > [CaIn]^{-}$$

这里给出了钙、镁离子分别与 EDTA 以及铬黑 T 形成配合物的稳定性顺序。因此，在滴定过程中有如下反应：

滴定前：
$$Mg^{2+} + HIn^{2-} \rightleftharpoons [MgIn]^{-} + 2H^{+}$$
纯蓝色 ⟶ 酒红色

化学计量点前：
$$Ca^{2+} + H_2Y^{2-} \rightleftharpoons [CaY]^{2-} + 2H^{+}$$
$$Mg^{2+} + H_2Y^{2-} \rightleftharpoons [MgY]^{2-} + 2H^{+}$$

化学计量点时：
$$[MgIn]^{-} + H_2Y^{2-} \rightleftharpoons [MgY]^{2-} + HIn^{2-} + H^{+}$$
酒红色 ⟶ 纯蓝色

显而易见，滴定之前铬黑 T 优先与溶液中的 Mg^{2+} 发生配位反应，使得溶液由蓝色变成了酒红色。在化学计量点之前，加入的 EDTA 优先与溶液中的钙、镁离子发生反应，生成对应的配合物。此时溶液显示的是铬黑 T 与 Mg 形成的配合物（$MgIn^{-}$）的颜色，也就是酒红色。在化学计量点时，过量的 EDTA 会将 $MgIn^{-}$ 配合物中的镁离子置换出来，释放出游离的铬黑 T 离子，溶液由酒红色变成了纯蓝色，指示滴定终点的到达。这个过程直接测定的是钙、镁的总含量。

通常以 EDTA 标准溶液测定钙、镁离子总量，再换算成每升水中所含 $CaCO_3$ 的质量（mg）表示，即 $mg(CaCO_3) \cdot L^{-1}$ 表示水的总硬度的单位。

① 水硬度以 $CaCO_3$ 的质量计量时，单位为 $mg \cdot L^{-1}$，计算公式如下：

$$总硬度=\frac{c_{EDTA}V_{EDTA}M_{CaCO_3}\times 10^3}{V_s}$$

式中，V 是滴定钙、镁总量时消耗的 EDTA 标准溶液的体积，V_s 为待测水样的体积。

② 以钙、镁的物质的量计量时，单位为 $mmol \cdot L^{-1}$，计算公式如下：

$$总硬度=\frac{c_{EDTA}V_{EDTA}\times 10^3}{V_s}$$

【例 2-8】水硬度的测定

在 pH=10 的氨缓冲溶液中，滴定 100.0 mL 含 Ca^{2+}、Mg^{2+} 的水样，消耗 0.01016 $mg \cdot L^{-1}$ 的 EDTA 标准溶液 15.28 mL，计算水样的硬度（以 $CaCO_3$ 的含量表示，单位为 $mg \cdot L^{-1}$）。

解：根据上述水硬度计算公式，可得下式：

$$\begin{aligned}总硬度&=\frac{c(EDTA)V(EDTA)M(CaCO_3)\times 10^3}{V_s}\\&=\frac{0.01016\times 15.28\times 10^{-3}\times 100.08\times 10^3}{0.1}\\&=155.4(mg \cdot L^{-1})\end{aligned}$$

拓展案例 B2-4 EDTA 滴定法测药物制剂中的 ZnO 含量

{赵宏伟，槐佳孟，王泽，等 . EDTA 滴定法测药物制剂中的 ZnO：定量分析在实践中的应用 . 大学化学，2022，37（12），2111067.}

氧化锌具有防腐、干燥、抗炎、除臭、紫外线防护等特性，是医药产品配料中常见的化学添加剂。然而，若人接触锌的浓度高于生理需要，会产生一定的毒性。因此，对药物制剂中的锌含量进行定量分析是非常必要的。当药物制剂中 ZnO 为主要活性成分时，其含量相对较高，可通过配位滴定法测定 Zn^{2+} 含量，从而确定样品中 ZnO 的含量。

选取痱子粉和皮肤软膏两种常用含 ZnO 的典型药物制剂作为分析对象，其测定流程如图 B2-4，测定过程简述如下：

痱子粉样品中 ZnO 的提取与测定：①准确称取 37.5020 g 痱子粉，加入 10 mL 6 $mol \cdot L^{-1}$ HCl 水溶液和 40 mL 蒸馏水，用玻璃棒搅拌 10 min，静置分层，上层为乳白色悬浮物，下层为无色透明液体，其中悬浮物通过布氏漏斗减压过滤并用蒸馏水洗涤 3 次，所得滤液定量转移至 250.0 mL 容量瓶中，加蒸馏水稀释到刻度线处，摇匀，得到 Zn(Ⅱ) 离子待测溶液。②用移液管移取 25.00 mL Zn^{2+} 待测试液于 250 mL 锥形瓶中，分别滴加 2 滴二甲酚橙指示剂，加入六亚甲基四胺溶液调节 pH 值至 5～6，然后用 0.01040 $mol \cdot L^{-1}$ EDTA 标准溶液滴定至溶液由紫红色刚好变为黄色，消耗 EDTA 溶液的体积为 22.11 mL。

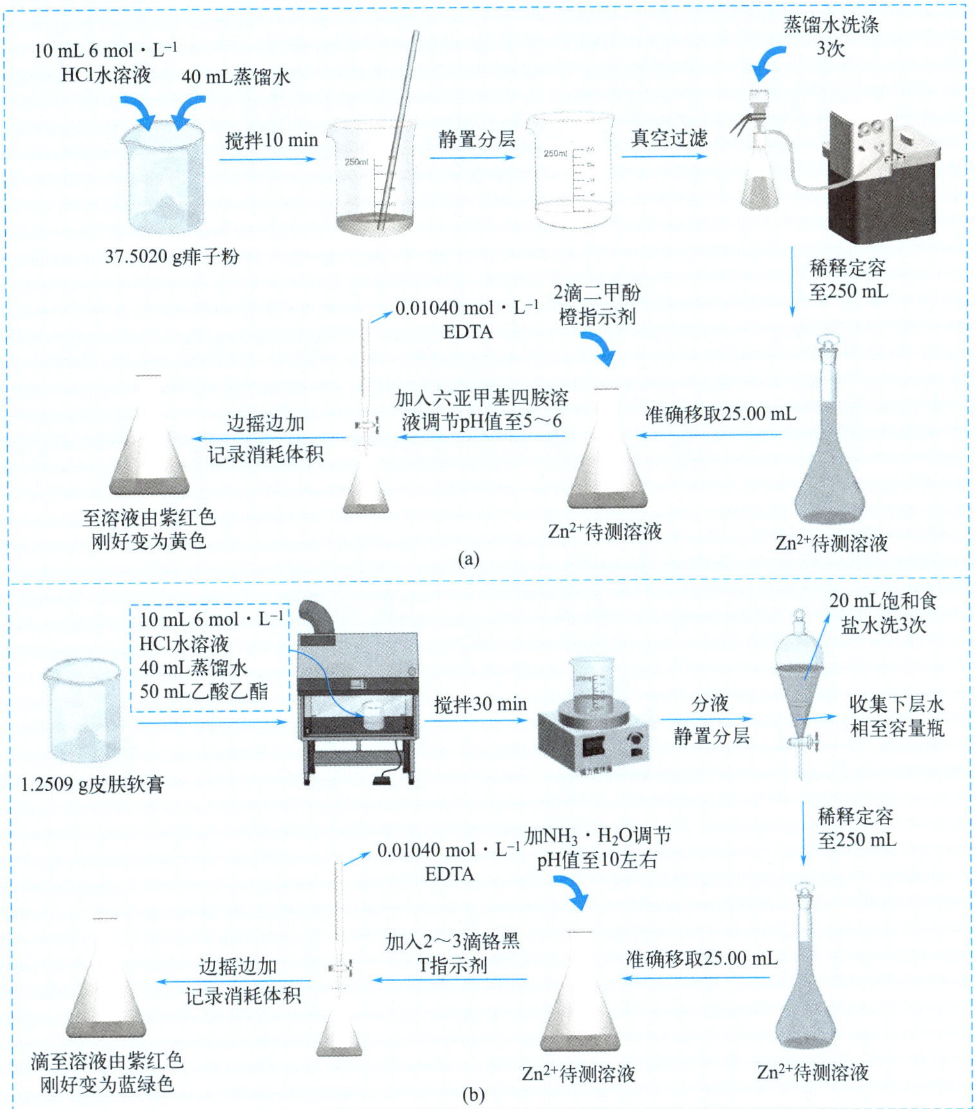

图 B2-4　EDTA 滴定法测药物制剂中 ZnO 含量的示意图［(a) 痱子粉，(b) 皮肤软膏］

皮肤软膏中 ZnO 的提取与测定：①准确称取 1.2509 g 的皮肤软膏，通风橱内加 10 mL 6 $mol \cdot L^{-1}$ HCl 水溶液、40 mL 蒸馏水和 50 mL 乙酸乙酯，磁力搅拌 30 min 后，转移至分液漏斗中静置分层，下层水相收集至 250.0 mL 容量瓶中，上层有机悬浮相用 20 mL 饱和食盐水洗涤三次，水相合并收集至容量瓶中，加蒸馏水稀释至刻度线处，摇匀，得到 Zn^{2+} 离子待测溶液。②用移液管移取 25.00 mL Zn^{2+} 待测试液，加入 $NH_3 \cdot H_2O$

调节 pH 值至 10 左右，再加入 2～3 滴铬黑 T 指示剂，然后用 EDTA 标准溶液滴定至溶液由紫红色刚好变为蓝绿色，消耗 EDTA 溶液的体积为 22.20 mL。

结合上述实验过程，请分析：

(1) 对比两种样品的 ZnO 提取过程，思考为何皮肤软膏中 ZnO 的提取时需加入乙酸乙酯，并通过分液漏斗进行分离？

(2) 通常痱子粉中含有滑石粉，其中含有 Mg，如上述操作所述痱子粉中 Zn^{2+} 测定所用的是六亚甲基四胺溶液（pH＝5～6）和二甲酚橙，可否用 NH_3-NH_4Cl 缓冲溶液（pH 值大约为 10）和铬黑 T 测定痱子粉中的 Zn^{2+} 含量？

(3) 计算痱子粉和皮肤软膏中 ZnO 的含量。

(4) 分析两种样品的测定过程中可能有哪些操作会引起误差。

答：(1) 皮肤软膏中 ZnO 的提取中需加入乙酸乙酯，通过分液漏斗分离的主要原因是：皮肤软膏中通常除了 ZnO 外，还有凡士林等黏度较大的有机物，加入乙酸乙酯可使样品能溶解完全，从而保证样品中 ZnO 能完全进入水相转化为 Zn^{2+}，以获得准确性较高的测定结果。

(2) 测定痱子粉中 ZnO 含量时不能采用 NH_3-NH_4Cl 缓冲溶液（pH≈10）和铬黑 T，主要原因是痱子粉中含有 Mg^{2+}，在 pH＝10 的碱性条件下，Mg^{2+} 也会被 EDTA 标准溶液滴定，从而对测定结果产生干扰。而皮肤软膏中除 ZnO 外，不含其他金属离子，所以两种测定条件均可。

(3) 痱子粉中 ZnO 含量计算如下：

$$w_{ZnO}=\frac{c_{EDTA}V_{EDTA}M_{ZnO}}{m_s}\times 100\%$$

$$=\frac{0.01040\times 0.02211\times 81.38}{37.5020}\times\frac{250.0}{25.00}\times 100\%=0.4990\%$$

皮肤软膏中 ZnO 含量计算如下：

$$w_{ZnO}=\frac{c_{EDTA}V_{EDTA}M_{ZnO}}{m_s}\times 100\%$$

$$=\frac{0.01040\times 0.02220\times 81.38}{1.2509}\times\frac{250.0}{25.00}\times 100\%=15.02\%$$

(4) 痱子粉测定过程中，因样品粉末较细，对离子吸附较强，可能存在样品洗涤不充分，使得痱子粉中氧化锌含量较少，导致误差相对较大。皮肤软膏测定过程中，可能会因乙酸乙酯、盐酸对样品溶解、提取、分离不充分，导致测定结果偏低。

拓展案例 B2-5　配合物 [Ni(Me_3en)(acac)] BPh_4 中 Ni(Ⅱ)含量的测定

（董志强，陈欣，王凤彬，等．配合物 [Ni(Me_3en)(acac)] BPh_4 合成、分析实验实施结果与讨论．大学化学，2023，38 (5)：325-334.）

“配合物[Ni(Me_3en)(acac)]BPh_4 的合成及其溶剂/热致变色行为研究”是第 10 届全国大学生化学实验邀请赛设计的无机及分析化学实验试题之一，其中涉及配合物中 Ni(Ⅱ)含量的测定。如图 B2-5 为配合物[Ni(Me_3en)(acac)]BPh_4 中 Ni(Ⅱ)含量的测定过程。

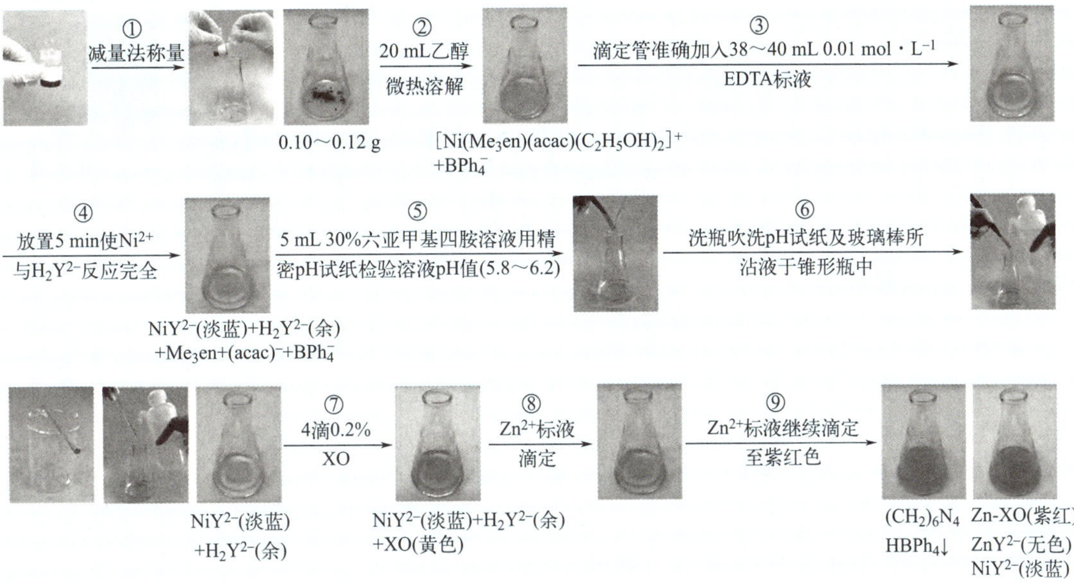

图 B2-5　配合物[$Ni(Me_3en)(acac)$]BPh_4 中 Ni(Ⅱ)含量测定的实验流程

结合上述实验过程，请问：

(1) 上述测定 Ni(Ⅱ) 的过程中采用了什么滴定方式？

(2) 在调完 pH 值后，为何在第⑥步要用洗瓶吹洗 pH 试纸及玻璃棒所沾液于锥形瓶中？若不冲洗，测定结果偏高还是偏低？

(3) 第⑨步滴定过程中，锥形瓶中溶液有时会变浑浊，试分析溶液变浑浊的原因。

(4) 若第①步称取的配合物[$Ni(Me_3en)(acac)$]BPh_4 质量为 0.1045 g，第③步加入 0.0100 mg・L^{-1} EDTA 标液的体积为 38.70 mL，消耗的 0.0095 mg・L^{-1} Zn^{2+} 标准溶液的体积为 21.30 mL，计算上述配合物中 Ni^{2+} 的浓度为多少？

答：(1) 根据实验操作，加入的 EDTA 标准溶液为过量的，随后又调节 pH 值、加入二甲酚橙，用 Zn^{2+} 标准溶液进行滴定，可见此过程为返滴定。

(2) 调完 pH 值后，吹洗 pH 试纸及玻璃棒所沾液体到锥形瓶中，主要是为了减小测定误差，因上述溶液中残留有过量的 EDTA，后续需要用 Zn^{2+} 标准溶液返滴定，从而确定 Ni^{2+} 实际消耗的 EDTA 用量。若不冲洗，会造成镍离子的测定结果偏高。

(3) 第⑨步滴定过程中，锥形瓶中溶液变浑浊主要与溶液中形成溶解度较小的 $(CH_2)_6N_4HBPh_4$ 有关。这可能是因为 Zn^{2+} 标准溶液酸性强，随着 Zn^{2+} 标准溶液的滴入，体系中 $(CH_2)_6N_4H^+$ 浓度增大，从而与体系中 BPh_4^- 形成 $(CH_2)_6N_4HBPh_4$ 沉淀。

(4) 根据实验测定过程，可得出配合物[$Ni(Me_3en)(acac)$]BPh_4 中 Ni(Ⅱ)含量的计算公式为：

$$w_{Ni^{2+}} = \frac{c_{EDTA}V_{EDTA} - c_{Zn^{2+}}V_{Zn^{2+}}}{m} \times M_{Ni} \times 100\%$$

$$= \frac{0.0100 \times 0.03870 - 0.0095 \times 0.02130}{0.1045} \times 58.69 \times 100\% = 10.37\%$$

2.5.3 氧化还原滴定

氧化还原滴定法通常都根据所采用的滴定剂进行分类，如高锰酸钾法、重铬酸钾法和碘量法等。各种氧化还原滴定法都有其特点和应用范围，而前述氧化还原滴定的原理也都体现在这些方法之中。因此，掌握常用的氧化还原滴定方法的特点、反应条件和实际用途是十分重要的。

2-15 氧化还原滴定应用 mp4

2.5.3.1 高锰酸钾法

$KMnO_4$ 是一种强氧化剂，在不同条件下，其氧化能力是不同的，因为对应的还原态的价态不同，电对的电极电位是不一样的。生成不同的还原态时，其电子转移数是不同的，因而化学计量关系也不同。在微酸、中碱性条件下，$KMnO_4$ 的氧化性都不是很强，此条件下进行滴定分析，会导致其化学计量关系不明确，所以高锰酸钾法更常用于强酸性介质下的氧化还原滴定。高锰酸钾法主要利用其在强酸性溶液中与还原剂的作用，利用如下反应方程式，即 MnO_4^- 被还原为 Mn^{2+}，进行滴定分析。

$$MnO_4^- + 8H^+ + 5e^- \rightleftharpoons Mn^{2+} + 4H_2O \quad E^\ominus = 1.51\ V$$

从其对应的标准电极电位，我们可以看到 $KMnO_4$ 的氧化能力非常强，可以氧化电极电位比它小的所有电对中的还原态物质，此外，由 MnO_4^- 还原为 Mn^{2+} 时，有一个明显的颜色变化，所以无须加入额外的指示剂。此外，因氧化能力过强，自身也不稳定，不能用于盐酸介质中的滴定，因为 MnO_4^- 会将 Cl^- 氧化成 Cl_2。

应用高锰酸钾法时，可根据待测物质的性质采用不同的方法。

① 直接滴定法。许多还原性物质，如 Fe^{2+}、As(Ⅲ)、Sb(Ⅲ)、H_2O_2、$C_2O_4^{2-}$、NO_2^- 等，可用 $KMnO_4$ 标准溶液直接滴定。

② 返滴定法。有些氧化性物质不能用 $KMnO_4$ 溶液直接滴定，可用返滴定法。例如，测定 MnO_2 的含量时，可在 H_2SO_4 溶液中加入一定量过量的 $Na_2C_2O_4$ 标准溶液，待 MnO_2 与 $C_2O_4^{2-}$ 作用完毕后，用 $KMnO_4$ 标准溶液滴定过量的 $C_2O_4^{2-}$。

③ 间接滴定法。某些非氧化还原性物质，可以用间接滴定法进行测定。例如，测定 Ca^{2+} 时，可首先将 Ca^{2+} 沉淀为 CaC_2O_4，再用稀 H_2SO_4 将所得沉淀溶解，用 $KMnO_4$ 标准溶液滴定溶液中的 $C_2O_4^{2-}$，从而间接求得 Ca^{2+} 的含量。

为了使该反应能够定量而较快地进行，应该注意下列条件。

① 滴定时常将溶液加热至 70～85 ℃进行反应。温度过低，反应速率太慢；温度若高于 90 ℃，会使部分 $H_2C_2O_4$ 发生分解。

② 一般滴定开始时的酸度应控制在 0.5～1 mol·L^{-1}。酸度过低，$KMnO_4$ 易分解为 MnO_2；酸度过高，$H_2C_2O_4$ 亦易分解。

③ 开始滴定时的速度不宜太快，否则加入的 $KMnO_4$ 溶液来不及与 $C_2O_4^{2-}$ 反应，即在热的酸性溶液中发生分解，变成 Mn^{2+} 和 O_2。

④ 开始加入的几滴 $KMnO_4$ 溶液褪色较慢，随着滴定产物 Mn^{2+} 的生成，反应速率逐渐加快。因此，常在滴定前加入几滴 $MnSO_4$ 作为催化剂。

⑤ $KMnO_4$ 自身可作为滴定时的指示剂，但使用浓度低至 0.002 mol·L^{-1} $KMnO_4$ 溶

液作为滴定剂时，应加入二苯胺磺酸钠或 1,10-邻二氮菲-Fe(Ⅱ) 等指示剂来确定终点。

⑥ 滴定时，溶液中出现的粉红色如在 0.5～1 min 内不褪色，即已达到滴定终点。这是因为空气中的还原性气体和灰尘都能使 MnO_4^- 还原，使溶液的粉红色逐渐消失。

2.5.3.2　重铬酸钾法

$K_2Cr_2O_7$ 是一种常用的氧化剂，在酸性溶液中具有很强的氧化性，其半反应和标准电极电位为

$$Cr_2O_7^{2-}+14H^++6e^-\rightleftharpoons 2Cr^{3+}+7H_2O \quad E^{\ominus}=1.33\ V$$

与高锰酸钾法相比，重铬酸钾法有如下特点：

① $K_2Cr_2O_7$ 固体试剂易提纯且稳定，可以作为基准物质直接配制标准溶液。

② $K_2Cr_2O_7$ 标准溶液非常稳定，可以长期保存和使用。

③ 在 1 $mol\cdot L^{-1}$ HCl 溶液中，$K_2Cr_2O_7$ 的 $E^{\ominus\prime}=1.00$ V，而 Cl_2/Cl^- 的 $E^{\ominus\prime}=1.33$ V，故在通常情况下 $K_2Cr_2O_7$ 不与 Cl^- 反应。特别是 $K_2Cr_2O_7$ 与 Fe^{2+} 的反应不会诱导 $K_2Cr_2O_7$ 与 Cl^- 的反应，因此可在 HCl 溶液中用 $K_2Cr_2O_7$ 滴定 Fe^{2+}。

④ 虽然 $K_2Cr_2O_7$ 溶液本身显橙色，但一方面此颜色不鲜明，作为指示剂的灵敏度较差；另一方面其还原产物 Cr^{3+} 常呈绿色，对橙色有掩盖作用，所以 $K_2Cr_2O_7$ 不能作为自身指示剂指示终点，通常采用二苯胺磺酸钠作为指示剂。

重铬酸钾法的滴定方式也是分直接滴定、返滴定、间接滴定三种。直接滴定法一般测定的是还原性物质，如 Fe^{2+}、一些有机物等。$K_2Cr_2O_7$ 与 Fe^{2+} 反应的反应方程式：

$$Cr_2O_7^{2-}+6Fe^{2+}+14H^+\rightleftharpoons 2Cr^{3+}+6Fe^{3+}+7H_2O$$

在这个滴定反应实际进行的过程中，需要注意一般加入的是 H_2SO_4 和 H_3PO_4 的混合酸，主要目的有三个：①是控制溶液在一个强酸性范围内；②加入其中的 PO_4^{3-}，会与 Fe^{3+} 发生配位反应，从而降低了 Fe^{3+}/Fe^{2+} 的条件电极电位，使得实际滴定中，两个电对的条件电极电位差更大，滴定突跃范围增大；③消除三价铁离子的颜色干扰。

返滴定法常用于测定水体中的还原性物质，如确定水体中有机物的污染指数 *COD* 值。*COD* 是指用一定的强氧化剂处理水样时，水样中还原性物质（主要是有机物）消耗的氧化剂用量，通常换算为以氧气的质量浓度 $mg\cdot L^{-1}$ 表示。通常是在酸性介质中以重铬酸钾或高锰酸钾为氧化剂，测定化学需氧量的方法分别记作 COD_{Cr} 或 COD_{Mn}，目前应用最为广泛的是以重铬酸钾为氧化剂的测定方法（见 HJ 828—2017）。分析步骤如下：于水样中加入 $HgSO_4$ 消除 Cl^- 的干扰，加入过量 $K_2Cr_2O_7$ 标准溶液，在强酸介质中，以 Ag_2SO_4 作为催化剂，回流加热，待氧化作用完全后，以 1,10-邻二氮菲－亚铁为指示剂，用 Fe^{2+} 标准溶液滴定过量的 $K_2Cr_2O_7$。该过程涉及的化学计量关系为 $6Fe^{2+}\sim Cr_2O_7^{2-}\sim 4/6\ O_2$，计算公式如下：

$$COD_{Cr}=\frac{\left(c_{Cr_2O_7^{2-}}V_{Cr_2O_7^{2-}}-\frac{1}{6}c_{Fe^{2+}}V_{Fe^{2+}}\right)\times\frac{3}{2}\times 32.00\times 1000}{V_{水样}}$$

间接滴定法可测定一些氧化性的物质，如异辛酸亚锡中的离子 Sn^{2+}。

【例 2-9】钢样中铬的测定

将 1.000 g 钢样中的铬氧化成 $K_2Cr_2O_7$，加入 25.00 mL 0.1000 $mol\cdot L^{-1}$ $FeSO_4$ 标准

溶液，然后用 0.0180 mol·L^{-1} $KMnO_4$ 标准溶液 7.00 mL 回滴剩余的 $FeSO_4$ 溶液。计算钢样中铬的质量分数。

解：有关反应为

$$Cr_2O_7^{2-}+6Fe^{2+}+14H^+ \rightleftharpoons 2Cr^{3+}+6Fe^{3+}+7H_2O$$

$$5Fe^{2+}+MnO_4^-+8H^+ \rightleftharpoons 5Fe^{3+}+Mn^{2+}+4H_2O$$

故：$2Cr \sim Cr_2O_7^{2-} \sim 6Fe^{2+} \quad MnO_4^{2-} \sim 5Fe^{2+}$

$$w_{Cr}=\frac{\frac{1}{3}(n_{Fe^{2+}}-5n_{MnO_4^-})M_{Cr}}{m_{样}}\times 100\%$$

$$=\frac{\frac{1}{3}(0.1000\times 25.00-5\times 0.0180\times 7.00)\times 10^{-3}\times 52.00}{1.000}\times 100\%=3.24\%$$

【例 2-10】化学需氧量（*COD*）的测定

今取废水样 100.0 mL，用 H_2SO_4 酸化后，加入 25.00 mL 0.01667 mol·L^{-1} $K_2Cr_2O_7$ 溶液，以 Ag_2SO_4 为催化剂，煮沸一定时间，待水样中还原性物质完全氧化后，以邻二氮菲-亚铁为指示剂，用 0.1000 mol·L^{-1} $FeSO_4$ 溶液滴定剩余的 $Cr_2O_7^{2-}$ 用去 15.00 mL。计算废水样的化学需氧量，以 mg·L^{-1} 表示。

解：有关反应为 $2Cr_2O_7^{2-}+3C+16H^+ \rightleftharpoons 4Cr^{3+}+3CO_2+8H_2O$

$$Cr_2O_7^{2-}+6Fe^{2+}+14H^+ \rightleftharpoons 2Cr^{3+}+6Fe^{2+}+7H_2O$$

故： $3C \sim 2Cr_2O_7^{2-} \quad 6Fe \sim Cr_2O_7^{2-}$

因此 $$COD=\frac{(n_{总K_2Cr_2O_7}-n_{剩K_2Cr_2O_7})\times\frac{3}{2}\times M_{O_2}}{V_{样}}$$

$$=\frac{\left(0.01667\times 25.00\times 10^{-3}-\frac{1}{6}\times 0.1000\times 15.00\times 10^{-3}\right)\times\frac{3}{2}\times 32\times 10^3}{\frac{100}{1000}}$$

$$=80.04(mg\cdot L^{-1})$$

2.5.3.3 直/间接碘量法

(1) 碘量法基本原理

碘量法是以 I_2 的氧化性和 I^- 的还原性为基础的氧化还原滴定法，它们所依据的是同一个半反应：

$$I_2+e^- \rightleftharpoons 2I^- \qquad E^{\ominus}=0.54\ V$$

可见，I_2 是一种较弱的氧化剂，而 I^- 是一种中等强度的还原剂。据此，碘量法分为直接碘量法和间接碘量法，可分别用于还原性物质和氧化性物质的测定。I_2/I^- 电对的可逆性好，副反应少，其电位在很大的 pH 值范围内（pH<9）不受酸度和其他配位剂的影响。碘量法采用淀粉为指示剂，其灵敏度较高。由于这些优点，该方法应用十分广泛。

碘量法的主要误差来源，一是 I_2 易挥发，二是 I^- 易被空气中的氧所氧化。**为防止 I_2 挥**

发，可采取以下三个措施：①加入过量的 KI 使之与 I_2 形成溶解度较大的 I_3^-，此外，过量的 I^- 还可提高淀粉指示剂的灵敏度；②避免加热，使反应在室温下进行，因为温度升高也会使淀粉指示剂的灵敏度降低；③析出碘的反应最好在带塞的碘瓶中进行，滴定时勿剧烈摇动。**为防止 I^- 被空气中的氧氧化，应采取以下措施：**①最好在暗处进行反应，滴定时亦应避免阳光直射；②酸度增高亦能加速 I^- 的氧化，如果预处理的反应需在较高的酸度下进行，则在滴定前应稀释溶液以降低酸度；③在间接碘量法中，当析出 I_2 的反应完成后，应立即用 $Na_2S_2O_3$ 溶液滴定，滴定速度也应适当加快。

(2) 直接碘量法

直接碘量法是用 I_2 溶液作为滴定剂的方法，故又称碘滴定法。由于 I_2 是一种较弱的氧化剂，故只可用于滴定较强的还原剂，如 S^{2-}、SO_3^{2-}、$S_2O_3^{2-}$、Sn(Ⅱ) 和维生素 C 等。

直接碘量法需在弱酸性或中性条件下进行。由于能被 I_2 氧化的物质不多，故直接碘量法的应用较为有限。且通常使用的市售 I_2 固体试剂纯度不高，无法作为基准物质，故 I_2 标准溶液需采用标定法进行配制。最常用的标定方法是采用 $Na_2S_2O_3$ 标准溶液，有关的反应和条件将在间接碘量法中进行讨论。

(3) 间接碘量法

I^- 是还原剂，但却不能用来直接滴定氧化性物质。这主要是因为有关的化学反应往往速率较慢，同时也缺少合适的指示剂。间接碘量法是将待测的氧化性物质与过量的 I^- 发生反应，生成与该氧化性物质等当量相当的 I_2，再用 $Na_2S_2O_3$ 标准溶液滴定所析出的 I_2，从而求出氧化性物质的含量。滴定反应为

$$I_2 + 2S_2O_3^{2-} \rightleftharpoons S_4O_6^{2-} + 2I^-$$

由于 I^- 是一种中等强度的还原剂，所以本法可用于测定很多种氧化性物质，如 ClO_3^-、ClO^-、$Cr_2O_7^{2-}$、CrO_4^{2-}、IO_3^-、BrO_3^-、MnO_4^-、MnO_2、NO_2^-、Cu^{2+} 和 H_2O_2 等，还可以用于许多有机物含量的测定。这里之所以不能用 $Na_2S_2O_3$ 直接滴定这些氧化性物质，主要是因为这些物质的氧化能力较强，可将部分 $S_2O_3^{2-}$ 氧化为 SO_4^{2-}，反应无法按照确定的反应方程式进行。由于 $Na_2S_2O_3$ 在常用的还原剂中相对比较稳定，而它与 I_2 的反应又能够严格按照上述反应式进行，因而间接碘量法的应用范围相当广泛。

应注意的是，虽然在直接碘量法中淀粉指示剂可以在滴定开始时就加入，但在间接碘量法中淀粉却只能在临近终点，即 I_2 的黄色已经接近褪去时加入。否则会有较多的 I_2 与淀粉结合，而导致终点滞后。此外，间接碘量法的滴定反应需在中性或弱酸性条件下进行。因为在碱性条件下 I_2 会发生歧化反应，同时部分 $S_2O_3^{2-}$ 将会被 I_2 氧化成为 SO_4^{2-}，影响反应的计量关系。

由于 $Na_2S_2O_3 \cdot 5H_2O$ 固体试剂中常含有杂质，且易风化和潮解，因此，$Na_2S_2O_3$ 标准溶液需采用标定法配制。通常采用 $K_2Cr_2O_7$ 作为基准物质，以淀粉为指示剂，用间接碘量法标定 $Na_2S_2O_3$ 溶液。因为 $K_2Cr_2O_7$ 与 $Na_2S_2O_3$ 的反应产物有多种，故不能用 $K_2Cr_2O_7$ 直接滴定 $Na_2S_2O_3$，而应加入过量的 KI 与 $K_2Cr_2O_7$ 反应，析出与 $K_2Cr_2O_7$ 计量相当的 I_2 后，再用 $Na_2S_2O_3$ 溶液滴定 I_2。反应方程式如下：

$$Cr_2O_7^{2-} + 6I^- + 14H^+ \rightleftharpoons 2Cr^{3+} + 3I_2 + 7H_2O$$

$$I_2 + 2S_2O_3^{2-} \rightleftharpoons S_4O_6^{2-} + 2I^-$$

【例 2-11】间接碘量法测铜矿中 Cu_2O 含量

称取铜矿试样 0.6120 g，用酸溶解后，控制溶液的 pH 值为 3.0～4.0，用 21.50 mL $Na_2S_2O_3$ 溶液滴定至终点。取 20.00 mL 上述 $Na_2S_2O_3$ 溶液，用 0.1025 mg · L^{-1} $KBrO_3$ 进行标定，消耗 $KBrO_3$ 6.50 mL。计算 $Na_2S_2O_3$ 溶液的准确浓度及试样中 Cu_2O 的质量分数。(M_{Cu_2O}=143.09 g · mol^{-1})

解：此过程涉及的化学反应方程如下

$$2Cu^{2+} + 2S_2O_3^{2-} \rightleftharpoons 2Cu^+ + S_4O_6^{2-}$$

$$BrO_3^- + 6I^- + 6H^+ \rightleftharpoons 3I_2 + 3H_2O + Br^-$$

$$I_2 + 2S_2O_3^{2-} \rightleftharpoons S_4O_6^{2-} + 2I^-$$

化学计量关系为：$6Na_2S_2O_3 \sim KBrO_3 \sim 3I_2$

$$c_{Na_2S_2O_3} = \frac{0.1025 \times 0.00650 \times 6}{0.02000} = 0.1999(mol \cdot L^{-1})$$

化学计量关系为：$Cu_2O \sim 2Cu^{2+} \sim 2Na_2S_2O_3 \sim I_2$

$$w_{Cu_2O} = \frac{\frac{1}{2} \times 0.1999 \times 0.02150 \times 143.1}{0.6120} \times 100\% = 50.24\%$$

拓展案例 B2-6 重铬酸钾法测定铁矿石中全铁含量（GB/T 6730.5—2022）

铁矿石是钢铁生产的主要原料，是关系到建筑、汽车、机械和许多其他行业发展的一种关键原材料。其中全铁含量是衡量铁矿石质量的关键指标。国家标准（GB/T 6730.5—2022）中，铁矿石中全铁的含量主要通过 $SnCl_2$-$TiCl_3$ 将铁还原为 Fe^{2+}，随后以重铬酸钾进行滴定。具体测定流程如图 B2-6，过程简述如下：

样品溶解：准确称取 2.0000 g 粒度小于 100 μm 的铁矿样，加少量水润湿后，加入 30 mL 浓 HCl 溶液和适量蒸馏水，盖上表面皿，缓慢加热待矿样溶解。用少量水冲洗表面皿后，用温水稀释至 50 mL。滤纸过滤残渣，用温盐酸洗残渣至看不见黄色的 $FeCl_3$。然后用温水洗 6～8 次，将滤液和洗液收集于烧杯中。加入 5 滴 $KMnO_4$ 溶液，在沸点以下加热溶液以氧化有机物和砷，同时浓缩溶液至 150 mL 左右。

铁还原：趁热滴加 $SnCl_2$ 溶液还原 Fe^{3+}，至溶液变为淡黄色。用少量热水清洗烧杯内壁，加入 15 滴 Na_2WO_4 溶液作为指示剂，然后滴加 $TiCl_3$ 溶液滴定至溶液变为蓝色（产生钨兰），表示剩余的 Fe^{3+} 已被还原为 Fe^{2+}，且过量的一滴 $TiCl_3$ 将 W^{6+} 还原为 W^{5+}。冷却溶液后，再逐滴滴加 0.25 g · L^{-1} $K_2Cr_2O_7$ 溶液以氧化过量的 $TiCl_3$，直至溶液呈稳定的无色。

铁测定：向上述溶液中加入 30 mL H_2SO_4-H_3PO_4 混合酸，再加 5 滴二苯胺磺酸钠，迅速用 0.1667 mg · L^{-1} $K_2Cr_2O_7$ 标准溶液滴定至溶液呈紫色，记录消耗的 $K_2Cr_2O_7$ 标准溶液体积。平行三组，消耗的 $K_2Cr_2O_7$ 标准溶液体积分别为 20.73 mL、20.69 mL 和 20.71 mL。

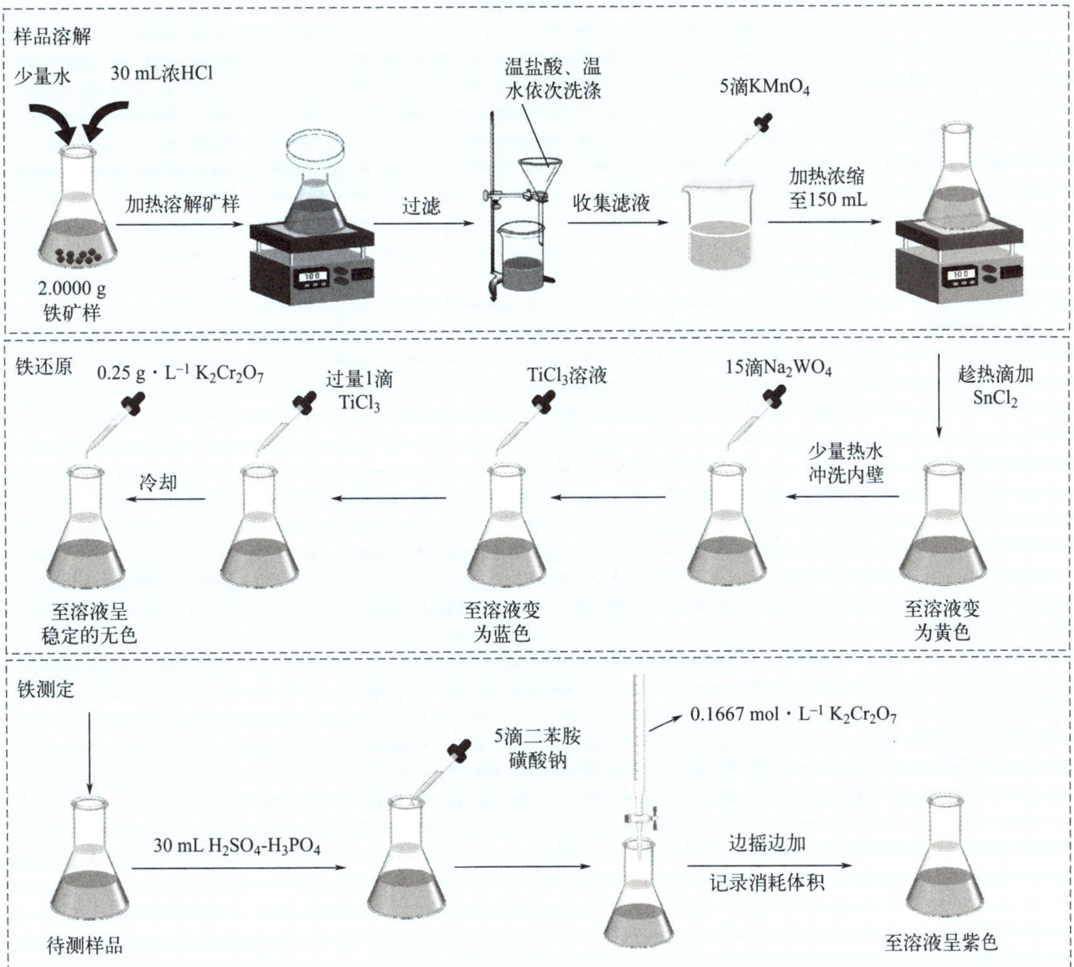

图 B2-6　重铬酸钾法测定铁矿石中全铁含量的实验流程

试问：

(1) 请写出 $SnCl_2$ 和 $TiCl_3$ 还原 Fe^{3+} 涉及的反应方程式。

(2) 为何不能直接用 $SnCl_2$ 或 $TiCl_3$ 还原 Fe^{3+}，而要先后加入 $SnCl_2$ 和 $TiCl_3$？

(3) Na_2WO_4 作为 $TiCl_3$ 溶液还原 Fe^{3+} 过程中的指示剂，具体原理是什么？

(4) 计算该铁矿石中铁的含量（$M_{Fe}=55.845\ g \cdot mol^{-1}$）。

答：(1) $SnCl_2$ 还原 Fe^{3+} 的反应方程式为：

$$2Fe^{3+}+Sn^{2+} \rightleftharpoons 2Fe^{2+}+Sn^{4+}$$

$TiCl_3$ 还原 Fe^{3+} 的反应方程式为：

$$Fe^{3+}+Ti^{3+} \rightleftharpoons Fe^{2+}+Ti^{4+}$$

(2) 定量还原 Fe^{3+} 时，不能单独用 $SnCl_2$。因 $SnCl_2$ 不能还原 W^{6+} 至 W^{5+}，无法指示预还原的终点，且过量的 $SnCl_2$ 没有适当的方法消除。不能单独用 $TiCl_3$ 还原 Fe^{3+}，因在溶液中引入较多的钛盐后，用水稀释时，大量 Ti^{4+} 易水解生成沉淀，影响测定，故

只能采用 $SnCl_2$-$TiCl_3$ 联合还原法。

(3) $TiCl_3$ 溶液还原 Fe^{3+} 的过程中，Na_2WO_4 可以指示终点，主要原理如下：

滴定中：

$$Fe^{3+} + Ti^{3+} \rightleftharpoons Fe^{2+} + Ti^{4+}$$

滴定终点时，过量的 $TiCl_3$ 与 Na_2WO_4 发生反应，生成蓝色的钨兰，表明 Fe^{3+} 完全还原。

$$Ti^{3+} + WO_4^{2-} \longrightarrow WO_{2.9}(\text{钨兰}) + TiO^{2+}$$

(4) 三次测定消耗的 $K_2Cr_2O_7$ 标准溶液体积的平均值为：

$$(20.73+20.69+20.71)/3=20.71(\text{mL})$$

根据 $Cr_2O_7^{2-} + 6Fe^{2+} + 14H^+ \rightleftharpoons 2Cr^{3+} + 6Fe^{3+} + 7H_2O$

化学计量关系为：

$$6Fe \sim 6Fe^{2+} \sim Cr_2O_7^{2-}$$

则该铁矿石中全铁的含量 w_{Fe} 计算如下：

$$w_{Fe}=\frac{6c_{K_2Cr_2O_7}V_{K_2Cr_2O_7}M_{Fe}}{m_s}\times 100\%=\frac{6\times 0.1667\times 0.02071\times 55.845}{2.0000}\times 100\%=57.84\%$$

拓展案例 B2-7　高锰酸钾法测定食品中亚硝酸盐的含量

(范美霞，几种腌（腊）制食品中亚硝酸盐含量的检测．肉类工业，2014，10：33-36)

亚硝酸钠在肉制品和肉类罐头加工上被广泛使用，国家卫生标准对亚硝酸钠添加量有严格要求。范美霞等在《肉类工业》，2014，10：33-36 论文中采用高锰酸钾法对梅菜、酸白菜和皮蛋中的亚硝酸盐含量进行了分析（见图 B2-7），步骤如下：

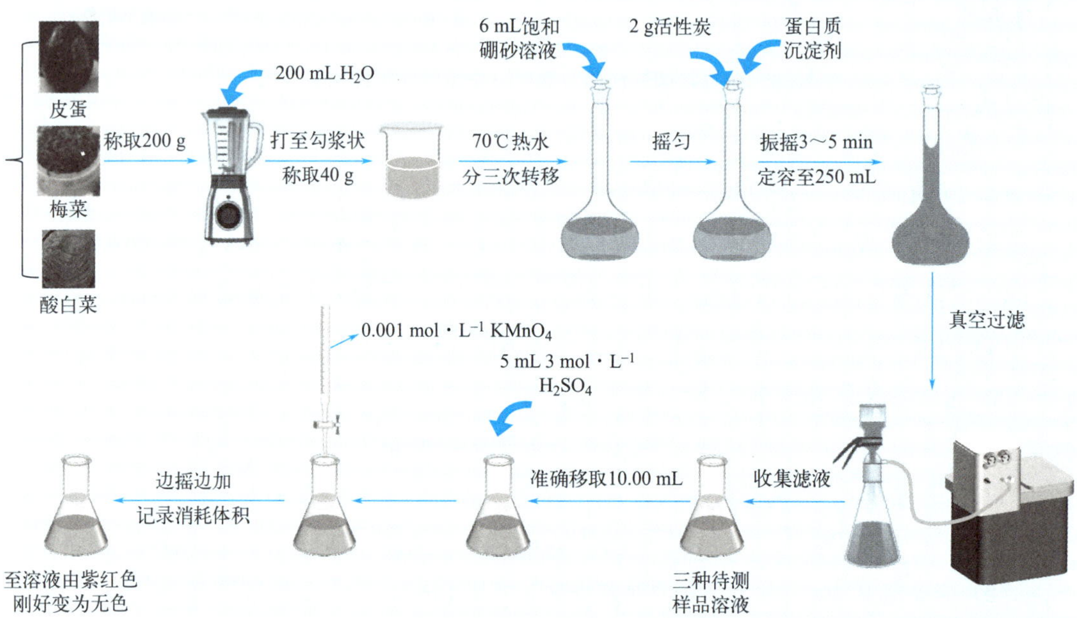

图 B2-7　高锰酸钾法测定食品中亚硝酸盐含量的实验流程

样品预处理：首先将试样切成小块，混匀后称取 200 g 试样置于榨汁机内，然后加 200 mL 水，将其打成匀浆状，称取浆 40 g，用一定量热水分 3 次将其全部转移到 250 mL 的容量瓶内，加入饱和硼砂溶液 6 mL，摇匀。接着加入 2 g 活性炭摇匀，再加入蛋白质沉淀剂 {$ZnSO_4$ 溶液和 $K_4[Fe(CN)_6]$溶液}，振摇 3～5 min，加水稀释至刻度，摇匀后用真空泵过滤，滤液即三种样品的待测溶液。

样品测定：分别取处理好的梅菜、酸白菜和皮蛋的滤液 10.00 mL，加 5.00 mL 3 mg · L^{-1} 的硫酸，用 0.001 mg · L^{-1} 的 $KMnO_4$ 标准溶液滴定，记录消耗的 $KMnO_4$ 溶液的体积，算出亚硝酸盐的含量。

试问：(1) 请写出该滴定过程的化学反应方程式。

(2) 在样品预处理中加入饱和硼砂溶液的目的是什么？

(3) 不同样品消耗的 $KMnO_4$ 标准溶液体积见表 B2-3，分别计算梅菜、酸白菜和皮蛋样品中亚硝酸盐的含量（以 1 kg 样品中亚硝酸钠质量（mg）表示，$M_{NaNO_2}=69.00\ g \cdot mol^{-1}$）。

表 B2-3　不同样品消耗的 $KMnO_4$ 标准溶液体积　　单位：mL

样品	$V_1(KMnO_4)$	$V_2(KMnO_4)$	$V_3(KMnO_4)$	$V_{平均}(KMnO_4)$
梅菜	10.58	10.50	10.72	10.60
酸白菜	26.25	26.45	26.38	26.36
皮蛋	45.68	45.82	45.85	45.78

答：(1) $5NO_2^- + 2MnO_4^- + 6H^+ \rightleftharpoons 5NO_3^- + 2Mn^{2+} + 3H_2O$

(2) 在样品预处理过程中加入饱和硼砂溶液主要起到三方面的作用：①硼砂可以吸收亚硝酸盐分解的 NO_2，使得溶液中亚硝酸盐的总量不会因加热分解而减少。②硼砂溶入水中，即被水解为等量的硼酸与硼酸二氢钠，溶液 pH 值约为 9.18，可起到碱性缓冲作用，碱性条件更利于锌盐沉淀蛋白质，同时亚硝酸根更易被提取到水溶液中。③在碱性条件下，亚硝基根以离子形式存在，易溶且稳定。

(3) 根据滴定反应方程，可得 $NaNO_2$ 与 $KMnO_4$ 的化学计量关系为：$5NaNO_2 \sim 2KMnO_4$，可得亚硝酸盐含量的计算公式如下：

$$w_{NaNO_2}=\frac{\frac{5}{2}c_{KMnO_4}V_{KMnO_4}M_{NaNO_2}\times 1000\times 10\times 10}{250m_s}$$

根据上式和各样品消耗 $KMnO_4$ 标准溶液体积的平均值，可得各样品中亚硝酸盐含量如下：

$$w_{NaNO_2,梅菜}=\frac{\frac{5}{2}\times 0.001\times 0.01060\times 69.00\times 1000\times 10\times 10}{250\times 0.2}=3.66(mg \cdot kg^{-1})$$

$$w_{NaNO_2,酸白菜}=\frac{\frac{5}{2}\times 0.001\times 0.02636\times 69.00\times 1000\times 10\times 10}{250\times 0.2}=9.09(mg \cdot kg^{-1})$$

$$w_{NaNO_2,皮蛋}=\frac{\frac{5}{2}\times 0.001\times 0.04578\times 69.00\times 1000\times 10\times 10}{250\times 0.2}=15.79(mg \cdot kg^{-1})$$

2.5.4 沉淀滴定结果计算示例

2.5.4.1 可溶性氯化物中氯含量的测定

测定可溶性氯化物中的氯含量，可按照用 NaCl 标定 $AgNO_3$ 溶液的方法进行。当采用莫尔法测定时，必须注意控制溶液的 pH＝6.5～10.5。如果试样中含有 PO_4^{3-}、AsO_4^{3-} 等离子时，在中性或微碱性条件下，也能和 Ag^+ 生成沉淀，干扰测定。因此，只能采用佛尔哈德法进行测定，因为在酸性条件下，这些阴离子都不会与 Ag^+ 生成沉淀，从而避免干扰。

【例 2-12】沉淀滴定计算

将 0.1159 mol·L^{-1} $AgNO_3$ 溶液 30.00 mL 加入含有氯化物试样 0.2255 g 的溶液中，然后用 3.16 mL 0.1033 mol·L^{-1} NH_4SCN 溶液滴定过量的 $AgNO_3$。计算试样中氯的质量分数。(M_{Cl}：35.453 g·mol^{-1})

解：有关的反应为

$$Ag^+ + Cl^- \rightleftharpoons AgCl\downarrow \text{（白色）}$$

$$Ag^+ + SCN^- \rightleftharpoons AgSCN\downarrow \text{（白色）}$$

$$w_{Cl} = \frac{[(cV)_{AgNO_3} - (cV)_{NH_4SCN}]\times 10^{-3}\cdot M_{Cl}}{m}\times 100\%$$

$$= \frac{(0.1159\times 30.00 - 0.1033\times 3.16)\times 10^{-3}\times 35.453}{0.2255}\times 100\% = 49.53\%$$

2.5.4.2 银合金中银含量的测定

将银合金溶于 HNO_3 中，制成溶液：

$$Ag + NO_3^- + 2H^+ \rightleftharpoons Ag^+ + NO_2\uparrow + H_2O$$

在溶解试样时，必须煮沸以除去氮的低价氧化物，因为它能与 SCN^- 作用生成红色化合物而影响终点的观察：

$$HNO_2 + SCN^- + H^+ \rightleftharpoons NOSCN\text{（红色）} + H_2O$$

试样溶解之后，加入铁铵矾指示剂，用 NH_4SCN 标准溶液滴定。反应如下：

$$Ag^+ + SCN^- \rightleftharpoons AgSCN\downarrow \text{（白色）}$$

$$Fe^{3+} + 2SCN^- \rightleftharpoons [Fe(SCN)_2]^+ \text{（红色）}$$

为了刚好滴定到化学计量点时出现 $[Fe(SCN)_2]^+$ 的红色，则必须控制 Fe^{3+} 的浓度。实验证明，保持 Fe^{3+} 的浓度为 0.015 mol·L^{-1}，可以得到满意的结果。分析结果，可由试样质量和滴定用去 NH_4SCN 标准溶液的体积，来计算银的质量分数。计算公式如下：

$$w_{Ag} = \frac{c_{NH_4SCN}V_{NH_4SCN}M_{Ag}}{m}\times 100\%$$

拓展案例 B2-8 艾氏卡混合剂测定煤中氯的含量 (GB/T 3558—2014)

煤中氯的含量对于了解煤的质量、预测其对环境的影响以及确保安全使用具有重要意义。国标 GB/T 3558—2014 中介绍了艾氏卡混合剂熔样-硫氰酸钾滴定法测定煤中氯含量的具体方法（见图 B2-8），测定步骤简述如下：

准确称取干燥煤样 1.0002 g，放入内盛 3 g 艾氏卡混合剂（两份质量的 MgO 和一份质量的无水 Na_2CO_3）的瓷坩埚中，仔细混匀，再用 2 g 艾氏卡混合剂覆盖。然后在（680±20)℃下加热 3 小时。冷却至室温后，将灼烧物转入烧杯中，过滤并用热水冲洗坩埚内壁、滤纸和残渣，直到无氯离子为止（用 1% $AgNO_3$ 溶液检验），滤液总体积为 100 mL。向滤液中加入酚酞指示剂，用浓硝酸调至红色消失，再过量 5 mL。准确加入 5.00 mL 0.0100 mol·L^{-1} NaCl 及 10.10 mL 0.0025 mol·L^{-1} $AgNO_3$ 溶液，放置 2～3 min。加入 2～5 mL 正己醇，盖上表面皿，在磁力搅拌器上快速搅拌 1 min 后，加入 1 mL $NH_4Fe(SO_4)_2$ 溶液，用 0.0100 mol·L^{-1} KSCN 溶液滴定，当溶液由乳白色变成浅橙色时，即为终点，记下消耗的 KSCN 溶液的体积为 23.56 mL。不加煤样重复上述过程，测得此过程消耗的 KSCN 溶液体积为 0.51 mL。

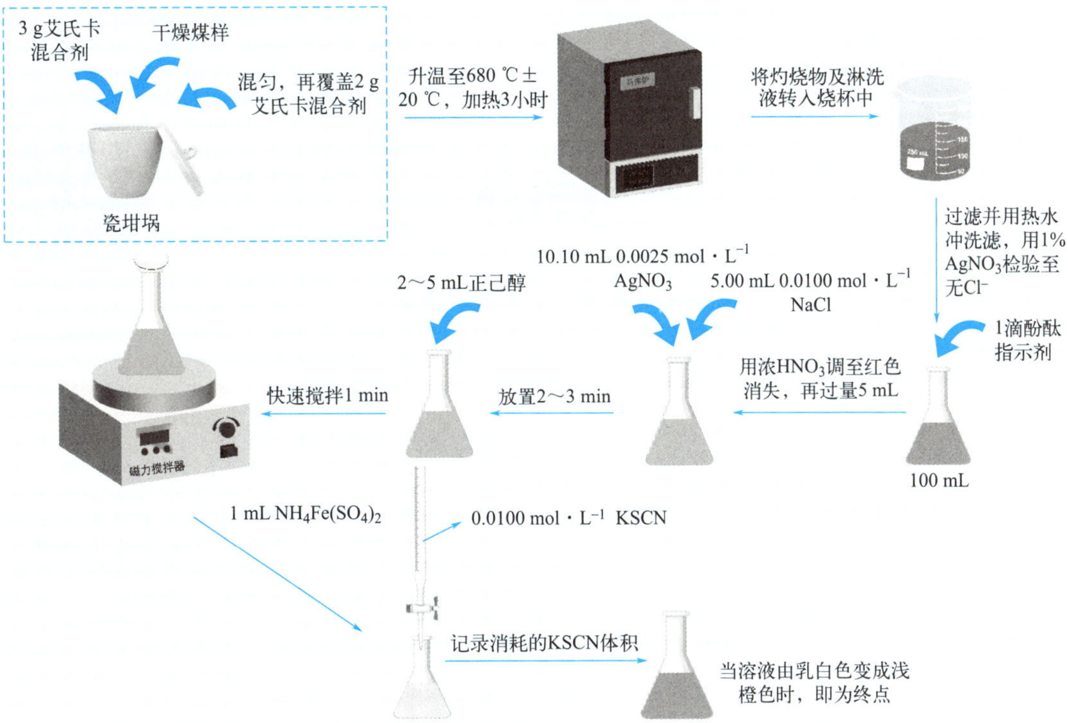

图 B2-8　艾氏卡混合剂测定煤中氯含量的实验流程

试问：

(1) 艾氏卡混合剂的主要成分为两份质量的氧化镁和一份质量的无水碳酸钠，熔样的目的是什么？

(2) 滤液中为何要加 1 滴酚酞指示剂？为什么要加入过量浓硝酸？

(3) 上述滴定过程中，溶液为何呈现乳白色和浅橙色？指示剂的终点指示反应是什么？

(4) 上述煤样中氯的含量是多少？

答：(1) 煤样中加入艾氏卡混合剂，主要是在高温下将煤中的氯完全转化为可溶性的氯化钠和氯化镁，后期加水后使煤样中氯离子完全转移至滤液中。

(2) 加入1滴酚酞指示剂是为了监控溶液的酸碱变化，并用浓硝酸调至红色消失是为了将溶液的pH调节至酸性，确保后续滴定反应能在酸性条件下进行，以消除干扰离子的影响，提高测定结果的准确性。

(3) 上述滴定过程中，溶液呈现乳白色是由于溶液中生成AgCl和AgSCN沉淀；随着KSCN的加入，溶液变为浅橙色是因为KSCN与AgCl的置换反应发生完全后，过量KSCN与Fe^{3+}反应生成$Fe(SCN)^{2+}$，使溶液呈现浅橙色。

终点指示的反应是：$Fe^{3+} + KSCN \rightleftharpoons Fe(SCN)^{2+} + K^+$

(4) 根据实验测定过程，可得出煤样中氯含量的计算公式为：

$$
\begin{aligned}
w_{Cl} &= \frac{c_{KSCN}V_{KSCN} - c_{AgNO_3}V_{AgNO_3} - c_{NaCl}V_{NaCl}}{m} \times M_{Cl} \times 100\% \\
&= \frac{0.0100 \times (0.02356 - 0.00051) - 0.0025 \times 0.01010 - 0.0100 \times 0.0050}{1.0002} \times 35.45 \times 100\% \\
&= 0.55\%
\end{aligned}
$$

习题

知识点——滴定分析概述

1. 判断题

(1) 在滴定分析中，化学计量点与滴定终点愈接近，滴定误差愈小。

(2) 当待测物质与标准溶液不能够定量反应时，可以利用返滴定法来测定。

2. 选择题

(1) 下列不会引起明显滴定分析误差的是（　　）

A. 滴定反应进行不完全　　B. 滴定终点与化学计量点不完全重合

C. 滴定时锥形瓶没有用标准溶液润洗　　D. 直接滴定时反应速率慢

(2) 将Ca^{2+}沉淀为CaC_2O_4沉淀，然后用酸溶解，再用$KMnO_4$标准溶液直接滴定生成的$H_2C_2O_4$，从而求得Ca的含量，所采用的滴定方式是（　　）

A. 沉淀滴定法　　B. 氧化还原滴定法

C. 直接滴定法　　D. 间接滴定法

3. 简答题

(1) 请结合具体实例分析可用于直接滴定分析的化学反应需满足哪些具体要求。

(2) 返滴定法适用于哪种情况下的滴定分析？间接滴定法呢？请各自举例说明。

4. 计算题

(1) 滴定0.1560 g含草酸的试样，用去0.1011 mol·L^{-1} NaOH标准溶液22.60 mL。求试样中草酸$H_2C_2O_4 \cdot 2H_2O$的质量分数。

(2) 测定不纯$CaCO_3$（其中不含干扰物质）时，称取试样0.3000 g，加入浓度为0.2500 mol·L^{-1}的HCl标准溶液25.00 mL。煮沸除去CO_2，用浓度为0.2012 mol·L^{-1}的NaOH溶液返滴定过量的HCl，消耗了5.84 mL。计算试样中$CaCO_3$的质量分数。

知识点——滴定分析中的化学平衡

1. 判断题

(1) H_2CO_3 与 CO_3^{2-} 为共轭酸碱对，可共同存在于溶液中构成缓冲溶液。

(2) 当溶液 pH=4.0 时，溶液中的 HAc 主要存在型体是 Ac^-，即超过 50% 的 HAc 解离了。已知 HAc 的 $pK_a=4.74$。

(3) EDTA 配位滴定需要在缓冲溶液中进行。

(4) EDTA 配位滴定法可以用 EDTA 标准溶液直接滴定待测溶液中的 Al^{3+}。

(5) 溶液 pH 值减小时，EDTA 的酸效应系数将减小，有利于配位滴定进行的更完全。

(6) 在重量分析中，待测物质中含的杂质与待测物的离子半径相近，在沉淀过程中往往形成混晶。

2. 选择题

(1) Na_2HPO_4 溶液的质子条件是（　　）

A. $[H^+]+[H_2PO_4^-]+2[H_3PO_4]=[PO_4^{3-}]+[OH^-]$

B. $[H^+]+[H_2PO_4^-]+[HPO_4^{2-}]=[PO_4^{3-}]+[OH^-]$

C. $[H^+]+[H_2PO_4^-]+[H_3PO_4]=[PO_4^{3-}]+[OH^-]$

D. $[H^+]+[H_2PO_4^-]+2[H_3PO_4]=[HPO_4^{2-}]+[OH^-]$

(2) 某二元弱酸 H_2A，其 $pK_{a1}=2.31$、$pK_{a2}=6.52$。当溶液的 pH=2.31 时，溶液中各型体的浓度关系正确的是（　　）

A. $[H_2A]=[HA^-]$　　B. $[H_2A]=[A^{2-}]$

C. $[HA^-]=[A^{2-}]$　　D. $[A^{2-}]=[H_2A]$

(3) EDTA 配位滴定中测定 $0.01\ mol\cdot L^{-1}$ 的金属离子 M，已知 $\lg K_{MY}=18.04$，则滴定时允许的最大酸效应系数 $\lg\alpha_{Y(H)}$ 为（　　）

A. 12.04　　B. 10.04　　C. 8.04　　D. 6.04

(4) 在含有 Fe^{3+} 和 Fe^{2+} 的溶液中，加入下述何种溶液，Fe^{3+}/Fe^{2+} 电对的电位将升高（不考虑离子强度的影响）（　　）

A. 稀 H_2SO_4　　B. HCl　　C. NH_4F　　D. 邻二氮菲

(5) 下列哪种做法不利于形成晶形沉淀（　　）

A. 沉淀在浓溶液中进行　　B. 沉淀应在不断搅拌下进行

C. 在沉淀完成后放置陈化　　D. 沉淀在热溶液中进行

3. 简答题

(1) EDTA 配位滴定法中的副反应有哪些？条件稳定常数和稳定常数的关系是什么？

(2) 试利用副反应系数讨论酸度对配位反应的影响，以及金属离子测定的最高允许酸度的来源。

(3) 什么是共沉淀现象？包括哪几类？并有针对性地提出减小各类共沉淀现象影响的方法。

4. 计算题

(1) 某一溶液由 HCl、KH_2PO_4 和 HAc 混合而成，浓度分别为 $c_{HCl}=0.10\ mol\cdot L^{-1}$，$c_{KH_2PO_4}=1.0\times10^{-3}\ mol\cdot L^{-1}$，$c_{HAc}=2.0\times10^{-6}\ mol\cdot L^{-1}$。计算该溶液的 pH 值及 $[Ac^-]$、$[PO_4^{3-}]$ 各为多少？已知：H_3PO_4 的 $pK_{a1}\sim pK_{a3}$ 分别是 2.12、7.20、

12.36，HAc 的 $pK_a=4.74$。

(2) 今有浓度为 $0.2000\ mol\cdot L^{-1}$ $CH_2ClCOOH$ 溶液，用 $0.2000\ mol\cdot L^{-1}$ NaOH 溶液滴定该溶液中的 $CH_2ClCOOH$（允许误差 1%），计算该滴定过程在化学计量点时的 pH 值。已知 $CH_2ClCOOH$ 的 $K_a=1.4\times10^{-3}$。

(3) 以 $0.2000\ mol\cdot L^{-1}$ NaOH 标准溶液滴定 20.00 mL $0.2000\ mol\cdot L^{-1}$ 邻苯二甲酸氢钾溶液，请计算该滴定过程的突跃范围，并结合滴定突跃范围选用合适的指示剂指示终点。已知：邻苯二甲酸，$pK_{a,1}=2.89$，$pK_{a,2}=5.54$。

(4) 计算 pH=5 时，EDTA 的酸效应系数 $\alpha_{Y(H)}$。同时，计算此条件下 Zn 和 EDTA 配合物的条件稳定常数是多少？

(5) 在 $0.1\ mol\cdot L^{-1}$ HCl 溶液中，用 Fe^{3+} 滴定 Sn^{2+}，其反应为

$$2Fe^{3+}+Sn^{2+}=\!=\!=2Fe^{2+}+Sn^{4+}$$

计算该氧化还原反应的平衡常数，并讨论反应进行的完全程度。已知 $E^{\ominus\prime}(Fe^{3+}/Fe^{2+})=0.68\ V$，$E^{\ominus\prime}(Sn^{4+}/Sn^{2+})=0.14\ V$。

知识点——滴定曲线

1. 判断题

(1) 用已知浓度的 NaOH 滴定相同浓度的不同弱酸时，若弱酸的 K_a 越大，滴定突跃范围越大。

(2) 配位滴定测定金属离子 M 时，溶液 pH 值增大，条件稳定常数也增大，滴定突跃范围越大。

(3) 在氧化还原滴定反应中，两个电对的条件电极电位差越大，则滴定突跃范围越大。

(4) 沉淀滴定中，一般初始物质浓度越大，生成的难溶电解质的溶度积常数越大，滴定突跃范围越大。

2. 选择题

(1) 下列溶液能用酸碱滴定法准确滴定的是（　　）

A. $0.1\ mol\cdot L^{-1}$ HF($pK_a=3.18$)

B. $0.1\ mol\cdot L^{-1}$ HCN($pK_a=9.21$)

C. $0.1\ mol\cdot L^{-1}$ NaAc[$pK_a(HAc)=4.74$]

D. $0.1\ mol\cdot L^{-1}$ NH_4Cl[$pK_b(NH_3)=4.75$]

(2) 用 $0.1\ mol\cdot L^{-1}$ HCl 滴定 $0.1\ mol\cdot L^{-1}$ NaOH 的突跃范围是 9.7～4.3，则用 $0.01\ mol\cdot L^{-1}$ HCl 滴定 $0.01\ mol\cdot L^{-1}$ NaOH 的突跃范围应是（　　）

A. 9.7～4.3　　B. 8.7～5.3　　C. 8.7～6.3　　D. 10.7～3.3

(3) 以下关于滴定曲线的说法，错误的是（　　）

A. 酸碱滴定中，影响滴定曲线形状的因素是初始酸碱浓度和解离常数

B. 滴定终点落在滴定突跃范围内的任意一点时，终点误差都小于 0.1%

C. 氧化还原滴定中，条件电极电位差越大，滴定突跃范围越大

D. 滴定分析中的化学计量点必须与滴定终点完全重合，否则会引起较大的滴定误差

3. 简答、讨论和计算题

(1) 什么是滴定突跃？在酸碱滴定、配位滴定和氧化还原滴定中，影响滴定突跃范围的因素

有哪些？滴定突跃与化学计量点有什么关系？

(2) 草酸 $H_2C_2O_4$ 的解离常数分别为 $pK_{a1}=1.23$，$pK_{a2}=4.19$。用 $0.2\ mol \cdot L^{-1}$ 的 NaOH 标准溶液对其进行滴定。试讨论：这一滴定过程有几个滴定突跃？并估算其化学计量点时溶液的 pH 值，为该滴定终点选择合适的指示剂。假设二元弱酸浓度约为 $0.1\ mol \cdot L^{-1}$。若检测对象是水杨酸呢？($pK_{a1}=2.97$，$pK_{a2}=13.40$)

(3) 某溶液中含有 Pb^{2+}、Bi^{3+} 两种金属离子，欲以 EDTA 作为滴定剂，分别测定其中 Pb^{2+} 和 Bi^{3+} 的含量 ($\lg K_{PbY}=18.04$，$\lg K_{BiY}=27.94$)。试判断：哪种离子先沉淀？通过哪种方法可实现这两种离子的分别滴定？以流程图的形式写出该连续滴定过程中各步对应的 pH 条件、所用指示剂。

知识点——滴定分析指示剂

1. 判断题

(1) 酸碱指示剂变色时的 pH 值应该在 7 附近。

(2) 用 EDTA 滴定金属离子时，金属指示剂在滴定终点时溶液显示的是游离指示剂的颜色。

(3) 在佛尔哈德法中，使用的指示剂是铁铵矾，其主要是利用 Fe^{3+} 与 SCN^- 的特征砖红色反应指示滴定终点的到达。

2. 选择题

(1) 水中主要含有 Ca^{2+}、Mg^{2+} 及少量 Fe^{3+}、Al^{3+}，今控制溶液 pH=10，加入三乙醇胺，以 EDTA 滴定，用铬黑 T 作为指示剂，则测出的是（　　）

A. Mg^{2+} 量　　B. Ca^{2+} 量

C. Ca^{2+}、Mg^{2+} 总量　　D. Fe^{3+}、Al^{3+} 总量

(2) 用 EDTA 直接滴定有色金属 M，滴定终点时所呈现的颜色是（　　）

A. 游离指示剂的颜色　　B. EDTA—M 配合物颜色

C. 指示剂—M 配合物的颜色　　D. 上述 A+B 的混合色

(3) NaOH 滴定弱酸 HA 时应选择的最适合的指示剂是下列哪种？已知 HA 的 $pK_a=4.75$。（　　）

A. 甲基橙 ($pK_{HIn}=3.4$)　　B. 酚酞 ($pK_{HIn}=9.1$)

C. 溴百里酚蓝 ($pK_{HIn}=7.3$)　　D. 百里酚蓝 ($pK_{HIn}=8.9$)

(4) 用银量法测定 $BaCl_2$ 试样中 Cl^- 含量时，选用以下哪种指示剂指示终点较为合适？（　　）

A. 铬酸钾　　B. 铁铵矾

C. 吸附指示剂　　D. 铬酸钾；铁铵矾；吸附指示剂

(5) 在 $1\ mol \cdot L^{-1}\ H_2SO_4$ 溶液中，$E^{\ominus\prime}(Ce^{4+}/Ce^{3+})=1.44\ V$；$E^{\ominus\prime}(Fe^{3+}/Fe^{2+})=0.68\ V$；以 Ce^{4+} 滴定 Fe^{2+} 时，最适宜的指示剂是（　　）

A. 二苯胺磺酸钠 ($E_{In}^{\ominus\prime}=0.84\ V$)　　B. 邻苯胺基苯甲酸 ($E_{In}^{\ominus\prime}=0.89\ V$)

C. 邻二氮菲-亚铁 ($E_{In}^{\ominus\prime}=1.06\ V$)　　D. 硝基邻二氮菲-亚铁 ($E_{In}^{\ominus\prime}=1.25\ V$)

(6) 测定废水样的 *COD* 值时，用 H_2SO_4 将水样酸化后，加入过量的 $K_2Cr_2O_7$ 标准溶液使水样中的还原性物质完全氧化后，用 $FeSO_4$ 溶液滴定剩余的 $Cr_2O_7^{2-}$，从而求得废水样的 *COD* 值。请问在此过程中应该选择的指示剂是（　　）

A. 二甲酚橙　　B. 酚酞　　C. 淀粉　　D. 二苯胺磺酸钠

3. 简答题

(1) 能够作为酸碱指示剂的物质必须具备哪些条件？结合酸碱指示剂的变色原理说明。

(2) 已知某有机弱酸 HA 的解离常数 $pK_a=4.9$，其 HA 型体为黄色，A^- 型体为蓝色，试说明该有机弱酸能否用作酸碱指示剂？若可以，其可用于哪一类滴定体系中作指示剂？试举例说明。

(3) 金属指示剂为什么会有适宜的酸度范围？

(4) 分别举例说明氧化还原滴定的三种类型指示剂适用条件及终点指示原理。

知识点——滴定分析的应用

1. 判断题

(1) NaOH 标准溶液如吸收了空气中的 CO_2，当以其测定盐酸的浓度，用酚酞指示终点时，测定结果将偏高。

(2) 某碱样为 NaOH 和 Na_2CO_3 混合溶液，用 HCl 标准溶液滴定，先以酚酞作指示剂，消耗的 HCl 溶液 V_1 mL，继续以甲基红为指示剂，又消耗了 HCl 溶液 V_2 mL，V_1 与 V_2 的关系是：$V_1>V_2$。

(3) 高锰酸钾标准溶液可以用直接法配制。

(4) $KMnO_4$ 标准溶液滴定 Fe^{2+} 既能在硫酸介质中进行，又能在盐酸介质中进行。

(5) 碘量法的误差主要来源于 I_2 易挥发和 I^- 易被氧化。

(6) 直接碘量法利用的是 I_2 的氧化性，只能通过直接测定方式测定一些还原性物质。

2. 选择题

(1) 某铁矿石中含铁40%左右，用浓 HCl 溶解矿样后对其含铁量进行分析，要求测定结果的相对误差小于0.2%，请选择最合适的测定方法（　　）

A. 原子吸收分光光度法　　B. 邻二氮菲分光光度法

C. 重铬酸钾滴定法　　D. 高锰酸钾滴定法

(2) 莫尔法测定 Cl^- 含量时，要求介质的 pH 值在6.5～10范围内，若酸度过高，则（　　）

A. AgCl 沉淀不完全　　B. Ag_2CrO_4 沉淀不易形成

C. AgCl 沉淀易胶溶　　D. AgCl 吸附 Cl^- 增强

(3) 间接碘量法测定 Cu^{2+} 的含量，使用的 $Na_2S_2O_3$ 标准溶液滴定时，出现淀粉指示剂的蓝色消失后，很快又呈现蓝色，造成终点判断不准，主要是什么原因引起的？（　　）

A. CuI 沉淀吸附溶液中的 I_3^-，在滴定过程中又缓慢释放至溶液中引起的

B. 溶液中 I_2 的挥发引起

C. 溶液中 I^- 的氧化

D. 淀粉溶解性问题引起的

(4) 用凯氏定氮法测定铵盐中的含氮量，测定方法属于（　　）

A. 氧化还原滴定法　　B. 沉淀滴定法

C. 酸碱滴定法　　D. 配位滴定法

3. 简答和设计题

(1) 在下列情况下，分析结果是偏高、偏低、还是无影响？说明原因。

① 用混有少量的邻苯二甲酸的邻苯二甲酸氢钾标定 NaOH 溶液的浓度；

② 若配制 EDTA 溶液时所用的水中含有 Ca^{2+}，以 $CaCO_3$ 为基准物质标定 EDTA 溶

液，用所得 EDTA 标准溶液滴定试液中的 Zn^{2+}，以二甲酚橙为指示剂；

③ 用法扬斯法测定试样中的 Cl^-，用曙红作指示剂。

(2) 样品中含铁氧化物和 CuO 及其他非金属杂质，参考金属指示剂表，设计用 EDTA 标准溶液测定样品中铁含量和 Cu 含量的分析检测方案。请写明样品处理过程、测定 pH 条件、所用指示剂以及以 Fe_2O_3 和 CuO 质量分数表示的含量计算公式。已知 $\lg K_{FeY}=25.1$、$\lg K_{CuY}=18.8$。

4. 计算题

(1) 称取混合碱试样 0.9476 g，加酚酞指示剂，用 0.2785 mol·L^{-1} HCl 标准溶液滴定至终点，耗去酸溶液 34.12 mL，再加甲基橙指示剂，滴定至终点，又耗去酸 23.66 mL。求试样中各组分的质量分数。

(2) 有一纯的（100%）未知有机酸 400 mg，用 0.09996 mol·L^{-1} NaOH 标准溶液滴定，滴定曲线表明该酸为一元酸，加入 32.80 mL NaOH 溶液时到达终点。当加入 16.40 mL NaOH 标准溶液时，pH 值为 4.20。根据上述数据求：①有机酸的 pK_a；②有机酸的分子量；③如果有机酸只含 C、H、O，写出符合逻辑的化学式。（本题中 $M_C=12$ g·mol^{-1}，$M_H=1$ g·mol^{-1}，$M_O=16$ g·mol^{-1}）

(3) 称取水泥熟料的试样 0.7538 g，溶解后定容至 500 mL。取其中 50.00 mL，调溶液 pH=1.5，以磺基水杨酸作指示剂，用 0.02008 mol·L^{-1} EDTA 标准溶液滴定至红色消失并呈亮黄色，消耗 EDTA 2.20 mL。然后加入 EDTA 标准溶液 25.00 mL，调 pH=4.3，加热煮沸，以 PAN 作指示剂，趁热用 0.02112 mol·L^{-1} 硫酸铜标准溶液返滴定，消耗硫酸铜标准溶液 6.16 mL。试计算试样中 Fe_2O_3 和 Al_2O_3 的含量。（已知 $M_{Fe_2O_3}=159.7$ g·mol^{-1}，$M_{Al_2O_3}=102.0$ g·mol^{-1}）

(4) 含铜、锌、镁的合金试样 0.5000 g，试样溶解后定容至 100 mL 容量瓶中，吸取 25.00 mL 该溶液并调至 pH=6，以 PAN 作指示剂，用 0.05000 mol·L^{-1} EDTA 标准溶液滴定至紫红色变黄色，记录 EDTA 溶液的消耗量为 37.30 mL。另取 25.00 mL 试液，调至 pH=10，加 KCN 掩蔽剂，用 EDTA 标准溶液滴定至终点时消耗 EDTA 体积为 4.10 mL；然后滴加甲醛（解蔽被掩蔽的锌离子），继续滴定至终点时消耗 EDTA 体积 13.40 mL，计算试样中铜、锌、镁的含量。（已知 $M_{Mg}=24.30$ g·mol^{-1}，$M_{Cu}=63.55$ g·mol^{-1}，$M_{Zn}=65.41$ g·mol^{-1}）

(5) 现有硅酸盐试样 1.000g，用重量法测定其中铁及铝时，得到 $Fe_2O_3+Al_2O_3$ 沉淀共重 0.5000 g。将沉淀溶于酸并将 Fe^{3+} 还原成 Fe^{2+} 后，用 0.03500 mol·L^{-1} $K_2Cr_2O_7$ 溶液滴定至终点时用去 25.00 mL。试样中 FeO 及 Al_2O_3 的质量分数各为多少？（$M_{FeO}=71.84$ g·mol^{-1}，$M_{Al_2O_3}=101.96$ g·mol^{-1}）

(6) 称取铜矿试样 0.6120 g，用酸溶解后，控制溶液的 pH 值为 3.0～4.0，用 21.50 mL $Na_2S_2O_3$ 溶液滴定至终点。取 20.00 mL 上述 $Na_2S_2O_3$ 溶液，用 0.1025 mol·L^{-1} $KBrO_3$ 标准溶液进行标定，消耗 $KBrO_3$ 标准溶液 10.50 mL。计算 $Na_2S_2O_3$ 溶液的准确浓度及试样中 Cu_2O 的质量分数。（$M_{Cu_2O}=143.1$ g·mol^{-1}）

(7) 称取纯铁丝 0.1658 g，加稀 H_2SO_4 溶解后并处理成 Fe^{2+}，用 $KMnO_4$ 标准溶液滴定至终点，消耗的体积为 27.05 mL。称取 0.2495 g 含草酸试样，用上述 $KMnO_4$ 标准溶液滴定至终点，消耗的体积为 24.35 mL，计算 $H_2C_2O_4 \cdot 2H_2O$ 的质量分数。（已知：$M_{Fe}=55.85\ g \cdot mol^{-1}$，$M_{H_2C_2O_4 \cdot H_2O}=126.0\ g \cdot mol^{-1}$）

(8) 取污水水样 100.0 mL，用 H_2SO_4 酸化后，加入 25.00 mL 0.01667 mol · L^{-1} $K_2Cr_2O_7$ 溶液，以 Ag_2SO_4 为催化剂，煮沸一定时间，待水样中还原性物质被完全氧化后，以邻二氮菲-亚铁为指示剂，用 0.1000 mol · L^{-1} 的 $FeSO_4$ 标准溶液滴定剩余的 $Cr_2O_7^{2-}$，用去标准溶液 15.00 mL。计算污水水样的化学需氧量（chemical oxygen demand，*COD*），以 mg · L^{-1} 表示。

提示：*COD* 值是重要的水质污染度指标，用于表示水中还原性物质（主要是有机物）的量。使用强氧化剂（如重铬酸钾或高锰酸钾）处理水样，以所消耗的氧化剂的量（换算为氧的量）来表征水体受有机物污染的程度。*COD* 值越大，说明水体受有机物污染越严重。通过测量 $K_2Cr_2O_7$ 氧化水中的还原性物质后的剩余量计算 *COD* 值时涉及的化学反应包括：

滴定反应：$Cr_2O_7^{2-}+6Fe^{2+}+14H^+ = 2Cr^{3+}+6Fe^{3+}+7H_2O$

将污水消耗 $K_2Cr_2O_7$ 的物质的量按照氧化剂得电子数的关系换算为相应的 O_2 的物质的量后，计算 *COD* 值。

$$Cr_2O_7^{2-}+14H^++6e^- = 2Cr^{3+}+7H_2O$$

$$O_2+4H^++4e^- = 2H_2O$$

相应的化学计量关系为：$K_2Cr_2O_7 \backsimeq 6e^-$；$O_2 \backsimeq 4e^-$；$2K_2Cr_2O_7 \backsimeq 12e^- \backsimeq 3O_2$

(9) 将 30.00 mL $AgNO_3$ 溶液作用于 0.1357 g NaCl，过量的银离子需用 2.50 mL NH_4SCN 滴定至终点。预先知道滴定 20.00 mL $AgNO_3$ 溶液需要 19.85 mL NH_4SCN 溶液。试计算：

①$AgNO_3$ 溶液的浓度；②NH_4SCN 溶液的浓度。已知 $M_{NaCl}=58.44\ g \cdot mol^{-1}$。

第 3 章

电化学分析法

内容提要

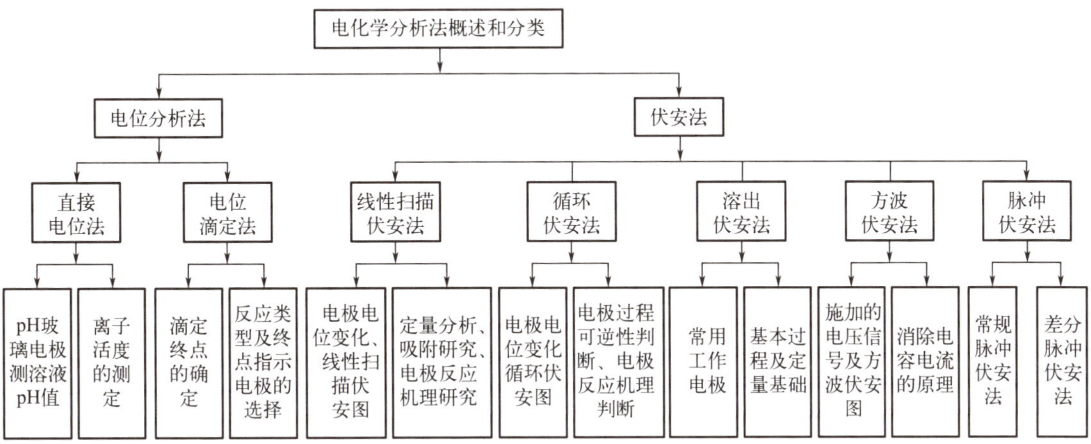

3.1 电化学分析法概述

电化学分析法（electroanalytical methods）是分析化学的一个重要组成部分，它是利用物质的电学及电化学性质测定物质组成和含量的分析方法。通常使待分析的试样溶液构成一化学电池（电解池或原电池），利用物质的组成及含量与所组成电池的某些电学量，如电导、电位、电流、电荷量等按一定的关系进行测定。根据所测定电学量的不同，电化学分析方法主要分为电导分析法、电位分析法、电解分析法、库仑分析法和伏安分析法等（见图 3-1）。本章主要讨论电位分析法和伏安分析法。

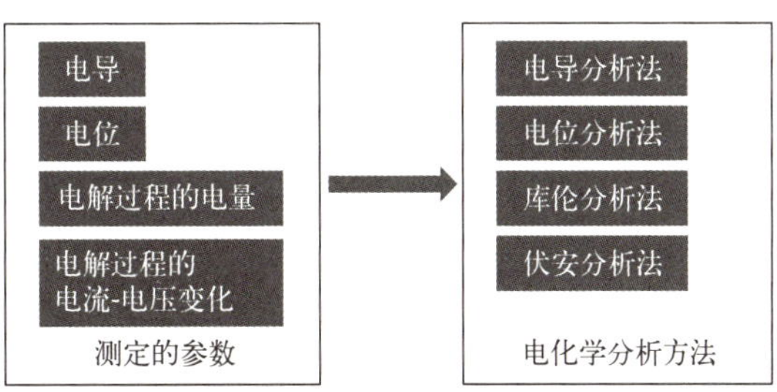

图 3-1 电化学分析法分类

电化学分析法具有许多显著的特点，主要包括：灵敏度、选择性和准确度高，分析速率快，所需试样的量较少且试样的预处理简单，所使用的仪器简单经济，适用于各种化学平衡常数的测定及化学反应机理的研究等，在科学研究和生产控制中起着重要的作用。

自 20 世纪 80 年代起，经过 50 多年的发展，电化学分析从经典的极谱分析、固体电极及固/液界面研究、电解分析、电化学滴定等，逐步发展到电极界面修饰和有序组装、电化学生物传感器、电化学免疫分析、生命电分析化学研究等领域。此外，电化学分析与其他学科，诸如光（谱）学技术、纳米技术、生物技术的交叉结合，促进了许多新方法、新技术的出现，并在生命科学、能源科学、材料科学、环境科学等领域得到广泛应用。随着电子技术的发展，自动化技术、遥控技术等在电化学分析中的应用逐渐发展起来，微电极的成功研究，为在生物体内实时监控提供了可能。

3.1.1 电化学池和电极反应过程

电化学池（electrochemical cells）简称电池，是通过电极表面的氧化还原反应实现电荷转移的装置，一般由阳极、阴极和电解质溶液组成，根据电极反应是否能够自发进行通常分为原电池和电解池（见图 3-2）。

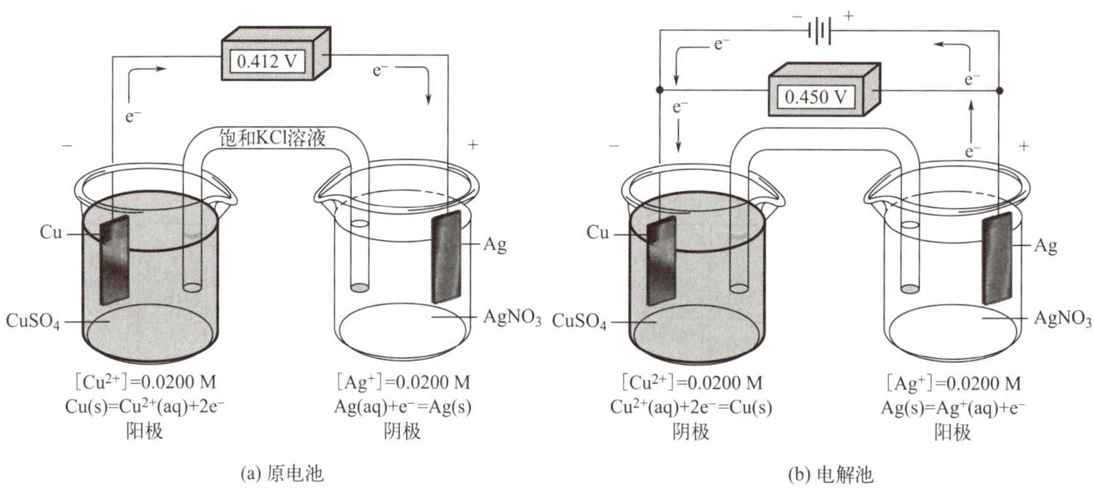

图 3-2 原电池和电解池示意图

原电池（galvanic cell，voltaic cell）是电极反应能够自发进行并产生电流，将化学能转化为电能的电化学池。理论上，每个能自发进行的氧化还原反应都可设计成原电池。原电池的阳极发生氧化反应失去电子，使阳极区带正电，吸引盐桥中的阴离子流向阳极；阴极发生还原反应，使阴极区得到电子，带负电，吸引盐桥中的阳离子流向阴极。从整体看，电子从阳极通过外电路流向阴极，所以阳极作为负极，阴极作为正极。电解质溶液中的阳离子流向阴极，阴离子流向阳极，形成闭合回路，而电流方向是从正极流向负极。

电解池（electrolytic cell）由外加电源强制发生电池反应，外部供给的电能转变为电池反应产物的化学能，如电镀、电解过程和铅酸蓄电池等。在电解过程中，与电源正极相连的电极为阳极，与电源负极相连的电极为阴极。

3.1.2 电极/溶液界面双电层和电极电位

将电极插入电解质溶液，在电极和溶液之间会有一个界面，无论是原电池还是电解池，各种电化学反应都是发生在这一极薄的界面层内。因此，要研究这些反应，首先要了解电极和溶液间界面层的结构和性质。

以金属 M 插入其盐溶液 M^{n+} 中为例，在两相界面上有两个趋势，①金属溶解：金属表面分子受极性水分子的吸引以 M^{n+} 的形式进入溶液，将电子留在金属表面；②金属离子沉积：溶液中金属离子从电极表面得电子生成 M 而沉积到金属表面。当金属溶解与金属离子沉积达到动态平衡时，金属表面带电荷，靠近金属表面的溶液带相反电荷，这样，形成一个类似于电容器的双电层结构，如图 3-3 所示。平衡时在金属与其盐溶液之间的双电层间的电位差，叫可逆电极电位，也叫平衡电极电位，简称电极电位。溶液与溶液界面之间存在的电位差则称为液体接界电位，简称液接电位，液接电位的数值很小，使用盐桥可以消除或忽略液接电位。

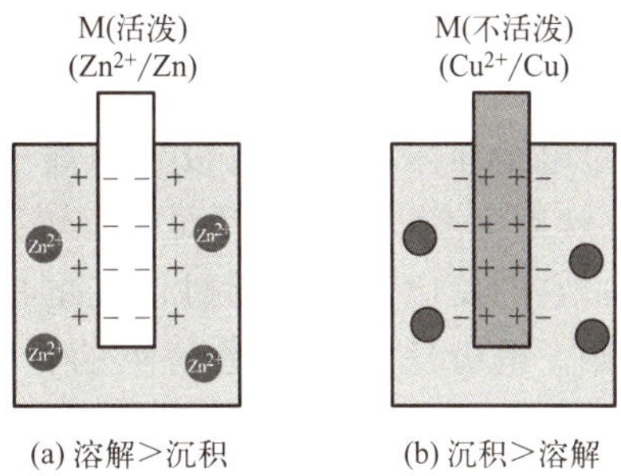

图 3-3　金属/溶液界面双电层结构示意图

双电层结构对电极反应有重要影响。双电层中两荷电层之间的距离非常小，所涉及的电位差在 0.1～1 V，因而产生的电场强度非常大。对于一个电极反应来说，电荷在相间的转移和电极反应的速率必将受到该电场强度的影响。基于此，实验中通过控制电极电位可以有效地改变电极反应的速率和方向。通过改变电极材料的物理性质和化学组成，也会改变双电层的结构和性质，从而影响电极反应。

在电化学中，能斯特方程（Nernst equation）可以用来表示电极电位与溶液中对应离子活度之间的关系：

$$E_{M^{n+}/M}=E^{\ominus}_{M^{n+}/M}+\frac{RT}{nF}\ln a_{M^{n+}} \tag{3-1}$$

式中，$E^{\ominus}$为标准电极电位；R 为摩尔气体常数，8.31441 J·(mol·K)$^{-1}$；F 为法拉第常数，96485.36 C·mol^{-1}；T 为热力学温度；n 为电极反应中传递的电子数；$a_{M^{n+}}$ 为 M^{n+} 的活度。

由上式看出，似乎只要测量单支电极的电位 $E_{M^{n+}/M}$ 就可确定 M^{n+} 的活度了。然而，实际上单支电极的电极电位是无法测量的。在电位分析中需要用一支电极电位随待测离子活度不同而变化的电极（称为指示电极，indicator electrode）与一支电极电位与被测物无关、其数值恒定的电极（称为参比电极，reference electrode）和待测溶液组成工作电池，通过测量该工作电池的电动势，才能确定工作电极的电极电位。

设电池为

$$M|M^{n+}\parallel 参比电极$$

用 E 表示电池电动势（electromotive force），忽略液接电位，则

$$E=E_{参比}-E_{M^{n+}/M}$$

所以：

$$E_{M^{n+}/M}=E_{参比}-E$$

对于一个已知的电化学反应，在某些电位区间没有电流，而在另一些电位区间产生不同程度的电流。可见，电化学反应的一个显著特点是反应能否进行与电极电位有关，因此，通过改变电极电位就能影响或改变电极反应。

3.1.3 电极过程

电极反应是异相氧化还原反应，它是通过电子导体相（即电极）和离子导体相（电解质溶液）之间的界面电荷转移来实现的，它的反应速率可通过改变电极电位来控制。电极反应并不是简单的化学反应，它不仅包括电极表面上的电荷转移反应，还包括电极表面附近溶液中的传质和一些相关的化学步骤等一系列变化，是这些性质不同的单元步骤串联组成的复杂过程。对于电极反应 $O+ne^- \rightleftharpoons R$，整个电极反应过程可由图 3-4 表示。

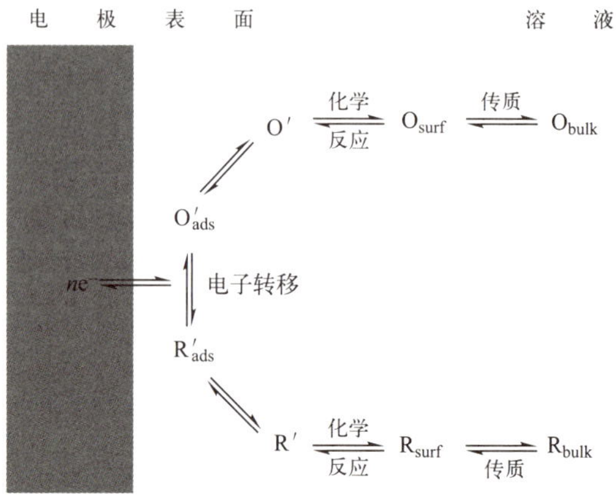

图 3-4 电极反应包括的界面和化学过程

O、R 分别代表氧化态和还原态：下角标 bulk 表示本体，surf 表示表面，ads 表示吸附态。

① 液相传质步骤：反应物通过扩散、对流和电迁移等传质方式向电极-溶液界面运动；

② 前置的表面转化步骤：反应物在界面双电层中发生一定的化学转化，生成适合于电极反应的形态，以及发生一定的吸附等，这类过程通常没有电子参与反应；

③ 电子传递步骤：反应物在电极-溶液界面发生电荷转移及电化学反应，生成反应产物；

④ 随后的表面转化步骤：反应产物在电极表面层中进行某些转化，如脱附、反应产物的复合和分解等化学转化；

⑤ 物质传递步骤：反应产物在电极表面生成新的相，例如结晶、析出气体等，或由电极表面向溶液本体运动。

这五个步骤是连续的，每一个步骤都需要活化能，整个电极的反应速率由连续步骤中最慢的步骤所控制。通常来讲，人们将电极反应区分为物质传递控制过程和电子传递控制过程。

3.1.4 电化学分析的电池系统

电池系统一般由工作电极、参比电极和辅助电极等构成。

3.1.4.1 参比电极（reference electrode）

在测量过程中电极电位几乎不发生变化的电极称为参比电极。为了方便地研究工作电极，就要使电池的另一半标准化，通常由一个组分恒定的电极构成参比电极，这样，测量时电池电动势的变化就直接反映出工作电极或指示电极的电位变化。常用的参比电极有饱和甘汞电极、银/氯化银电极等。

3.1.4.2　工作电极（working electrode）或指示电极（indicator electrode）

工作电极或指示电极是实验中要研究或考察的电极，是在电化学池中发生所期待的电化学反应，或对激励信号（如电压）能做出响应的电极。电分析中，电极上出现的电学量（如电流、电位）的改变能反映待测物浓度（或活度）的变化。一般来说，用于平衡体系或在测量过程中本体浓度不发生可察觉变化体系的电极称为指示电极（如离子选择电极）。如果有较大的电流通过电池，本体浓度发生显著改变，则相应的研究电极称为工作电极。常用的工作电极有铂电极、金电极和石墨电极等。

3.1.4.3　辅助电极（auxiliary electrode 或 counter electrode）

辅助电极又被称为对电极，它是提供电子传导的场所，与工作电极和参比电极组成三电极系统电池，并与工作电极形成电流通路。辅助电极面积一般较大，通过降低电极上的电流密度，使其在测量过程中基本上不被极化。常用的辅助电极是铂片电极。

3.1.4.4　三电极体系（three-electrodes system）与二电极体系（two-electrodes system）

三电极体系可消减工作电极和辅助电极（对电极）的电极电位在测试过程中发生变化的影响（克服溶液电阻引起的电压降）。如图 3-5(a) 所示，三电极包括工作电极（指示电极）、参比电极和辅助电极（对电极），由于测量和监控参比电极和工作电极之间电势差时有很高的输入阻抗，参比电极上几乎没有电流通过，电流在工作电极和辅助电极之间通过。因此，可以比较准确地测量相对参比电极的电位变化，对研究电极进行性能测试。其测试的是单电极的性能，而不是整个电池体系。

如果确定辅助电极的电极电位在测试过程中不发生变化或者变化可以忽略不计时，可不必使用辅助电极，即二电极体系［如图 3-5(b) 所示］，用工作电极和参比电极进行测试。

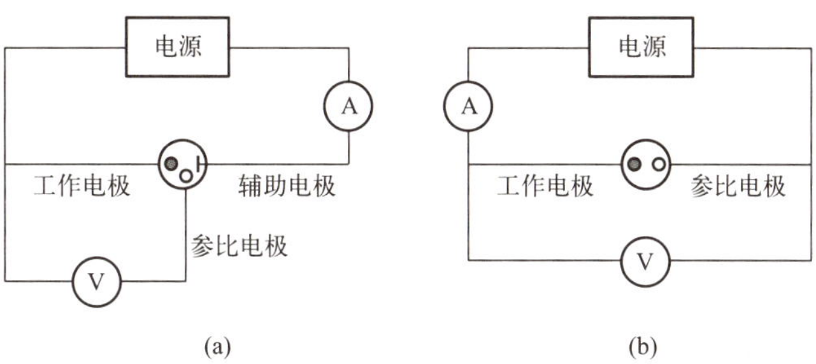

图 3-5　(a) 三电极体系示意图；(b) 二电极体系示意图

3.2　电位分析法

电位分析法是利用原电池系统中电极电位和溶液中待测物质活度（或浓度）之间的关系来测量物质活度（或浓度）的一种电化学分析方法，根据其原理可分为直接电位法和电位滴定法两大类。

直接电位法是通过测量含有待测溶液的化学电池的电动势确定指示电极的电位，然后根据 Nernst 方程，由所测得的电极电位值计算被测物质的含量的方法。

$$E=E_{参比}-E_{M^{n+}/M}=E_{参比}-E^{\ominus}_{M^{n+}/M}-\frac{RT}{nF}\ln a_{M^{n+}} \tag{3-2}$$

式中，$E_{参比}$ 和 $E^{\ominus}_{M^{n+}/M}$ 在温度一定时都是常数。只要测出电池电动势 E，就可求得 $a_{M^{n+}}$，这种方法即为直接电位法。

电位滴定法是通过测量滴定过程中电池电动势的变化来确定滴定终点，再按滴定所消耗的标准溶液的体积和浓度来计算待测物质的含量的滴定分析法。若 M^{n+} 是被滴定的离子，在滴定过程中，电极电位 $E_{M^{n+}/M}$ 将随 $a_{M^{n+}}$ 变化而变化，E 也随之不断变化。在化学计量点附近，$a_{M^{n+}}$ 将发生突变，相应的 E 也有较大的变化。通过测量 E 的变化就可以确定滴定终点，这种方法称为电位滴定法。

3.2.1 直接电位法

3-1 直接电位分析法 mp4

电位分析法中，常使用两电极（指示电极和参比电极）系统进行测量，测量体系包含两个电极、测量溶液和电位计（如图 3-6 所示）。其中指示电极响应被测物质活度，结果在电位计上读出。参比电极的电极电位值恒定，不随被测溶液中物质活度的变化而变化。

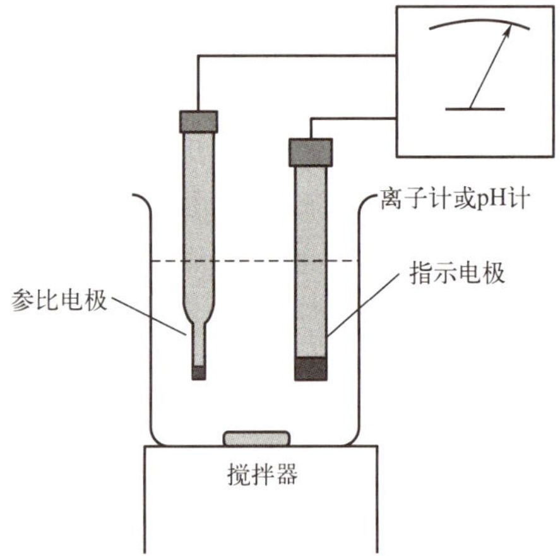

图 3-6 电位分析法测量装置示意图

3.2.1.1 参比电极

参比电极是测量电池电动势、计算电极电位的基准电极。因此要求它的电极电位已知且恒定，在测量过程中，即使有微小电流（约 10^{-8} A 或更小）通过，仍能保持不变，它与不同的测试溶液间的液体接界电位差异很小，数值很低（1～2 mV），可以忽略不计，并且容易制作，使用寿命长。表 3-1 和表 3-2 列出了常用的参比电极及其电极电位。

表 3-1 常用参比电极

参比电极种类	组成结构	电极表达式、电极反应、电极电位
一级标准：标准氢电极（standard hydrogen electrode，SHE）	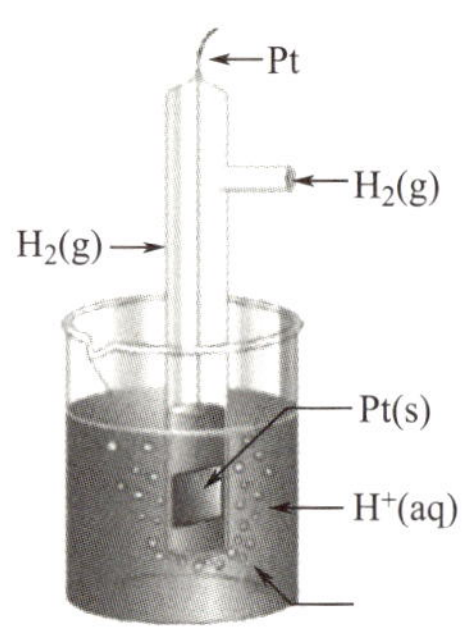	电极表达式：Pt，H_2（101.3kPa）| H^+（1mol·L^{-1}） 电极反应：$H_2 \rightleftharpoons 2H^+ + 2e^-$ 理想参比电极 规定在任何温度下，其电极电位值都为 0 V； 缺点：制作麻烦，氢气的净化、压力的控制等难以满足要求，而且铂黑容易中毒

续表

参比电极种类	组成结构	电极表达式、电极反应、电极电位
二级标准：甘汞电极 (calomel electrode，Hg_2Cl_2/Hg)	金属汞和 Hg_2Cl_2 及 KCl 溶液组成的电极 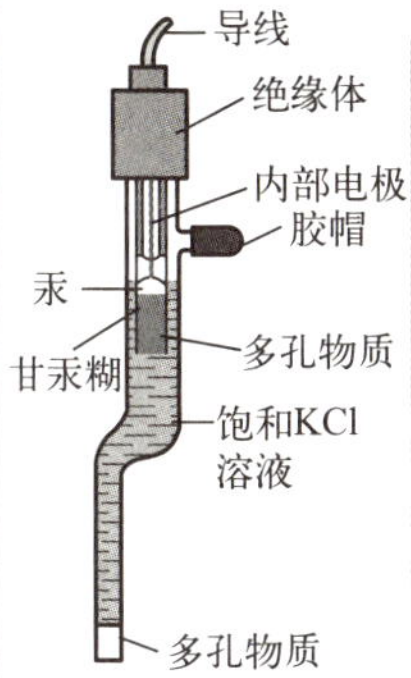 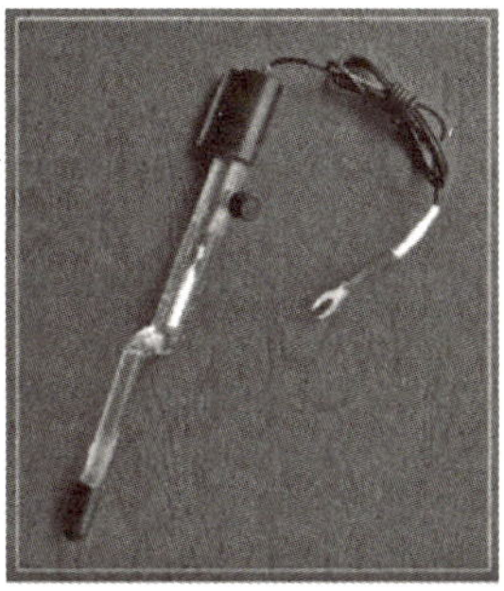	电极表达式：$Hg\|Hg_2Cl_2(s)$，KCl 电极反应：$Hg_2Cl_2+2e^- \longrightarrow 2Hg+2Cl^-$ 电极电位：$E_{(Hg_2Cl_2/Hg)} = E^{\ominus}_{(Hg_2Cl_2/Hg)} - 0.059\lg a_{Cl^-}$ 温度一定时，甘汞电极的电极电位取决于 a_{Cl^-}，当 a_{Cl^-} 一定时，其电极电位是定值
二级标准：银/氯化银电极 (silver/silver chloride electrode，Ag/AgCl)	银丝镀上一层 AgCl，浸在一定浓度的 KCl 溶液中 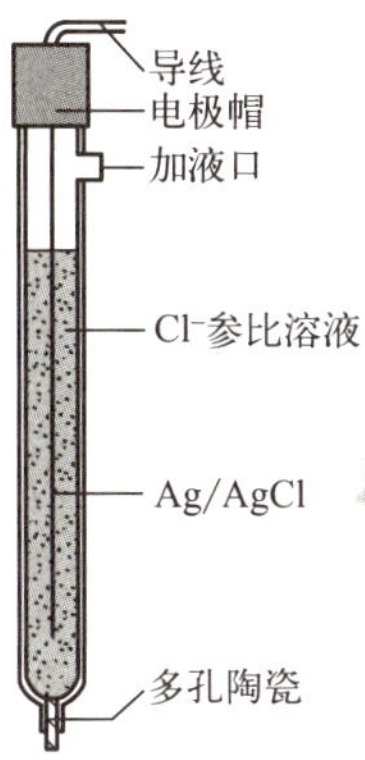 	电极表达式：Ag，AgCl(s) | KCl 电极反应：$AgCl+e^- \longrightarrow Ag+Cl^-$ 电极电位：$E_{AgCl/Ag}=E^{\ominus}_{AgCl/Ag}-0.059\lg a_{Cl^-}$ 温度一定时，Ag/AgCl 电极的电极电位取决于 a_{Cl^-}，当 a_{Cl^-} 一定时，其电极电位是定值

表 3-2　甘汞电极和银-氯化银电极的电极电位（25 ℃）

电极	KCl 浓度	电极电位(vs. SHE)/V
$0.1mol \cdot L^{-1}$ 甘汞电极	$0.1mol \cdot L^{-1}$	+0.3365
标准甘汞电极(NCE)	$1.0\ mol \cdot L^{-1}$	+0.2828
饱和甘汞电极(SCE)	饱和 KCl 溶液	+0.2438
$0.1mol \cdot L^{-1}$ Ag/AgCl 电极	$0.1mol \cdot L^{-1}$	+0.2880
标准 Ag/AgCl 电极	$1.0\ mol \cdot L^{-1}$	+0.2223
饱和 Ag/AgCl 电极	饱和 KCl 溶液	+0.2000

3.2.1.2　指示电极

电位分析中，还需要另一类性能的电极，它能快速而灵敏地对溶液中参与半反应的离子的活度或不同氧化态的离子的活度比产生能斯特响应，这类电极称为指示电极。常用的指示电极主要是金属电极、膜电极两大类。就其结构上的差异，金属电极可以分为金属-金属离子电极、金属-金属难溶盐电极、汞电极和惰性金属电极，而膜电极有玻璃膜及其他膜电极等。此外，还有修饰电极和微电极。表 3-3 列出了常用的指示电极。

表 3-3　指示电极类型

类型	电极反应、电极电位、用途	应用举例
第一类电极：金属-金属离子电极	金属电极与其金属离子溶液组成的体系 $M^{n+}+ne^{-}=M$ $\varphi=\varphi^{\ominus}_{M^{n+}/M}+\frac{0.059}{n}\lg a_{M^{n+}}$ 电极电位取决于该金属离子的活度	Ag、Cu、Zn、Cd、Pb、Hg 等金属电极
第二类电极：金属-金属难溶盐电极	金属及其难溶盐(或配离子)所组成的电极体系 如 Ag/AgCl 电极可指示 Cl^- 的活度 $AgCl+e^{-}=Ag+Cl^{-}$ $\varphi=\varphi^{\ominus}_{AgCl/Ag}-\frac{RT}{F}\ln a_{Cl^-}$ 能间接反映与该金属离子生成难溶盐(或配离子)的阴离子的活度	Ag/AgCl 电极和甘汞(Hg_2Cl_2/Hg)电极
第三类电极：金属与两种具有共同阴离子的难溶盐或难解离的配离子组成的电极体系	$C_2O_4^{2-}$ 与 Ag^+ 和 Ca^{2+} 生成的难溶盐，如果两种盐的溶液是过饱和的，游离的 Ca^{2+} 可用 Ag 电极测定 $Ag\mid Ag_2C_2O_4,CaC_2O_4,Ca^{2+}$ 由难溶盐的溶度积，可推得 $a_{Ag^+}=\left[\frac{K_{sp,Ag_2C_2O_4}}{a_{C_2O_4^{2-}}}\right]^{\frac{1}{2}}$ $a_{C_2O_4^{2-}}=\frac{K_{sp,CaC_2O_4}}{a_{Ca^{2+}}}$ $a_{Ag^+}=\left[\frac{K_{sp,Ag_2C_2O_4}}{K_{sp,CaC_2O_4}}a_{Ca^{2+}}\right]^{\frac{1}{2}}$ 代入银电极的 Nernst 方程，$\varphi=\varphi^{\ominus}_{Ag^+/Ag}+0.0592\lg a_{Ag^+}$，可得 $E=E^{\ominus}_{Ag^+/Ag}+\frac{0.059}{2}\lg\frac{K_{sp,Ag_2C_2O_4}}{K_{sp,CaC_2O_4}}+\frac{0.059}{2}\lg a_{Ca^{2+}}$ $=K+\frac{0.059}{2}\lg a_{Ca^{2+}}$	在电位滴定中，金属离子与 EDTA 滴定反应，常用 Hg/Hg-EDTA 电极(pM)来作指示电极 在滴定终点附近，[HgY]/[MY]维持不变，所以有 $E=K+\frac{0.059}{n}\lg a_{M^{n+}}$
第四类电极：惰性金属电极(也称为零类电极)	惰性电极本身不参与电极反应，仅作为氧化-还原电对在其上交换电子和传导电流的场所，指示同时存在于溶液中的氧化-还原态物质活度的比值，也可用于有气体参与的电极反应 $Pt\mid Fe^{3+},Fe^{2+}$ $\varphi=\varphi^{\ominus}_{Fe^{3+}/Fe^{2+}}+\frac{RT}{F}\ln\frac{a_{Fe^{3+}}}{a_{Fe^{2+}}}$	铂、金或碳等惰性材料
第五类电极：离子选择性电极	组成电极的响应膜/液界上不发生电子交换反应，但特定离子与膜发生交换等作用引起膜内外电位差，其膜电位方程可表示为 $\varphi=常数\pm\frac{RT}{nF}\ln a_{离子}$ 式中 n 表示为待测离子的电荷数，+、−分别对应于待测正离子和负离子。	玻璃电极、晶体膜电极、液态膜电极等

高阶选修 A3-1　离子选择性电极

离子选择性电极（ion selective electrode，ISE）是通过电极上的敏感膜对某些离子有选择性的电位响应而作为指示电极的。离子选择性电极与金属基电极的区别在于电极薄膜并不给出或得到电子，而是选择性地让一些离子渗透，同时也包含离子交换过程。由于所需仪器设备简单、轻便、适于现场测定、易于推广、选择性好（仅对溶液中特定离子有选择性响应）、灵敏度高（10^{-9}～10^{-1} mol·L^{-1}），因此发展极为迅速。

用离子选择性电极进行测定的优点主要是快速、简便。由于电极对待测离子有选择性响应，因此常常可以避免分离干扰离子的麻烦步骤。对于不透明溶液和某些黏稠液，也可直接测定。电极响应很快，在多数情况下响应是瞬时的，测定所需的试样很少，若使用特制的电极，所需试液可以少至几微升。与其他仪器分析方法相比，本法所需的仪器设备较为简单。由于具有上述优点，离子选择性电极技术发展很快，现有的商品离子选择性电极，国内外已达 30 余种，可用以直接或间接测定 50 多种离子，应用于各个领域。我国对离子选择性电极技术进行了广泛的研究，已制成 Na^+、K^+、Ag^+、F^-、Cl^-、Br^-、I^-、S^{2-}、CN^-、NO_3^-、NH_3 和 SO_2 等离子选择性电极。离子选择性电极在生产过程控制和环境监测方面也得到了应用。

本小节将对离子选择性电极的膜电位、种类和性能等进行介绍。

(1) 膜电位

各种类型的离子选择性电极的响应机理虽各有特点，但其电位产生的基本原因都是相似的，即关键都在于敏感膜的电位，即膜电位。膜电位的建立主要是溶液中的离子与电极膜上离子之间发生交换作用的结果。膜电位主要由膜与电解质溶液形成的内外界面的道南电位形成，同时还包括内外界面的液接电位。

① 扩散电位（又称液接电位）

在两种不同离子或离子相同而活度不同的液-液界面或固体内部，由于离子扩散速率的不同造成的电位差，称为扩散电位，用 φ_d 表示。其中，液-液界面上的电位差也称为液接电位。这类扩散是自由扩散，正、负离子可自由通过界面，没有强制性和选择性，存在于膜相内部。例如，两种浓度不同的 HCl 溶液相接触形成界面时，H^+ 和 Cl^- 均从浓度大的一侧向浓度小的一侧扩散。由于 H^+ 比 Cl^- 扩散得快，所以稀溶液中因 H^+ 过量而带正电，浓溶液中则因留下多余的 Cl^- 而带负电，在界面两侧产生了电位差。电位差的产生使扩散速率快的离子减速，使扩散速率慢的离子加速，当达到稳定状态时，两种离子以相同的速率通过界面，在界面处形成恒定的电位差，此电位差即为液接电位［见图 A3-1(a)］。同理，在浓度相同

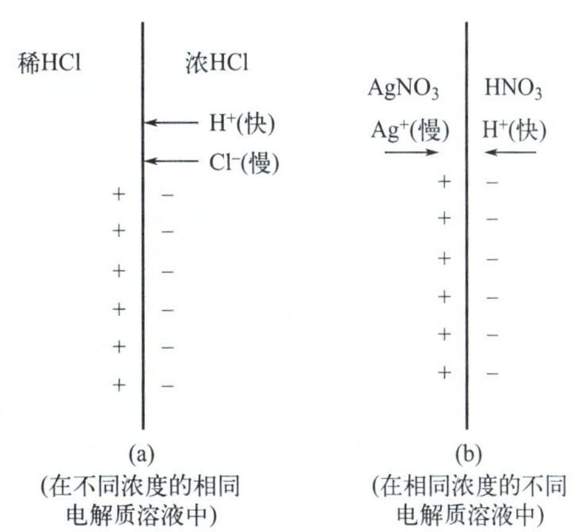

图 A3-1　液接电位产生示意图

的 $AgNO_3$ 溶液与 HNO_3 溶液形成的液-液界面处，可认为 NO_3^- 不扩散，H^+ 向 $AgNO_3$ 一侧扩散，Ag^+ 向 HNO_3 一侧扩散，但 H^+ 比 Ag^+ 扩散速率快，使得界面的左侧将积聚过量的正离子，形成双电层，在界面上产生电位差，即液接电位［图 A3-1(b)］。

可见，当正负离子的迁移数相等时，扩散电位等于 0。这就是在盐桥中选用正负离子的迁移数相等，消除液接电位的根据。

② 道南电位

一种选择性渗透膜，当它与溶液接触时，能选择性地让某一种或某几种离子渗透、扩散，造成膜内外界面电荷分布不均匀，产生双电层结构，形成电位差，这种电位称为**道南电位**，用 φ_D 表示。这类扩散具有强制性和选择性。通常，离子选择性电极有两个相界面，所以应包含有两个相界面的电位差。道南电位的计算公式如下式，其中 n 为扩散离子的电荷数：

$$\varphi_D = K \pm \frac{RT}{nF}\ln\frac{a_{相1}}{a_{相2}}$$

③ 膜电位

离子选择性电极**膜电位**是膜内扩散电位和膜与电解质溶液形成的内外界面的道南电位的代数和。膜电位的方程可表示为 $\varphi_{膜} = \varphi_D^{外} + \varphi_d + \varphi_D^{内}$，图 A3-2 给出离子选择性电极的膜电位示意图。

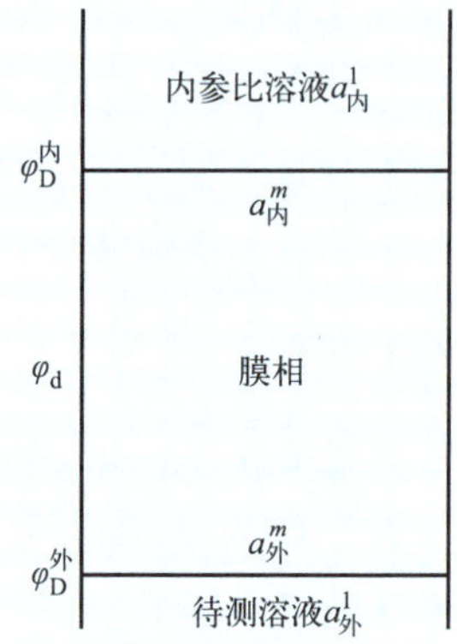

图 A3-2　离子选择性电极的膜电位示意图

因为可认为在一个电极膜中，$a^m_{外}$、$a^m_{内}$、φ_d 保持恒定不变，所以，膜电位方程可表示为

$$\varphi_{膜} = K' \pm \frac{RT}{nF}\ln\frac{a^1_{外}}{a^1_{内}}$$

式中，$a^1_{内}$ 也已被固定，所以上式即可重排改变成

$$\varphi_{膜} = K \pm \frac{RT}{nF}\ln a_{离子}$$

式中，“+”对正离子，“−”对负离子；n 表示离子的电荷数，常数项为膜内界面上的相间电位，还应包括由于膜的内外两个表面不完全相同而引起的不对称电位。

(2) 离子选择性电极的电位及其电池电动势的测量

离子选择性电极的构成中除了敏感膜，通常还有金属-难溶盐电极插在内参比溶液中构成内参比电极，因此其电极电位为内参比电极的电位与膜电位之和，即

$$E_{ISE} = E_{内参比} + E_{膜}$$

$E_{内参比}$ 通常为一常数，所以，离子选择性电极电位表示为

$$E_{ISE} = K' \pm \frac{RT}{nF}\ln a^1_{外}$$

式中，K'为常数项。

使用时，将离子选择性电极与外参比电极组成电池，在接近零电流条件下测量电池电动势。

例如，以饱和甘汞电极为参比电极，测量电池的图解式可表示为：

ISE(离子选择性电极)|试液(1 mol·L^{-1})┊┊SCE(饱和甘汞电极)

电池电动势为

$$E_{电池}=E_{SCE}-E_{ISE}$$

E_{SCE} 是常数，则有

$$E_{电池}=K\pm\frac{RT}{nF}\ln a_{外}^{1}$$

式中，“+”对正离子，“−”对负离子；n 表示离子的电荷数。

从上述推导过程可以看出，离子选择性电极的电位并非是由有电子交换的氧化还原反应造成的，而是由膜电位产生的。

(3) 常见离子选择性电极的响应机理

随着科学技术的发展，目前已制成几十种离子选择性电极，种类繁多，下面简单介绍常用的几种类型。

① 玻璃电极

a. 构造：玻璃电极由电极腔体（玻璃管）、内参比溶液、内参比电极及敏感玻璃膜组成，关键部分为敏感玻璃膜，其结构如图 A3-3 所示。最为常见的玻璃电极是对 H^+ 响应的 pH 玻璃电极，另外还有对 Li^+、K^+、Na^+、Ag^+ 响应的其他玻璃电极种类。玻璃电极又可分为单玻璃电极和复合电极两种。复合电极集指示电极和外参比电极于一体，使用起来更为方便和可靠。

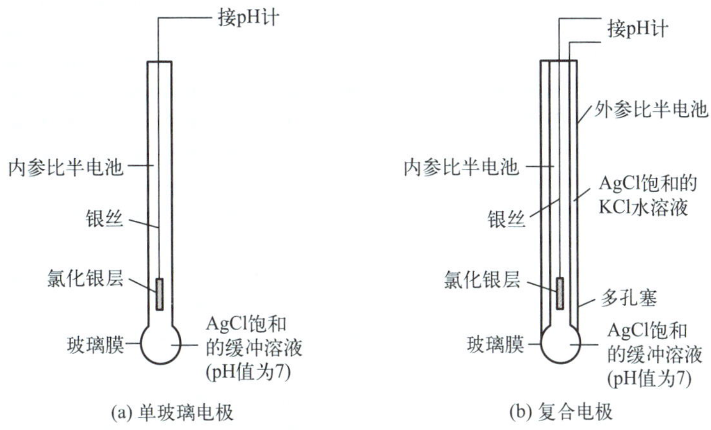

图 A3-3　玻璃电极的结构示意图

依据玻璃球膜材料的特定配方不同，玻璃电极可以做成对不同离子响应的电极。例如，以考宁 015 玻璃做成的 pH 玻璃电极，其配方为：Na_2O 21.4%，CaO 6.4%，SiO_2 72.2%（摩尔分数），其 pH 值测量范围为 pH=1～10，若加入一定比例的 Li_2O，可以扩大测量范围。改变玻璃的某些成分，如加入一定量的 Al_2O_3，可以做成某些阳离子电极。

b. 玻璃电极的工作原理：以 pH 玻璃电极为例，简单介绍玻璃电极的工作原理。硅酸盐玻璃中有金属离子、氧、硅三种元素，Si—O 键在空间中构成固定的带负电荷的三维

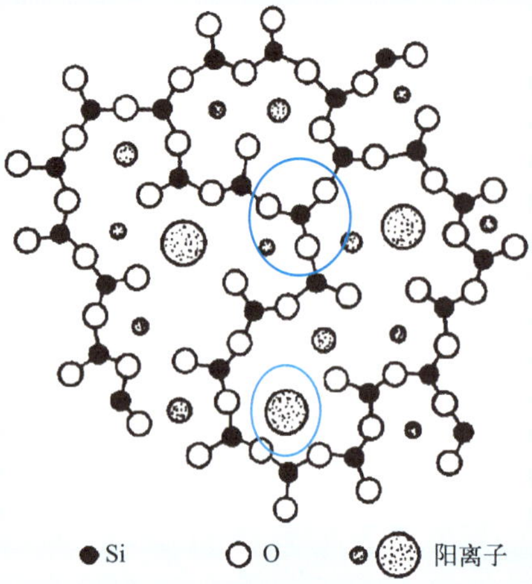

图 A3-4　玻璃膜的结构

网络骨架，金属离子与氧原子以离子键的形式结合，存在并活动于网络之中承担着电荷的传导，这主要是由一价的阳离子完成的，如图 A3-4 所示。

玻璃电极中内参比电极的电位是恒定的，与待测溶液的 pH 无关。玻璃电极之所以能测定溶液 pH 值，是由于玻璃膜产生的膜电位与待测溶液 pH 值有关。

玻璃电极在使用前必须在水中浸泡一定时间，浸泡时，由于硅酸盐结构中的 SiO_3^{2-} 离子与 H^+ 的键合力远大于与 Na^+ 的键合力（约为 10^{14} 倍），因而在玻璃膜外表面的金属离子 Na^+ 与水中的 H^+ 发生如下的离子交换反应（其他二价、高价离子不能进入晶格与 Na^+ 发生交换）：

$$\equiv SiO^- Na^+ + H^+ \rightleftharpoons \equiv SiO^- H^+ + Na^+$$

该反应的平衡常数很大，向右反应的趋势大，交换达平衡后，玻璃表面几乎全由硅酸（$\equiv SiO^- H^+$）组成，玻璃表面形成了水合硅胶层。从硅胶层表面到内部，H^+ 的数目逐渐减少，Na^+ 的数目逐渐增多。玻璃膜内表面也发生上述过程而形成同样的水合硅胶层。图 A3-5 为浸泡后的玻璃膜示意图，此时，玻璃膜由三部分组成：膜内、外两表面的两个水合硅胶层及膜中间的干玻璃层。

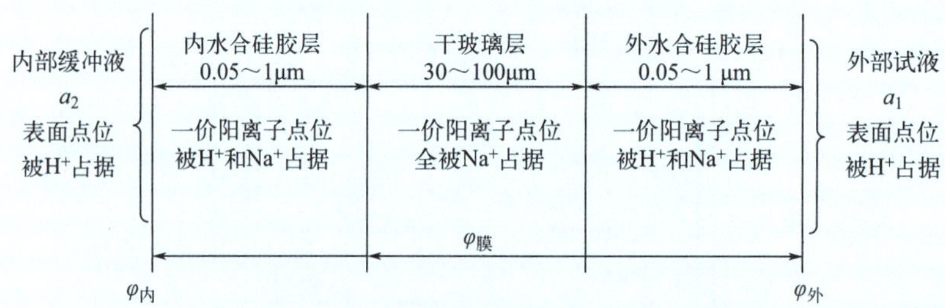

图 A3-5　浸泡后的玻璃膜示意图

在玻璃膜中，干玻璃层中的电荷传导主要由 Na^+ 承担；干玻璃层和水合硅胶层间为过渡层，$\equiv SiO^- Na^+$ 只部分转化为 $\equiv SiO^- H^+$，由于 H^+ 在未水化的玻璃中的扩散系数小，故其电阻率比干玻璃层高 1000 倍左右；在水合硅胶层中，表面 $\equiv SiO^- H^+$ 的解离平衡是决定界面电位的主要因素。

当浸泡好的玻璃电极浸入待测溶液时，外水合硅胶层与溶液接触，由于水合硅胶层表面和溶液的 H^+ 活度不同，形成活度差，则影响 $\equiv SiO^- H^+$ 的解离平衡，H^+ 便从活度大的一方向活度小的一方迁移，并在膜外固液界面上建立新的解离平衡：

$$\equiv SiO^- H^+(表面) + H_2O \rightleftharpoons \equiv SiO^-(表面) + H_3O^+$$

从而改变了膜外侧相界面上的道南电位，并进而改变了膜电位。

可见，膜两侧电位差的产生不是由于得失电子，而是由于离子在溶液和水合硅胶层界面间进行迁移的结果，受待测溶液中 H^+ 浓度影响，玻璃电极膜电位形成过程如图 A3-6 所示。

膜电位 $E_{膜}$ 与溶液中 H^+ 活度的关系为

$$E_{膜} = K + \frac{RT}{nF}\ln a_{H^+_{外}}$$

c. **pH 玻璃电极测定溶液的 pH 值：** 测定溶液的 pH 值常用玻璃电极作指示电极，Ag-AgCl 电极或甘汞电极作参比电极与待测溶液组成工作电池，如图 A3-7 所示。现在的商品 pH 计更多的是使用复合 pH 玻璃电极［图 A3-3(b)］来测定溶液的 pH，它是将 pH 玻璃电极和外参比电极集为一体，外参比电极通过多孔陶瓷塞与未知 pH 值的待测液相接触，构成一个化学电池而实现 pH 值的测定，使用起来方便、快捷。

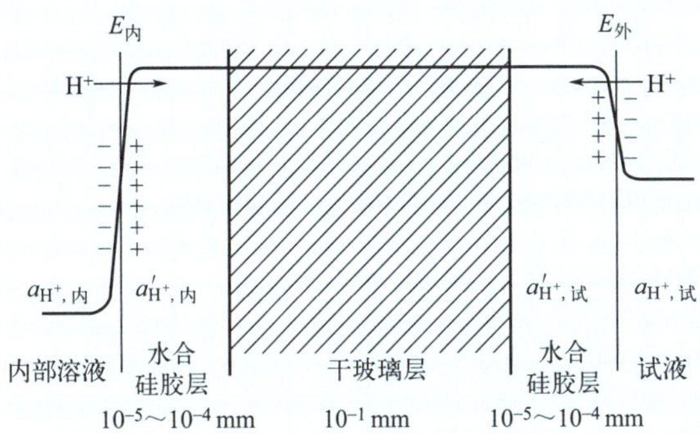

图 A3-6 玻璃电极膜电位形成示意图

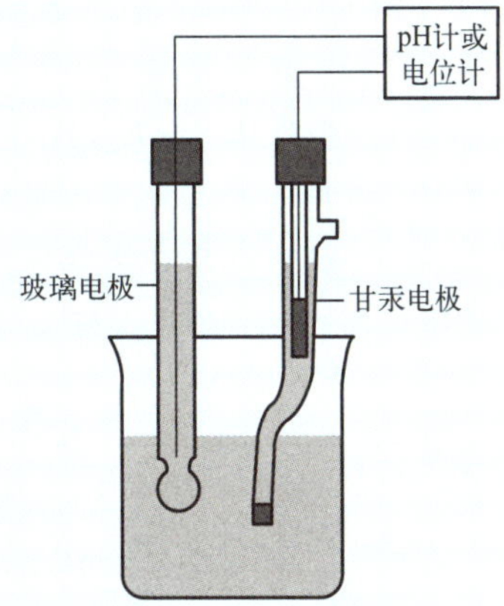

图 A3-7 用玻璃电极测定 pH 值的工作电池示意图

使用 pH 玻璃电极与 Ag-AgCl 电极构成电池时，电池可用下式表示：

(－)Ag，AgCl | HCl | 玻璃膜 | 试液 | KCl | AgCl，Ag(＋)

←玻璃电极→　　←Ag-AgCl电极→

25 ℃时，作为负极的 **pH 玻璃电极的电极电位**，可表示为：

$$E_{玻璃} = E_{内参比} + E_{膜} = E_{内参比} + K + 0.059\lg a_{H^+}$$
$$= K' + 0.059\lg a_{H^+} = K' - 0.059\text{pH}$$

上式中，K 和 K' 在一定温度下为常数，由每支玻璃电极本身的性质所决定。玻璃电极的电位与试液的 pH 呈直线关系。

此时，电池电动势：

$$E = E_{参比} - E_{玻璃} = E_{AgCl/Ag} - K' + 0.059\text{pH} = K'' + 0.059\text{pH}$$

其中常数项 K'' 值除包括内、外参比电极的电极电位等常数外，还包括难以测量和计算的电位。因此，通常不能由测量到的电动势直接计算溶液的 pH 值，而必须与 pH 值已经确定的标准溶液作为基准同时进行测量，比较包含待测溶液和标准缓冲溶液的两个工作电池的电动势来确定待测溶液的 pH 值。

设有两种溶液 x 和 s，其中 x 代表试液，s 代表 pH 值已经确定的标准缓冲溶液。测量 pH 复合电极在两种溶液中的电动势 E 分别为

$$对H^{+}可逆的电极 \mid 标准缓冲溶液s或试液x \parallel 参比电极$$

$$E_x = K'_x + \frac{2.303RT}{F}pH_x$$

$$E_s = K'_s + \frac{2.303RT}{F}pH_s$$

式中，pH_x 为试液的 pH 值；pH_s 为标准缓冲溶液的 pH 值。若测量 E_x 和 E_s 时的条件不变，假定 $K'_x = K'_s$，于是上列两式相减可得

$$pH_x = pH_s + \frac{E_x - E_s}{2.303RT/F}$$

上式中 pH_s 为已确定的数值，通过测量 E_x 和 E_s 的值就可得出 pH_x。E_x 和 E_s 的差值和 pH_x 和 pH_s 的差值呈线性关系，直线的斜率 $2.303RT/F$ 是温度的函数，pH 计的工作原理就是基于这一关系。

上式是在假定 $K'_x - K'_s$ 的条件下得出的。在实验过程中，某些因素的改变会使 K' 值发生变化而带来误差。为了尽量减小误差，应该选用与待测溶液 pH 值相近的标准缓冲溶液，在实验过程中应尽可能使溶液的温度保持恒定。我国有关部门发布了六种 pH 标准缓冲溶液及其在 0～95 ℃的 pH_s，表 A3-1 列出该六种缓冲溶液于 0～60 ℃的 pH_s。

表 A3-1　pH 标准缓冲溶液的 pH_s

温度 t/℃	0.05 mol·kg^{-1} 草酸三氢钾	饱和酒石酸氢钾	0.05 mol·kg^{-1} 邻苯二甲酸氢钾	0.025 mol·kg^{-1} 磷酸二氢钾和磷酸氢二钾	0.01 mol·kg^{-1} 硼砂	饱和 $Ca(OH)_2$
10	1.671		3.996	6.921	9.330	13.011
15	1.673		3.996	6.898	9.276	12.820
20	1.676		3.998	6.879	9.226	12.637
25	1.680	3.559	4.003	6.864	9.182	12.460
30	1.684	3.551	4.010	6.852	9.142	12.292
35	1.688	3.547	4.019	6.844	9.105	12.130
40	1.694	3.547	4.029	6.838	9.072	11.975

② 晶体膜电极

晶体膜电极与玻璃电极类似，不同之处在于它是离子导电，用固态膜（如难溶盐的单晶膜、多晶膜或多种难溶盐制成的薄膜）代替玻璃膜。只有在室温下有良好导电性能的盐的晶体（固体电解质），才能用来制作电极。按膜的制法不同，晶体膜电极可分为单晶膜电极和多晶膜电极。下面介绍常用的五类晶体膜电极。

a. 氟离子单晶膜电极

a）构造：单晶膜电极的电极薄膜是由难溶盐的单晶薄片制成，氟离子单晶膜电极是最为常用的晶体膜电极。氟离子选择性电极的敏感膜由 LaF_3 单晶切片而成，为提高膜的电导率，在其中掺杂了 Eu^{2+} 和 Ca^{2+}，二价离子的引入使得 LaF_3 晶格缺陷增多，增强了膜的导电性，因此这种敏感膜的电阻一般小于 2 MΩ。将敏感膜封在硬塑料管的一端，管内一般装 0.1 mol·L^{-1} NaCl 和 0.01～0.10 mol·L^{-1} NaF 混合溶液作内参比溶液，以

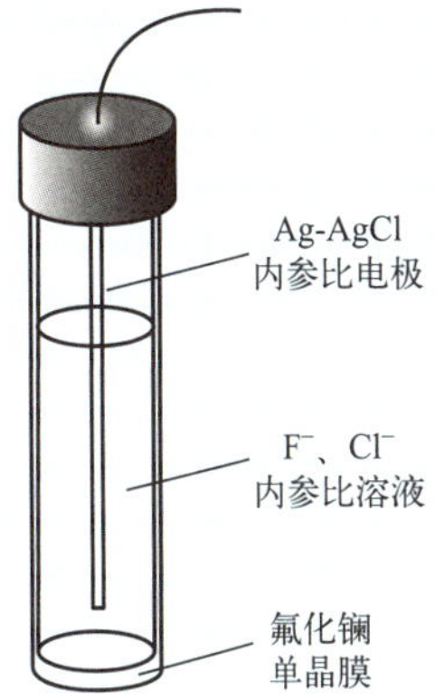

图 A3-8　氟离子选择性单晶膜电极结构示意图

Ag-AgCl 作内参比电极（F^- 用以控制膜内表面的电位，Cl^- 用以固定内参比电极的电位）。常用的氟离子选择性单晶膜电极的结构如图 A3-8 所示。

b）氟离子单晶膜电极的工作原理：由于 LaF_3 的晶格有空穴，在晶格上的 F^- 可以移入晶格邻近的空穴而导电。当氟离子选择性电极插入含氟溶液中时，由于溶液中的氟离子能扩散进入膜相的缺陷空穴，而膜相中的氟离子也能进入溶液中，因而在两相界面上建立双电层结构而产生膜电位。又因为缺陷空穴的大小、形状和电荷分布只能容纳特定的可移动的晶格离子，其他离子不能进入空穴，因此敏感膜具有针对氟离子的选择性。当氟电极插入测量溶液，与甘汞电极组成电池，其电池图解式为：

$$\text{Ag, AgCl}\left|\begin{pmatrix} a_{\text{NaF}}=10^{-3}\ \text{mol}\cdot\text{L}^{-1} \\ a_{\text{NaCl}}=10^{-1}\ \text{mol}\cdot\text{L}^{-1}\end{pmatrix}\right|\text{LaF}_3\ \text{含}\ \text{F}^-\ \text{试液}\,\|\,\text{KCl（饱和）, Hg}_2\text{Cl}_2\,|\,\text{Hg}$$

其电池电动势为：$E_{电池}=\varphi_{SCE}-\varphi_{ISE_{F^-}}=\varphi_{SCE}-K'+\dfrac{RT}{F}\ln a_{F^-}$

25 ℃时，电池电动势可表示为：$E_{电池}=K+0.059\lg a_{F^-}$

上式说明工作电池的电动势在一定条件下与待测离子的活度的对数值呈线性关系，通过测量电动势可以测量待测离子的活（浓）度。与测量溶液 pH 值的办法一样，可利用已知离子活度的标准溶液为基准，比较包含待测试液和标准溶液的两个工作电池的电动势来确定待测试液的离子活度。

氟电极对氟离子活度的线性响应范围为 $5\times10^{-7}\sim1\times10^{-1}\ \text{mol}\cdot\text{L}^{-1}$。氟离子选择性电极的选择性较高，为 F^- 量 1000 倍的 Cl^-、Br^-、I^-、SO_4^{2-}、NO_3^- 等的存在无明显干扰，但测试溶液的 pH 值需控制在 5～7。因为 pH 值过低，F^- 部分形成 HF 或 HF_2^-，降低了 F^- 的活度；pH 值过高，LaF_3 薄膜中的 F^- 与溶液中的 OH^- 发生交换，晶体表面形成 $La(OH)_3$ 而释放出 F^-，干扰测量。此外，溶液中能与 F^- 生成稳定配合物或难溶化合物的离子（如 Al^{3+}、Fe^{3+}、Ca^{2+}、Mg^{2+} 等）也有干扰，通常可以通过加入掩蔽剂来消除干扰。实际工作中，通常采用柠檬酸盐缓冲溶液调节酸度。柠檬酸盐还可与 Al^{3+}、Fe^{3+} 等形成络合物，借此消除它们与 F^- 发生络合反应而产生的干扰，同时可控制溶液的离子强度。

拓展案例 B3-1　氟离子选择性电极法测定水中的氟化物

氟离子选择性电极法已被确定为测定饮用水中氟含量的标准方法。测定时，以氟离子选择性电极作指示电极，以饱和甘汞电极作参比电极，浸入欲测的含氟溶液，构成原电池，该原电池的电动势与氟离子活度的对数呈线性关系。例如，取 25.00 mL 水样，加入 25.00 mL 总离子强度调节缓冲液（TISAB），测得电动势值为－0.1372 V（vs. SCE）；再加入 $1.00\times10^{-3}\ \text{mol}\cdot\text{L}^{-1}$ 的氟离子标准溶液 1.00 mL，测得电动势值为－0.1170 V。试问：

（1）总离子强度调节缓冲液由哪些成分组成？作用是什么？

(2) 水样中的氟离子浓度是多少？(需考虑稀释效应)

解：(1) 由于测定的电动势值 E 与氟离子的活度 a_{F^-} 而非其浓度 c_{F^-} 之间满足能斯特方程，但实际测量的则是水样中氟离子的浓度 c_{F^-}。已知 c_{F^-} 与 a_{F^-} 之间存在关系式 $a_{F^-}=\gamma c_{F^-}$，其中 γ 为活度系数。为了保持活度系数 γ 为一定值，在测量过程中使用总离子强度调节缓冲溶液。另外，总离子强度调节缓冲溶液还有保持液接电位稳定、pH 缓冲剂、掩蔽干扰离子等作用。一般包括：惰性电解质 (0.1 mol·L^{-1} NaCl)，pH=5.0 的缓冲溶液 (0.25 mol·L^{-1} HAc+0.75 mol·L^{-1} NaAc)，金属离子掩蔽剂 (0.001 mol·L^{-1} 柠檬酸钠) 等。

(2) 根据能斯特方程，可以建立电位与氟离子浓度的关系：$E_x=K-58\lg[F^-]$

设水样中 F^- 的浓度为 c_x，考虑稀释效应：

试样测定 E_x：　$E_x=-137.2\text{mV}=K-58\lg\left(\dfrac{c_x\times 25.00}{50.00}\right)$

加标后测定 E_1：　$E_1=-117.0\text{mV}=K-58\lg\left(\dfrac{c_x\times 25.00+1.00\times 10^{-3}}{50+1}\right)$

E_x-E_1：　$-20.2\text{mV}=58\left[\lg\dfrac{c_x\times 25.00}{50.00}-\lg\dfrac{c_x\times 25.00+1.00\times 10^{-3}}{51}\right]$

取反对数：　$10^{\frac{20.2}{58}}=\dfrac{51.00(c_x\times 25.00)}{50.00(c_x\times 25.00+1.00\times 10^{-3})}$

解得：　$c_x=2.38\times 10^{-5}\text{mol}\cdot\text{L}^{-1}$

b. 硫、其他卤素离子多晶膜电极

这类电极的薄膜是由难溶盐的沉淀粉末如 AgCl、AgBr、AgI、Ag_2S 等在高压下压制而成的，其中 Ag^+ 起传递电荷的作用。膜电位由与 Ag^+ 有关的难溶盐的溶度积所控制，如卤化银电极电位遵守能斯特方程式 (25 ℃时)：

$$\varphi_{膜}=K+0.059\lg\frac{K_{sp(AgX)}}{a_{X^-}}=K'-0.059\lg a_{X^-}$$

氯化银和溴化银均有较高的电阻，并有较强的光敏性。为了增加卤化银电极的导电性和机械强度，减少对光的敏感性，常在卤化银中掺入硫化银，用此法可制得对 Cl^-、Br^-、I^- 及 S^{2-} 有响应的膜电极。也可用硫化银作为基体，掺入适当的金属硫化物 (如 CuS、PbS 等)，制得阳离子选择性电极，响应过程受溶度积平衡关系控制，膜内导电同样由阳离子承担。

多晶膜电极测定浓度范围一般为 $10^{-6}\sim10^{-1}$ mol·L^{-1}。由于晶体表面不存在类似于玻璃电极的离子交换平衡，所以电极在使用前不需要浸泡活化。对晶体膜电极的干扰，主要不是由于共存离子进入膜相参与响应，而是由于晶体表面的化学反应，即共存离子与晶格离子形成难溶盐或络合物，从而改变了膜表面的性质。所以，电极的选择性与构成膜的物质的溶度积及共存离子和晶格形成难溶物的溶度积的相对大小等因素有关，电极的检出限取决于膜物质的溶解度。例如，与 Ag^+ 能生成稳定配合物的阴离子 (如 CN^-、$S_2O_3^{2-}$)，与卤素离子及 S^{2-} 能形成沉淀或配合物的阳离子 (如 Ag^+、Hg^{2+}) 都将干扰测定。

① 流动载体电极

流动载体电极亦称为液膜电极，与玻璃电极不同，其中可与被测离子发生作用的活性物质（即载体）可在膜相中流动。若载体带有电荷，称为带电荷的流动载体电极；若载体不带电荷，则称为中性载体电极。

这类电极以浸有载体（常用的有机溶剂有二羧酸的二元酯、磷酸酯、硝基芳香族化合物等）的支持体为敏感膜。电极的结构如图 B3-1 所示，膜经疏水处理，惰性微孔膜用垂熔玻璃、素烧陶瓷或高分子材料（聚四氟乙烯、聚偏氟乙烯）制成，膜上分布着直径小于 1 μm 的微孔，孔与孔之间彼此连通。为了克服液膜稳定性差等缺点，常用聚氯乙烯（PVC）膜取代有机溶剂。

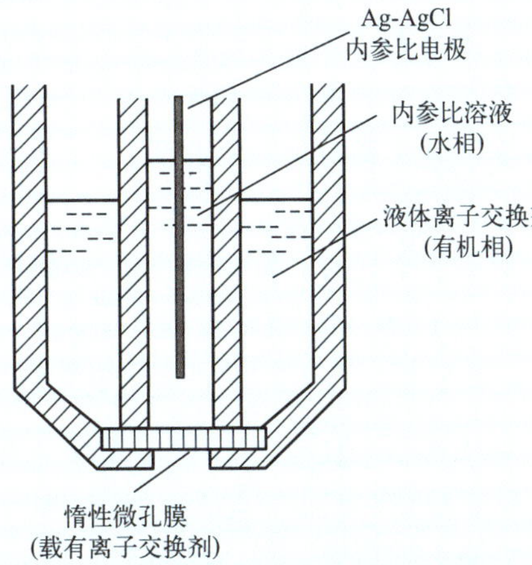

图 B3-1　流动载体电极结构示意图

常用的钙离子电极是一种带负电荷的流动载体电极，用二癸基磷酸根 $(RO)_2PO_2^-$ 作为载体。此试剂与钙离子作用生成二癸基磷酸钙 $[(RO)_2PO_2]_2Ca$。当其溶于癸醇或苯基膦酸二辛酯等有机溶剂中，即得离子缔合型的液态活性物质，以此可制得对钙离子有响应的液态敏感膜。液膜电极的响应符合能斯特方程，钙离子电极膜电位可表示为

$$\varphi_{Ca^{2+}}=K'+\frac{RT}{2F}\ln a_{Ca^{2+}}$$

对带电荷的流动载体电极来说，载体与响应离子生成的缔合物越稳定，响应离子在有机溶剂中的淌度越大，选择性就越好。电极的灵敏度则取决于活性物质在有机相和水相中的分配系数，分配系数越大，灵敏度越高。

中性载体是一种电中性的、具有空腔结构的大分子化合物，只对具有适当电荷和原子半径（大小与空腔适合）的离子进行配合。络合物能溶于有机相形成液膜，使之成为待测离子能够相迁移的通道。只要选择的载体合适，制作工艺精湛，可使电极具有很高的选择性。例如，缬氨霉素可作为钾离子的中性载体，能在 1 万倍 Na^+ 浓度存在下测定 K^+。抗生素、杯芳烃衍生物、冠醚等都可以作为中性载体，它们的共同特点是具有稳定构型，有吸引阳离子的极性键位（空腔），并被亲脂性的外壳环绕。可将离子载体掺入 PVC 制成电极膜，一个典型的例子是二甲基二苯并 30-冠醚-10 与 K^+ 的络合物中性载体钾电极。

② 气敏电极

气敏电极是一种气体传感器，能用于测定溶液或其他介质中某种气体的含量，因而有人称为气敏探针（gas-sensing probe）。气敏电极的主要部件为微多孔性气体渗透膜，它是由醋酸纤维、聚四氟乙烯、聚偏氟乙烯等材料组成的，具有疏水性，但能透过气体。常用的气敏电极能分别对 CO_2、NH_3、NO_2、SO_2、H_2S、HCN、HF、HAc、Cl_2 等进行测定。气敏电极还可用于测定试液中的有关离子，如 NH_4^+、CO_3^{2-}，主要借助于改变试液的酸碱性使它们以 NH_3、CO_2 的形式逸出，然后进行测定。

③ 生物电极

生物电极（bioelectrode）是一种将生物化学与电化学分析原理结合而制成的电极。自从1962年L. C. Clark提出酶电极之后，经过60多年来的不断发展，生物电极类型大大增加，已经成为一个庞大的体系。这里仅简单介绍酶电极、离子敏感场效应晶体管电极和组织电极三种。

a. 酶电极。将生物酶涂布在电极的敏感膜上，通过酶促作用，使待测物质产生能在该电极上响应的离子或其他物质，来间接测定该物质的方法称为酶电极法。例如，葡萄糖氧化酶能催化葡萄糖的氧化反应

$$C_6H_{12}O_6+O_2+H_2O = C_6H_{12}O_7+H_2O_2$$

可采用氧电极检测试液中氧含量的变化，间接测定葡萄糖的含量，也可以将反应产物与定量的I^-在Mo(Ⅵ)的催化下反应

$$H_2O_2+2I^-+2H^+ = I_2+2H_2O$$

用碘离子电极检测I^-的变化量，推算出葡萄糖的含量。

由于酶的作用具有很高的选择性，所以酶电极的选择性是相当高的。例如，一些酶电极能分别对葡萄糖、脲、胆固醇、L-谷氨酸以及L-赖氨酸等生物分子进行检测。

b. 离子敏感场效应晶体管电极。离子敏感场效应晶体管电极是一种将微电子敏感元件及制造技术与离子选择电极制作及测量方法相结合的高技术电分析方法。它既具有离子选择性电极对敏感离子响应的特性，又保留了场效应晶体管的性能，是一种有发展潜力的电极方法。场效应晶体管电极材料强度高，可以用于直接测量硬度较高或需要穿刺的样品，如奶酪、肉类等。例如，牲畜屠宰后，肌肉中的碳水化合物产生消化作用，造成乳酸和磷酸在肌肉中积累，引起pH值下降；其后因腐败微生物繁殖，肌肉被分解造成氨积累，又促使pH值上升。因此，借助于pH值测定可评价食品变质的程度。

c. 组织电极。以动植物组织薄片材料作为敏感膜固定在电极上的器件称为组织电极，是酶电极的衍生电极。它利用动植物组织中的天然酶作为反应催化剂。与酶电极比较，组织电极具有如下优点：a. 酶电极活性较离析酶高；b. 酶的稳定性大；c. 材料易于获得。例如，将新鲜猪肾组织切片与氨气敏电极组成一个用于测定谷氨酰胺的组织膜电极，由于猪肾中含有谷氨酰胺水解酶，它可以催化试样中谷氨酰胺的水解反应，生成的氨立即在耦合的氨气敏电极上产生响应，因而使用测定脑脊液中谷氨酰胺含量的组织电极在临床分析中具有重要的意义。

(2) 离子选择性电极的性能参数

① Nernst响应斜率、线性范围和检出限

以离子选择性电极的电位或电池的电动势对响应离子活度的对数作图，如图B3-2所示，所得曲线称为电极校准曲线。若这种响应变化服从于Nernst方程，则称其为Nernst响应。校准曲线的直线部分所对应的离子活度范围称为离子选择性电极响应的线性范围（*C*-*D*）。该直线的斜率

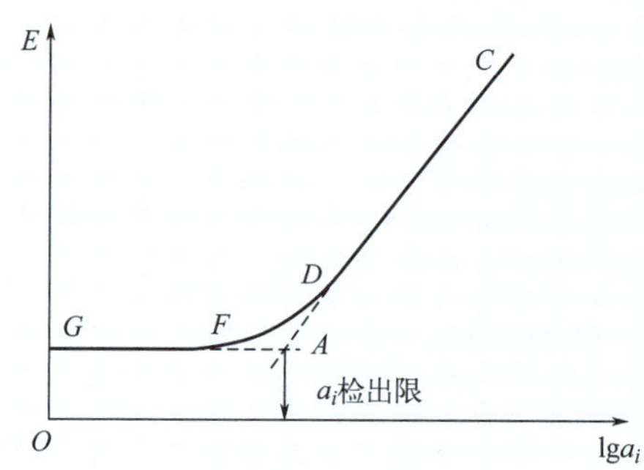

图B3-2　电极校准曲线

为电极的实际响应斜率 S，理论响应斜率为 $59.2/n$（mV），S 也称级差。当活度很低时，曲线就逐渐弯曲，图中 CD 和 FG 延长线的交点 A 向横坐标轴引垂线相交值为活度 a_i，即为检出限。

② 电位选择性系数

理想的离子选择性电极是只对特定的一种离子产生电位响应。事实上，电极不仅对一种离子有响应，与待测离子共存的某些离子也能影响电极的膜电位。在同一敏感膜上，可以有多种离子同时进行不同程度的响应，因此，膜电极的响应并没有绝对的专一性，而只有相对的选择性。电极对各种离子的选择性可用电位选择性系数来表示。

当有共存离子时，膜电位与响应离子 A^{z+} 及共存离子 B^{z+} 的活度之间的关系，由 Nicolsky（尼柯尔斯）方程表示：

$$\varphi_{膜}=常数\pm\frac{RT}{nF}\ln(a_A+K_{A,B}^{pot}+a_B^{z_A/z_B}) \tag{B3-1}$$

式中，$K_{A,B}^{pot}$ 即为电位选择性系数，它表征了共存离子对响应离子的干扰程度。

从上式可以看出，电位选择性系数越小，则电极对 A 的选择性越高。如果 $K_{A,B}^{pot}$ 为 10^{-2}，表示电极对 A^{z+} 的敏感性为 B^{z+} 的 100 倍。由干扰引起的误差计算公式为

$$误差=K_{A,B}^{pot}a_B^{z_A/z_B}/a_A\times100\%$$

必须指出，电位选择性系数仅表示某一离子选择性电极对各种不同离子的响应能力，它随被测离子活度及溶液条件的不同而异，并不是一个热力学常数，其数值可从手册里查到，也可用国际纯粹与应用化学联合会（IUPAC）建议的试验方法测定。

混合溶液法测定电位选择性系数是 IUPAC 建议的方法，是在被测离子与干扰离子共存时，求出电位选择性系数。它包括固定干扰法和固定主响应离子法。

如采用固定干扰法，先配制一系列含固定活度的干扰离子 B^{z+} 和不同活度的主响应离子 A^{z+} 的标准混合溶液，再分别测定其电位值，然后将电位值对 pa_A 作图。从图 B3-3 可见，在校正曲线的直线部分（$a_A>a_B$，不考虑 B 离子的干扰）的响应方程为 $\varphi_1=k_A+S\lg a_A$；在水平线部分，即 $a_A<a_B$，电位值完全由干扰离子决定，则 $\varphi_2=k_B+S'\lg K_{A,B}^{pot}a_B$，假定 $k_A=k_B$；$S=S'$ 在两直线交点的 M 处，$\varphi_1=\varphi_2$。假定 A^{z+}、B^{z+} 都为一价离子，由上两式则得

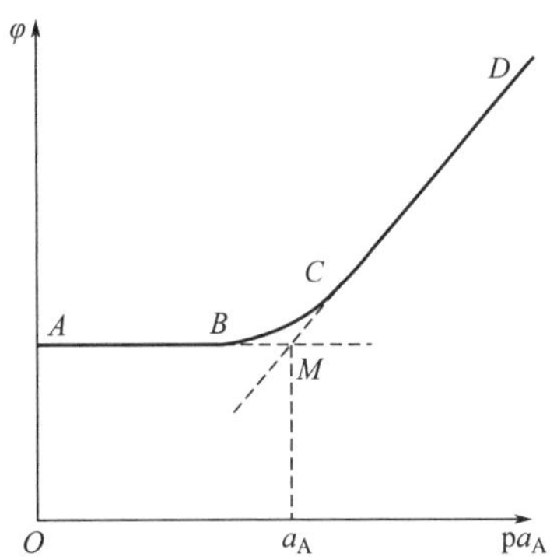

图 B3-3　固定干扰法测定电位选择性系数

$$K_{A,B}^{pot}=\frac{a_A}{a_B}$$

式中，a_A 为交点 M 处对应的活度。对不同价态的离子，$K_{A,B}^{pot}$ 的通式为

$$K_{A,B}^{pot}=\frac{a_A}{a^{z_A/z_B}}$$

如采用固定主响应离子法，先配制一系列含固定活度的主响应离子 A^{z+} 和不同活度的

干扰离子 B^{z+} 的标准混合溶液，再分别测定其电位值。然后将电位值 φ 对 $\lg a_B$ 作图，从图中求得 a_B，同样可算出 $K_{A,B}^{pot}$。这种方法可确定离子选择性电极适合的 pH 值范围。

③ 响应时间

膜电位的产生是由于响应离子在敏感膜表面扩散及建立双电层。电极达到这一平衡的速率可用响应时间来表示，它取决于敏感膜的结构性质。一般说来，晶体膜的响应时间短，而流动载体膜的响应因涉及表面的化学反应过程而达到平衡慢。此外，响应时间还与响应离子的扩散速率、浓度、共存离子的种类、溶液温度等因素有关。很明显，扩散速率快，则响应时间短；响应离子浓度低，达到平衡就慢；溶液温度高，响应速率也就加快。响应时间快者以毫秒为单位，慢者甚至需数十分钟。在实际工作中，通常采用搅拌试液的方法来加快扩散速率，缩短响应时间。

3.2.2 电位滴定法

3.2.2.1 电位滴定法的原理和特点

3-2 电位滴定法 mp4

电位滴定法是通过测量滴定过程中指示电极电位的变化来确定终点的容量分析方法，其滴定突跃是指滴定反应达到化学计量点附近时，电位发生的急剧变化。

电位滴定法与直接电位法一样，以指示电极、参比电极及试液组成测量电池，装置如图 3-7 所示。所不同的是电位滴定法要加滴定剂于测量电池溶液中，以测量电位的变化为基础，但与普通滴定分析相同，依赖于物质相互反应量的关系进行定量计算。

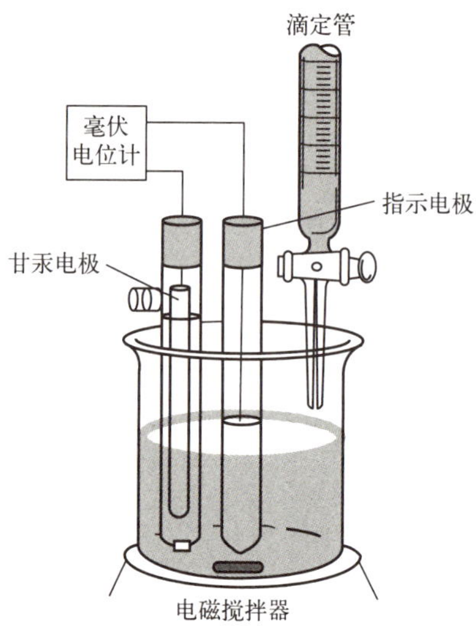

图 3-7 电位滴定池装置

电位滴定法的电位变化代替了经典滴定法指示剂的颜色变化确定终点，这使其测量的准确度和精度都有了相当大的改善，大大拓宽了应用范围。如有色和混浊溶液的分析，指示剂法就比较困难，电位滴定法则不受限制。电位滴定法的化学计量点和终点选在重合位置，不存在终点误差。

3.2.2.2 电位滴定终点的确定

将测得的电池电动势 $E_{电池}$（或指示电极的电位 φ）对滴定剂体积 V 作图，即得表 3-4(a) 的滴定曲线。一般来说，曲线突跃范围的中点，即为化学计量点。如果突跃范围太小，变化不明显，可作一级微分滴定。表 3-4(b) 即 $\Delta E/\Delta V$ 对 V 的曲线，呈现尖峰状极大，曲线的极大值对应滴定终点。用此法确定终点较为准确，但手续较烦，且峰尖是由实验点的连线外推得到的，所以也会引致一定的误差。也可作二级微分，即绘 $\Delta^2E/\Delta V^2$ 对 V 的曲线图，如表 3-4(c) 所示。图中 $\Delta^2E/\Delta V^2$ 等于零的点即滴定终点。

表 3-4　电位滴定终点的确定

作图类型	特点	图像
E-V 曲线	实验所得滴定曲线，拐点为终点。 简单，但准确性稍差	(a) 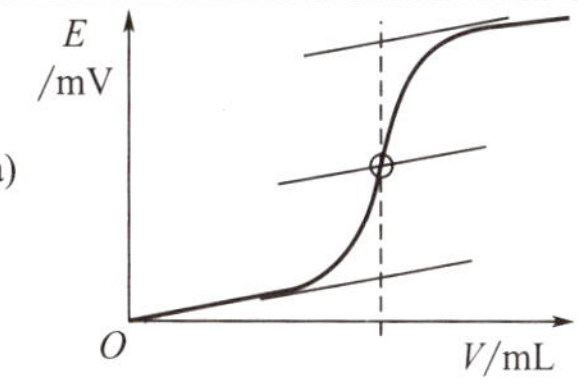
$\Delta E/\Delta V$-V 曲线	由电位改变量与滴定剂体积增量之比计算之。 $\Delta E/\Delta V$-V 曲线上存在着极值点，该点对应着 E-V 曲线中的拐点	(b) 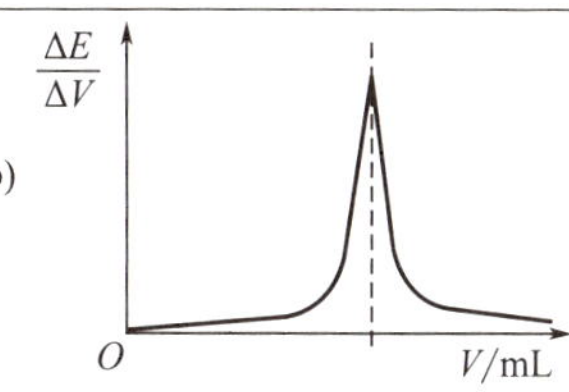
$\Delta^2E/\Delta V^2$-V 曲线	$\Delta^2E/\Delta V^2$-V 表示 E-V 曲线的二阶微商。$\Delta^2E/\Delta V^2$ 值由下式计算： $\frac{\Delta^2 E}{\Delta V^2}=\frac{\left(\frac{\Delta E}{\Delta V}\right)^2-\left(\frac{\Delta E}{\Delta V}\right)^1}{\Delta V}$	(c) 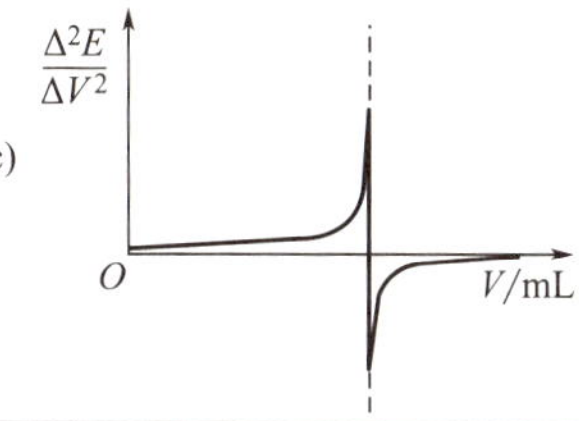

3.2.2.3　电位滴定反应类型及终点指示电极的选择

电位滴定的反应类型与普通滴定分析完全相同。滴定时，应根据不同的反应选择合适的指示电极，原则是电极指示的变化物质必须是直接参加或间接参加滴定反应的物质。

(1) 酸碱滴定

一般酸碱滴定都可使用电位滴定法，尤其是对弱酸、弱碱的滴定，使用电位滴定法更有实际意义。滴定中常用玻璃电极作指示电极，用甘汞电极作参比电极。

用指示剂法确定终点时，往往要求在化学计量点附近有 2 个 pH 值单位的突跃，才能观察出指示剂颜色有明显的变化。而使用电位法确定终点时，因为 pH 计较灵敏，化学计量点附近即使有零点几个单位的 pH 值变化，也能被检测到，所以很多弱酸、弱碱，以及多元酸（碱）或混合酸（碱）可用电位滴定法测定（见图 3-8）。

非水溶液的酸碱滴定、没有适当的指示剂，或虽有指示剂但变色不明显的，都可以用电位法指示终点。例如，在乙酸介质中可以用 $HClO_4$ 溶液滴定吡啶；在乙醇介质中可以用 HCl 溶液滴定三乙醇胺；在异丙醇和乙二醇的混合介质中可滴定苯胺和生物碱；在二甲基甲酰胺或乙二胺介质中可以滴定苯酚及其他弱酸；在丙酮介质中可以滴定高氯酸、盐酸、水杨酸的混合物等。

又如测定润滑剂、防腐剂、有机工业原料等有机物质中游离酸或化合酸时，因这些有机物质不溶于水，所以必须将它们溶于有机溶剂后再用氢氧化钾的乙醇溶液来进行电位滴定。

(2) 氧化还原滴定

在氧化还原滴定中，一般以铂（或金）电极为指示电极，以甘汞电极或钨电极为参比电极。若将铂电极浸入含有氧化还原体系的溶液中时，电极电位

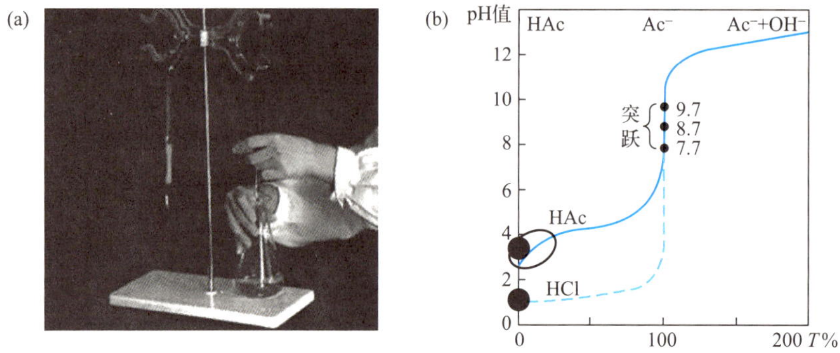

图 3-8 (a) 指示剂法确定酸碱滴定终点；(b) 电位滴定法—NaOH 溶液滴定 HAc 和 HCl 溶液的滴定曲线

$$\varphi=\varphi^{\ominus}+\frac{0.059}{z}\lg\frac{a_{\mathrm{Ox}}}{a_{\mathrm{Red}}}$$

在氧化还原滴定中，化学计量点附近 $a_{\mathrm{Ox}}/a_{\mathrm{Red}}$ 发生急剧变化，使铂电极电位发生突跃。以铂电极为指示电极，可以用 $KMnO_4$ 溶液滴定 I^-、NO_2^-、Fe^{2+}、V^{4+}、Sn^{2+}、$C_2O_4^{2-}$ 等离子；用 $K_2Cr_2O_7$ 溶液滴定 Fe^{2+}、Sn^{2+}、I^-、Sb^{3+} 等离子；用 $K_3[Fe(CN)_6]$ 溶液滴定 Co^{2+} 等离子。

(3) 沉淀滴定

在沉淀滴定中使用最广泛的指示电极是银电极，参比电极用甘汞电极或玻璃电极，如 NaCl 滴定 $AgNO_3$(SCE-Ag)。滴定 Ag^+ 或卤素离子时应用双盐桥甘汞电极，选用 NH_4NO_3 或 KNO_3 作外盐桥溶液。以银电极为指示电极，可用 $AgNO_3$ 溶液滴定 Cl^-、Br^-、I^-、CNS^-、S^{2-}、CN^- 等离子及一些有机酸的阴离子。

此外，以汞电极作指示电极，可用 $HgNO_3$ 溶液滴定 Cl^-、Br^-、I^-、CNS^-、S^{2-}、$C_2O_4^{2-}$ 等离子；用铂电极作指示电极，可用 $K_4[Fe(CN)_6]$ 溶液滴定 Pb^{2+}、Cd^{2+}、Zn^{2+}、Ba^{2+} 等离子，还可间接测定 SO_4^{2-}。也可以用卤化银薄膜电极或硫化银薄膜电极等离子选择性电极作指示电极，用 $AgNO_3$ 溶液滴定 Cl^-、Br^-、I^-、S^{2-} 等离子，如 $AgNO_3$ 滴定 KCl [SCE-Ag (或 ISE)]。这些离子选择性电极与传统的银电极相比，具有较能抗表面中毒等优点。

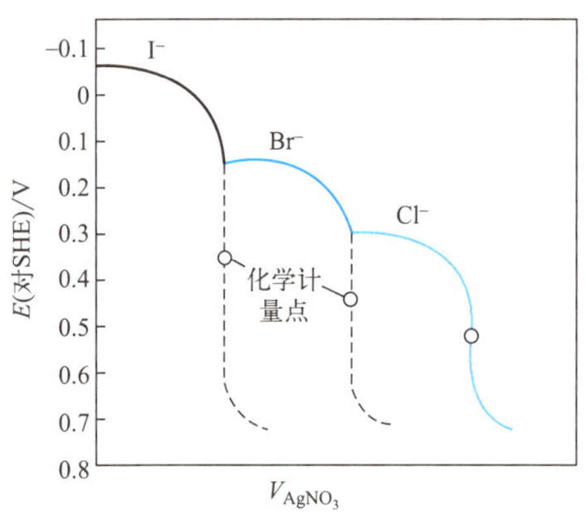

图 3-9 用 0.1 mol·L⁻¹ 的 $AgNO_3$ 溶液连续滴定滴定 Cl^-、Br^-、I^- (各 0.1 mol·L⁻¹) 混合液的理论滴定曲线 (虚线表示单独滴定 I^- 和 Br^- 的曲线)

当滴定剂与数种待测离子生成的不同沉淀的溶度积差别相当大时，可以进行连续滴定而无需预先分离。例如，对 Cl^-、Br^-、I^- 的混合物，可以进行连续滴定。图 3-9 为采用银电极作指示电极，用 $AgNO_3$ 溶液连续滴定氯化物、溴化物和碘化物混合溶液的滴定曲线。由于 AgI 的溶度积最小，I^- 的滴定突跃最先出现，然后是 Br^- 最后是 Cl^-。

(4) 配位滴定

在配位滴定中以使用 EDTA 的配位滴定法应用最为广泛。使用 EDTA 的电位滴定法有两种。最早的方法是利用某些氧化还原体系（如 Fe^{3+}/Fe^{2+}、Cu^{2+}/Cu^{+} 等）在滴定过程中的电位变化来确定终点。指示电极用铂电极，参比电极用甘汞电极。后来，使用汞电极的电位滴定受到人们的重视。使用汞电极为指示电极，可用 EDTA 滴定 Cu^{2+}、Zn^{2+}、Ca^{2+}、Mg^{2+} 和 Al^{3+} 等多种金属离子。

配位滴定的终点也可以用离子选择性电极来指示。例如，以氟离子选择性电极为指示电极，可以用镧滴定氟化物，用氟化物滴定铝。以 Ca^{2+} 电极作指示电极，可以用 EDTA 滴定钙等。电位滴定法把离子选择性电极的使用范围扩大了，可以测定某些对电极没有选择性的离子（如 Al^{3+}）。

各类滴定法中经常使用的电极归纳于表 3-5 中。

表 3-5　电位滴定的类型及终点指示电极的选择

滴定方法	参比电极	指示电极
酸碱滴定	甘汞电极	玻璃电极、锑电极
氧化还原滴定	甘汞电极、玻璃电极	银电极、硫化银薄膜电极等离子选择性电极
配位滴定	甘汞电极、钨电极、玻璃电极	铂电极
沉淀滴定	甘汞电极	铂电极、汞电极、银电极、氟电极、钙电极等离子选择性电极

拓展案例 B3-2　电位滴定法测定无机化工产品中氯化物含量

无机化工产品如氯化铵、氯化钠、氯化钙等，其氯化物的含量直接影响产品的纯度和质量，通过测定氯化物含量有助于确保产品质量符合行业标准。此外，通过监测氯化物含量，可以优化生产工艺，减少副反应，提升生产效率。因此，测定氯化物含量对保证无机化工产品质量、优化工艺、保护环境和控制成本等方面具有重要意义。采用电位滴定法测定无机化工产品中氯化物的含量时，在酸性的水或乙醇-水溶液中，以银（银-硫化银）电极为工作电极，甘汞电极为参比电极，用 $AgNO_3$ 标准滴定溶液滴定，借助于电位突跃确定其反应终点。随着 $AgNO_3$ 标准滴定溶液的加入，由于 Cl^- 和 $AgNO_3$ 生成难溶的 AgCl 沉淀，因此，Cl^- 浓度逐渐降低，电极电位随之降低，当二者反应完全，在化学计量点附近发生电位的突跃，根据滴定终点所消耗的 $AgNO_3$ 标准滴定溶液的量即可计算氯化物的含量。

若测定某无机化工样品中氯化物的含量，用移液管移取 0.01 $mol \cdot L^{-1}$ KCl 标准溶液 25.00 mL，置于 50 mL 烧杯中，加入 1 滴溴酚蓝指示剂，加入硝酸溶液，使溶液恰好呈黄色。再用配制的 $AgNO_3$ 标准溶液滴定 KCl 标准溶液，记录每次加入 $AgNO_3$ 标准溶液后的总体积及相对应的电位值 E，在恒定地加入少量 $AgNO_3$ 的过程中，两电极之间的电位变化最大时即为滴定终点。到达滴定终点时，所消耗 $AgNO_3$ 标准滴定溶液的体积为 25.50 mL。再用此 $AgNO_3$ 标准溶液滴定经预处理后的某 0.5 g 无机化工样品，经上述同样滴定操作后，到达滴定终点时，所消耗的 $AgNO_3$ 标准溶液的体积为 42.00 mL。试回答下列问题：

(1) 滴定时为什么要加入溴酚蓝指示剂，用硝酸溶液调节溶液至黄色？

(2) 计算该无机化工样品中氯化物的质量分数。

解：(1) 溴酚蓝是一种酸碱指示剂，其变色范围为 pH 3.0（黄色）至 pH 4.6（蓝色）。在电位滴定中，加入溴酚蓝指示剂并用硝酸溶液调节溶液至黄色的目的是控制溶液的酸度。将溶液调节至黄色，意味着 pH≤3.0，即溶液处于酸性条件，辅助监测 pH。

这样做的原因如下：

① 防止干扰离子影响。无机化工样品中可能含有碳酸根（CO_3^{2-}）等阴离子。在酸性条件下，这些离子会转化为相应的酸，如 H_2CO_3 可分解为 CO_2 和 H_2O，从而避免与 Ag^+ 形成沉淀（如 Ag_2CO_3）。如果溶液为中性或碱性，可能形成沉淀，从而干扰氯化物（Cl^-）的测定。

② 确保选择性滴定。AgCl 沉淀在酸性介质中稳定且定量形成，因此酸化可确保滴定反应（$Ag^+ + Cl^- \longrightarrow AgCl\downarrow$）专一针对氯化物，提高测定的准确性和选择性。

③ 指示剂作用。溴酚蓝仅作为 pH 指示剂，用于视觉确认溶液酸度，并非用于指示滴定终点（终点由电位突变确定）。

因此，这一步骤是必要的预处理，以消除潜在干扰，确保电位滴定结果可靠。

(2) 首先，用 KCl 标准溶液标定 $AgNO_3$ 标准溶液，根据电位滴定的数据，绘制电位（E）-滴定体积（V）的滴定曲线，通过 E-V 曲线确定终点电位和终点体积，由此可算出 $AgNO_3$ 标准溶液的准确浓度。

$$c_{AgNO_3}=\frac{c_{KCl}V_{KCl}}{V_{AgNO_3}}=\frac{0.1000\times 25.00}{25.50}=0.098(mol\cdot L^{-1})$$

再采用 $AgNO_3$ 标准溶液滴定预处理后的样品溶液。根据滴定终点时所消耗的 $AgNO_3$ 标准滴定溶液的体积计算试液中 Cl^- 的质量分数：

$$w\%=\frac{V_{AgNO_3}c_{AgNO_3}\times 0.03545}{m}\times 100\%=\frac{42.00\times 0.098\times 0.03545}{0.5}\times 100\%=2.92\%$$

3.2.2.4 自动电位滴定仪

除了人工电位滴定，自动电位滴定法也日益得到广泛应用。商品电位滴定仪有半自动、全自动两种，全自动电位滴定仪至少包括两个单元，即更换试样系统（取样系统）和测量系统，测量系统中包括自动滴加试剂部分（量液计）及数据处理部分。一台现代自动电位滴定仪至少可做到：①自动控制滴定终点，当到达终点时，即自动关闭滴定装置，显示滴定剂用量，给出测量结果；②能自动记录滴定曲线，经自动运算后显示终点滴定剂的体积及结果，并能存储滴定曲线数据供调用；③记录的数据有通用性，容易传递到普通计算机并用软件工具处理。全自动电位滴定仪的结构如图 3-10 所示。

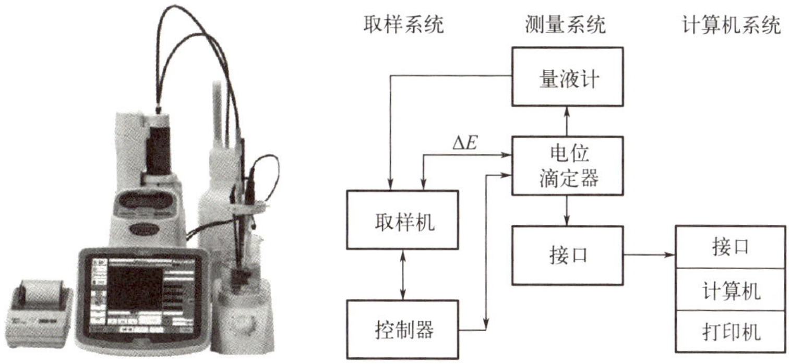

图 3-10　全自动电位滴定仪

拓展案例 B3-3　自动电位滴定仪测定防腐木材（或木材防腐剂）中的季铵盐

木材防腐处理是延长木材使用寿命和高效利用木材的重要措施。季铵盐是一类常用的木材防腐剂，它们通过破坏微生物的细胞膜或蛋白质结构来抑制或杀死微生物，从而起到防腐作用。测定季铵盐的含量可以帮助评估木材或木材防腐剂的有效性和防腐性能。例如，采用四苯硼钠作为标准溶液，检测防腐木材中季铵盐，如十二烷基二甲基苄基氯化铵(BAC) 的含量。

首先，称取 1.2500 g 木材粉粉，转移至 40 mL 小瓶中，加入 25 mL 0.1 $g \cdot L^{-1}$ HCl 萃取液，封紧盖子，将小瓶放入超声波水浴 3 h，期间，每隔 30 min 将小瓶拿出晃动约 10 s。将小瓶取出，常温下冷却。使用离心机离心后，移取萃取液进行分析。取 4 个烧杯，分别加入 95.00 mL 水和 5.00 mL 木材萃取液。滴定管中装有 0.00200 $mol \cdot L^{-1}$ 的四苯硼钠标准溶液。通过自动电位滴定仪监测滴定过程中电位的变化，确定滴定终点。4 次平行测定结果显示，滴定终点时平均所用四苯硼钠标准溶液为 3.200 mL。试回答下列问题：

(1) 为什么可以用四苯硼钠标准溶液检测防腐木材中季铵盐的含量；

(2) 计算该木材中十二烷基二甲基苄基氯化铵的含量。

解：(1) 季铵盐类化合物可与四苯硼钠发生反应生成不溶于水的四苯硼季铵盐沉淀，反应迅速且定量进行，适合用于定量分析。四苯硼钠对季铵盐有较高选择性，尤其在低浓度下，能有效避免其他物质的干扰，该方法灵敏度高，能够准确检测木材中微量的季铵盐。

(2) $$w = \frac{V_{\text{四苯硼钠}}\, c_{\text{四苯硼钠}}\, M_{(\text{BAC})}}{m_{\text{木粉}}} \times \frac{V_{\text{萃取液(萃取)}}}{V_{\text{萃取液(滴定)}}} \times \frac{1}{1000} \times 100\%$$

$$= \frac{3.20 \times 0.00200 \times 340}{1.2500} \times \frac{25.00}{5.00} \times \frac{1}{1000} \times 100\% = 0.87\%$$

∴该木材中十二烷基二甲基苄基氯化铵的含量为 0.87%。

3.3　伏安法

3.3.1　伏安法概述

3-3　经典极谱法 mp4

伏安法（voltammetry）是以小面积的工作电极与参比电极组成电解池，

电解被分析物质的稀溶液，根据所得到的电流-电位曲线来进行定性、定量分析的方法。伏安法由经典极谱法发展而来，它们的差别主要是工作电极的不同，极谱分析一般采用滴汞电极作为工作电极，在不断更新的滴汞表面进行电化学反应而获得电压-电流关系曲线图；而伏安分析法是采用固态、表面静止或固定电极作为工作电极的方法。近年来，各类固态电极不断发展，伏安法已成为最主要的分析方法，但值得指出的是，伏安法的发展与经典极谱法的基本理论密切相关。

伏安分析法不同于近乎零电流下的电位分析法，在其回路中有电流通过。但由于其工作电极表面积小，溶液中的待测物质在电极表面发生氧化还原对溶液组成的影响可忽略不计，溶液的组成基本不变。它的实际应用相当广泛，凡能在电极上发生还原或氧化反应的无机、有机物质或生物分子，一般都可用伏安法测定。伏安法还常用来研究电化学反应动力学，测定配位化合物的组成及化学平衡常数，描述某些生物化学反应及其过程等。

3.3.1.1　伏安法采用的三电极系统

伏安法常采用由工作电极、参比电极和辅助电极组成的三电极系统（见图 3-11）。参比电极常采用银/氯化银电极或饱和甘汞电极，辅助电极一般为铂丝（或铂片）。电源电压（$U_{外}$）经过电流计加在工作电极和辅助电极上。使用伏安法测量时，电解池中由电化学反应而产生的电流仅流经工作电极和辅助电极，电流大小由电流计测量。工作电极与参比电极组成另外一个回路，此回路中阻抗很高，所以实际上没有明显的电流通过，从而保证了参比电极的电位稳定性，可以实时显示电解过程中工作电极相对于参比电极的电位（E_w）。由于测量和监控参比电极和工作电极之间电势差时有很高的输入阻抗，参比电极上几乎没有电流通过，电流在工作电极和辅助电极之间通过。因此，可以比较准确地测定相对参比电极的电位变化，对研究电极进行性能测试。三电极体系中，由于参比电极的恒定不变，又基本上无电流通过，因此工作电极上的电位不会受工作电极与辅助电极间的电压降（iR）的影响。

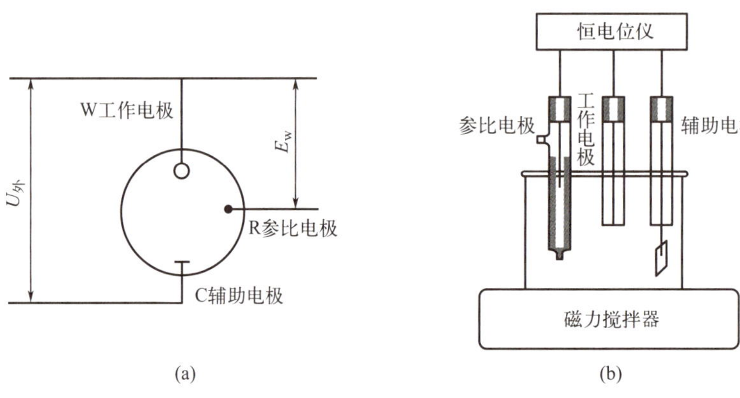

图 3-11　伏安法采用的三电极系统和电解装置示意图

3.3.1.2　分解电压

伏安法所用电解装置如图 3-11(b) 所示。在电解质溶液中插入两个铂片电极，分别作为工作电极和辅助电极与外电源相连并充分搅拌，另有参比电极。当直流电通过溶液时，电极与溶液界面发生有电子得失的氧化或还原反应，引起溶液中物质的分解，这种现象称为电解（electrolysis）。例如，电解 0.5 mol·L^{-1} H_2SO_4 溶液中 0.100 mol·L^{-1} 的 $CuSO_4$ 时，外加电压从零开始增加。起初外加电压较小时不能引起电极反应，几乎没有电流或只有很小的电流流过，逐渐增加外加电压到一定数值，电流突然急剧上升，同时两个电极上明显有氧化还原反应发生。此时阴极发生还原反应

$$Cu^{2+}+2e^- = Cu \quad \varphi^{\ominus}=0.337\ V$$

阳极上则发生氧化反应

$$2H_2O = O_2+4H^++4e^- \quad \varphi^{\ominus}=1.229\ V$$

阴极和阳极的电位值可根据能斯特公式进行计算

$$\varphi_{Cu}=\varphi^{\ominus}+\frac{0.059}{2}\lg[Cu^{2+}]=0.337+\frac{0.059}{2}\lg 0.10=0.308(V)$$

$$\varphi_{O_2}=\varphi^{\ominus}+\frac{0.059}{4}\lg\frac{P_{O_2}}{P^{\ominus}}[H^+]^4=1.229+\frac{0.059}{4}\lg\frac{21278.25}{P^{\ominus}}\times 1=1.219(V)$$

式中，P_{O_2} 按大气中氧的分压计算，约为 21278.25 Pa（0.21 atm）。

电解使阴极铂电极上镀上了一层金属铜，而阳极铂电极上则逸出了氧气。此时铜电极和氧电极构成原电池，其电动势 E 为

$$E=\varphi_{阴}-\varphi_{阳}=0.308-1.219=-0.911(V)$$

由此可见，在电解时产生了一个极性与电解池相反的原电池，它将阻止电解作用的进行，其电动势称为“反电动势”。因此，要使电解反应顺利进行，首先必须克服该反电动势。电解时，理论分解电压的值是它的反电动势，故此例中理论分解电压的值为 0.911 V。

图 3-12 为电解铜离子溶液时的电流-电压曲线。其中 B 点是电流明显增加时的转折点，对应的电压为分解电压（U_d），即引起电解质电解的最低外加电压，由实验测得，故称为实际分解电压。虚线表示根据能斯特公式计算所得的曲线，其转折点称为理论分解电压。通常情况下实际分解电压大于理论分解电压。

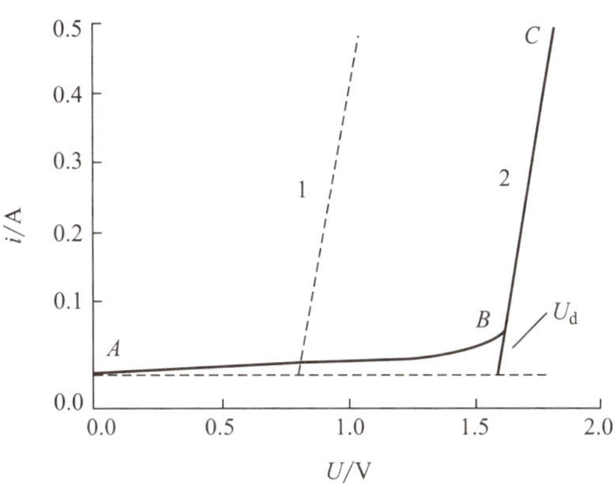

图 3-12　电解铜溶液时的电流-电压曲线

1—计算所得曲线；2—实验所得曲线

随着电解的进行，由于被还原，电极附近的离子耗尽，将会在电极表面和溶液之间产生浓度梯度。只要所施加的电位足够小，溶液中的离子就可以足够迅速地扩散到电极表面，以维持电解电流。但随着电压的增加，电流也随之增加，将产生更大的浓度梯度，离子必须以更快的速率扩散以维持电流。浓度梯度和扩散速率正比于溶液中的离子浓度。在稀溶液中，如果扩散速率达到最大值，并且所有离子的被还原速率和它们扩散到电极表面的速率一样，那么电压最终会达到最大值，此时的电流称为极限电流（limiting current，i），且进一步增加电压，不会导致该电流增加。

3.3.1.3　极化

对于图 3-12 中电解铜溶液，其实际分解电压大于理论分解电压，有两个原因：①由于电解质溶液有一定的电阻，欲使电流通过，必须用一部分电压克服 iR 降，一般相对较小；

②主要用于克服电极极化产生的阳极反应和阴极反应的过电位。（当电池放电或进行电解时，有电流通过电极，此时，电极电位就会偏离原平衡电极电位，这种现象称为电极的极化[polarization]。偏差的大小即为过电位或超电势，电化学极化伴随产生过电位。）极化是一个电极现象，电池中的一个或两个电极都可以产生极化。极化的结果使阴极电位更负，阳极电位更正。极化的程度与电极的大小和形状、电解质溶液的组成、搅拌情况、温度、电流密度、电池反应中反应物和生成物的物理状态以及电极的成分等有关。极化通常分为浓差极化和电化学极化两类。

① 浓差极化：电极处于平衡状态时电解质在溶液中均匀分布。当溶液中有电流流过时，电解反应开始进行。以阴极为例，阳离子（如 Cu^{2+}）在阴极还原成 Cu，使电极表面附近溶液 Cu^{2+} 减少，电极表面 Cu^{2+} 浓度低于本体溶液。如果溶液本体中的 Cu^{2+} 通过扩散到达阴极表面的速率比 Cu^{2+} 还原析出 Cu 的速率慢得多，由于电极表面 Cu^{2+} 浓度不断降低，阴极电位将偏离原来平衡电位值而发生极化。这种由于电解时电极表面浓度的差异而引起的极化现象称为浓差极化。浓差极化越大，电极电位的偏离也越严重。

② 电化学极化：电化学极化是由于电极反应的速率变化而引起的。电极上发生的反应并非如反应式那样一步完成，而是经过若干中间步骤，其中某一步的反应速率最慢，活化能最高，成为反应的控制步骤。为使反应持续进行，必须额外多加一定电压以克服反应的活化能垒。这种由于电极反应速率的迟缓所引起的极化作用称为电化学极化。

3.3.1.4 电极表面的传质过程

当电流通过电化学池时，电极和溶液界面发生了电荷转换过程，消耗了反应物，生成了反应产物。欲维持通过的电流值，反应物从溶液本体向电极表面方向传递，产物则从电极表面向溶液方向传递，这种物质在液相中的传递称为传质过程（mass transfer process）。在电极表面附近一般有三种传质方式：对流、电迁移和扩散。

① 对流：对流是指溶液中的粒子随着液体的流动而一起运动的现象。它包括液体各部分之间因浓度差或温度差引起的自然对流和因机械搅拌方式引起的强制对流。

② 电迁移：电迁移是在静电场的作用下，带正、负电荷的离子分别向负、正电极移动的现象。

③ 扩散：扩散指溶液中物质粒子在浓度梯度的作用下，自高浓度区向低浓度区方向发生的移动现象。即使溶液处于静止状态，也会发生这种传递现象。

上述三种传质方式使电活性物质（发生电极反应的物质）到达电极并发生氧化还原反应产生的电流，分别称为对流电流（convection current）、迁移电流（migration current）和扩散电流（diffusion current）。

电分析化学中，为了得到电流和浓度间的简单函数关系，要求电极表面上的迁移电流分量和对流电流分量均为零，得到纯扩散传质产生的电解电流，因此主要采取以下措施：

① 迁移电流可采取加入一些在研究电位范围内不发生电化学反应的惰性盐（支持电解质）来消除，其浓度至少是分析物的 100 倍，常用的支持电解质为钾盐或四丁基铵盐等。因为它们的离子浓度高，承担迁移电流的份额大，使低浓度的被分析物质对迁移电流的相对贡献大大减少，选择合适的支持电解质可使欲测物质的迁移数趋于零。同时，在加入支持电解质后，溶液的电阻和电压降（iR）可忽略不计。

② 电解的溶液静置（不搅拌）可以消除对流的影响。

在这些条件下，所获得的电流即为扩散电流。

3.3.1.5　电位阶跃法

电位阶跃法是伏安法中最基本的电化学测试技术，它是将电极电位强制性地施加在工作电极上，测量电流随时间或电位的变化规律。这类技术通常适用于电活性物质的传递方式仅为扩散传递过程的情况，而且假定在电化学反应中，电活性物质的浓度基本不变。

例如，假设电极表面发生如下的电化学反应

$$O+ne^- \longrightarrow R$$

对于上式所表示的电活性物质的还原反应，当施加在工作电极上的电位从不发生电极反应时的电位 E_1，向负方向阶跃达到极限扩散电流的电位 E_2，如图 3-13(a) 所示，使还原反应的速率足够快，以至于电极表面上的反应物 O 立即转化为 R，即电极表面 O 的浓度趋近于零。在电位 E_1 时，由于没有电极反应发生，反应物 O 在溶液中和在电极表面的浓度是相同的。当电位从 E_1 阶跃到 E_2，反应物 O 迅速还原，并造成了电极表面和溶液间的浓度梯度，因此反应物 O 不断地向电极表面扩散，而扩散到电极表面的反应物又立即被还原。随着电极反应的进行，反应物不断地向电极表面扩散，使得电极表面和溶液间的浓度梯度向本体溶液方向发展，其浓度分布随时间的变化曲线如图 3-13(b) 所示。随着时间的推移，电流会衰减，呈现出如图 3-13(c) 所示的变化曲线。

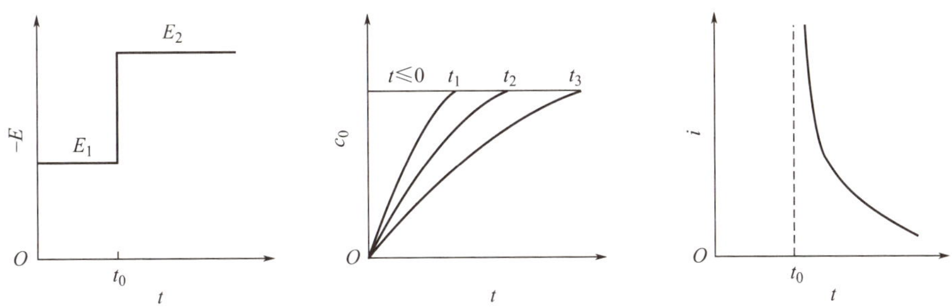

(a) 单电位阶跃波形　(b) 反应物浓度分布随时间的变化曲线　(c) 电流随时间的变化曲线

图 3-13　单电位阶跃及电流响应

电位阶跃的实验装置主要由三电极系统和一个控制电位阶跃的恒电位器组成。电位阶跃的选择通常是从电化学反应发生前的某一电位改变到电化学反应发生后的另一电位，观察由此引起的电流随时间变化的规律。由于该方法获得的是电流-时间（i-t）关系曲线，因此通常称为计时电流法。

3.3.1.6　伏安曲线

以上介绍的仅是阶跃到较负电位的单电位阶跃，电极表面的反应物浓度很快就衰减到一个接近于零的值。如果将上述单电位阶跃分为多次阶跃来完成，即在电化学反应的不同阶段进行一系列的电位阶跃［如图 3-14(a) 所示］，将会发生什么样的情况呢？

在每个单电位阶跃实验之间都保持相同的初始条件。E_1 是阶跃前的初始电位，选定在无还原反应发生的区域；E_2 是阶跃到反应物刚开始还原的电位；E_3 和 E_4 是阶跃到已还原但不足以使电极表面反应物浓度为零的电位；E_5 和 E_6 是阶跃到使电极表面反应物浓度为零，反应进入到传质控制区域的电位。不难得到，在 E_2 电位处有极少的法拉第电流；而在

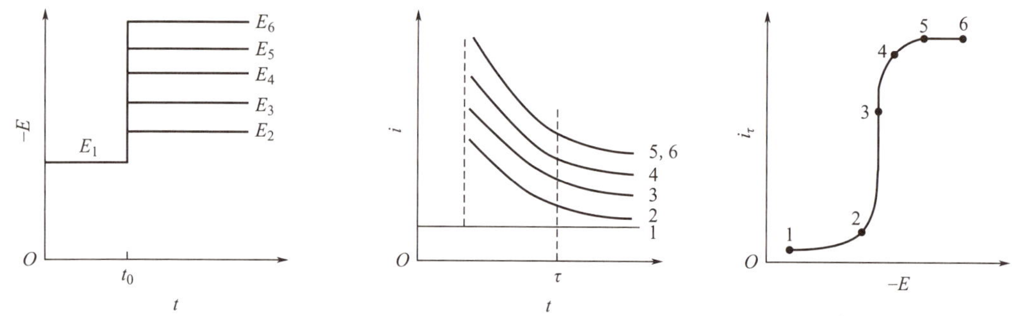

(a) 多次电位阶跃波形

(b) 对应各次电位阶跃的电流与时间的关系曲线

(c) 由多次电位阶跃所获得的电流与电位关系曲线

图 3-14　连续电位阶跃与伏安曲线

E_5 和 E_6 电位处的电流行为与上述单电位阶跃情形相同，反应物表面浓度降到了零，即达到了完全浓差极化，这时本体溶液中的反应物将尽可能快地向电极表面扩散，电流的大小完全受此扩散速率控制。在这种极限扩散条件下，电位增加不会影响电流的大小，即达到极限电流，该极限值称为极限扩散电流。若在每次阶跃后的某一相同时刻 τ 记录电流［如图 3-14（b）所示］，将这些电流与对应的阶跃电位作图，得到如图 3-14(c) 所示的电流-电位关系曲线，称作伏安曲线。

一个典型的伏安曲线如图 3-15 所示。溶液搅拌或电极旋转时，会得到如图 3-15(a) 所示的 S 形曲线；也就是说，一旦建立稳态扩散条件，极限电流将保持恒定。这是因为待测物持续地通过物质传输作用（如搅拌）扩散至电极表面附近，这就导致待测物扩散穿过的浓度梯度的厚度（或者称为扩散层）一直很小并且恒定。但是，如果电极未搅拌或在静止的溶液中，扩散层将经过一段时间扩散到更远的溶液，导致极限电流随时间指数降低，同时在记录曲线上出现“峰”，如图 3-15(b) 所示。

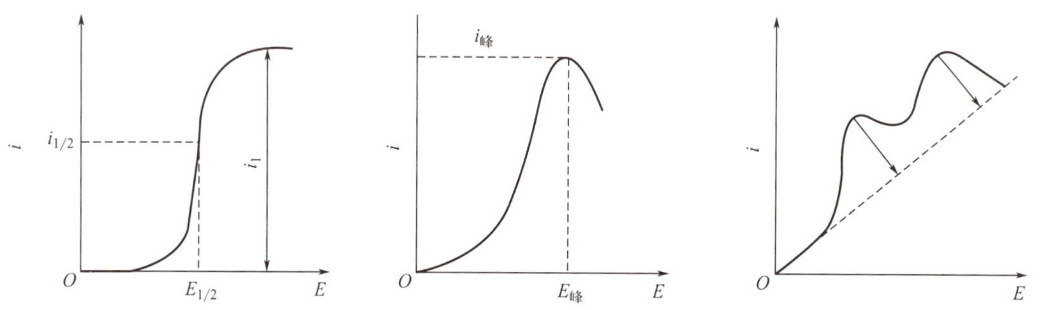

(a) 搅拌溶液或旋转电极

(b) 不搅拌溶液

(c) 逐步还原(或氧化)待测物或两个电活性物质的混合物(未搅拌的溶液)

图 3-15　不同类型的伏安曲线

尽管产生电解所需的分解电压会随浓度产生微小变化，但半极限电流对应的电压与浓度无关，这就是所谓的半波电位（$E_{1/2}$，half-wave potential）。这是一个与氧化还原电对标准电位或表观电位有关的常数，故伏安法可用作还原性或氧化性物质的定性工具。电压依赖于电流大小的电极称为极化电极。如果电极面积小，并达到极限电流，则电极被认为是去极化的。因此，在微电极上被还原或氧化的物质被称为去极化剂，上述氧化还原过程被称作在去极化的条件下发生。如果去极化剂在工作电极上被还原，在电压比分解电压更负时记录的电流称为阴极电流。如果去极化剂被氧化，在电压比分解电压更正时记录的电流称为阳极电流。

在一定的电压下，电活性物质可被还原至一个较低的氧化态，当电位下降到一个更低的值时，电活性物质进一步被还原至更低的氧化态。例如，氨溶液中的二价铜在石墨电极上被还原，在－0.2 V（以饱和甘汞电极作参比电极）形成稳定的 Cu(Ⅰ) 氨配合物，然后在－0.5 V 还原成金属 Cu，每一步都是单电子还原过程。在这种情况下，将记录到两个连续的伏安波，如图 3-15(c) 所示。波的相对高度正比于氧化还原反应中所涉及的电子个数，在这种情况下，两个波具有相等的高度。图中虚线（基线）即背景电流参考线，用于测量各波的极限电流高度（如图中箭头所示）

当溶液中存在两个或多个电活性物质时，它们会在不同的电势下被还原，那么类似的逐步还原过程就会发生。例如，当电势低于－0.4 V（相对于饱和甘汞电极）时，铅被还原；当电势低于－0.6 V 时，镉被还原。因此在含有这两种物质的混合物溶液中，在石墨电极上将出现两个伏安波，一个是铅波，位于－0.4 V，另一个紧接着是镉波在－0.6 V。相对高度正比于两种物质的浓度以及它们还原或氧化的相对的电子转移数。

电活性物质的混合物可以通过其逐步伏安波来区分。在连续的氧化还原波之间，$E_{1/2}$ 间的差值应大于 0.2 V，才能有良好的分辨率。如果 $E_{1/2}$ 值相等，则仅得一个组分波，其高度为各个波的加和。如果高浓度主要组分先于待测物被还原（或在阳极扫描时被氧化），其响应可能掩盖后继波，甚至可能不能达到极限电流。在这种情况下，大多数干扰物质需要在分析之前去除。

3.3.2 线性扫描伏安法

3.3.2.1 线性扫描伏安法的基本原理

线性扫描伏安法（linear sweep voltammetry，LSV）也称线性电位扫描计时电流法，它是将线性电位扫描施加于电解池的工作电极和参比电极之间。工作电极是可极化的电极，如滴汞电极、静汞滴电极或其他固体电极（如铂、金或石墨等）。而辅助电极和参比电极则具有相对大的表面积，是不可极化的。工作电极上施加的电位随时间线性变化［图 3-16(a)］，扫描速率通常为 0.01～1000 V·s^{-1}，电极电位与扫描速率和时间的关系表示为

$$E = E_i - vt \tag{3-4}$$

式中，v 为电位扫描速率，V·s^{-1}；E_i 为起始扫描的电位，V；t 为扫描时间，s。

测量不同电位时相应的极化电流，根据记录的电流-电位曲线进行分析。

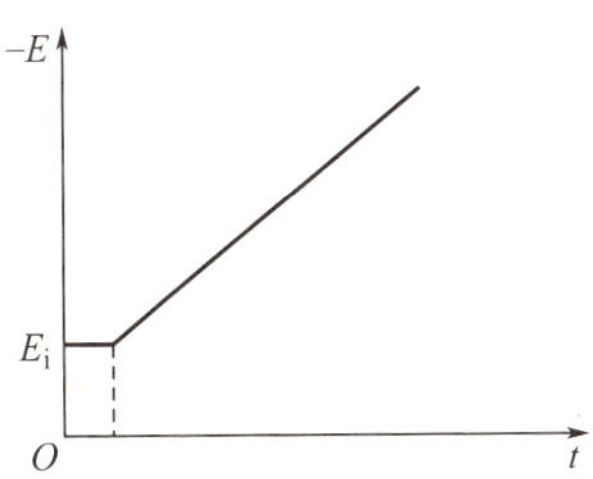

(a) 工作电极电位的变化

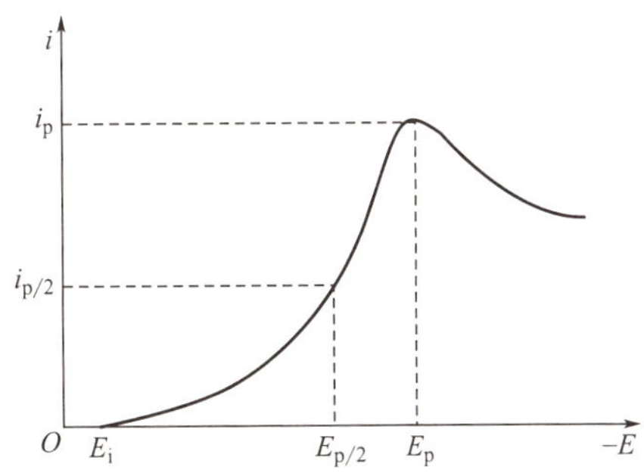

(b) 线性扫描伏安图

图 3-16 线性扫描伏安法原理图

线性扫描伏安图是一种峰状的曲线，如图 3-16(b) 所示。当电位较正时，不足以使被测物质在电极上还原，电流没有变化，即电极表面和本体溶液中物质的浓度是相同的，无浓差极化。当电位变负，达到被测物质的还原电位时，物质在电极上很快地还原，电极表面物质的浓度迅速下降，电流急速上升。若电位变负的速率很快，可还原物质会急剧地还原，其在电极表面附近的浓度迅速降低并趋近于零，此时电流达最大值。电位继续变负，溶液中的可还原物质要从更远处向电极表面扩散，扩散层因此变厚，电流随时间缓慢衰减，于是形成了一种峰状的电流-电位曲线。

线性扫描伏安图中的主要参数有 i_p（峰电流）、E_p（峰电位）和 $E_{p/2}$（半峰电位，即电流为 $i_{p/2}$ 处的电位），见图 3-16(b)。对于可逆波，峰电流与被测物质浓度和扫描速度等的关系如下：

$$i_p = 2.69 \times 10^5 n^{3/2} D^{1/2} v^{1/2} Ac \tag{3-4}$$

式中，i_p 为峰电流，A；n 为电子转移数；D 为扩散系数，$cm^2 \cdot s^{-1}$；v 为电位扫描速率，$V \cdot s^{-1}$；A 为电极表面积，cm^2；c 为被测物质的浓度，$mol \cdot L^{-1}$。上式又称为 Randles-Sevcik（兰德莱斯-塞夫契克）方程。可见，峰电流与被测物质的浓度成正比，且与扫描速率等因素有关。

3.3.2.2 线性扫描伏安法的应用

(1) 定量分析

根据 Randles-Sevcik 方程，在一定的底液（电解池内的溶液体系）中，对一定的电活性物质来说，n 和 D 是一定的，只要在实验中保持 A 及 v 一定，则 i_p 与 c 成正比，即可通过得到的被测物质的峰电流值计算出其含量。一般可逆过程线性扫描伏安法的检出限为 $10^{-6}\ mol \cdot L^{-1}$。

(2) 吸附研究

从 Randles-Sevcik 方程可见，i_p 与 $v^{1/2}$ 成正比，这是反应物不吸附、电流仅受扩散速率控制时的情况。如果反应物在电极表面有吸附，则曲线偏离直线往上翘。因此，对于对称的线性扫描吸附波，可以通过线性扫描伏安法求得其吸附量、确定其吸附模式并求得吸附因子和吸附系数。

(3) 电极反应机理研究

由 Nernst 方程可以导出峰电位 E_p 和半峰电位 $E_{p/2}$ 与直流极谱的半波电位 $E_{1/2}$ 的关系（25 ℃）为：

$$E_p - E_{1/2} = E_{1/2} - E_{p/2} = -1.109\frac{RT}{nF} = -28.5/n(\mathrm{mV})$$

对于能斯特可逆波，一个有用的判据是

$$|E_p - E_{p/2}| = 2.2\frac{RT}{nF} = 56.5/n(\mathrm{mV})$$

即对于受扩散控制的可逆电极反应，其线性扫描伏安图一般具有下列特征：i_p 与 c 成正比；i_p 与 $v^{1/2}$ 成正比；E_p 与 v 无关；由 E_p 和 $E_{1/2}$ 的实验值可求得 n 值。如果在 25 ℃

时 $E_p-E_{1/2}$ 大于 56.5 n/mV，则可判断电极反应可能是准可逆或不可逆电极反应。

3.3.3　循环伏安法

3-4　伏安法——单扫描和循环伏安法 mp4

循环伏安法（cyclic voltammetry，CV）是将循环变化的电压加于工作电极和参比电极之间，记录工作电极上得到的电流与施加电压的关系曲线。循环伏安法的电位扫描曲线是从起始电位 E_i 开始，线性扫描到终止电位 E_τ 后，再回过头来扫描到起始电位，是一个连续的循环扫描过程。其电位-时间曲线如同一个三角形，故又称三角波电位扫描曲线（如图 3-17 所示），是最常用的电化学分析技术之一。

对于可逆的电化学反应，当电位从正向负方向线性扫描时，溶液中的氧化态物质 O 在电极上还原生成还原态物质 R：

$$O+ne^- \longrightarrow R$$

当电位逆向扫描时，R 则在电极上氧化为 O：

$$R \longrightarrow O+ne^-$$

其电流-电位曲线如图 3-18 所示。图中曲线呈现出一个还原氧化全过程，是一个循环曲线，故称为循环伏安图。图的上半部是还原波，称为阴极支，其电流和电位分别称为阴极峰电流（i_{pc}）和阴极峰电位（E_{pc}）；下半部为氧化波，称为阳极支，其电流和电位分别称为阳极峰电流（i_{pa}）和阳极峰电位（E_{pa}）。

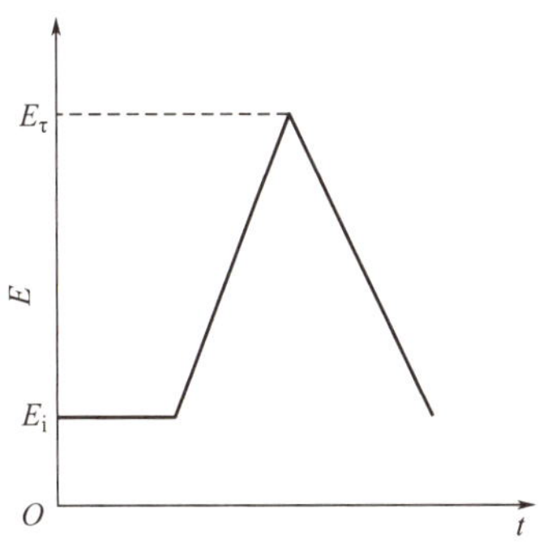

图 3-17　三角波电位扫描曲线

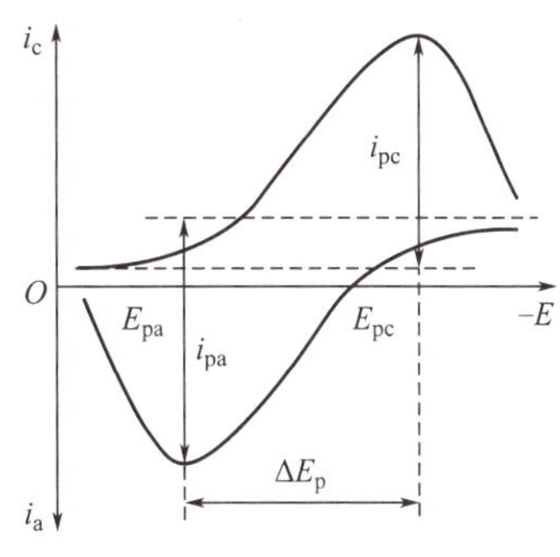

图 3-18　循环伏安法电流-电位曲线

循环伏安法是最基本的电化学研究方法，在研究电化学反应的性质、机理和电极过程动力参数等方面有着广泛的应用。分析循环伏安实验所得到的电流-电位曲线（循环伏安图）可获得溶液中或固定在电极表面的组分的氧化和还原信息、电极溶液界面上电子转移（电极反应）的热力学和动力学信息，以及电极反应所伴随的溶液中或电极表面组分的化学反应的热力学和动力学信息。下面对电极过程的可逆性判断和电极反应机理两方面的应用进行介绍。

3.3.3.1　循环伏安法用于电极过程可逆性判断

在循环伏安图中，出现峰电流的原因和线性扫描伏安法一样。对于电极反应速率很快，符合 Nernst 方程的反应，即通常所说的可逆过程，其循环伏安图的峰电流和峰电位值具有如下特征：

$$i_{pa}/i_{pc} \approx 1$$

$$\Delta E_p = E_{pa} - E_{pc} = 2.3\frac{RT}{nF} = 59(\text{mV})/n$$

可见，可逆过程的循环伏安图是上下较对称的曲线，如图 3-19 中黑色实线曲线所示。但在实验中，ΔE_p 值与反扫的换向电位 E_τ 有关，当换向电位较 E_{pc} 负 100 mV/n 以上时，ΔE_p 为 59 mV/n。一般来说，其数值在 55 mV/n 至 65 mV/n 之间。对于电极反应速率很慢，不符合 Nernst 方程的反应，即不可逆过程，其情形就大不一样，反扫时不出现阳极峰，且电位扫描速率增加时，E_{pc} 明显变负，如图 3-19 中虚线曲线所示。图 3-19 中虚线 B 曲线为准可逆过程，其极化曲线形状与可逆程度有关。一般来说，峰电位随电位扫描速率的增加而变化，阴极峰电位变负，阳极峰电位变正，ΔE_p 增大（>59 mV/n）；此外，i_{pa}/i_{pc} 可大于、等于或小于 1，但均与 $v^{1/2}$ 成正比，因为峰电流仍是由扩散速率所控制的。

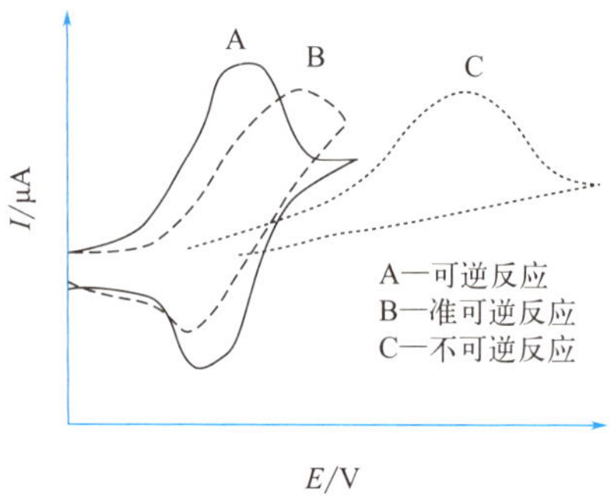

图 3-19 不同电极过程的循环伏安图

循环伏安图中两个峰电流值及其比值和差值是循环伏安法中最为重要的参数。阳极扫描峰值电位 E_{pa} 与阴极扫描峰值电位 E_{pc} 的差值（ΔE_p）可以用来检测电极反应是否是能斯特反应。当一个电极反应的 ΔE_p 值接近 $2.3RT/nF$（59mV/n，25 ℃），以及氧化峰与还原峰电流值之比接近于 1 时，可以判断该反应为能斯特反应，即可逆反应。当电极反应不可逆时，氧化峰与还原峰的峰值电位差值相距较大，相距越大，不可逆程度越大。氧化峰电流值与还原峰电流值的差距也反映了电极反应的可逆性。一般地，利用不可逆波来获取电化学动力学的一些参数，如电子传递系数以及电极反应速率常数 k、电化学反应中质子参与情况以及电催化问题等。循环伏安法可以测定电活性物质的浓度，能够提供较多的有关电活性物质与电极表面发生电子转移的信息，是研究电化学反应机理的最佳手段之一。

3.3.3.2 循环伏安法用于电极反应机理的判断

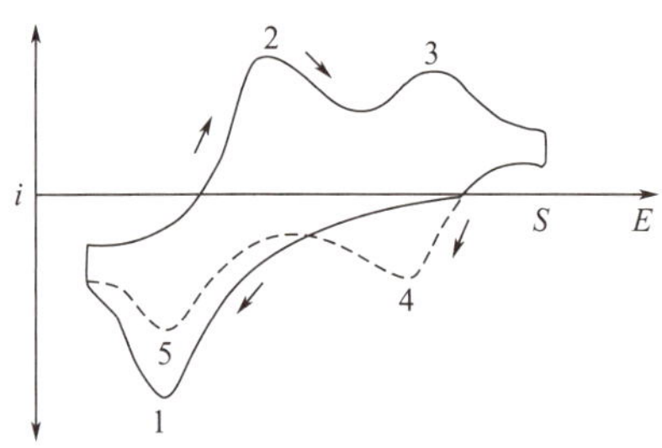

图 3-20 对氨基苯酚的循环伏安图

图 3-20 为对氨基苯酚的循环伏安图。扫描先从图上的 S 点电位出发，电位向正方向进行扫描，得到阳极峰 1；然后再做反向（负电位方向）扫描，得到两个阴极峰 2 和 3。紧接着再一次阳极化扫描时，先后得到两个阳极峰 4 和 5（图中的虚线），且峰 5 与峰 1 的峰电位相同。

根据对氨基苯酚的循环伏安图，可以得到下列信息。在第一次阳极化扫描时，峰 1 是对氨基苯酚的氧化峰。电极反应为：

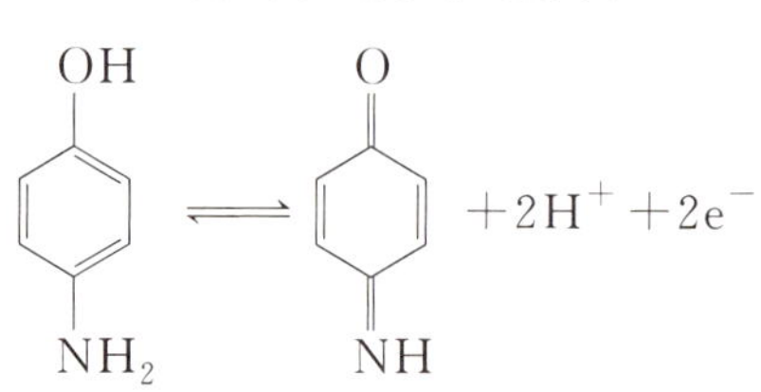

（反应 1）

所得到的电极反应产物对亚氨基苯醌在电极表面会发生如下的化学反应：

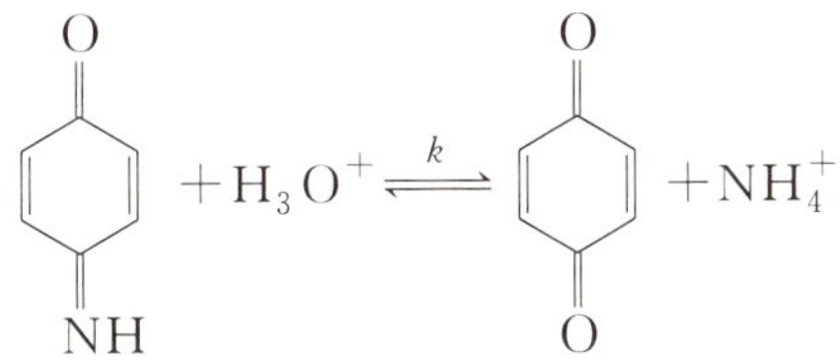

（反应 2）

部分对亚氨基苯醌转化为苯醌，而对亚氨基苯醌和苯醌均可在电极上被还原。因此，在进行阴极化扫描时，对亚氨基苯醌被还原为对氨基苯酚，形成还原峰 2；而苯醌则在较负的电位被还原为对苯二酚，产生还原峰 3，其电极反应为：

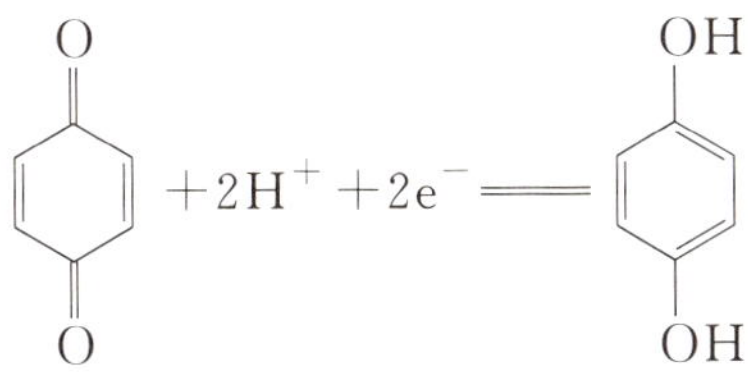

（反应 3）

当再一次阳极扫描时，对苯二酚又被氧化为苯醌，形成峰 4。峰 5 与峰 1 相同，仍为对氨基苯酚的氧化峰，但由于反应 1 和反应 2 的进行，对氨基苯酚的浓度逐渐减小，故峰 5 低于峰 1。由此可以得出，峰 1、5 和 2 对应电极反应 1，而峰 3 和 4 对应电极反应 3。

可见，利用循环伏安法可以获得电极表面物质及电极反应的有关信息，可以对有机化合物、金属化合物及生物物质等的氧化还原机理做出准确的判断。

拓展案例 B3-4　循环伏安法用于药物分析

对乙酰氨基酚（扑热息痛）（APAP）是一种常用的解热非甾体类抗炎药，是阿司匹林的首选替代品，特别是对于不能耐受阿司匹林的患者，它的使用是世界范围内最常见的中毒原因之一。在推荐剂量下，没有副作用。然而，过量服用会对肝脏和肾脏造成损害。人们怀疑对乙酰氨基酚的代谢物是实际的肝毒性物质。

可采用循环伏安法测定小儿泰诺糖浆中 APAP 的浓度，依据是 APAP 在电极表面发生电化学氧化反应，生成 *N*-乙酰基对苯醌亚胺(NAPQI)。其氧化反应如下：

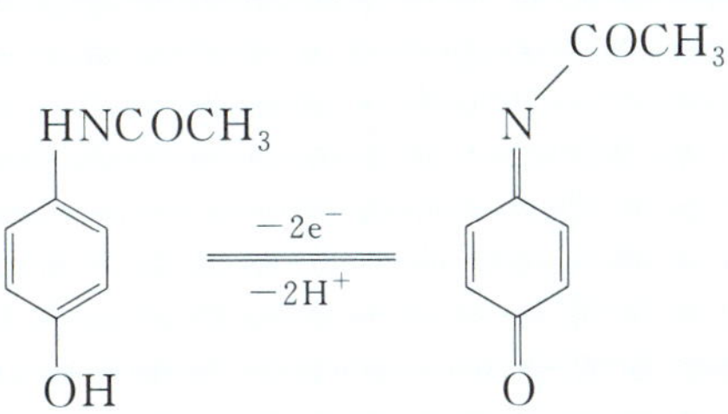

Ⅰ　1　Ⅱ

APAP　NAPQI

循环伏安法通过记录氧化峰电流与 APAP 浓度的线性关系，实现定量分析。循环伏安法可有效用于药物中 APAP 的定量分析，具有灵敏度高、操作简便的优点。

首先，配制一系列不同浓度的APAP标准溶液（如0.1 mmol·L^{-1}、0.2 mmol·L^{-1}、0.5 mmol·L^{-1}、1.0 mmol·L^{-1}），使用磷酸盐缓冲溶液（PBS，pH＝7.0）作为支持电解质。使用玻碳电极作为工作电极，铂丝为对电极，Ag/AgCl为参比电极。电极使用前用氧化铝抛光粉抛光，并用去离子水清洗。连接电化学工作站，设置扫描范围为0～0.8 V，扫描速率为50 mV·s^{-1}。将电极浸入待测溶液中，开始扫描并记录电流—电压曲线。依次测试不同浓度的对乙酰氨基酚溶液，记录氧化峰电流。绘制氧化峰电流与对乙酰氨基酚浓度的标准曲线。结果显示，对乙酰氨基酚在约0.5 V处出现明显的氧化峰。氧化峰电流与对乙酰氨基酚浓度呈线性关系，线性范围为0.1～1.0 mmol·L^{-1}。再用同样的方法测定未知样品中的对乙酰氨基酚浓度。通过标准曲线计算未知样品中对乙酰氨基酚的浓度。试回答下列问题：

（1）为什么选择pH值为7.0的磷酸盐缓冲溶液作为支持电解质？

（2）如何通过循环伏安图判断对乙酰氨基酚的氧化反应是否可逆？

（3）在实际药物分析中，哪些因素可能影响循环伏安法的测定结果？

答：（1）对乙酰氨基酚在人体内的代谢和作用通常发生在接近中性的pH环境中（pH值7.0左右），因此选择pH值为7.0的磷酸盐缓冲溶液可以模拟其生理条件。磷酸盐缓冲溶液在pH值为7.0时具有较好的缓冲能力，能够维持溶液的pH值稳定，避免因pH值变化影响对乙酰氨基酚的电化学行为。在pH值为7.0的条件下，对乙酰氨基酚的氧化峰通常较为明显且稳定，有利于定量分析。此外，在酸性或碱性过强的条件下，对乙酰氨基酚可能会发生水解或其他副反应，影响测定结果的准确性。

（2）可通过以下三个方面判断：

① 氧化峰与还原峰的对称性：可逆反应通常在循环伏安图中会呈现一对对称的氧化峰和还原峰。如果对乙酰氨基酚的氧化反应是完全可逆的，那么在正向扫描（氧化）和反向扫描（还原）中应分别出现明显的氧化峰和还原峰。

② 峰电位差（ΔE_p）：对于可逆反应，氧化峰电位（E_{pa}）和还原峰电位（E_{pc}）之间的差值（$\Delta E_p = E_{pa} - E_{pc}$）应接近59 mV/$n$。如果$\Delta E_p$远大于59 mV/$n$，则表明反应可能是准可逆或不可逆的。

③ 峰电流比：可逆反应的氧化峰电流（I_{pa}）与还原峰电流（I_{pc}）的比值应接近1。如果I_{pa}/I_{pc}明显偏离1，则反应可能是不可逆的。

在对乙酰氨基酚的实验中，如果循环伏安图中仅出现氧化峰而无明显的还原峰，或者ΔE_p较大，则表明其氧化反应可能是不可逆的。

（3）实际测定中可能影响循环伏安法测定结果的因素有：

① 电极表面状态：电极表面的清洁度和活性会影响测定的灵敏度和重现性。如果电极表面污染或未抛光，可能导致峰形变宽或峰电流降低。

② 支持电解质的选择：支持电解质的种类和pH值会影响对乙酰氨基酚的电化学行为。不合适的电解质可能导致峰电位偏移或峰形变化。

③ 扫描速率：扫描速率过快可能导致峰电流增加，但峰形变宽；扫描速率过慢则可能降低检测灵敏度。需要选择合适的扫描速率以获得最佳结果。

④ 溶液中的干扰物质：药物样品中可能存在其他电活性物质（如维生素C、多巴胺等），这些物质可能会在对乙酰氨基酚的氧化电位附近发生反应，干扰测定结果。

⑤ 温度：温度变化可能影响电化学反应的动力学行为，导致峰电位和峰电流的变化。实验应在恒温条件下进行。

⑥ 浓度范围：如果对乙酰氨基酚的浓度过高，可能导致电极表面饱和，使峰电流与浓度偏离线性关系；浓度过低则可能导致信号过弱，难以检测。

高阶选修 A3-2　溶出伏安法

溶出伏安法（stripping voltammetry）是先将被测物质以适当的方式富集在电极表面，富集时通常搅拌溶液以加快传质，而后借助线性电位扫描或脉冲技术将电极表面富集物质溶出，根据溶出过程得到的电流-电位曲线来进行分析的方法。

(1) 溶出伏安法的特点和应用

溶出伏安法的主要特点是：

① **具有较高的灵敏度**，一般可达 $10^{-11}\sim10^{-7}mol\cdot L^{-1}$，可用于微量分析和超微量分析；

② **分析速度快**，一般在数分钟内完成一次测定；

③ **试样用量少**，试样少至0.1～1 mL就可以进行测定，如血样一般仅需1滴，头发只需几根；

④ **仪器简单价廉**。由于溶出伏安法的灵敏度很高，故在超纯物质分析中具有实用价值，此外，在环境监测、食品、生物试样等试样中微量元素的测定中也得到了广泛的应用。溶出伏安法除用于测定金属离子外，还可测定一些阴离子，如氰、溴、碘、硫等，它们能与汞生成难溶化合物，可用阴极溶出法进行测定。对于析出电位很正或很负的一些金属离子，如镁、钙、铝和稀土离子等，溶出伏安法一般难以直接测定，但是这些离子能跟某些配位体形成吸附性很强的络合物而在汞电极上吸附富集，从而在溶出过程中通过配位体的还原而间接测定。

(2) 溶出伏安法常用的工作电极

溶出伏安法的工作电极对测定结果起决定性作用，因此电极的选择和制备十分重要。在一般情况下，溶出伏安法使用二电极体系，由极化的工作电极和不极化的辅助电极组成。常用的辅助电极有饱和甘汞电极、银/氯化银电极和汞池电极等。但随着工作电极表面氧化态的浓度不断减小而还原态浓度不断增加，常常能使后放电离子还原或氢离子放电，从而严重干扰测定，影响分析结果。因此，目前大多采用由工作电极、对电极和参比电极组成的具有快速扫描功能的三电极体系。对电极常用铂片电极，工作电极电位以参比电极为基准，通过不断改变外线路电阻使工作电极电位维持恒定，这样就能避免后放电物质的干扰，且溶出峰的峰形比较对称。溶出伏安法常用的工作电极有汞电极和固体电极两大类。

① 汞电极

汞电极是最常用的溶出伏安法工作电极，包括悬汞电极和汞膜电极两种。悬汞电极是使一汞滴悬挂在电极表面，测定过程中表面积基本恒定。汞膜电极是以玻璃电极作为基质，在其表面镀一层汞。由于汞膜很薄，被富集生成汞齐的金属原子不会向内扩散，因此能经较长时间的电极富集而不会影响结果。由于汞膜电极具有电富集效率高的特点，常被用作溶出伏安法的工作电极。凡能在汞膜电极上发生可逆氧化还原反应的分析物或可在电极表面形成一种能再溶出的不溶物的分析物，都可以用溶出伏安法测定。

② 固体电极

当溶出伏安法在较正电位进行时，因汞要氧化而溶解，所以不能使用汞电极，此时必须采用固体电极。固体电极的种类较多，按其材料可分为贵金属电极（如铂、金、银）和碳质电极。固体电极与汞电极（悬汞电极和汞膜电极）相比，主要优点是无污染、使用简便，但由于电极表面状态在使用过程中可能发生连续的变化（如前次测定的金属残留等），使结果的重现性较差，为此，在每次测定前需对电极表面进行处理，如清洗、抛光、预极化等。

(3) 溶出伏安法的基本过程

溶出伏安法的实验操作主要分为预电解富集和溶出两步。

① 预电解富集

预电解富集是用控制电位的电解法将待测组分富集到电极上。为了提高富集效率，溶液应充分搅拌，富集时间一般为 2～15 min。富集后停止搅拌，让溶液静置 30s（称为休止期），使沉积物在电极上均匀分布，为下一步溶出做准备。

② 溶出

溶出是用各种伏安法在短时间内（10～160 s）将富集在电极上的待测物质迅速溶解，使其返回到溶液中的过程，是富集过程的逆过程。溶出峰电流的大小与被测物质的浓度成正比。由此可见，溶出伏安法是一种把恒电位电解与伏安法相结合，在同一电极上进行的电分析化学方法。

(4) 溶出伏安法的定量基础

若溶出过程采用的是线性扫描方法，则溶出峰电流与被测物质浓度的关系为

$$i_p = -Kc_0$$

这就是溶出伏安法的定量分析基础。

滴汞电极表面积 A 及体积 V 与峰电位有如下关系：

$$i_p = KnA/V$$

式中，n 为试液中被测物质的总量；K 为常数。所以，当汞滴的表面积与体积的比值较大时，也就是汞滴的半径较小时，灵敏度较高。实验中，每个汞滴只能使用一次，所以每次测量时能否获得同样大小的汞滴，是保证结果重现性的关键。对于汞膜电极来说，其 A/V 比值会较悬汞电极大得多，所以灵敏度高，可达 10^{-11} mol·L^{-1}，电解富集的时间也大为缩短。

(5) 溶出伏安法分类

富集过程往往通过电解来实现，电解富集时工作电极作为阴极，溶出时作为阳极，称为阳极溶出伏安法（anodic stripping voltammetry）；反之，工作电极作为阳极来电解富集，而作为阴极进行溶出，则称为阴极溶出伏安法（cathodic stripping voltammetry）。如果富集过程不是通过电解来实现，而是通过被测物质的某种表面吸附作用完成的，即富集过程并不涉及被测物质的电化学反应，则称为吸附溶出伏安法（adsorptive stripping voltammetry）。

① 阳极溶出伏安法

阳极溶出伏安法的电流-电位曲线包括电解富集和溶出两个过程［见图 A3-9（a）］。富集时工作电极的电位选择在被测物质的极限电流区域［图 A3-9（a）虚线处］，金属离子在汞电极表面还原形成金属汞齐，因电极表面积很小，经较长时间富集后电极表面汞齐中金属的浓度相当大（浓缩作用）。溶出时，以快速的阳极化电位扫描方式，汞齐中的金属迅速地被氧化，从而产生尖峰状的溶出电流曲线。

例如，在 1.5 mol·L^{-1} 盐酸介质中在悬汞电极上测定痕量铜、铅、镉，先将悬汞电极电位控制在−0.8 V。电解一段时间后，溶液中的一部分 Cu^{2+}、Pb^{2+} 和 Cd^{2+} 在电极上被还原，生成金属汞齐。电解完毕后，悬汞电极的电位线性地由负向正方向快速变化，这时先后得到镉、铅和铜的氧化溶出峰电流，如图 A3-9（b）所示。

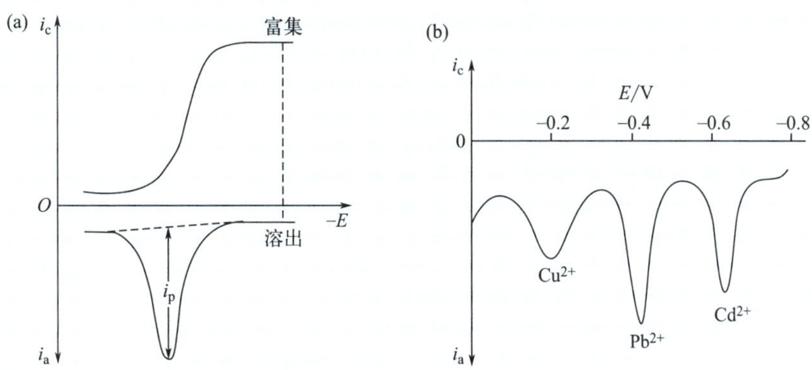

图 A3-9 （a）阳极溶出伏安法的富集和溶出过程；（b）盐酸介质中的铜、铅、锡离子的溶出伏安图

② 阴极溶出伏安法

溶出伏安法除用于测定金属离子以外，还可以测定一些阴离子如氯、溴、碘、硫等，这称为阴极溶出伏安法。阴极溶出伏安法虽然也包含电解富集和溶出两个过程，但在原理上与阳极溶出伏安法恰恰相反，即富集过程是被测物质的氧化沉积，溶出过程是沉积物的还原。阴极溶出伏安法的富集过程通常有两种情况：

一是被测阴离子与阳离子（电极材料被氧化的产物）生成难溶化合物而富集。例如，阴离子（X^-）在汞或银电极上的阴极溶出伏安法：

富集：

$$Hg = Hg^{2+} + 2e^-$$

$$Hg^{2+} + 2X^- = HgX_2 \downarrow$$

溶出：　　$HgX_2\downarrow + 2e^- \xlongequal{} Hg + 2X^-$

二是被测离子在电极上氧化后与溶液中某种试剂在电极表面生成难溶化合物而富集。例如，Tl^+ 在 pH 值为 8.5 的介质中在石墨碳电极上的阴极溶出伏安法：

富集：　　$Tl^+ \xlongequal{} Tl^{3+} + 2e^-$

$$Tl^{3+} + 3OH^- \xlongequal{} Tl(OH)_3\downarrow$$

溶出：　　$Tl(OH)_3\downarrow \xlongequal{} Tl^{3+} + 3OH^-$

许多生物物质或药物，如嘧啶类衍生物等，能够与 Hg^{2+} 生成难溶化合物，因此能用阴极溶出伏安法测定，而且具有很高的灵敏度。

③ 吸附溶出伏安法

吸附溶出伏安法类似于上述阳极或阴极溶出伏安法，所不同的是其富集过程是通过非电解过程，即吸附来完成的，而且，被测物质可以是开路富集，也可以是控制工作电极电位富集，被测物质的价态不发生变化。但溶出过程与上述溶出伏安方法一样，即借助电位扫描使电极表面富集的物质氧化或还原溶出，根据其溶出峰电流-电位曲线进行定量分析。某些生物分子、药物分子或有机化合物如血红素、多巴胺、尿酸和可卡因等，在汞电极上具有强烈的吸附性，它们从溶液相向电极表面吸附传递并不断地富集在电极上。因电极面积很小，电极表面被测物质的浓度远远大于本体溶液中的浓度。在溶出过程中，使用快速的电位扫描速率（通常大于 100 $mV\cdot s^{-1}$），富集的物质会迅速地氧化或还原溶出，故能获得大的溶出电流从而提高灵敏度。

对于析出电位很正或很负的一些金属离子，如镁、钙、铝和稀土离子等，伏安法一般难以直接测定，但是它们能跟某些配体形成吸附性很强的配合物而在汞电极上吸附富集。在溶出过程中，通过配体的还原而间接地测定这些离子。例如，以铬黑 T 为配体，可用于镁、钙离子的吸附溶出伏安法测定。

值得指出的是，非电解富集过程可以通过吸附，也可借助其他方法来完成。常见的是利用被测物质与电极表面之间的各种反应（如共价、离子交换等）来进行富集。不过，常规电极（汞、金、碳电极等）受到限制，这时需要使用一些新技术，如化学修饰电极使具有配位离子交换性质的化合物富集到常规电极表面。例如，将 EDTA 掺入石墨粉中制备的所谓化学修饰碳糊电极，就是利用了电极表面的 EDTA 与 Ag^+ 的反应来进行富集，可测定浓度低至 10^{-11} $mol\cdot L^{-1}$ 的银离子。

拓展案例 B3-5　吸附溶出伏安法用于海水溶解态镍的现场快速检测

海水溶解态镍的现场快速检测系统构建及应用．分析科学学报，2024，40（4）：13.

镍是一种过渡金属，对海洋生物体内某些金属蛋白和酶的功能具有调节作用，对固氮、固碳和甲烷生成等生物地球化学过程也起着重要作用。但是高浓度的镍会对海洋生物造成影响，过量的镍通过富集作用和食物链的传播最终也会对人体健康造成危害。中国近岸海域溶解态镍的浓度在 0.7～5.0 $\mu g\cdot L^{-1}$。近岸海水中镍含量受人为影响显著，在有工业或扩散源影响的某些沿海地区，其浓度可达 250 $\mu g\cdot L^{-1}$。因此，对海水中镍含量的准确检测能够反映该地区的镍污染情况。

该方法以实现海水中 Ni(Ⅱ) 现场检测为目标，构建了便携式电化学快速检测系统，该系统主要由掌上工作站、电解池和三电极体系构成。如图 B3-4 所示，其中三电极体系的工作电极为汞膜修饰的玻碳电极，参比电极为 Ag/AgCl 电极，辅助电极为铂电极。该系统以吸附阴极溶出伏安法为检测方法，以丁二酮肟（DMG）为络合剂，对系统检测条件、线性、稳定性等进行研究。

本系统检测流程为：20 mL 海水样品经 0.45 μm 滤膜过滤至电解池；酸化调节 pH＜2；加入 1.00 mol·L^{-1} 氯化铵缓冲溶液 1 mL，27.5%氨水调节溶液 pH 值为 8.5～9.5；加入 0.01 mol·L^{-1} DMG 200 μL，保证溶液中络合剂的浓度远大于 Ni(Ⅱ) 含量；采用电化学阴极吸附溶出伏安法检测。富集电位−0.6V，富集时间 100 s，Ni(Ⅱ) 在−0.98V 附近有特征溶出峰，通过峰值大小，可判断溶液中 Ni(Ⅱ) 的含量。检测流程如图 B3-5 所示。

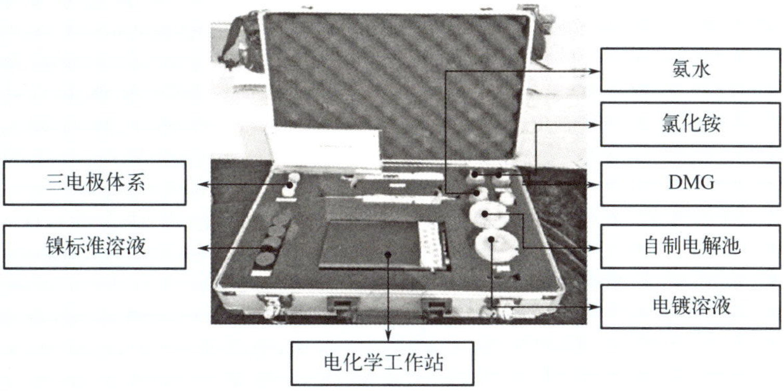

图 B3-4　便携式检测系统

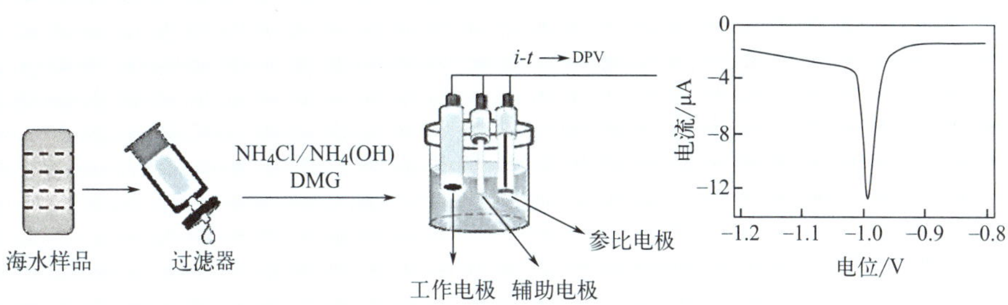

图 B3-5　检测流程

在优化的实验条件下，考察了本系统对不同浓度 Ni(Ⅱ) 的电流响应强度。如图 B3-6 所示，在 0.10～100.00 μg·L^{-1} 范围内，溶出峰电流与 Ni(Ⅱ) 浓度呈现良好的线性关系，其回归方程为 $I_p=0.1974c-0.2776$，回归系数 $R^2=0.997$，检出限为 0.03 μg·L^{-1}。

随后，现场取得山东云溪牧场、浙江嵊山岛、广东柘林湾三个不同区域的海水样品（样品 1：山东云溪牧场是我国北方典型的养殖区之一，位于烟台市莱山区的北部海域，属于半封闭型海域，水体交换能力较差；样品 2：浙江嵊山岛位于我国东海北端，与长江出海口毗邻；样品 3：柘林湾位于广东省的东北部，是广东省最大海水养殖区之一，

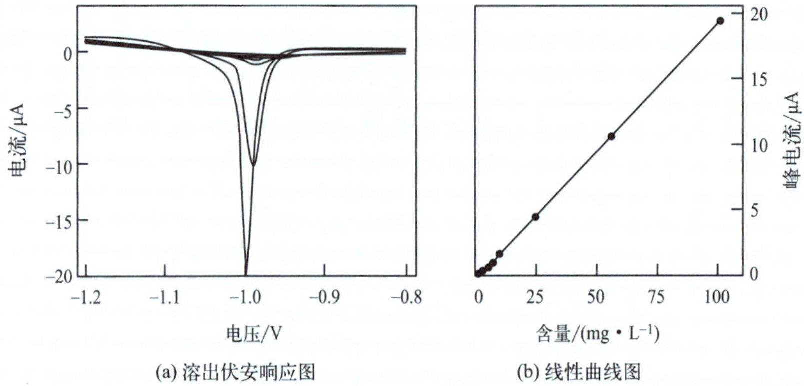

图 B3-6　0.60 mol・L^{-1} 氯化钠溶液中 Ni(Ⅱ) 的特性图线

也是全国最大的海水网箱养殖示范基地。3 个区域均是养殖区，海水中的镍含量受人为活动影响显著。）样品在不同位点采集后，采用一次性针头过滤器，0.45 μm 滤膜过滤，过滤后加入纯化过的盐酸，调节溶液 pH<2，用构建的便携式检测系统进行现场快速检测。

对现场检测结果进行浓度分布分析，如所研究的 3 个区域 Ni(Ⅱ) 的含量及分布均不同：云溪牧场 Ni(Ⅱ) 含量范围为 1.44～1.94 μg・L^{-1}，平均浓度为 1.53 μg・L^{-1}，整体呈现从近岸到远岸由高浓度到低浓度分布的趋势；嵊山岛海域 Ni(Ⅱ) 含量范围为 1.43～3.52 μg・L^{-1}，平均浓度为 1.87 μg・L^{-1}，整体呈现采样点东南到西北先降低后升高再降低的浓度分布趋势；柘林湾海域 Ni(Ⅱ) 含量的范围为 1.42～1.61 μg・L^{-1}，平均浓度为 1.47 μg・L^{-1}，整体呈现从近岸到远岸先升高后降低的趋势。请回答下列问题：

(1) 试讨论其检测原理；

(2) 分析嵊山岛海域 Ni(Ⅱ) 含量相对其他两个海域稍高的可能原因。

答：(1) 丁二酮肟 (DMG) 与 Ni(Ⅱ) 复合物以 2∶1 形成 Ni(Ⅱ)$(DMG)_2$ 络合物，吸附并积聚在汞膜电极表面，富集完成后，通过阴极扫描还原而得到还原信号，Ni(Ⅱ)$(DMG)_2$ 最终还原为 Ni(0)，产生还原溶出峰电流，峰电流强度与镍的浓度成正比，用标准加入法计算镍的含量。其反应原理如下：

$$\text{Ni(II)} + 2\text{DMG} \rightleftharpoons \text{Ni(II)}(\text{DMG})_2 \text{（溶液中）}$$

$$\text{Ni(II)}(\text{DMG})_2 \rightleftharpoons \text{Ni(II)}(\text{DMG})_2 \text{（电极表面）}$$

$$\text{Ni(II)}(\text{DMG})_2 + 2e^- \rightleftharpoons \text{Ni(0)} + \text{DMG} \text{（产生溶出峰电流）}$$

(2) 现场调查发现，嵊山岛海域 Ni(Ⅱ) 含量相对其他两个海域稍高，分析原因可能为嵊山岛处于长江入海口海域内，长江流域的重金属含量较高且具有较高的物质输送量；嵊山岛海域养殖捕捞活动频繁，海域内有大量渔船含有镍等合金，海水的冲刷腐蚀作用可能会导致海水中镍含量较其他两海域偏高。

高阶选修 A3-3　方波伏安法

方波伏安法（square-wave voltammetry）与方波极谱法类似，只是方波伏安法将方波极谱法中所用的不断更新的滴汞电极改换成固态电极、静态悬汞电极或汞膜电极等。方波极谱法是在交流极谱法的基础上发展起来的。众所周知，相对于直流电而言，交流电更容易通过电容器。因而方波极谱法存在的一个主要问题是交流电能够较容易地通过电极表面的双电层电容，引起电容电流增大，造成电极信号的本底电流较大而形成干扰。而方波伏安法能够克服电容电流的影响。

方波伏安法是将一频率通常为 225～250Hz、振幅为 10～30mV 的方波电压叠加到直流线性扫描电压上，如图 A3-10（a）和图 A3-10（b）所示。通过测量每次叠加的方波交流电压改变方向前的瞬间通过电解池的交流电流信号，得到方波瞬间电流 i（单位：A）与电位 E（单位：V）的关系走势图，则称为方波伏安图，在不严格的情况下有时也称方波极谱图。

方波伏安法消除电容电流的原理可以用图 A3-10［(b) ⓑ］来说明。当方波电压加于电极（固态电极、静态悬汞电极或汞膜电极）上，电极-溶液界面双电层立即充电，产生充电电流。当方波脉冲变化至另一半周时，双电层会立即放电，产生反向的放电电流，如图 A3-10［(b) ⓑ］所示，但它们都会随时间迅速衰减。当溶液中有可还原的金属离子存在时，因方波的加入，除了充电电流，同时也会产生金属离子还原的法拉第（Faraday）电流。随着时间的变化，电极表面附近的金属离子越来越少，而溶液中的金属离子又来不及补充至电极表面，Faraday 电流会随之按 $i_f \propto t^{-1/2}$ 的规律衰减，如图 A3-10［(b) ⓒ］所示。但衰减的速率要比充电电流慢得多，这可从 $i_c \propto e^{-t}$ 中看出。事实上，在方波半周后期的充电电流已非常小，这时进行电流采样，则所测电流主要为 Faraday 电流，如图 A3-10［(b) ⓓ］所示。

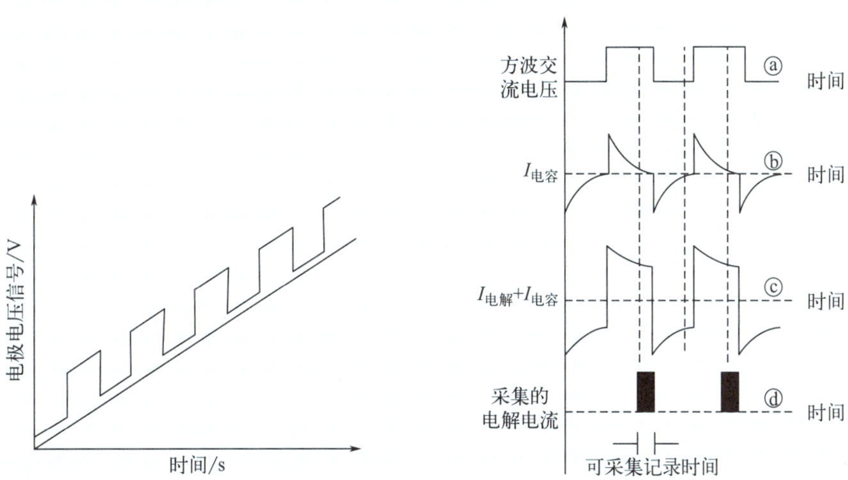

(a)　　(b)

图 A3-10　(a) 方波伏安法电极施加的电压信号 (b) 方波伏安法中电压、充电电流、Faraday 电流与检测电流随时间的变化曲线

所得到的电流-电位曲线呈峰形。对于可逆的电极反应，其峰电流为

$$i_p = k\frac{n^2F^2}{RT}\Delta UAD^{\frac{1}{2}}c$$

式中，k 为与方波频率及采样时间有关的常数；ΔU 为方波电压的振幅，V；A 为电极的有效面积；n 为电极反应中的电荷转移数；D 为电极上起反应的物质（或称去极剂）在溶液中的扩散系数，$cm^2 \cdot s^{-1}$；c 为被测物质浓度，$mol \cdot L^{-1}$；i_p 为峰电流，A。

方波伏安法的特点：

① 分辨能力高，抗干扰能力强。可以分辨峰电位相差 25 mV 的相邻两极谱波，在前还原物质量为后还原物质量的 5×10^4 倍时，仍可有效地测定痕量的后还原物质。

② 测定灵敏度高。方波伏安法的极化速率很快，被测物质在短时间内迅速还原，产生显著的电流，灵敏度高。而且，由于有效地消除了电容电流的影响，使检出限可以达到 $10^{-9}\sim10^{-8}\ mol \cdot L^{-1}$。

③ 对于不可逆反应，如氧波，峰电流很小，因此分析含量较高的物质时，常不需要除氧。

④ 为了充分衰减 i_c，溶液中需加入大量支持电解质，其浓度通常在 $1\ mol \cdot L^{-1}$ 以上。因此，在进行痕量组分测定时，对试剂的纯度要求很高。

高阶选修 A3-4 常规脉冲伏安法和示差脉冲伏安法

从上节的讨论可知，方波伏安法和方波极谱法有效地改善了极谱法的灵敏度和分辨率。但是，由于方波脉冲的频率很高，在脉冲电压半周的短时间内充电电流不能充分衰减，这限制了灵敏度的进一步提高。为此，又发展了常规脉冲伏安法和示差脉冲伏安法。

为了消除方波伏安法存在的缺陷，脉冲伏安法（pulse voltammetry）是在方波伏安法的基础上，通过改进方波信号的占空比（占空比是指在一个脉冲循环内，通电时间相对于总时间所占的比例）而发展起来的。改进了方波信号的占空比，即减小了方波电压的时长，相对延长了休止时间，形成了脉冲信号，因而相对降低了方波脉冲的频率。其仪器设计与电路工作原理与方波伏安法基本相同，一般采用三电极体系，在电极上施加线性扫描电压的同时叠加一个小振幅的脉冲电压信号，通过测定电极的脉冲信号所引起的交流信号的大小，获得电极扫描电位与交流脉冲信号的关系图，即脉冲伏安图，在不严格的情况下有时也称脉冲极谱图。

脉冲伏安法与脉冲极谱法的主要区别在于脉冲伏安法采用了固态电极或静态悬汞电极或汞膜电极等，电极界面在测定过程中不强制更新，以代替极谱法中使用的不断更新的滴汞电极。脉冲伏安法与脉冲极谱法有类似的功效和性能，只是所用的电极有差异。

按脉冲电压所施加方式的不同，脉冲极谱法可分为常规脉冲极谱法和示差脉冲极谱法。

常规脉冲极谱法（normal pulse polarography，NPP）是在汞滴生长后期施加一个矩形的脉冲，脉冲持续 40～60 ms 后再跃回到起始电位 E_i 处，脉冲跃回与汞滴击落保持同步，其电位与时间的关系如图 A3-11(a) 所示。在脉冲结束前的某固定时刻，用电子积分

电路采集电流，随之汞滴被强制敲落。下一汞滴产生，另一个振幅稍高的脉冲被加入，再采集电流。这样周而复始地循环采样，就得到了如图 A3-11(b) 所示的常规脉冲极谱图。

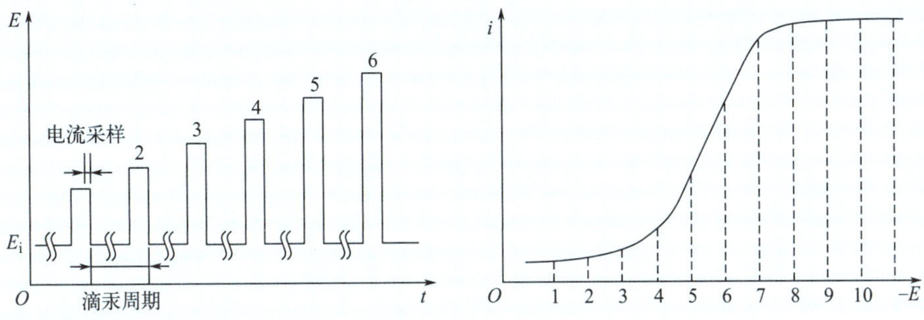

(a) 常规脉冲极谱电位随时间变化与电流取样示意图　　(b) 常规脉冲极谱图

图 A3-11　常规脉冲极谱法

对于可逆极谱波，常规脉冲极谱的极限电流方程为

$$i_p = nFAD^{\frac{1}{2}}(\pi t_m)^{-\frac{1}{2}}c$$

式中，t_m 为每个周期内从开始施加脉冲到进行电流采样所经历的时间；其他各项意义同前。

示差脉冲极谱法（differential pulse polarography）也称微分脉冲极谱法，它与常规脉冲极谱法有某些类似，但示差脉冲极谱法施加的脉冲和电流取样的方式不同。示差脉冲极谱法是在一个线性变化的电位上，叠加等振幅的脉冲（阶梯脉冲电压），脉冲高度保持恒定（10～100mV），它是在每滴汞的生长周期内对电流采样两次，即脉冲加入前 20 ms 和脉冲消失（或汞滴击落）前 20 ms，如图 A3-12(a) 所示。以每滴汞上两次采样电流之差 Δi 对电位作图即得到示差脉冲极谱图，如图 A3-12(b) 所示。由图可见，示差脉冲极谱图不同于常规脉冲极谱图，它在极谱波 $E_{1/2}$ 处电流最大，呈现对称的峰状。

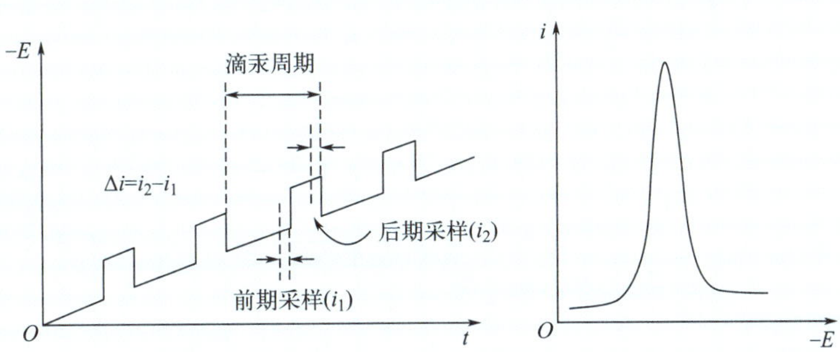

(a) 示差脉冲极谱电位随时间变化与电流取样示意图　　(b) 示差脉冲极谱图

图 A3-12　示差脉冲极谱法

对于可逆极谱波，示差脉冲极谱峰电流可表示为

$$\Delta i_p = \frac{n^2F^2}{4RT}\Delta UAD^{\frac{1}{2}}(\pi t_m)^{-\frac{1}{2}}c$$

式中，ΔU 为脉冲振幅；其他各项意义同前。

其峰电位与直流极谱的半波电位的关系为

$$E_{p}=E_{1/2}\pm \Delta U/2$$

式中，还原过程 ΔU 取负值，氧化过程 ΔU 取正值。

需特别注意的是：脉冲伏安法所用的电极为“固定态”导电电极；而脉冲极谱法所用的电极为滴汞电极。滴汞电极在使用过程中，其表面积在不断增大和更新；在加电脉冲时，则需要考虑到滴汞的速度和周期，因为滴汞的速度一般较慢，周期较长。在脉冲极谱法中，控制电脉冲的周期与滴汞的周期一致，以保证每个脉冲有近似的汞滴面积，因而不能采用较高的电位扫描速度。在脉冲伏安法中，由于电极面积基本固定不变，其电脉冲的周期无须考虑与汞滴的同步问题，因而有利于电位扫描速度的提高，更灵活，便于测定和数据处理。

脉冲伏安法具有高灵敏度、高分辨率和高精确性的特点，其测试方式有利于电化学电极反应的进行，特别是对可逆性较差的物质，灵敏度会发生明显的改善。微分脉冲伏安法与微分脉冲极谱法类似，是相应的伏安分析技术中最灵敏的方法。

① 灵敏度高。对可逆反应，检出限可达到 $10^{-9}\sim10^{-8}$mol・L^{-1}，最高可达到 10^{-11} mol・L^{-1}；

② 分辨能力高。可分辨半波电位或峰电位相差 25 mV 的相邻两极谱波。前还原物质的量比被测物质高 5×10^{4} 倍也不干扰测定。因此，该法具有良好的抗干扰能力。

③ 由于脉冲持续时间长，只需使用 0.01～0.1mol・L^{-1} 的支持电解质，从而可大大降低空白值。

④ 由于脉冲持续时间长，对于电极反应速率缓慢的不可逆反应，也可以提高测定灵敏度，检出限可达到 10^{-8} mol・L^{-1}。这对许多有机化合物的测定、电极反应过程的研究等都是十分有利的。

例如，在滴汞电极上，药物 chlordiazepoxide（利眠宁）在酸性介质中产生三个还原波，其示差脉冲极谱图与直流极谱图如图 A3-13 所示。从图中不难发现，无论是灵敏度还是分辨率，示差脉冲极谱法（DPP）明显优于直流极谱法（DC）。

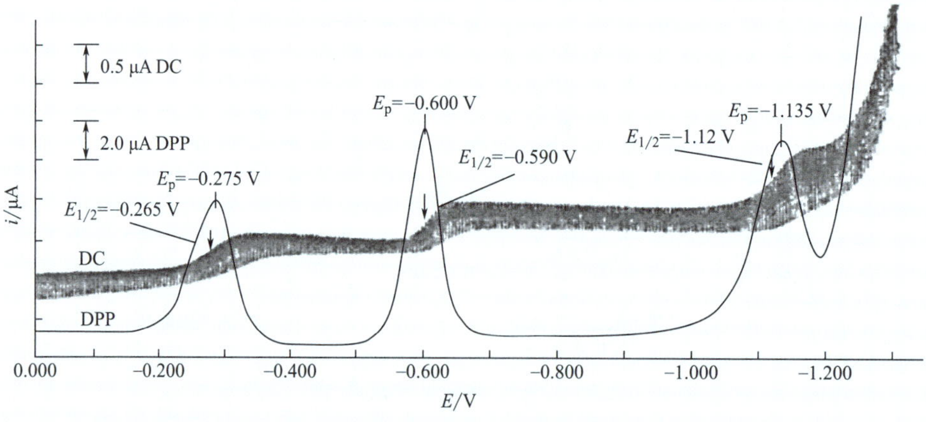

图 A3-13　利眠宁在 0.5 mol・L^{-1} H_2SO_4 介质中的示差脉冲极谱与直流极谱图

由于脉冲伏安法自身具有较高的灵敏度和很低的检出限，同时电子电路的飞速发展，使其在分析领域得到了广泛应用。在定量检测方面，常常比分子或原子吸收光谱等大部分色谱方法灵敏得多。脉冲伏安法与其他方法结合，如溶出伏安法，又可以大大提高灵敏度。现阶段，脉冲伏安法主要应用于多种物质的定量测定、吸附现象的研究、复杂电极反应的反应机理研究等方面，但由于其优异的检出限，更多应用于对痕量物质的检测。

拓展案例 B3-6　差分脉冲伏安法用于涡轮机油中芳胺型抗氧剂含量的测定

涡轮机油中常添加受阻酚型和芳胺型抗氧剂以延长油品寿命，当涡轮机油中存在芳胺型抗氧剂时，通过对该抗氧剂的定量可衡量油品的抗氧化能力。测量在用油中抗氧剂的保留含量并以新油中芳胺型抗氧剂的浓度作为100%进行比较，可确定在用油中抗氧剂的消耗情况，以此作为涡轮机油剩余抗氧化能力及寿命的参考依据。

测定时，取一定质量的涡轮机油于样品瓶中，加入一定体积的电解液充分振荡溶解，并以同样的方式制备参考溶液。采用差分脉冲伏安法使用三电极系统在电化学工作站上进行测定，电压随脉冲周期渐次提高，电压增幅为 0.005V，脉冲周期为 0.2s，脉冲电压为 0.1V，脉冲时间为 0.02s，采样宽度为 0.01s。采用差分脉冲伏安法测定溶液中芳胺型抗氧剂的电化学氧化峰面积，通过比较试样与参考溶液的峰面积，计算试样油液中芳胺型抗氧剂的浓度。

对于典型的芳胺型或受阻酚型和芳胺型复配的涡轮机油，在差分脉冲伏安分析中，使用电解液溶解的待测液在特定电压作用下会发生氧化反应产生电流突跃（见图 B3-7），典型的氧化电位为 0.3～0.7V。

参考溶液的配制：准备一个浓度为 10000 $mg\cdot kg^{-1}$ 的 *N*-苯基-1-萘胺稀释油储备液，检测前按质量分数逐级稀释获得 5 个浓度的 *N*-苯基-1-萘胺稀释油参考溶液，浓度范围为 100～5000 $mg\cdot kg^{-1}$。可加热并搅拌溶液以促进其充分溶解，加热温度建议低于 60℃以避免可能的抗氧剂分解。

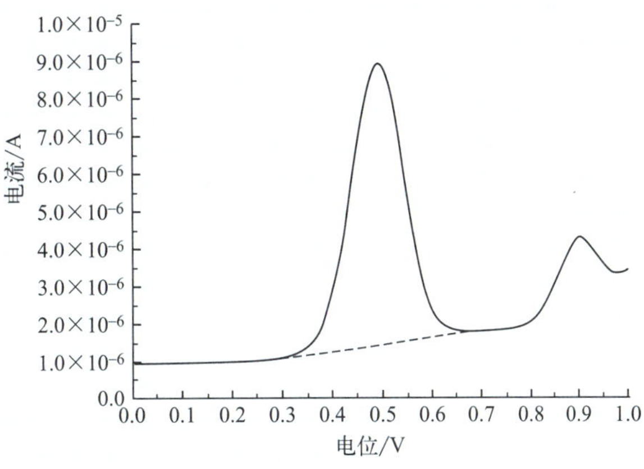

图 B3-7　芳胺型抗氧剂的电化学氧化峰

取参考溶液进行三次平行试验，记录峰面积值并按式(B3-2)进行归一化处理。

$$A_s=\frac{A_0R}{m_0} \tag{B3-2}$$

式中，A_s 为芳胺型抗氧剂归一化峰面积，A・V；A_0 为芳胺型抗氧剂峰面积，A・V；R 为标准化系数，通常为 0.1500 g；m_0 为所加样品质量，g。

通过平行试验归一化获得的峰面积平均值与浓度数据，利用内插法按式(B3-3)确定样品溶液中芳胺型抗氧剂的浓度：

$$c_s = c_1 + \frac{(c_2 - c_1)(A_s - A_1)}{(A_2 - A_1)} \tag{B3-3}$$

式中，c_s 为样品溶液中芳胺型抗氧剂的浓度，mg·kg^{-1}；c_1 为 *N*-苯基-1-萘胺参考溶液浓度，对应于 A_1，mg·kg^{-1}；c_2 为 *N*-苯基-1-萘胺参考溶液浓度，对应于 A_2，mg·kg^{-1}；A_s 为样品溶液中芳胺型抗氧剂归一化峰面积，A·V；A_1 为参考溶液中芳胺型抗氧剂归一化峰面积小的标准溶液的峰面积，A·V；A_2 为参考溶液中芳胺型抗氧剂归一化峰面积大的标准溶液的峰面积，A·V。

记录在用油中抗氧剂的峰面积，按式(B3-2）计算平行试验归一化峰面积，将峰面积值代入式(B3-3）中计算抗氧剂浓度。以新油中芳胺型抗氧剂的浓度作为100%，按下式计算在用油中剩余抗氧剂的含量（%）：

$$剩余抗氧剂的含量 = \frac{在用油中芳胺型抗氧剂的浓度}{在新油中芳胺型抗氧剂的浓度} \times 100\%$$

伏安分析法的分类总结见表3-6。

表3-6　伏安分析法分类总结

分析方法	方法原理	装置	伏安曲线	定量公式	定性依据
单扫描极谱法（SWP）	改进之处： ◆ 在一个滴汞生成的后期施加锯齿波脉冲电压 ◆ 扫速增大	三电极体系： ❖ 工作电极—DME ❖ 参比电极—饱和甘汞电极 ❖ 辅助电极/对电极—Pt电极	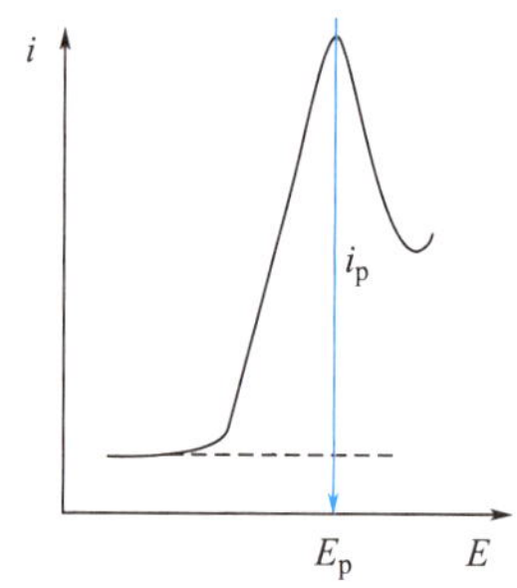	峰电流 i_p 与待测物浓度成正比	峰电位 E_p
线性扫描伏安法（LSV）	改进之处： ◆ 工作电极改为固体电极 ◆ 在工作电极与参比电极之间加上单向随时间线性变化的电极电势	三电极体系： ❖ 工作电极—固体电极 ❖ 参比电极—饱和甘汞电极 ❖ 辅助电极/对电极—Pt电极	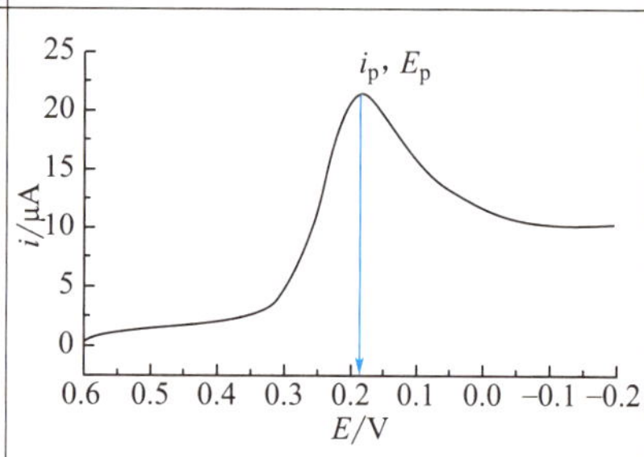	峰电流 i_p 与待测物浓度成正比	峰电位 E_p
循环伏安法（CV）	改进之处： ◆ 工作电极改为固体电极 ◆ 在LSV基础上改为双向电压扫描	三电极体系： ❖ 工作电极—固体电极 ❖ 参比电极—饱和甘汞电极 ❖ 辅助电极/对电极—Pt电极	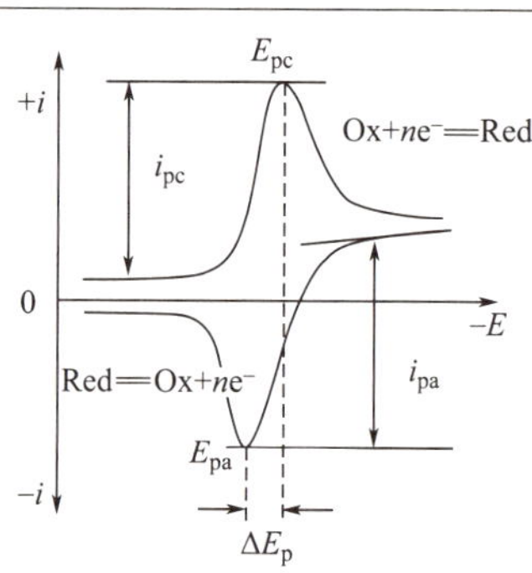	峰电流 i_p 与待测物浓度成正比	峰电位 E_p

续表

分析方法	方法原理	装置	伏安曲线	定量公式	定性依据
溶出伏安法（SV）	◆ 预电解富集：先将待测物通过电解富集到电极表面，使其浓度得到极大的提高 ◆ 溶出：施加反向电压，使沉积在阴极上的金属氧化溶出，并产生大的峰电流，峰电流的大小与被测物质浓度成正比	三电极体系： ✣ 工作电极—固体电极 ✣ 参比电极—饱和甘汞电极 ✣ 辅助电极/对电极—Pt 电极	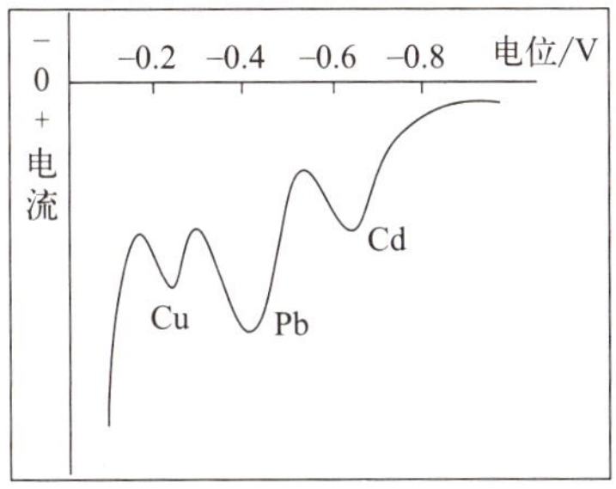	峰电流 i_p 与待测物浓度成正比	峰电位 E_p

习题

1. 判断题

(1) 电位分析法是一种基于测量电极电位来确定溶液中物质浓度的分析方法。

(2) 离子选择性电极的响应斜率与待测离子的浓度无关。

(3) 离子选择性电极的选择性系数越大，表明其选择性越好。

(4) 直接电位法不需要标准溶液进行校准。

(5) 在电位滴定法中，通过测量滴定过程中电极电位的变化来确定滴定终点。

(6) 伏安法是一种以滴汞电极为指示电极的极谱分析法。

(7) 因电化学反应本身的迟缓而造成电极电位偏离可逆平衡电位的现象称为电化学极化。

(8) 循环伏安图中的峰形可以提供有关电极反应的信息。

(9) 循环伏安图中的峰电位与电极反应的热力学性质有关。

(10) 溶出伏安法需要使用汞电极或汞膜电极。

2. 选择题

(1) 电位分析法中作为参比电极，应满足的要求之一是（　　）

A. 其电位应与温度无关

B. 其电位值应等于零

C. 测量过程中即使有微小电流通过，其电位仍保持恒定

D. 不存在液接电位

(2) 在测定溶液的 pH 值时，需要用标准 pH 缓冲溶液进行校正测定，其目的是（　　）

A. 消除温度的影响

B. 提高测定的灵敏度

C. 消除干扰离子影响

D. 扣除待测电池电动势与试液 pH 值关系式中的 K

(3) 下列关于酸度计测量方法的说法错误的是（　　）

A. pH 值与电动势无关

B. 电动势的差值每改变 0.059V，溶液的 pH 值也相应改变一个 pH 值单位

C. pH 值电位法可测到 0.01 pH 值单位

D. 溶液的 pH 值与温度有关

(4) 氟化镧单晶膜氟离子选择性电极的膜电位的产生是由于（　　）

A. 氟离子在晶体膜表面氧化而传递电子

B. 氟离子进入晶体膜表面的晶格缺陷而形成双电层结构

C. 氟离子穿透晶体膜而使膜内外氟离子产生浓度差而形成双电层结构

D. 氟离子在晶体膜表面进行离子交换和扩散而形成双电层结构

(5) 考虑氟离子选择性电极的膜特性，其使用的合适 pH 值范围为（　　）

A. 5～7　　B. 8～10　　C. 3～5　　D. 2～10

(6) 线性扫描伏安法中，峰电流与扫描速度的关系通常为（　　）

A. 峰电流与扫描速度成正比

B. 峰电流与扫描速度成反比

C. 峰电流与扫描速度的平方根成正比

D. 峰电流与扫描速度无关

(7) 循环伏安法在电极上加电压的方式是（　　）

A. 线性变化的直流电压　　B. 锯齿形电压

C. 脉冲电压　　D. 等腰三角形电压

(8) 循环伏安法中，氧化峰电流和还原峰电流的比值可以反映电极反应的（　　）

A. 可逆性　　B. 反应速率

C. 反应级数　　D. 反应热力学性质

(9) 溶出伏安法可采用的工作电极为（　　）

A. 滴汞电极　　B. 悬汞电极

C. 银-氯化银电极　　D. 玻璃电极

(10) 差分脉冲伏安法中，脉冲宽度的大小会影响（　　）

A. 电流响应　　B. 电位分辨率

C. 检测限　　D. 峰形

3. 简答题

(1) 电位分析法可以分成哪两种类型？依据的定量原理是否一样？它们各有何特点？

(2) 直接电位法的依据是什么？为什么用此法测定溶液 pH 值时，必须使用 pH 标准缓冲溶液？

(3) 简述 pH 玻璃电极的作用原理。

(4) 电位滴定法的基本原理是什么？有哪些确定终点的方法？

(5) 用氟离子选择性电极测定自来水中 F^- 浓度时，不管是标准试液还是待测样品都需要加入总离子强度调节缓冲溶液（TISAB），简述其组成和作用。

(6) 什么为分解电压？极化的定义是什么？产生极化的原因有哪些？

(7) 循环伏安图中如何确定氧化峰和还原峰？

(8) 循环伏安法可以提供哪些信息？其峰电流与哪些因素有关？

(9) 简述溶出伏安法的基本原理及分析过程，解释溶出伏安法灵敏度比较高的原因。

(10) 简述差分脉冲伏安法的基本原理和特点。差分脉冲伏安法与常规脉冲伏安法有何区别？

4. 计算题

(1) 用氟离子选择性电极作负极，SCE 作正极，取不同体积的含 F 标准溶液（$c_{F^-}=2.0\times10^{-4}$ $mol\cdot L^{-1}$），加入一定量的 TISAB，稀释至 100 mL，进行电位法测定，测得数据如下：

F^- 标准溶液的体积 V/mL	0.00	0.50	1.00	2.00	3.00	4.00	5.00
测得电池电动势 E/mV	−400	−395	−375	−352	−337	−325	−314

取试液 20 mL，在相同条件下测定得到 $E=-359$ mV。①绘制 E-$\lg c_{F^-}$ 工作曲线；②计算试液中 F^- 的浓度。

(2) 在 25℃时用标准加入法测定 Cu^{2+} 浓度，于 100 mL 铜盐溶液中添加 0.1 $mol\cdot L^{-1}$ $Cu(NO_3)_2$ 溶液 1 mL，电动势增加 4 mV。求原溶液的总铜离子浓度。

(3) 用钙离子选择性电极和 SCE 置于 100 mL Ca^{2+} 试液中，测得电位为 0.415 V。加入 2 mL 浓度为 0.218 $mol\cdot L^{-1}$ 的 Ca^{2+} 标准溶液后，测得电位为 0.430 V。计算原试液中 Ca^{2+} 的浓度。

(4) 下列是用 0.1000 $mol\cdot L^{-1}$ NaOH 溶液电位滴定某弱酸试液［10 mL 弱酸＋10 mL（1 $mol\cdot L^{-1}$）$NaNO_3$＋80 mL 水］的数据：

NaOH 滴入量 V/mL	pH 值	NaOH 滴入量 V/mL	pH 值	NaOH 滴入量 V/mL	pH 值
0.00	2.90	6.00	4.03	9.00	6.80
1.00	3.01	7.00	4.34	9.20	9.10
2.00	3.15	8.00	4.81	9.40	9.80
3.00	3.34	8.40	5.25	9.60	10.15
4.00	3.57	8.60	5.61	9.80	10.41
5.00	3.80	8.80	6.20	10.00	10.71

①绘制 pH-V 滴定曲线及 $\Delta pH/\Delta V$-V 曲线，并求 V_{ep}；②用二阶微商法计算 V_{ep}，并与①的结果比较；③计算弱酸的浓度；④化学计量点的 pH 值应是多少？

(5) 在一个循环伏安实验中，使用的工作电极面积为 0.1 cm^2，扫描速率为 50 $mV\cdot s^{-1}$，电解质溶液中含有浓度为 0.1 M 的某种电活性物质。在实验中，观察到一个氧化峰电流为 10 μA。计算该电活性物质在电极表面的扩散系数。

(6) 在 0.1 $mol\cdot L^{-1}$ 氢氧化钠介质中，用阴极溶出伏安法测定 S^{2-}。以悬汞电极为工作电极，在−0.40 V 时电解富集，然后溶出。①写出富集和溶出时的电极反应式；②画出它的溶出伏安示意图。

(7) 阳极溶出伏安法测定海水中的铜离子浓度。分析 50.0 mL 试样，测得峰电流为 0.886 μA。加入 10.0 $mg\cdot L^{-1}$ 的铜离子标准溶液 5.00 μL 后，峰电流增加到 2.52 μA。计算海水试样中铜离子的浓度。

(8) 在差分脉冲伏安实验中，工作电极的面积为 0.3 cm^2，脉冲宽度为 150 μs，脉冲高度为 150 mV。电解质溶液中含有浓度为 0.06 M 的电活性物质。氧化峰电位为 0.6 V，还原峰电位为 0.4 V。计算该电活性物质的标准电极电位。

第 4 章

光学分析法

内容提要

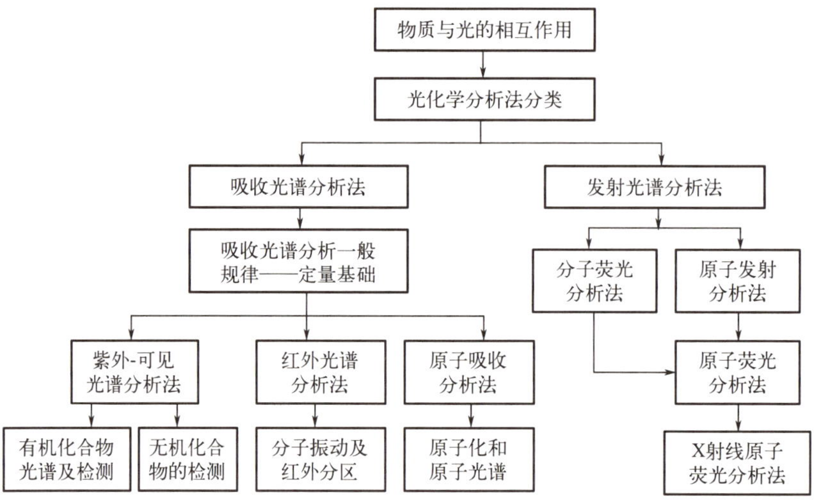

4.1 光学分析法概述

4-1 光学分析法概述 mp4

4.1.1 光与物质的相互作用及光学分析法分类

4.1.1.1 光的性质

光是电磁辐射，具有波动性和粒子性。

光波，也称为电磁波或电磁辐射，由垂直振荡的电场和磁场组成。为简单起见，图 4-1 所示为平面偏振光，其中电场平面与磁场平面垂直，并垂直于光的传播方向。光波用波长 λ（相邻波峰或波谷之间的直线距离，m 或 cm 等）、频率 ν（单位时间内电磁波振动的次数，s^{-1}）或波数 σ（光传播方向上单位长度内的波周数目，cm^{-1}）等参数来描述。它们的关系可表示为：

$$\lambda\nu = c \tag{4-1}$$

$$\sigma = 1/\lambda \tag{4-2}$$

式中，c 为光速，在真空中为 $2.998\times10^{8}\ m\cdot s^{-1}$。普通的非偏振光则可以理解为无数个偏振光的集合，其在与光传播方向垂直的各个方向上均有电场和磁场。

光的粒子性可以理解为光的能量集中于被称为光子的微粒上，因而光的能量就像子弹一样一份一份的，是不连续的，它可以被分子吸收和发射。单个光子的能量 E 与光的频率 ν（或波数 σ）成正比，与波长 λ 成反比。

$$E=h\nu=hc/\lambda=hc\sigma \tag{4-3}$$

式中，h 为普朗克常数，6.626×10^{-34} J·s；E 为光子的能量，J 或 eV。

电磁辐射按照波长顺序排列并分区，如图 4-2 所示。其中能被我们看见的可见光波长范围为 380～780 nm，仅在电磁波谱中占据很小的一部分。

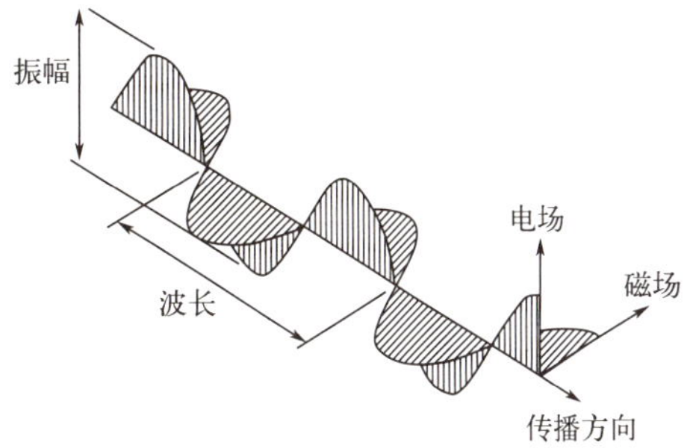

图 4-1　沿 x 轴传播的波长为 λ 的平面偏振电磁辐射
（平面偏振光的电场被限制在一个平面内，而普通的非偏振光在所有平面上都有电场分量）

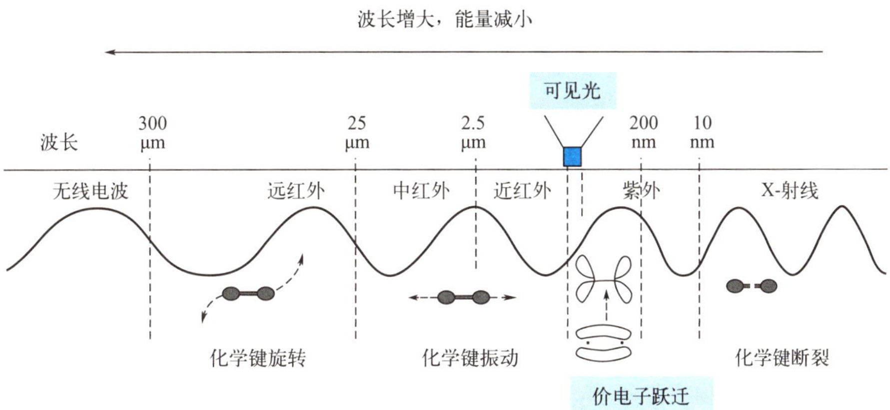

图 4-2　电磁波谱及其与物质的相互作用

4.1.1.2　光与物质的相互作用

当电磁波穿过物质时，由于物质分子中的电子和核是具有电性和磁性的，它们可以与电磁波的电场和磁场发生静电或磁矩作用而吸收或发射光子，产生能量交换。当物质分子处于最低能态时称为基态，其吸收光子时能量升高，分子被激发到激发态。激发态的分子是不稳定的，可在短暂的时间内自发回到基态，所吸收的能量可以以光子的形式再释放出来。这两个过程均伴随着分子能级的变化，称作能级跃迁。

由于光子的能量随波长和频率的不同而不同，其引起物质的变化也是不同的。图 4-2 列出了不同能量电磁波区的光子引起物质结构的变化。随着电磁波由波长短、能量高的 X 射线变化至波长长、能量低的无线电波，其与物质粒子的作用质点也逐渐由原子的内层电子过渡至外层电子、分子中的成键原子之间的振动与转动，直至电子和核的自旋。其中，紫外可见光可引起分子的价电子跃迁，而红外光能引起分子中成键原子间振动与转动的加剧，这是本书涉及的最主要的两种能级跃迁形式。

4.1.1.3 光学分析法分类

基于不同电磁波能量与物质结构变化之间的关系，衍生出了不同的光谱分析方法，如表 4-1 所示。

表 4-1 电磁波及其衍生的光谱分析方法

电磁波区	波长范围 λ	物质能级跃迁方式	光学分析技术	测量对象
X 射线	0.005～10 nm	原子的内层电子	X 射线光电子能谱法	元素/元素价态
			X 射线荧光光谱法*	
真空紫外区	10～200 nm	原子的中外层电子	真空紫外光度法	
近紫外区和可见光区	200～400 nm 400～800 nm	价电子 （原子外层电子）	紫外-可见吸收光谱法	分子的共轭结构
			荧光光谱法*	
			原子吸收光谱法 原子发射光谱法* 原子荧光光谱法*	物质的元素构成
近中红外光区	0.8～25μm	分子的振动能级	红外光谱法	分子的化学键结构
			拉曼光谱法	
远红外光区	25～1000μm	分子的转动能级	拉曼光谱法	分子的化学键结构
无线电波	>300 mm	电子和核的自旋	电子自旋共振波谱法 核磁共振波谱法(NMR)	分子结构

注：* 表示发射光谱。

也可依据物质对光的吸收和发射行为对光学分析法进行分类。其中通过测定基态物质在激发过程中吸收的特征光谱及其强度对物质进行定性与定量分析的方法，叫吸收光谱分析法。通过测定激发态的物质粒子自发回到基态时发射的特征光谱的波长及其强度，对物质进行定性与定量分析的方法叫发射光谱分析法。需要注意的是，基态物质除了吸收光子而被激发至激发态外，高温加热或者化学反应也可以使基态物质跃迁至激发态。

【例 4-1】光子的能量

计算：(1) 1 mol 的 O_2 吸收 147 nm 紫外光后，其能量升高了多少 $kJ\cdot mol^{-1}$？

(2) CO_2 吸收 2300 cm^{-1} 红外光后其能量升高了多少 $kJ\cdot mol^{-1}$？

(3) 比较这两种电磁辐射引起分子的不同能级变化。

解：(1) 147 nm 的光子能量为：

$$\Delta E = h\frac{c}{\lambda} = 6.626\times10^{-34}\ J\cdot s\times\frac{2.998\times10^{8}\ m\cdot s^{-1}}{147\ nm\times10^{-9}\ m\cdot nm^{-1}} = 1.35\times10^{-18}\ J$$

1 mol O_2 吸收 147 nm 紫外光后能量升高为：

$$\Delta E = (1.35\times10^{-18}\ J)\times6.022\times10^{23}\ mol^{-1}) = 814\ kJ\cdot mol^{-1}$$

(2) CO_2 吸收 2300 cm^{-1} 红外光后其能量升高为：

$$\Delta E = hc\sigma = 6.626\times10^{-34}\ J\cdot s\times2.998\times10^{8}\ m\cdot s^{-1}\times2300\ cm^{-1}\times100\ cm\cdot m^{-1}$$
$$= 4.6\times10^{-20}\ J = 28\ kJ\cdot mol^{-1}$$

(3) 147 nm 的远紫外光的能量足以将氧气分子中的 O—O 键破坏而生成臭氧 O_3：

$$O_2 \xlongequal{h\nu} 2O \qquad O+O_2 \xlongequal{} O_3$$

事实上，波长 λ 在 10～200 nm 的远紫外光均可使氧气分子的 O—O 键断裂，因而这些波长的光通常需要在真空条件下才能有效传输和探测，这也是该波段常被称为“真空紫外”的原因。

而 2300 cm^{-1} 的红外辐射能量远小于 147 nm 的紫外光，它不能引发分子的价电子跃迁，但可以加剧 CO_2 分子的振动和转动，引起 CO_2 分子的振动和转动能级跃迁。

4.1.2　吸收光谱分析法的定量基础——光吸收基本定律

4-2　光吸收法基本定律 mp4

4.1.2.1　朗伯-比尔定律

如图 4-3 所示，当一束强度为 I_0、波长为 λ 的单色光（单一波长的光子）穿过浓度为 c mol·L^{-1}、宽度为 b cm 的透明待测溶液时，若光子的能量与待测物质的能级差相等，则物质吸收部分该光子，使透射光强度减弱为 I_t，用透光率（transmittance，T）表示透射光强度的比例，$T=\dfrac{I_t}{I_0}$。假设容器壁和溶剂对光没有折射、反射和散射等作用，则可用吸光度（absorbance，A）反映物质对光子的吸收程度。两者的关系是：

$$A=-\lg T=-\lg\frac{I_t}{I_0}=\lg\frac{I_0}{I_t} \tag{4-4}$$

吸光度 A 和透光率 T 都是没有量纲的。显然，若物质完全不吸收光，则透光率 $T=100\%$，$A=0$；若光被物质完全吸收，则 $T=0\%$，$A=\infty$。可以证明吸光度与吸光物质浓度之间存在简单线性关系，即朗伯-比尔定律：

$$\boldsymbol{A=\varepsilon bc} \tag{4-5}$$

其中，ε 表示吸光物质的吸收系数。当吸光物质浓度 c 用 mol·L^{-1} 表示时，ε 则为摩尔吸收系数，其量纲为 L·mol^{-1}·cm^{-1}。**ε 给出了吸光物质吸收特定波长光子的概率，其值与入射光的波长、吸光物质和溶剂的性质有关，而与吸光物质的浓度无关，是物质的特征常数，可作为定性鉴定的参数**。定量测量时，需要吸光物质有较大的 ε 值，一般高于 2.5×10^3 L·mol^{-1}·cm^{-1}，以提高测量的灵敏度和准确度。

若固定待测物质溶液或原子蒸气等的浓度，改变入射光波长 λ，并测定相应的吸光度 A。**以波长 λ 或波数 σ 为横坐标，吸光度 A 为纵坐标作图，得到的曲线叫吸收光谱（也叫吸收曲线）**。以 0.5 mmol·L^{-1} 高锰酸钾溶液为例，其在可见光范围内的吸收光谱如图 4-4 所示。吸收光谱在 510 nm 处有最大吸收，记作 λ_{max}。显然吸收曲线的形状和最大吸收波长 λ_{max} 是由 $KMnO_4$ 的分子结构决定的。不同物质的吸收峰位置不同，这可作为定性分析的依据。这种**依据吸收光谱进行定性鉴别的方法通常称为光谱分析法（spectrophotometry）**。

若固定入射光的波长，改变待测物质的浓度，由朗伯-比尔定律可进行定量测定，这种分析方法叫作光度分析法（photometry）。

当溶液中有多个组分都对波长为 λ 的入射光有吸收时，它们均对吸光度有贡献，吸光度具有加合性。若这些物质之间没有相互作用（即没有缔合或者化学反应等），则波长 λ 处的总吸光度 $A_{总}^{\lambda}$ 为各组分吸光度之和。

$$A_{总}^{\lambda}=A_1^{\lambda}+A_2^{\lambda}+\cdots+A_n^{\lambda}=\varepsilon bc_1+\varepsilon bc_2+\cdots+\varepsilon bc_n \tag{4-6}$$

式中，下角标 1、2、…n 代表吸光的组分。

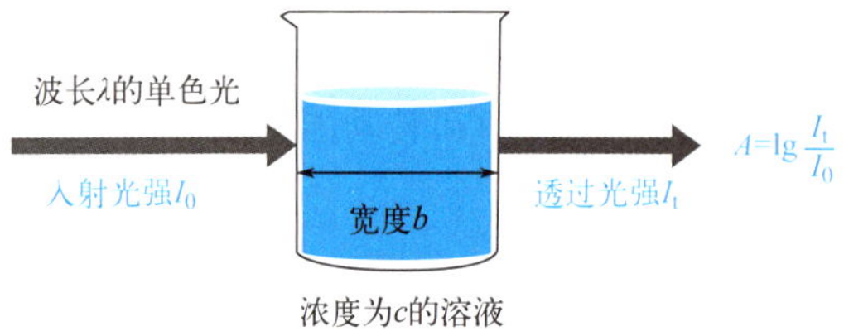

图 4-3　吸光度测量示意图

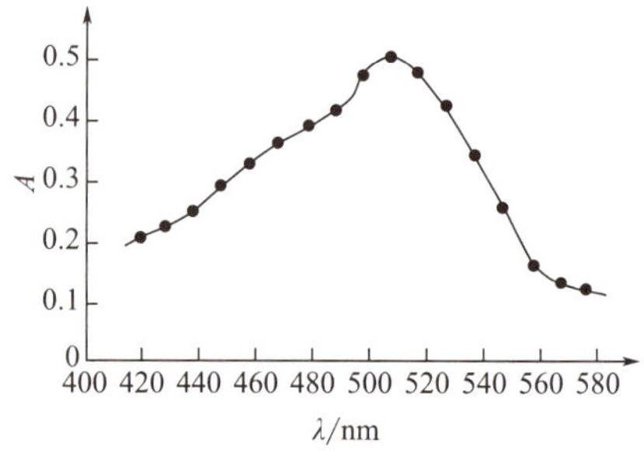

图 4-4　$KMnO_4$ 溶液的吸收光谱

【例 4-2】利用朗伯-比尔定律进行定量计算

称 25.8 mg 苯(C_6H_6，$M=78.11\ g \cdot mol^{-1}$) 溶解于己烷中，稀释并定容至 250.0 mL 得到苯标准溶液。使用 1 cm 比色皿在 256 nm 处测定该标准溶液的吸光度为 0.266。求苯在这个波长处的摩尔吸收系数 ε。某含苯的己烷样品在 256 nm 处吸光度为 0.170（使用 5 cm 比色皿测定，没有其他物质在该波长处有吸收）。已知己烷在波长 200 nm 以上的吸光度可以忽略不计。计算：

(1) 样品中苯的浓度 ($mg \cdot L^{-1}$)。

(2) 苯样品测定时的透光率 T。

解：(1) 苯标准溶液的浓度 c_s 为：$c_s=\dfrac{(0.0258\ g)/(78.11\ g \cdot mol^{-1})}{0.2500\ L}=1.321\times10^{-3}$ $mol \cdot L^{-1}$

由朗伯-比尔定律可得苯在 256 nm 波长处的摩尔吸收系数 ε：

$$\varepsilon=\frac{A}{bc_s}=\frac{0.266}{(1\ cm)\times(1.321\times10^{-3} mol \cdot L^{-1})}=201.4\ L \cdot mol^{-1} \cdot cm^{-1}$$

已知待测样品在 256 nm 波长处的吸光度 $A_x=0.170$，则待测样品中苯的浓度 ρ_x 为：

$$\rho_x=\frac{A}{b\varepsilon}=\frac{0.170}{(5\ cm)\times(201.4\ mol^{-1} \cdot L \cdot cm^{-1})}\times(78.11\ g \cdot mol^{-1})\times10^3\ mg \cdot g^{-1}$$

$$=13.2\ mg \cdot L^{-1}$$

(2) 利用吸光度 A 与透光率 T 之间的关系

$$A=-\lg T$$

$$T=10^{-A}=10^{-0.170}=0.676$$

即使用 5 cm 比色皿盛放浓度为 13.2 $mg \cdot L^{-1}$ 的苯溶液时，256 nm 的入射光中有 67.6%透过溶液，其余则被苯吸收（不考虑器壁和溶剂对光的散射和折射）。

高阶选修 A4-1　光色互补

人眼可感知的光波长范围大致为 380～780 nm（因人眼对光的敏感度不同可能稍有差异)。其中，不同波长范围的光被感知为不同的颜色，粗略地区分如表 A4-1 所示。白光包含所有颜色的光。当白光穿过物质（如透明溶液）或被物质反射（如固体）时，若物质选择性吸收某些特定波长的可见光，其余未被吸收的光则透过物质或经反射后进入人眼而被观察到，成为该物质的颜色。物质呈现的颜色与其吸收的颜色为互补色。表 A4-1 给出了互补色之间的大致关系，由此可由物质的颜色推测物质吸收光的大致范围。例如，溴酚蓝对波长为 591 nm 的黄色光有最大的吸光度，而自身显示黄色的互补色蓝色。

表 A4-1　可见光的波长范围及互补色

物质吸收的光		物质呈现的颜色
波长/nm	吸收光的颜色	
380～450	紫	黄绿
450～480	蓝	黄
480～490	绿蓝	橙
490～500	蓝绿	红
500～560	绿	紫红
560～580	黄绿	紫
580～600	黄	蓝
600～650	橙	绿蓝
650～780	红	蓝绿

4.1.2.2　对朗伯-比尔定律的偏离

根据朗伯-比尔定律 $A=\varepsilon bc$，当波长为 λ 的单色光通过溶液时，吸光度 A 与溶液浓度 c 成正比。如图 4-5 所示，在 510 nm 入射光时，测定不同浓度 $KMnO_4$ 溶液的吸光度，以浓度 c 为横坐标，吸光度 A 为纵坐标，应得到一条截距为 0、斜率为 εb 的直线，称为标准曲线。但实际使用过程中常出现对朗伯-比尔定律的偏离，引起测量结果的误差。

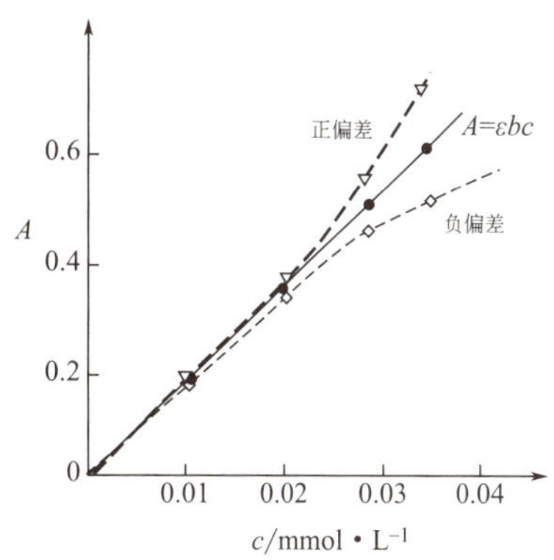

图 4-5　$KMnO_4$ 溶液的标准曲线及其对朗伯-比尔定律的偏离（正偏差主要由溶液中的大粒子、其他未经校正的光损失等因素引起；负偏差主要来源于仪器的非单色光引起摩尔吸收系数的减小；浓溶液可引起正或负偏差）

引起这个现象的原因主要有以下几点。

(1) 溶液因素引起对朗伯-比尔定律的偏离

当溶液浑浊时，溶液中的大粒子对光线的散射与反射现象严重，引起透射光强的减弱，造成吸光度 A 增大，对朗伯-比尔定律产生正偏差。除了待测物质，其他物质若对入射光有吸收，也会造成对朗伯-比尔定律的正偏差。

当样品溶液浓度较大时，粒子之间可能会发生相互作用，比如缔合等，从而改变待测物质的吸光性质，引起摩尔吸收系数 ε 的增大或减小，进而引起测定的吸光度值 A 对朗伯-比尔定律的正或负偏差。

测定过程中，如果溶液条件（pH 值、温度等）发生变化，可能引起吸光物质的吸光系数变化，导致对朗伯-比尔定律的偏离。典型的如重铬酸钾会随着 pH 值的升高，发生由橙红色的重铬酸钾向橙黄色的铬酸钾的转化，引起吸收光谱和摩尔吸收系数的明显改变。对于有机弱酸或弱碱物质，这种现象则更常见。图 4-6 为有机弱碱邻二氮菲的吸收光谱随 pH 值的变化情况。邻二氮菲的 $pK_b \approx 9.2$，其共轭酸的 $pK_a \approx 4.8$，在 pH 值为 4.8 附近其酸式体和碱式体的分布系数发生明显的变化，引起分子结构的改变，从而导致吸收光谱的移动和特定波长下摩尔吸收系数的改变，使得标准曲线偏离朗伯-比尔定律。

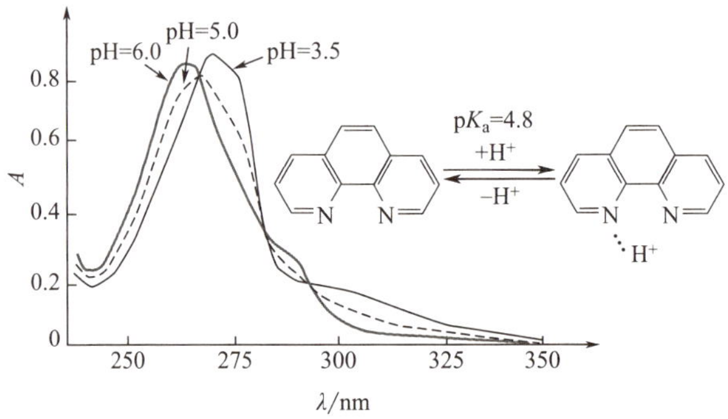

图 4-6　pH 值对邻二氮菲的紫外吸收光谱的影响

为了克服以上溶液因素引起的朗伯-比尔定律的偏离，测定过程中应该保持待测溶液为透明稀溶液（通常溶液浓度≤0.01 mol·L^{-1}），并维持测定条件如温度、pH 值等不变。

(2) 仪器因素引起的朗伯-比尔定律的偏离

朗伯-比尔定律要求入射光为 λ 波长的单色光，但实际上仪器提供的是在较窄波长范围内的复合光 $\lambda \pm \Delta\lambda$。以高锰酸钾的吸收光谱为例，说明非单色光对测定结果的影响。如图 4-7(a) 所示，若定量测量时选择入射光波长为 λ_1，则在仪器提供的光谱通带 $\Delta\lambda$ 范围内，吸收系数的变化较大，导致 $A=\varepsilon bc$ 偏离直线较明显［见图 4-7(b)］。若以 λ_{max} 为入射光波长，则在光谱通带 $\Delta\lambda$ 范围内，吸收系数 ε 和吸光度 A 基本不随波长而变化。因此，应选择最大吸收波长 λ_{max} 为工作波长进行测量，以减小标准曲线对朗伯-比尔定律的偏离。

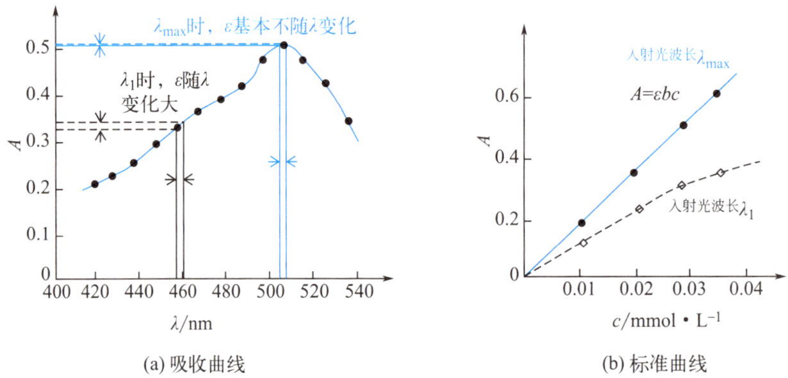

图 4-7　入射光波长的选择对朗伯-比尔定律的影响

4.1.2.3　吸光度测量条件的选择

在利用光度法进行定量分析时，为了获得高的准确度，有三个重要的测量条件需要确定。

(1) 选择合适的入射波长（工作波长）λ

4-3　吸光度测量条件选择 mp4

为了确定工作波长，首先须测定待测物质标准溶液的吸收光谱，一般取吸收光谱中吸光度最大处的波长 λ_{max} 作工作波长，以获得最高的灵敏度和准确度。

但由于紫外可见光吸收光谱往往为波长范围很宽的带状光谱，不同物质之间容易发生光谱重叠，对测量产生干扰。例如测量溶液中钴离子的含量时，以 1-亚硝基-2-萘酚-3，6-二磺酸为显色剂，其与钴离子生成摩尔吸收系数更大的配合物，通过测量配合物的吸光度可以定量检测钴离子的含量。图 4-8 中分别为显色剂（曲线 a）和配合物（曲线 b）的吸收光谱。可见在配合物的最大吸收波长 λ_{max} 处，显色剂也有明显吸收，干扰配合物的测定。而应当选择处于光谱平台区的长 λ' 做工作波长，虽然灵敏度稍低，但能避免显色剂的干扰，同时非单色光的影响不明显，测量准确度相对更高。

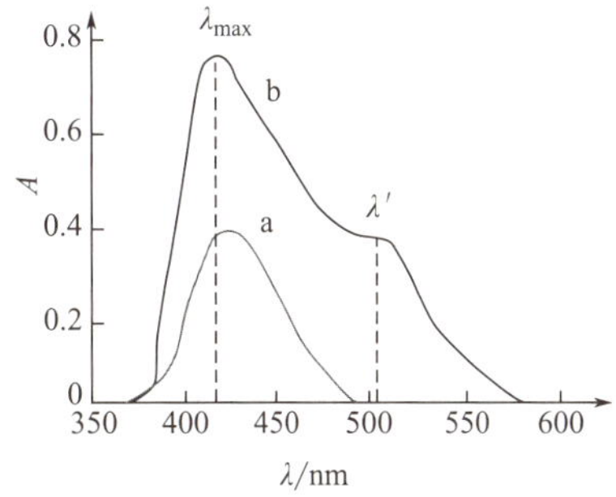

图 4-8　显色剂及配合物的紫外可见吸收光谱

a—显色剂 1-亚硝基-2-萘酚-3,6-二磺酸的吸收光谱；b—显色剂与钴离子生成的配合物的吸收光谱

(2) 使用合适的参比溶液

使用参比溶液是为了校正非待测物质引起的光强损失，如吸收池器壁对光的反射、溶剂等其他物质对光的散射或吸收等。实际测量时应使用参比溶液对这部分光强损失进行校正。如图 4-9 所示，首先以参比溶液的吸光度值 $A_参$，$A_参$ 代表非待测物质导致的光强损失对吸光度的贡献，以此对仪器进行调零。即在待测溶液的吸光度 $A_测$ 中扣除 $A_参$ 后，才可获得待测物质的真实吸光度 $A_样$。

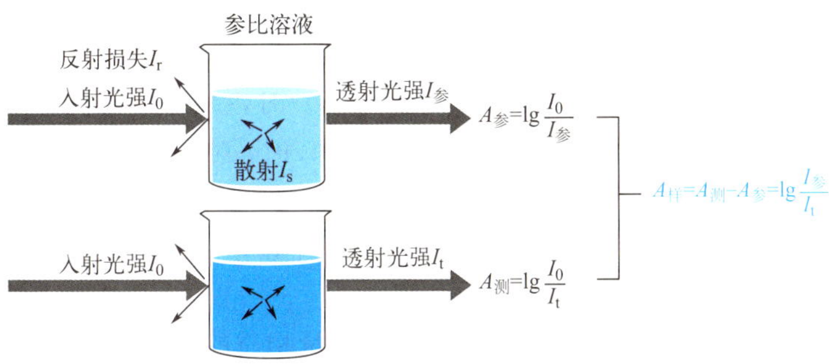

图 4-9　使用参比溶液扣除背景吸收的原理示意图

选择参比溶液有两个原则：参比溶液与试样溶液使用相同的吸收池，以消除器皿对光的反射与折射引起的误差；在试样溶液中，除待测物质外，谁干扰（即在工作波长处有吸收），就以谁为参比。若试样溶液中除待测物质外其他组分在工作波长处均没有吸收，就用纯溶剂作参比溶液。若试样溶液中某些试剂对工作波长有吸收，则使用该试剂溶液作参比，叫作试剂参比或试剂空白。

若测量过程中加入的试剂较多，干扰物质种类复杂，则以不含待测组分的试样空白溶液作参比（参见例 4-4 和例 4-5）。如例 4-4 中邻二氮菲分光光度法测定样品中的铁含量时，以邻二氮菲为显色剂，在 pH 值为 2～9 范围内，邻二氮菲与 Fe^{2+} 生成稳定的橙红色配合物（λ_{max} = 510 nm），通过测量该配合物的吸光度，得到 Fe^{2+} 的浓度信息。由于测量过程中加入的试剂较多（除了显色剂邻二氮菲外，还需加入缓冲溶液、还原剂如盐酸羟胺等将 Fe^{3+} 还原为 Fe^{2+}），干扰物质情况复杂。此时的参比溶液中，除了不加入含铁的待测样品外，应加入其他所有的试剂。

(3) 控制吸光度 A 在适当的范围

光度计通过测量入射光 I_0 和透过光的强度 I_t 而得到吸光度 A 和透光率 T 的数值。由于透光率 T 与光的强度 I 之间有简单的线性关系，测量误差 ΔT 与 ΔI 可认为是由仪器设计和制造水平决定的常量，一般在±0.2%～±2%之间。透光率 T 与浓度 c 之间没有简单的线性关系，依据朗伯-比尔定律：$A = -\lg T = \varepsilon bc$，对该式求微分并以有限值表示，可得：

$$\frac{\Delta c}{c} = \frac{0.434}{T\lg T}\Delta T \tag{4-7}$$

可见浓度误差 $\Delta c/c$ 除了受仪器本身的测量误差 ΔT 影响外，还受到 T 值的影响，T 值过大或者过小，都会导致 $\Delta c/c$ 增大。

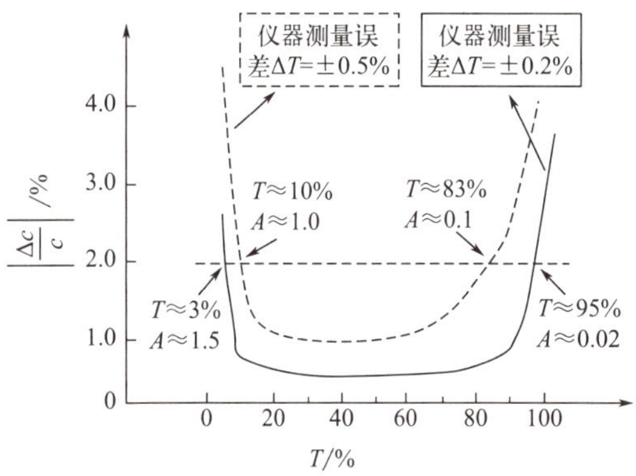

图 4-10　仪器的测量误差和溶液的透光率对测量结果相对误差的影响

图 4-10 比较了仪器的测量误差 ΔT 分别为±0.2%和±0.5%时，改变溶液透光率 T 引起的浓度误差情况。由图可见，无论仪器的测量误差 ΔT 大小如何，**当 T=36.8%（即 A=0.434）时，浓度的相对误差 $\Delta c/c$ 都是最小的。**

若要控制浓度误差 $\Delta c/c$ 在 2%以内，使用测量误差较小的仪器（ΔT = ±0.2%）时，允许溶液的吸光度范围为 A = 0.02～1.5（对应透光率范围 T = 95%～3%）。

而使用测量误差较大的仪器（ΔT = ±0.5%）时，**允许溶液的吸光度范围为 A = 0.1～1.0**（对应透光率范围 T = 83%～10%），范围明显变窄。

如果仪器的测量误差 ΔT 更大，为±2%时，可以计算，浓度误差总是大于 4%。因此，在选择仪器时应注意仪器的测量误差值。

显然，普通的分光光度计不适合高含量和极低含量物质的测量。在实验中可以通过改变吸收池厚度或者待测溶液的稀释程度使吸光度读数处于合适的范围内。

4.2 吸收光谱分析方法

4-4　紫外可见分光光度法 mp4

4.2.1 紫外-可见吸收光谱分析法

4.2.1.1 有机化合物的紫外-可见吸收光谱

(1) 有机化合物的价电子跃迁类型

有机化合物的价电子主要涉及三种类型：①σ 轨道中的 σ 电子；②π 轨道中的 π 电子；

③**非键轨道中的 n 电子**，即氧、硫、氮、卤素等元素中没有参与成键但是对分子性质有重要影响的孤对电子。根据分子轨道理论，当两个原子轨道线性组合为分子轨道时，会形成一个能量较低的成键轨道和一个能量较高的反键轨道。一般来说，σ 电子和 π 电子占据各自的成键轨道，反键轨道常为空轨道，价电子在受激发时可以发生由成键轨道向反键轨道的跃迁。如图 4-11 所示，各分子轨道的能级高低顺序为 $E(\sigma)<E(\pi)<E(n)<E(\pi^*)<E(\sigma^*)$。由于电子在不同种类分子轨道之间的跃迁概率小，是跃迁禁阻的，这三种价电子就有四种跃迁类型。按照跃迁所需能量高低排序，结果如下：

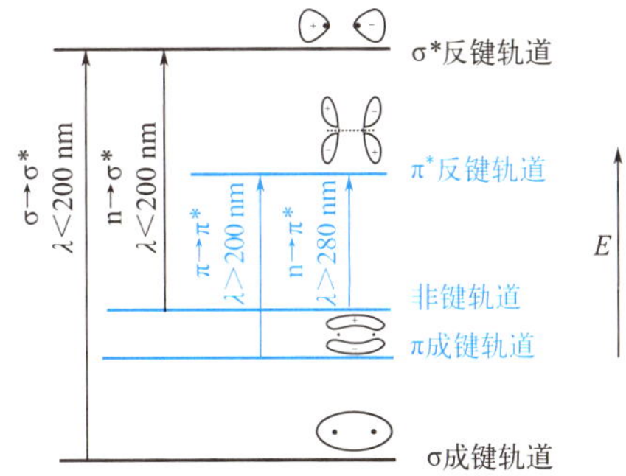

图 4-11 有机分子的轨道能级和价电子跃迁类型

$$E(\sigma\rightarrow\sigma^*)>E(n\rightarrow\sigma^*)>E(\pi\rightarrow\pi^*)>E(n\rightarrow\pi^*)$$

其中 $\sigma\rightarrow\sigma^*$ 和 $n\rightarrow\sigma^*$ 跃迁通常需要远紫外光才能够激发，吸收光谱位于波长 200 nm 以下的真空紫外区，因而不在紫外可见吸收光谱分析法的测量范围内。**只有 $n\rightarrow\pi^*$ 和 $\pi\rightarrow\pi^*$ 跃迁所需要的能量在近紫外-可见光区，是紫外-可见光照射时涉及的主要跃迁类型。**因而有这两类跃迁的物质是紫外-可见吸收光谱分析法的主要测量对象。

(2) 有机化合物分子结构及其紫外-可见吸收光谱的特点

结合分子的价电子跃迁类型来讨论有机化合物分子结构与紫外-可见吸收光谱的关系。

① 饱和烷烃：常用作溶剂

饱和烷烃分子中只有 σ 键，只能发生 $\sigma\rightarrow\sigma^*$ 跃迁，跃迁所需电磁辐射的波长通常位于 200 nm 以内的真空紫外区。例如，甲烷的最大吸收峰波长 λ_{max} 为 122 nm，乙烷的 λ_{max} 为 135 nm。

在饱和醇、醚、卤代烃等分子中，氧原子、卤素原子的非键 n 电子还可发生 $n\rightarrow\sigma^*$ 跃迁，其吸收峰波长一般在 200 nm 附近，如 CH_3Cl、CH_3OH 和 CH_3I 的 $n\rightarrow\sigma^*$ 吸收峰位置分别为 $\lambda_{max}=173$ nm、184 nm 和 259 nm。因跃迁禁阻的原因，$n\rightarrow\sigma^*$ 跃迁的摩尔吸收系数较小，吸收峰较弱。不饱和烃、醇、醚等在紫外-可见光谱中常用作溶剂。

② 共轭不饱和烃和含 n 电子取代基的共轭不饱和烃：紫外可见光谱的主要测量对象

不饱和烃的分子结构中含有 σ 键和 π 键，它们可以产生 $\sigma\rightarrow\sigma^*$ 跃迁和 $\pi\rightarrow\pi^*$ 跃迁。$\pi\rightarrow\pi^*$ 跃迁吸收峰较 $\sigma\rightarrow\sigma^*$ 跃迁波长更长，但未共轭的 C═C 双键或 C≡C 的 $\pi\rightarrow\pi^*$ 跃迁吸收峰波长仍然位于 200 nm 以下的远紫外区，因而这类物质也不在紫外可见吸收光谱的测量范围内。

共轭体系对 $\pi\rightarrow\pi^*$ 跃迁吸收峰的位置和强度产生重要影响。如果分子中存在共轭双键（或三键）体系，共轭效应使 π 电子在多个原子之间离域，分子的能量降低，分子更稳定。按照分子轨道理论，共轭效应使得能量最高的 π 成键轨道（被电子占据）与能量最低的 π^* 反键轨道（空轨道）之间的能级差减小，引起 $\pi\rightarrow\pi^*$ 跃迁所需能量的减小。同时，共轭程度增加也引起 π 和 π^* 轨道重叠程度的增强，从而使 $\pi\rightarrow\pi^*$ 跃迁的概率增大。因此，**随着共轭程度的增大，$\pi \to \pi^*$ 跃迁吸收峰向长波方向移动，即红移现象，同时摩尔吸光系数 ε_{max} 也随之增大，即增色效应**（如图 4-12 所示）。这种由 $\pi \to \pi^*$ 跃迁引起的宽的吸收峰叫 **K 吸收带**（由德文“共轭的”一词 konjugierte 而来），产生该吸收的共轭不饱和基团叫作**生色团**。

如果两个生色团彼此不构成共轭体系，那么该化合物的吸收光谱中将包含这两个生色团的吸收峰。

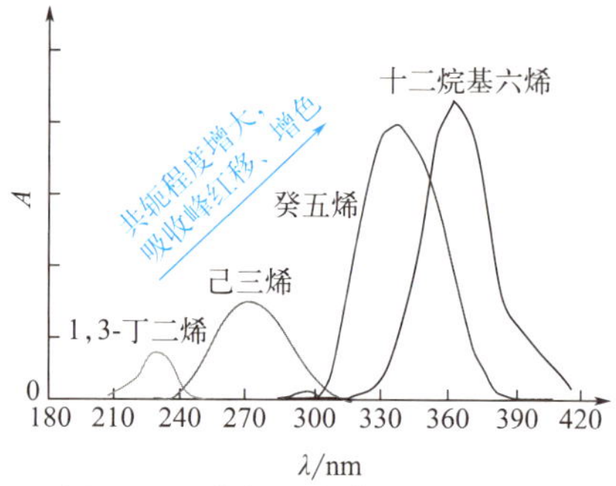

图 4-12　共轭程度使不饱和有机化合物吸收峰红移并增色

n 电子取代基也对 $\pi \to \pi^*$ 跃迁吸收峰的位置和强度产生重要影响。当有机化合物结构中含有 >C=O、—N=O、>C=S、—N=N— 等取代基时，这些基团同时存在 π 电子和 n 电子，可以发生 $\pi \to \pi^*$ 跃迁和 $n \to \pi^*$ 跃迁。$n \to \pi^*$ 跃迁产生的吸收带叫 **R 吸收带**（由德文“基团型的”一词 radikalartig 而来）。**$\pi \to \pi^*$ 跃迁产生的 K 吸收带的特点是其位于较短波长位置**（λ<280 nm），**吸收峰强**（$\varepsilon \geqslant 10^4$ L·mol^{-1}·cm^{-1}）；**$n \to \pi^*$ 跃迁产生的 R 吸收带的特点是位于波长更长的位置**（λ>280 nm），**吸收峰弱**（$\varepsilon \leqslant 10^2$ L·mol^{-1}·cm^{-1}）。如丙酮的 R 吸收带在 280 nm，ε=20～30 L·mol^{-1}·cm^{-1}。

当含非键 n 电子的官能团如—OH、—OR、—NH、—NHR、—Cl、—Br、—I 等与生色团连接并形成 p—π 共轭时，**p—π 共轭作用使原 $\pi \to \pi^*$ 跃迁产生的 K 吸收带发生显著红移和增色现象，因而该类官能团叫助色团**。这类基团的 n 电子参与到共轭体系的 π 电子系统中，使得 n 电子不再孤立，从而降低了 $n \to \pi^*$ 跃迁的概率，因而 $n \to \pi^*$ 跃迁吸收峰通常不明显。

③ 芳香烃化合物：紫外可见光谱法的主要测量对象

典型的芳香烃化合物苯是由六个碳原子构成的闭合共轭体系，其中每个碳原子提供一个 p 轨道，形成六个 π 分子轨道（3 个成键 π 轨道和 3 个反键 π^* 轨道），**在紫外可见吸收光谱中产生三个与 $\pi \to \pi^*$ 跃迁有关的吸收峰**。如图 4-13 所示，苯环的三个吸收峰分别为：位于 180 nm 附近的 E_1 吸收带（由“乙烯的”一词“ethylenic”而来，意即类似于乙烯的 $\pi \to \pi^*$），$\varepsilon > 10^4$ L·mol^{-1}·cm^{-1}；位于 200 nm 附近的 E_2 吸收带，$\varepsilon \approx 10^4$ L·mol^{-1}·cm^{-1}；位于 250 nm 附近的 B 吸收带（由“苯型的”一词“benzenoid”而来），由 $\pi \to \pi^*$ 跃迁与苯环分子振动效应的叠加产生，ε=10～10^3 L·mol^{-1}·cm^{-1}。B 吸收带在非极性溶剂中呈现振动精细结构，但在极性溶剂中，由于溶剂与 π 电子云之间的作用使苯分子的振动受限，B 吸收带的振动精细结构消失。

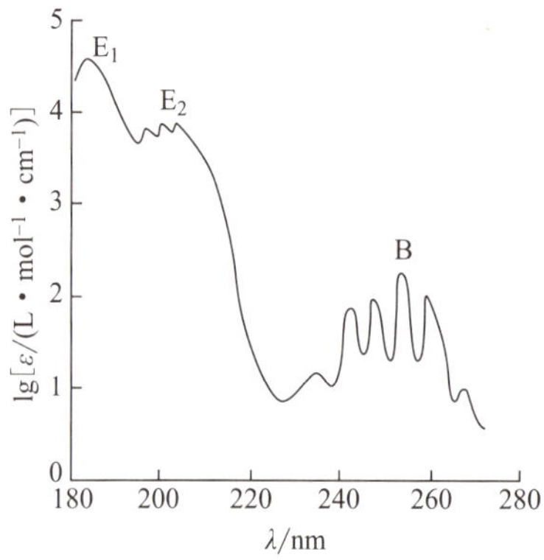

图 4-13　苯环的紫外吸收峰（正己烷溶剂中）

当苯环上有取代基时，其 E_2 和 B 吸收带将受到较大影响，其中 B 吸收带的精细结构消失，并向长波方向移动，同时吸收强度增加。

(3) 溶剂对物质吸收峰位置和强度的影响

溶剂极性对溶质分子的 $n \rightarrow \pi^*$ 和 $\pi \rightarrow \pi^*$ 跃迁产生不同的影响。如图 4-14 所示，含有非键 n 电子的溶质分子可通过 n 电子与极性溶剂形成氢键，显著降低了非键 n 电子的能量。另外，极性溶剂也会因诱导偶极作用使溶质的极性增强，引起溶质的 π 和 π^* 轨道能级均降低，通常极性更强的 π^* 轨道能量降低更明显。因此，在极性溶剂中，溶剂效应导致溶质的 $n \rightarrow \pi^*$ 跃迁吸收峰向短波方向移动，而 $\pi \rightarrow \pi^*$ 跃迁吸收峰向长波方向移动（见表 4-2）。

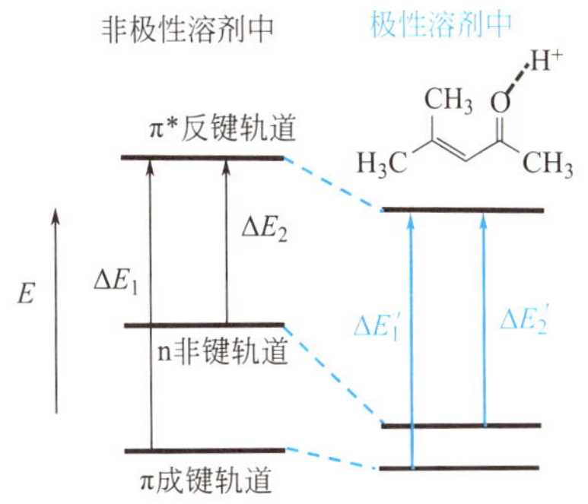

图 4-14　溶剂极性对含非键 n 电子的溶质轨道能级的影响

表 4-2　溶剂极性对含非键 n 电子的溶质吸收峰位置的影响

溶剂(λ_{max}/nm)	正己烷	氯仿	甲醇	水	迁移方向
$\pi \rightarrow \pi^*$	230	238	237	243	向长波移动
$n \rightarrow \pi^*$	329	315	309	305	向短波移动

另外，溶剂本身也有一定的吸收带，如果和溶质的吸收带有重叠，将妨碍溶质吸收带的观察，在选择溶剂时需要注意。

【例 4-3】吸光系数法测定对乙酰氨基酚原料药的含量（制药类）

对乙酰氨基酚是常见的解热镇痛药，准确测定原料、成品药剂中对乙酰氨基酚的含量是药品质量控制的关键。对乙酰氨基酚的结构如图 4-15 所示，其结构中有苯环，在碱性条件下于 257 nm 处有吸收峰。《中国药典》（2020 年版）采用紫外-可见分光光度法中的吸光系数法进行测定，即不需要对照品，使用从药典、手册等查到的吸光系数计算其含量。

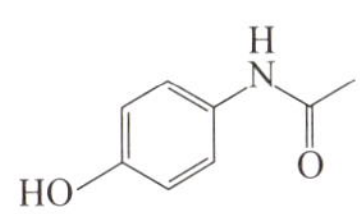

图 4-15　对乙酰氨基酚结构式（苯环共轭结构使其对 257 nm 紫外光有吸收）

本例检测对象为对乙酰氨基酚的原料药。称取对乙酰氨基酚原料药 0.0400 g，用 50 mL 0.4%氢氧化钠溶液溶解后，加水定容至 250 mL 容量瓶中；移取该溶液 5 mL 于 100 mL 容量瓶中，加入 0.4%氢氧化钠溶液 10 mL，并用水稀释至刻度。用紫外-可见分光光度计以 1 cm 比色皿在 257 nm 波长处测定吸光度为 0.562。已知在该碱性条件下对乙酰氨基酚的吸光系数为 $7.15 \times 10^4\ mL \cdot g^{-1} \cdot cm^{-1}$。计算：

(1) 原料药中对乙酰氨基酚的百分含量。

(2) 利用吸收系数法进行定量测量具有普遍适用性吗？

解：(1) 根据朗伯-比尔定律 $A = \varepsilon bc$ 可得：

$0.562 = 7.15 \times 10^4\ mL \cdot g^{-1} \cdot cm^{-1} \times 1\ cm \times c$，得 $c = 7.86 \times 10^{-6}\ g \cdot mL^{-1}$。

考虑稀释因素，得原料药中对乙酰氨基酚含量：

$$w_{对乙酰氨基酚} = \frac{7.86 \times 10^{-6}\ g \cdot mL^{-1} \times 100\ mL \times 250\ mL}{5 mL \times 0.0400\ g} \times 100\% = 98.2\%$$

（2）利用吸收系数法进行定量测量无须标准溶液，因而使用方便，但并不是普遍适用的方法。

吸收系数最主要的适用对象为：样品中除待测物质外，其他物质均在入射波长处没有吸收或仅有较弱的吸收，这样才能使吸光度值仅与待测物质的浓度相关。因而该方法适用于成分简单、杂质含量少的产品的纯度检验，不适用于杂质含量较高且成分复杂的样品的纯度检验。

拓展案例 B4-1　有机污染物浓度及其结构变化的表征（化工和环境）

（引自 J. Catal. 2019，373：297-305）

染料、抗生素等人工合成的化工产品不容易被生物降解，常需要用强氧化剂对含有该类物质的污水进行氧化降解，使其结构破坏，甚至被氧化为二氧化碳和水，以达到污水的排放标准或者提高污水的生物可降解性。在这个过程中，常需要监测物质的降解情况。本例中，用氧化法对染料酸性橙Ⅱ进行降解，并监测酸性橙Ⅱ的紫外可见吸收光谱的变化，以评估该氧化法对酸性橙Ⅱ的降解作用（如图 B4-1 所示）。

问：（1）依据图 B4-1，分析酸性橙Ⅱ的吸收光谱中各吸收峰与其结构之间的关系。并讨论随着降解时间的延长，酸性橙Ⅱ发生了怎样的结构变化？

（2）以 484 nm 处酸性橙Ⅱ吸光度的变化，计算酸性橙Ⅱ的降解率，这是否合理？

（3）讨论以紫外可见吸收光谱检测有机化合物降解情况的局限性。

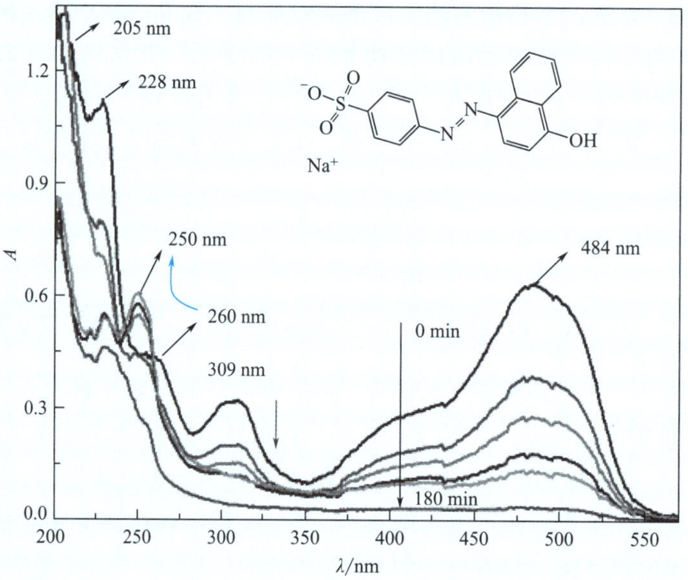

图 B4-1　酸性橙Ⅱ降解过程紫外可见吸收光谱的变化

（引自 J. Catal. 2019，373：297-305）

答：（1）首先分析酸性橙Ⅱ吸收光谱中各吸收谱带与其结构之间的关系：205 nm、228 nm 和 260 nm 处的吸收峰，其波长较短、吸收较强，分别对应于苯环的特征吸收；309 nm 和 484 nm 处的吸收峰，其波长较长，归因于包含偶氮基团 —N═N— 的大共轭体系的 $\pi \rightarrow \pi^*$ 和 $n \rightarrow \pi^*$ 跃迁。

在整个氧化处理过程中，309 nm 和 484 nm 处吸收峰的吸光度持续下降，直至 180 min 时几乎为零，表明酸性橙Ⅱ中以—N═N—连接的共轭体系已经被破坏。但芳香环的三个特征吸收峰 205 nm、228 nm 和 260 nm 的变化比较复杂。例如，260 nm 处的吸光度在前 30 分钟内下降，在接下来的 90 分钟内增加，同时波长蓝移至 250 nm。吸收峰蓝移表明酸性橙Ⅱ中原来的萘基向共轭程度更小的苯环转化。在最后 60 分钟内芳香环的三个特征峰均减弱，表明在最后处理阶段苯环也被分解。但苯环的特征峰并未完全消失，表明染料分子并未完全降解。

（2）484 nm 处吸光度 A 的变化是酸性橙Ⅱ结构中以—N═N—连接的共轭体系被破坏的结果，即酸性橙Ⅱ发生了降解，生成的新物质以苯环为主，其在 484 nm 处没有吸收。因而可以根据朗伯-比尔定律，以该波长处的吸光度 A 计算酸性橙Ⅱ的浓度 c：$A=Kc$（K 为常数）。若酸性橙Ⅱ的初始浓度为 c_0，吸光度为 A_0，任意时刻 t 时浓度为 c_t，吸光度为 A_t，则酸性橙Ⅱ的降解率可采用下式计算：

$$降解率=\frac{c_0-c_t}{c_0}\times 100\%=\frac{A_0-A_t}{A_0}\times 100\%$$

（3）以紫外可见吸收光谱检测酸性橙Ⅱ的降解情况是有局限性的。

紫外可见吸收光谱对含共轭体系的官能团变化较为敏感。只有当降解过程中分子的共轭体系发生改变时，才会使紫外可见吸收光谱发生明显变化，适合用紫外可见吸收光谱检测。这一般在染料类物质的降解时较为常见。

但是，对没有共轭结构的有机化合物，由于其没有明显的紫外可见吸收峰，因而无法以紫外可见吸收光谱有效检测其结构变化。

4.2.1.2　无机化合物的紫外-可见吸收光谱

尽管无机金属离子或其他无机化合物自身也往往存在对紫外可见光的吸收，但其中多数物质的摩尔吸收系数太小，直接检测时的灵敏度不够。常通过显色反应使其转化为摩尔吸收系数较大的有色物质，以该有色物质为测量对象，可明显提高待测物质的测定灵敏度。能与待测组分形成有色化合物的试剂称为显色剂。

显色反应多为氧化还原反应和配位反应，其中配位反应最常用。无机显色剂与金属离子生成的化合物常不够稳定、组成不恒定，实际应用得不多。有机显色剂与金属离子生成稳定的有色配合物，显色反应的选择性和灵敏度均比无机显色反应高，是配位反应常用的显色剂。应当注意的是，显色反应为配位反应时，需遵循配位反应的基本规律，综合考虑酸度、显色剂用量、反应时间等的影响，以使显色反应完全、有色配合物组成恒定（可参考本教材 2.2.2）。

例如，Cu^{2+} 的水溶液本身有颜色，即它在可见光区有吸收，但其摩尔吸收系数 $\varepsilon_{max}\approx$ 10～12 L·mol^{-1}·cm^{-1}，直接测量的灵敏度很低。若用无机配位剂氨水 $NH_3\cdot H_2O$ 作显色剂，其与 Cu^{2+} 生成铜氨配合物，但由于 $NH_3\cdot H_2O$ 与 Cu^{2+} 生成多级配合物，使得配合物的构成不恒定，同时配合物的摩尔吸光系数也不高［$Cu(NH_3)_4$ 的 ε_{max} 约为 1.2×10^2 L·mol^{-1}·cm^{-1}］，测量灵敏度不高。但若使用二乙基二硫代氨基甲酸钠作显色剂，如图 4-16 所示，在碱性缓冲溶液中生成的有色配合物，其 $\varepsilon_{max}\approx1.2\times10^4$ L·mol^{-1}·cm^{-1}，对铜离子的检测灵敏度显著提高。

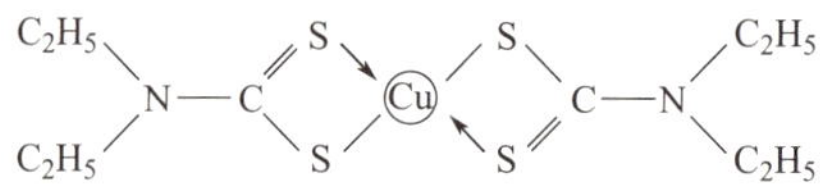

图 4-16 二乙基二硫代氨基甲酸-Cu^{2+} 配合物

高阶选修 A4-2 配合物的电子跃迁类型与紫外可见吸收光谱

与有机化合物不同，配合物的紫外-可见吸收光谱通常来源于以下三方面。

(1) 电荷转移跃迁——分子内的氧化还原反应

当配体 L 的孤对电子占据金属离子 M 的空轨道形成配位键后，有些配合物可吸收紫外或可见光，使原本定域在金属离子 M 轨道上（如 d 轨道）的电子转移到配体 L 的空轨道（如 π 共轭体系的反键空轨道）上，或者按相反方向转移，叫作电荷转移跃迁。这种跃迁可能发生在金属与配体之间、配体与配体之间，或者金属与金属之间（当配合物中有不同价态的金属时），实质是分子内的氧化还原反应。这种电荷转移跃迁所需能量较低，对应的辐射常位于可见光范围内，从而使配合物呈现颜色。

① L →M 电荷转移

高价金属离子如 Ce^{4+}、Fe^{3+}、Cu^{2+} 等容易作为电子接受体，接受配体给予的电子，产生电荷转移跃迁。这个过程类似于高价金属离子的还原以及配体的氧化，因此在易还原的金属离子和易氧化的配体之间发生这类电荷转移所需的能量较低，可位于可见光区，使配合物呈现明显的颜色。例如，硫氰合铁配离子（如图 A4-1 所示）吸收可见光可使负电荷的配体 SCN^- 向高价的 Fe^{3+} 中心转移电子，表现出明显的电荷转移跃迁，使配合物呈现血红色。

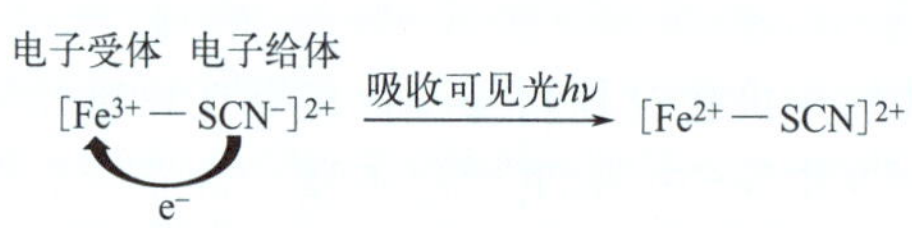

图 A4-1 配合物吸收光子引起配体向高价金属离子的电荷转移

MO_4^{x-} 型化合物中，高价的金属离子 M 与 O^{2-} 之间也存在电荷转移跃迁，随着 M 氧化值的增大（如 $V^{5+} \rightarrow Cr^{6+} \rightarrow Mn^{7+}$），其吸引电子的能力越强，发生由配体 O^{2-} 向金属离子 M 的电子转移所需的能量就越小，使物质颜色加深。如 VO_4^{3-} 无色，CrO_4^{2-} 黄色，MnO_4^- 紫色。I^- 是较易氧化的配体，因此 I^- 与易还原的金属离子形成的配合物在可见光区有电荷转移吸收带，使配合物呈现颜色，如 AgI 为黄色，HgI_2 为红色。

含有非键电子的酸性基团（如—OH、—SH、═NH）和共轭 π 电子体系的配体（如 8-羟基喹啉、磺基水杨酸等），与高价金属离子生成的配合物中，也常发生非键 n 电子向金属离子空轨道的 L →M 电荷转移，使这类物质在可见光区有电荷转移跃迁吸收带，在光度分析中应用广泛。

② M →L 电荷转移

低价态金属 M 的电子从金属的 d 轨道跃迁到配体的空 π^* 轨道上，相当于金属离子的氧化和配体的还原，常见于低氧化态金属与π受体配体（如羰基 CO、吡啶、邻二氮菲等）形成的配合物中。如吸收可见光可使电子由低价的 Fe^{2+} 转移至邻二氮菲的空 π^* 轨道上，使配合物呈橙红色。

③ M→M 电荷转移

在含有多个金属中心的配合物中，电子从一个低价态的金属中心跃迁到另一个高价态的金属中心。如普鲁士蓝 $KFe^{III}[Fe^{II}(CN)_6]$，Fe(Ⅱ)和 Fe(Ⅲ)之间发生 M→M 电荷转移。再如硅钼蓝 $H_4[Si(Mo_2{}^{IV}O_5)(Mo_2{}^{IV}O_7)_5]$中，$Mo^{IV}$ 与 Mo^{VI} 之间发生 M→M 电荷转移。这类配合物通常有很深的颜色。

(2) 配位场跃迁

元素周期表中，第四、五周期的过渡金属元素分别有 3d 和 4d 轨道，镧系和锕系分别有 4f 和 5f 轨道。在配体存在下，配位体场致使过渡元素 5 个能量相等的 d 轨道（或镧系和锕系 7 个能量相等的 f 轨道）发生能级分裂。这就使得低能态的 d 电子（或 f 电子）在吸收光能后可跃迁至较高能态的空 d（或 f）轨道上，产生 d-d 跃迁（或 f-f 跃迁）。由于 d-d 跃迁和 f-f 跃迁须在配体的配位场作用下才有可能产生，因此称为配位场跃迁。d-d 跃迁和 f-f 跃迁只能发生在 d 轨道或 f 轨道未充满的元素中，d 轨道或 f 轨道全空和全满的元素不会发生该类跃迁。Zn^{2+} 的配合物通常没有颜色就是这个原因。

d-d 跃迁和 f-f 跃迁属于跃迁禁阻，因而摩尔吸收系数较小，一般 $\varepsilon_{max} < 10^2\ L \cdot mol^{-1} \cdot cm^{-1}$。有些配合物中，电荷转移跃迁和配位场跃迁同时存在。Fe^{3+} 和 Cr^{3+} 的配合物中，电荷迁移跃迁和配位场跃迁产生的吸收谱带如图 A4-2 所示。电荷转移跃迁吸收峰常位于波长相对较短的区域，其摩尔吸收系数较大，常用于定量分析；而配位场跃迁（d-d 跃迁）吸收峰则处于波长相对较长的区域，摩尔吸收系数较小，因此较少应用于定量分析中，常用于研究配合物的结构。

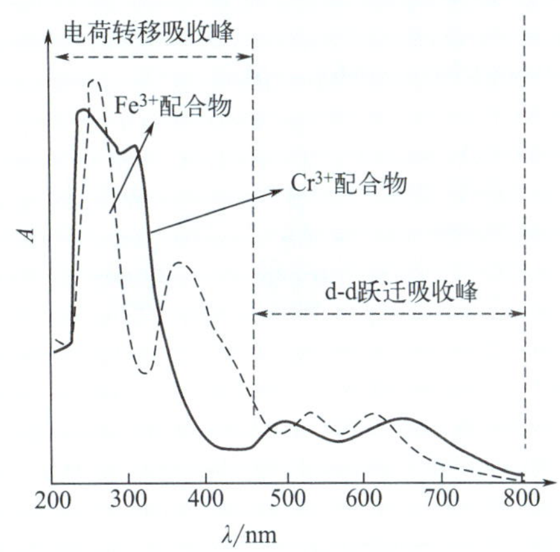

图 A4-2　Fe^{3+} 和 Cr^{3+} 配合物的电荷转移跃迁与配位场跃迁产生的紫外-可见吸收光谱比较（配体为四亚甲基二硫代氨基甲酸盐）

(3) 键合跃迁

当金属离子与有机螯合剂结合时，一方面金属离子取代配体中的氢离子形成共价键，另一方面又与配位原子形成配位键，这不但改变了原有官能团的吸电子和给电子性质，使得配体的电子云重新分布，也改变了螯合剂原有的共轭体系，从而改变其跃迁特性。这可导致配体的原有吸收峰发生红移或蓝移，吸光度增强或减弱，同时也可能产生新的吸收峰。在金属卟啉配合物中，金属与配体的配位键使得卟啉环的 $\pi \rightarrow \pi^*$ 跃迁能级发生变化，结果使卟啉的吸收光谱在形成配合物后，出现了新的吸收峰或原有吸收峰发生了位移。

【例 4-4】通过显色反应测定无机金属离子——邻二氮菲法测定样品中的铁含量（化工）

化工产品中微量铁含量测定的通用方法（GB/T 3049—2006）是邻二氮菲分光光度法。

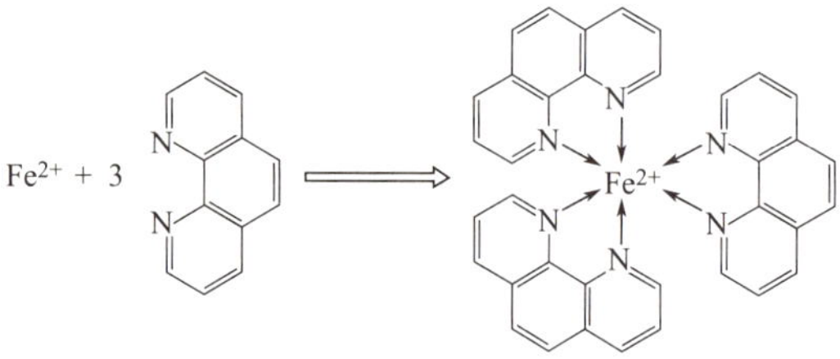

图 4-17　邻二氮菲与 Fe^{2+} 生成稳定的有色配合物

如图 4-17 所示，在 pH 值为 2～9 范围内（一般控制在 5 左右），邻二氮菲与 Fe^{2+} 生成稳定的橙红色配合物，其稳定常数 $\lg K=21.3$，在 510 nm 处的摩尔吸收系数 $\varepsilon_{max}=1.4\times10^4\ L\cdot mol^{-1}\cdot cm^{-1}$。而 Fe^{3+} 与邻二氮菲反应生成蓝色配合物，且稳定性差，不干扰 Fe^{2+} 的测定。在实际应用中常加入还原剂如盐酸羟胺、抗坏血酸等使 Fe^{3+} 还原为 Fe^{2+}，以测定总铁的含量。

若测定某可溶性样品中的铁含量，其中铁以亚铁氰化钾的形式存在（如食盐中常加入微量亚铁氰化钾作为抗结剂），测量过程及结果如图 4-18 所示［图中硫酸亚铁铵 $NH_4Fe(SO_4)_2$ 为铁标准物质］：

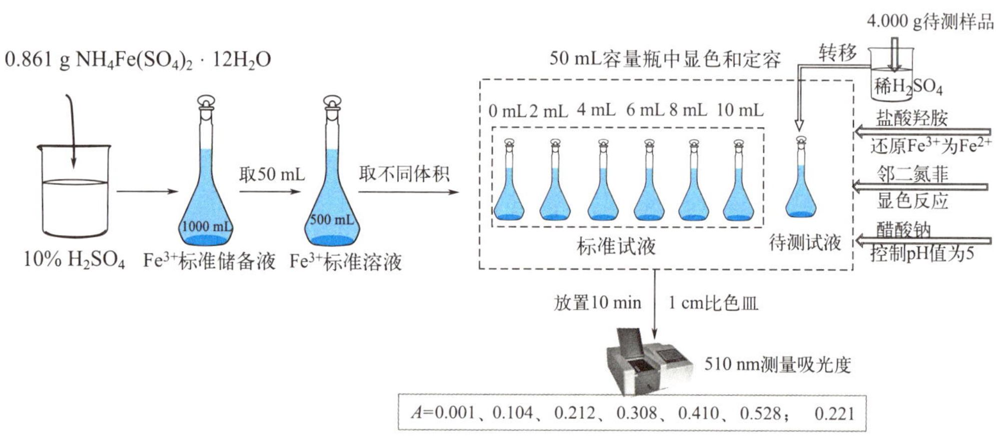

图 4-18　邻二氮菲法测定样品中铁含量的流程图

求：(1) 该样品中的铁含量（$mg\cdot kg^{-1}$）。

(2) 该样品中的铁是以可溶性的亚铁氰化钾形式存在，它的前处理与铁离子溶液相比有什么不同之处吗？设计样品的前处理方法。

解：(1) 首先计算各 50 mL 容量瓶中标准溶液的 Fe^{3+} 浓度 $\rho_s(\mu g\cdot mL^{-1})$：

$$\rho_s=\frac{(0.861\ g\times56.00\ g\cdot mol^{-1})}{482.2\ g\cdot mol^{-1}\times1000\ mL}\times\frac{50\ mL}{500\ mL}\times\frac{V_s\ mL}{50\ mL}\times10^6\ \mu g\cdot mL^{-1}$$

式中，V_s 为加入的铁标准溶液的体积。代入各 V_s 得每个标准溶液中 Fe^{3+} 含量分别为 0 $\mu g\cdot mL^{-1}$、0.400 $\mu g\cdot mL^{-1}$、0.800 $\mu g\cdot mL^{-1}$、1.20 $\mu g\cdot mL^{-1}$、1.60 $\mu g\cdot mL^{-1}$ 和 2.00 $\mu g\cdot mL^{-1}$。

以加入 0 mL 铁标液的溶液为参比液（即试剂空白），将其吸光度值 0.001 从各样品吸光度值中扣除后，以 Fe^{3+} 浓度 ρ 为横坐标，吸光度 A 为纵坐标，绘制 A 与 ρ 关系标准曲线如图 4-19。用 Origin 或 Excel 等软件得到标准曲线的线性方程，如图 4-19 所示。

代入待测物质的吸光度 0.221，计算 50 mL 待测试液中 Fe^{3+} 浓度为 0.854 $\mu g\cdot mL^{-1}$。

则原样品中以亚铁氰化钾表示的铁含量 w_{Fe} 为：

$$w_{Fe}=\frac{0.854\ \mu g\cdot mL^{-1}\times 50\ mL\times 368.34\ g\cdot mol^{-1}}{56\ g\cdot mol^{-1}\times 4.000\ g}$$

$$=70.2\ \mu g\cdot g^{-1}=70.2\ mg\cdot kg^{-1}$$

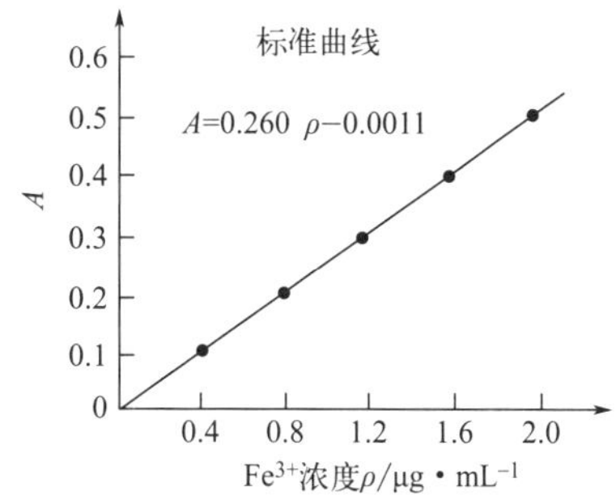

图 4-19　邻二氮菲法测定铁含量的标准曲线

（2）当样品中的待测物质铁以稳定配合物形式存在时，如本例中的亚铁氰化钾 $K_4[Fe(CN)_6]$，铁离子被氰基强烈配位，形成稳定的络合物，可能导致 Fe^{2+} 与邻二氮菲的显色反应不完全。因此，在样品的前处理中首先通过化学处理（如酸解）将 $[Fe(CN)_6]^{4-}$ 配合物解离，释放出 Fe^{2+}。具体可将样品溶解于酸中并轻微加热，促进 $[Fe(CN)_6]^{4-}$ 的解离。随后再进行显色反应。

【例 4-5】通过显色反应测定无机非金属——钼蓝光度法测定铁矿石中的硅含量（GB/T 6730.9—2016）（冶金、化工等）

测定和控制铁矿石中的硅含量对于优化冶金工艺、降低生产成本以及提高矿石资源的综合利用率具有重要意义。

当硅含量在 0.1%～5.0%的范围时常用光度法测定，其基本原理是：将样品中的硅处理为溶解性的硅酸盐，酸性条件下硅酸盐与钼酸铵反应生成黄色的硅钼杂多酸复合物（俗称硅钼黄）：

$$H_4SiO_4+12H_2MoO_4 = H_8[Si(Mo_2O_7)_6](\text{黄色})+10H_2O$$

该复合物中 Mo 为+6 价，复合物不稳定，常用 Fe^{2+} 或抗坏血酸等将其中的部分 Mo 元素还原为+4 价：

$$H_8[Si(Mo_2O_7)_6]+4Fe^{2+}+4H^+ = H_8[Si(Mo_2O_5)(Mo_2O_7)_5](\text{蓝色})+4Fe^{3+}+2H_2O$$

产物 $H_8[Si(Mo_2O_5)(Mo_2O_7)_5]$ 呈蓝色，俗称硅钼蓝。硅钼蓝在 760 nm 附近有强吸收，可用于测定样品中的硅含量。矿石中常含有磷和砷，它们也会与钼酸铵反应生成磷（砷）钼黄，并进而被还原为钼蓝，对测定产生干扰。但磷（砷）钼蓝的稳定性不如硅钼蓝，可加入草酸、酒石酸等有机酸作为掩蔽剂将其迅速分解。

铁矿石样品处理，空白试液以及标准溶液的处理及检测过程如图 4-20 所示：

以空白试液为参比，测定各标准溶液的吸光度值后，得到标准曲线的线性方程为：$A=675.2\rho+0.0057$。其中 ρ 为标准试液中的硅浓度（$mg\cdot mL^{-1}$），A 为吸光度。待测试液的吸光度为 0.702，问：

（1）原铁矿石样品中以二氧化硅表示的硅的百分含量是多少？

（2）该测定过程中，注意参比溶液的构成，请说明为什么选择这样的参比溶液？

解：（1）设待测试液中硅的浓度为 ρ_x $mg\cdot mL^{-1}$，根据线性方程 $A=675.2\rho+0.0057$ 和测得的吸光度值 $A_x=0.702$，解方程 $0.702=675.2\rho_x+0.0057$，

得 $\rho_x=(0.702-0.0057)/675.2=0.001031\ (mg\cdot mL^{-1})$

考虑稀释倍数，则原样品中 Si 含量 w_{Si} 为：

$$w_{Si}=0.001031mg\cdot mL^{-1}\times\frac{100mL\times 250mL}{5mL}\times\frac{1}{0.2000g\times 1000mg\cdot g^{-1}}\times 100\%=2.58\%$$

矿石中的 Si 常以 SiO_2 形式存在，因而常以 SiO_2 表示 Si 含量，则原样品中 SiO_2 含量

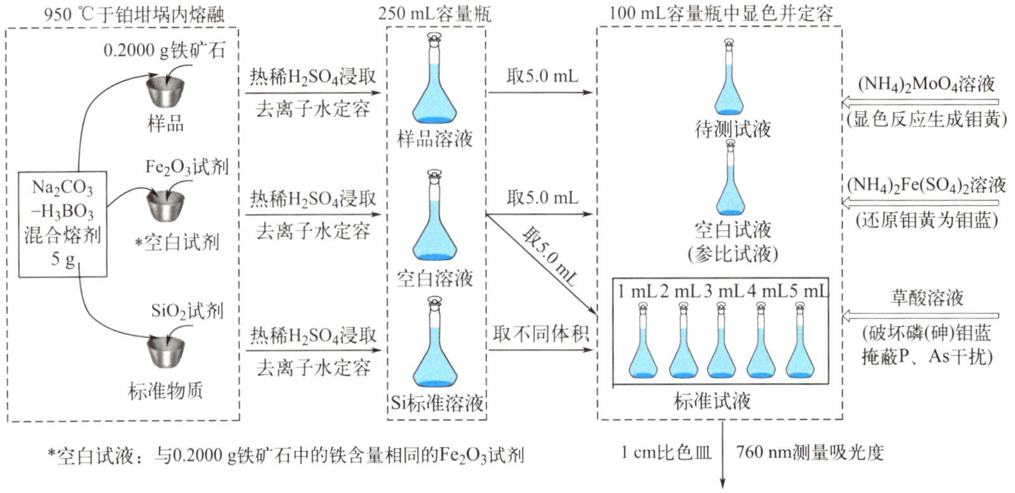

图 4-20 钼蓝光度法测定铁矿石中硅含量的流程图

w_{SiO_2} 为：

$$w_{SiO_2}=2.58\%\times\frac{60.08\text{g}\cdot\text{mol}^{-1}}{28.09\text{g}\cdot\text{mol}^{-1}}\times100\%=5.52\%$$

（2）测定中使用的参比溶液是：将与待测铁矿石中的铁含量相同的标准试剂 Fe_2O_3（即不含任何硅），经过与待测样品完全相同的处理步骤，得到参比溶液（即流程图中的空白试液）。这么做的主要原因有：

① 消除基质效应：铁矿石样品中的铁含量较高，经过前处理后存在于待测试样中的铁离子有可能会对硅的显色反应产生影响（如显色反应中加入的还原剂亚铁离子的量可能会发生变化），或者 Fe^{3+} 也可能形成少量的胶体成分，在检测波长处有吸收，产生基质效应，导致吸光度测定的误差。该空白溶液可以消除以上来自铁矿石的铁基质成分对吸光度测定的干扰；

② 校正背景吸收：其他处理过程及其引入的试剂，包括熔融过程和显色过程，也可能对吸光度产生影响。用参比溶液将其扣除，使得最终测定的吸光度值仅反映硅的浓度。

【例 4-6】化学需氧量（*COD*）的快速消解分光光度法检测（HJ/T 399—2007）（环境类）

COD 是以氧气的质量浓度（$mg\cdot L^{-1}$）表示的水体中有机物污染的程度。*COD* 值测量时常用氧化剂高锰酸钾和重铬酸钾氧化有机污染物，本例使用重铬酸钾。在试样中加入已知量的 $K_2Cr_2O_7$ 溶液，在强硫酸介质中，以硫酸银作为催化剂，经高温消解使有机物被完全氧化。若水样受污染程度高，*COD* 值在 100～1000 $mg\cdot L^{-1}$ 之间，则生成的 Cr^{3+} 浓度大，可在 600 nm±20 nm 波长处测定 $K_2Cr_2O_7$ 还原产生的 Cr^{3+} 的吸光度。若试样中 *COD* 值在 15～250 $mg\cdot L^{-1}$ 之间，则在 440 nm±20 nm 波长处测定剩余的 $K_2Cr_2O_7$ 吸光度。试样的 *COD* 值与 $K_2Cr_2O_7$ 的吸光度减少值成正比，与 Cr^{3+} 的吸光度增加值成正比。某未知湖水样品的检测过程如图 4-21 所示，以邻苯二甲酸氢钾($C_6H_4COOHCOOK$) 作 *COD* 值的基准物质：

问：（1）计算标准储备液和标准溶液的 *COD* 值。

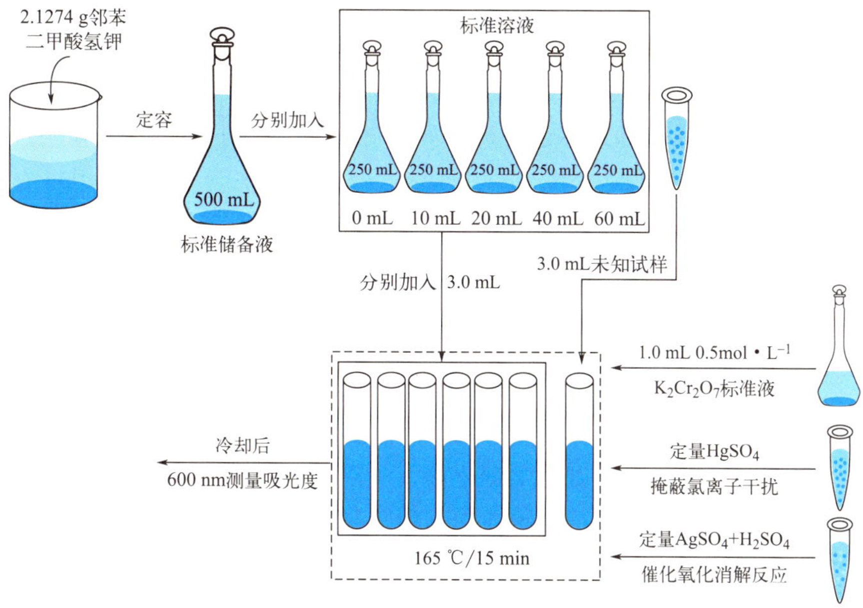

图 4-21　水体中 *COD* 的快速消解分光光度法检测流程图

（2）测量六个消解液的吸光度值分别为 0.002、0.052、0.102、0.215、0.309、0.267，待测水样的吸光度为 0.267。根据这些数据求水样中的 *COD* 值。

（3）水中 *COD* 值测量的主要误差来源可能是什么？如何解决？

解：（1）邻苯二甲酸氢钾 $C_6H_4COOHCOOK$ 中的碳元素可被 $K_2Cr_2O_7$ 完全氧化为 CO_2，反应式和计量关系如下：

$$5Cr_2O_7^{2-} + C_6H_4COOHCOO^- + 41\ H^+ = 10\ Cr^{3+} + 8\ CO_2 + 23\ H_2O$$

将消耗的 $K_2Cr_2O_7$ 的物质的量换算为相应的 O_2 的物质的量（按照得电子数相等的关系，即氧化反应时每分子 $K_2Cr_2O_7$ 得电子数为 6，而 O_2 得电子数为 4），计算 *COD* 值。相应的化学计量关系为：

$$C_6H_4COOHCOOK \cong 5K_2Cr_2O_7 \cong 30e^- \cong \frac{15}{2}O_2$$

因此，标准储备液的 *COD* 值为：

$$\frac{2.1274g \times \frac{15}{2} \times [M(\text{氧})\,g \cdot mol^{-1}]}{[M(\text{邻苯二甲酸氢钾})\,g \cdot mol^{-1}] \times 0.5L} = \frac{2.1274g \times \frac{15}{2} \times 32g \cdot mol^{-1}}{204.22g \cdot mol^{-1} \times 0.5L}$$

$$= 5.000g \cdot L^{-1} = 5000mg \cdot L^{-1}。$$

则标准溶液的 *COD* 值分别为：$\frac{VmL \times 5000mg \cdot L^{-1}}{250mL} = 0\ mg \cdot L^{-1}$、$200\ mg \cdot L^{-1}$、$400\ mg \cdot L^{-1}$、$800\ mg \cdot L^{-1}$、$1200\ mg \cdot L^{-1}$。

（2）600 nm 处测量的是生成的 Cr^{3+} 的吸光度 *A*，其值与生成的 Cr^{3+} 浓度成正比，与溶液中 *COD* 值成正比。加入的 $K_2Cr_2O_7$ 标准溶液为过量，其在 600 nm 处没有吸收，不干扰测量。以 *COD* 值为 0 的溶液作为参比，扣除该吸光度值后，在 Excel 软件中以标准溶液的 *COD* 值为横坐标，吸光度为纵坐标作标准曲线，得线性方程为：$A = 0.0003\ COD - 0.0007$。

则待测试样中的 COD_x 值为：$0.267=0.0003\times COD_x-0.0007$，求得 $COD_x=892\ \mathrm{mg\cdot L^{-1}}$。

（3）COD 值测量时最常见的误差来源为：

① 消解条件控制不当：消解过程中的温度、时间和硫酸浓度等条件均会影响有机物的氧化程度，控制不当或条件不一致会造成有机物分解反应不完全，导致测量的精密度变差；

② 水样中存在干扰物质：水样中常存在无机还原态物质，最常见的是 Cl^-，它也会在消解过程中消耗氧化剂，导致实际测量的 COD 值偏高。一般需加入掩蔽剂（硫酸汞）掩蔽氯离子等干扰物质，消除其对测量的影响。

4.2.2 红外光谱分析法

4-5 红外吸收光谱 mp4

红外光谱法不仅能进行定性和定量分析，而且是鉴定化合物和分子结构的重要手段。分子中的原子以化学键连接，并以固有频率振动。**当光源发射的红外光照射试样时，与分子的固有振动频率相同的红外光会被吸收，分子发生振动和转动以及能级从基态到激发态的跃迁，使相应频率（波长）的透射光强度减弱**。如图 4-22 所示，记录透光率 T（或吸光度 A）与波数 σ（或波长 λ）的关系，就得到了红外吸收光谱。

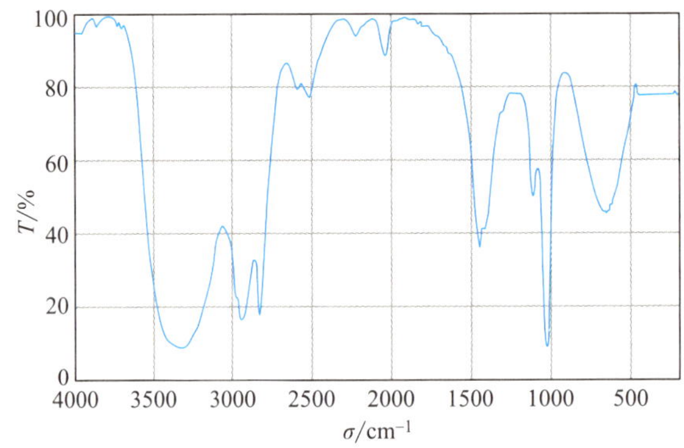

图 4-22 甲醇的红外吸收光谱

4.2.2.1 红外吸收峰位置

不同基团有不同的振动频率，而同一基团在不同分子中的振动频率基本一致，即其红外吸收峰位置接近。如图 4-23 所示，以最简单的双原子分子 AB 为例，以化学键相连接的原子在平衡位置附近做周期性振动，可看作为简谐振动。成键原子可被近似看作以弹簧连接的小球，化学键可看作连接小球的弹簧。

图 4-23 双原子分子 AB 的简谐振动模型

根据胡克定律，成键原子间的伸缩振动波数 σ 与弹簧的弹力系数（可看作化学键的力常数 K，$\mathrm{N\cdot cm^{-1}}$）和成键原子的折合质量 M（$M=\dfrac{m_A m_B}{m_A+m_B}$，$m_A$ 和 m_B 分别为 A、B 原子的质量）之间的关系为：

$$\sigma=\frac{1}{2\pi c}\sqrt{\frac{K}{M}}=1303\sqrt{\frac{K}{M}} \tag{4-8}$$

可见，化学键越强（即化学键的力常数 K 越大），原子折合质量 M 越小，基团的振动波数就越大，红外吸收峰将出现在高波数区。一般而言，单键的力常数显著小于双键，三键最强。如表 4-3 所示，C═C 的吸收峰位置比 C—C 波数高，但比C≡C波数低。

表 4-3　化学键强度对吸收峰位置的影响

链的类型	—C≡C—		>C═C<		>C—C<
键的力常数 K	K_1	>	K_2	>	K_3
吸收峰位置	2062 cm^{-1}		1683 cm^{-1}		1190 cm^{-1}

尽管同一基团的吸收峰位置基本一致，但是其在不同分子中所处的环境不同，基团频率也会在一定范围内变化，这对解析红外光谱和推断分子结构十分有用。一般来说，如果分子结构变化引起化学键的电子云密度增大，即化学键力常数 K 增大，基团对应的吸收峰向高波数方向移动；反之，如果化学键的电子云密度减小，即 K 减小，基团对应的吸收峰则向低波数方向移动。

如图 4-24 所示，丙酮的羰基 C═O 双键中，由于氧原子的电负性强，电子云偏向氧原子一方。当取代基分别为卤离子和苯环时，引起 C═O 双键电子云密度发生不同变化。卤离子取代产生了以吸电子诱导效应为主的影响，使原本靠近氧原子的电子云向 C═O 双键中间移动，增大了 C═O 双键的力常数，使其吸收带向高波数方向移动。随着取代基数目的增多和吸电子效应的增强，这一现象更明显。而苯环取代基则与羰基共轭，C═O 双键的 π 电子离域使其电子云密度减小，减小了 C═O 双键的力常数，致使吸收谱带向低波数方向移动。随着共轭的苯环数目增多，共轭效应引起的振动吸收谱带向低波数方向移动的现象更为明显。

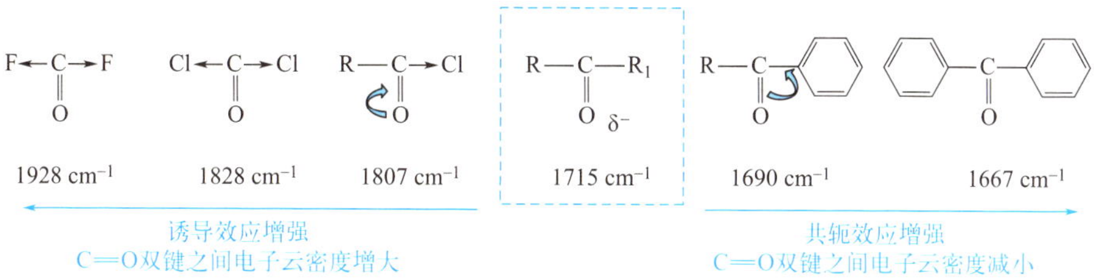

图 4-24　取代基的诱导效应和共轭效应引起 C═O 吸收峰的移动

4.2.2.2　红外吸收峰的数目和吸收强度

红外吸收峰的数目与分子的不同振动形式有关，但并不是所有的分子振动都可以产生红外吸收峰。能够产生红外吸收峰的分子振动必须具备两个条件：红外光的频率与分子中某基团的振动频率一致；分子振动时伴随有偶极矩的变化。如图 4-25 所示，红外光传播时产生以正弦波型周期性变化的交变电场，只有当它的变化频率与分子振动频率一致，且分子振动过程中伴随有偶极矩变化时，才会诱导偶极子发生规律的振幅压缩（当电场与偶极子的电荷

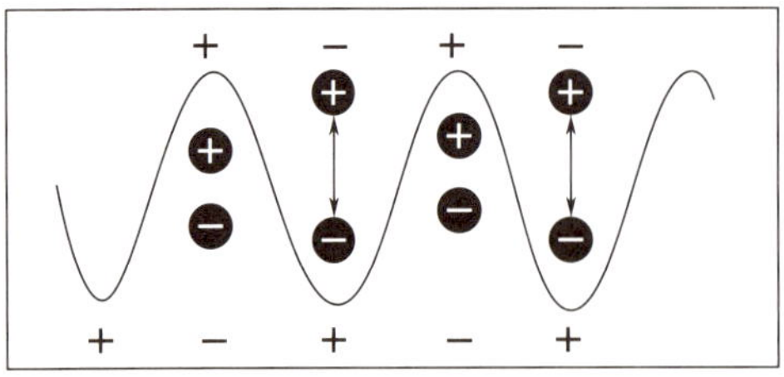

图 4-25 红外光的交变电场（正负号表示正负极）与分子振动的耦合（⊕和⊖代表分子的偶极）

方向一致时，斥力作用的结果）和扩张（另二分之一周期时电场方向反转，偶极子与交变电场方向相反，正负极相吸引的结果），因此导致分子振动的振幅加大，振动能级跃迁，即发生了红外电磁辐射与分子的振动耦合，产生了红外吸收峰。典型的双原子分子如氮、氯、氧等，以及直线型对称分子的对称伸缩振动，如二氧化碳分子沿 O ═C ═O 对称伸缩振动，由于分子的正、负电荷中心重合，振动过程中没有偶极矩的变化，电磁辐射产生的交变电场无法与分子振动产生共振，因而是不具备红外活性的。

红外吸收峰的数目与有红外活性的分子振动类型有关。多原子分子的振动可简单地理解为简正伸缩振动和变形振动的组合。简正伸缩振动沿键轴方向发生键长的变化，一般分为对称伸缩振动和不对称伸缩振动。对同一基团而言，不对称伸缩振动的频率及吸收强度总是稍高于对称伸缩振动，因此，在红外光谱中显示为两个不同的吸收峰。变形振动又可分为面内变形振动和面外变形振动两类，振动中发生键角的变化。变形振动的力常数比伸缩振动的小，同一基团的变形振动都在其伸缩振动的低波数端出现。

如图 4-26 所示为非线性的 H_2O 分子和线性的 CO_2 分子的振动形式及其对应的吸收峰位置。H_2O 分子的三种振动形式均产生了偶极矩的变化，因而均产生红外吸收峰，其中伸缩振动峰位于较高波数位置，变形振动峰位于较低波数位置。而直线的 CO_2 分子有四种振动形式，其中对称伸缩振动没有红外活性，不产生红外吸收峰。CO_2 分子在两个不同平面内均有变形振动，但振动频率完全一致，称为简并振动，仅在 672 cm^{-1} 处产生一个吸收峰。

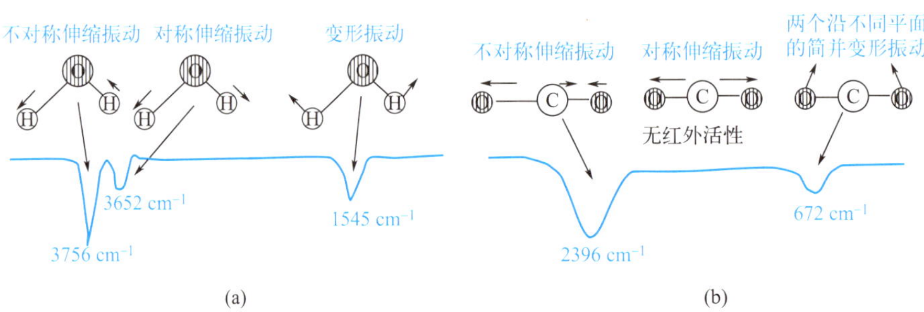

图 4-26 (a) H_2O 分子的三种振动形式产生三个红外吸收峰；(b) CO_2 分子的四种振动形式仅产生两个红外吸收峰

红外光谱常常显示为复杂的多重峰，这是由于基团的振动形式多样（如每种变形振动又可细分为多种振动形式），产生了不同的红外吸收峰，同时还有振动叠加产生的倍频峰、合频峰等，但其强度通常较弱。

红外吸收谱带的强度取决于分子振动时偶极矩的变化程度。分子本身的极性就越强，其与交变电场之间的作用就越显著，红外吸收峰就越强。一般来说，**对称性较差的基团，如 C ═O、C—X、Si—O 等，其极性较强，振动时偶极矩的变化就大，红外吸收强度也大。而对称性高、极性较弱的基团，如 C ═C、C—C、C—N、N ═N 等，其红外吸收较弱**。红外吸收光谱的强度一般定性地用很强（vs）、强（s）、中等（m）、弱（w）和很弱（vw）来表示。

4.2.2.3　红外吸收光谱分区

按照上述红外吸收谱带的位置、强度以及数量的规律，将红外光谱进行分区，并将其与基团频率相对应，即可简单快速地识别红外光谱所提供的信息。将 4000～400 cm^{-1} 范围内的中红外区从高波数区开始分为四个区，以图 4-27 中丙酮的红外光谱作对照进行说明：

（1）4000～2500 cm^{-1}——X—H 的伸缩振动区

其中 X 是 O、C、N、S 等原子，H 是氢原子。由于氢原子的质量最小，含氢原子基团的折合质量也小，其相应的振动波数最大，位于高波数区。常见的 X—H 基团讨论如下：

O—H 的伸缩振动峰。O—H 伸缩振动峰出现在 3650～3200 cm^{-1} 范围内。它可作为判断有无醇类、酚类、有机酸和水分子的重要依据。游离态的醇与酚（浓度小于 0.01 $mol \cdot L^{-1}$ 时无氢键生成，为游离态），其 O—H 键的频率在 3650～3580cm^{-1} 范围内，有中等强度吸收，峰形尖锐，易于识别。但随着溶液浓度的增加和分子间氢键的形成，二聚态或多聚态的醇或酚中 O—H 键被拉长，电子云密度降低，吸收峰向低波数方向移动，在 3550～3200 cm^{-1} 范围内出现，谱带形状变宽且吸收强度增加。羧酸中游离 O—H 键伸缩振动吸收峰在 3300～2500 cm^{-1} 范围，中心频率约为 3000 cm^{-1}，其谱带较醇、酚的谱带宽，是羧酸存在的重要标志之一。随着氢键的形成，吸收峰向低波数移动至 3000～2500 cm^{-1}，且峰形变得更宽。

N—H 的伸缩振动。N—H 伸缩振动在 3500～3300 cm^{-1}，为中等强度的尖峰。伯胺基（—NH_2）因有两个 N—H 键，具有对称和反对称伸缩振动，所以存在双峰。仲胺基（—NHR）为单峰，叔胺基（—NR_2）无 N—H 吸收。

C—H 的伸缩振动。芳香结构中 C—H 键吸收峰在 3030～3100 cm^{-1}，略高于不饱和 C—H 的吸收峰位置 3010～3090 cm^{-1}，也高于饱和 C—H 的吸收峰 2850～2960 cm^{-1}。如图 4-27 所示，丙酮中甲基的 C—H 对称和不对称伸缩振动峰位于 2850～2960 cm^{-1} 区间内。

（2）2500～2000 cm^{-1}——三键和累积双键区

主要包括 C≡C、C≡N 三键等的伸缩振动和 C═C═C、C═C═O 等累积双键的不对称伸缩振动，通常为中等强度吸收或弱吸收。此峰区干扰少，谱带易于识别。CO_2 的不对称伸缩振动峰位于该区间，通常在测量样品前以空气为空白，可将该峰扣除。

（3）2000～1500 cm^{-1}——双键的伸缩振动区

主要包括 C═O、C═C、C═N 和 N═O 等的伸缩振动和苯环的骨架振动产生的吸收带，以及芳香族化合物倍频吸收带。常见的双键基团讨论如下：

C═O 的伸缩振动峰。C═O 伸缩振动峰在 1900～1650 cm^{-1}，峰强且尖锐，是红外光谱中最具特征的吸收谱带。由于在这一区域内其他吸收峰干扰很少而容易识别，因此是判断有无羰基存在的主要依据。如图 4-27 所示，丙酮的 C═O 双键呈现非常强且尖的吸收峰。

C═C 的伸缩振动峰。烯烃的 C═C 伸缩振动峰在 1680～1620 cm^{-1}，峰强度一般较弱，且与烯烃的结构是否对称有关。对称性高的烯烃，C═C 伸缩振动可能为红外非活性振动。单核芳烃的 C═C 伸缩振动在 1600 cm^{-1} 和 1500 cm^{-1} 附近有 2～4 个弱峰，这是芳环的骨架振动，通常用于确认芳环的存在。

还需注意，苯衍生物可在这个区域出现弱的泛频峰。

(4) 1500 cm^{-1} 以下——指纹区

跟人的指纹一样，该区域对分子结构非常敏感。指纹区也可分为两个波段。

① 1300～900 cm^{-1}。单键 X—Y 和较重原子形成的 X═Y 双键的伸缩振动区，以及 X—H 的变形振动区。C—C、C—O、C—N、C—F、C—P、C—S、P—O、Si—O 等单键的伸缩振动和 C═S、S═O、P═O 等双键的伸缩振动吸收峰出现在该区域。C—O 的伸缩振动在 1300～1000 cm^{-1}，包括醇、酚、醚、羧酸、酯等，是该区最强吸收峰，较易识别。如图 4-27 所示，1375 cm^{-1} 的吸收峰为丙酮中甲基的变形振动吸收峰。

② 900～600 cm^{-1}。由苯环取代而产生的吸收峰通常为此区间的主吸收峰。如果在此区间内无吸收峰，一般表示该分子不是芳香族化合物。此区域吸收峰的形状常常与环的取代位置有关。与其他区间的吸收峰相结合，可确定苯环的取代类型。另外，甲基、亚甲基等也在该区域有特征吸收峰。图 4-27 中丙酮结构中的甲基也在该区域有明显的吸收峰。

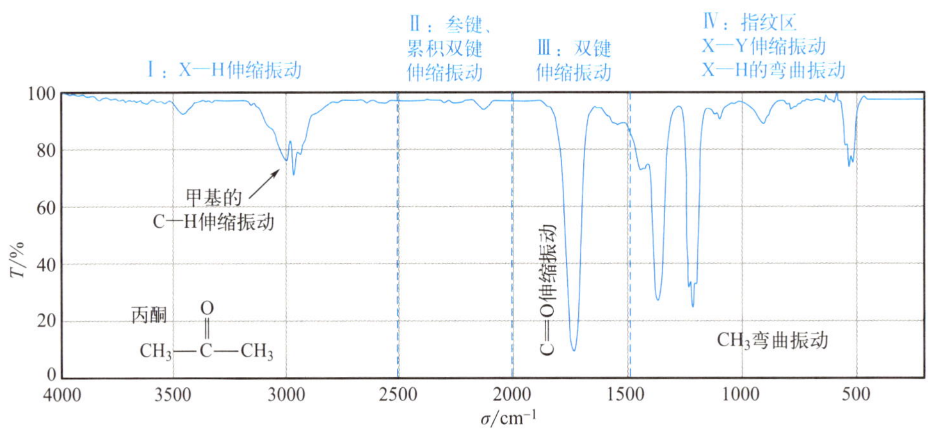

图 4-27　丙酮的红外吸收光谱及其分区解析

4.2.2.4　红外吸收光谱分析法的应用

红外吸收光谱分析法具有高灵敏度和快速分析的优点，能够在复杂样品中有效识别不同成分，被广泛应用于化学、物理和材料科学等领域，以获得研究对象的分子结构、功能基团以及相互作用的信息，也可用于定量分析。必须注意，红外光谱在定性鉴别时往往需要与其他检测手段相结合，才能得出相对准确的结论。

【例 4-7】振动光谱在火灾鉴定技术中的应用（引自 Vib. Spectrosc.，2013，68：225-235）

对火灾现场的有机残留物进行红外光谱分析，能够为火灾鉴定提供技术支持。暴露于火灾现场后，常见的聚合物如聚乙烯（PE）和聚氯乙烯（PVC）的红外光谱特征明显。聚乙烯塑料制品又分为高密度聚乙烯（HDPE，如塑料瓶）和低密度聚乙烯（LDPE，如塑料袋）。HDPE 与 LDPE 的结构区别主要在于结晶度。HDPE 具有高度规整的由（$—CH_2—$）$_n$ 分子链构成的线性结构，结晶度高，密度大；LDPE 则有较多的侧链，结构松散，密度低。暴露于火灾现场后，HDPE 与 LDPE 以及 PVC 的红外光谱如图 4-28 所示。

请依据图中提供的光谱信息进行分析：

（1）暴露于火灾现场后，红外光谱差异如何反映 HDPE 和 LDPE 的结构特征？

（2）PVC 与 HDPE 和 LDPE 的光谱差异反映了它们的热分解产物有哪些明显不同？

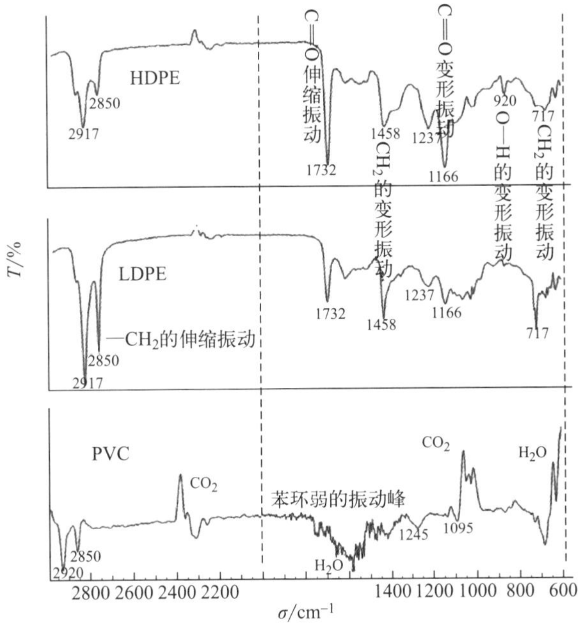

图 4-28　高密度聚乙烯（HDPE）、低密度聚乙烯（LDPE）和聚氯乙烯（PVC）暴露于火灾后的红外光谱图对比（引自 Vib. Spectrosc.，2013，68：225-235）

答：（1）暴露于火灾现场后，HDPE 和 LDPE 虽然都显示出类似的红外谱图，但仍有显著差异。HDPE 在 1732 cm^{-1}（C═O 伸缩振动）、1166 cm^{-1}（C═O 的弯曲振动）和 920 cm^{-1}（C—O—H 伸缩振动）处的峰强度均大于 LDPE，表明 HDPE 热分解后生成了更多的含氧官能团。相反，LDPE 在 2917～2850 cm^{-1} 处（$—CH_2—$伸缩振动）、1458 cm^{-1} 和 717 cm^{-1} 处（$—CH_2—$的变形振动）的吸收峰更强，表明其热解后产生了更多的脂肪族片段。这些都与其自身的结构特征有关，表明 LDPE 受热后易断裂，而 HDPE 受热后易氧化，这些显著的红外光谱差异可以体现两种材料的结构特征，因而可以用来鉴别两种材料。

（2）PVC 与 HDPE 和 LDPE 的热分解产物则呈现更明显的不同。PVC 在热分解时首先损失 HCl 形成多烯（即主链为多不饱和），进一步暴露在高温下会形成芳香族化合物，如苯、甲苯和乙苯等。这些芳香族化合物在 FTIR 中的吸收峰很弱，这为鉴定 PVC 提供了依据。而 HDPE 和 LDPE 则没有此特征，显示了明显的差异。

必须明确，红外光谱主要对不对称振动敏感，而拉曼光谱则对对称振动敏感。将这两种光谱结合使用，可以更全面地分析火灾现场残留物的分子结构特征和成分，从而有效区分不同的聚合物及其热分解产物。

拓展案例 B4-2 红外光谱用于固体电解质锂电池的导电机制研究（材料、化工）

（引自 J. Phys. Chem. C.，2016，120：12385-12391）

振动光谱在揭示液固、气固界面的物理化学过程，尤其是在催化、能源存储和新型电池材料等领域中具有重要应用。

在锂离子电池的研究中，以导电固体聚合物电解质（SPE）代替传统液相有机电解质，是提高电池安全性的重要策略。SPE 体系通常由聚合物和锂盐组成，聚合物需具备高的 Li^+ 导电性，允许由锂盐提供的 Li^+ 在充放电过程中快速、可逆地穿过 SPE 到达电池的正负极。一般地，随着锂盐在 SPE 体系中的占比增大，SPE 的离子导电性会相应降低，这对 SPE 体系的性能提升十分不利。但是研究发现，在以聚乙烯碳酸酯（PEC）为聚合物基质、双氟磺酰亚胺锂（LiFSI）为锂盐的 SPE 体系中，随着锂盐 LiFSI 浓度的增加，PEC 聚合物基质的 Li^+ 导电性反而增强，这对 SPE 性能的提升是有利的。而了解 Li^+ 与 PEC 之间的作用有助于揭示这一现象的产生机制。

如图 B4-2(a) 至图 B4-2(c)，Kimura 等通过监测 PEC 结构中的活性官能团 C═O 的红外吸收峰位置在不同 LiFSI 占比时的变化，揭示 C═O 与 Li^+ 的反应规律。在图 B4-2(a) 中，1740 cm^{-1} 处的吸收峰为 PEC 聚合物基质中的 C═O 伸缩振动峰。当加入 LiFSI 后，C═O 峰出现新峰（1720 cm^{-1} 处）。随着 LiFSI 占比的进一步增大，这两个吸收峰呈现为一个宽峰。图 B4-2(b) 为对该宽吸收峰进行分峰拟合，将其分为游离态 C═O（1750 cm^{-1} 处）和结合态 C═O（用 C═O⋯Li^+ 表示，1720 cm^{-1} 处）两个峰的加和。图 B4-2(c) 给出了这两个吸收峰的相对吸光度随 LiFSI 占比增大时的变化情况。

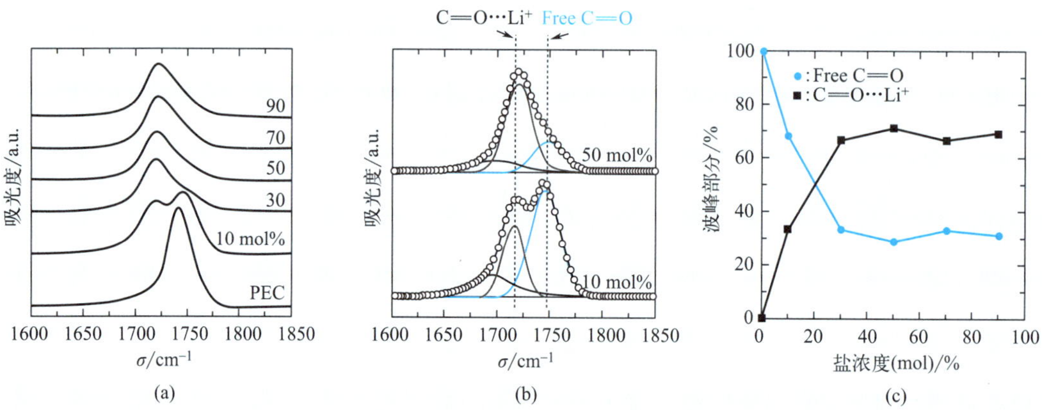

图 B4-2 (a) 纯 PEC 和 PEC/LiFSI 电解质的 FTIR 光谱；(b) 对 C═O 伸缩振动峰进行分峰处理；(c) 游离态 C═O 和结合态 C═O⋯Li^+ 的吸收峰相对强度随 LiFSI 盐浓度的变化。

（LiFSI 浓度用 LiFSI 占包括 PEC 在内的所有电解质组分总摩尔量的百分比表示）

（引自 J. Phys. Chem. C.，2016，120：12385-12391）

请问：

(1) 为什么与 Li^+ 结合后，C═O 吸收峰位置会向低波数移动？请结合图 B4-2(a) 进行分析。

（2）图 B4-2(b) 和图 B4-2(c) 中，描述结合态 C═O⋯Li^+ 和游离态 C═O 吸收峰随 LiFSI 浓度增加的变化规律，并试着分析其变化原因。

答：（1）PEC 聚合物中 C═O 吸收峰向低波数移动的根本原因是与 Li^+ 结合后，C═O 双键电子云密度的减弱。

C═O 的伸缩振动峰出现在 1740 cm^{-1}（参考图 4-27）。当加入 LiFSI 后，C═O 的吸收峰向低波数方向移动，即其伸缩振动频率降低，表明带正电的 Li^+ 与 C═O 结合，吸引了 C═O 双键中的电子，导致 C═O 的电子云密度降低，键强度减弱。当 LiFSI 的摩尔比为 10% 时，在 1720 cm^{-1} 处出现的新的吸收峰即为结合态 C═O⋯Li^+ 的吸收峰。

（2）C═O⋯Li^+ 和游离 C═O 吸收峰的变化规律体现了 LiFSI 浓度变化时 PEC 中 C═O 与 Li^+ 的结合情况。图 B4-2(b) 和图 B4-2(c) 显示，随着 LiFSI 浓度的增加，结合态 C═O⋯Li^+ 与游离态 C═O 的吸收峰强度比逐渐增大。这表明随着锂盐浓度的增加，更多的 C═O 与 Li^+ 结合。然而，当 LiFSI 浓度超过 50% 时，C═O⋯Li^+ 吸收峰的强度不再继续增加，表明体系中的 C═O 与 Li^+ 的结合达到了饱和，再增加的 Li^+ 不再与 PEC 中的 C═O 作用，而可能以游离的 Li^+ 形式存在。

关于本例的补充分析见拉曼光谱部分的拓展案例。

拓展案例 B4-3 红外光谱在天然药物结构鉴定中的应用（制药）

（引自：光谱学与光谱分析，2018，38：3407）

朱南南等分析了三种石斛（铁皮石斛、金钗石斛、鼓槌石斛）及其提取物的红外光谱特征图。实验将三种石斛干燥粉碎后分别与 KBr 晶体混合研磨并压片，扣除水和二氧化碳的背景干扰后得到其 FTIR 谱图，同时以油类和淀粉的标准红外光谱作为对照。实验结果如图 B4-3 所示。请问：

（1）油类和淀粉在红外光谱中的特征吸收峰分别代表哪些官能团的存在？这些官能团在三种石斛中存在吗？

（2）鼓槌石斛的红外光谱与铁皮石斛和金钗石斛的不同之处是什么？这表明它们之间主要的成分差异是什么？

答：（1）油类的特征吸收峰出现在 2926 cm^{-1}、2824 cm^{-1} 和 1745 cm^{-1}，对应于脂肪族 C—H 和 C═O 的伸缩振动，与油类中的脂肪族亚甲基和酯羰基一致（没有 O—H 振动峰，说明没有羧酸）。铁皮石斛和金钗石斛表现出类似的三个尖峰，分别位于 2920 cm^{-1}、2852 cm^{-1}、1737 cm^{-1} 和 2923 cm^{-1}、2855 cm^{-1}、1738 cm^{-1}，表明两者含有较多的油脂。鼓槌石斛仅在 2920 cm^{-1} 和 1737 cm^{-1} 处有吸收峰，且强度较低，说明其油脂含量较少。

淀粉的特征吸收峰出现在 1155 cm^{-1}、1081 cm^{-1}、1019 cm^{-1}，对应于 C—O 和 C—C 振动，与淀粉中含有较多的羟基和糖苷键一致。三种石斛均表现出这些特征峰（1200～950 cm^{-1}），只是峰形和峰位置略有差异，表明它们均含有淀粉类成分。

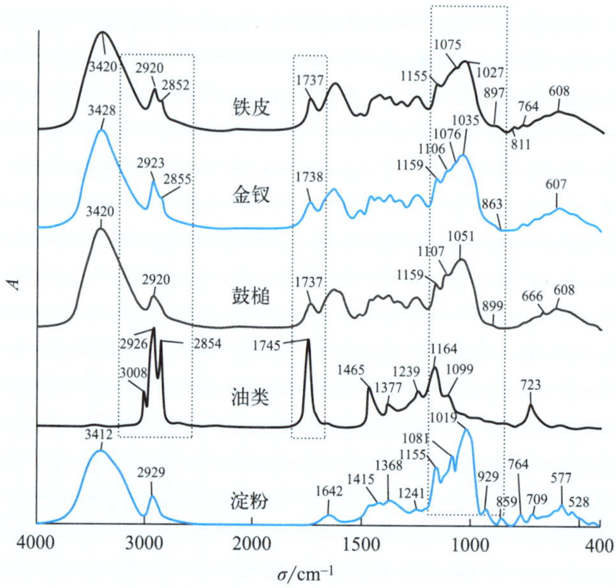

图 B4-3 油类、淀粉和三种石斛原药（铁皮石斛、金钗石斛、鼓槌石斛）的红外光谱图
（引自：光谱学与光谱分析，2018，38：3407）

（2）与铁皮石斛和金钗石斛相比，鼓槌石斛的油类特征峰较弱，表明鼓槌石斛在生物化学成分上存在差异，主要是其油脂含量显著低于铁皮石斛和金钗石斛。

高阶选修 A4-3 激光拉曼光谱法（Raman spectroscopy）

激光拉曼散射光谱法是一种光散射技术。如图 A4-3 所示，当激光光源的高强度入射光（频率为 ν_0）照射物质时，大部分入射光不与被照射物质分子发生能量交换，而是仅仅改变了传播方向，使散射光与入射光具有相同的频率，这种散射称为瑞利散射。瑞利散射不能提供有用的物质结构信息。还有极小一部分入射光（大约 $1/10^9$）的部分能量被物质分子吸收，使得分子发生振动能级和转动能级的跃迁，导致散射光的传播方向和能量均与入射光不同，这称为拉曼散射。拉曼散射谱线的频率 ν_s 随入射光频率 ν_0 而变化，但二者之差 $\Delta\nu = |\nu_0 - \nu_s|$ 却不随入射光频率的变化而变化，称为拉曼频移（Raman shift）。显然，拉曼频移显示了物质分子的振动能级和转动能级信息，这由物质的化学结构决定。以拉曼频移 $\Delta\nu$（一般用波数 σ 表示）作为横坐标，拉曼散射光强度作为纵坐标，得到拉曼光谱，可用于分子结构的分析。

尽管拉曼光谱与红外光谱的产生原理完全不同，但二者都体现了分子的振动能级和转动能级信息，同一分子的拉曼光谱与红外光谱峰位置相同，但峰强度可能存在较大差异，对研究物质结构有互补的作用。红外光谱要求振动必须产生偶极矩的变化，适用于极性键的检测，多用于检测有机化合物（因为无机化合物的基团频率多位于 400 cm^{-1} 以下的远红外区）；拉曼活性要求振动产生极化率的变化（即电子云分布的变化），适用于非极性键和分子骨架的检测，有机和无机物质均可测试。可以粗略地用以下原则来判断其拉曼或红外活性：

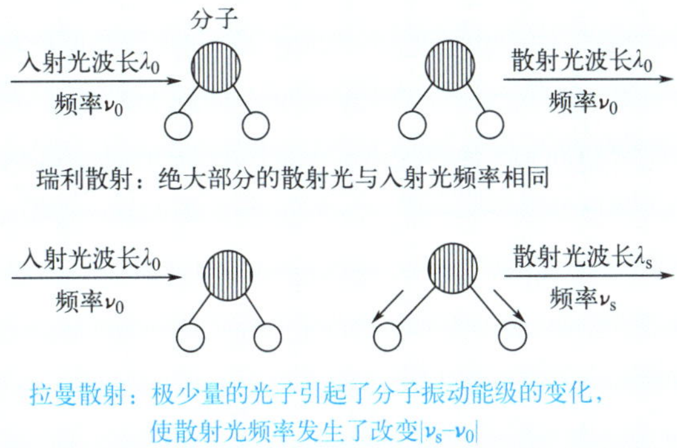

图 A4-3　瑞利散射与拉曼散射

具有对称中心的分子，拉曼活性和红外活性相互排斥，即若其分子振动对拉曼是活性的，则其红外就是非活性的；没有对称中心的分子，拉曼活性和红外活性相互允许，即若其分子振动对拉曼是活性的，则红外也是活性的；少数分子振动的拉曼活性和红外活性相互禁阻，即其红外和拉曼光谱都是非活性的。如乙烯分子的扭曲振动，既没有偶极距变化，也没有极化率的变化。

例如，具有对称中心的线性分子 CO_2，其红外光谱和拉曼光谱是互相排斥的。O═C═O 的对称伸缩振动没有红外活性，却有拉曼活性，而不对称伸缩振动和弯曲振动有红外活性却没有拉曼活性。不具有对称中心的分子，如 H_2O 等，其红外活性和拉曼活性并存，但谱峰强度有差异。二者的主要异同点列于表 A4-2 中。

表 A4-2　拉曼光谱与红外光谱的比较

项目	拉曼光谱	红外光谱
产生条件	振动产生极化率的变化	振动产生偶极矩的变化
光谱范围	40～4000 cm^{-1}	400～4000 cm^{-1}
测定对象	有机物和无机物	有机物
可用溶剂	可用水	不可用水
测量容器	玻璃瓶、毛细管均可	不能用玻璃容器
适用的振动类型	同原子的非极性键振动	不同原子的极性键振动

激光拉曼光谱仪主要由光源、外光路系统、样品池、单色器、信号处理及输出系统等五部分组成。如图 A4-4 所示，其核心部件激光器的波长范围从紫外、可见到近红外可供选择，且波长对于实验结果有着重要的影响。选择激光器的波长时，首先要考虑被测物质的荧光干扰。由于不同物质产生荧光时的激发光波长范围不同，而拉曼频移与激发光频率无关，因此只要能避开该物质的荧光激光波长即可。例如，蓝/绿色激光（440～565 nm）可激发有机物产生荧光，因而适合测定不发荧光的无机材料；红色和近红外激光（660～830 nm）不易激发荧光的产生，因而适合测定易产生荧光的有机物；紫外激光适合生物分子（蛋白质、DNA、RNA 等）的共振拉曼实验。其次，由于拉曼散射强度与激光波长的四次方成反比，因此，紫外、蓝/绿色等可见激光比近红外激光的拉曼信号强 15 倍以上，有更高的灵敏度。

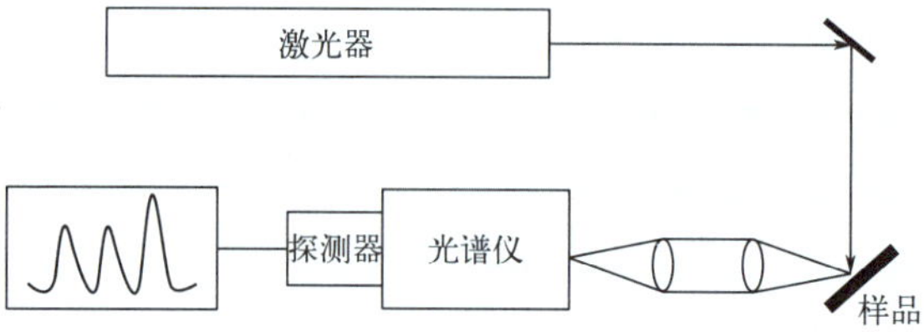

图 A4-4　激光拉曼光谱仪示意图

拉曼光谱的典型应用——检测碳材料。碳材料由碳一碳共价键构成，在红外光谱中仅有微弱信号，但其拉曼光谱却十分灵敏，材料结构的微小变化也可用拉曼光谱检测到。因而拉曼光谱成为研究碳纳米材料的强大工具。

拓展案例 B4-4　拉曼光谱表征碳材料的缺陷程度

（引自：Science，2003，301：1519—1522）

石墨、石墨烯和碳纳米管中的碳原子采用 sp^2 杂化，每个碳原子与其他三个碳原子以 σ 键结合，并通过未杂化的 p 轨道重叠形成共轭大 π 结构。当材料中的部分碳原子为 sp^3 杂化时，原有的有序共轭 π 结构被破坏，从而导致材料中产生缺陷。拉曼光谱可灵敏地检出材料的这一变化。

Strano 等用重氮试剂对单壁碳纳米管进行表面功能化处理。如图 B4-4 所示为单壁碳纳米管的拉曼光谱。随着功能化程度的增加，拉曼光谱中 1350 cm^{-1} 附近的峰（通常称为 D 峰）强度增加，而 1580 cm^{-1} 附近的峰（通常称为 G 峰）强度减小。试问：

（1）结合红外光谱分区，解析图 B4-4 中的 G 峰和 D 峰分别反映了碳材料中碳的什么结构？

（2）随着功能化程度的增强，碳纳米管的拉曼光谱发生了怎样的变化？

（3）D 峰和 G 峰的峰强度比值 I_D/I_G 如何反映碳材料的无序程度？

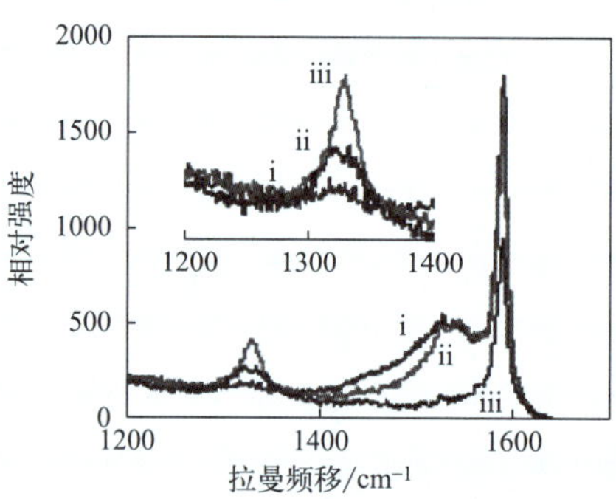

图 B4-4　碳纳米管的拉曼光谱随其表面功能化程度增加的变化
（使用 532 nm 激光光源，线条 i 表示无功能化时，线条 ii 和 iii 表示碳纳米管表面功能化官能团数量逐渐增大）（引自：Science，2003，301：1519—1522）

答：(1) G 峰是 graphite（石墨）峰的缩写，位于 1580 cm^{-1} 附近，反映的是 sp^2 杂化碳原子之间 C═C 双键的振动。G 峰强度代表了石墨结构碳材料中有序共轭 π 键的相对数量。

D 峰是 disorder（无序）的缩写，位于 1350 cm^{-1} 附近，反映的是 sp^3 杂化碳原子之间 C—C 单键的振动。D 峰强度代表了石墨结构碳材料中共轭 π 键的有序结构被破坏所导致的缺陷和无序的程度。

(2) 对碳纳米管进行功能化处理时，拉曼光谱表现为 G 峰强度减小，而 D 峰强度增加，表明对碳纳米管的功能化处理使 sp^3 杂化的碳原子数量增大，在碳纳米管中引入了更多的结构缺陷，增加了材料的无序程度。

(3) I_D/I_G 比值是评估石墨结构碳材料无序程度的重要指标。比值增大表明材料中的无序和缺陷增加。图 B4-4 中，随着功能化程度的增加，I_D/I_G 比值增大，说明碳纳米管的结构无序性增加，sp^3 杂化的碳原子比例上升。

拓展案例 B4-5　拉曼光谱用于固体电解质锂电池的导电机制研究（材料、化工）

（引自 J. Phys. Chem. C.，2016，120：12385-12391）

拓展案例 B4-2 中，利用红外光谱监测 PEC 固体电解质聚合物中 C═O 峰的变化。拉曼光谱也可用来监测锂盐 LiFSI（其结构式见图 B4-5(a)，Li^+ 与 S—N^-—S 以静电力结合）在 PEC 中的存在形式。图 B4-5(a) 和图 B4-5(b) 中 700～800 cm^{-1} 附近的峰归因于 LiFSI 中 S—N—S 的伸缩振动。随着 LiFSI 浓度的增加，该峰向高波数方向移动。与拓展案例 B4-4 中的分峰拟合相似，该峰也可分解为三个峰，分别对应于三种不同的 LiFSI 解离状态［见图 B4-5(b)］：732 cm^{-1} 处的峰代表了二聚体形式的 LiFSI，746 cm^{-1} 处的峰代表了多聚体形式的 LiFSI。图 B4-5(b) 显示，在低浓度（10%）的 LiFSI 中，锂盐主要以二聚体形式存在，而在高浓度（>50%）时，LiFSI 主要以多聚体形式存在。请问：

(1) 为什么 S—N—S 的振动峰会随着 LiFSI 的聚集程度增加而向高波数方向移动？请结合图 B4-5(a) 和图 B4-5(b) 进行解释。

(2) 结合拓展案例 B4-2 中红外光谱的实验结果和本例中的拉曼光谱实验结果，推测随着 LiFSI 浓度的增加，PEC 聚合物电解质的离子电导率增大的可能原因是什么？

答：(1) S—N—S 振动峰向高波数方向移动的原因

在离子化合物 LiFSI 中，Li^+ 与 FSI^- 负离子中的 N 原子通过静电力结合。当 LiFSI 浓度增加时，FSI^- 还可以同时与其他 LiFSI 分子中的 Li^+ 以静电力结合形成二聚体或多聚体（主要由于静电力没有饱和性）。Li^+ 对电子的静电吸引作用，FSI^- 中 O═S 双键的电子云向 S—N 键移动，导致 S—N 键的电子云密度增加，键的力常数增大，从而使得 S—N—S 的伸缩振动峰向高波数方向移动［见图 B4-5(a) 和图 B4-5(b)］。

(2) PEC 聚合物电解质的离子电导率增大的原因

红外光谱结果显示，随着 LiFSI 浓度增加至 50% 以上时，PEC 聚合物中 C═O 与

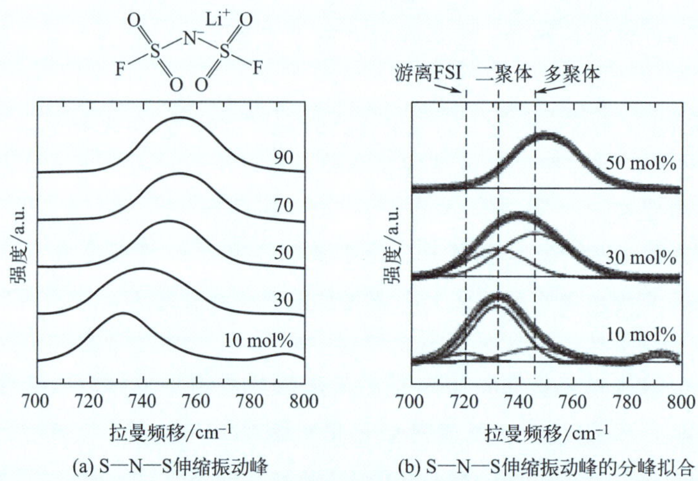

图 B4-5 PEC/LiFSI 电解质系统中锂盐 LiFSI 的拉曼光谱

（引自 J. Phys. Chem. C.，2016，120：12385-12391）

Li^+ 的结合达到了饱和，表明在 LiFSI 浓度高于 50% 时，Li^+ 不再与 PEC 中 C═O 结合，Li^+ 与聚合物的静电作用减小，Li^+ 迁移受到电解质的束缚也减小。

拉曼光谱结果表明，在高浓度的 LiFSI 中，锂盐主要以多聚体形式存在，这种形式的 Li^+ 在聚合物中的迁移效率更高。

综合分析，高浓度的 LiFSI 使得 Li^+ 在聚合物中形成了聚集体，增加了 Li^+ 的迁移效率，同时聚集体与 C═O 的静电作用减弱，从而提高了离子电导率。这与传统聚醚基电解质中 Li^+ 被电解质紧密包围的情况不同，后者有效抑制了 Li^+ 的迁移。

4.2.3 原子吸收光谱分析法

4.2.3.1 原子吸收现象与原子吸收光谱分析法

4-6 原子吸收光谱 mp4

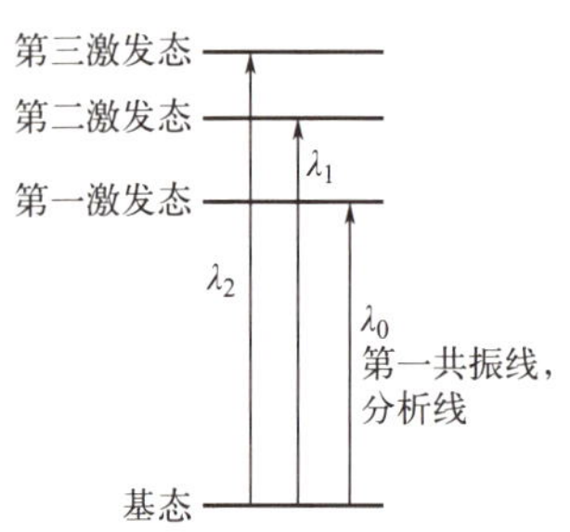

图 4-29 原子价电子跃迁示意图

当入射光的能量等于原子中的电子由基态跃迁至较高能态所需要的能量时，原子就会吸收该光子能量而发生电子的能级跃迁。原子的价电子通常离原子核最远，最容易被激发。如图 4-29 所示，价电子在基态和激发态之间的跃迁叫共振跃迁，由此产生的谱线叫共振线。其中由基态跃迁至第一激发态的概率最大，由此产生的谱线叫第一共振线或主共振线，是原子光谱中强度最大的谱线，常被用作分析线。不同元素的原子价电子能级结构不同，因此各元素的共振线波长呈现出特征性，称作元素的特征谱线。原子吸收分析法（atomic absorption spectroscopy）就是利用待测元素的基态原子蒸气对其特征谱线的吸收而进行的定量分析方法。一般来说，利用的特征谱线是原子的第一共振线。

通常金属的电负性较小，其价电子受核控制弱，更容易被激发，因此原子吸收法可直接测定金属元素。原子吸收法也可以间接测定非金属元素和有机化合物，可测的元素达 70 多种，用途广泛。原子吸收分析法的测定灵敏度和准确度都很高，谱线重叠干扰少，选择性好，大多数情况下共存元素对被测元素不产生干扰，分析速度也相当快。

4.2.3.2　试样的原子化温度 T

物质一般以分子状态存在，需要高温将分子解离为基态原子，该过程称为原子化。一般来说，待测溶液在高温下将经历脱溶剂、蒸发为气态分子、分子中化学键断裂而解离为原子的过程。显然，过低的原子化温度使原子化效率不足，而过高的温度会导致部分基态原子成为激发态，甚至外层电子脱离原子核的束缚而电离，因此合适的温度对提高原子化效率至关重要。

根据统计热力学观点，激发态原子数 N^* 与基态原子数 N_0 之比（N^*/N_0）随温度 T 的变化符合玻尔兹曼定律。如表 4-4 所示，基态原子激发所需的能量越小，元素的共振线波长越长，相同原子化温度 T 时激发态原子所占比例就越大。即使是容易激发的碱金属 K 和 Na，当原子化温度低于 3000 K 时，对于最容易激发和电离的碱金属和碱土金属，激发态原子占比 N^*/N_0 也小于 1%，即基态原子占比高于 99%。一般原子吸收光谱分析法中原子化温度低于 3000 K，此时认为基态原子数等于总原子数。

卤素原子（F、Cl、Br、I）的共振线波长位于 200 nm 以下的真空紫外区。由于 O_2 会吸收 200 nm 以下的辐射，因此普通的火焰原子化器无法完成这类物质的检测。

表 4-4　部分元素激发态原子数 N^* 与基态原子数 N_0 之比 N^*/N_0 随原子化温度的变化

共振线波长/nm		激发态占比（N^*/N_0）		
		2000K	2500K	3000K
K	766.49	1.68×10^{-4}	1.10×10^{-3}	3.84×10^{-3}
Na	589.0	0.99×10^{-5}	1.14×10^{-4}	5.83×10^{-4}
Ba	553.56	6.83×10^{-6}	3.19×10^{-5}	5.19×10^{-4}
Ca	422.67	1.22×10^{-7}	3.67×10^{-6}	3.55×10^{-5}

4.2.3.3　原子吸收谱线的特点和原子吸收的定量分析基础

(1) 原子吸收线状光谱和谱线变宽

当不同频率、强度为 I_0 的入射光通过原子蒸气时，由于原子蒸气中原子和原子之间没有化学键的约束，原子吸收仅涉及原子外层电子的跃迁，得到的吸收光谱与其价电子能级结构相一致，为接近单一频率（或用波长表示）的线状光谱。但原子吸收谱线并非完全单一频率，而是具有相当窄的频率宽度。如图 4-30 所示，原子吸收线的半峰宽约为 10^{-3} nm 数量级。

原子吸收谱线存在一定宽度的主要原因在于，在将分子解离为原子的高温条件下，原子的无规则热运动加剧，它们与位置固定的检测器之间产生相对位移，导致检测器接收到的信号偏离中心频率，产生多普勒变宽现象。热运动也导致原子之间的碰撞加剧，引起原子之间的能量交换，造成原子能量差异，产生碰撞变宽。

(2) 原子吸收的定量分析基础

若使用普通单色器获得的单色光用于原子吸收测量，单色光的波长宽度至少为 0.2 nm，是原子吸收线宽度的100倍。这相当于在100 kg的物品中拿走1 kg物品后称量剩余的物品，检测灵敏度极差。若对吸收线进行积分，它表示原子在该能级跃迁中所吸收的全部能量，称为积分吸收。理论证明，积分吸收与原子蒸气中吸收辐射的基态原子数 N_0 成正比。如果可以测定原子吸收线的轮廓，理论上可以通过积分吸收计算原子浓度来进行定量分析。但是，由于原子吸收谱线宽度只有 10^{-3} nm，需要分辨率极高的色散元件才能分辨，这也是实验无法达到的。

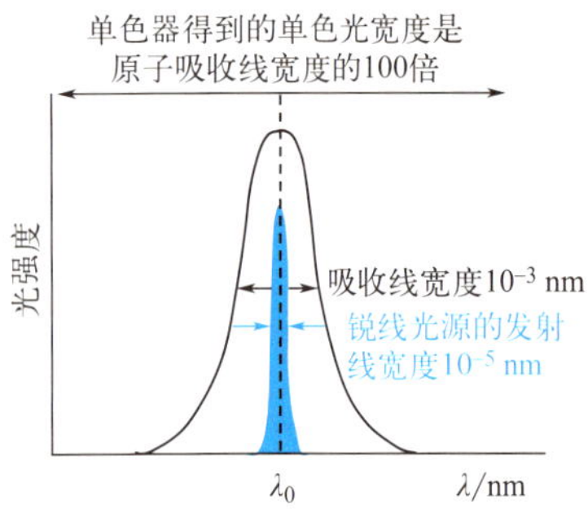

图 4-30 原子吸收线、锐线光源的发射线与单色器获得的单色光的光谱宽度对比

1955年，澳大利亚物理学家 Walsh 提出，**若光源发射的谱线波长（或用频率表示）范围远小于吸收谱线波长宽度（称为锐线光源），且发射线的波长中心与原子吸收线的波长中心完全一致，则原子吸收过程只限于在发射线宽度范围内进行，从而实现了在吸收线的峰值吸收**（如图 4-30 所示）。这种利用锐线光源实现峰值吸收的检测方法灵敏度极高。由于在此范围内吸收系数基本不随频率变化，也可达到很高的检测准确度。事实上，紫外-可见吸收光谱的入射单色光与分子的紫外-可见吸收光谱之间也存在这样的关系，即入射光的波长宽度远小于吸收光谱的波长宽度，这是保证光度测量灵敏度和准确度的必要条件。

当锐线光源发出频率为 λ_0、强度为 I_0 的平行辐射时，该辐射垂直通过均匀的原子蒸气，由于锐线光源的特点，发出的光被原子蒸气中的基态原子吸收，光强减弱为 I_t。根据朗伯-比尔定律，吸光度 A 应与基态原子数 N_0 成正比。**当实验条件一定时，溶液中被测定元素的含量 c 与蒸气相中基态原子浓度 N_0 之间保持稳定的比例关系，满足朗伯-比尔定律**，则有：

$$A = \lg \frac{I_0}{I_t} = k'N_0 = kc \tag{4-9}$$

这就是原子吸收法定量测量的基本公式。

4.2.3.4 原子吸收光谱分析法的应用

【例 4-8】火焰原子吸收光谱法测定钨精矿中的铅含量 GB/T 6150.10—2023（冶金）

钨精矿是一种重要的战略资源，广泛用于生产钨及钨合金。在钨精矿的生产和贸易中，必须对其化学成分进行分析。国家标准中，钨精矿的高含量组分 WO_3 通过重量法测定，低含量的金属元素如 Pb、Ca、Cu、Zn、Mn、Bi 等可通过原子吸收光谱法进行测定。下面以 Pb 含量的测定为例。

以 $Pb(NO_3)_2$ 为标准物质，用10%酸溶解后配制一系列标准溶液，用空气-乙炔火焰，在其共振线 283.3 nm 处以水为参比调零，测定吸光度，得到标准曲线为：$A=0.000126+0.0367\rho$，ρ 为 $Pb(NO_3)_2$ 标准溶液的浓度，$\mu g \cdot mL^{-1}$。

取 0.2000 g 钨精矿样品，分别加入浓盐酸、浓硝酸和高氯酸处理使其溶解后稀释至 50

mL，在与测定标准曲线相同条件下测定吸光度。做两次平行实验，测定样品的吸光度分别为 0.208 和 0.212。随同试样作空白溶液（即不加样品，其他处理过程相同），测定空白溶液的吸光度为 0.010。计算样品中铅的含量。

答：利用标准曲线 $A=0.000126+0.0367\rho$ 计算测量的试样溶液中铅含量 ρ_x：

$$\rho_x=\left(\frac{0.208+0.212}{2}-0.010-0.000126\right)/0.0367=5.45\ (\mu g\cdot mL^{-1})$$

则样品中铅的质量百分含量 w_{Pb}：

$$w_{Pb}=\frac{(5.45\mu g\cdot mL^{-1}\times 50mL)\times 10^{-6}g\cdot\mu g^{-1}}{0.2000\ g}\times 100\%=0.136\%$$

即原钨精矿样品中的铅含量为 0.136%。

4.2.4　吸收光谱分析仪器

4.2.4.1　紫外-可见分光光度计（UV－Vis spectrometer）

4-7　光吸收方法仪器 mp4

因仪器构造简单、价格低廉、应用范围广等原因而成为实验室里最普及的光谱测量仪器。最简单的单光束紫外-可见分光光度计的构成和基本结构如图 4-31 所示：

光源发射具有一定光强的连续波长复合光，经过单色器后得到所需波长的单色光，通过样品室时部分被吸收，光强减弱的单色光进入检测器检测，由显示系统给出吸光度信息。在测量时，该仪器需要依次在样品池中放入参比溶液和试样溶液，分别记录参比溶液和试样溶液的吸光度，并手动扣除参比值。多数仪器可自动扣除参比值。

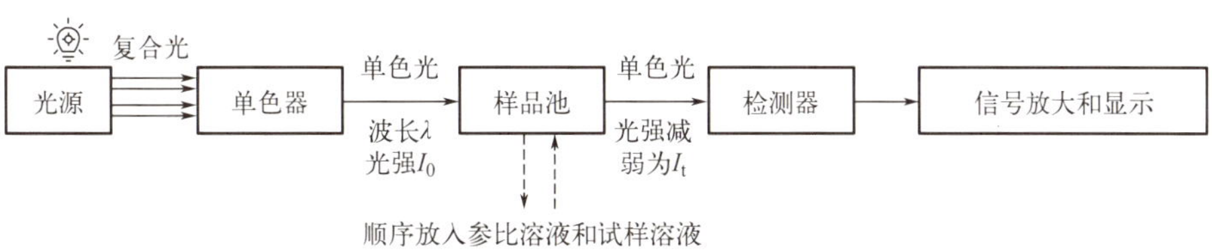

图 4-31　单光束紫外-可见分光光度计的基本结构框图

其中，光源部分的可见光主要使用钨丝灯（发射波长 320～2500 nm 的光）或氙灯（250～700 nm），紫外光源常用的是氢灯和氘灯（180～375 nm）。通过稳压电源控制灯电流以获得稳定的入射光强度。

单色器通过色散元件、狭缝和准直镜等实现将复合光分光为单色光的目的。如图 4-32(a) 所示，光源发出的复合光经反射光栅色散分光后被按照波长顺序排列。调节出射狭缝的位置即可得到不同波长的单色光。色散元件的色散率和出射狭缝的宽度决定了入射单色光的带宽和入射光光强。仪器的出射狭缝宽度是重要的控制参数，通常可选的狭缝宽度范围为 0.1～10 nm。大的狭缝宽度增加了到达检测器的能量，使在测量吸光度时可以获得良好的精度。但是，如图 4-32(b) 所示，过大的狭缝宽度使得测量的吸收峰形状发生畸变，在定性检测时无法分辨距离较近的峰。一般来说，当控制出射狭缝为吸收峰宽度的 1/5 时，峰形畸变是比较小的。

样品室一般放置盛装待测溶液的比色皿。紫外-可见分光光度计使用的比色皿材质有玻璃和石英（即纯净的 SiO_2 晶体），其中玻璃比色皿对紫外线有吸收，只能用于可见光范

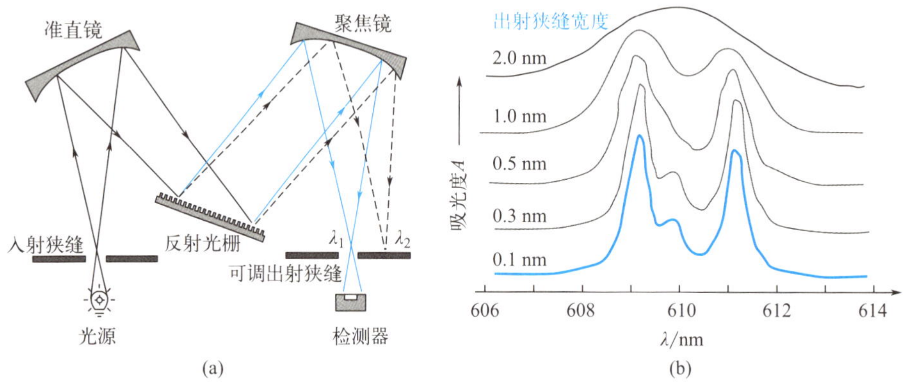

图 4-32 (a) 由色散元件（光栅）和狭缝构成的单色器；(b) 增加出射狭缝宽度使光谱吸收峰变宽

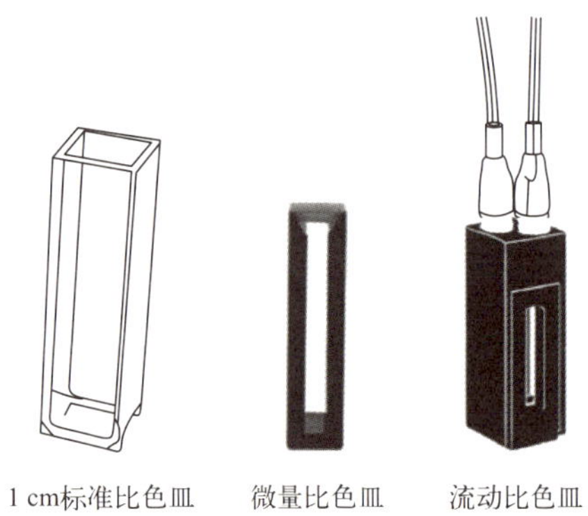

图 4-33 比色皿示意图

围，而石英池可用于整个紫外光和可见光范围。根据用途不同，比色皿有多种不同的形状和光程长度（如图 4-33 所示），其中最常用的为 1 cm 厚、两面光滑（透光面）、另两面为毛玻璃样的（手持面）标准比色皿。需要注意的是，若比色皿的透光面受污染，或者盛放参比溶液的比色皿与盛放样品溶液的比色皿之间存在透光性的微小差异，都会导致严重的系统误差。

检测器是将光强度转换成电流信号的光电转换装置。光电转换部件种类很多，以光电二极管为例，如图 4-34(a) 所示为单个光电二极管，它的核心是由 p 型半导体（有多余的空穴）和 n 型半导体（有多余的电子）构成的 PN 结。当具有超过半导体材料带隙能量的光子照射到二极管材料时，光子的能量会将半导体中的电子从价带激发到导带，产生电子-空穴对。这些自由电子和空穴在 pn 结的反向电场作用下被分离，产生电流，电流的大小与光的强度成正比，因此可以将光信号转换为电信号进行测量和分析。配备光电二极管检测器的分光光度计需要逐次改变入射光波长，才能扫描并记录一个完整的吸收光谱，这往往需要数分钟才能完成。

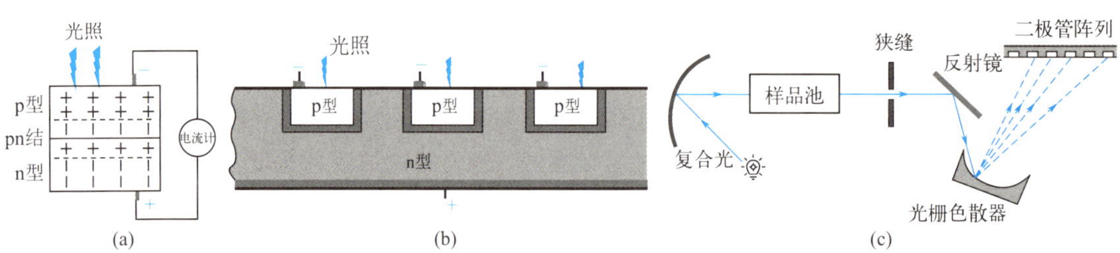

图 4-34 (a) 光电二极管示意图；(b) 光电二极管阵列检测器示意图；(c) 二极管阵列分光光度计

若在 n 型半导体基底上排列了一排 p 型硅，则构成了一系列的光电二极管阵列，对每个二极管进行单独控制和测量。在光电二极管阵列分光光度计中，光源发出的复合光无须单色器，直接照射样品后，透射光进入色散器，被分散为按照波长不同排列的单色光，并指向二极管阵列。二极管阵列中的每个二极管接收不同波长的光，因而所有波长的光同时被测量，可瞬间记录完成一个完整的吸收光谱。

高阶选修 A4-4　常用紫外-可见分光光度计的类型

图 4-31 所示的单光束分光光度计虽然操作方便，但对光源强度不足和光强波动等因素引起的误差则无能为力，为此市场上有多种改进的仪器。

(1) 双光束分光光度计

双光束分光光度计如图 A4-5 所示，在吸收池前后各加了一个切光器，另外增加了一个参比池。单色器射出的单色光经切光器 1 转变为两束强度相等的交替光，分别通过参比溶液和试样溶液，在切光器 2 的控制下，两束光交替聚焦到同一检测器上，检测器检测两束光的强度差，实时将参比溶液的吸光度从试样溶液中扣除，自动消除了由于光源和仪器波动等原因造成的误差，提高了测量的精密度和准确度。

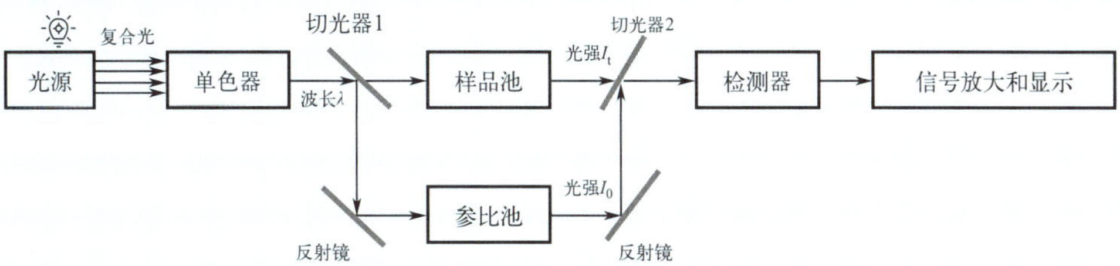

图 A4-5　双光束分光光度计光路示意图

(2) 双波长分光光度计

双波长分光光度计使用了两个单色器。如图 A4-6 所示，将同一光源发出的光分为两束强度相同但波长不同的单色光，经切光器使两光束交替穿过装有试样溶液的吸收池，通过检测其透过光强度，经系统处理后显示出两个波长下的吸光度差值ΔA，根据$\Delta A=(\varepsilon_{\lambda_1}-\varepsilon_{\lambda_2})bc$ 进行定量分析。双波长分光光度法不需要参比溶液，而是通过波长的选择消除背景干扰，同时可校正由于光源和仪器波动引起的误差，使测定的准确度显著提高，适用于样品构成复杂、背景干扰多的试液，甚至是浑浊试液的测定。

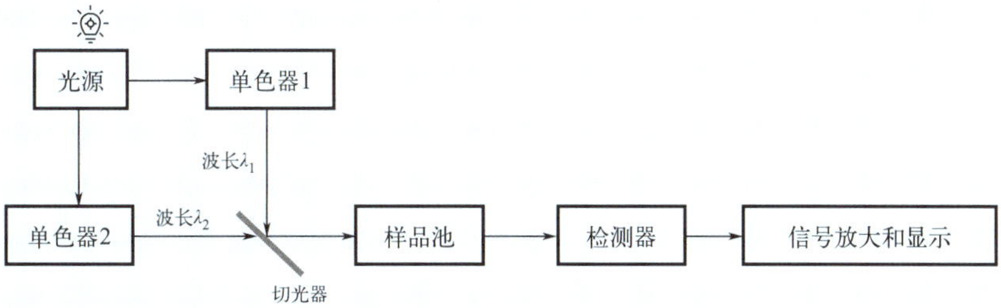

图 A4-6　双波长分光光度计光路示意图

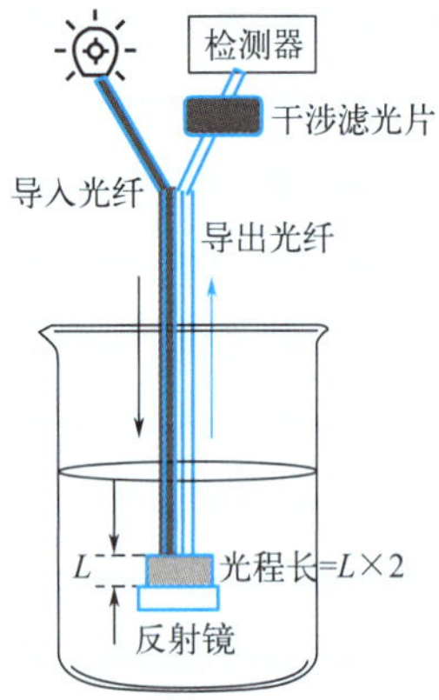

图 A4-7 光导纤维探头式分光光度计

(3) 光导纤维探头式分光光度计

如图 A4-7 所示，光导纤维探头式分光光度计中的探头是其核心部件，通常由两根相互隔离的光导纤维构成。光源发射的光由一根光纤传输至试样溶液，再经反射镜反射后由另一根光纤传导至单色器（常用干涉滤光片），再由光敏器件接收并转变为电信号。

光导纤维探头式分光光度计的优点是它使用的灵活性和便携性。由于使用的光导纤维探头具有柔性，可以将探头浸入液体或气体样品中进行实时光谱分析，特别适用于难以接近或危险区域的光谱测量和无创检测。它的缺点是光导纤维在传输光信号时会有一定的损耗，影响测量的精度，光谱分辨率也不如一些传统台式分光光度计的精度高。

拓展案例 B4-6 紫外-可见光度法用于滴定分析的终点检测——光度滴定法

根据紫外-可见分光光度计的测定原理可知，只要对光度计做一些改进，光度法就可以代替人眼用于任何以颜色变化判断反应进程的检测计。如指示剂法滴定分析中，可以用紫外-可见分光光度计更灵敏地检测到滴定终点附近溶液颜色的突变。与传统的目视指示剂法相比，光度滴定法对待测溶液背景颜色没有要求，对吸光度的微弱变化非常敏感，可显著提高滴定分析的准确性。另外，光度滴定法突破了滴定分析准确滴定的限制条件，拓展了滴定范围，可适用于极弱酸碱的滴定。

以光度滴定法测定水的硬度为例，熟悉光度滴定法的测量过程。在 pH=10 时，以铬黑 T 为指示剂，EDTA 标准溶液为滴定剂，测定水中的 Ca^{2+}、Mg^{2+} 总量。滴定终点时的反应如下：

$$\text{MgIn(红色)}+\text{Y} = \text{MgY}+\text{In(蓝色},\lambda_{max}=620\sim650\ \text{nm)}$$

当到达该反应的化学计量点附近时，溶液的颜色将发生由红色（MgIn）→红色和蓝色的混合色（MgIn 和 In 共存）→蓝色（In）的变化过程。滴定终点为蓝色。而肉眼对这个颜色变化的判断是测量误差的主要来源。使用如图 A4-7 中所示的光导纤维探头式分光光度计，将探头插入试样溶液中监测 620 nm 处吸光度随 EDTA 加入量的变化。若 EDTA 标准溶液的浓度为 0.01523 mol·L^{-1}，所取水样体积为 20 mL，滴定过程中检测的数据如表 B4-1 所示。请完成下面的任务：

（1）请以加入的 EDTA 体积为横坐标，以吸光度为纵坐标，作滴定曲线。

（2）根据滴定曲线计算水的硬度。

表 B4-1 滴定过程中加入的 EDTA 标准溶液体积及测量和校正的吸光度值

EDTA 体积 V_{EDTA}/mL	19.57	19.78	19.84	19.88	19.90	19.92	19.97	20.03	20.10	20.25
$A_{测量}$	0.030	0.041	0.051	0.065	0.085	0.139	0.155	0.158	0.158	0.158
$A_{校正}$	0.060	0.107	0.101	0.129	0.170	0.277	0.310	0.316	0.317	0.317

解：(1) 随着 EDTA 的加入，溶液不断被稀释，测量的吸光度值 $A_{测量}$ 不但体现了指示剂本身的浓度变化，还受稀释的影响，导致 $A_{测量}$ 比实际的吸光度值偏小。因此必须在作图前对测量的吸光度值按照下式进行稀释系数校正：

$$A_{校正}=\frac{总体积}{水样的初始体积}A_{测量}=\frac{10+V_{EDTA}}{20}A_{测量}$$

校正后的吸光度值如表 B4-1 所示。以表中校正后的吸光度值对 EDTA 的加入体积作图，得到滴定曲线，如图 B4-6 所示。

(2) 滴定终点附近，游离指示剂 In 引起 620 nm 处吸光度的增大，当所有的金属离子都与 EDTA 结合时，指示剂 In 均以游离态存在，溶液吸光度值不再增大而出现平台。如图中滴定曲线的两条直线交点的横坐标可得滴定终点 EDTA 体积为 19.94 mL。

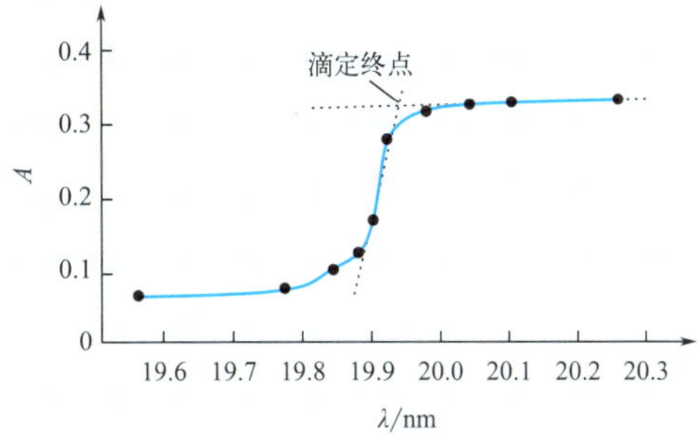

图 B4-6　光度滴定法的滴定曲线
（两条直线的交点对应的横坐标即为滴定终点）

则以 $CaCO_3$ 表示的水的总硬度＝

$$\frac{19.94\ \text{mL}\times 0.001523\ \text{mol}\cdot\text{L}^{-1}\times 100.09\ \text{g}\cdot\text{mol}^{-1}\times 1000\ \text{mg}\cdot\text{g}^{-1}}{20\ \text{mL}}=152\ \text{mg}\cdot\text{L}^{-1}$$

高阶选修 A4-5　紫外-可见漫反射光谱（UV-visible diffuse reflectance spectroscopy）

当紫外-可见光照射粉末、块体和乳浊液等样品时，光在样品表面发生漫反射现象。与透射光强的变化原理相同，由于样品物质可能吸收该紫外-可见光，而使反射光强的变化反映了物质的结构和含量信息。理论上通过测量反射率（反射光强度与入射光强度之比）也可获取物质的结构信息。

由于测定绝对反射率是相当困难的，UV-vis DRS 实际测量的是相对于标准白板的相对反射率 $r=R_{样品}/R_{标准}$（R 为反射率，相对反射率 r 类似于透射光谱中的透光率 T）。一般使用 $BaSO_4$ 或者 MgO 等对紫外-可见光不吸收的固体物质作为标准样品，其反射率 $R\approx 1$。以此可计算待测样品的表观吸光度 $A=\lg(1/r)$。在测量仪器上，可选择记录不同入射波长下的相对反射率 r 或吸光度 A 的数值，从而得到 $r\sim\lambda$ 的紫外-可见漫反射光谱，或 $A\sim\lambda$ 的紫外-可见漫反射吸收光谱。

一般可在紫外-可见分光光度计上装配积分球附件实现对紫外-可见漫反射光谱的测定。如图 A4-8 所示，积分球是一个中空的带窗口的球壳，内壁涂覆白色漫反射层 MgO、$BaSO_4$ 或光学聚四氟乙烯涂层，样品放置于积分球内部的样品架上。光源发出的光经过单色器（或干涉滤波器等）后照射样品产生漫反射光，积分球的作用是将所有的漫反射光收集，聚焦以后达到检测器（光电倍增管或光电池）产生电信号。通过试样信号与参比信号的差异，以波长的函数在记录仪上记录下来，就成为试样的紫外-可见漫反射光谱或吸收光谱。

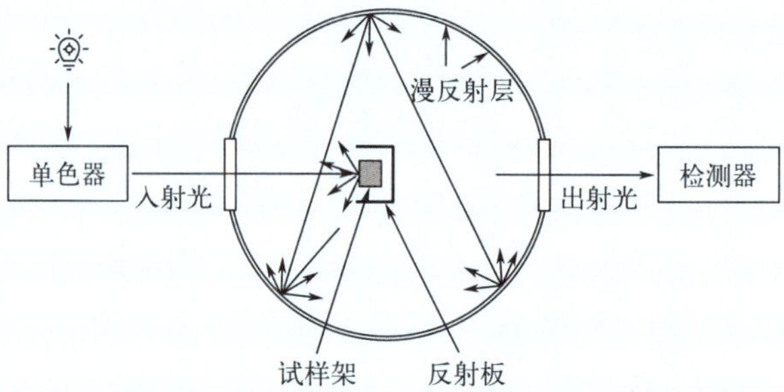

图 A4-8　紫外-可见漫反射分光光度计及积分球示意图

（积分球内壁涂覆白色漫反射层 MgO、$BaSO_4$ 或光学聚四氟乙烯涂层，作用是收集漫反射光，并聚焦于光纤后达到检测器。有厂商将检测器的响应范围扩展至近红外区域，将积分球漫反射附件外置，将检测范围由紫外-可见拓展至近红外）

无论是以漫反射方式测定的固体和不透明材料的紫外-可见吸收光谱，还是以透射方式测定的溶液的紫外-可见吸收光谱，其光谱产生的原因是相同的，只是测量对象不同。在催化剂、吸附剂研究中，紫外-可见漫反射光谱被广泛用于测定材料的表面离子配位状态、光催化剂的光吸收性能、半导体材料的禁带宽度等。

拓展案例 B4-7　利用紫外-可见吸收光谱（透射光谱）初步估算半导体材料的禁带宽度（材料类）

半导体材料的能带结构由其价带（能量较低、通常填充有电子）、导带（能量较高、通常没有电子，价带电子可以移动至此并参与导电）和禁带（价带和导带之间的能量差距，电子不能直接存在于这个区域）构成。禁带宽度（也叫带隙）是半导体材料中衡量其导电性能、吸收和发射光的能力的重要参量。当光子具有足够的能量时（如紫外-可见光的光子等于或大于某些材料的禁带宽度），半导体材料会显著吸收这些光子，使其电子从价带跃迁到导带，这个跃迁需要的最小能量就是禁带宽度。因此，吸收光谱测量得到的带边波长（也叫吸收阈值，λ_g，即吸收曲线变化的最大位置）体现了材料的禁带宽度 E_g。

例如，测量某半导体材料纳米粒子的禁带宽度。将该半导体材料纳米粒子均匀涂在石英片上，以石英片作基线放入紫外-可见分光光度计的样品池中，在 200～800 nm 范围内通过透射法测量其紫外-可见吸收光谱，结果如图 B4-7 所示。问：

(1) 估算该半导体纳米粒子的禁带宽度。

(2) 评价所用方法的优点和局限性。

解：(1) 半导体的吸收光谱与其禁带宽度直接相关。在紫外-可见光谱中，首先找到半导体材料吸收光谱中吸收开始急剧增加的波长，即带边波长，也叫吸收阈值或吸收边缘，用 λ_g 表示。如图 B4-7(b) 所示，对吸收光谱求一阶微分，确定极值对应的波长为 318 nm。如图 B4-7(c) 所示，在 318 nm 处做吸收光谱的切线，其与波长轴的交点即带边波长，λ_g＝327 nm。

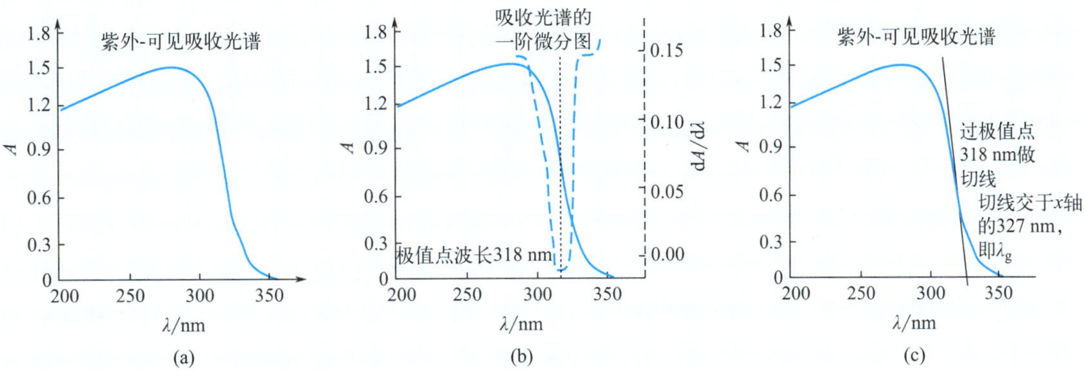

图 B4-7　ZnO 纳米粒子的紫外-可见吸收光谱及禁带宽度测量

利用 λ_g 与 E_g 两者之间的定量关系：

$$E_g(\mathrm{eV})=\frac{hc}{\lambda k}=\frac{6.63\times10^{-34}\,\mathrm{J\cdot s}\times3\times10^{17}\,\mathrm{nm\cdot s^{-1}}}{\lambda_g\times1.602\times10^{-19}\,\mathrm{J\cdot eV^{-1}}}=\frac{1240\ \mathrm{eV\cdot nm}}{\lambda_g\ \mathrm{nm}}$$

其中 h 是普朗克常数，c 是光速，k 是 J 与 eV 之间的转换因子。利用该式可计算所测半导体材料纳米粒子的禁带宽度 E_g 为：

$$E_g(\mathrm{eV})=\frac{1240\ \mathrm{eV\cdot nm}}{318\ \mathrm{nm}}=3.9\ \mathrm{eV}$$

(2) 本例所使用的是一种简易的利用截线法确定吸收边缘的方法，使用简单、快捷。

它的局限性在于：该截线法对吸收边缘位置的确定有一定的主观性。另外，也未考虑到半导体材料的不同带隙类型（参见相关文献），导致测量的重复性和可靠性降低，因而常作为禁带宽度的初步估算。

更广泛使用的是 Tauc-plot 法，它比截线法更准确地确定带边波长，在公式中也考虑了半导体的带隙类型。可参见参考文献 TAUC J，MENTH A. States in the Gap [J]. Journal of Non-Crystalline Solids，1972，8-10：569-585.

另外，纳米颗粒的粒径和形状也会对吸收光谱结果产生一定影响，因此，可能需要以材料的形貌表征结果来作为参考。

4.2.4.2　傅里叶变换红外光谱仪（Fourier transform infrared spectrometer）

红外光谱仪分两类，一类是色散型红外光谱仪，它的组成部件与紫外-可见分光光度计相似。但由于红外光的能量很弱，其灵敏度、分辨率和准确度都低，且得到一个全红外光谱需数分钟，目前已很少使用。另一类是傅里叶变换红外光谱仪（Fourier transform infrared spectroscopy，FTIR），随着光学、电子学尤其计算机技术的发展，FTIR 已成为主流。

FTIR 的典型特点是没有色散元件，可在 1 s 左右时间内得到样品的全红外光谱图，检测准确度和灵敏度均非常高，检出限 $10^{-12}\sim10^{-9}$ g。它主要由光源、迈克尔逊干涉仪、样品池、检测器、计算机等部分组成，其工作原理如图 4-35 所示。由红外光源发出红外光束，经半透半反射膜后分裂为同等强度的两束光，经反射镜 1 和反射镜 2 后汇聚进入样品池。利用反射镜 1 的匀速移动，使进入样品池的两束反射光产生随时间变化的光程差，从而得到相干光束。相干光束通过试样池后，有的红外光被样品吸收。携带有试样信息的相干光进入检

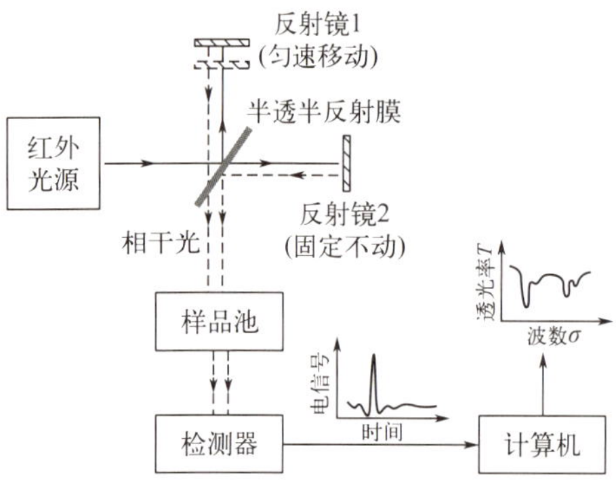

图 4-35 FTIR 工作原理示意图

测器 D 后，光信号被转换为电信号，从而得到带有试样光谱信息的时域干涉图。经过计算机傅里叶变换处理，将时域信号转换为频域信号，得到以透射率 T（或吸光度 A）为纵坐标，以波数 σ（或波长 λ）为横坐标的红外光谱图。

红外光谱测量中需注意其吸收池的特殊性。由于石英吸收红外光，因而石英池不能做样品池。红外样品池通常由 NaCl、KBr（常用）、AgCl 等材料制成检测窗片，这些材料能够透过的最低能量的红外光波数如表 4-5 所示。实际使用时应注意选择合适的盐窗材料，以保证所检测样品的红外吸收峰不受盐窗材料的干扰。使用 NaCl、KBr、CsI 等水溶性盐制成的窗片时需注意防潮，以免盐窗吸潮模糊。对于 400～50 cm^{-1} 的远红外区域，聚乙烯是一种理想的透明窗口材料。

表 4-5 常用盐窗材料的适用红外光波数范围 单位：cm^{-1}

盐窗材料	最低吸收红外光	适用的测量范围
NaCl	650	＞700
KBr	350	＞400
AgCl	350	＞400
CsI	250	＞300
ZnSe	450	＞500
C(金刚石)	10	＞10

红外光谱测量中还需注意样品的制备。对于固体试样，通常将约 1%（重量比）的固体样品与 KBr 混合，研磨成细粉末，并在约 60 MPa 的压力下压制成半透明的片状，放入样品池中检测。也可以将少量样品与液体石蜡混合成糊状，涂到盐窗上，或将少量样品与挥发性溶剂混合后涂于 KBr 晶片上，待溶剂挥发后测量。由于矿物油在某些红外波段有吸收，因此分析物的光谱在这些区域可能会受到干扰。有些晶体也可以直接切片后放入样品池测量。有机液体试样一般用 KBr 液体池测量，含水液体可用 AgCl、BaF_2 等液体池测量。气体样品则使用密闭池体，将空气抽出，将待测气体装入后测量。

【例 4-9】红外光谱法测定硅单晶中碳、氧含量（GB/T 35306—2023）（化工、冶金）

高纯度单晶硅是半导体行业的核心材料，广泛应用于集成电路、太阳能电池和电子设备中。单晶硅中常有代位碳杂质（即替代 Si 位置的 C 杂质）和间隙氧杂质，它们会显著影响材料的电导特性。通过 FTIR 可以测定这些杂质的含量。以代位碳为例，其在 607.5 cm^{-1} 处有红外吸收峰（见图 4-36），通过测量该峰面积，利用另一种形式的朗伯-比尔定律计算碳含量：

$$n_c = K \times \frac{S}{d}$$

式中，n_c 为以原子数计的碳含量，碳原子数 · cm^{-3}；S 为碳吸收峰的积分面积；d 为样品厚度，cm；K 为校准因子，可通过测定标准样品红外光谱吸收峰的峰面积得到。

测量过程中，要以区熔硅单晶（已知其碳含量低）作为参比，将硅单晶样品和参比以相同方法处理，准确记录样品和参比的厚度 d（精确至 0.01 mm）后，于冷却至 15 K 的样品室内依次对空光孔、参比样品、待测样品进行红外光谱扫描，在样品光谱中扣除背景光谱和参比光谱。请问：

（1）测量过程中为什么要使用低温？

（2）样品光谱中扣除的背景光谱和参比光谱分别消除什么干扰？参比与样品厚度差异大是否会影响测定？

（3）为什么使用吸收峰的峰面积而非吸光度计算含量？

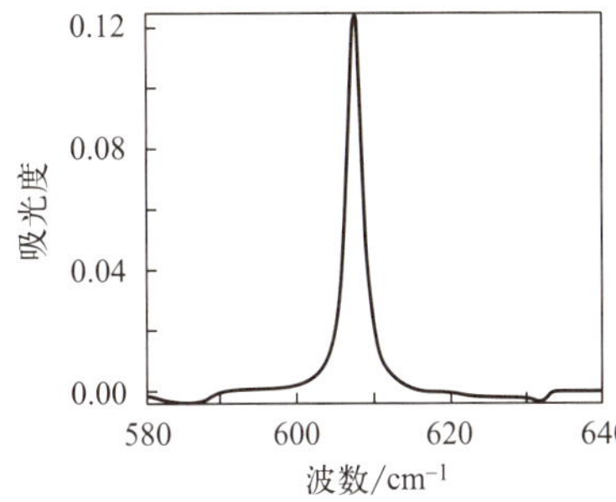

图 4-36　代位碳的低温红外光谱图（红外光谱用于定量分析时，纵坐标常以吸光度表示）

答：(1) 在红外光谱测定中，降低温度可以减少热噪声和样品中的杂质扩散。此外，低温还能减缓分子运动的干扰，使吸收峰变得更尖锐，极大地提高了光谱的分辨率。这有助于准确检测单晶硅中碳和氧杂质的吸收峰，尤其是在低浓度杂质情况下，低温能够显著提升信号的清晰度和精确度。

（2）红外光谱测定时的背景光谱通常来自空气、样品池及周围环境中的物质对红外光的吸收。例如，空气中的 CO_2 和水蒸气会在红外区域产生明显的吸收峰。通过扣除背景光谱，可以消除这些来自环境的干扰。

红外光谱测定时扣除参比光谱，用于消除样品中基质的影响。在此案例中，参比是低碳含量的区熔硅单晶，其主要作用是扣除硅基质中的红外吸收峰，尤其是硅的 Si—Si 键（520 cm^{-1} 附近）的吸收峰，以减少这些峰对测定的干扰。

根据朗伯-比尔定律，参比和样品的厚度会对各自的吸收峰强度产生影响，但是由于吸收峰的强度与样品的厚度成正比，因而只要准确测量参比和样品的厚度，就可在计算时利用，因此，参比和样品厚度应尽量一致。

（3）使用吸收峰的峰高（吸光度）进行含量计算时，吸光度值容易受到基线噪声的影响，特别是在测量低含量代位碳杂质时，噪声干扰会更加显著。相比之下，计算峰面积能够更好地扣除基线影响，提高测量的精确度。峰面积法更全面地考虑了峰的整体形状和宽度，能更准确地反映杂质的含量。此外，峰面积可以通过校准因子与朗伯-比尔定律中的吸收系数类比，从而实现准确的定量计算。

高阶选修 A4-6　红外光谱仪的红外光源和检测器

红外光源通过电加热惰性材料，使其发射出高强度的连续红外辐射。常用于发射红外光的光源包括硅碳棒和能斯特灯。硅碳棒由碳化硅烧结而成，工作温度范围为 1200～1500 ℃，能够覆盖 5000～200 cm^{-1} 的波数范围。它在低波数区域的发光强度较高，具有较宽的使用波数范围和较长的使用寿命。能斯特灯则由氧化锆、氧化钇和氧化钍烧制而成，通常为中空或实心棒，工作温度达到 1700 ℃，其波数范围为 5000～400 cm^{-1}。能斯特灯在室温下是绝缘体，需要预热以启动其导电性。它具有较高的发光强度，特别是在高波数区（σ>1000 cm^{-1}），同时寿命长且稳定性好。然而，它的价格较高，机械性能不如硅碳棒，操作也较为复杂。

因为红外光子的能量不足以引起光电管的光电子发射，因此在红外光谱仪中，检测器需要利用热电现象或低温半导体材料的光电现象。常用的热释电检测器是基于硫酸三甘肽铁电体或其衍生物的单晶薄片作为红外光子响应元件。硫酸三甘肽铁电体在低于居里点（约 49 ℃）时，由于极化效应会产生强的表面电荷，表面电荷随温度变化而变化。当红外光照射时，引起的温度升高会导致表面电荷的变化，通过外部电路测量电流变化即可实现对红外光的检测。热释电检测器响应速度快，能够跟踪干涉仪的时间变化，因此广泛用于 FTIR 中。

高阶选修 A4-7 衰减全反射傅里叶变换红外光谱法（attenuated total reflectance Fourier transform infrared spectroscopy）

常规的透射法红外光谱测量通常需要通过压片、涂膜或在非水溶剂中进行。但对于某些特殊样品，如难溶物质、水溶液、难以粉碎的固体或不透明样品，这种方法存在较多困难。为克服这些局限，发展了基于红外反射测量的 ATR-FTIR 方法。

许多 FTIR 仪器配有 ATR 附件，使 ATR-FTIR 测量成为可能。ATR 附件的核心是一个具有高折射率的光学晶体，如锗（Ge）、氯化银（AgCl）、溴化银（AgBr）或硅（Si）。晶体的高折射率使得红外光在其内部传播时发生全内反射。

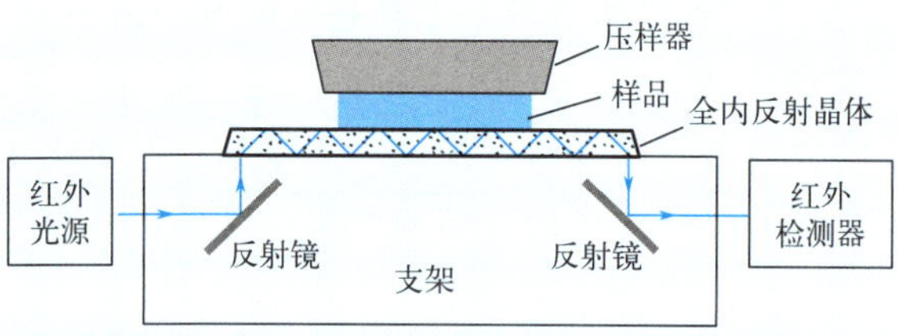

图 A4-9　ATR-FTIR 的 ATR 附件工作原理示意图

如图 A4-9 所示，红外光源发出的光首先通过 ATR 的高折射率晶体。当光线入射到晶体与试样的界面时，如果入射角大于临界角，光线会在界面处发生全反射。在全反射过程中，部分红外光会进入试样表面一定深度后返回。若试样在入射光的频率范围内有选择性吸收，则反射光的强度会减弱，产生与透射吸收相类似的谱图，从而获得样品表层化学成分的结构信息。必须注意，由于在不同波数区间技术灵敏度不同，ATR 光谱的吸收峰相对强度与透射光谱并不完全一致。

ATR-FTIR 简化了样品的制备和处理过程，能够实现原位、实时、无损的微区分析，成为分析物质表面结构的有力工具。

4.2.4.3　原子吸收分光光度计（atomic absorption spectrophotometer）

如图 4-37 所示，原子吸收分光光度计的光源为锐线光源，其发射待测原子的特征谱线，不需要分光而直接进入原子化器。试样在原子化器的 3000 K 以下高温中生成基态原子蒸气，吸收特征谱线。透过光经由单色器后，仅允许分析线进入检测器，经过显示装置显示吸光度。

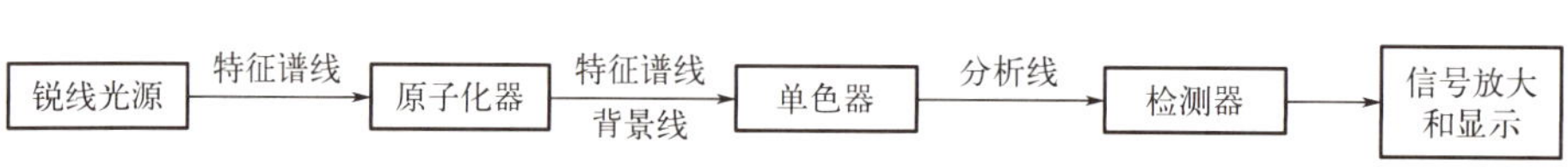

图 4-37　原子吸收分光光度计示意图

(1) 锐线光源

锐线光源必须发射待测元素的特征谱线，要求发射的共振辐射的半宽度要明显小于吸收线的半宽度，且辐射的强度大而稳定。空心阴极灯是最常用的锐线光源。

如图 4-38(a) 所示，**空心阴极灯的阴极内壁材料是由高纯度待测元素制成**（可由单一元素制成单元素灯，或者由多种待测元素制成多元素灯），阳极是钨棒，封闭的灯内腔充低压惰性气体氩气。在阴阳极间通 300～500 V 直流电压，电子将从空心阴极灯内壁高速飞向阳极，与内充的惰性气体碰撞而使之电离，产生带正电荷的离子。正离子在电场中猛烈轰击阴极内壁，使阴极表面的待测元素原子从晶格能的束缚中逸出（即溅射），在空腔内与电子、惰性气体原子或离子碰撞而被激发，返回基态时发射出待测元素的特征谱线，阴极内辉光中便出现了阴极物质和内充惰性气体的光谱。由于灯的工作电流一般较低，阴极温度不高，加之灯内气体压力很低，故谱线的多普勒变宽效应和碰撞变宽均可忽略，发射出半宽度很窄的特征谱线，是理想的锐线光源。

砷、硒、镉、锡等易挥发、低熔点且电负性相对较大的元素，通常会面临易溅射但难以激发的挑战。这种特性导致其空心阴极灯的谱线强度较低且使用寿命短。使用无极放电灯（electrodeless discharge lamp，EDL）可以显著改善光谱特性，获得强度高、光谱纯度好、谱线窄的元素特征谱线。如图 4-38(b) 所示，无极放电灯的陶瓷套管内有射频线圈，内部放置一个真空石英管（长度 30～100 mm，内径 3～15 mm），该管内充入几百帕的氩气或氦气和数毫克待测元素的金属卤化物。这些金属卤化物在气相中可以形成稳定的分子，有助于提高元素的激发效率。通过高频电场的作用，射频线圈产生的高频电流使气体分子离子化，形成具有较高温度和密度的离子体，有助于提高激发效率，使待测元素发射出较高强度和纯度的特征光谱。

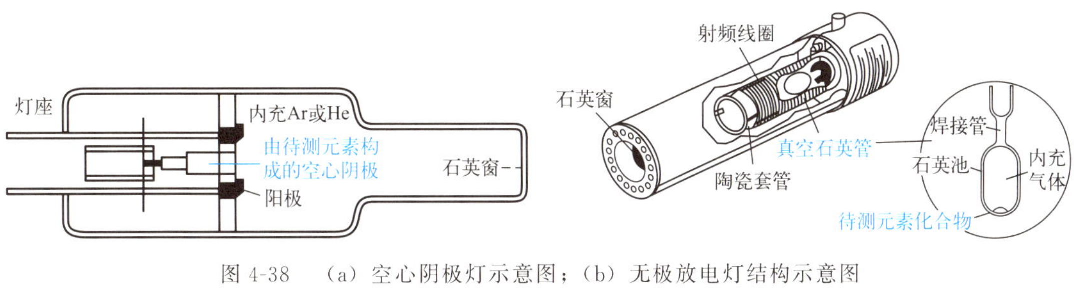

图 4-38　(a) 空心阴极灯示意图；(b) 无极放电灯结构示意图

锐线光源提供的特征谱线中，一般使用共振线作为分析线，分析线的波长常标注于灯体上。使用过程中的灯电流决定了入射光的强度。一般控制灯电流在额定灯电流的 1/2～2/3 之间。

(2) 原子化器

原子化器的目的是通过高温将试样中的待测元素由分子或离子转变成基态原子蒸气，并让锐线光源发出的特征谱线通过。液体试样在原子化器的高温中常经历如下过程：

$$MX(aq)\xrightarrow{\text{脱溶剂}}MX(s)\xrightarrow{\text{气化}}MX(g)\xrightarrow{\text{解离}}M^{n+}+X^{n-}\xrightarrow{\text{原子化}}M+X$$

常用的原子化器有火焰原子化器和非火焰原子化器。

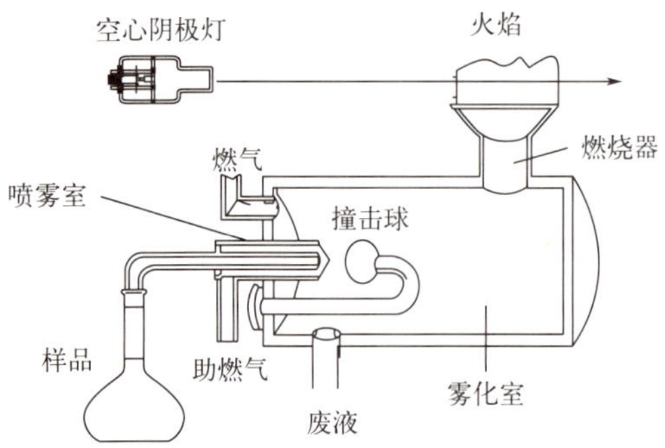

图 4-39 火焰原子化器结构示意图

火焰原子化器通过燃气的燃烧获得高温。如图 4-39 所示，它的构成包括喷雾器、预混室和燃烧器。其中，喷雾器的作用是将试样溶液雾化，使之成为微米级的湿气溶胶。当高压助燃气体（通常为空气）由外管高速喷出时，在内管管口形成负压，试液由毛细管吸入并被高速气流分散成雾滴，从雾化器喷嘴喷出时与玻璃撞击球相撞，被进一步粉碎。预混合室的作用是使燃气、助燃气与试液的湿气溶胶充分混合均匀，较大的雾滴凝结为液珠沿室壁流出至废液桶。燃烧器头是火焰燃烧的地方，试样随燃气和助燃气从燃烧器头的狭缝中喷出进入火焰，在火焰高温下被迅速干燥（去溶剂）、灰化、原子化。从光源发出的特征辐射平行穿过整个火焰，火焰中的基态原子对特征辐射产生吸收。与无试样（空白）时穿过火焰的光对比，经过对数运算放大器的信号转换即可得到吸光度值。

通过调控燃气（还原剂）与助燃气（氧化剂）的种类及其比例（燃助比），实现火焰原子化器对火焰温度及其氧化还原性质的控制。最常用的乙炔-空气火焰，温度最高为 2250 ℃，适用于一般元素的测定。乙炔-氧化亚氮火焰温度最高可达 2700 ℃，是高温化学火焰，适用于难原子化元素的测定。燃助比可以在一定程度上调节火焰温度及其氧化还原性质。若控制燃助比接近化学反应计量关系，则火焰为中性火焰，火焰温度高且稳定，背景低，适用于大多数元素的测定。若燃助比大于化学反应计量关系，燃气燃烧不完全，得到的富燃火焰具有还原性，温度低于中性火焰，适合于易形成难解离氧化物的元素测定。燃助比小于化学反应计量关系的贫燃火焰燃烧充分，有较强的氧化性，温度也低于中性火焰，利于测定易解离、易电离的元素，如碱金属等。

火焰原子化器的优点是操作简便、快速、精密度好，因而使用最为广泛。但受试样雾化效率的影响（10%～15%），试样利用率和测定灵敏度均较低，且只能检测溶液样品。火焰原子化器对大多数金属元素的检测限为 0.1～10 $\mu g \cdot L^{-1}$。

非火焰原子化器常用的是石墨炉原子化器，其核心部件是石墨管。石墨管长约 2.8 cm，内径 0.8 cm，中间部位有一个小的进样孔。如图 4-40(a) 所示，石墨管被放置在管座中，通过外加电源控制石墨管温度。石墨管被外管路包围，在石墨管内和外各有保护气路，使用过程中均通入氩气（Ar）。其中外气路中的氩气沿石墨管外壁流动以保护石墨管不被烧蚀，内气路中的氩气从管两端流向管中心，由管中心孔流出，以有效地除去试样在高温下产生的气体，同时保护气态原子不被氧化。在石墨管的管座外有水冷却外套，作用是保护炉体，同时使炉体快速降温，以便在一个试样检测结束后很快开始下一个试样的检测。

在每一个样品的检测过程中，石墨炉原子化器通过计算机控制进行程序升温，如图 4-40(b) 所示，一个测定周期经历四个温度阶段：

① 干燥阶段：温度通常保持在 100～200 ℃，进行样品的脱溶剂干燥。

② 灰化阶段：灰化通常在 300～1500 ℃进行，主要目的是去除样品中的基体物质或其他干扰元素，确保在后续的原子化过程中获得清晰的信号。灰化温度的选择取决于样品基体的性质。

③ 原子化阶段：样品被转化为基态原子，供吸收光谱测定。原子化阶段的温度可根据待测元素的特性和分析需求进行选择，最高可达 3000 ℃。在原子化阶段，为避免对原子蒸气的稀释和延长原子蒸气在吸收区内的平均停留时间，石墨管内停止通氩气。

④ 高温除残（净化）阶段：在更高温度下空烧一定时间，以便将残留的试样挥发除去，消除对后续试样测量的干扰。

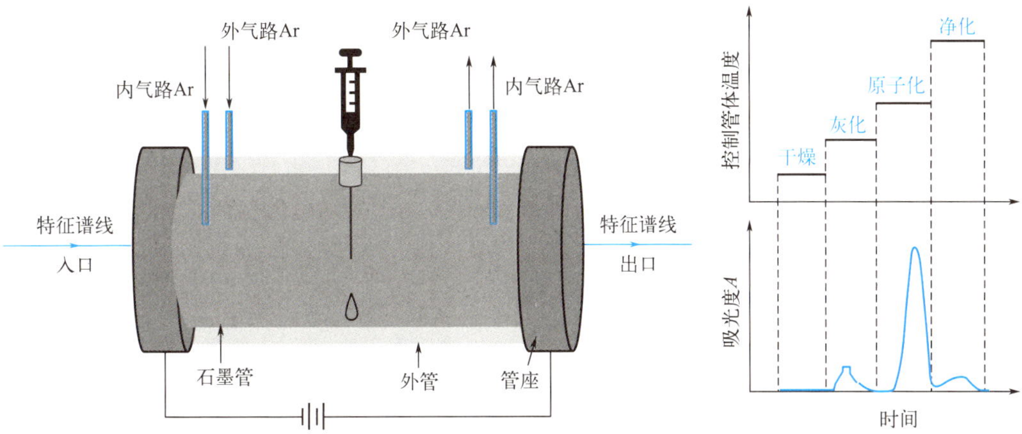

图 4-40　(a) 石墨炉原子化器结构示意图　　(b) 石墨炉原子化器的程序升温过程

与火焰原子化器相比，石墨炉原子化器的优点是原子化温度高，绝对灵敏度比火焰原子化器高 100～1000 倍，尤其适用于难挥发、难原子化元素和微量试样的分析，检测限达到 0.01～1 $ng \cdot L^{-1}$。另外，原子化效率高达 90%，试样消耗量小，液体和固体试样均可直接进样。其缺点是测量精密度比火焰原子化器差，基体影响大，干扰较复杂，操作也不如火焰原子化器简便。

(3) 单色器和检测器

单色器置于原子化器与检测器之间，主要作用是将待测元素的共振线与其他的非共振线分离开来；同时阻止原子化器的背景辐射进入检测器。

原子吸收分光光度计的光强信号通常较弱，故光强检测常使用光电倍增管。其作用是将微弱光信号转换成电信号并放大，具有极高的灵敏度和极低的噪声。但光电倍增管的灵敏度会因照射光过强或照射时间过长而降低，引起响应信号的减弱。因此，仪器使用时需要先预热，并避免使用时间过长。检测的电信号被转换为吸光度 A 并由显示装置给出。

高阶选修 A4-8　原子吸收分析法的主要干扰及其抑制

相比于紫外-可见分光光度法，原子吸收分析法的干扰相对较少，但其仍然存在一些干扰。主要有：

(1) 化学干扰

是指样品中的任何成分降低了待测物的原子化程度。如共存元素在原子化器的高温环境下与待测组分发生化学反应形成不易挥发的化合物，造成待测组分原子化效率的降低。

① **使用释放剂**，即释放剂与干扰元素生成更稳定的化合物，从而释放了待测元素。如测量钙离子时，如果样品中存在 SO_4^{2-} 或 PO_4^{3-}，生成的 $CaSO_4$ 和 $Ca_3(PO_4)_2$ 不易挥发，降低了 Ca 的原子化效率，导致测定结果偏低。可加入释放剂锶（Sr^{2+}）或镧离子（La^{3+}）与磷酸生成更稳定的化合物，从而将 Ca^{2+} 释放出来。

② **使用保护剂**，与待测元素生成更稳定但容易挥发的原子化的化合物。如加入 EDTA 或 8-羟基喹啉与 Ca^{2+} 形成稳定的配合物，阻止 PO_4^{3-} 与 Ca^{2+} 结合形成难挥发的 $Ca_3(PO_4)_2$。相比于 $Ca_3(PO_4)_2$，EDTA-Ca 更易挥发，对钙的原子化效率影响不大。

另外，富燃火焰的还原气氛可以减少某些待分析物的氧化，否则会阻碍原子化，而较高的火焰温度则可以消除许多类型的化学干扰。

③ **使用基体改进剂**。样品中除了分析物以外的所有成分都被称为基体。石墨炉原子化器有较为严重的基体干扰。理想情况下，基体在炭化步骤中会分解并蒸发。基体改性剂是添加到样品中的物质，目的是提高基体的挥发性或降低分析物的挥发性。

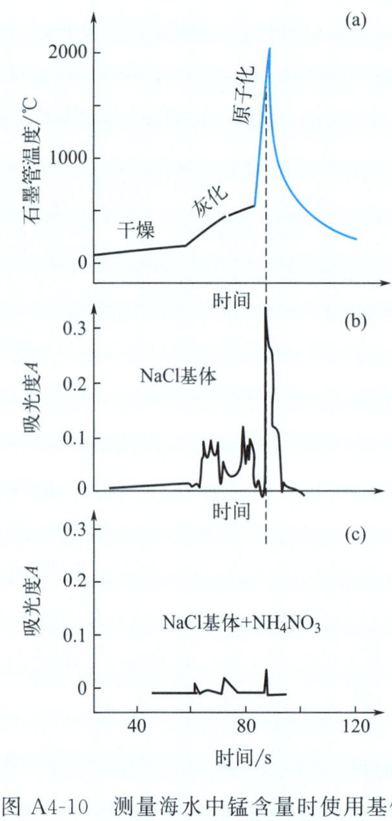

图 A4-10 测量海水中锰含量时使用基体改进剂减少基体干扰

(a) 石墨炉程序升温；(b) 0.5 mol·L^{-1} NaCl (10 μL) 的吸光度（在锰的特征波长 279.5 nm 下测量吸光度，带宽为 0.5 nm）；(c) 0.5 mol·L^{-1} NaCl(10 μL)+50% NH_4NO_3 (10 μL) 的吸光度（NH_4NO_3 为基体改进剂）

（来源：J. Chem. Educ.，1996，73，980.）

基体改性剂提高基体的挥发性的实例如图 A4-10 所示，测量海水中金属元素锰时，含量较高的 NaCl 基体不容易挥发，在灰化阶段产生 NaCl 烟雾，烟雾在原子化阶段引起光散射，导致表观吸光度明显增大［见图 A4-10(b)］，干扰锰的测量。可以向海水样品中添加基体改进剂硝酸铵（NH_4NO_3），它与 NaCl 反应生成 NH_4Cl 和 $NaNO_3$，这些物质更容易挥发且不会产生烟雾。在原子化阶段可观察到明显的基体吸光度减弱，因而可以显著降低基体的吸收［见图 A4-10(c)］。

基体改进剂减小待测物质的挥发损失。例如，$Pd(NO_3)_2$ 可以添加到海水中，以降低分析物锑的挥发性。在没有改进剂 $Pd(NO_3)_2$ 的情况下，90%的锑在 1250 ℃ 的灰化温度下被蒸发损失掉。使用改进剂后，灰化温度可以升高至 1400 ℃，此时大部分的海水基体可以挥发掉，而锑不会损失。再如，使用基体改进剂 $Mg(NO_3)_2$ 以减小 Al 在灰化时的蒸发损失。这是由于在高温下，$Mg(NO_3)_2$ 分解为 MgO(g)，Al 则转化为 Al_2O_3：$3MgO(g)+2Al \longrightarrow 3Mg(g)+Al_2O_3$。这减缓了 Al 在足够高灰化温度下的蒸发，减少了待测物 Al 的损失，使灰化过程消除基体的效果更好。当 MgO 蒸发、灰化阶段结束后，在更高的原子化温度下 Al_2O_3 会继续分解、蒸发并原子化，从而达到减小基体干扰、抑制待测物 Al 损失的目的。

(2) 电离干扰

指被测元素在火焰中形成自由原子之后继续电离，使中性原子数减少，吸收信号降低。一般可在样品中加入其他易电离的元素，使火焰中存在更多的自由电子，抑制待测元素的电离。如在测定元素 Cd 时，可添加碱金属 Cs 作为电离抑制剂来降低镉的电离，从而减小电离干扰、提高样品中 Cd 的吸光度。

(3) 光谱干扰

是指分析物信号与样品中其他元素或分子的信号重叠，或者与火焰或石墨炉原子化器产生的信号重叠，导致光强度信号的变化。

火焰或石墨炉原子化器的背景干扰主要来自于气态分子、未完全原子化的样品微粒等对光线产生的吸收或散射，这可以使用氘灯或塞曼效应背景修正来消除。利用氘灯进行背景扣除时，在样品测量之前，首先记录不含样品的氘灯发出的背景光谱（覆盖了从紫外到可见光的波段）。在实际测量样品光谱时，将记录的氘灯背景光谱信号减去，得到净信号，即待测元素的实际信号。这种方法可以有效消除由于分子吸收、光散射和其他背景因素引入的干扰。塞曼效应扣除背景是指在分析过程中，施加一个外部磁场，使待测元素的原子谱线发生塞曼分裂，形成几个不同的谱线。通过选择性地测量其中一个分裂谱线，而其他谱线（包括背景光谱，背景光谱通常不发生塞曼分裂）则不被检测，从而有效降低背景噪声和干扰。

当样品中不同元素之间存在谱线重叠时，最佳处理方法是选择另一波长进行分析。若高分辨率光谱仪可以分辨紧临的谱线，则其他元素的干扰可被消除。由于锐线光源的发射线极窄，谱线重叠并相互干扰的概率通常较小。

【例 4-10】原子吸收分光光度法测定赤泥中的钠含量（冶金和化工类）

（引用：中国有色冶金，2023，52，128）

赤泥是氧化铝生产过程中产生的强碱性固体残渣，其钠含量高低是影响赤泥再利用的重要因素之一。因此，需要快速、准确地测定赤泥中的钠含量。火焰原子吸收分光光度法是常用的测定方法。以下是测定过程：在一系列钠离子标准溶液中，均加入浓硝酸和 KCl 使其浓度分别为 0.5%和 0.1 $\mu g \cdot mL^{-1}$。以 0.5%浓硝酸和 0.1 $\mu g \cdot mL^{-1}$ KCl 的混合溶液作为参比溶液，在钠的灵敏线 589 nm 处测定吸光度，得到标准曲线方程为：$A=0.9131\rho+0.1535$。其中，A 为吸光度；ρ 为 Na 的浓度，$\mu g \cdot mL^{-1}$。

将烘干后的赤泥样品研磨，称取 0.2500 g，用 20 mL 盐酸加热消解后，转移至 250 mL 容量瓶中，再加入 20 mL 三氯化铝-硫酸溶液定容得到消解液。取 10.0 mL 消解液至另一个 250 mL 容量瓶中，加入 0.5%浓硝酸和 0.1 $\mu g \cdot mL^{-1}$ KCl 定容。在相同的仪器条件下，测得吸光度为 0.787。问：

（1）为什么要在标准溶液和样品中加入 0.5%浓硝酸和 0.1 $\mu g \cdot mL^{-1}$ KCl?

（2）为什么要在试样消解液中加入三氯化铝-硫酸溶液？

（3）根据给定的数据，计算赤泥样品中以 Na_2O 表示的钠含量。

答：（1）Na 作为碱金属，在火焰高温下容易电离为 Na^+，导致基态原子 Na 减少，从而降低了原子化效率。加入更易电离的 K 作为“抑制剂”，在高温下 K 的电离产生大量电子，抑制了 Na 的电离，提高了 Na 的原子化效率和信号强度。高温下电离生成的 Na^+ 还可能与 Cl^- 形成 NaCl，NaCl 较难解离，也会降低 Na 的原子化效率。使用浓 HNO_3 与 Na^+ 生成 Na_2NO_3 却容易解离，因而可以提高 Na 的原子化效率。

（2）赤泥中含有较高浓度的 Ca，而 Ca 元素在 Na 的分析波长（589 nm）附近也存在吸收峰，会对测定结果产生正误差。加入三氯化铝-硫酸溶液可以与 Ca^{2+} 生成难解离的 $CaSO_4$，减少火焰中的 Ca 原子浓度，以降低 Ca 对 Na 的干扰，从而提高测定的准确性。

（3）将样品的吸光度 $A=0.787$ 代入线性方程 $A=0.9131\rho+0.1535$，得：

$$\rho=\frac{(0.787-0.1535)}{0.9131}=0.6937(\mu g \cdot mL^{-1})$$

则原赤泥样品中以 Na_2O 表示的钠含量为：

$$w_{Na_2O}=\frac{1}{2}\times\frac{(0.6937\ \mu g \cdot mL^{-1})\times 250\ mL\times 250\ mL\times(61.98\ g \cdot moL^{-1})}{10\ mL\times(22.99\ g \cdot moL^{-1})\times 0.2500\ g\times(10^6\ \mu g \cdot g^{-1})}\times 100\%=2.34\%$$

4.3 发射光谱分析法

4.3.1 荧光光谱分析法

荧光光谱（fluorescence spectroscopy）**的本质是发光，它比吸收光谱更灵敏。**想象一下，你在夜晚的体育场，灯光熄灭，50000 名观众都手持一支点燃的蜡烛。如果 500 人吹灭了他们的蜡烛，因为背景太亮，很难觉察烛光的变化。这类似于吸收光谱测量时，透光率从 100%变为 99%，相当于吸光度为 $-\lg(0.99)\approx 0.0044$，很难测量如此小的吸光度。但如果体育场完全黑暗，有 500 人突然点燃了他们的蜡烛，则引起的变化是显著的。在黑色背景下，同样样品中 1%分子的荧光显得十分显眼，荧光检测的灵敏度甚至可以低至单个分子。一个有意思的实验是在薄层硅胶中利用 $2.0\times 10^{-11}\ mol \cdot L^{-1}$ 罗丹明 6G 的荧光追踪其轨迹，证实了爱因斯坦在 1905 年提出的扩散分子的“随机游走”假设（见图 4-41）。

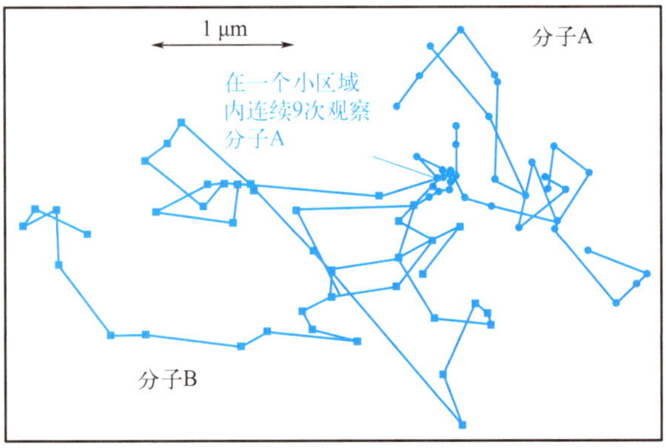

图 4-41　在薄层硅胶中利用荧光追踪罗丹明 6G 的轨迹验证了爱因斯坦的“随机游走”假设

（single-molecule fluorescence trajectories for investigating molecular transport in thin silica sol-gel films，Anal. Chem.，2003，75，4351）

4.3.1.1　分子荧光的产生原理

(1) 分子的电子多重度

由紫外-可见吸收光谱可知，物质分子的价电子可吸收光子被激发到激发态。价电子在激发态不稳定，当自发回到基态时，若能量以光辐射的形式发出，即为荧光或磷光。价电子在跃迁过程中可能涉及电子自旋状态的变化，用电子的多重度表示。

以有机化合物为例，其基态分子轨道中通常没有单电子，分子轨道中的成对电子是自旋相反的，其自旋量子数分别为 1/2 和 −1/2，自旋量子数的代数和 $s=0$。**分子的多重度用 M 表示，$M=2s+1$**。如图 4-42(a) 所示，某烯烃基态时的成键轨道被自旋相反的成对电子占据，自旋量子数的代数和 $s=0$，分子的多重度 $M=1$，即分子处于基态单重态，用 S_0 表示。其中能量最高的占据轨道是 π 成键轨道；能量最低的非占据轨道（即空轨道）是反键轨道 π^*。

如图 4-42(b) 所示，当分子被激发到激发态时，分子轨道中的一个电子被激发到能量更高的空反键轨道 π^* 上。如果跃迁过程中电子不发生自旋方向的改变，此时分处于两个不同分子轨道中的电子仍然保持自旋相反，分子的多重度 M 仍然为零，则分子处于激发态的单重态。第一激发单重态用 S_1 表示，第二激发单重态用 S_2 表示等。如果被激发电子的自旋方向改变，如图 4-42(c) 所示，则分处于两个不同轨道中的电子的自旋方向相同，自旋量子数均为 1/2，自旋量子数的代数和 $s=1$，则 $M=3$，即分子处于激发态三重态，不同能级的激发三重态分别写作 T_1、T_2 等。根据洪特规则，分处于不同轨道中自旋平行的电子能量更低，故激发三重态的能量 T_1 低于激发单重态 S_1。由于电子从 S_0 到 T_1 的跃迁过程涉及自旋状态的变化，这种跃迁的概率很小，称作跃迁禁阻。事实上，电子自旋状态的变化通常不会发生在激发过程中，而是由分子的激发单重态转变而来的［见（2）分子磷光的产生］。

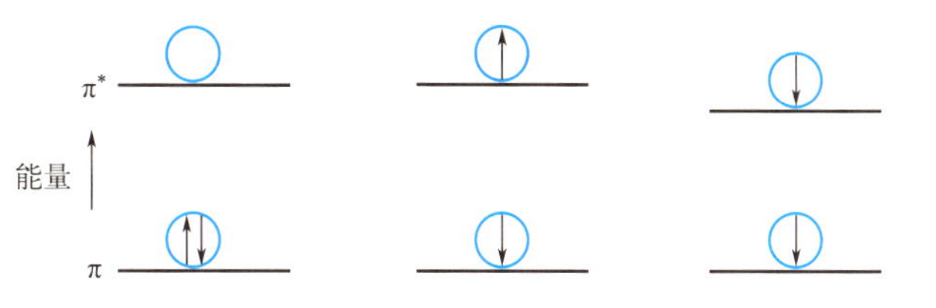

图 4-42　$\pi \rightarrow \pi^*$ 跃迁及其多重态示意图

(a) 基态单重态 S_0（电子自旋相反）；(b) 激发态单重态 S_1（电子自旋相反）；

(c) 激发态三重态 T_1（分处不同轨道中的电子自旋平行，分子的能量更低）

(2) 分子荧光和磷光的产生

① 分子激发过程　如图 4-43 所示，分子在室温下常处于基态单重态 S_0 的最低振动能级。**当光辐射照射时，分子吸收一定波长的光子后发生单电子跃迁，电子的自旋状态不变，使分子处于激发单重态 S_1、S_2 等的各个振动能级。**显然，若记录该激发过程产生的激发光谱，它应与分子的紫外-可见吸收光谱相似，为宽的带状光谱，波长在 λ_1 附近。吸收光谱的波长宽度由激发态的振动能级决定。

② 荧光发射过程　激发态分子不稳定，处于较高振动能级的激发态分子容易与周围分

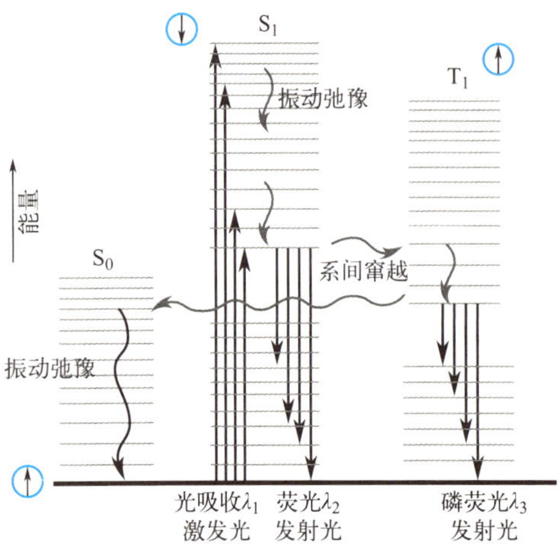

图 4-43 分子荧光和磷光的产生示意图

子（尤其是溶剂分子）碰撞，将能量传递给溶剂而产生热，使激发态分子自身能量降低至相应电子能级的最低振动能级，这个高能态分子的非辐射失活过程称为**振动弛豫**。这一过程速率极快，约为 10^{-12} s。如果激发态的相邻价电子能级 S_2 与 S_1 的振动能级存在重叠，电子会从 S_2 跃迁至 S_1 的较高振动能级，这个过程叫**内转换**，其速率也很快，通常需要 $10^{-13}\sim10^{-11}$ s。处于 S_1 的较高振动能级的分子继续通过振动弛豫降低至 S_1 的最低振动能级。由于振动弛豫和内转换的速率远大于发射光子的速率（发射光子需 $10^{-9}\sim10^{-7}$ s），无论分子最初在哪个激发单重态，它都会通过无辐射方式回到最低激发单重态 S_1 的最低振动能级。如果 S_1 的最低振动能级与基态 S_0 的振动能级重叠，分子会通过内转换回到 S_0，这时不会发射荧光。当 S_1 与 S_0 的各振动能级之间不重叠时，分子才会通过发射光子的方式，从 **S_1 的最低振动能级跃迁至基态单重态 S_0 的各个振动能级，在此过程中发射荧光**。如图 4-43 所示，荧光光谱为带状光谱，波长为 λ_2，光谱宽度由分子的各振动能级决定。

③ 磷光发射过程 如果激发单重态 S_1 与三重态 T_1 的振动能级之间存在重叠，电子可能由 S_1 跃迁到 T_1 的较高振动能级，这个过程叫**系间窜越**。由于存在电子自旋方向的变化，因此它是一个跃迁禁阻过程，速率较慢，需要 $10^{-6}\sim10^{-2}$ s。接着，激发态分子经过快速的振动弛豫，迅速从 T_1 的较高振动能级跃迁至 T_1 的最低振动能级。如果 T_1 的最低振动能级与 S_0 的振动能级没有重叠，且体系中没有其他与激发态分子发生反应的物质，则**电子会从 T_1 的最低振动能级跃迁至 S_0 的各振动能级，这个跃迁过程发射磷光**（见图 4-43）。磷光发射过程需 10^{-4}～数秒，因此磷光寿命较长，在激发光停止后，磷光仍可持续一段时间。

4.3.1.2 激发光谱和发射光谱

荧光和磷光是一种光致发光现象，在进行荧光或磷光测定时，选择合适的激发光波长是基本要求。以荧光为例，下面讨论荧光分子的激发光谱和发射光谱。激发光谱是通过在最强的荧光发射波长下测量荧光强度得到的。具体操作是：固定最强荧光发射波长作为测定波长，逐步改变激发波长，测量对应的荧光强度。以激发波长为横坐标，荧光强度 I_f 为纵坐标作图，就得到了激发光谱。

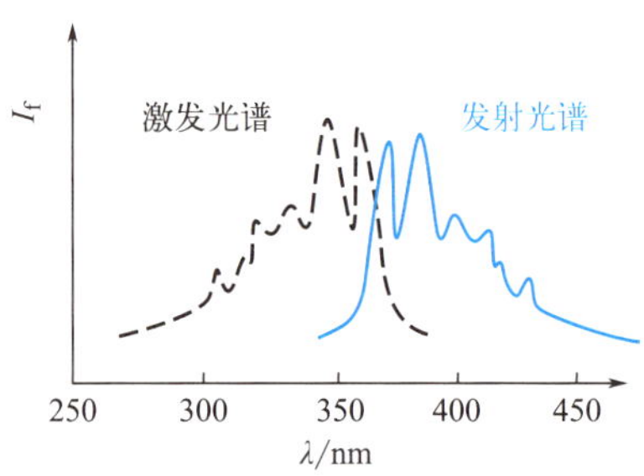

图 4-44 蒽的激发光谱和荧光发射光谱的关系（乙醇溶剂中）

荧光光谱则是在固定激发波长（通常是最强激发波长）的条件下，测量不同发射波长下的荧光强度，得到的图谱就是荧光发射光谱。

激发光谱与荧光发射光谱之间存在内在联系。如图 4-44 所示，蒽的激发光谱和荧光发射光谱之间存在如下的关系：

(1) 荧光的发射光谱波长总是大于激发光谱的波长

这是因为分子在激发时吸收了更高的能量，跃迁到不同的电子能级和振动能级上。随后，通过振动弛豫和内转换等非辐射方式耗散部分能量，降至第一激发单重态 S_1 的最低振动能级后，才以辐射的方式从 S_1 的最低振动能级跃迁到 S_0。能量的非辐射损失，发射的光子能量低于激发时吸收的能量，从而导致发射光谱的波长较长，出现 Stokes 位移。

(2) 激发光谱与荧光光谱呈镜像对称关系

激发光谱是物质分子由基态 S_0 激发至第一电子激发态 S_1 的各振动能级所致，其光谱形状取决于 S_1 和 S_2 的各振动能级的分布。也就是说，激发光谱反映了激发态分子不同振动能级的能量差异。发射光谱则是激发态分子由 S_1 的最低振动能级回到 S_0 的各振动能级时发射出的光谱。发射光谱的形状取决于 S_0 的各振动能级的分布情况。由于分子在激发态和基态的振动能级分布具有相似性，因此，激发光谱和发射光谱不仅形状相似，且呈镜像关系。

(3) 发射光谱的位置和形状与激发波长无关，但荧光强度受激发波长影响

尽管分子可以通过吸收不同能量的光子，跃迁到 S_1、S_2 等不同的激发态，但通过振动弛豫和内转换等非辐射过程失活，回到 S_1 的最低振动能级。因此无论激发光的波长如何变化，荧光发射始终源自 $S_1 \rightarrow S_0$ 的跃迁。但是激发光波长会影响激发的分子数量，不同的激发波长可能激发不同数量的分子，这直接影响荧光的强度。

4.3.1.3 荧光强度的影响因素和定量分析

(1) 分子结构与荧光强度

分子产生荧光必须具备两个条件：首先，分子必须对激发光有较大的吸收系数，这与紫外-可见吸收光谱的特点相似。其次，吸光后的激发态分子具有高的荧光量子产率，即吸收的光子能够以辐射光的形式发出荧光。**荧光量子产率 Φ 表示物质发射荧光的能力，$\Phi=\dfrac{\text{发射的光子数}}{\text{吸收的光子数}}$。**荧光量子产率越大，物质的荧光强度越强。

荧光量子产率 Φ 主要受分子结构的影响。

分子的价电子跃迁类型明显影响荧光量子产率。对于大多数有机物来说，分子首先发生 $\pi \rightarrow \pi^*$ 或 $n \rightarrow \pi^*$ 跃迁而被激发，然后经过无辐射失活后再发生 $\pi^* \rightarrow \pi$ 或 $\pi^* \rightarrow n$ 跃迁而发射荧光。由于 $n \rightarrow \pi^*$ 是跃迁禁阻的，$\pi \rightarrow \pi^*$ 跃迁概率和摩尔吸收系数是 $n \rightarrow \pi^*$ 跃迁的 $10^2 \sim 10^3$ 倍，且不易发生系间跨越至三重态 T_1，因而 **$\pi^* \rightarrow \pi$ 跃迁的荧光量子产率更高**。

分子的共轭效应显著影响荧光量子产率。π 电子的共轭程度越大，分子越容易被激发，也就越容易产生荧光，荧光光谱向长波方向移动。**有利于提高 π 电子共轭程度的结构变化，通常也有利于提高荧光量子产率**。如表 4-6 所示，芳香族化合物的吸收峰和发射峰位置以及荧光量子产率随其共轭程度的增加而变化，正是这一规律的典型表现。

表 4-6　共轭程度对芳香族化合物荧光性质的影响

物质		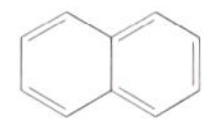	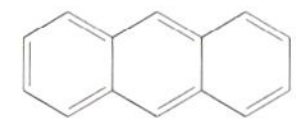	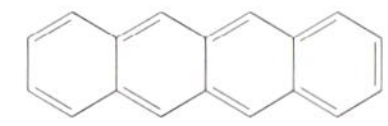
吸收峰 λ_{ex}/nm	205	286	365	390
荧光峰 λ_{em}/nm	278	321	400	480
Φ	0.11	0.29	0.46	0.60

分子的刚性平面结构影响荧光量子产率。刚性平面结构可减少分子的振动，降低碰撞失活的可能性。如图 4-45 所示，荧光素和酚酞的结构十分相似，但荧光素呈平面构型，是强荧光物质，而酚酞没有氧桥，其分子不易保持平面，不是荧光物质。有些金属离子与荧光试剂发生配位反应，使得荧光分子的刚性增强，引起荧光增强。如 2,2′-二羟基偶氮苯虽然具有共轭双键，但不是刚性结构，荧光量子产率很低。但与 Al^{3+} 形成络合物后，随着分子的刚性增强，其荧光强度明显增强。

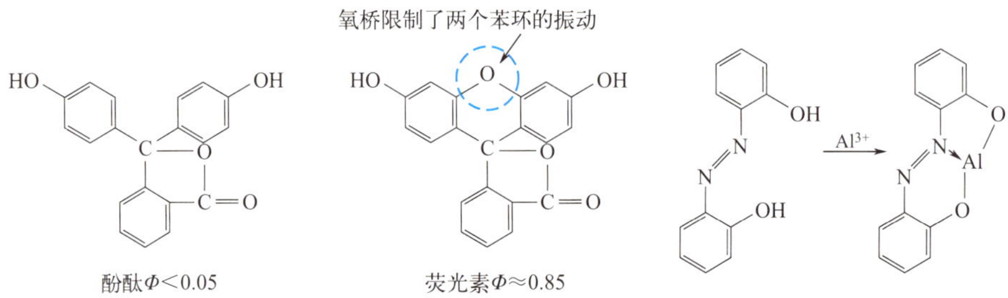

(a)　　(b)

图 4-45　分子刚性平面结构对荧光量子产率的影响

取代基效应明显影响芳香族化合物的荧光强度和荧光波长。一些给电子基团如—OH、—OR、—NH_2、—NHR、—NR_2 等的非键 n 电子与芳环 π 轨道产生了 p-π 共轭，使芳香环上的 π 电子密度增加，增强了 π 电子的共轭程度和 $\pi \rightarrow \pi^*$ 跃迁的概率，同时降低了 $n \rightarrow \pi^*$ 跃迁概率，从而提高了荧光量子产率。这些给电子基团往往会降低分子的电子跃迁能级，使荧光波长红移。一些吸电子基团如 C═O、—COOH、—NO_2、—N═N—等，其双键与芳香环的 π 电子体系共轭，降低了 π 共轭体系等的能级。这些原子的孤对电子不容易与芳香环的 π 电子体系共轭，而是更容易引发 $n \rightarrow \pi^*$ 跃迁，使荧光量子产率降低。吸电子基团往往能促进磷光的增强，尤其是在某些情况下，吸电子基团的存在有助于系间窜越，从而加强磷光信号。

(2) 荧光强度与浓度的关系——荧光定量分析依据

荧光定量分析的灵敏度比紫外-可见光谱高 2～4 个数量级。物质的荧光强度 I_f 正比于其吸收的光强 I_a 和荧光量子产率 Φ 。由于荧光分子的激发过程满足朗伯-比耳定律，则荧光强度 I_f 与荧光物质浓度 c 之间的关系式为：

$$I_f \propto \Phi I_a$$

由朗伯-比耳定律可知：$A=\varepsilon bc=-\lg\frac{I_t}{I_0}=-\lg\frac{I_0-I_a}{I_0}$，则

$$I_a = I_0(1-10^{-\varepsilon bc}) = I_0(1-e^{-2.3\varepsilon bc})$$

式中，ε 为物质的摩尔吸收系数，b 为吸收池厚度，则

$$I_f \propto \Phi I_0(1-e^{-2.3\varepsilon bc})$$

可见荧光强度与荧光物质的浓度之间并没有简单的线性关系。但当浓度 c 很低以至于趋近于零时，进行数学处理可得近似关系式：

$$I_f \propto 2.3\Phi I_0 \varepsilon bc$$

若保持测定条件不变，则可得：

$$I_f = Kc \tag{4-10}$$

即在稀溶液中荧光强度与物质浓度成正比。

但在较高浓度溶液中，荧光强度与物质浓度偏离线性关系。另外，有的荧光物质的吸收峰与其荧光峰发生部分重叠，这意味着物质发射的荧光会被自身的基态分子部分吸收，即所谓的自吸现象，从而导致荧光强度与物质浓度偏离线性关系。显然，这种情况在稀溶液中会得到缓解。

【例 4-11】食品中维生素 B2（核黄素）的荧光法检测

维生素 B2 的结构式如图 4-46 所示。其分子结构包含一个由三环组成的平面共轭系统，形成一个大的 π 共轭体系，这使得它可以吸收紫外光，发射蓝色荧光。

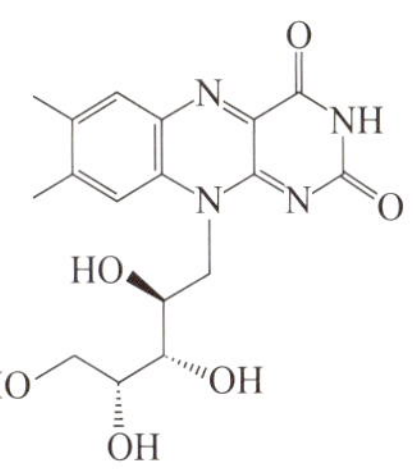

图 4-46　维生素 B2 的结构式（大的平面共轭体系使其具有荧光性质）

食品中尤其是动物性食品中的维生素 B2 含量较高，对其含量的测定常使用荧光法。如测定肉制品中的维生素 B2 含量。维生素 B2 在中性或酸性溶液中经光照射产生蓝色荧光，荧光强度与其浓度成正比，以此测定维生素 B2 的含量。测定过程如下：

用醋酸溶液溶解维生素 B2 标准品，配制浓度为 0.500 $\mu g \cdot mL^{-1}$ 的标准溶液，置于棕色锥形瓶中作为标准溶液。称取待测试样 5.202 g 于具塞锥形瓶中，用盐酸溶液振摇并放入 121～123 ℃高压釜中加热 30 min，取出冷却后用氢氧化钠溶液调 pH 值为 4.0～4.5，使蛋白质沉淀。将沉淀一同转移至 500 mL 棕色容量瓶中，用水定容后，经 0.45 μm 滤膜过滤，取滤液作为待测试液。

取 10.0 mL 待测试液和标准溶液各两份，分别置于四只 25 mL 棕色试管中，在不断摇动下加入高锰酸钾溶液数滴，使溶液显紫色。随后滴加过氧化氢溶液使紫色褪去，用水定容。于激发波长 440 nm、发射波长 565 nm 处，用荧光分光光度计测定其中一支试管中的标准溶液，其荧光强度 $I_s = 370.50$；另一支试管中的待测样品，其荧光强度 $I_x = 278.21$。

在另两只标准工作液和待测试液的试管中分别加入一定量连二亚硫酸钠，摇匀后用水定容，测其荧光强度分别为 $I_{bs} = 1.10$ 和 $I_{bx} = 5.11$ 作为空白值（I_{bs} 为标准溶液的空白值，I_{bx} 为待测样品的空白值）。

请问：(1) 加入连二亚硫酸钠的目的是什么？

(2) 加入高锰酸钾溶液和过氧化氢溶液的目的是什么？

(3) 计算样品中的维生素 B2 含量（以 $mg \cdot 100g^{-1}$ 表示）。

答：(1) 在食品检测中，食品中的蛋白质等物质也可能具有荧光特性，这会干扰维生素 B2 的检测。为了解决这个问题，通常会引入还原剂（如连二亚硫酸钠），将维生素 B2 中的共轭双键还原，产物为二氢核黄素。二氢核黄素缺乏共轭结构，因此不会产生荧光信号，从

而形成一个荧光强度接近零的空白溶液，有效去除样品中其他可能发出荧光的成分对结果的干扰。

（2）食品中还可能含有一些还原性的物质如维生素 C 等，同样可以使维生素 B2 被还原而失去荧光特性。加入高锰酸钾的目的是氧化这些干扰物质。过量的高锰酸钾用过氧化氢除去，而高锰酸钾的自身指示剂作用可以控制加入的过氧化氢不会过量。

（3）本例使用的是标准比较法。设原肉制品中的维生素 B2 含量为 w_x mg·g^{-1}。由于荧光强度与维生素 B2 的浓度成正比，则

$$\frac{I_x - I_{bx}}{I_s - I_{bs}} = \frac{278.21 - 5.11}{370.50 - 1.10} = \frac{\dfrac{w_x\ \mathrm{mg \cdot g^{-1}} \times 5.202\ \mathrm{g}}{500\ \mathrm{mL}} \times \dfrac{10\ \mathrm{mL}}{25\ \mathrm{mL}} \times 10^3\ \mathrm{\mu g \cdot mg^{-1}}}{0.500\ \mathrm{\mu g \cdot mL^{-1}} \times \dfrac{10\ \mathrm{mL}}{25\ \mathrm{mL}}}$$

解方程，得原肉制品中的维生素 B2 含量为：

$$w_x = 0.0355\ \mathrm{mg \cdot g^{-1}} = 3.55\ \mathrm{mg \cdot 100g^{-1}}$$

即每 100 g 肉制品含维生素 B2 3.55 mg。

高阶选修 A4-9 荧光猝灭现象

从广义上说，任何可使某给定荧光物质的荧光强度降低的作用，或者任何可使荧光强度不与荧光物质的浓度呈线性关系的作用，都叫荧光猝灭，包含前面所讲的基于荧光分子激发单重态的非辐射失活。从狭义上说，荧光猝灭指的是荧光物质分子与溶剂分子或其他溶质分子之间因相互作用而导致荧光强度降低的现象，这些使荧光强度降低的物质叫猝灭剂。荧光猝灭的形式很多，机理也比较复杂。主要有如下几种类型：

（1）碰撞猝灭（动态猝灭）

碰撞猝灭是荧光猝灭的主要类型。它指的是处于激发单重态的荧光分子 F^* 与猝灭剂分子 Q 相碰撞，使 F^* 释放热量给环境，以无辐射的形式跃迁回基态，产生猝灭作用。碰撞猝灭效应随温度的升高而增强，随黏度的增大而减弱。

（2）因生成化合物的猝灭（静态猝灭）

荧光物质 F 与猝灭剂 Q 反应生成非荧光的化合物，导致荧光的猝灭。例如，多数顺磁性的过渡金属离子与荧光物质所生成的配合物不发荧光和磷光，主要是因为这些顺磁性的过渡金属离子可能产生可逆的电荷转移作用而导致荧光猝灭。这衍生出一种新的定量分析方法——荧光猝灭法，即利用荧光物质 F 荧光强度的降低与猝灭剂 Q 浓度的线性关系测定 Q 的含量。

（3）能量转移猝灭

当猝灭剂 Q 的吸收光谱与荧光物质 F 的荧光光谱有重叠时，猝灭剂 Q 吸收了荧光物质 F 所发射的荧光，使荧光猝灭，这种猝灭俗称“内滤作用”。当荧光物质浓度太大时，则可能出现自吸现象，即部分基态的荧光物质吸收了激发态 F^* 所发出的荧光，从而导致荧光减弱。

(4) O_2 对荧光的猝灭

O_2 是荧光和磷光的猝灭剂，尤其对室温磷光的猝灭更明显。氧对溶液荧光的猝灭作用机理较为复杂，可能与氧分子的三重态和荧光分子的激发单重态相互作用有关。

拓展案例 B4-8 端基取代基影响罗丹明类染料的荧光峰位置和荧光量子产率

（引用：博士论文“占吨类和苝等芳香化合物的光物理性质研究”，2012 年）

罗丹明类荧光染料具有优良的光稳定性、宽波长范围和高荧光量子产率，广泛应用于各类光谱分析和生物成像技术中。如图 B4-8 所示，三种罗丹明类染料的氨基 *N* 取代基不同，分别用—RH（未取代）、—RB（烷基取代）和—RR（环烷基取代）表示。这些染料的紫外-可见吸收光谱与其荧光光谱均呈现镜像关系。随着 *N* 端基取代的类型不同，它们的吸收峰和荧光发射峰均向长波方向（红移）移动，其中环烷基取代（—RR）的红移现象最为显著。荧光量子产率 Φ 也因端基取代而变化：未取代的—RH 的荧光量子产率最高，为 0.85；烷基取代的—RB 显著降低至 0.32；环烷基取代的—RR 则为 0.56。烷基取代增加了分子的振动弛豫，使其碰撞失活的概率和速率增加，从而降低了荧光量子产率。相比之下，环烷基取代固定了端基，减少了振动碰撞的概率，因而荧光量子产率较烷基取代有所提高。问：

（1）为什么端基取代会引起罗丹明类染料吸收峰和荧光发射峰的红移？

（2）解释未取代、烷基取代和环烷基取代对罗丹明染料荧光量子产率的影响。

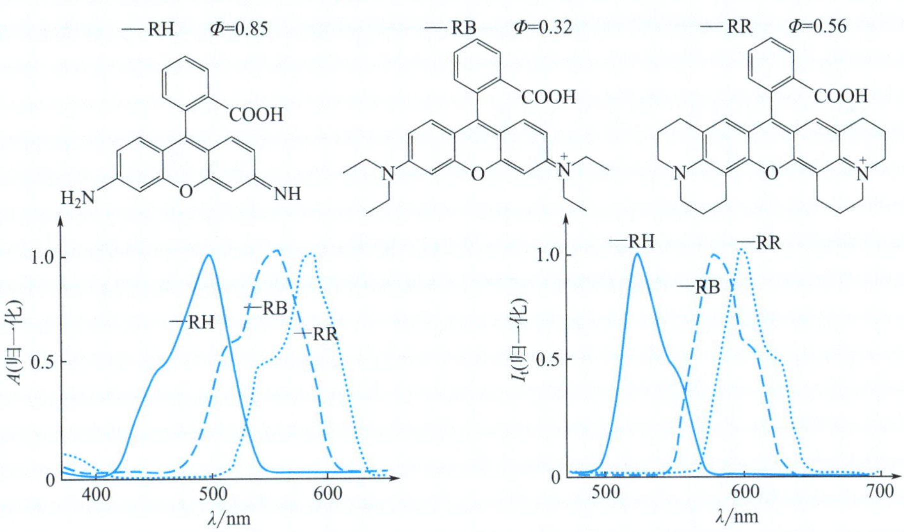

图 B4-8 罗丹明类染料 *N* 端基取代基对吸收光谱和荧光发射光谱的影响

答：（1）端基取代改变了分子的电子分布和共轭体系，影响了分子的能级。烷基和环烷基取代基通过诱导效应和共轭效应，使分子的 π 电子体系更加扩展和稳定。这降低了 $\pi \rightarrow \pi^*$ 跃迁的能量差，使吸收和发射光谱均向长波方向移动，即发生红移。其中环烷基取代的红移更明显。

(2) 取代基对罗丹明染料荧光量子产率的影响主要来源于对分子振动自由度的影响。未取代（—RH）的结构中没有额外的取代基干扰，分子的振动弛豫和碰撞失活的概率最低，因此荧光量子产率最高（$\Phi=0.85$）。引入烷基取代基—RB 增加了分子的振动自由度和振动弛豫的途径，导致分子在激发态时更易发生碰撞失活，从而显著降低了荧光量子产率（$\Phi=0.32$）。相对于烷基取代，环烷基—RR 取代限制了取代基的振动自由度，减少了振动弛豫和碰撞失活的概率，因此荧光量子产率较烷基取代有所提高（$\Phi=0.56$），但仍低于未取代的情况。

4.3.1.4 荧光光谱仪（fluorescence spectrometer）

分子荧光是由光致发光产生的，如图 4-47 所示，需要激发和发射两个过程，其中激发过程与紫外-可见吸收过程类似。荧光分光光度计也因此包括互相垂直的两个光轴：激发光源、第一单色器和样品池构成激发光轴，其中单色器的作用是调制激发光波长；样品池、第二单色器和检测器构成发射光轴，其中单色器的作用是选择合适波长的荧光进入检测器。两条光路相垂直的原因是避免激发光直接进入检测器，这一点是发射光谱仪器的普遍特点。激发光源通常为高压汞灯或氙灯，这与紫外-可见分光光度计的光源相同。样品池为石英材质的四面透光的比色皿。

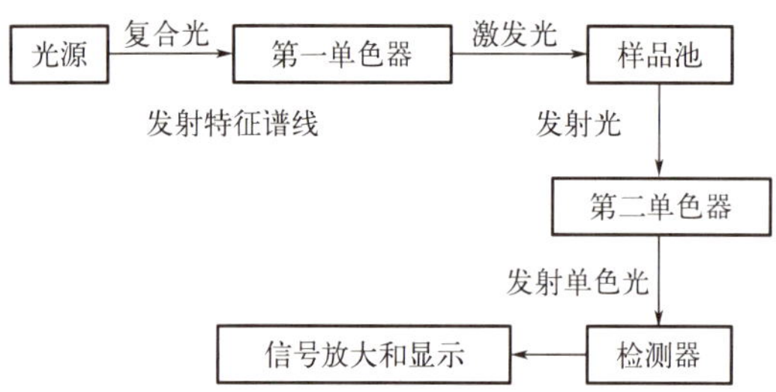

图 4-47 荧光光谱仪构造示意图

【例 4-12】荧光光谱法测定羟基自由基

（引用：Radiat. Phys. Chem.，2005，72：119-124；J. Phys. Chem. C.，2019，123：6667-6674）

羟基自由基（·OH）是已知的氧化性最强的物种之一，它的寿命极短（约 10^{-9} 秒），直接检测非常困难，通常采用间接检测方法。例如使用香豆素作为荧光探针，利用香豆素与·OH 反应生成 7-羟基香豆素（如图 4-48 所示）：

7-羟基香豆素在 455 nm 处有荧光，而香豆素没有荧光。显然荧光强度与 7-羟基香豆素浓度之间有线性关系，荧光强度也因此间接地反映了羟基自由基的浓度。

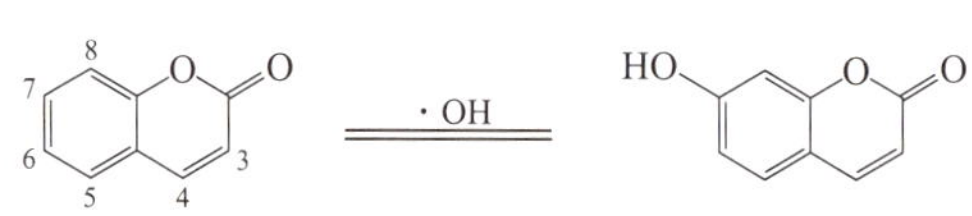

图 4-48 香豆素与·OH 反应生成 7-羟基香豆素

如图 4-49 所示，假设将一定量固体 Fe_3O_4 加入含有一定浓度的 H_2O_2 溶液中，Fe_3O_4 中的二价铁则与 H_2O_2 发生类芬顿反应：

$$Fe(\text{II})+H_2O_2+H^+ \longrightarrow Fe(\text{III})+\cdot OH+H_2O$$

生成的羟基自由基·OH 具有很强的氧化性，具有快速氧化去除水中难生物降解有机污染物的作用。若将一定浓度的香豆素加入该体系作荧光探针，测得该体系在 455 nm 处的荧光强度随反应时间（加入 Fe_3O_4 开始计时）的增加而增强。

问：是否可以利用荧光强度随时间的变化关系，准确地定量检测·HO 的生成浓度？

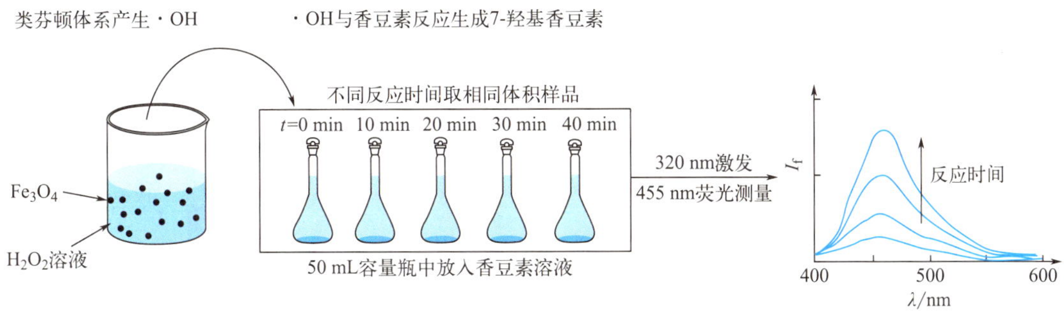

图 4-49　芬顿体系中 7-羟基香豆素荧光峰随反应时间的变化

答：该方法准确地定量检测·HO 是有困难的。主要原因在于香豆素与·HO 反应可能生成多种羟基香豆素衍生物，除 7-羟基香豆素外其他的衍生物均不发射或仅发射很弱的荧光，这会导致荧光强度的变化与·HO 的实际浓度之间的定量关系很难确定。因此，这种方法无法准确地定量测定·HO。但是，只要测定过程中溶液条件不变，7-羟基香豆素的浓度总是与·HO 的浓度之间存在正相关关系，该方法被广泛采用，以定性或半定量的方式检测·HO 的生成量。如本例中，可清楚地得到·HO 的生成量随异相芬顿反应时间的变化趋势。

拓展案例 B4-9　天然水体中溶解性有机质的三维荧光光谱特征分析

（引用：光谱学与光谱分析，2022，42：1642-1647）

三维荧光光谱又称三维激发-发射矩阵光谱（three-dimensional excitation-emission matrix spectroscopy，3D-EEM），是在测定荧光激发光谱和发射光谱的基础上发展而来的。测定过程如下：首先，选择一个激发波长，测定样品在不同发射波长下的荧光强度；继续改变激发波长，重复测定，得到不同激发波长下的三维荧光光谱，以三维图形（X 轴为激发波长，Y 轴为发射波长，Z 轴为荧光强度）或二维等高线形式展示。

天然水体或饮用水中的溶解性有机物（dissolved organic matter，DOM）对水生态系统和健康风险防范具有重要意义。3D-EEM 已经成为 DOM 检测、DOM 污染物溯源等的主要手段。由于 DOM 的多样性，其中产生荧光的物质结构不同，对 3D-EEM 中的荧光峰位置和强度有明显影响，因而称为水质的荧光指纹。为建立不同污染物种类和水质荧光指纹之间的对应关系，衍生了多种 3D-EEM 谱图解析技术。其中，基于区分荧光峰的激发与发射波长区域位置，对该区域内的荧光强度进行积分的方法可获得 DOM 的来源和浓度信息，该方法具有简单、高效的特点。

图 B4-9 为 2020 年我国某市的河流水样（a）和湖泊水样（b）的 3D-EEM 等高线图（图的右边标识为荧光强度）。如图所示，按照激发与发射波长的不同，将 3D-EEM 谱图分为 5 个区域，分别代表不同的荧光组分：

区域Ⅰ，类酪氨酸荧光组分；区域Ⅱ，类色氨酸荧光组分；区域Ⅲ，类富里酸荧光组分；区域Ⅳ，溶解性的微生物代谢物类荧光组分；区域Ⅴ，类腐殖酸荧光组分。

对这 5 个区域的荧光强度进行积分，得图（a）河流中五个区域的荧光峰强度积分值分别为 0.5、0.8、0.8、1.0、3.5；图（b）湖泊中五个区域的荧光峰强度积分值分别为 2.1、2.5、2.3、1.3、4.7。试分析：

(1) 3D-EEM 谱图分区与分子结构之间的关系；

(2) 试根据实验结果分析河流水样和湖泊水样的污染情况及其可能的污染来源。

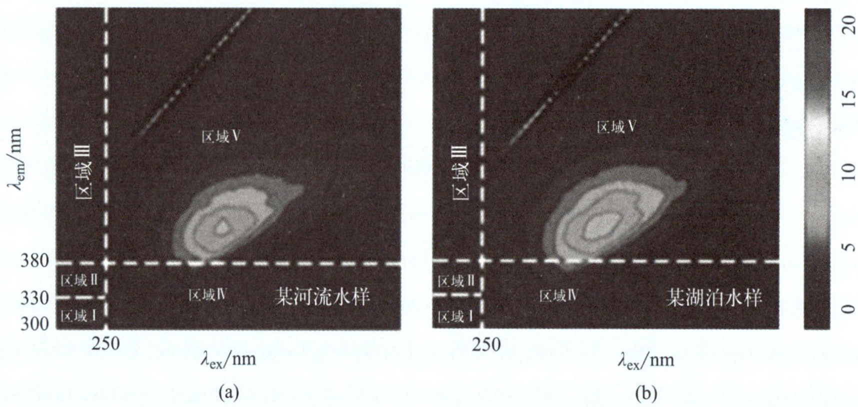

图 B4-9　两种不同来源水样的三维荧光图及其分区

(图中用区域Ⅰ、Ⅱ、Ⅲ、Ⅳ和Ⅴ表示)

(引用：光谱学与光谱分析，2022，42：1642-1647)

答：(1) 荧光激发波长和荧光发射波长均受分子结构的影响。区域Ⅰ、Ⅱ、Ⅲ代表的类酪氨酸类、类色氨酸类和类富里酸类物质的激发波长均小于 250 nm，这三类物质均有较小的分子量、较少的芳香环或杂环共轭，因而其激发波长均位于较短的波长处。从荧光发射的角度来看，区域Ⅰ的类酪氨酸含有一个苯环，类色氨酸的结构中有杂环与苯环共轭，因而荧光发射峰向长波方向移动。而类富里酸类物质结构更复杂，有较多的含氧官能团取代基，因而激发态分子有较强的非辐射失活，导致荧光发射的波长更长。

区域Ⅳ代表的微生物代谢物类荧光组分和区域Ⅴ代表的类腐殖酸荧光组分的激发波长均在大于 250 nm 的位置，这类物质有更大的分子量，分子中也有更大的共轭体系，使得其能够吸收更长波长的光。相比于微生物代谢产物，类腐殖酸荧光组分的结构更为复杂，其激发态分子有更强的非辐射失活，使其荧光发射的波长更长。

(2) 已有大量研究表明，区域Ⅰ和区域Ⅱ代表的类酪氨酸类和类色氨酸类物质来源于蛋白质片段，与区域Ⅲ的类富里酸类物质一同被归因于陆生植物、土壤有机质、工业废水和生活污水等陆源因素，反映了水体受到陆源污染物影响的情况。区域Ⅳ的微生物代谢物类荧光组分则源于浮游植物、藻类及微生物的代谢，代表水体内源性影响。区域Ⅴ的腐殖酸来源较为复杂，需要综合考虑多种因素才能确定其来源。

通过比较图 B4-9(a) 中河流与图 B4-9(b) 中湖泊的荧光峰强度积分可知，湖泊中各区域的荧光峰强度积分值均高于河流，表明湖泊水样的污染程度更严重。此外，图 B4-9(b) 湖泊中区域Ⅰ、Ⅱ和Ⅲ的荧光峰强度积分值相较于图 (a) 中河流的值呈现更明显的增大，表明陆源污染的影响更为显著，湖泊可能受陆生植物、土壤有机质、工业废水或生活污水的影响更大。

4.3.2 原子发射光谱分析法

4.3.2.1 原子发射光谱分析法原理

(1) 原子发射光谱的产生及其与原子吸收和原子荧光的比较

4-8 分子荧光与原子发射 mp4

4-9 发射光谱法仪器与定量分析 mp4

如图 4-50 所示，所有的原子光谱分析法都首先需要使用高温（如火焰）使样品原子化成为基态原子蒸气。对三种原子光谱法进行了比较，与原子吸收光谱分析法不同，原子发射光谱分析法（atomic emission spectroscopy）的待测样品还要经历热激发的过程，使基态原子成为激发态原子。激发态原子不稳定，在极短的时间内（10^{-8} s）自发跃迁回到基态时以发射电磁辐射的方式释放多余的能量。若将发射的电磁辐射进行色散分光，记录其波长和强度，就可得到元素的线状原子发射光谱。如果改变对基态原子蒸气的激发方式，不使用高温热激发的方式，而是用特定波长的辐射而非高温使基态原子激发至激发态，然后测定其发射的特征谱线，则衍生出原子荧光光谱法（详见本章的高阶选修内容 A4-11）。

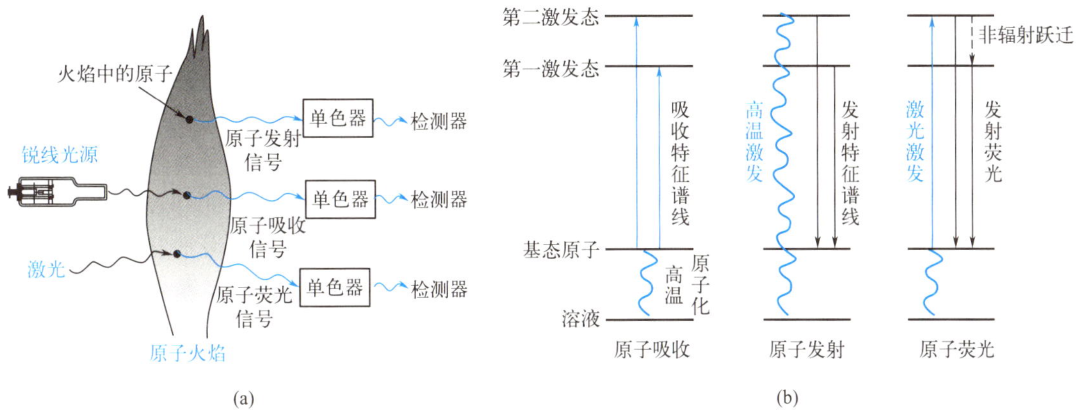

图 4-50 原子吸收、原子发射与原子荧光现象的产生原理示意图

（首先使用高温如火焰使样品原子化；原子吸收中，基态原子吸收一部分光源发出的特征谱线，未被吸收的特征谱线到达探测器；原子发射中，使用更高温度的火焰使原子激发，测量激发态原子发射的谱线；原子荧光中，基态原子被激光激发，测量激发态原子发射的谱线）

由于原子有多个能级，其外层电子跃迁也有不同类型，但跃迁都遵循一定的规则，使不同元素的原子产生一系列不同波长的特征谱线。根据记录的谱线波长，以定性分析鉴别元素是否存在。根据谱线的强度确定元素的含量，进行定量分析。

(2) 原子发射光谱的激发光源温度

原子发射的光强度与激发态原子的数量成正比。根据玻尔兹曼定律，温度每上升 10 K，激发态原子的数量增加 4%，原子发射强度也增加 4%。因此原子发射光谱法中，保持激发光源的温度稳定非常重要，否则发射光谱强度会显著变化（而在原子吸收光谱中，基态原子的数量受温度变化并不明显，因而温度波动的影响也没有那么明显）。表 4-7 比较了 2500 K 普通火焰和 6000 K 等离子体火焰中激发态原子的数量。可见在 2500 K 时激发态原子的比例极小，只适用于原子吸收而非原子发射。在6000 K等离子体火焰中，尽管激发态原子的比例也很小，但单个原子会通过碰撞迅速达到激发态，故每秒每个原子都会发射许多光子，而使原子发射有稳定的信号。

表 4-7 不同火焰温度对激发态原子占比的影响

共振线波长/nm	激发态占比(N^*/N_0)	
	普通火焰 2500 K	等离子体 6000 K
250	1.0×10^{-10}	6.8×10^{-5}
500	1.0×10^{-5}	8.3×10^{-3}
750	4.6×10^{-4}	4.1×10^{-2}

(3) 谱线的自吸与自蚀

当使用火焰、电弧等传统光源使样品发生蒸发、原子化、激发时，如图 4-51 所示，由于光源中心区域温度高而外围区域的温度低，激发态原子在中心高温区域的浓度大，其向外发射特征波长谱线时，部分谱线将被外围的基态原子吸收，造成谱线的强度降低，这就是自吸。当自吸现象非常严重时，谱线中心的辐射将完全被吸收，产生自蚀。严重自蚀将使单条谱线看上去像两条相近的谱线。自吸和自蚀现象随待测元素含量的增大而更明显。如果在测量过程中发现，当增加物质浓度时，谱线强度不增加甚至降低，则很可能是自吸现象的缘故。自吸和自蚀现象严重干扰定性鉴别和定量分析的准确度。

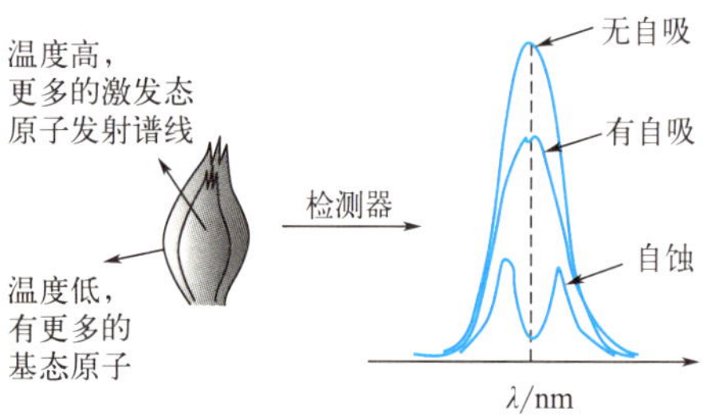

图 4-51 激发光源温度不均匀引起的谱线自吸与自蚀

(4) 原子发射定量分析

待测元素发射的特征谱线强度 I 与其浓度 c 之间符合经验式赛伯-罗马金公式：

$$I = ac^b$$

或 $$\lg I = b\lg c + \lg a$$

式中，a 与试样蒸发和激发过程以及试样组成有关的常数；b 为自吸系数，当没有自吸现象时（如待测物质浓度较小时，或者激发光源温度均匀时），b 为常数。

4.3.2.2 原子发射光谱仪

原子发射是利用热激发将待测物质的原子激发至激发态后再发射光谱，它主要由三部分组成（见图 4-52）：激发光源、分光系统、检测与记录和显示系统。

(1) 激发光源

激发光源的主要作用是提供试样蒸发、原子化和激发所需的能量。与原子吸收的原子化器相比，激发光源要有更高的温度。因为光源的波动对发射强度产生显著影响，因此对光源的稳定性也有更高要求。

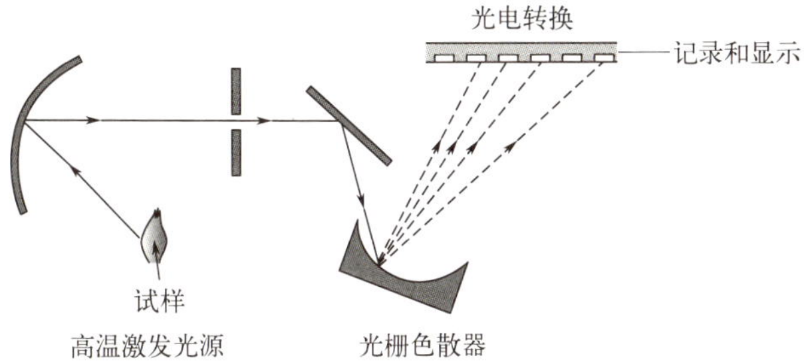

图 4-52　原子发射光谱仪构造示意图

常用的经典激发光源有直流电弧、交流电弧和电火花。另外，电感耦合等离子体（inductively coupled plasma，ICP）已发展成为应用最为广泛的光源之一。

以直流电弧为例，如图 4-53 所示，该装置由上下两个石墨电极组成，下电极中央设有凹槽，用于盛放待测样品。通过直流电源的短路或高频激发，在电极间引发电弧，从而产生高温。下电极的凹槽可达 4000 K 的蒸发温度，足以使样品蒸发、气化和原子化。样品蒸气随后进入高温电弧中，温度可高达 4000～6000 K，可以激发大多数元素。这类经典光源主要用于合金、矿物等固体样品的测量。然而，这类光源的温度不均匀，谱线的自吸与自蚀现象明显。

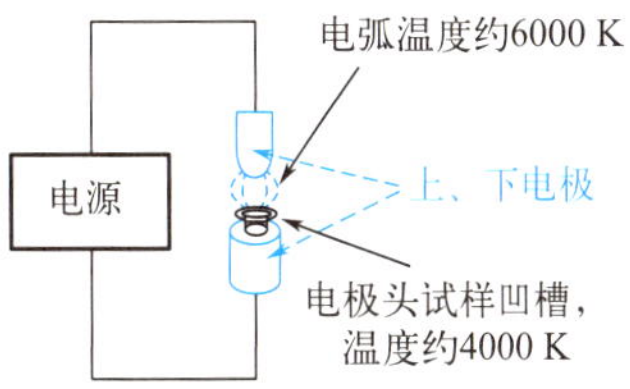

图 4-53　直流电弧光源示意图

ICP 光源的温度比经典光源更高且更稳定，温度最高可达 10000 K，高温、稳定性和相对惰性的氩气环境弥补了经典光源的不足。图 4-54 为 ICP 光源的工作过程示意图。等离子体炬管是一个三层同心石英管，三层中均通入氩气，其中外管的氩气沿炬管切向进入，保护炬管不被烧坏；中间管中的氩气用来点燃和维持等离子焰炬；内管的氩气携带样品气溶胶进入等离子体。接通电源后，高压火花和高频发生器感应线圈产生的高频磁场点燃等离子体焰炬，使高纯度氩气离子化，焰炬内产生高密度的电子和正离子气体，气体对外呈现电中性，即等离子体。游离电子在射频场中被加速，电子与原子碰撞并将能量传递给整个气体，使温度维持在 6000～10000 K。其中等离子体焰炬的焰心区是由高频电流形成的涡流区，温度高达 10000 K。这个区域发射很强的连续光谱，干扰测定，光谱分析应避开这个区域。感应圈上方的淡蓝色半透明火焰温度为 6000～8000 K，试样在此原子化和激发，然后发射很强的原子线和离子线，是光谱分析的测光区，测光时的观测高度在感应线圈上 10～20 mm 处。内焰区上方的无色透明区域为尾焰区，温度低于 6000 K，只能发射激发电位较低的谱线。

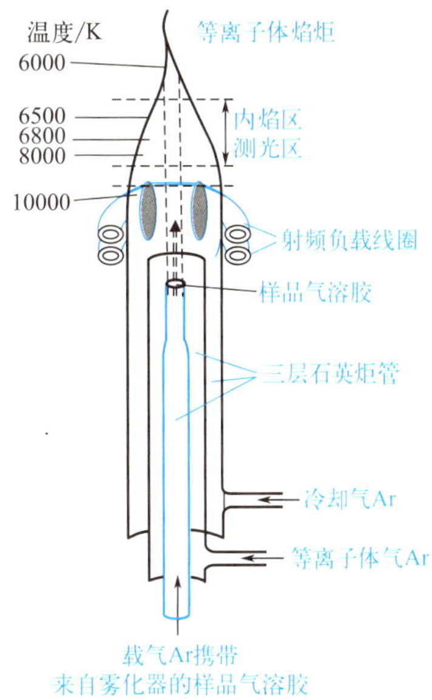

图 4-54　ICP 矩管工作过程和光源温度分布示意图

ICP 光源的显著优点之一是自吸效应小。样品气溶胶从中央通道进入火焰，使得中心轴线温度低，等离子体外层温度高，形成环状焰炬结构，因而大大减少了自吸效应的发生。这使得**ICP 原子发射分析法的标准曲线的线性范围达到 4～6 个数量级**，明显优于其他光源。此外，由于 ICP 中有高浓度的电子，抑制了原子的解离，因此电离干扰和光谱干扰都很低。

ICP 原子发射法的另一显著优势是，除了测定金属元素外，还可以测定发射线位于 200 nm 以下的真空紫外区的非金属元素，如卤素（F、Cl、Br、I）和 P、S 等。ICP 火焰通过通氩气以排除空气，从而使 130～200 nm 的区域都可以被测定，因而可以测定这些非金属元素。

尽管 ICP 原子发射分析法具有较高的测定灵敏度，但是由于激发态原子的比例不高，ICP 原子发射的检测灵敏度仍然比原子吸收法低两个到三个数量级。现代仪器通过改进雾化器等手段提升检测灵敏度，例如在进样口添加超声雾化器灯，可以使灵敏度提高一个数量级。另外，ICP 光源只能检测溶液样品，并且在测定过程中需要消耗大量氩气，导致运行成本较高，且仪器价格昂贵。

（2）分光系统和检测器

光源中激发态原子发射的特征谱线，经过反射镜和入射狭缝后，被投向分光装置中的光栅上，将光色散并聚焦到焦面。在焦面上安装多个出射狭缝，每个狭缝允许通过一条特定波长的光，然后将其投向狭缝后面的检测器，检测并记录发射光的波长和强度。在这些特征谱线中，由第一激发态跃迁至基态时所发出的共振线的强度最强，通常作为分析线，若该谱线受到光谱干扰，则可选择其他谱线作为分析线。

【例 4-13】电感耦合等离子体原子发射光谱法（ICP-AES）同时测定铜精矿中的多种元素含量（GB/T 3884.18—2023）（冶金和化工）

铜精矿是生产阴极铜的主要原料，其化学成分的测定至关重要。铜精矿中的铜元素常以硫化物、氧化物形式存在，含量在 20%～40%之间，国标检测方法有碘量法（Cu 含量 13%～50%）和 X 射线荧光法（Cu 含量 5.5%～40%）。而铜精矿中的其他微量元素如 As、Sb、Bi、Pb、Zn、Ni、Cd、Co、Cr、Al、Mg、Ca 等可用 ICP-AES 快速、准确地同时测定。

ICP-AES 测定铜精矿试样时，针对测定的元素对象不同，试样的溶解涉及两个过程：

① 称取一定试样，用浓硝酸、盐酸、氢氟酸和高氯酸加热至溶解，并蒸发至 1mL 后用稀硝酸溶解，并定容于 100 mL 容量瓶中。利用 ICP-AES 记录该试样溶液的发射谱线，并利用各元素特征波长处的谱线强度，按标准曲线法测定 As、Sb、Bi、Pb、Zn、Ni、Cd、Co、Mg、Ca 等元素的质量分数。

② 另称取一定试样，加入混合熔剂（Na_2CO_3 ∶ K_2CO_3 ∶ H_3BO_3 质量比 2∶2∶1）和铜精矿样品在 900 ℃熔融后，用盐酸浸取并定容于 100 mL 容量瓶中。加仪器信息于 Cr、Al 元素的特征波长处测定其谱线的强度，按标准曲线法计算 Cr 和 Al_2O_3 的质量分数。

高阶选修 A4-10　内标法用于待测元素的定量分析以提高分析结果的精密度

内标法是指在标准溶液和样品中加入原本不存在的内标元素，与分析元素同时经历相同的样品前处理和测试过程，内标信号则为分析元素与内标元素的信号比。若样品前处理和测试过程中某些原因导致信号波动，则分析元素与内标元素的信号同时受干扰，但信号比不变，因此可提高分析结果的精密度，减小随机误差。内标元素需满足以下几点：

内标元素在样品中不存在或存在量很少：以免内标元素的存在影响分析结果；

内标元素的发射光谱线不与分析元素的光谱线发生干扰：确保准确的信号检测；

内标元素的物理化学性质与分析元素相似：以便在分析过程更有效地补偿各种效应的干扰；

内标元素的浓度应恒定且浓度适中：保证内标信号在测量范围内且不易受样品基体的影响。

拓展案例 B4-10　内标法测定物质含量

通过 ICP-AES 测定 Fe 的含量，使用 Mn 作为内标物。假设测定过程中不存在自吸效应，测定得到的谱线强度信号与元素浓度成正比。配置标准混合物，其中含有 2.00 $\mu g \cdot mL^{-1}$ 的 Mn 和 2.50 $\mu g \cdot mL^{-1}$ 的 Fe，测定两种元素的原子发射谱线信号比为 $I_{Fe}/I_{Mn}=1.05$。在 5.00 mL 含 Fe 的样品溶液加入 1.00 mL 浓度为 13.5 $\mu g \cdot mL^{-1}$ 的 Mn 标准溶液得到混合溶液。在 Mn 的特征波长处测得该混合物的谱线强度为 0.128，在 Fe 的特征波长处测得谱线强度为 0.185。求未知溶液中 Fe 的浓度。

解：设未知样品溶液中 Fe 的浓度为 ρ_x $\mu g \cdot mL^{-1}$。

内标物 Mn 在标准溶液和待测混合溶液中的浓度分别为 $\rho_{Mn,s}$ 和 $\rho_{Mn,x}$，其原子发射的信号强度分别为 $I_{Mn,s}$ 和 $I_{Mn,x}$，Fe 在标准溶液和待测混合溶液中的浓度分别为 $\rho_{Fe,s}$ 和 $\rho_{Fe,x}$，其原子发射的信号强度分别为 $I_{Fe,s}$ 和 $I_{Fe,x}$。

由于测定得到的信号比与浓度比成正比：$\dfrac{\dfrac{I_{Fe,x}}{I_{Mn,x}}}{\dfrac{\rho_{Fe,x}}{\rho_{Mn,x}}}=\dfrac{\dfrac{I_{Fe,s}}{I_{Mn,s}}}{\dfrac{\rho_{Fe,s}}{\rho_{Mn,s}}}$，

已知：待测混合物中的内标物 Mn 与 Fe 浓度比$\dfrac{\rho_{Fe,x}}{\rho_{Mn,x}}$为：$\dfrac{\rho_{Fe,x}}{\rho_{Mn,x}}=\dfrac{\dfrac{5.00\ mL\times m_x\ \mu g \cdot mL^{-1}}{6\ mL}}{\dfrac{1.00\ mL\times 13.5\ \mu g \cdot mL^{-1}}{6\ mL}}=\dfrac{\rho_x}{2.70}$

代入上式，可得：

$$\frac{\frac{I_{Fe,x}}{I_{Mn,x}}}{\frac{\rho_{Fe,x}}{\rho_{Mn,x}}}=\frac{\frac{I_{Fe,s}}{I_{Mn,s}}}{\frac{\rho_{Fe,s}}{\rho_{Mn,s}}}=\frac{1.45}{\frac{\rho_x}{2.70}}=\frac{1.05}{1.25}$$

求得：
$$\rho_x=4.66\ \mu g \cdot mL^{-1}$$

即未知溶液中 Fe 的含量为 4.66 $\mu g \cdot mL^{-1}$。

高阶选修 A4-11 原子荧光分析法（atomic fluorescence spectroscopy）

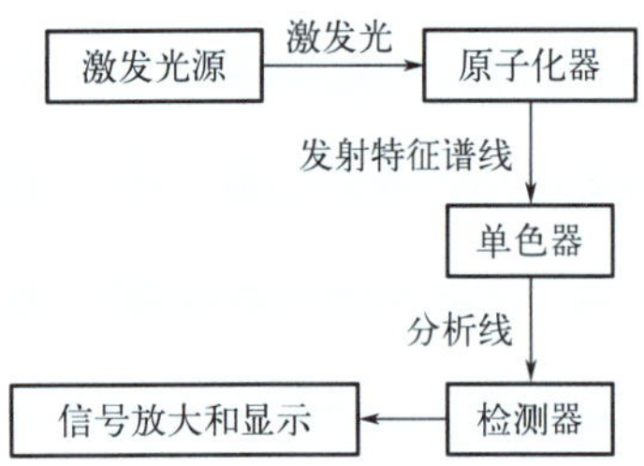

图 A4-11 原子荧光光谱仪构造框图

原子荧光光谱法的原理可参照如图 A4-11 所示。具体测定步骤如下：首先，通过原子化器（火焰等）将待测样品转化为基态原子蒸气。然后，使用特定波长的光源（如空心阴极灯、氙灯或激光）照射该原子蒸气，使其从基态跃迁到激发态。激发态的原子不稳定，会很快返回到基态，同时释放出特征的荧光光谱。通过单色器和检测器检测荧光的波长和强度，并据此计算待测物质的浓度。

如图 A4-11 所示，原子荧光光谱仪与原子吸收光谱仪非常相似，均由激发光源、原子化器、单色器和检测系统构成，但检测光路与激发光路垂直。

原子荧光光谱仪的激发光源多用锐线光源，如空心阴极灯、激光灯，也可用氙弧灯等连续光源，目的是激发原子化器中的基态原子跃迁至激发态。与原子吸收分析法不同的是，它使用的空心阴极灯为高强度空心阴极灯，发光强度比普通空心阴极灯高 1～2 个数量级，使激发效率和检测灵敏度大大提高。

原子荧光光谱仪的原子化器与原子吸收分光光度计的原子化器相似，但所用的火焰与原子吸收的不同，主要是因为普通火焰对原子荧光的猝灭严重。石英管原子化器是原子荧光常用的原子化器，通常有高温石英管和低温石英管原子化器。低温双层石英管原子化器如图 A4-12 所示，适合于低温氢化物原子化法测定一些非金属和两性金属，如 As、Sb、Bi、Hg、Se、Te、Sn、Ge、Pb、Zn 和 Cd 等。这种方法利用还原剂（如硼氢化钠）将样品溶液中的待测元素还原为气态氢化物和氢气，然后通过载气（氩气）将这些氢化物及氢气带入原子化器中。由于氢化物的挥发性和较低的沸点，它能够在较低温度的石英管内（650～700 ℃）分解为待测元素的原子蒸气和氢气，并形成纯净的氩-氢火焰，该火焰的背景辐射和猝灭效应都很低。

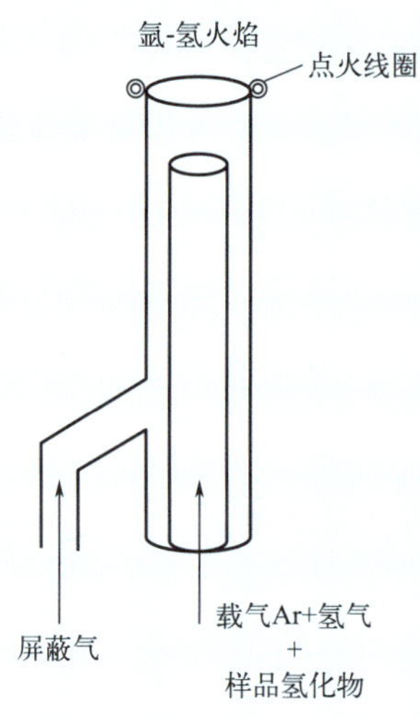

图 A4-12 低温双层石英管原子化器示意图

原子荧光光谱仪的分光和检测系统与原子吸收分光光度计没有明显的区别。

原子荧光法的检测灵敏度高于原子吸收法，主要用于检测痕量金属，如汞、铅等。与分子荧光的定量分析公式相似，在一定条件下，原子荧光谱线强度 I_f 与待测元素浓度 c 成正比：$I_f = Kc$。

高阶选修 A4-12　X-射线原子荧光分析法（X-ray fluorescence spectroscopy，XFS）

当高能 X 射线（通常来自 X 射线管或同步辐射源）照射样品时，其能量足以使样品中原子的内层电子（通常是 K 或 L 层电子）逸出，而外层电子会向内层移动以填补这个空缺。在这个过程中，外层电子从高能态跃迁到低能态，释放出特定波长的荧光 X 射线。由于不同元素发射的荧光具有特定的波长，因此可以通过分析这些波长及其强度来确定样品中元素的种类和浓度。

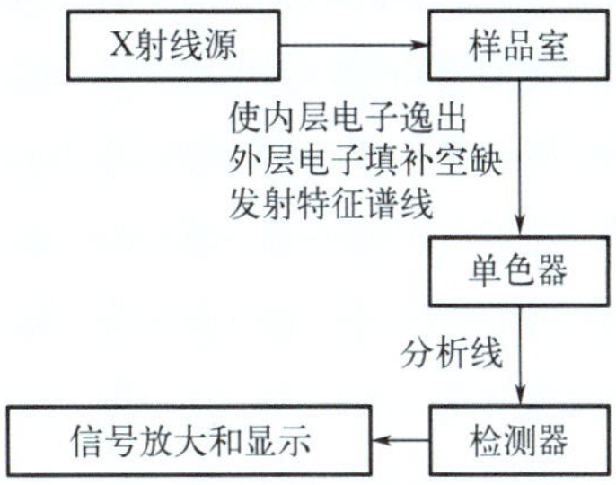

图 A4-13　X 射线原子荧光分析仪构造示意图

X 射线原子荧光分析仪由 X 射线源、样品室、单色器、检测器和记录系统等构成（如图 A4-13 所示）。它与原子荧光分析法的区别在于，除了激发光源不同外，另一显著的不同是无须原子化器，可对样品进行无损分析。

习题

知识点——光与物质的作用及光学分析法分类

1. 判断题

(1) 如果使电磁辐射的频率加倍，则其能量也加倍。

(2) 如果使电磁辐射的波长加倍，则其能量也加倍。

(3) 如果使电磁辐射的波数加倍，则其能量也加倍。

(4) 当波长 $\lambda=4000$ nm 的光照射时，可引起物质价电子的跃迁，甚至化学键的断裂。

(5) 分子的运动包括电子相对于原子核的运动，分子中的成键原子之间的相对振动和转动，各运动状态变化时的能量大小分别为 E_e、E_v、E_r，则它们的相对大小为：$E_e<E_v<E_r$。

2. 简答题

(1) 近紫外光、可见光、中红外光的波长范围分别是多少？

(2) 近紫外光、可见光、中红外光可引起分子的哪些变化？

(3) 从最大吸收波长预测溶液的颜色。一个在 562 nm 处有最大吸收的溶液，你会观察到它是什么颜色？

3. 计算题

计算波长为 562 nm 的可见光的频率（Hz）、波数（cm^{-1}），以及能量（J · 光子$^{-1}$ 和 J · mol^{-1}）。

知识点——朗伯-比尔定律和吸光度测量

1. 选择题

(1) 下列因素都能引起对朗伯-比尔定律的偏离，除了（　　）

A. 仪器提供的非单色光不纯　　B. 溶液太浓

C. 标准溶液的 pH 值不完全一致　　D. 待测物质的摩尔吸收系数太大

(2) 吸光度测量时控制吸光度读数在 0.1～1.0 范围的原因是（　　）

A. 超出该范围仪器无法测量

B. 超出该范围溶液无法配制

C. 超出该范围浓度的测量误差太大

D. 超出该范围时朗伯-比尔定律不适用

(3) 朗伯-比尔定律不适用于下列哪种分析方法的定量分析（　　）

A. 紫外-可见分光光度法　　B. 原子吸收分光光度法

C. 红外吸收光谱法　　D. 分子荧光分析法

(4) 下列说法正确的是（　　）

A. 吸光度 A 随物质浓度增大而增大

B. 摩尔吸光系数随物质浓度增大而增大

C. 透光率 T 随物质浓度增大而增大

D. 透光率 T 随比色皿加厚而增大

(5) 用实验测定某金属配合物的摩尔吸光系数 ε，测定结果的大小受哪些因素影响（　　）

A. 入射光的强度　　B. 入射光的波长

C. 比色皿的厚度　　D. 配合物的浓度

(6) 若显色剂在测定波长处无吸收，而被测溶液中存在其他有色离子干扰，应采用的参比溶液是（　　）

A. 溶剂去离子水　　B. 显色剂溶液

C. 试剂空白溶液　　D. 不加显色剂的被测溶液

2. 简答题

(1) 什么是吸收光谱？它有什么用途？

(2) 在光度测量时，如何选择合适的工作波长和参比溶液？为什么要控制吸光度在一定的范围内？

(3) 什么是朗伯-比尔定律？其中的摩尔吸光系数与哪些因素有关？

(4) 什么情况下会产生朗伯-比尔定律的偏离？应如何解决？

3. 计算题

(1) 在波长为 266 nm 处，某化合物的溶液浓度为 2.31×10^{-5} mol·L^{-1}，在 1.00 cm 比色皿中的吸光度为 0.822。计算该化合物在 266 nm 处的摩尔吸光系数。

(2) 测量地下水中微量碘离子 I^- 的含量。方法是将 I^- 氧化为 I_2，并使 I_2 在有机溶剂甲苯中与某种染料反应生成有色复合物。已知浓度为 3.15×10^{-6} mol·L^{-1} 的有色复合物溶液在 635 nm 处测得吸光度为 0.267（使用 1 cm 比色皿）。用去离子水代替地下水制成的空白溶液的吸光度为 0.019。求该有色复合物的摩尔吸光系数；用地下水制备的未知溶液的吸光度为 0.175。求该未知溶液的浓度。

知识点——紫外-可见吸收光谱分析法

1. 选择题

(1) 紫外-可见吸收光谱的本质是分子吸收紫外-可见光而发生（　　）

A. 成键原子间的振动能级跃迁　　B. 成键原子间的转动能级跃迁

C. 分子的价电子跃迁　　D. 原子内层电子的跃迁

(2) 下列化合物中同时有 $\pi \rightarrow \pi^*$ 跃迁和 $n \rightarrow \pi^*$ 跃迁的化合物是（　　）

A. 甲醇　　B. 丙酮

C. 1,3-丁二烯　　D. 一氯甲烷

(3) 下列电子能级跃迁需要能量最低的是（　　）

A. $\pi \rightarrow \pi^*$　　B. $n \rightarrow \pi^*$

C. $n \rightarrow \sigma^*$　　D. $\sigma \rightarrow \sigma^*$

(4) 在下列化合物中，$\pi \rightarrow \pi^*$ 跃迁所产生紫外-可见吸收峰波长最短的化合物是（　　）

A. 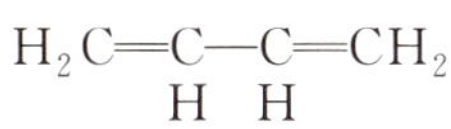　　B. 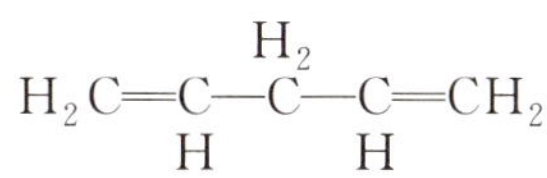

C. 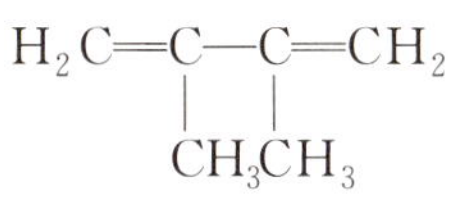　　D. 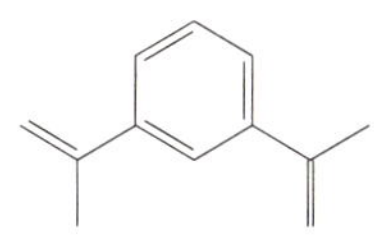

(5) 当一个有机分子仅发生共轭程度的增加时，吸收峰通常会如何变化？（　　）

A. 吸收峰发生蓝移（向短波长方向移动）

B. 吸收峰发生红移（向长波长方向移动）

C. 吸收峰强度减弱

D. 吸收峰消失

(6) 下列哪种效应主要导致分子的紫外-可见吸收峰红移？（　　）

A. 诱导效应　　B. 立体效应

C. 共轭效应　　D. 分子间氢键

(7) 下列哪种基团是典型的发色团？（　　）

A. 羟基（—OH）　　B. 氨基（$—NH_2$）

C. 羰基（C═O）　　D. 甲基（$—CH_3$）

(8) 关于价电子跃迁与紫外-可见吸收光谱的说法，以下哪一项是正确的？（　　）

A. $\pi \rightarrow \pi^*$ 跃迁吸收峰通常出现在紫外光谱的较短波长区域，吸收峰较弱

B. $n \rightarrow \pi^*$ 跃迁吸收峰通常出现在紫外光谱的较长波长区域，吸收峰较弱

C. $\pi \rightarrow \pi^*$ 跃迁吸收峰通常出现在可见光谱的较长波长区域，吸收峰较强

D. $n \rightarrow \pi^*$ 跃迁通常不涉及任何紫外或可见光吸收

(9) 对于一个含有苯环的有机化合物，引入一个氨基（$—NH_2$）助色团后，紫外-可见吸收光谱将如何变化？（　　）

A. 吸收峰蓝移　　B. 吸收峰红移

C. 吸收峰强度减弱　　D. 吸收峰消失

(10) 在紫外-可见吸收光谱中，苯环的主要吸收峰通常出现在以下哪个波长范围内？（　　）

A. 100～180 nm　　B. 180～300 nm

C. 300～400 nm　　　　　　　　D. 400～500 nm

2. 简答题

(1) 有机化合物分子常见的电子跃迁有哪几种？能量高低顺序如何？紫外-可见吸收光谱中主要测量的是哪些跃迁类型？

(2) 下列有机稠环化合物均具有紫外吸收光谱。试指出对该类物质吸收紫外光时发生的电子跃迁类型及其特点（波长和强度变化规律）。

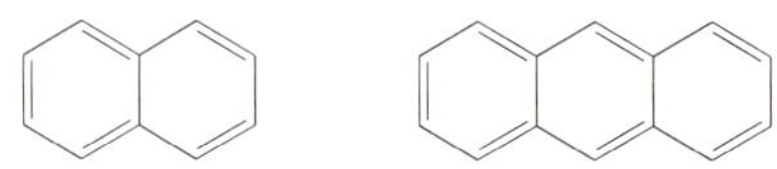

(3) 什么是有机化合物的生色团？什么是助色团？试举例说明。

(4) 使用二甲酚橙作为显色剂，与锌离子生成有色化合物，用于测定锌离子浓度。该显色反应需要严格控制溶液的 pH 值在 4.5～5.5 范围内，为什么？

3. 计算题

(1) 实验测量某吸附剂对 Fe^{2+} 的吸附量。已知原溶液 100 mL，其中 Fe^{2+} 含量为 100 $mg \cdot L^{-1}$。以邻二氮菲分光光度法测量溶液中的 Fe^{2+} 浓度。首先对原溶液取样 0.5 mL，并稀释至 100 mL 容量瓶中，测量其中 Fe^{2+} 衍生的有色物质的吸光度为 0.897。在原溶液中加入 2 g 吸附剂，吸附平衡后，再取样 50.00 mL 于 100 mL 容量瓶中，同样进行显色定容后，测得 Fe^{2+} 衍生的有色物质的吸光度为 0.202。计算：①吸附后溶液中剩余的 Fe^{2+} 浓度为多少？②该吸附剂对 Fe^{2+} 的吸附容量为多少 $mg \cdot g^{-1}$？

(2) 取钢试样 1.00 g，溶解于酸中，将其中锰氧化成高锰酸钾盐，准确配制成 250 mL，测定其吸光度为 1.00×10^{-3} $mol \cdot L^{-1}$ $KMnO_4$ 标准溶液吸光度的 1.5 倍。计算钢中锰的质量分数。(已知 $M_{Mn} = 54.94$ $g \cdot mol^{-1}$)。

(3) 氨可以在次氯酸盐（OCl^-）存在下与苯酚反应，生成的蓝色物质用分光光度法测定：

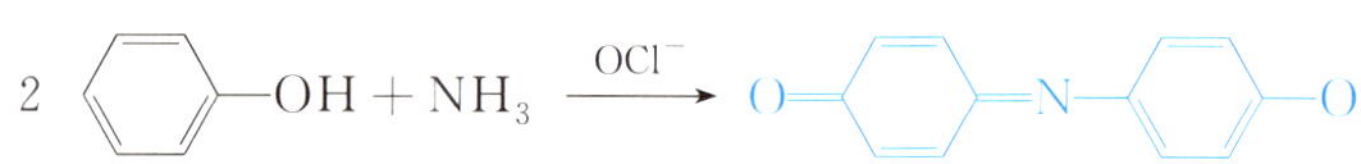

取 5.00 mg 含氮样品，利用化学消化将氮转化为氨，稀释至 100.0 mL，取 10.0 mL 溶液置于 50 mL 容量瓶中，用 5 mL 苯酚溶液加 2 mL 次氯酸钠溶液处理后定容。放置 30 min 后，于 1.00 cm 比色皿中测定 625 nm 处的吸光度为 0.592。将 0.0100 g NH_4Cl（$M = 53.49$ $g \cdot mol^{-1}$）溶于 1.00 L 水中制备标准溶液作为对照。然后将 10.0 mL 本标准品置于 50 mL 容量瓶中，同样方式处理、定容后测定吸光度值为 0.308。用蒸馏水代替未知试样，测定吸光值为 0.140。计算：①蓝色产物的摩尔吸收率；②样品中氮的质量分数。

(4) 亚硝酸盐常存在于腌制类食品中，具有潜在致病性。可基于如下反应对其进行光度法检测：

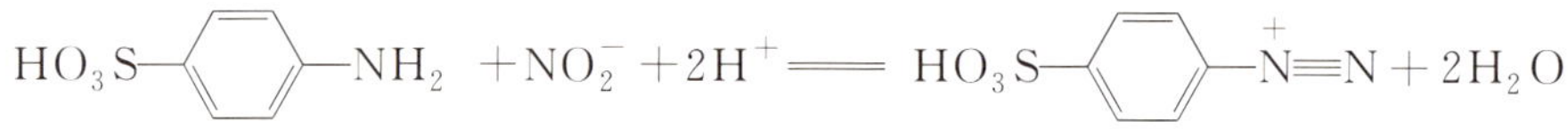

对氨基苯磺酸

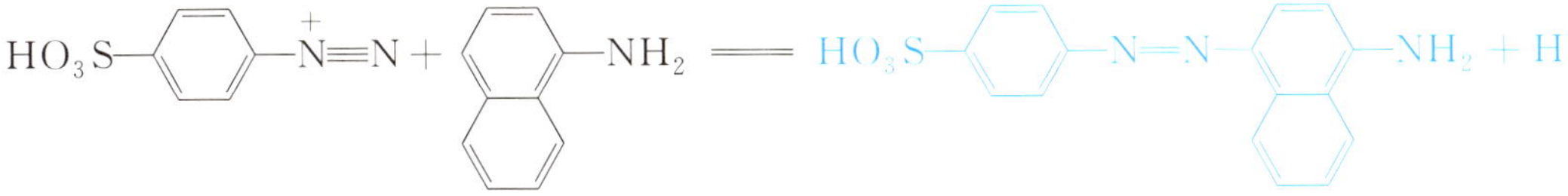

1-氨基萘　　　　有色物质，$\lambda_{max}=520$ nm

以下是测定的简单过程：向 50.0 mL 含亚硝酸盐的未知溶液中加入 1.00 mL 对氨基苯磺酸溶液。10 分钟后加入 2.00 mL 1-氨基萘溶液和 1.00 mL 缓冲液。15 分钟后在 5.00 cm 比色皿中测定其在 520 nm 处的吸光度为 0.622。向上述 50.0 mL 样品溶液中加入 10.0 μL 的 7.50×10^{-3} mol·L^{-1} $NaNO_2$，测得吸光度为 0.967。以 50.0 毫升已知不含亚硝酸盐的食品提取物代替样品，重复上述操作，测得吸光度为 0.153。计算：①有色物质的摩尔吸光系数 ε；②50.0 mL 试样中以亚硝酸钠表示的含量（用 mg·mL^{-1} 表示，亚硝酸钠的相对摩尔质量 $M=68.995$）。

知识点——红外光谱分析法

1. 选择题

(1) 分子产生红外吸收光谱要求红外光与分子振动之间产生共振，需满足以下条件（　　）

A. 红外光的频率与分子中基团振动频率一致，且分子振动引起偶极矩变化

B. 分子振动形式必须是伸缩振动

C. 分子振动时必须引起键长和键角的变化

D. 分子必须是极性分子

(2) 下列基团中红外光谱峰强度最强的是（　　）

A. 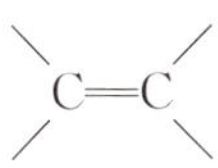　　B. 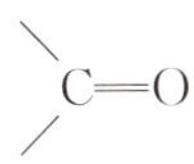

C. —C≡C—　　D. 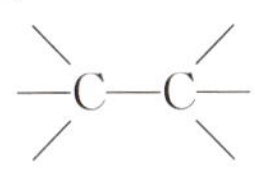

(3) 某化合物的红外光谱图上 1750～1700cm^{-1} 区域有一个强吸收峰，该化合物肯定不是（　　）

A. 乙酸（CH_3COOH）　　B. 乙酸乙酯（$CH_3COOCH_2CH_3$）

C. 乙醇（CH_3CH_2OH）　　D. 丙酮（CH_3COCH_3）

(4) 在红外光谱分析中，哪种分子振动对红外光有吸收？（　　）

A. 伸缩振动　　B. 弯曲振动

C. 摆动振动　　D. 以上全部

(5) 下列哪种化学键的伸缩振动通常出现在红外光谱的 3000～3500 cm^{-1} 区域？（　　）

A. C—O　　B. O—H

C. N—N　　D. C═O

(6) 在红外光谱中，C═O 伸缩振动峰通常出现在什么位置？（　　）

A. 1000～1200 cm^{-1}　　B. 1700～1750 cm^{-1}

C. 2800～3000 cm^{-1}　　D. 2100～2200 cm^{-1}

(7) 红外光谱中，哪种基团的特征吸收峰通常出现在 2500～2000 cm^{-1} 区域？（　　）

A. 羰基（—C═O）　　B. 硝基（—NO_2）

C. 氰基（ —C≡N ）　　D. 羟基（—O—H）

(8) 在红外光谱分析中，分子对红外光有吸收的基本条件是什么？(　　)

A. 分子振动必须有偶极矩变化　　B. 分子振动必须有质子变化

C. 分子振动必须有电子转移　　D. 分子振动必须有核自旋变化

2. 简答题

(1) 物质分子中的基团产生红外吸收的条件是什么？

(2) 基团的红外吸收峰位置受哪些因素影响？一般来说，双键 C═O 和单键 C—O 的伸缩振动峰哪个位于较高波数的位置？

(3) 某含羧基的有机化合物，在 1700～1725 cm^{-1} 处有很强而尖的吸收峰，2500～3300 cm^{-1} 处有强而宽的吸收峰。与金属离子发生配位反应后，1700～1725 cm^{-1} 处的吸收峰向低波数方向移动，2500～3300 cm^{-1} 处的吸收峰明显减弱。试解释为什么？

知识点——原子吸收分析法

1. 选择题

(1) 下列吸收或发射光谱中属于线状光谱的是 (　　)

A. 原子吸收光谱　　B. 紫外-可见吸收光谱

C. 红外吸收光谱　　D. 荧光光谱

(2) 原子吸收光谱法的测定原理是基于 (　　)

A. 分子吸收光谱　　B. 原子的电子跃迁吸收特定波长的光

C. 分子的振动和转动能级　　D. 核磁共振

(3) 原子吸收光谱法的优势之一是 (　　)

A. 能同时检测多种元素　　B. 能检测分子结构

C. 检测灵敏度高　　D. 分析速度快

(4) 在原子吸收光谱法中，分析物的吸光度与其浓度之间的关系通常符合 (　　)

A. 指数函数关系　　B. 线性关系

C. 对数函数关系　　D. 双曲线关系

(5) 在原子吸收光谱法中，如果增加了光源的强度，结果会是 (　　)

A. 吸光度增加　　B. 吸光度减少

C. 吸光度保持不变　　D. 吸光度先增加后减少

(6) 在原子吸收光谱法中，太高的原子化温度可能导致的问题是 (　　)

A. 样品原子化不完全　　B. 原子激发使基态原子减少

C. 光源强度不足　　D. 检测器过载

2. 计算题

(1) 某待测样品被稀释 10 倍后进行原子吸收测定，稀释后的样品吸光度为 0.200。标准溶液中锌的浓度为 20 ppm (1 ppm=10^{-6})，吸光度为 0.400。求原始待测样品中的锌浓度。

(2) 测定某水体试样中锂的含量，将三份 0.500 mL 试样分别加至三个 50 mL 容量瓶中，然后在这三份溶液中分别加入 0 mL、10.0 mL、20.0 mL 0.0500 mol·L^{-1} LiCl 标准溶液，定容后在原子吸收光谱仪上测得读数依次为 0.230、0.453、0.680。计算此水体中锂的浓度。

(3) 某实验室需要测定土壤样品中的铅含量。称取 50.000 克土壤样品，用硝酸消解后，将样品体积定容至 250 mL。再取 25 mL 消解后的样品，用去离子水稀释到 100 mL。使用 AAS 测定稀释后样品的吸光度为 0.200。已知标准溶液中铅的浓度为 5 ppm，吸光度为 0.400。求土壤样品中铅的含量（以 $mg \cdot kg^{-1}$ 计）。

知识点——吸收光谱分析法仪器

1. 选择题

(1) 在紫外-可见光光谱仪中，常用的光源是（　　）

A. 氘灯和钨灯　　B. 氢灯和汞灯

C. 氦灯和钠灯　　D. 氢灯和氘灯

(2) 单色器在紫外-可见吸收光谱仪中的作用是什么？（　　）

A. 提供样品池

B. 检测样品吸光度

C. 将光源发出的连续光谱分离成单色光

D. 记录和处理数据

(3) 对于测量波长范围为 200～800 nm 的光谱，哪种比色皿材料是最合适的？（　　）

A. 玻璃　　B. 石英

C. 聚碳酸酯　　D. 铝合金

(4) 傅里叶变换红外光谱仪（FTIR）相较于传统红外光谱仪的主要优势是（　　）

A. 更高的波长精度　　B. 更高的分辨率

C. 更快的数据采集速度　　D. 所有以上选项

(5) 红外光谱测量固体粉末样品时使用的 KBr 晶体主要作用是（　　）

A. 提供样品的背景对照　　B. 制备样品膜片

C. 作为样品池　　D. 过滤样品中的杂质

(6) 在原子吸收光谱仪中，常用的光源是（　　）

A. 钨灯　　B. 氘灯

C. 空心阴极灯　　D. 氙灯

(7) 在原子吸收光谱法中，火焰原子化器的作用是（　　）

A. 提高样品的温度　　B. 使样品中的分子激发

C. 使样品中待测物质原子化　　D. 提高样品的压力

(8) 原子吸收分光光度计中的仪器构造没有下列哪个部件（　　）

A. 火焰原子化器　　B. 石墨炉原子化器

C. 锐线光源　　D. 紫外灯

(9) 原子吸收分析中，定量分析时采用标准加入法可以消除（　　）

A. 原子化效率不高的影响

B. 待测溶液中的基体效应的影响（即背景干扰的问题）

C. 待测元素含量过低的问题

D. 原子化温度过高引起待测元素电离的问题

(10) 原子吸收光谱仪中光源的作用是（　　）

A. 提供试样蒸发所需的能量　　B. 提供试样激发所需的能量

C. 产生具有足够强度的散射光　　D. 发射待测元素基态原子所吸收的特征共振线

2. 简答题

(1) 简述紫外-可见分光光度计仪器构造及各个部件的作用。

(2) 原子吸收分光光度计中为什么要使用锐线光源？

(3) 石墨炉原子化器的程序升温有几个步骤？各步骤的目的是什么？

(4) 在定性与定量分析中应如何控制紫外-可见分光光度计的狭缝宽度？

(5) 红外光谱测量时，空气中的 CO_2 和 H_2O 是否干扰测量？如何消除其干扰？

知识点——发射光谱分析法——荧光光谱

1. 选择题

(1) 下列哪种类型的分子不产生荧光（　　）

A. 烷烃或环烷烃　　B. 有芳香环结构的物质

C. 含有大的共轭不饱和基团的物质　　D. 分子具有刚性平面结构

(2) 荧光光谱分析法的基本原理是基于什么现象？（　　）

A. 分子振动　　B. 分子旋转

C. 分子激发与发射光子　　D. 分子解离

(3) 在荧光光谱分析中，样品的浓度与什么成正比？（　　）

A. 样品的分子量　　B. 荧光强度

C. 样品的折射率　　D. 样品的温度

(4) 下列哪种分子结构特征通常会产生较强的荧光？（　　）

A. 具有 $\pi \rightarrow \pi^*$ 共轭体系且刚性的分子　　B. 具有 $\sigma \rightarrow \sigma^*$ 电子跃迁的分子

C. 具有 $n \rightarrow \sigma^*$ 电子跃迁的分子　　D. 具有 $n \rightarrow \pi^*$ 电子跃迁的分子

(5) 在荧光光谱仪中，激发光源通常使用的是哪种光源？（　　）

A. 白炽灯　　B. 氙灯或汞灯

C. 激光器　　D. 发光二极管（LED）

(6) 在荧光光谱分析中，为什么要避免样品自吸收效应？（　　）

A. 增加背景噪声　　B. 降低样品浓度

C. 引起荧光猝灭　　D. 影响激发光波长

(7) 选择适当的激发波长进行荧光光谱分析的依据是？（　　）

A. 样品的吸收光谱　　B. 样品的折射率

C. 样品的溶解度　　D. 样品的熔点

(8) 关于荧光的激发光谱与发射光谱的关系不正确的是（　　）

A. 激发光谱与发射光谱有镜像关系

B. 发射光谱与激发光谱之间存在位移，通常比激发光谱波长短

C. 激发光谱和发射光谱是互相独立的

D. 激发光谱和发射光谱的峰值通常一致

(9) 下列哪种因素不会显著影响样品的荧光强度？（　　）

A. 溶剂的极性　　B. 温度

C. 样品的浓度　　D. 样品的分子量

2. 简答题

(1) 下列有机稠环化合物均具有紫外吸收光谱，判断该类物质有无荧光光谱产生，为什么？

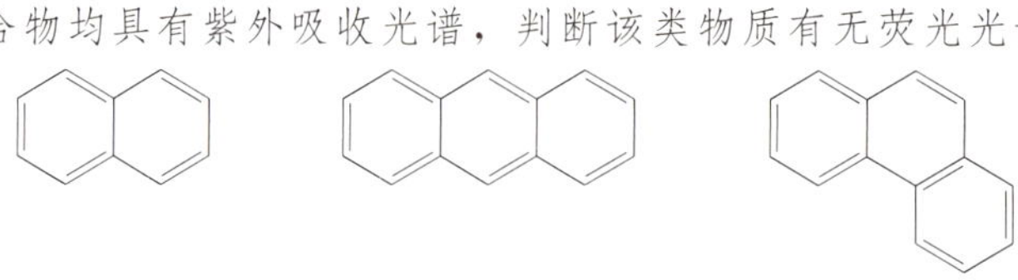

(2) 荧光激发光谱和荧光发射光谱是如何得到的？荧光激发光谱和荧光发射光谱有什么区别与联系？

(3) 荧光激发光谱和荧光发射光谱哪一个与吸收光谱类似？

(4) 荧光光谱仪的基本组成部件有哪些？有什么构造特点？

3. 计算题

(1) 生物碱类抗心律失常药硫酸奎宁分子具有喹啉环结构，可产生较强的荧光，可直接用荧光法测定其荧光强度。配制了一系列硫酸奎宁标准溶液，在 350 nm 激发波长、450 nm 荧光波长下测定其荧光强度，得到标准曲线为 $I_f=280.6c+1.368$（c 单位为 $mg \cdot L^{-1}$）。再在相同条件下测量未知试样的荧光强度 $I_f=202.7$，求未知试样中硫酸奎宁的浓度为多少 $mg \cdot L^{-1}$。

(2) 用荧光分析法测定食品中维生素 B2 的含量。称取 2.00 g 食品，用 10.0 mL 氯仿萃取（假设萃取率 100%），取萃取液 2.00 mL，再用氯仿稀释为 10.0 mL。维生素 B2 的氯仿标准溶液浓度为 0.100 $ug \cdot mL^{-1}$。测量不含样品的氯仿溶液、标准溶液和试样溶液的荧光强度分别为 $F_0=1.5$，$F_s=69.5$，$F_x=61.5$。求该食品中维生素 B2 的含量（$\mu g \cdot g^{-1}$）。

(3) GB11895—1989 规定，测定水体中强致癌物苯并（a）芘 B(a)P 的浓度时，首先用环己烷萃取 B(a)P，萃取液经无水硫酸钠脱水、浓缩以及乙酰化滤纸色谱分离后，用丙酮洗脱，洗脱液用荧光分光光度法测定，激发波长 367 nm，发射波长 405 nm。现取某工业污水 1.000 L，经一系列前处理后将 B(a)P 提纯浓缩于 5.00 mL 的丙酮溶液中，扣除空白后测得其荧光强度为 201.5。含 0.500 μg 标准 B(a)P 的同体积丙酮溶液扣除空白后的荧光强度为 372.7。请计算水样中 B(a)P 的浓度（$\mu g \cdot L^{-1}$）。

知识点——发射光谱分析法——原子发射光谱分析法

1. 判断题

(1) 相对于原子吸收的原子化器温度，原子发射光谱分析法需要更高温度的光源。

(2) 原子发射分析法中的分析线通常是元素的共振线。

(3) 谱线自吸现象在原子吸收光谱法中无法避免。

(4) 原子发射光谱分析法（AES）中，样品的雾化程度不会影响分析结果。

(5) 在 AES 中，通常使用的激发源包括火焰、等离子体和电弧。

(6) AES 不能用于检测金属元素。

(7) AES 的灵敏度通常比原子吸收光谱法（AAS）高。

2. 选择题

(1) 等离子体原子发射光谱是由下列哪种跃迁产生的（　　）

A. 高温热能使待测元素的气态原子外层电子激发到激发态，其回到基态时产生的

B. 激光能使待测元素的气态原子外层电子激发到激发态，其回到基态时产生的

C. 激光能使待测元素的气态原子内层电子激发到激发态，其回到基态时产生的

D. 高温热能使待测元素的气态原子内层电子激发到激发态，其回到基态时产生的

(2) 在原子发射光谱分析法中，样品的激发通常需要使用什么类型的激发源？（　　）

A. 火花　　B. 电弧

C. 等离子体　　D. 以上都是

(3) 在原子发射光谱分析法中，使用等离子体作为激发源的主要优点之一是（　　）

A. 可以激发所有元素的电子　　B. 操作简单
C. 温度稳定且高　　D. 设备成本低

(4) 在 ICP-AES 中，等离子体通常由什么气体产生？(　　)
A. 氢气　　B. 氦气
C. 氩气　　D. 氮气

(5) 在原子发射光谱分析中，影响发射强度的主要因素不包括(　　)
A. 样品的浓度　　B. 激发源的温度
C. 分光系统中单色器的狭缝宽度　　D. 光谱线不重叠的共存物质

(6) 原子发射光谱法与原子吸收光谱法相比，主要优势是(　　)
A. 更高的灵敏度　　B. 更低的背景噪声
C. 能同时分析多种元素　　D. 设备更便宜

3. 简答题

(1) 比较原子吸收和原子发射分光光度计的仪器构成。

(2) 简述原子发射分光光度计的等离子体光源的工作原理及其优缺点。

(3) 原子吸收或原子发射技术，在哪种技术中火焰温度的稳定性更为关键？为什么？

4. 计算题

(1) 用 ICP-AES 测定某样品中的 Si 含量。制备一系列不同浓度 Si 标准溶液，测定其在特征谱线 251.6 nm 处的发射强度如下表所示。待测未知样品的发射强度为 417。求未知样品中 Si 的浓度及测量的标准偏差和置信区间。

Si 含量/$\mu g \cdot mL^{-1}$	0	5.00	10.00	20.00	30.00
相对发射强度	0	124	243	486	712

(2) Sn 可能会从镀锡的食品罐中溶解到罐装食品中。用 ICP-AES 对食品中的 Sn 含量进行分析。使用 HNO_3、H_2O_2、HCl 通过微波加热消解食品，并在消解液中加入了浓度为 1 $g \cdot L^{-1}$ 的 CsCl。配制 Sn 的标准溶液并测定其原子发射信号，数据如下表所示(在特征谱线 189.927 nm 处测量得到)。

Sn 含量/$\mu g \cdot L^{-1}$	0	10.00	20.00	30.00	40.00	60.00	100.00	200.00
相对发射强度	4.0	8.5	19.6	23.6	31.1	41.7	78.8	159.1

① 绘制校准曲线，求该标准曲线的斜率、截距及其数据拟合直线的 R^2。

② 样品中存在的其他高浓度元素有可能对微量 Sn 的测量造成干扰。在含微量 Sn 的食品消解液中添加了 Sn 使其浓度为 100.0 $\mu g \cdot L^{-1}$，并在该溶液中加入了其他元素，在不同发射波长处测定了 Sn 的浓度，以评估其他元素对 Sn 浓度测定的影响。结果如下表所示。问哪些元素在两个波长上产生了干扰？哪个波长更适合用于 Sn 的含量检测？

添加的元素 ($50\ \mu g \cdot L^{-1}$)	无	Ca	Mg	P	Si	Cu	Fe	Mn	Zn	Cr
189.927 nm 处测得 Sn 浓度/$\mu g \cdot L^{-1}$	100	96.4	98.9	106.7	105.7	100.9	103.3	99.5	105.3	102.8
235.485 nm 处测得 Sn 浓度/$\mu g \cdot L^{-1}$	100	104.2	92.6	104.6	102.9	116.2	强烈干扰	126.3	112.8	76.4

③ 加入 CsCl 的目的是什么？

第 5 章

色谱分析法

内容提要

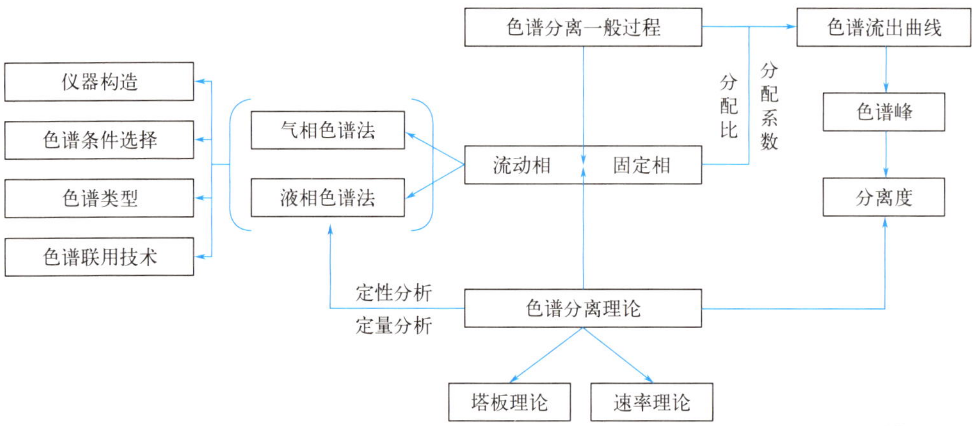

5-1 色谱分析法一般过程和原理 mp4

5.1 色谱理论基础

俄国植物学家 M. S. Tswett 在 1903 年研究植物色素时，通过把植物色素的石油醚提取液倒入充满碳酸钙颗粒（固定相）的管柱（色谱柱）中，再从柱的上部倒入纯石油醚（流动相）冲洗，此时植物色素提取液中的不同色素按其吸附性的强弱，自上而下在管内形成不同的色层带，从而成功分离出植物色素中的叶绿素、叶黄素和胡萝卜素组分，如图 5-1 所示。该过程就如同光谱一样能被定性和定量，称为色层谱，当然这种吸附现象并不局限于植物色素，所有无色和有色的多组分物质均适用。1906 年，他将这种方法命名为色谱法（chromatography）。自此越来越多的色谱新方法和新技术不断被创建发展，特别是 1941 年 Martin 和 Synge 发明了液液分配色谱方法，并凭此于 1952 年获诺贝尔奖。

5.1.1 色谱法分类

1993 年国际化学与应用化学联合会（IUPAC）正式定义：色谱法是一种物理分离方法，待分离组分在两相之间分配，其中一相是固定的（固定相），另一相是具有确定流向的（流

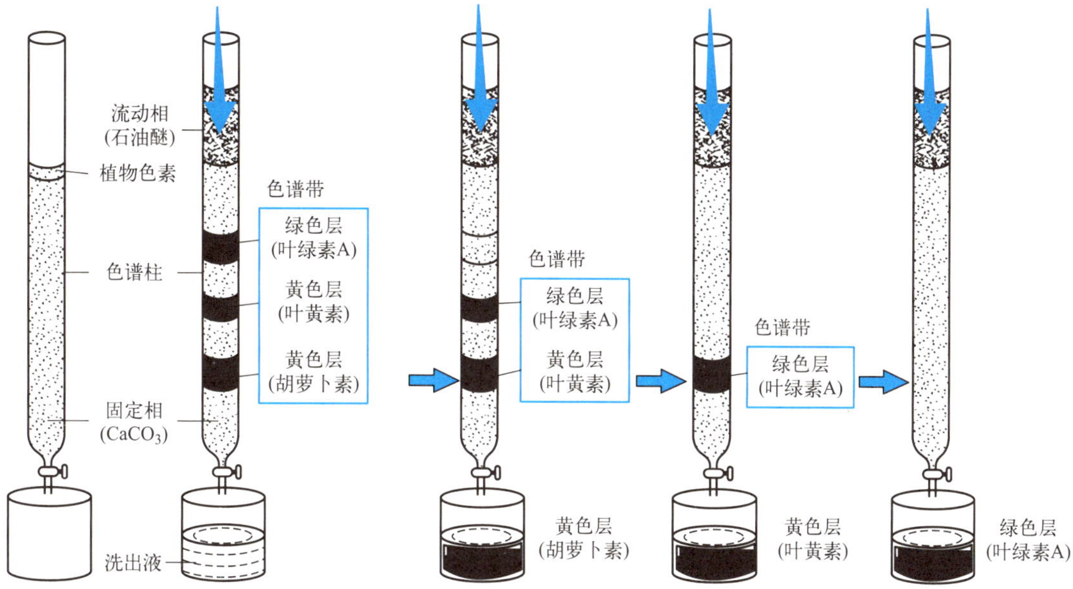

图 5-1　色谱柱提取植物色素

动相）。色谱可按流动相所处状态分类；当流动相为气体时称为气相色谱（gas chromatography，GC）；流动相是液体时称为液相色谱（liquid chromatography，LC），这是色谱的两种主要类型。又根据使用的固定相类型不同，色谱法可以分为气固色谱、液固色谱、气液色谱和液液色谱等（见表 5-1）。

表 5-1　色谱法分类

色谱法	固定相(不移动)		流动相（携带组分前移）	分离原理
气固色谱	固体吸附剂 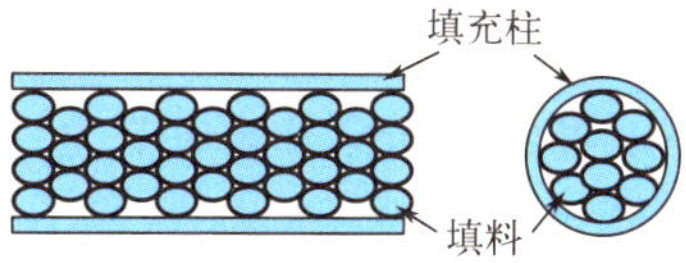		气体	吸附和解吸作用
液固色谱			液体	
气液色谱	载体表面涂固定液（惰性颗粒＋高沸点液体） 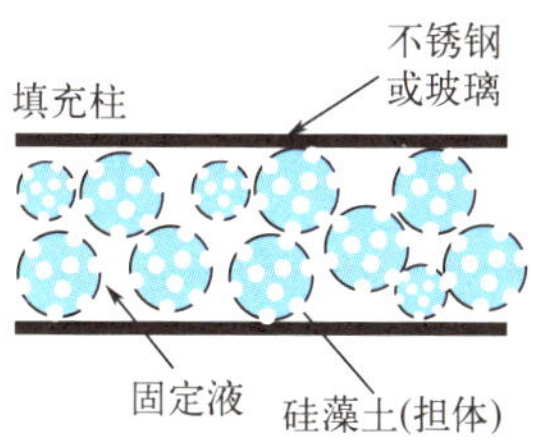	毛细管内壁涂固定液 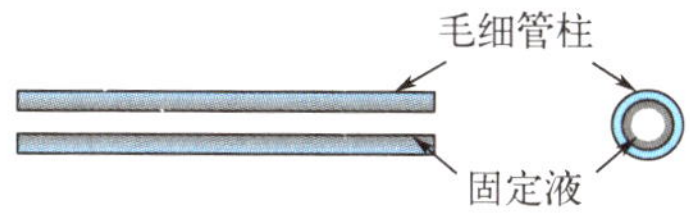	气体	溶解和挥发作用
液液色谱			液体	溶解和洗脱作用

5.1.2　色谱分离一般过程与色谱流出曲线

以气相色谱法为例来描述色谱分离的一般过程。流动相即为载气，它通常是一种不与待测物作用，用来载送样品的惰性气体，如氢气、氮气等，载着待分离的样品通过色谱柱中的固定相。如图 5-2 所示的色谱分离过程，由于样品中的各组分分子与固定相和流动相的分子之间存在相互作用力，它们会不断在两相之间分配。当样品组分进入流动相时，组分随流动相一起沿色谱柱向前移动；而当组分进入固定相时，会被滞留在固定相中而不再向前移动。组分在固定相和流动相之间的反复分配，使得它们不断地进入固定相、被流动相带出、再进入下一段固定相、再被流动相带出，持续进行这一过程。与固定相分子作用力越大的组分，越易进入固定相，向前移动的速度越慢；与流动相分子作用力越大的组分，越易进入流动相，向前移动的速度越快。通过在一定柱长中反复的分配过程，即使是性质差异微小的组分（如沸点、溶解度、分子结构及极性等有极小的差异），也能达到很好的分离。在色谱柱的出口处连接一个流通检测器，它能够实时检测从色谱柱中洗脱下来的组分，并记录各自的响应信号，从而实现对组分的定性和定量分析。

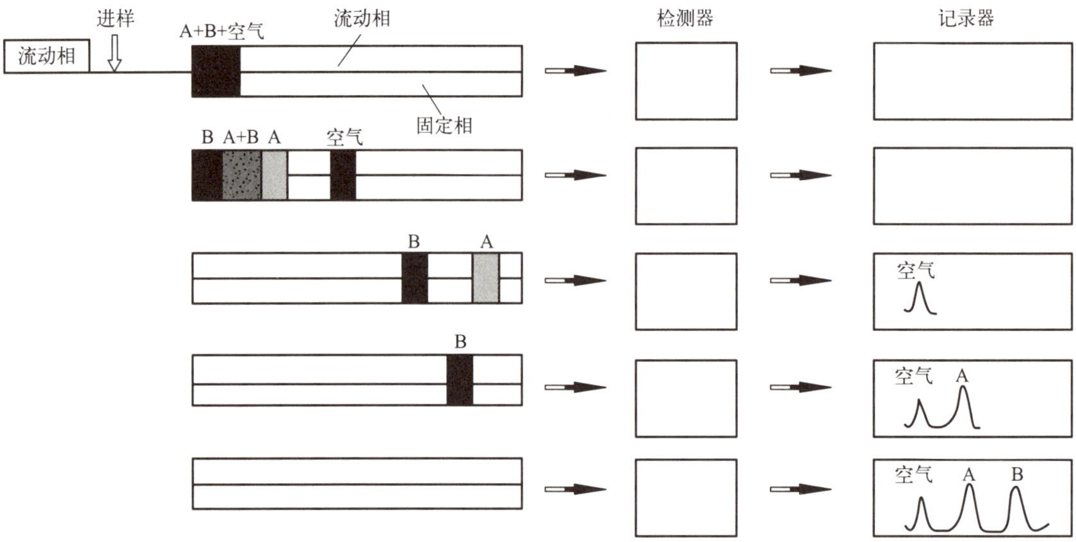

图 5-2　色谱分离过程示意图

如图 5-3 所示，色谱图是以检测器对各组分的信号响应值为纵坐标，时间或流动相的流出体积为横坐标的一条曲线，也称为色谱流出曲线。

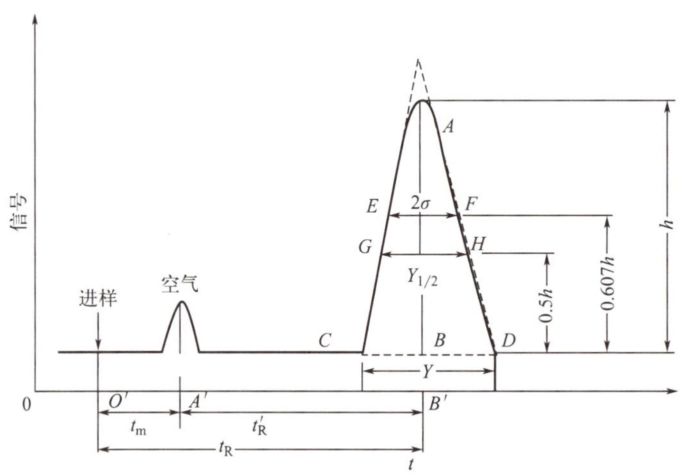

图 5-3　色谱流出曲线

色谱流出曲线由基线和色谱峰组成。基线是指没有待测物，只有流动相通过时，检测器的响应信号随时间变化而形成的曲线，它反映了仪器噪声随时间变化的情况。理想的基线应该是一条水平直线，只有在操作条件相对稳定的情况下，才能获得类似于直线的稳定基线。

当有样品组分通过检测器时，色谱流出曲线会偏离基线。此时，检测器输出的信号会随着检测器中组分的浓度或质量的变化而变化。当组分全部离开检测器时，所得到的曲线就是色谱峰。换句话说，色谱峰是色谱柱中流出的组分通过检测系统时所产生的响应信号的微分曲线。典型的色谱流出曲线如图 5-3 所示，其中的色谱峰所描述的信息如下：

5.1.2.1 峰宽度

衡量色谱峰宽度的参数有三种表达方式。

① 标准偏差 $\boldsymbol{\sigma}$——为 0.607 倍峰高处色谱峰宽度的一半。正常的色谱峰中，σ 的大小代表组分被带出色谱柱的分散程度。σ 越小，流出组分越集中，柱效率越高。由于 $0.607h$ 不好测量，因此区域宽度还常用半峰宽来表示。

② 半峰宽 $Y_{1/2}$——指色谱峰高一半处的峰宽度。

$$Y_{1/2}=2.354\sigma \tag{5-1}$$

③ 峰底宽 Y——指由色谱峰两侧拐点所作切线与基线的交点间的距离。

$$Y=4\sigma=1.699Y_{1/2} \tag{5-2}$$

5.1.2.2 保留值

描述各组分的色谱峰在色谱图中的位置，反映各组分在两相间的分配过程。保留值由色谱分离过程中的热力学因素决定。在一定的操作条件下，任何一种物质都有一个固定的保留值，所以组分的保留值可用于该组分的定性鉴定。

常见有以下几种表述保留值的方法：

① 保留时间 t_R——组分从进样到柱后出现信号极大值时所需的时间。

死时间 t_m——不与固定相发生作用的组分（如空气）从进样到柱后出现信号极大值时所需的时间。死时间实际上就是流动相通过色谱柱所需要的时间。直接测定死时间要选用合适的物质。

调整保留时间 t'_R——扣除死时间的保留时间。

$$t'_R=t_R-t_m \tag{5-3}$$

② 保留体积 V_R——以从进样开始到出现色谱峰极大值所流过的流动相体积，与保留时间 t_R 和流动相的平均流量 F_c 有关。

$$V_R=t_RF_c \tag{5-4}$$

死体积 V_m——色谱柱内流动相所占体积。

$$V_m=t_mF_c \tag{5-5}$$

调整保留体积 V'_R——扣除死体积后的保留体积。

$$V'_R=V_R-V_m, V'_R=t'_RF_c \tag{5-6}$$

③ 相对保留值 $r_{2,1}$——指组分 2 和组分 1 的调整保留值之比，也可以用分离因子/选择因子 α 表示。

$$r_{2,1}=\alpha=\frac{t'_{R2}}{t'_{R1}}=\frac{V'_{R2}}{V'_{R1}}\neq\frac{t_{R2}}{t_{R1}}\neq\frac{V_{R2}}{V_{R1}} \tag{5-7}$$

习惯上 $t'_{R2}>t'_{R1}$，故一般 $\alpha\geqslant1$。α 越大，两组分越容易分离；$\alpha=1$ 时，表示两组分不能分开。

$r_{2,1}$ 与柱温、固定相和流动相特性有关，而与其他色谱操作条件无关。即使填充条件等发生变化，相对保留值也保持恒定。它表示固定相对这两个组分的选择性，是色谱中一个重要的定性指标。

5.1.2.3 峰高 h 和峰面积 A

从色谱峰顶到基线的高度记为 h，色谱峰的全部积分面积记为 A。

$$A=1.065hY_{1/2} \tag{5-8}$$

高阶选修 A5-1　不对称色谱峰

理论上，色谱峰应该呈现出对称的峰形，遵循正态分布，即高斯分布。而在实际操作中，色谱峰往往偏离这一理想状态，展现出不对称的特征。

常见的不对称色谱峰有前伸峰、拖尾峰、骑峰、平头峰、分叉峰、馒头峰、鬼峰七种类型，如图 A5-1 所示。

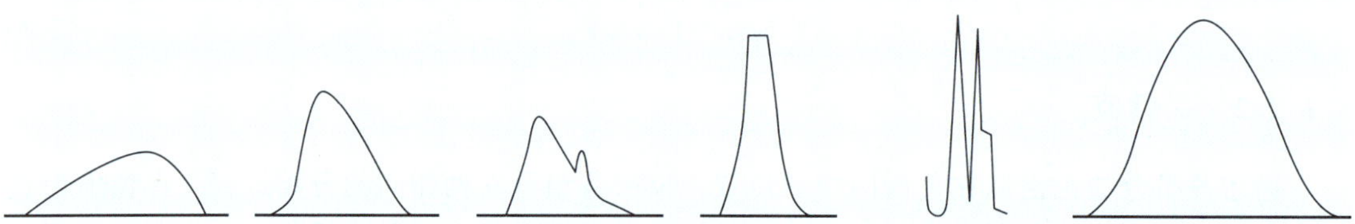

图 A5-1　不对称的色谱峰

(a) 前伸峰；(b) 拖尾峰；(c) 骑峰；(d) 平头峰；(e) 分叉峰；(f) 馒头峰

这种不对称现象通常归因于操作条件的不恰当设定或色谱柱固定液的非最佳选择，这些因素会直接影响色谱分离的效率与组分的检测精确度。

为了有效改善色谱峰的不对称情况，可以采取一系列措施。首先，通过精细的样品预处理步骤，如稀释、净化或化学衍生化等，可以减少样品中的干扰成分，从而有助于形成更对称的色谱峰。其次，根据待测组分的特性，选择适宜的色谱分离方法与色谱柱类型，确保与目标组分具有良好的相互作用，这也是优化峰形对称性的关键。最后，通过细致调整色谱操作条件，如载气流速、柱温、流动相组成等，可以进一步寻求最佳的分离条件，从而显著提升色谱峰的对称性。

5.1.3 分配系数和分配比

5.1.3.1 分配系数

色谱分离过程通常与被测组分在固定相（stationary phase，s）和流动相（mobile phase，m）中的分配平衡有关。然而，在实际操作中，色谱法是一个动态过程，通常无法完全达到平衡状态。因此，分配系数（K）常被用来描述在理论平衡状态下，被分离组分在固定相和流动相之间的浓度比值。

$$K=\frac{c_s}{c_m} \tag{5-9}$$

K 只与固定相、流动相和被分离组分的性质有关。K 值越大，说明组分在固定相中的浓度越高，即组分在柱中保留时间长，移动速度慢；反之，K 值越小，组分越容易随流动相流动，越不容易被柱保留。不同组分有不同的 K 值是色谱分离的根本原因。

K 本身是热力学常数，除了与柱温（T_c）、压力有关外，还与被测组分、固定相和流动相的性质有关，是由色谱分离体系的热力学因素共同决定的。

5.1.3.2 分配比

分配比 k 是指在一定的温度和压力下，当组分在固定相和流动相之间达到分配平衡时的质量比。

$$k=\frac{m_s}{m_m} \tag{5-10}$$

分配比 k 与分配系数 K 之间的关系式如下：

$$k=\frac{m_s}{m_m}=\frac{\frac{m_s}{V_s}V_s}{\frac{m_m}{V_m}V_m}=\frac{c_s}{c_m}\times\frac{V_s}{V_m}=\frac{K}{\beta} \tag{5-11}$$

式中，$\beta=\frac{V_m}{V_s}$，表示流动相和固定相的体积比，称为相比。对填充柱，其 β 值一般为 6～35，对毛细管，其 β 值为 60～600。

k 随 K 和 β 的变化而变化，k 值越大，说明被测组分在固定相中的量越多，相当于柱的容量大，所以 k 又称为容量因子/保留因子，是表征色谱柱对被测组分保留能力的主要参数。

更重要的是，k 可以通过实验获得的色谱图，用式(5-12) 直接求出，从而间接求出热力学常数 K。也可由已知的热力学常数 K 来预测色谱分离的保留时间，从而达到优化实验条件、提高色谱分离效果的目的。

$$k=\frac{t'_{R2}}{t_m}=\frac{t_{R2}-t_m}{t_m} \tag{5-12}$$

由式 5-12 可知 k 值的物理意义：它表示一个组分在固定相中停留的时间（t'_R）是死时间（t_m）的多少倍。当 $k=0$ 时，$t'_R=0$，表示组分全部存在于流动相中，在固定相中不保留；k 越大，说明固定相对此组分的容量越大，保留时间 t'_R 越长。由于 t'_R、t_m 较 V_s、V_m 易于测定，所以 k 值较 K 应用更广泛。

k 是保留时间的一种衡量，k 值太小，分离困难，太大则会导致洗脱时间过长。结合式 (5-7) 和式 (5-12)，可得分离因子 α 与 k 的关系式，它描述的是色谱如何区分两个组分。

$$\alpha=\frac{t'_{R2}}{t'_{R1}}=\frac{k_2}{k_1} \tag{5-13}$$

5.1.4 分离度

5.1.4.1 分离度的定义

色谱法的主要作用是实现组分的分离。两组分可否有效分离，取决于他们在色谱图上对应的色谱峰保留值之差及各峰的宽度。两组分的保留值之差由色谱分离过程中的热力学因素决定，而色谱峰宽度则反映了色谱分离过程中的动力学因素。

综合考虑热力学和动力学因素，引入了分离度（resolution，R）的概念，即相邻两组分色谱峰的保留值之差与其峰底宽度总和的一半之比，其计算公式如下：

$$R=\frac{t_{R2}-t_{R1}}{\frac{1}{2}(Y_1+Y_2)}=\frac{2(t_{R2}-t_{R1})}{Y_1+Y_2} \tag{5-14}$$

分离度用来衡量相邻两峰的分离程度，一般而言，R 值越大，分离效果越好。提高 R 值，必须增大两峰的距离，或者减小峰宽。

若两峰的峰形对称且满足正态分布，则不同程度的色谱分离度 R 如图 5-4 所示。

① 当 $R<1$ 时，两峰有部分重叠，两峰的分离程度不理想，两峰不能完全分离；

② 当 $R=1$ 时，假定峰 1 和峰 2 的 Y 相等，即 $Y_1=Y_2=4\sigma$，则 $t_{R1}-t_{R2}=4\sigma$，峰 1 和峰 2 约有 4.6%面积重叠，两峰基本完全分离；

③ 当 $R=1.5$ 时，各峰露出的面积可达到各自峰全部面积的 99.7%，达到完全分离。

通常以 $R\geqslant1.5$ 作为相邻两色谱峰完全分离的指标。

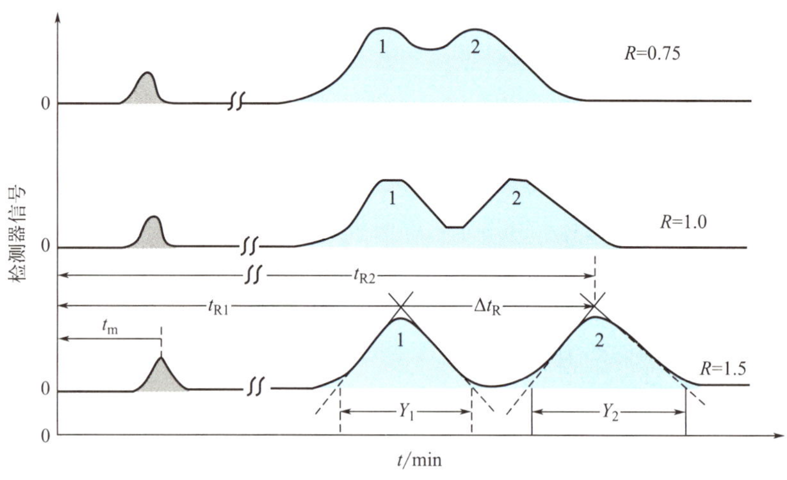

图 5-4　不同程度的色谱分离度 R 的示意图

5.1.4.2　分离度的影响因素

分离度受到多种因素的影响，包括色谱柱性能、流动相组成和流速、固定相性质和温度等。为了提高分离度，可以采取以下途径：

① 选择合适的固定相——根据待分离物质的性质选择合适的固定相，固定相的性质如极性、疏水性等会影响物质在固定相和流动相之间的分配系数和分配比，从而影响分离度。另外，通过减小固定相的粒径，增大其比表面积，延长色谱柱柱长，以获得更好的分离效果。

② 选择合适的流动相组成和流速——可以调整物质在固定相和流动相之间的分配行为，从而提高分离度。

③ 调节温度——可以影响物质在固定相和流动相之间的分配行为，从而提高分离度。

④ 采用梯度洗脱——可以通过改变流动相组成或流速来实现对待分离组分的选择性洗脱，从而提高分离效果。

⑤ 采用串联色谱柱——可以将两个或多个色谱柱串联使用，从而实现多次分离和净化，提高分离度。

总之，通过了解分离度的定义、方程、影响因素和提高途径，可以更好地掌握色谱分析技术，优化实验条件，提高分析结果的准确性和可靠性。在实际应用中，应根据具体的分析需求选择合适的色谱条件和方法，以达到最佳的分离效果。

【例 5-1】在 1 m 长的填充色谱上，某镇静药物 A 及其异构体 B 的保留时间分别为 5.80 min 和 6.60 min，峰底宽度分别为 0.78 min 及 0.82 min，空气通过色谱柱需 1.10 min。计算：(1) 组分 B 的分配比；(2) 判断 A、B 组分能否实现完全分离？

解：(1) 根据式(5-12) 可得：$k_B=\frac{t'_{RB}}{t_m}=\frac{t_{RB}-t_m}{t_m}=\frac{6.60-1.10}{1.10}=5.00$

(2) 根据式(5-14) 可得：分离度 $R=\frac{2(t_{R2}-t_{R1})}{Y_1+Y_2}=\frac{2(6.60-5.80)}{0.78+0.82}=1.00$

所以，A、B 组分可以基本分离。

5.1.5　色谱峰的展宽

在色谱分析中，当某种组分分子在色谱柱内的固定相和流动相间发生千万次分配时，由于分子扩散和分子间的运动途径差异等因素，造成组分分子在色谱柱中的移动速率产生差异，从而造成组分流出色谱柱的时间不同，在色谱流出曲线上表现为色谱峰的展宽，使色谱分离效能降低。

5.1.5.1　影响色谱峰展宽的两种因素

(1) 柱外因素引起的色谱峰展宽

指因进样系统、检测器和连接管道等的死体积产生的谱带增宽，也称为非色谱柱部分的谱带增宽，或称为非色谱柱部分对谱带宽度的贡献。

柱外谱带增宽又分为柱前谱带增宽和柱后谱带增宽。前者主要是由进样引起的，例如，液相色谱法进样时，大都是将试样注入色谱柱顶端滤塞上或注入进样器的液流中。进样器的死体积以及注样时液流扰动造成了色谱峰的不对称和增宽。而后者主要是由接口、检测器流通池体积变化引起的。由于分子在液体中有较低的扩散系数，因此组分从液相色谱柱进入检测器的过程中，这种扩散作用较为显著。为此，连接管的体积、检测器的死体积应该尽可能小。

(2) 柱内因素引起的色谱峰展宽

指由纵向扩散、传质阻力等因素造成组分在色谱柱内移动而引起谱带度增宽的现象。速率理论主要讨论柱内谱带增宽，用来描述这种动力学因素导致的色谱分离效能降低现象。

5.1.5.2　速率理论

速率理论吸收了塔板理论的基本概念，即将色谱柱看作由许多个塔板构成的分馏塔，组分在每个塔板的两相中可以达到分配平衡。显然一个色谱柱的理论塔板数 n 和理论塔板高度 H 可作为衡量色谱柱效率的指标，其中 H 越小，理论塔板数 n 就越多，分离效果就越好。荷兰学者范第姆特（van Deemterl）提出了范第姆特方程，表明了理论塔板高度 H 与载气流速 u 及影响 H 的三项因素之间的关系，其简化式为：

$$H=A+B/u+Cu \tag{5-15}$$

式中，A、B、C 为常数，分别对应为涡流扩散项、分子扩散系数和传质阻力系数；u 为载气流速。

色谱峰展宽由涡流扩散、分子扩散和传质阻力共同引起。流速 u 高能降低分子扩散效率，但同时也降低传质效率。因此，存在一个最佳流速 u_{opt}。当 u 一定时，减小 A、B、C，则 H 值也小，也可提高柱效率。

(1) 涡流扩散项 A

也称多径项，是组分分子在分离柱中运动的多路径造成色谱峰变宽，柱效率变差，如图 5-5 所示，其扩散方向垂直于载气流动方向。

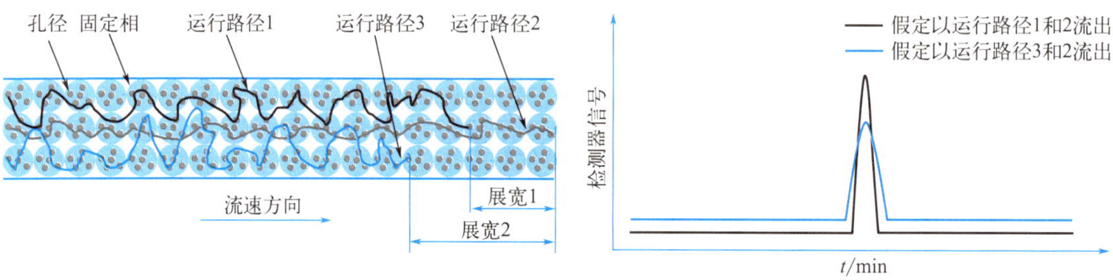

图 5-5　涡流扩散项对色谱峰展宽的影响示意图

假设运行路径 2 为理想运行路径（长直路径几乎无绕行），运行路径 1 和运行路径 3 为非理想运行路径（绕行明显）。当溶质分子沿路径 2 和路径 1 流出时，此时谱带宽度较小（展宽 1），离散程度较小，将得到谱带展宽较小的黑色流出谱图；当溶质分子沿路径 2 和路径 3 流出时，谱带宽度较大（展宽 2），离散程度较大，将得到谱带展宽较严重的蓝色流出谱图。因此涡流扩散效应亦被称作“多路径效应”。

A 由固定相引起，与填充柱的固定相的平均颗粒粒度 d_p 和填充均匀性 λ（取决于填充物颗粒的大小分布和装柱情况）有关，与载气性质、流速和组分无关。

因此，**对气相色谱和液相色谱的填充柱而言，固定相颗粒越小、填充得越均匀，A 项越小，柱效率越高。但对毛细管柱而言，因其不装填阻力小，且柱长可达百米，故气流单路径通过色谱柱，消除了组分在柱中的涡流扩散项，即 A＝0。**

(2) 分子扩散项 B/u

也称纵向扩散项，是由于组分分子在色谱柱中自身扩散的浓度梯度引起的色谱峰变宽，柱效率变差，如图 5-6 所示。

同一组分的许多溶质分子刚进入色谱柱入口时，集中在Ⅰ区，未发生纵向扩散（深灰色区域）。由于区左右侧（空白区域）无溶质分子的存在，此时浓差效应明显，溶质分子向空白区域扩散，呈现出Ⅱ区的分布状态（中心深灰色区域变窄，左右两侧呈现对称的浅灰色区

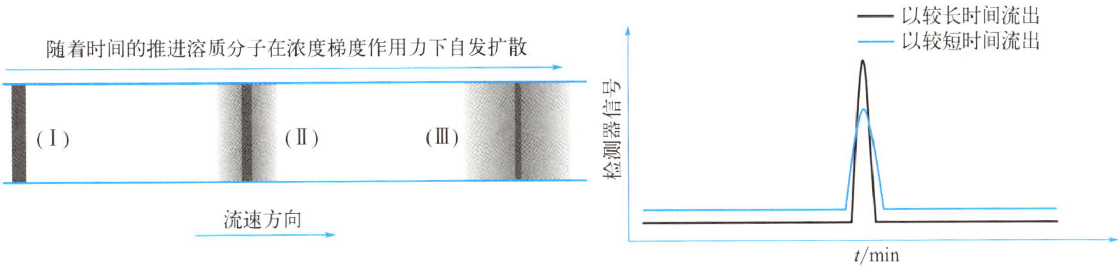

图 5-6　分子扩散项及其对色谱峰展宽的影响示意图

域)。随着时间的推进，溶质分子即将离开色谱柱时，呈现出Ⅲ区溶质分子的分布状态(中心深灰色区域进一步变窄，左右两侧呈现对称的浅灰色区域展宽)。对于一个指定的色谱柱，当流速增大时，溶质分子将以较短的时间通过色谱柱，此时用于纵向扩散的时间就相应减少，将会得到谱带展宽较小的黑色流出峰；反之，流速小，溶质分子将会以较长的时间通过色谱柱，用于纵向扩散的时间相应增加，最终会得到谱带展宽较严重的蓝色流出峰。

因此，对气相色谱的填充柱而言，采用分子量较大的载气，B、H 将降低，柱效率升高。载气流速 u 降低，滞留时间延长，分子扩散项 B/u 增大，柱效率降低，所以流速要适当。一般实际操作中载气低速用氮气，高速用氦气、氢气。对毛细管柱而言，其柱内中心是空的，故柱内分子扩散更严重，B/u 增大。

在液相色谱中，因液相的分子扩散很小（仅为气相的 $10^{-5}\sim10^{-4}$），只要流速不太低，分子扩散项就可以忽略不计。

(3) 传质阻力项 Cu

传质阻力是指影响传质过程进行速度的阻力，包括气相传质阻力 C_g 和液相传质阻力 C_l。前者是指待测组分从气相移动到固定相表面的传质过程中受到的阻力；后者是指待测组分从固定相的气液界面移动到液相内部，发生质量交换以达到分配平衡，然后又返回气液界面的传质过程中受到的阻力。

溶质分子在两相之间的分配平衡并不是一瞬间就完成的，而是需要足够的时间去完成。如图 5-7 所示，假定Ⅰ区起始溶质分子在两相中的展宽一致（展宽 1)，经过一定的时间，流动相中的溶质分子以初始的速率继续运动，而固定相中的溶质分子由于“保留作用”将会以较慢的速率运动或发生停滞，从而造成谱带的继续展宽，呈现Ⅱ区状态（展宽 2)。这个过程中，为了维持流动相与固定相中溶质分子的局部分配平衡，流动相中的溶质分子将会穿过

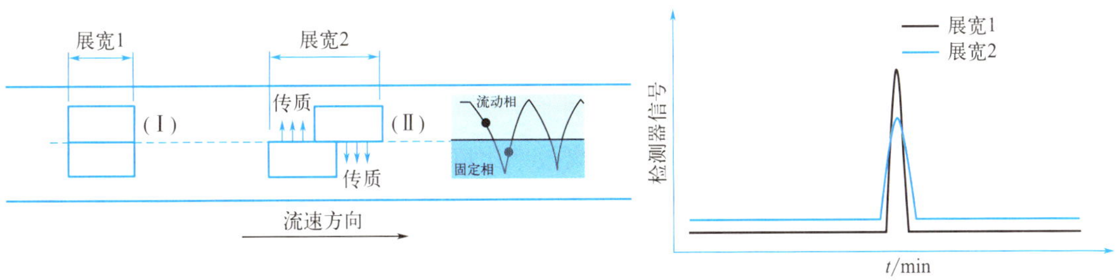

图 5-7　传质阻力项及其对色谱峰展宽的影响示意图

相界面传质至固定相被吸附，而固定相中的溶质分子则会脱附并穿过相界面传质至流动相。随着流速的增加，流动相中的溶质传质速度增加，而用于两相平衡的相对时间减小，最终造成谱带严重展宽。反之，流速减小，流动相中的溶质传质速率减慢，而用于两相分配平衡的相对时间增加，最终减弱谱带的展宽现象。

因此，对气相色谱的填充柱而言，采用**颗粒小的固定相填充物、分子量小的载气、减小液膜厚度，都可以减小 C_g，从而提高柱效率；此外载气流速 u 增大，传质阻力项 Cu 增大，柱效降低。对毛细管柱而言**，其固定液直接涂在管壁上，总柱内壁面积较大，涂层很薄，则柱中**液相传质阻力系数 C_l 可大大降低，甚至可以忽略**，从而减小 H，提高柱效率。

在液相色谱中，传质阻力项除了包括必需的流动相和固定相的传质以外，还有滞留流动相的传质阻力项。所以采用液体作为流动相时，LC 的色谱峰比 GC 的宽些。

速率方程式中，理论塔板高度 H 对流速 u 的一阶导数有一个极小值，以 H 对 u 作图，得出 GC 的 H-u 曲线（见图 5-8）。

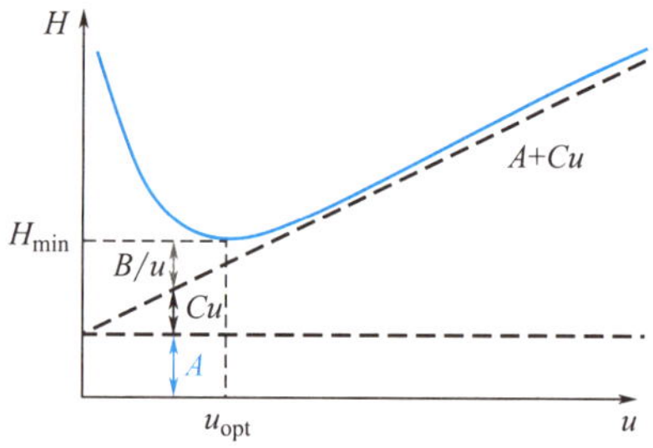

图 5-8　GC 的 H-u 曲线

曲线最低点就是最佳流速 u_{opt}（通常用实验优化确定），对应最小塔板数 H_{min}，此时柱效率最高。

$$u_{opt}=\sqrt{\frac{B}{C}} \tag{5-16}$$

$$H_{min}=A+2\sqrt{BC} \tag{5-17}$$

综上所述，**提高柱效率的途径要求填充要均匀、填料粒度小、流动相分子量适中、流速最佳、固定液的液膜厚度要薄**。此外，柱温也是影响 H 的重要因素，它可以通过影响气相与液相之间的传质，以及分子扩散和传质阻力等系数来影响 H。提高柱温可以改善气相与液相的传质，从而提高柱效率。然而，提高柱温也会加剧组分分子的扩散，因此**提高柱温的同时也要适当提高载气流速 u，使 B/u 处于合理的水平，且柱温不应超过固定液的最高使用温度**。

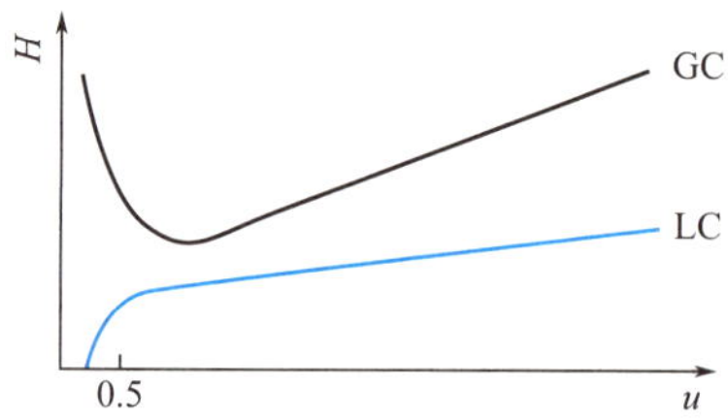

图 5-9　LC 和 GC 的 H-u 曲线对比示意图

LC 和 GC 的 H-u 曲线有所区别，如图 5-9 所示。从图上可看出，LC 的 u_{opt} 比 GC 要小得多，H_{min} 也更低些，表明 LC 具有更高的柱效率。LC 的曲线具有更平缓的斜率，表示采用高流速 u 时，其色谱柱效率无明显损失，可以缩短分析时间。

从速率方程式来看，不论气相还是液相，要想获得高效能的色谱分析，一般可采用以下措施：①进样时间要短。②填料粒度要小。③改善传质过程。过高的吸附作用力可导致严重的峰展宽和拖尾，甚至不可逆吸附。④适当的流速。

对比不同类型的色谱柱，毛细管柱的分离效率比填充柱高 10～100 倍，其独特的中空结构可以加快分析速度，且较多采用程序升温方式，毛细管色谱柱的柱效率高达 3000～4000 块·m^{-1}；相应地要求使用灵敏度高的检测器，如火焰离子化检测器 FID，以确保检测的精确性与可靠性。

高阶选修 A5-2　塔板理论

塔板理论是由马丁等人提出的类似精馏塔分离的色谱分析理论之一，该理论有助于理解色谱分离的原理，指导实验条件的优化，提高分离效果。

它将连续的色谱过程看作是许多小段平衡过程的重复，从而将色谱柱等效为一系列具有一定分离能力的塔板。在每一小段塔板内，一部分空间为涂覆在载体上的固定液（固定相）占据，另一部分空间充满着气相蒸气（流动相），载气占据的空间称为板体积 ΔV。当欲分离的待测组分随载气进入色谱柱后，就在两相间进行分配。由于流动相在不停地移动，组分就在这些塔板间隔的两相间不断地达到分配平衡，如图 A5-2 所示。

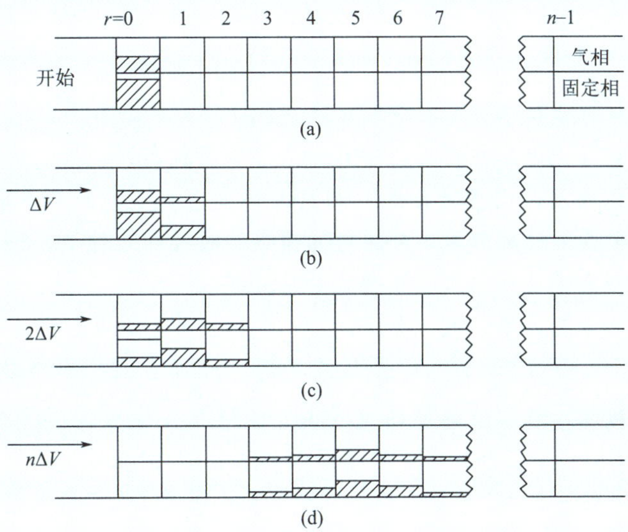

图 A5-2　待测组分在色谱柱中的分配示意图

理论塔板数（N）是色谱分离过程中的一个重要参数，它表示色谱柱的分离能力。每块理论塔板都代表一个平衡步骤，理论塔板数越大（即平衡的步骤越多），表示色谱柱的分离能力越强。

该理论基于以下假设：在每一个平衡过程的间隔内，平衡可以迅速达到；将载气视为连续流动；试样沿色谱柱方向的扩散可忽略；每次分配的分配系数相同。

色谱柱长度 L、理论塔板高度 H 和理论塔板数 N 三者之间的关系可用以下公式表示：

$$H=\frac{L}{N} \tag{A5-1}$$

由式（A5-1）可知，为了避免色谱柱过长，塔板高度 H 应当尽可能小。这些概念适用于任何形式的柱色谱。

理论塔板数与色谱参数之间的关系为

$$N=16\left(\frac{t_{\mathrm{R}}}{Y}\right)^2=5.54\left(\frac{t_{\mathrm{R}}}{Y_{1/2}}\right)^2 \tag{A5-2}$$

由上式可知，色谱峰越窄，理论塔板数越多。

根据塔板理论，单位柱长的理论塔板数越多，表明柱效率越高。使用不同物质组分的数据进行计算可以得到不同的理论塔板数，因此在评价或比较色谱柱效率时，应该指明所用的测定组分。

有效塔板数（N_{eff}）是指排除了死时间 t_m 干扰，在实际分离过程中能够实现分离的塔板数量。组分在 t_m 时间内并不参与柱内分配，与分离无关，因此以理论塔板数和理论塔板高度表示的柱效率与实际情况有差异，为了准确地评价柱效率，以 t'_R 代替 t_R 计算得到的塔板数称为有效塔板数 N_{eff}，与之相应的塔板高度称为有效塔板高度 H_{eff}。

$$N_{eff}=5.54\left(\frac{t_R-t_m}{Y_{1/2}}\right)^2=5.54\left(\frac{t'_R}{Y_{1/2}}\right)^2=16\left(\frac{t'_R}{Y}\right)^2 \tag{A5-3}$$

$$H_{eff}=\frac{L}{N_{eff}} \tag{A5-4}$$

N_{eff}、H_{eff} 受到固定相性质、流动相组成和流速等因素的影响。同一色谱柱对不同物质的测定结果会有差异，因此在使用色谱柱时除了需要说明所使用的色谱条件外，还必须指明测定时所使用的物质。同样地，同一物质在不同色谱柱上测得的柱效率也会有所不同。为了比较不同色谱柱的柱效率，需要在相同的色谱操作条件下，让相同的物质通过不同的色谱柱，然后测定并计算出各个色谱柱的柱效率。

为了得到最高的分离效率，就需要 H 最小，但是最重要的是分离需要在最短的时间内完成。通常情况下，当 $u>u_{opt}$ 时，分离更实用。H 值往往由最后洗脱的化合物决定，因为该组分的保留最强。对于一根粒径为 5 μm 的 HPLC 柱来说，H 应当是颗粒直径的 2～3 倍；粒径为 30 μm 的色谱柱，H 通常是颗粒直径的 10 倍。

塔板理论成功导出了色谱流出曲线的数学表达式，说明了色谱峰的形状呈正态分布，通过塔板数的计算，可以评估色谱柱的分离能力，指导实验条件的优化。然而，塔板理论仅适用于理想情况下的色谱分离，对于复杂的混合物分离或非线性色谱行为可能存在局限性。该理论所基于的假设有些是不当的，且仅考虑了热力学因素，没有考虑动力学因素，因此不能说明影响柱效率的因素及谱带展宽的原因，也不能说明流动相流速对柱效率的影响。

5.1.6 色谱分析法的定性与定量分析方法

色谱法具有很高的分离效能，可以在很短时间内分离极复杂的混合物，在物质的分离、提纯等方面有非常广泛的应用。但是分离不是唯一的目的，色谱法更大的优势在于对混合物的组成及含量的分析，即定性分析和定量分析。理想的分离效能给定性、定量工作提供了更好的条件。

5-2 色谱定性与定量分析 mp4

5.1.6.1 定性分析

色谱法可以对多种组分的混合物进行分离分析，但由于不同组分在同一固定相上的色谱保留行为可能相同，仅凭组分的色谱峰保留值对未知物定性有一定困难。对于一个未知样品，首先要了解它的来源、性质、分析目的，在此基础上，对样品进行初步估计；再结合已知纯物质或有关的色谱定性参考数据，用一定的方法进行定性鉴定。

以下是几种常用的定性分析方法：

(1) 通过已知标准物对照进行定性分析

采用已知标准物进行直接对照，是最为直观的定性分析方法，尤其适用于拥有已知标准物质的情形。此方法的定性依据在于：在一致的色谱操作条件（柱长、固定相类型、流动相组成等）下，各组分展现出特定的色谱保留值（如 t_R 或 V_R）。

具体操作时，将未知样品与标准样品置于同一色谱柱上，采用完全相同的色谱条件进行分离分析，并绘制出色谱图进行对比。如图 5-10 所示，若未知样品的色谱峰与标准样品的色谱峰在保留时间及峰形上均高度吻合，则可初步判断未知样品中含有与标准样品相同的组分。然而，这种方法受限于标准物质的可获得性，并且色谱操作条件的任何微小变动都可能对结果产生显著影响，因此在实际应用中需谨慎操作并确保条件的一致性。

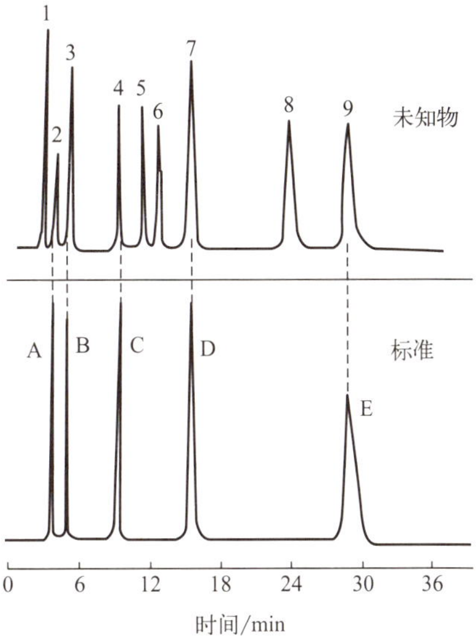

图 5-10　醇溶液定性分析色谱图

标准已知物：A—甲醇；B—乙醇；C—正丙醇；D—正丁醇；E—正戊醇

(2) 利用文献保留值定性

针对组成相对简单的混合物，可以选定一种基准物质，并依据文献中报道的色谱条件开展实验，从而计算出两组分的相对保留值（$r_{i,s}$）。这个相对保留值定义为组分 i 与基准物质 s 的调整保留值之比，它主要受到固定液种类和柱温的影响，而与其他的操作条件无关。在色谱手册中，我们可以找到大量物质在不同固定液上的保留数据，这些数据为定性鉴定提供了有力支持。

采用这种方法进行定性分析，不仅迅速直观，而且不受载气流量的影响。然而，当面对多组分混合物时，选择一个能够同时与所有组分进行对照的标准物质变得极为困难。特别是当被测组分的保留时间与标准物质的保留时间相差较大时，定性的准确性会显著降低。

为了解决这个问题，人们发展了文献值对照定性的方法。这种方法通过比较已知物的文献保留值与未知物的实测保留值来进行定性分析。为了确保两者之间的可比性，我们需要从理论上解决保留值的通用性和可重复性问题。国际上广泛认可的保留指数（retention index，RI）成为了保留值的标准形式，用于定性分析。保留指数的数值仅取决于柱温和固定相的性质，与其他色谱条件无关。不同实验室测定的保留指数具有良好的重现性（精度可达±0.1 指数单位或更低），标准物质统一，温度系数小。此外，许多色谱文献都提供了大量物质的保留指数数据，使其成为目前文献记载中最有价值的保留值表达形式。因此，利用保留指数进行定性分析具有可靠、方便等诸多优点。

(3) 利用选择性检测器进行定性

选择性检测器仅对特定类别或几类化合物产生响应信号。在相同的色谱条件下，通过比较同一样品在不同检测器上的响应差异，可以进行定性分析。例如，样品中含有一种具有紫外吸收特性的化合物（如某些芳香族化合物、含有共轭双键的化合物等），那么当这种化合物流经紫外-可见检测器（UVD）时，它就会吸收特定波长的紫外光，从而产生一个明显的响应信号峰，证明该化合物具有双键共轭结构。同时，结合其他色谱信息（如保留时间等），还可以对该化合物进行更准确的定性分析。液相色谱的二极管阵列检测器（DAD）不仅可以得到样品色谱图，还可以得到样品的时间-检测波长-响应信号的三维谱图，可以很方便地观察到不同出峰时间段内组分的紫外（或紫外-可见）区光谱图，通过样品光谱图也可以进行样品鉴别。

此外，若某组分在氢火焰离子化检测器（FID）上产生响应，则表明该组分属于有机化合物；若在电子捕获检测器（ECD）上有响应，则意味着该化合物可能含有卤素等电负性强的原子或基团；若在火焰光度检测器（FPD）上有响应，则表明该组分含有硫（S）或磷（P）元素；在氮磷检测器（NPD）上有响应，证明组分是含氮（N）或磷（P）的化合物。

采用单检测器进行定性分析时，仅能确认某一类化合物的存在，而无法精确识别具体组分。为了提高分析的准确性，实际操作中更倾向于采用双检测器定性方法。不同检测器对各类化合物的响应特性各异，即使是同一检测器，对不同化合物的响应也会有所差别。因此，当某一被测化合物被两个或更多检测器同时检测时，这些检测器对被测化合物的检测灵敏度比值与被测化合物的性质紧密相关，这一特性可用于化合物的定性分析，这便是双检测器体系的基本原理。

双检测器体系通常采用串联或并联两种连接方式。在定性鉴定工作中，常用的双检测器组合包括 FID（火焰离子化检测器）与 ECD（电子捕获检测器）、FLD（荧光检测器）与 TCD（热导检测器）、FPD 与 FID 等。这些检测器对的组合使用，能够显著提高分析的准确性和可靠性。

(4) 联用方法定性

色谱联用技术是一种高效的分析手段，它将色谱分离柱与另一种检测仪器通过精密的“接口”装置紧密相连。这一技术使得经色谱仪分离后的各个组分能够逐一、有序地通过接口，被送入后续的检测仪器中进行深入分析。在此过程中，色谱仪扮演着样品分离提纯的关键角色，而与之联用的检测仪器则相当于色谱仪的一种高级检测器，专门负责对分离后的样品进行精确的检测与定性分析。

在实际应用中，色谱联用技术涵盖了多种仪器组合，如色谱-质谱联用、色谱-红外光谱联用以及色谱-核磁共振联用等。这些联用技术为组成复杂的混合物提供了强有力的定性分析手段，使得研究人员能够更加准确、全面地了解样品的成分与性质。

5.1.6.2 定量分析

色谱分析的另一重要作用是测定样品中各组分的准确含量，即定量分析。色谱法定量的理论依据是，样品组分的质量或在流动相中的浓度与检测器所捕捉到的响应信号呈现出正比关系。

进行色谱定量分析，首先是精确测量检测器所产生的响应信号，这通常体现为色谱图中的峰面积或峰高。其次是准确计算出比例常数，这一常数在色谱学中被称为“校正因子 f_i''。即用于校正因检测器响应特性、组分性质或色谱条件差异而导致的信号偏差的系数，是连接检测器响应信号与组分实际含量的桥梁。最后是正确选择合适的定量计算方法，将测得的峰面积或峰高转化为组分的实际含量。

色谱定量分析的基本公式：

$$m_i = f_i A_i \tag{5-18}$$

式中，m_i 为被测组分 i 的量；A_i 为被测组分 i 的峰面积；f_i 为被测组分 i 的校正因子，其数值与检测器的性质和被测组分的性质有关。

在色谱定量分析中，要想得到可靠的定量分析结果，必须能准确地测量检测器的响应值，如峰面积（A_i）或峰高（h_i）以及校正因子（f_i）。

(1) 峰面积测量方法

色谱图上基本的定量数据是峰面积或峰高，其与进样量呈函数关系，因此在定量分析时，必须得到峰面积（或峰高）的数据，其测量的准确程度将直接影响定量结果的准确度，峰面积测量要根据不同的色谱峰形采用不同的测量计算方法。

在实际操作中，可以使用积分仪或工作站软件自动计算峰面积和峰高。根据需要，人们可预先设定积分参数（半峰宽、峰高和最小峰面积等）和基线，仪器根据这些参数来计算每个色谱峰的峰高和峰面积，并直接给出峰高和峰面积的结果，以便于定量计算使用。峰面积与组分的含量成正比关系，可以通过标准曲线法或内标法进行定量计算。

(2) 定量校正因子

由于不同物质的响应因子可能不同，因此需要使用定量校正因子对响应因子进行调整，以保证定量结果的准确性。定量校正因子可以通过对比已知浓度的标准样品和未知样品的峰面积来计算得到。

① 绝对校正因子（f'）　对同一个检测器，等量的不同物质其响应值是不同的，但对同一种物质，其响应值只与该物质的量（或浓度）有关。根据色谱定量分析基本公式，可以计算出定量校正因子：

$$f_i = m_i / A_i \tag{5-19}$$

对于被测组分一定的情况下，校正因子的数值主要由仪器的灵敏度决定，在色谱定量分析中的使用有很大的局限性。因此，进行面积校正时常采用相对值，人们提出了相对校正因子的概念，即某物质与标准物质的绝对校正因子之比。

不同检测器所用的标准物质是不同的，热导池检测器常用的标准物质是苯，氢火焰离子化检测器常用的标准物质是正庚烷。

② 相对校正因子（f）　通常人们将相对校正因子简称为校正因子，作为无量纲量，它的数值与所用的计量单位有关，根据被测组分的计量单位不同，校正因子可分为质量校正因子、摩尔校正因子和体积校正因子。在被测样品一定的情况下，校正因子只与检测器类型有关，而与色谱条件无关。

当组分量用质量表示时的校正因子称为质量校正因子（f_m），即单位面积所代表组分的质量，是最常用的定量校正因子，表达式如下：

$$f_m = \frac{f_{m(i)}}{f_{m(s)}} = \frac{m_i / A_i}{m_s / A_s} = \frac{m_i}{m_s} \times \frac{A_s}{A_i} \tag{5-20}$$

式中，m_i、A_i 分别为被测组分的质量和峰面积；m_s、A_s 分别为标准物的质量和峰面积。

(3) 常用的定量计算方法

常用的定量计算方法包括：内标法、外标法和归一化法等。

① 归一化法　通过将不同组分的含量归一化为百分比来进行定量计算的方法为归一化法，是常用的一种简便、准确的定量方法。使用这种方法的条件是样品中所有组分都出峰，将所有出峰组分的含量之和按100%计，如果样品中组分是同分异构体或同系物，若已知校正因子近似相等，就可以不用校正因子，将面积直接归一化，即可按下式计算：

$$w_i = \frac{m_i}{\sum\limits_i m_i} = \frac{f_i A_i}{\sum\limits_i f_i A_i} \times 100\% \tag{5-21}$$

式中，A_i 为组分 i 的峰面积；f_i 为组分 i 的质量校正因子。

若样品中的组分为同系物或同分异构体时，校正因子近似相等，可不用引入校正因子，将峰面积或峰高直接利用归一化公式，则式(5-21) 可简化为

$$w_i = \frac{A_i}{\sum\limits_i A_i} \times 100\% \tag{5-22}$$

归一化法的优点是简便、准确，进样量、流速、柱温等条件的变化对定量结果的影响很小。缺点是校正因子的测定较为麻烦，并要求所有组分都出峰，且无重叠色谱峰。因此其应用受到一定程度的限制，在使用选择性检测器时，一般不用该法定量。

归一化法主要用于 GC 的定量测定，而在高效液相色谱法（HPLC）中很少使用。因为，在 HPLC 定量分析中，经常使用的一些检测器，如紫外、荧光等，对即使是同系物的不同组分的响应值差别也较大，因此不能忽略校正因子的影响，而且对于此类非通用型检测器，对于某些组分可能没有响应值（即不出峰），不符合方法的适用范围。

【例 5-2】采用氢火焰离子化检测器对 C8 芳烃异构体试样进行气相色谱分析，所得实验数据如表所示。计算各组分的质量分数。

试样组分	峰面积 A_i/mV·s	校正因子 f_i
乙苯	120	0.97
对二甲苯	75	1.00
间二甲苯	140	0.96
邻二甲苯	105	0.98

解：样品中所有组分都出峰，可用归一化法计算。

利用公式(5-21)：$w_i = \frac{f_i A_i}{\sum\limits_i f_i A_i} \times 100\%$

其中，$\sum A_i f_i = 120 \times 0.97 + 75 \times 1.00 + 140 \times 0.96 + 105 \times 0.98 = 428.7$

则乙苯的质量分数为：$\frac{120 \times 0.97}{428.7} \times 100\% = 27.2\%$

对二甲苯的质量分数为：$\frac{75 \times 1.00}{428.7} \times 100\% = 17.5\%$

间二甲苯的质量分数为：$\frac{140 \times 0.96}{428.7} \times 100\% = 31.4\%$

邻二甲苯的质量分数为：$\frac{105\times0.98}{428.7}\times100\%=24.0\%$

② 内标法　内标法通过在样品中加入内标物，以消除样品处理过程中可能存在的误差，从而提高定量精度；当分析样品不能或不适宜用归一化法定量时，可考虑用内标法定量。

准确称取样品，选择适宜的组分作为欲测组分的参比物，在此称为内标物。加入一定量的内标物，根据被测物和内标物的质量及在色谱图上相应的峰面积比求组分的含量。

对内标物的要求是：不能与样品或固定相发生反应，能与样品完全互溶，与样品组分很好地分离又比较接近，内标的量要接近被测组分的含量，准确称量。

如果用峰高作为测量参数，上式也可将峰面积改为峰高，将峰面积校正因子改为峰高校正因子进行定量。

内标法定量也比较准确，而且不像归一化法有使用上的限制。主要缺点是：每次需要用分析天平准确称量内标物和样品，日常分析不够方便，样品中多了一个内标物，对分离的要求也更高。

【例 5-3】采用内标法分析播前除草剂 1 号试样中二氯烯丹 $C_{10}H_{17}C_{12}NOS$ 的含量时，以正十八烷为内标物，称取该试样 8.12 g，加入正十八烷 1.88 g，经色谱分析测得二氯烯丹峰面积 A_i＝20.68 mV·s，正十八烷 A_s＝20.87 mV·s。已知二氯烯丹以正十八烷为标准的定量校正因子 f_i＝0.402，计算试样中二氯烯丹的质量分数。

解：根据内标法的计算公式：$w_i=\frac{f_iA_i}{A_s}\times\frac{m_s}{m}\times100\%$

其中：w_i 为二氯烯丹的质量分数；

f_i 为二氯烯丹相对于正十八烷的定量校正因子，已知 $f_i=40.2$；

A_i 为二氯烯丹的峰面积，$A_i=20.68$ mV·s；

A_s 为正十八烷的峰面积，$A_s=20.87$ mV·s；

m_s 为加入的正十八烷的质量，$m_s=1.88$ g；

m 为二氯烯丹试样的质量，$m=8.12$g。

代入数值计算得：$w_i=\frac{0.402\times20.68}{20.87}\times\frac{1.88}{8.12}\times100\%=9.22\%$

所以，试样中二氯烯丹的质量分数为 9.22%。

③ 外标法　又称校正曲线法、标准曲线法或者直接比较法，这是在色谱定量分析中，特别是 HPLC 定量分析中比较常用的方法，是一种操作比较简单，计算方便、快速的绝对定量分析方法。

用已知纯样品配成不同浓度的标准样进行试验，测量各种浓度下对应的峰高或峰面积，绘制响应信号-含量标准曲线。分析时，进入同样体积的分析样品，从色谱图上测出面积或峰高，从校正曲线上查出其含量。

该方法的优点是绘制好标准工作曲线后测定工作操作简单和计算方便，可直接从标准工作曲线上读出含量，特别适合于大批量样品分析。缺点是仪器和操作条件对分析结果影响很大，不像归一化和内标法定量操作可以互相抵消。因此，标准曲线在使用一段时间后应当校正。

在一些工厂的常规分析中，样品中各组分中的浓度一般变化不大，在检量线通过原点时可不必作校正曲线，用单点校正法来分析，即配制一个和被测组分含量十分接近的标准样，定量进样，由被测组分与外标组分峰面积或峰高比求被测组分含量。

【例 5-4】用气相色谱热导池检测器分析卤代烃混合物。在同样条件下，测得标准样品和未知样品的数据如下。计算未知样品中各组分的质量分数。

试样组分	标准样		未知样
	进样量/μg	峰面积 A_i/mV·s	峰面积 A_x/mV·s
氯乙烷	0.40	110.0	82.3
氯丙烷	0.40	112.2	无峰
氯戊烷	0.40	87.3	125.2
氯庚烷	0.40	78.4	180.0

解：由 $m_{组分}=fA=\dfrac{m_{标准}}{A_{标准}}\times A_{未知样}$ 可知：

未知样中氯乙烷：$m_{氯乙烷}=\dfrac{0.40}{110.0}\times 82.3=0.2993(\mu g)$

未知样中氯戊烷：$m_{氯戊烷}=\dfrac{0.40}{87.3}\times 125.2=0.5737(\mu g)$

未知样中氯庚烷：$m_{氯庚烷}=\dfrac{0.40}{78.4}\times 180.0=0.9184(\mu g)$

又由于未知样中没有出现氯丙烷的色谱峰，所以未知样中不含有氯丙烷。

则未知样总质量：$m=0.2993+0.5737+0.9184=1.7914$ (μg)

故未知样品中各组分的质量分数如下：

未知样中氯乙烷质量分数：$w_{氯乙烷}=\dfrac{0.2993}{1.7914}\times 100\%=16.71\%$

未知样中氯戊烷质量分数：$w_{氯戊烷}=\dfrac{0.5737}{1.7914}\times 100\%=32.03\%$

未知样中氯庚烷质量分数：$w_{氯庚烷}=\dfrac{0.9184}{1.7914}\times 100\%=51.27\%$

5.2 气相色谱法

5-3 气相色谱分析 mp4

气相色谱法的流动相是专门用来载送样品的气体（载气）。固定相通常是非挥发性液体或类液相，涂覆或键合于毛细管壁或者惰性固体颗粒（如硅藻土）。

气相色谱适用的分析对象很广，可以是气体混合物，也可以是容易汽化的液体混合物（如大多数非离子型的 C≤25 有机分子、部分有机金属化合物）。但是也有限制条件，分析物必须在测量温度范围 50～300 ℃ 内保持热稳定。如果分析对象不是气体或者不稳定，可以衍生化处理后，再进行气相色谱分析。气相色谱不能分析高分子或者盐类化合物，但是它们可以通过高效液相色谱或者离子色谱分析。

5.2.1 气相色谱仪

如图 5-11 所示，气相色谱仪的核心部件包括气路系统、进样器、色谱柱、检测器和数据处理系统。

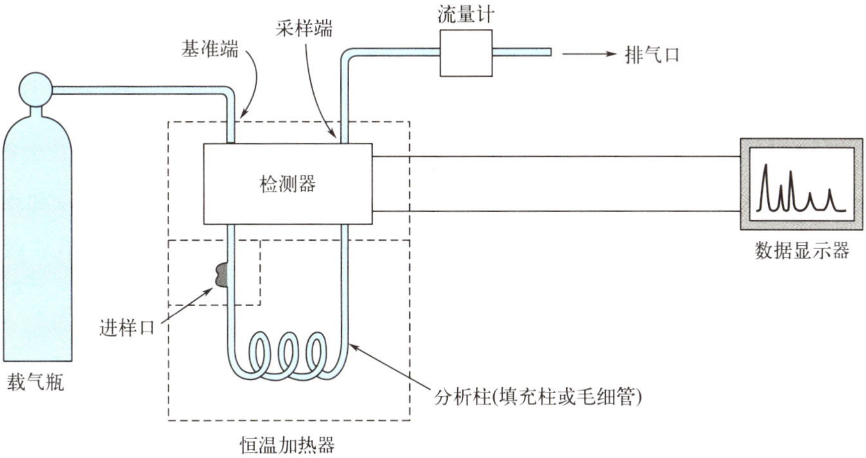

图 5-11　气相色谱系统图

5.2.1.1　气路系统

气体系统是气相色谱仪的核心组成部分，由推动气体流动的载气和气体流动所经过的管道组成。它是一个封闭的系统，其中载气连续流动，供给色谱分析所需的载气、燃气和辅助燃气。该系统包括气体钢瓶（或气体发生器）、减压阀、净化干燥装置等组成部分。气路系统要求载气纯净、封闭性好、流量稳定以及流量测量准确。常见的气路分为单柱单气路和双柱双气路（见图 5-12）。**单柱单气路适用于恒温分析，双柱双气路可补偿固定液流失，使基线稳定，既能用于恒温分析，也适用于程序升温分析。**

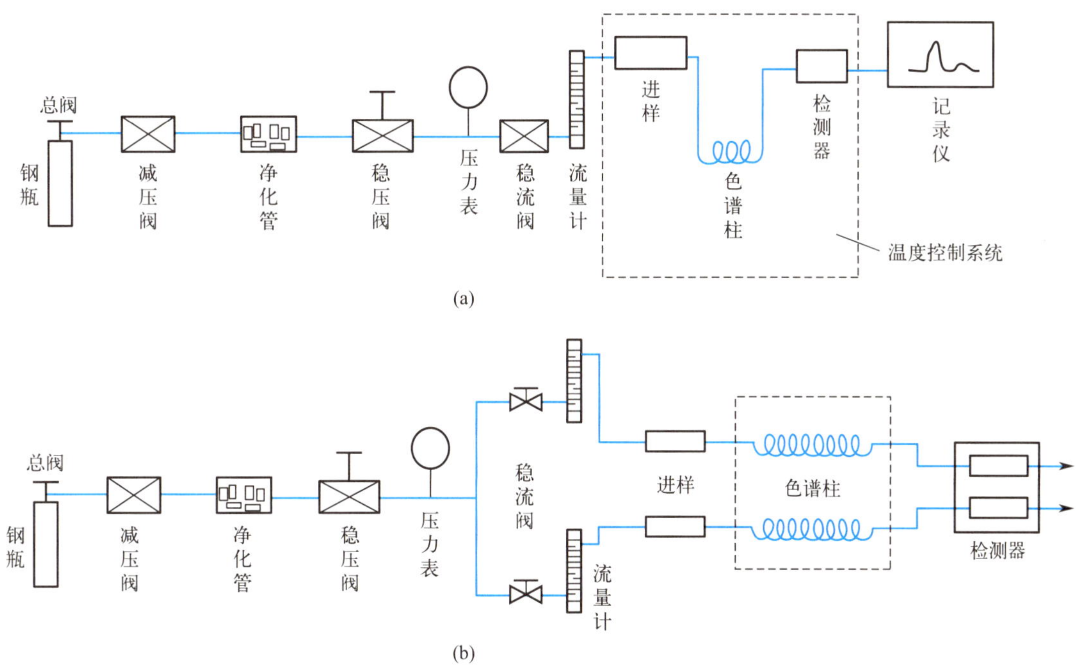

图 5-12　气相色谱仪系统示意图

（a）单柱单气路；（b）双柱双气路

载气通常使用高纯度的惰性气体，如氮气 N_2、氢气 H_2、氦气 He、氩气 Ar 等。载气的纯度会直接影响仪器的灵敏度和稳定性，所以需要在色谱柱前的气路中串联净化装置，以去除可能存在的杂质和污染物。

5.2.1.2 进样系统

进样系统是气相色谱仪的另一个重要组成部分，由进样器和气化室组成，其作用是将样品引入色谱柱。根据样品的状态和性质不同，进样系统可以分为气体进样和液体进样两种。

气化室的作用是将液体样品瞬间汽化，其结构见图 5-13。汽化室温度必须严格控制，一般比柱温高 10～50 ℃。

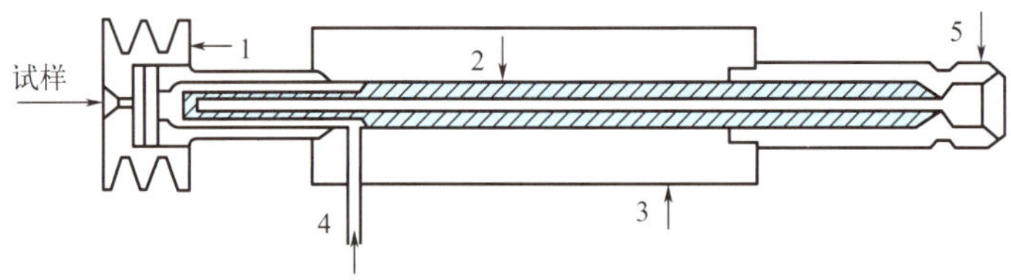

图 5-13　气化室结构示意图

1—散热片；2—玻璃插入器；3—加热器；4—载气入口；5—接色谱柱

对于气体样品，可以用医用注射器进样，一般在 100 pL～5 mL 范围内任选量程，但因气体样品反冲和渗漏，误差大。也可以用旋转式六通阀进样（见图 5-14），其外部接有样品环（或定量环），一般为 0.5～1.1 mL。图 5-14(a) 代表取样位置，气样取入样品环；样品取好后，将阀瓣旋转 60°为图 5-14(b) 所示的进样位置，载气流入将样品环中的气样送入色谱柱。

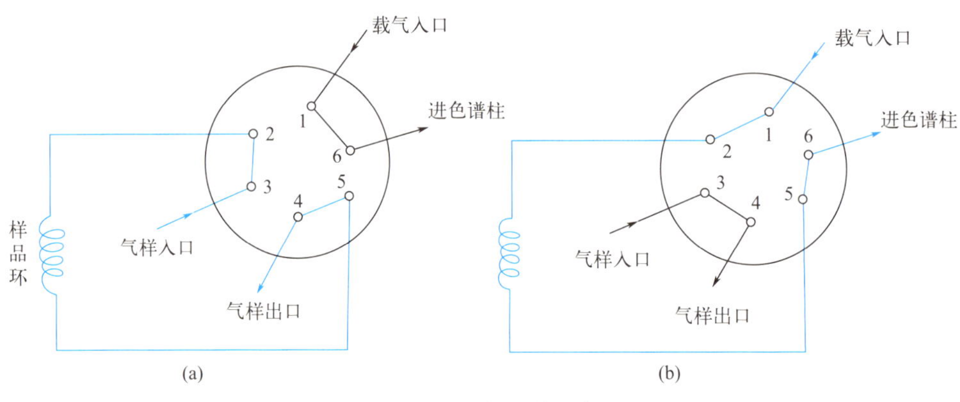

图 5-14　六通阀进样示意图

(a) 取样位置；(b) 进样位置

对于液体样品，通常用微量注射器进样，进样量为微升级，由于液体样品比较不稳定，通常需要进行加热处理，以提高分离效果。同时为防止样品在定量环中残留，通常需要进行定量环的清洗和干燥处理；对于固体样品应选择适当的溶剂溶解，然后用微量注射器进样。

5.2.1.3 分离系统

分离系统即色谱柱，是气相色谱仪的核心部分，由柱管和其中的固定相组成，负责将样品中的各个组分进行分离。

(1) 填充柱

填充柱一般由不锈钢、铜、玻璃和聚四氟乙烯管制成，内径为 2～4 mm，长度为 1～10 m，柱型有 U 型、圈型及螺旋型数种。可根据实验条件如柱温、柱压、样品性质（如反应性、腐蚀性）决定选用何种材料的柱子，一般用不锈钢或铜镀镍的柱子。对于有反应性、易分解或具有腐蚀性的样品，可用玻璃柱或聚四氟乙烯柱。

填充柱的优点是制备简单、价格便宜，适用于大样品量的常规分析。填充柱的缺点是分离效果相对较差，特别是对于复杂样品。

(2) 毛细管柱

毛细管柱是毛细管气相色谱仪的专用部件（又称开管柱或空心柱），通常由一根直径很细的石英玻璃管组成，其柱长比填充柱大 1～2 个数量级，故具有更高的分离效率，且只有液体固定相。大量实验证实这类色谱柱的最大特点在于它的“空心性”，而不是它的“细小性”。

毛细管柱的优点是分离效率高、分析速度快，适用于复杂样品的分离，是应用最广泛的气相色谱柱。毛细管柱的缺点是制备困难、价格较高，需要使用高纯度的气体作为载气。

毛细管柱常根据填充型固定液涂渍方法不同，分为以下几种类型（见表 5-2）：

表 5-2　气相色谱常用毛细管柱分类

类型		涂渍方法	特点	示意图
物理涂渍形式	涂壁开管柱（wall-coated open tubular column，WCOT）	将内壁经预处理，再把固定液涂在毛细管内壁上，涂覆过程中液相交联至柱壁	由于管壁的表面光滑，润湿性差，对表面接触角大的固定液，直接涂渍制柱，重现性差，柱寿命短。现 WCOT 柱，减小表面接触角，再涂固定液	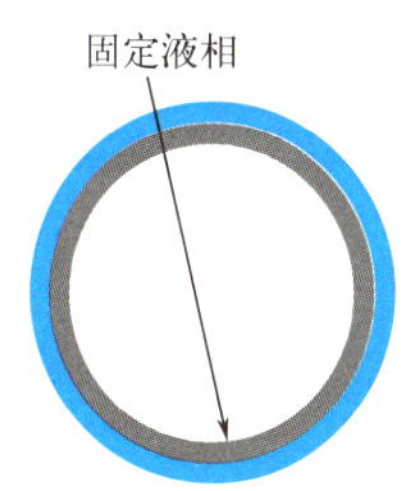
	载体涂渍开管柱（support-coated open tubular column，SCOT）	在管壁上涂一层很细的多孔性颗粒（<2 mm），然后在多孔性层上涂渍固定液	固定液的涂渍量增大，液膜较厚，柱容量也较大，柱效率大于 WCOT	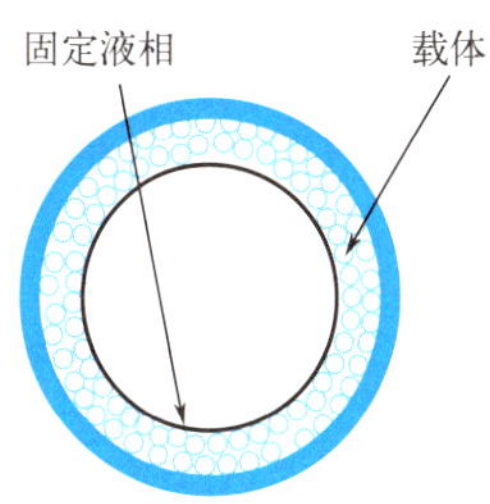
	多孔层空心柱（porous-layer open tubular column，PLOT）	在管壁上涂一层多孔性吸附剂固体微粒（多为氧化铝颗粒或分子筛），不再涂固定液	是毛细管气固色谱柱。尽管柱效率低些，但大大高于填充柱	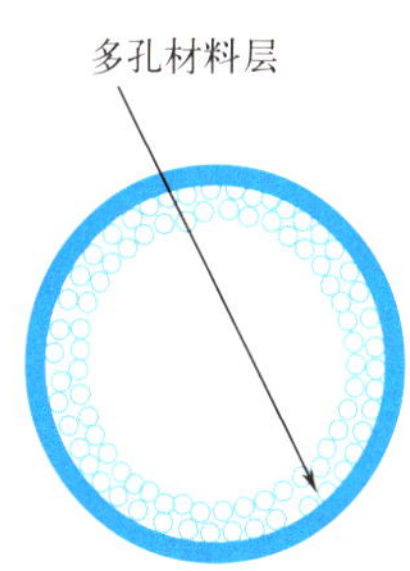

续表

类型		涂渍方法	特点	示意图
固载化形式	交联毛细管柱	涂好固定液后再用偶联剂交联键合	耐高温，抗溶剂抽提，液膜稳定，柱效率高，柱寿命长，发展很快	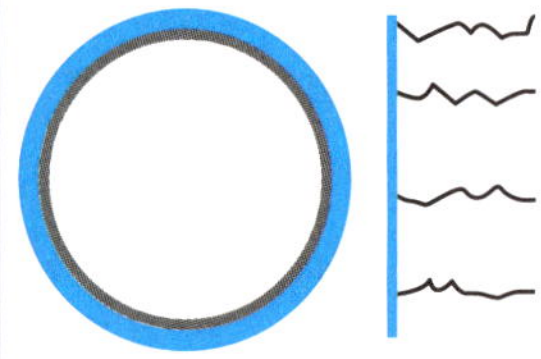
	键合毛细管柱	固定相用化学键合方法键合到硅胶涂敷的柱表面或经表面处理的毛细管内壁上	经过化学键合，大大提高了柱的热稳定性	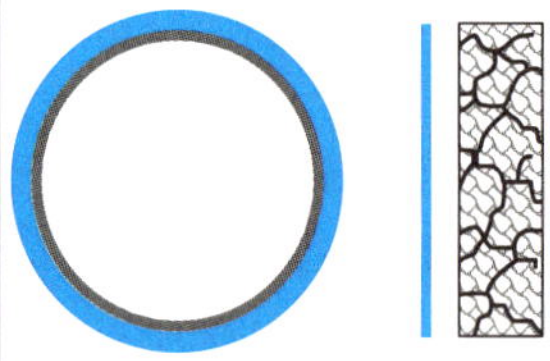
	键合交联毛细管柱	既交联固定液，又把它键合在管壁上	较好的热稳定性和耐溶剂清洗的能力。可以分析含有水或是有机溶剂的样品	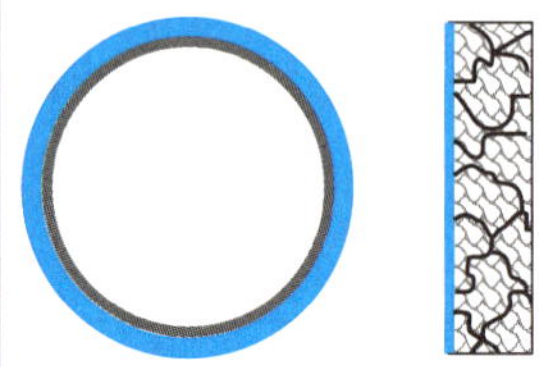

高阶选修 A5-3 气相色谱柱的固定相

固定相是色谱分离柱中的关键组成部分，它负责吸附和分离样品中的组分，分为固体固定相和液体固定相两种。

固体固定相一般采用固体吸附剂，其特点是吸附容量大、热稳定性好、价格便宜，但是柱效率低、吸附活性中心易中毒，因此使用前要进行活化处理，然后方可装柱。固体固定相主要用于惰性气体，H_2、O_2、N_2、CO、CO_2 和 CH_4 等一般气体和低沸点有机物的分析。气相色谱常用的固体固定相见表 A5-1。

表 A5-1 气相色谱常用填充柱中的固体吸附剂

吸附剂	使用温度/ ℃	测定对象	使用前活化处理
活性炭	<200	惰性气体、N_2、CO_2 和低沸点碳氢化合物	装柱，在 N_2 保护下加热到 140～180 ℃，活化 2～4 h
硅胶	<400	C_1 ～ C_4 烃类、N_2O、SO_2、H_2S、SF_6、CF_2Cl_2 等气体	装柱，在 200 ℃下通载气活化 2～4 h
氧化铝	<400	C_1～C_4 烃类异构体	粉碎过筛，600 ℃下烘烤 4h。装柱，高于柱温 20 ℃下活化
分子筛	<400	惰性气体、H_2、O_2、N_2、CO、CH_4、NO、N_2O 等	粉碎过筛，50～600 ℃下烘烤 4 h

液体固定相是将固定液均匀地涂在载体或毛细管壁上制成的。

(1) 固定相载体

载体又叫担体，它是用来承担固定液的化学惰性的多孔性固体颗粒，固定液薄而均匀地涂渍在它的表面，构成固定相。常用的载体分为硅藻土型和非硅藻土型两类。常用的气相色谱载体见表 A5-2。

表 A5-2　常用气相色谱中的液体固定相载体（填充柱）

载体名称		特点	用途
硅藻土类红色载体	6201 载体	孔径较小，机械强度较高，比表面积较大，有较多的活性吸附中心	分析非极性、弱极性组分
硅藻土类红色载体	201 载体	同上	同上
硅藻土类红色载体	202 载体	同上	同上
硅藻土类红色载体	301 载体	经釉化处理，性能介于红色载体与白色载体之间	分析中等极性组分
硅藻土类白色载体	101 载体	孔径较大，机械强度较差，比表面积较小，表面活性吸附中心较少	分析极性、高沸点组分
硅藻土类白色载体	102 载体	同上	同上
硅藻土类白色载体	101/102	氢键作用减少，比表面积减小，使用温度降低	分析水、醇、酚、胺、酸等极性化合物
硅藻土类白色载体	硅烷化 405 载体	具有白色载体共性，吸附性高，催化活性小	分析极性、高沸点、易分解组分
非硅藻土类载体	玻璃微球	热稳定性好，形状规则，大小均一，机械强度高，比表面积小，固定液涂量低	分析高沸点、易分解组分
非硅藻土类载体	氟载体	耐腐蚀，热稳定性好，形状规则，大小均一	分析强极性组分、腐蚀性气体以及具有化学活性的组分
非硅藻土类载体	高分子多孔微球	比表面积大，耐腐蚀，热稳定性好	分析强极性组分

(2) 固定液

气相色谱固定液主要由高沸点有机化合物组成，常温下呈固态，但在操作温度下呈液态，有特定的最高使用温度。常用的固定液见表 A5-3。

表 A5-3　常用气相色谱中液体固定相的固定液（填充柱和毛细管柱）

固定液	型号	相对极性	最高使用温度/℃
角鲨烷	SQ	+1	150
二甲基聚硅氧烷	OV-1、SE-3	+1	350
苯基(10%)甲基聚硅氧烷	OV-3	+1	350
苯基(20%)甲基聚硅氧烷	OV-7	+2	350
苯基(50%)甲基聚硅氧烷	DC-710、OV-17、SP-2250	+2	375
三氟丙基(50%)甲基聚硅氧烷	QF-1、OV-201	+3	250
聚乙二醇-20000	Carbowax-2308	+4	250
聚丁二酸乙二醇酯	DEGS	+4	200

待测组分与固定液的相互作用力是气相色谱的主要作用力，包括静电力、诱导力、色散力、氢键力。固定液的选择，首先根据样品沸点范围，选择合适温度适用范围的固定液；其次根据结构相似和相似相溶的原则，通常选择固定液的原则见表 A5-4。

表 A5-4　固定液的选择原则

被测物	固定液	先流出色谱柱	后流出色谱柱
非极性	非极性	沸点低	沸点高
极性	极性	极性小	极性大
极性＋非极性	极性	非极性	极性
氢键	极性或氢键	不易形成氢键	易形成氢键

5.2.1.4　检测系统

检测系统是气相色谱仪的关键组成部分之一，它负责对经过分离的组分进行检测和分析。在气相色谱中，常用的检测系统包括热导池检测器、火焰离子化检测器、电子捕获检测器和火焰光度检测器等，其性能比较如表 5-3 所示。

表 5-3　气相色谱常用检测器性能比较

检测器	类型	噪声	检测限	线性范围	合适载气	检测对象	评价
热导池(TCD)	浓度型 通用型	0.005～0.01mV	10^{-10}～10^{-6} /g·mL^{-1}	10^4～10^5	H_2、He	几乎所有物质	对温度、载气流速敏感
火焰离子化(FID)	质量型 通用型	10^{-14}～5×10^{-14}	$<2\times10^{-12}$ /g·s^{-1}	10^6～10^7	N_2	有机物，特别是含碳有机物	要求气流稳定，(控制好氢气和空气比例)
电子捕获(ECD)	浓度型 选择型	10^{-12}～10^{-11}	1×10^{-14} /g·mL^{-1}	10^2～10^5	N_2	电负性大的元素的化合物，特别是含卤素的化合物	对杂质和温度变化非常敏感
火焰光度(FPD)	质量型 选择型	10^{-9}～10^{-10}A	P$\leqslant10^{-12}$ /g·s^{-1} S$\leqslant5\times10^{-11}$ /g·s^{-1}	S:5×10^2 P:1×10^3	H_2、He	含硫、磷的化合物	硫化物 393 nm，磷化物 526 nm

注：检测限是检测器恰能产生和噪声相鉴别信号时，在单位体积或时间需向检测器进入的物质的质量，通常认为至少是检测器噪声的 3 倍，$D=3N/S$。

热导检测器（thermal conductivity detection，TCD）又称热导池或热丝检热器，其工作原理基于不同气体具有不同的热导率。电流通过钨丝时，钨丝加热到一定温度，钨丝电阻相应增加到一定数值，未进样时，通过参比池和测量池的都是载气。载气的热传导作用，使钨丝的温度下降，电阻减小（减小相同值）；试样进入后，载气经参比池，含试样组分经测量池，因二者热导系数不同，两钨丝电阻出现差异。

为确保样品物质不冷凝，TCD 的工作温度需设定得足够高，然而，灵敏度会随温度升高而有所下降，因此，维持 TCD 在所需最低温度操作是关键。相比其他多数气体，氢气和氦气的热导率非常高，因而热导检测器首选氢气和氦气作载气。

作为气相色谱法中历史最悠久、应用最广泛的一种通用型、非破坏性浓度检测器，TCD 特别适用于气体混合物的分析。其结构简单、重现性好、线性范围广，但由于多数组分与载气的热导率差异不大，TCD 的灵敏度相较于其他检测器略低。

氢火焰离子化检测器（flame ionization detection，FID）又称氢焰检测器或火焰离子化检测器，其工作原理是：利用有机化合物在氢火焰中燃烧时能产生带电离子碎片，收集其荷电量进行测定。待测组分由载气携带，与 H_2 混合后进入离子室，由毛细管嘴喷出。H_2 在空气的助燃下经引燃后燃烧，产生高温火焰，使得被测有机物分离成正负离子。产生的离子在喷嘴上方的收集极（正极）和极化极（负极）之间的外电场作用下定向移动形成电流。组分的电离程度与性质有关，产生的电流放大后，形成色谱峰。产生的微电流大小与进入离子室的被测组分含量有关。

FID 属于典型的破坏性、质量型检测器，对有机化合物（特别是碳氢化合物）产生响应信号，但对无机物、永久性气体和水基本无响应。其设计结构简洁，死体积小，灵敏度高（比 TCD 高 100～1000 倍）。此外，FID 还具备出色的稳定性，响应迅速，线性范围宽广，适宜痕量有机物分析。

电子捕获检测器（electron capture detector，ECD）是一种高选择性、高灵敏度的离子化检测器，其内有一个放射源（^{63}Ni 放射源）作为负极，还有一个正极。两极间加适当电压。当高纯 N_2 载气进入检测器时，受放射源不断放出 β 粒子射线的辐照发生电离，生成的正离子和电子分别向负极和正极移动，形成恒定的基流。含有电负性元素的样品进入检测器后，就会捕获电子而生成稳定的负离子，生成的负离子又与载气正离子复合，结果导致基流下降。因此，样品经过检测器时，会产生一系列的倒峰，对这些倒峰进行转换处理，就形成了色谱图上的正峰。

ECD 仅对具有电负性的物质产生响应（如含有卤素、过氧基、醌基、硝基、硫、磷、氮等元素的化合物），且物质的电负性越强，其灵敏度越高，检测下限可达 10^{-14} g·mL^{-1}。然而，对于电中性（即无电负性）的物质，如大多数烃类，ECD 则无法产生信号。因此，ECD 特别适用于分析环境样品中的卤代农药、多氯联苯等微量污染物。

火焰光度检测器（flame photometric detector，FPD）也称作硫磷检测器，是一种对含磷、含硫化合物有高选择性、高灵敏度的检测器，也称硫磷检测器。在富氢火焰中燃烧时（$H_2:O_2>3$），试样组分会被不同程度地裂解为碎片或原子状态。这些原子的外层电子在相互碰撞中被激发，随后当电子从激发态跃迁回低能态或基态时，发射出特征波长的光。例如，含磷有机化合物主要是以 HPO 碎片形式发射出 526 nm 的特征光，而含硫化合物则以 S_2 分子形式发射出 394 nm 的特征光。

这些光信号经捕捉并转换为电信号，再经由光电倍增管放大处理，最终生成色谱图。通过测量光谱强度的变化，可实现定量分析。FPD 的优势在于能有效排除大量溶剂峰及烃类物质的干扰，这对于痕量磷、硫元素的分析尤为有利。因此，它广泛应用于 SO_2、H_2S、COS 等气体的检测，石油精馏物中的含硫量分析，以及有机硫、有机磷农药残留物的分析等领域。

5.2.1.5　数据处理系统

数据处理系统是气相色谱仪的重要部分，负责将检测器获得的信号转化为可读和可分析的数据。这些数据包括峰的强度、保留时间、峰面积等信息，可以用来定性和定量分析样品中的组分，判断样品中是否存在某种特定的组分，以及各组分的含量和分布情况等。目前常用色谱数据处理系统实现数据的记录和处理。

5.2.1.6 温控系统

温度是气相色谱分析中最重要最敏感的工作条件之一，要求对进样系统的汽化室、检测器和色谱柱分别进行严格的温度控制，控温精度均在±0.1 ℃。仪器上有三套独立的自动温度控制电装置及其辅助设备，分别使汽化室、检测器、色谱柱恒定在适当温度（避免样品物质冷凝），使柱温恒定或按程序升温。

汽化室高温能保证液体样品瞬间汽化，但如果待测组分在工作高温下不易挥发，则可将其转变为挥发性衍生物。例如，非挥发性脂肪酸转换为挥发性甲基酯；一些无机物卤化物在高温下可充分挥发，可直接使用气相色谱法测定；金属通过络合后具有挥发性，例如，三氟乙酰丙酮。

5.2.2 气相色谱分离条件的选择

气相色谱法是一种常用的分离和分析方法，适用于气体和挥发性有机物的分析。在气相色谱法中，分离条件的选择对于获得准确和可靠的分离结果至关重要。

5.2.2.1 色谱柱的选择

色谱柱是气相色谱法的核心组成部分，其选择直接影响分离效果。以下是色谱柱选择的主要考虑因素：

(1) 固定液及其含量的选择

固定液是色谱柱的关键组成部分，它负责将样品中的组分进行固定，从而实现分离。根据不同的样品和分离要求，需要选择不同类型的固定液（见 5.2.1 表 A5-3、表 A5-4）。此外，固定液含量也会影响分离效果。薄的固定液有利于液相传质，色谱峰不容易展宽。但固定液过薄，将会减少样品的容量，降低柱的使用寿命。

(2) 固定相载体及其粒度的选择

固定相载体是固定液的支撑体，它提供了固定液的附着表面。其颗粒大小是影响涡流扩散项 A 的主要原因。一般来说，颗粒细，有利于填充均匀，也可提供更大的比表面积，从而提高固定液的附着效果，有利于分离。但颗粒太细会增加柱的阻力，使渗透性变差，颗粒间空隙大小不一致，涡流扩散也会越严重。

(3) 柱长和内径的选择

一般来说，柱长越长，分离效果越好，因为更多的组分有机会在柱内进行分离。但柱长增加，也使传质阻力项 C 增大，色谱峰扩展加剧，分析时间延长。因此，在确保一定分辨率的条件下应尽可能使用短色谱柱。柱径的大小也会影响分离效果，通常选择内径较小的柱子（如毛细管柱）提高分离效果。

通常，对于填充柱，柱长以 1～6 m 为宜，柱径为 2～6 mm。对于毛细管柱，柱长一般为 20～200 m，柱径为 0.1～0.5 mm。弯曲的柱子不易填充均匀，气流路径更复杂、曲折，线速度变化大，导致柱效降低，分离效果变差。一般而言，柱子的曲率半径越小，分离效果越差，一般填充柱柱圈径应比柱内径大 15 倍。

5.2.2.2 柱温的选择

提高柱温可使气相、液相传质速率加快，有利于改善柱效率，但增加柱温又使纵向扩散加剧，从而造成色谱峰展宽，导致柱效率下降。若降低柱温，则分析时间加长，色谱峰展宽，柱效率下降。因此，选择柱温要兼顾这几方面的因素。

一般采用较低的柱温，同时减少固定液的含量和适当增加流速。每种固定液都有其最高允许温度，超过则固定液会挥发流失，甚至分解。因此，柱温不能超过固定液最高允许的使用温度，同时要求组分在柱内不冷凝、也不分解。一般柱温选在样品各组分的平均沸点附近，柱温过高不利于分离。表 5-4 为分离各类组分的参考柱温。

表 5-4 柱温的选择 单位：℃

被测物沸点	参考柱温
300～400	200～250
200～300	150～200
100～200	150
气体	室温～100

在实际应用中，为了找到最佳的柱温，通常需要进行实验或使用模拟软件来预测最佳柱温。一般来说，最佳的柱温应能提供最佳的分离效果、保留时间和峰形。色谱柱恒温模式的优点是操作简单，适用于一些温度变化不大或者对温度不敏感的样品的分析。

但是对于宽沸程的多组分混合物，如果柱温恒定，则会出现低沸点组分出峰拥挤以致不易辨认，高沸点组分拖延时间很长甚至停在柱中不能出峰的缺陷。为此可采用程序升温，即在色谱分析过程中，温度随时间变化的模式，该方法能兼顾高、低沸点组分的分离效果和分析时间，使不同沸点组分基本上都在其较合适的平均柱温下进行分离。程序升温的条件要反复实验加以选择（线性或多级程序升温），从而改善分离度，缩短分析时间，得到较好的峰形。

以分离沸程较宽的烷烃和卤代烃为例（见图 5-15），结果表明程序升温时，低沸点和高沸点组分都能在各自适宜的温度下分离，峰形及分离度较好。

程序升温模式通过从低温升至高温加速分离进程，其中弱保留物质的温度越低，分离效率越高；而强保留物质在高温下易洗脱，适用于混合物中组分沸点范围较大或者组分对温度敏感的样品分析。

5.2.2.3 载气种类及其流速的选择

载气种类及流速的选择应考虑以下三个方面：

(1) 对柱效率的影响

① 载气摩尔质量大，可抑制试样的纵向扩散，提高柱效率。

② 载气流速较大时，传质阻力项起主要作用，采用较小摩尔质量的载气（如 H_2、

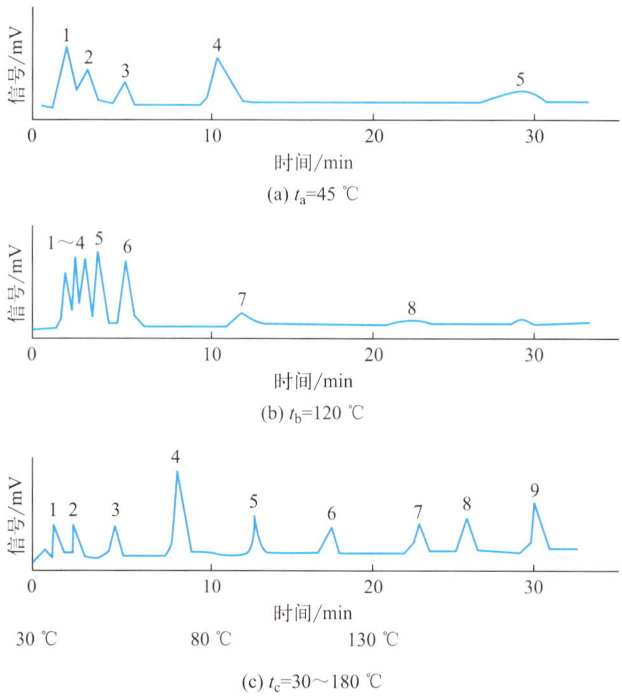

图 5-15　宽沸程各组分混合物在恒定柱温及程序升温时的分离对比

1—丙烷（−42 ℃）；2—正丁烷（−0.5 ℃）；3—正戊烷（36 ℃）；4—正己烷（69 ℃）；5—正庚烷（98 ℃）；6—正辛烷（126 ℃）；7—三溴甲烷（150 ℃）；8—间氯甲苯（161 ℃）；9—间溴甲苯（184 ℃）

He），可减小传质阻力，提高柱效率。

③ 实际工作中，为了加快分析速度，同时又不明显增加塔板高度的情况下，常采用比 u_{opt} 稍大的流速。

(2) 检测器的要求

载气的选择通常根据检测器的类型而定（参见表 5-3），如 TCD 检测器选 H_2、He（热导率大）；ECD 检测器选 N_2（产生基流）；FID 检测器选 N_2；FPD 检测器选 N_2、He。

(3) 载气的性质

① N_2——最常用的气相色谱载气；安全、价廉、黏度小、热导率低，与大多数有机物接近，用于热导检测时的灵敏度低。

② H_2——黏度小，热导率高，使用热导检测器时常用该载气。易燃易爆，需注意安全。

③ He——黏度小，热导率高，安全，但是价格昂贵。常用于 GC-MS（气质联用）。

5.2.2.4　进样时间、进样量

进样时间：进样时间过长会导致样品原始宽度变大，色谱峰半峰宽随之变宽，有时甚至会使峰变形。因此，一般进样时间应在 1 s 以内，以减少进样时间对色谱峰的影响。

进样量：进样量主要由样品性质、色谱柱容量、检测灵敏度和进样系统等决定。进样量过大或过小都可能影响分析结果的准确性和重现性。进样量过大可能导致保留时间变化、峰展宽或畸变、分离度变差等问题；而进样量过小则可能使微量组分因检测器灵敏度不够而无法检出，或者使峰分离不良，导致分析准确度降低。因此，需要根据实际情况选择合适的进样量，通常液体样品进样量为 0.1～10 μL，气体样品进样量为 0.1～10 mL。

此外，在选择进样量和进样时间时，还需要考虑样品预处理和直接进样的要求，以实现高效、快速和准确的色谱分析。对于大体积进样系统，为了减少样品的预处理和实现直接进样，通常会设计特殊的进样系统，以适应不同体积的样品进样要求。

气相色谱条件的优化是提升色谱分离分析效率的重要环节，利用色谱分离的基本原理、固定相与流动相的选择原则、柱效率影响等理论知识，可以不断优化色谱分离条件，但实验操作耗时费力。因此，利用计算机辅助手段优化色谱分离条件是大势所趋。当前常见的色谱实验设计软件有 DryLab、ACD Auto Chrom、S-Matrix Fusion Aeqbd、Icos、Diamond、Pesos 等。此外，人工智能技术不断应用发展（如 Lab Expert），最终建立色谱专家系统，以应对实际样品愈加复杂的情况，选择适当的色谱分析方法，并指导优化色谱操作条件等，实现色谱仪器的高度自动化。

5.2.3 气相色谱法的优点和不足

气相色谱法是先分离后检测，故对多组分混合物（如同系物、异构体等）可同时得到每一组分的定性、定量结果。且由于组分在气相中传质速度快，与固定相相互作用次数多，加上可选作固定相的物质很多，可供使用的检测器灵敏度高、选择性好，因此气相色谱分析法概括起来有高效能、高选择性、高灵敏度、分析速度快、应用范围广等特点。

气相色谱也有一定的局限：在没有纯标样的条件下，对试样中未知物的定性和定量较为困难，往往需要与红外光谱、质谱等结构分析仪器联用；沸点高、热稳定性差，腐蚀性和反应活性较强的物质，气相色谱分析比较困难。

高阶选修 A5-4 气相色谱法的新技术

气相色谱法是一种广泛应用于化学、生物、环境、材料等领域的分析方法。随着科学技术的不断进步，气相色谱法的新技术也不断涌现，使得这一经典方法在诸多领域的应用中焕发出新的活力。

顶空气相色谱法（headspace gas chromatography，HS-GC）又称液上气相色谱分析，是一种联合操作技术，用于分析液体或固体表面上方的挥发性组分。

顶空进样的原理在于将含有待测易挥发物质的样品放入顶空瓶中，在密闭的环境中形成气-液或者气-固的两相体系，然后利用样品中不同物质的沸点差距，在将样品瓶中的两相体系加热到一定温度后，使得待测物质从样品基质中挥发出来，并在两相体系中达到平衡，此时，样品中的杂质仍保留在样品基质中，从而达到分离、提纯的目的（见图 A5-3）。进样时直接将气相部分（称作顶空）导入色谱仪中进行分析检测。顶空进样利用气体萃取的原理，避免了传统方法中冗长繁复的分离提纯过程，并减少了使用有机溶剂对色谱以及环境的污染。

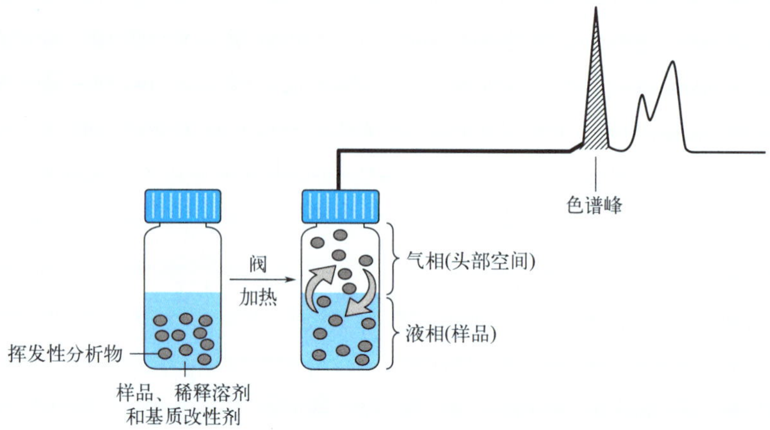

图 A5-3　平衡顶空分析示意图

目前顶空色谱技术可分为静态顶空分析、动态顶空分析、顶空-固相微萃取三类。以其简单实用的优点在环境检测（如饮用水中挥发性卤代烃和工业污水中挥发性有机物）、药物中有机残留溶剂检测、食品、法庭科学、石油化工、包装材料、涂料及酿酒业分析等领域得到广泛应用。例如，对香蕉、薄荷油、烤咖啡、白兰地酒、威士忌酒等的挥发性组分的顶空气相色谱分析中，即使没有作精密的定性定量分析，从色谱图上也能了解其气味或味道的真实情况。另外，顶空气相色谱分析可与电子鼻、电子舌等感官仪器联用，对食品、化妆品、药品等的检测分析有很好的辅助效果。

裂解气相色谱法（pyrolysis gas chromatography，PY-GC）是一种将热裂解技术与气相色谱相结合的方法，是一种反应气相色谱技术。该技术通过将样品加热至高温，使其迅速裂解生成小分子化合物，然后进入色谱柱进行分离。采用气相色谱分析和鉴定裂解产物，可据此对原样品进行表征。

PY-GC 的一般过程如图 A5-4 所示。裂解器的功能都是使大分子或高分子化合物裂解为低分子可挥发的化合物，这些化合物能用气相色谱仪进行分析。常见的裂解器有管式炉裂解器、热丝（带）裂解器、居里点裂解器、激光裂解器。

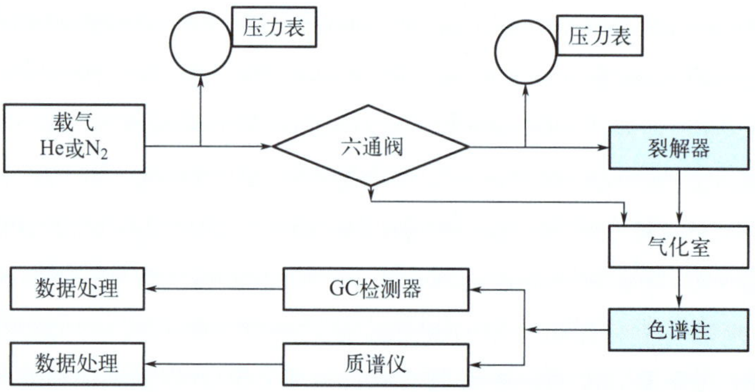

图 A5-4　裂解色谱流程

裂解气相色谱法适用于分析难以直接进行分析的复杂样品，如高聚物、生物大分子、地质有机大分子和不挥发性有机物等。例如，在药物分析中，可采用闪蒸技术分析中草药中的可挥发性成分。所谓闪蒸是指在样品裂解前，用较低的温度（低于样品的裂解温度）对样品快速加热，将挥发性成分蒸发出来，得到一张色谱图，然后在高温下对样品进行裂解，得到裂解色谱图。这样可获得样品中挥发性成分的重要信息，在样品定性鉴定中非常有用。

裂解气相色谱也可与质谱联用，将裂解产物导入气相色谱系统进行分离后，再进入质谱仪进行检测，通过对高温裂解后的特征碎片离子进行定性定量分析，判定样品组成。

衍生气相色谱（derivative gas chromatography，DGC）是一种将衍生化反应与气相色谱相结合的技术。通过衍生处理，不仅可以提高试样的挥发性和稳定性，使原来难以进行气相色谱分析的试样转变成化学结构相似但易于色谱分析的试样，具有提高物质的挥发性和稳定性、改善色谱的峰形、改善分离性能和灵敏度等优点。

衍生方法有硅烷化法、酯化法、酰化法、卤化法、醚化法、环化法及无机试样衍生法等，可根据试样所含官能团和性质选择。

衍生气相色谱适用于分析难以直接进行分析的样品，如高沸点、非挥发性样品等。该技术在环境、食品、化工等领域具有广泛的应用价值。例如，氯丙醇及其脂肪酸酯的检测（GB 5009.191—2024）

全二维气相色谱法（comprehensive two-dimensional gas chromatography，GC×GC）是一种将两根不同极性或不同选择性色谱柱联用的气相色谱技术。该技术通过将样品在第一根色谱柱上进行初步分离，中间装有一个调制器，经第一根柱子分离后的所有馏出物在调制器内进行浓缩聚集后以周期性的脉冲形式释放到第二根柱子里进行继续分离，最后进入色谱检测器（见图 A5-5）。这样在第一维常规 GC 没有完全分开的组分（共馏出物），在第二维快速 GC 进行进一步分离，达到了正交分离的效果，从而实现复杂样品的高效分离。

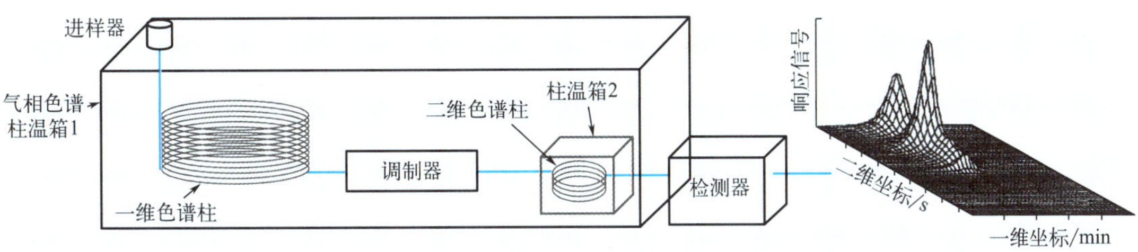

图 A5-5 全二维气相色谱示意图

全二维气相色谱法具有高分辨率、高灵敏度、高分离效能等优点，是一次突破性的革命，它在复杂样品的分析领域越来越重要。例如石油化工中的油品分析、工艺检测、溢油分析；环境检测中的挥发性有机物、PM2.5 溯源、持久性有机物分析；食品药品中的农药残留测定、特色鉴定；生物医疗中的代谢组学鉴定、呼气检测等。

手性气相色谱法（chiral gas chromatography，chiral GC）是一种利用手性固定相分离手性化合物的气相色谱技术。该技术通过在手性固定相上对映体之间的相互作用差异实现对手性化合物的拆分。其基本原则是在分子领域，分析物与固定相至少要有三个独立结合的位点，否则不能识别立体选择性。

手性气相色谱法适用于分析具有手性的有机化合物，如药物、生物活性物质等。该技术在药物研发、生命科学等领域具有重要的应用价值。

5.2.4 气相色谱法的应用与发展

气相色谱法是一种广泛应用于各个领域的分析方法，具有高分离效能、高灵敏度、高选择性等优点。本节将介绍气相色谱法在石油化工、环境分析、材料资源和生物医学等领域的应用与发展。

5.2.4.1 在石油化工分析中的应用

气相色谱法在石油化工领域应用广泛，涵盖石油产品分析、化学品分离及污染物检测。它能快速测定石油组分与杂质，确保产品质量稳定，同时助力石油化学品合成研究及污染物环境影响评估。例如，分析汽油的辛烷值、芳烃与烯烃含量，或检测炼油废水中的有机污染物。面对石油产品这一复杂混合物，传统一维气相色谱因峰容量有限而面临峰重叠严重、定性定量不准的问题。相比之下，全二维气相色谱在 40 分钟内能检测近 2000 个峰，无需预处理即可识别大量基体中的痕量物质，展现出更高的灵敏度与准确性，成为复杂体系分析及痕量杂质检测的有效手段。

拓展案例 B5-1 原油中单萜烃的全二维气相色谱-飞行时间质谱定性定量分析

（Cheng B，Wang T G，Huang H P，et al. Application of the monoterpane ratio（MTR）to distinguish marine oils from terrigenous oils and infer depositional environment in northern Tarim Basin，China. Organic Geochemistry，2015，85：1-10.）

萜类烃是原油及烃源岩抽提物的重要组成部分，其中的单萜烃（C_5—C_{13} 轻烃馏分）分子量低、易挥发且生源具有不确定性。全油样品进样虽然可以避免单萜烃在原油分离过程中的损失，但是沸点相近的链烷烃、环烷烃及芳香烃等化合物的共流出却导致无法对化合物进行准确的定性及定量分析。

全二维气相色谱-飞行时间质谱分析（GC×GC-TOFMS）采用一维非极性色谱柱与二维极性色谱柱组合，可以将原油中的化合物依据沸点与极性的差异实现其正交分离，即一维色谱柱按照化合物沸点分离，一维中沸点接近而无法分离的化合物则因为极性的差异而在二维色谱柱上得以分离，再与飞行时间质谱分析仪联用，最终实现原油中单萜烃的准确分析（见表 B5-1）。

表 B5-1 GC×GC-TOFMS 仪器参数

部位	类型	温度
一维色谱柱	HP-PONA 色谱柱（100%二甲基聚硅氧烷，50 m×0.20 mm×0.50 μm）	程序升温：炉温初始温度为 35 ℃，恒温 5 min，2 ℃·min^{-1} 升温至 280 ℃，恒温 20 min
二维色谱柱	Rxi-17 色谱柱（50%联苯/50%二甲基聚硅氧烷，1.7 m×0.10 mm×0.10 μm）	炉温初始温度高于一维炉温 10 ℃，升温速率相同
传输线	Rxi-17 色谱柱（50%联苯/50%二甲基聚硅氧烷，0.2 m×0.10 mm×0.10 μm）	280 ℃
调制器	周期设为 4 s，热吹时间为 0.8 s	高于一维炉温 20 ℃
进样口	自动分流进样，分流比为 100∶1	300 ℃
载气	氦气，流速为 1.5 mL·min^{-1}	

原油样品中共检测单萜烃化合物 6 个，包括 2,6-二甲基辛烷、2-甲基-3-乙基庚烷、1,1,2,3-四甲基环己烷、反-1-甲基-4-异丙基环己烷、1-甲基-3-异丙基苯和 1-甲基-4-异丙基苯（见表 B5-2，图 B5-1，图 B5-2，图 B5-3）。

表 B5-2　单萜烃保留时间及保留指数

峰编号[①]	化合物	一维保留时间/min	二维保留时间/s	保留指数
1	2,6-二甲基辛烷	36.00	1.33	935.7
2	2-甲基-3-乙基庚烷	36.67	1.34	943.8
3	1,1,2,3-四甲基环己烷[②]	37.80	1.46	957.0
	(1S)-(－)-反-蒎烷	39.20	1.65	968.8
	(1R)-(＋)-反-蒎烷	39.20	1.64	968.8
	异莰烷	39.27	1.64	969.5
4	反-1-甲基-4-异丙基环己烷	39.53	1.43	977.3
	(1R)-(＋)-顺-蒎烷	40.20	1.65	980.5
	顺-1-甲基-4-异丙基环己烷	41.13	1.57	991.4
5	1-甲基-3-异丙基苯[③]	42.33	1.77	1010.7
6	1-甲基-4-异丙基苯[③]	42.6	1.77	1013.1

注：① 峰编号对应图 B5-1。
② 保留时间及保留指数源自原油样品分析。
③ 混合标样 ASTM-P-0033。

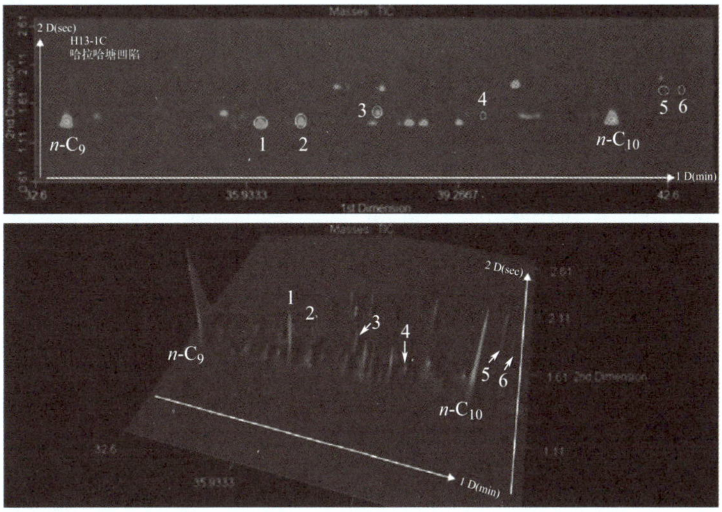

图 B5-1　原油样品 H13-1C 中单萜烃分布，峰编号对应表 B5-2

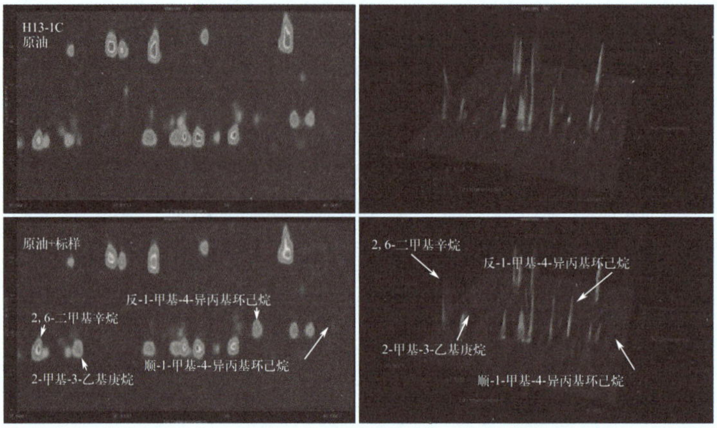

图 B5-2　原油样品与单萜烃标准样品共注

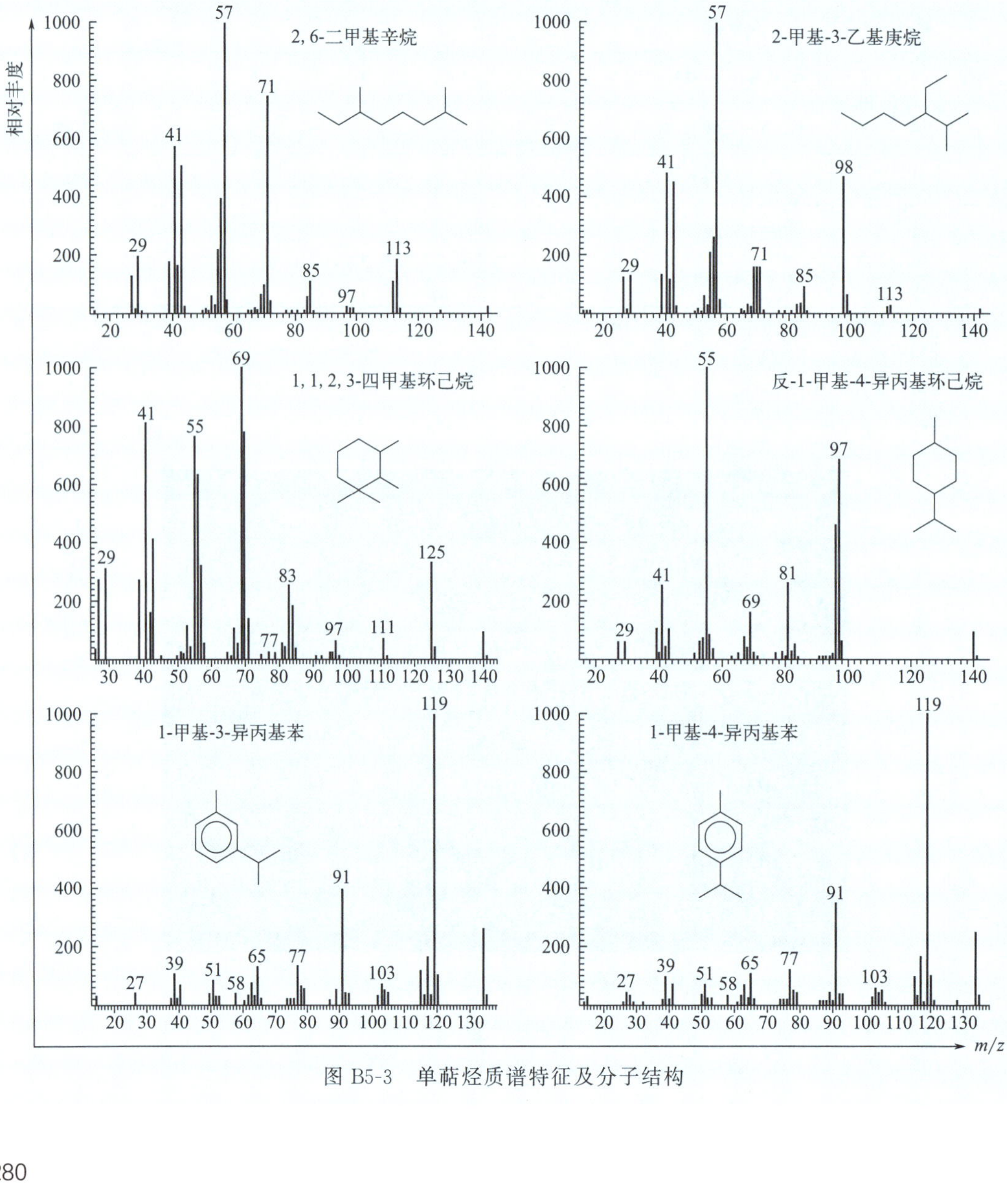

图 B5-3　单萜烃质谱特征及分子结构

（1）请结合该文献研究，单萜烃系列中性质相近的化合物有哪些常见的色谱定性方法？

（2）原油中的单萜烃化合物选择哪种定量方法合适？

答：（1）①2,6-二甲基辛烷、2-甲基-3-乙基庚烷和反-1-甲基-4-异丙基环己烷通过标准样品与原油样品共注定性；②1-甲基-3-异丙基苯和 1-甲基-4-异丙基苯通过对比标准样品与原油样品中相应化合物的保留时间及质谱特征定性；③1,1,2,3-四甲基环己烷则通过与文献报道的该化合物的保留指数对比而定性；④顺-1-甲基-4-异丙基环己烷、（1S)-(—)-反-蒎烷、(1R)-(＋)-反-蒎烷、异莰烷及（1R)-(＋)-顺-蒎烷在此次研究的原油样品中未检出或其含量在色谱检测限之下。

（2）可选择内标法定量，即将一定质量的纯物质作为内标物加到一定量的被分析样品混合物中，然后对含有内标物的样品进行色谱分析，分别测定内标物和待测组分的峰面积（或峰高）及相对校正因子，按公式即可求出被测组分在样品中的质量分数。内标法抵消了上样体积乃至流动相、检测器的影响，是色谱分析中一种比较准确的定量方法，尤其在没有标准物对照时，此方法更显其优越性。该文献中加入 1-己烯作为内标物对单萜烃进行定量分析（假定不同单萜烃化合物在飞行时间质谱下对 1-己烯的响应因子相同）。

5.2.4.2　在环境分析中的应用

气相色谱法在环境分析中发挥着至关重要的作用，能检测大气中的挥发性有机物、二氧化硫、氮氧化物，水体中的有机污染物、农药残留，以及土壤污染物。它还能研究污染物迁移转化，评估对生态和人类健康的影响。历史上如日本水俣湾甲基汞污染、印度博帕尔异氰酸甲酯泄漏，均依赖气相色谱法进行监测。此外，气相色谱还广泛用于有机氯农药测定、国际赛事中违禁药物的尿样分析、二噁英等持久性有机污染物的检测等。

拓展案例 B5-2　固相萃取-顶空气相色谱在变压器油甲醇检测中的应用

[Chen C，Li S L，Hu K L. The application research of solid-phase extraction and headspace gas chromatography in the detection of methanol in transformer oil. IEEJ Transactions on Electrical and Electronic Engineering，2020，15（10)：1423-1427.]

国内外对电力变压器老化状态的判别方法主要集中在绝缘纸聚合度以及绝缘油中糠醛浓度的检测，甲醇作为一种新型的绝缘老化产物被提出并分析检测。本研究提出一种将固相萃取与顶空进样相结合进行样品预处理，并利用气相色谱进行测定绝缘油中的甲醇浓度的检测方法，并在该方法以及传统顶空进样的最优实验条件下，比较两者检测效果的优劣。然后检测模拟老化实验中不同老化程度下绝缘油中的甲醇浓度（见图 B5-4），探究甲醇浓度与老化程度以及绝缘纸聚合度之间的相关关系。

利用变压器油对甲醇标准储备液进行稀释，配制 6 个不同浓度的甲醇标准样品，分别取 20 mL 不同浓度的甲醇标准样品恒速通过固相萃取柱，再将萃取液置于顶空瓶中，顶空进样送至气相色谱检测。实验得到甲醇标准溶液的检测结果如表 B5-3 所示。

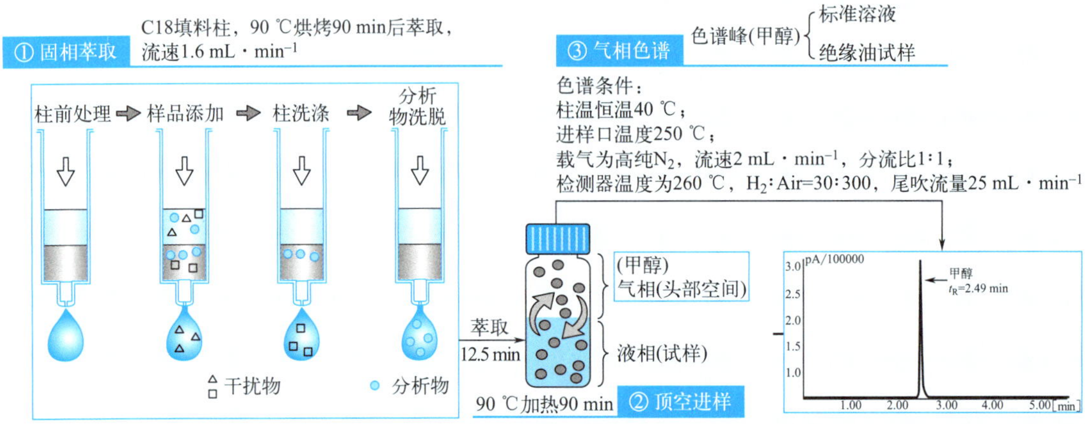

图 B5-4　固相萃取-顶空气相色谱变压器绝缘油中甲醇检测流程示意图

表 B5-3　甲醇标准溶液浓度与色谱峰面积值

甲醇标准样品浓度 $c_i/\mu g\cdot L^{-1}$	色谱峰面积 A_i/mV·s
50	5698.8
100	9526.6
200	17182.2
500	45149.0
800	64115.8
1000	85094.5

（1）请问气相色谱什么时候要顶空进样，什么时候可以直接进样？

（2）请利用表 B5-3 数据，求绝缘油中甲醇含量在 50～1000 $\mu g\cdot L^{-1}$ 的范围内，甲醇浓度与色谱峰面积的线性方程。在同样操作步骤下，检测某变压器中老化的绝缘油未知样品，得其色谱峰面积 $A_x=51320.8$ mV·s，则该未知样品中甲醇浓度是多少？

答：（1）①若测液体或固体样品中的挥发性有机化合物（VOC），可以用顶空进样。比如水中的 VOC，若用非极性或弱极性柱，最好用顶空或吹扫进样（水是强极性的，对柱子不利）；

② 固体或某些成分复杂的液体，要测其中的 VOC，则必须用到顶空进样。比如，饼干中的香味成分，粮食酿造的酱油、醋以及菜籽油、花生油等中的香味成分的分析，没有顶空进样，则很难完成。

（2）标准曲线法，利用 Origin 等软件，输入表 B5-3 相关数据，绘制标准曲线，得其线性回归方程 $A_i=82.219c_i+1480.9$，$R^2=0.9964$。

代入未知样品 $A_x=51320.9$ mV·s，得 $c_x=606\ \mu g\cdot L^{-1}$。

5.2.4.3　在材料分析中的应用

气相色谱法在材料分析中具有广泛的应用，主要用于材料中重要物质的检测和分析，可以分析气体、液体、固体及固体中的气体。操作温度一般可达 450 ℃，适用于在此温度下热稳定性能良好的物质。由于气相色谱法的高选择性、高分离效能和快速等特点，它在材料分析中显示出显著的优势。如：在高分子合成工艺中单体纯度的分析控制、单体中杂质的分析、高分子材料中挥发性物质的分析以及聚合材料性能研究等方面得到广泛应用。

拓展案例 B5-3 水泥助磨剂中液体原材料成分的气相色谱法分析（GB/T 38139—2019）

在水泥生产过程中，助磨剂的使用可以显著提高水泥的粉磨效率和产量。准确测定助磨剂中活性成分的含量对于确保水泥产品质量至关重要。例如，某水泥生产企业需要对其使用的助磨剂中的三乙醇胺、三异丙醇胺、二乙二醇和二乙醇单异丙醇胺等成分进行精确测定，这些成分的含量直接影响助磨剂的效果和水泥的产量。

制备一系列已知浓度的标准溶液（三乙醇胺、三异丙醇胺、二乙二醇、二乙醇单异丙醇胺），通过气相色谱仪分析并记录峰面积，绘制标准曲线。再将助磨剂液体原材料样品用无水乙醇稀释至适当浓度，注入色谱仪，记录各目标组分的峰面积。最后利用标准曲线，根据样品中目标组分的峰面积计算其质量分数。

使用配备氢火焰离子化检测器的气相色谱仪，选择 RBX-WAX 石英毛细管色谱柱，设置色谱操作条件如表 B5-4，确保各组分有效分离。

表 B5-4 GB/T 38139—2019 色谱条件

类别	操作条件
载气	氦气，恒流，1 mL·min^{-1}
柱温	70 ℃（保持 10min）， 以 5 ℃·min^{-1} 升至 120 ℃（保持 1 min）， 再以 20 ℃·min^{-1} 升至 280 ℃（保持 60 min）
进样口	分流模式，250 ℃，分流比 200∶1 带玻璃毛的超高惰性低压降分流衬管
检测器（氢火焰离子化检测器，FID）	温度 280 ℃，氢气 30 mL·min^{-1}，空气 400 mL·min^{-1}， 色谱柱气流速＋尾吹气流速 25 mL·min^{-1}

（1）请问在使用新的 RBX-WAX 毛细管色谱柱之前，通常需要进行老化处理以去除柱内的杂质和活化固定相。请问色谱柱老化的具体步骤和条件是什么？

（2）样品制备是色谱分析中的关键步骤之一，对于水泥助磨剂液体原材料的样品，通常需要进行适当的稀释处理。请问在本案例中，对于样品稀释的具体要求是什么？如何确保稀释过程中样品成分的稳定性和代表性？

答：（1）色谱柱老化的具体步骤包括：确保载气流过毛细管柱 15～30 min，缓慢程序升温（5 ℃·min^{-1}）至老化温度，初始老化温度应持续 4 小时以上。在进行柱子老化时，务必将毛细管端口放空，不要连接到检测器上，并将检测器用闷头封堵。

（2）助磨剂液体原材料样品溶液的稀释方法是：取 25.00 mL 容量瓶，根据原材料有效组分对应外标溶液浓度范围称量试样，无水乙醇定容，利用浓度为 c 的试样溶液，在与外标试剂相同的气相色谱条件下进样检测。根据样品化合物的积分在对应化合物外标曲线积分面积范围内，以尽量靠近中值的原则稀释至合适的样品浓度。

气相色谱法还有许多其他重要的应用，如合成橡胶分析：通过气相色谱法可以分析合成橡胶中的单体成分，有助于评估橡胶的质量和稳定性。香料分析：在香料工业中，气相色谱法被用于分析香料的成分和含量，以评估香料的质量和纯度。药物分析：药物有效成分分析，以及药物残留量的检测，对于药物的研发和质量控制具有重要意义。爆炸物分析：在刑事侦查领域，气相色谱法可以用于爆炸物的成分分析，有助于追踪爆炸物的来源和犯罪行为。环境气体分析：利用气相色谱法可以分析环境中的气体成分，如空气中的氮氧化物、硫化物等，对于环境监测和污染治理具有重要作用。这说明气相色谱法在科学研究和实际应用中都具有重要的地位和价值。

5.3 液相色谱法

二维码 5-4 高效液相色谱分析法 mp4

液相色谱作为一种分离技术，通过各组分在固定相和流动相间的相互作用实现分离。**高效液相色谱法（high-performance liquid chromatography，HPLC）**，作为这一领域的现代发展成果，通过引入高压流动相输送系统、高灵敏度检测器以及优化柱子设计，显著提升了分离效率与灵敏度。HPLC 不仅继承了传统液相色谱的分离功能，还极大地拓宽了其应用范围，显著提高了分离效率，展现出高柱效率、高灵敏度、高选择性、分析速度快以及应用广泛等诸多优势。

HPLC 技术能够分离并分析高极性、高分子量及离子型物质在内的多种化合物，甚至包括那些因热不稳定而无法通过气相色谱（GC）分析的物质。只要待分析物能溶于作为流动相的溶剂中且可被检测，即可直接进行 HPLC 分析。对于目前尚无法直接检测或检测灵敏度不足的物质，还可借助衍生技术来实现检测目的。

在 HPLC 中，流动相不仅承载着样品进行传输，还参与分离过程，与固定相竞争被测分子。由于流动相种类繁多，通过调整其组成，可以进一步提高分离的选择性，确保样品组分得到有效分离。

值得注意的是，HPLC 的色谱柱体积相对较小（通常为 15～25 cm），其柱效虽不及气相色谱柱，但理论塔板数仍可达到数千至数万。然而，HPLC 系统的柱外体积（如柱前和柱后的连接管道、流通池等）占比较大，这可能导致柱效率降低，柱外展宽现象不容忽视。

5.3.1 高效液相色谱仪

图 5-16 是高效液相色谱系统示意图，它由以输液泵为核心的输液系统、进样器、柱子和检测器四个基本部分组成。现代色谱仪还包括记录仪，以及不同档次的数据处理装置。实际仪器要比图复杂得多，它们可能具有几个泵、几种检测器、自动进样系统，及用于制备纯品的样品收集系统。

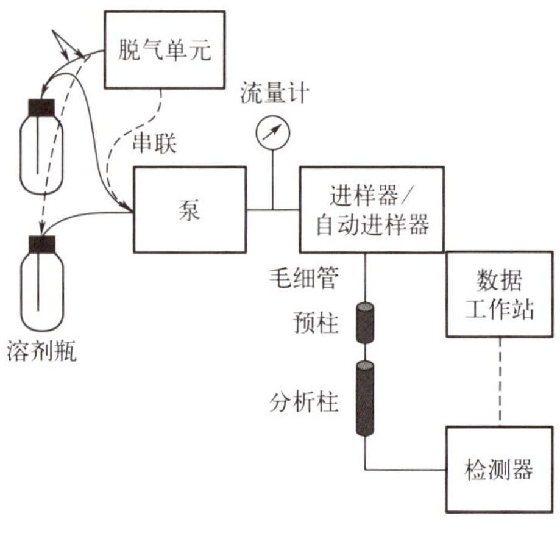

图 5-16 高效液相色谱系统的基本组成

5.3.1.1 高压输液系统

输液系统的作用是向柱子提供压力高、流速

稳定的流动相。它以高压输液泵为核心，由溶剂储槽、除杂过滤器、输液泵、梯度溶剂混合器、阻尼器等组成。为了实施系统流量和压力的测量或程序控制，在输液系统的输出通路上还要安装不同类型的传感元件。

由于流动相中有气体进入会影响色谱柱的分离效能，且有气体进入检测器时，压力降低，产生气泡，会增加基线噪声，因此需要对流动相脱气。常见有超声脱气、氦气脱气、真空脱气或电磁搅拌脱气等离线脱气方法，其中将真空脱气装置串接到贮液罐与高压泵之间，实现溶剂在进入高压泵之前的连续脱气，使脱气效果最优。某些溶剂在脱气过程中还可以辅助加热。此外，为避免准备溶剂时混有杂质，过滤器也是必需的。

高压输液泵是现代液相色谱装置中最关键的设备，即使现在高压已不是选择泵的唯一标准，但输出高压溶剂仍是实现快速分析的前提。泵的选择除了最高使用压力外，还有线性流量范围，输出流量的精确度，泵的操作方式，流量输出或压力恒定的稳定性，能抗溶剂、酸、碱的腐蚀，此外泵的死体积要小，以便更换溶剂和进行梯度洗脱。常见的泵可分成恒压泵和恒流泵两类。这里说的恒压泵或恒流泵是指泵的工作原理，并不完全表明泵的操作方式。借助于电子控制电路，往复泵和柱塞泵也可按恒压方式操作，唯有气动放大泵只能恒压操作。

5.3.1.2 梯度洗脱系统

当样品是一个含有不同种类组分的复杂混合物时，通常用一种纯的或固定组成的混合溶剂难以实现满意的分离。往往是先馏出来的峰分不开，而后馏出来的峰保留时间太长，为此，在液相色谱中常在一个样品的分析过程中，不断调整混合溶剂的组成，改变溶剂强度或溶剂的选择性。如果溶剂组成随洗馏时间按一定规律变化，则称这种洗馏过程为梯度洗脱或溶剂程序，其作用与气相色谱的程序升温类似。

常见的三种梯度洗脱情况如图 5-17 所示，可以有效提高色谱峰的分离度。溶剂组成的变化在梯度洗脱过程中可以是线性的，也可以是非线性的；可以是二元的，也可以是三元的，甚至是多元溶剂的混合。溶剂组成的变化取决于被分析样品的要求，也取决于实现这种过程的仪器装置。

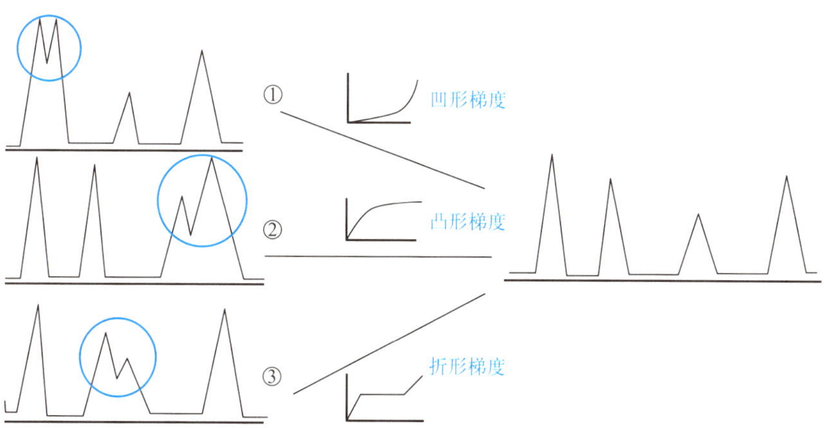

图 5-17 梯度洗脱提高色谱峰分离度的三种梯度洗脱情况

梯度洗脱装置的设计与所用的泵系统有关。根据溶剂混合时所处的压力一般分为两种类型：①低压梯度洗脱，是指在常压下预先按一定的程序将溶剂混合后再用泵输入色谱柱，如

图 5-18(a) 所示；②高压梯度洗脱，是指将溶剂用高压泵增压后输入色谱系统的梯度混合室，溶剂混合后送入色谱柱，如图 5-18(b) 所示。

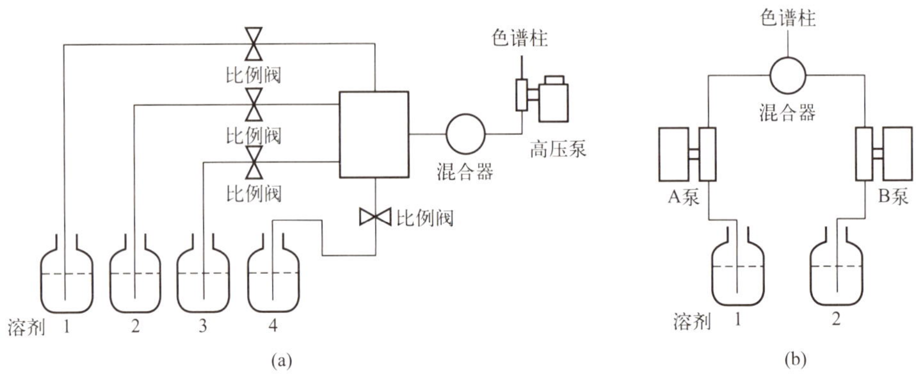

图 5-18　梯度洗脱装置

(a) 低压梯度洗脱；(b) 高压梯度洗脱

5.3.1.3　进样系统

高效液相色谱的特点要求进样器设计要耐高压，密封性好，死体积小，与溶剂接触的部分具有很好的耐蚀性。

目前，高效液相色谱仪进样器主要分为手动进样阀和自动进样器两种。其中手动进样阀常用的是六通阀，其进样过程类似于气相色谱仪（如图 5-14 所示），仅将气相载气改为液体流动相。优点是能用于高压、大体积进样，重现性好，不足是当进样体积小于取样体积时，进样误差相对较大。

溶解样品的溶剂最好和使用的流动相一致，以防止溶剂变化出现不溶物而堵塞柱子，使柱前压出现暂时性或永久性增加而无法操作。

高效液相色谱仪自动进样器有两种主要工作原理：推入式/吸入式装液和分流环。采用微处理机控制进样阀采样（通过阀针）、进样和清洗等操作。操作者只需把装好样品的小瓶按一定次序放入样品架上（有转盘式、排式），然后输入程序（如进样次数、分析周期等）再启动，设备将自行运转。

5.3.1.4　分离系统

分离系统是高效液相色谱仪的核心部件，用于将样品中的各组分进行分离。该系统包括色谱柱、保护柱以及柱温箱，核心是采用色谱柱来实现。担负分离作用的色谱柱是色谱系统的心脏，通常具有高柱效率、高压稳定性和耐腐蚀性等特点。

常见的色谱柱尺寸规格有：①常规分析柱（常量柱），内径 2～5 mm（常用 4.6 mm，国内有 4 mm 和 5 mm），柱长 10～30 cm；②窄径柱（又称细管径柱、半微柱），内径 1～2 mm，柱长 10～20 cm；③毛细管柱（又称微柱），内径 0.2～0.5 mm；④半制备柱，内径>5 mm。

保护柱：保护柱的作用主要是防止吸附性强的杂质对色谱柱污染，从而延长色谱柱的寿命。针对不同型号的色谱柱，选择相对应填料的保护柱。注意柱芯也是有寿命的，应该定期进行更换。

柱温箱：维持色谱柱温度的恒定，以免造成保留时间的变化，保证分离效果的稳定性。

5.3.1.5　检测系统

检测系统是高效液相色谱仪的关键部分之一，用于检测经过分离后的各组分的浓度和含量。该系统通常由检测器、信号处理器和记录器等组成，高效液相色谱有两种基本类型的检测器：①溶质性检测器，它仅对被分离组分的物理或化学特性有响应，属于这类检测器的有紫外、荧光、电化学检测器等；②总体检测器，它对试样和洗脱液总的物理或化学性质有响应，属于这类检测器的有示差折光、电导检测器等。常见的检测器性能比较见表 5-5，可以根据需要选择不同的检测器来检测不同组分的浓度和含量。

表 5-5　高效液相色谱的常见检测器性能比较

检测器	检测下限 $/g \cdot mL^{-1}$	线性范围	选择性	梯度洗脱	检测原理	适用范围	主要特点
紫外-可见（UVD）	10^{-10}	$10^3 \sim 10^4$	有	可	利用组分对紫外光的吸收特性	大多数有机化合物和部分无机化合物	可对流速和温度变化敏感；池体积可制作的很小；对溶质的响应变化大
荧光（FLD）	$10^{-12} \sim 10^{-11}$	10^3	有	可	利用组分在受到激发光照射后产生的荧光特性	具有荧光性质的有机化合物	选择性和灵敏度高；易受背景荧光、消光、温度、pH 和溶剂的影响
化学发光（CLD）	$10^{-13} \sim 10^{-12}$	10^3	有	困难	利用组分的化学反应，生成激发态反应产物，再返回基态发射出光子	能够化学发光的化合物	灵敏度高；不需要光源；发光试剂受限制；易受流动相组成和脉动的影响
电化学（ECD）	10^{-10}	10^4	有	困难	利用组分在电化学反应中的电信号	具有电化学活性的化合物	选择性高；易受流动相 pH 和杂质的影响；稳定性较差
质谱（MSD）	10^{-10}	—	无	可	利用组分在质谱仪中产生的离子碎片	复杂基质样品的检测，如蛋白质、多肽和代谢物等	主要用于定性和半定量
示差折光（RID）	10^{-7}	10^4	无	不可	利用不同物质对光的折射率不同	大多数有机化合物和部分无机化合物	可检测所有物质；不适合微量分析；对温度变化敏感
蒸发光散射（ELSD）	10^{-9}	—	无	可	利用组分在蒸发过程中产生的光散射特性	难以用其他检测器检测的挥发性低于流动相的化合物，如脂类化合物、氨基酸类化合物等	不依赖样品的光学特性；任何挥发性低于流动相的化合物；对温度变化不敏感，基线稳定

这些检测器各有优缺点，适用于不同类型的化合物和实验条件。在选择合适的检测器时，需要根据实验目标和样品性质进行综合考虑。这些检测器可以单独使用，也可以组合使

用，以满足不同实验条件下的需求。

HPLC 多采用色谱工作站，自动化程度非常高，可自动控制梯度洗脱时间、流速、柱温等参数，还可自动完成色谱数据的处理并给出标准色谱图，甚至是由光电二极管阵列检测器（DAD）所测得的三维谱图，该检测器是紫外检测器的重要进展，由钨灯和氘灯组合光源，进入检测池的不是单色光，而是一段紫外波长范围的光。

5.3.2 液相色谱的条件选择

液相色谱的条件选择一般会考虑固定相、流动相、柱温、柱长、柱内径、样品预处理、进样量等因素，还要选择合适的分离方法。综合考虑多种因素以达到最佳的分离效果和检测效果。

5.3.2.1 柱温

在液相色谱中，柱温对组分保留行为的影响远不及流动相组成。因此，液相色谱分离需保持恒温，不能通过升温改善传质。但提高柱温可降低流动相黏度，减小背压，提升动力学性能。过高柱温可能导致固定相流失或流动相蒸发，过低则影响样品的溶解度和扩散。通常，40 ℃为起始分离温度，该条件下不管洗脱液采用何种原理预热、色谱柱温度是如何监控的，常规的色谱柱温箱都能够可靠地进行调整。

5.3.2.2 流动相

不同的流动相具有不同的极性和溶解能力。选择流动相时应注意以下几个普遍性的问题：①尽量使用高纯度试剂作为流动相，防止微量杂质长期累积损坏色谱柱和使检测器噪声增加；②避免流动相与固定相发生作用而使柱效率下降或损坏柱子，如使固定液溶解流失、酸性溶剂破坏氧化铝固定相等；③试样在流动相中应有适宜的溶解度，防止产生沉淀并在柱中沉积；④选择的流动相应满足检测器的要求，如当使用紫外检测器时，流动相不应有紫外吸收。

在选择流动相时，溶剂的极性是选择的重要依据。常用溶剂的极性大小顺序为：

水（最大）＞甲酰胺＞乙腈＞甲醇＞乙醇＞丙醇＞丙酮＞二氧六环＞四氢呋喃＞甲乙酮＞正丁醇＞乙酸乙酯＞乙醚＞异丙醚＞二氯甲烷＞氯仿＞溴乙烷＞苯＞四氯化碳＞二硫化碳＞环己烷＞己烷＞煤油（最小）

当纯溶剂不能满足分离要求时，多采用混合溶剂或梯度洗脱。因此，改变淋洗液组成、极性也是改善分离的最直接的因素。对于反相色谱（固定相的极性＜流动相的极性），常用的流动相为甲醇、乙腈等有机溶剂；对于正相色谱（固定相的极性＞流动相的极性），常用的流动相为烷烃类溶剂。此外，流动相的比例也会影响色谱的分离效果，需要根据实验要求进行调整。流动相的流速也会影响液相色谱的分离效果。流速越快，分析时间越短，但分离效果可能会降低。

5.3.2.3 固定相

液体的扩散系数仅为气体的万分之一，黏度和密度远大于气体，故在高效液相色谱中，分子扩散对色谱峰展宽的影响可忽略不计，而传质阻力大是主要影响因素。因此，降低固定相粒度，改善流动相在固定相中的传质速率是提高柱效率的主要途径。一般固定相的粒径<10 μm，有的甚至小于 2 μm。

常用的固定相包括硅胶、氧化铝、聚酰胺等，其填料颗粒表面多通过化学键合带有功能性的基团。而固定液的选择原则与气相色谱的选择原则一样（见表 A5-4）。

5.3.3 液相色谱法的主要类型

液相色谱法是一种广泛应用于分离和分析复杂混合物的技术。它的主要类型包括分配色谱法、吸附色谱法、离子交换色谱法、排阻色谱法和毛细管电色谱法（见表 5-6）。

表 5-6 液相色谱主要类型

液相色谱类型		固定相	分离原理	适用范围
分配色谱	液液色谱(LLC)	液体吸附剂(硅胶或极性键合相、硅胶为载体的烷基键合相)	样品在固定相和流动相之间的分配平衡	分离氨基酸、蛋白质等
	化学键合相色谱(BPC)	化学键合相(一般硅胶载体上键合接枝活性基团)	样品在固定相和流动相之间的相互作用(存在双重分离机制，由键合基团的覆盖率决定)	分离小分子化合物、药物等
	离子对色谱(IPC)	离子对试剂	样品离子与试剂离子之间的相互作用	分离分子量大的阴阳离子，如氨基酸、蛋白质等
液固吸附色谱(LSC)		有高比表面积的吸附剂(如硅胶、氧化铝、活性炭等)	样品分子在固定相表面上的吸附能力(取决于它们的极性、官能团和分子大小等因素)	分离有机化合物、金属离子等
离子交换色谱(IEC)		离子交换剂(磺酸基阳离子交换剂、氨基阳离子交换剂等)	利用样品离子在固定相上的交换作用进行分离	分离氨基酸、蛋白质等
体积排阻色谱(SEC)		具有孔径分布的固定相(如凝胶或多孔硅胶)	基于分子尺寸差异进行分离	常用于生物分子、蛋白质等的分离和分析
毛细管电色谱(CEC)		毛细管柱内填充、内壁涂覆键合或交联的化合物	将高效液相色谱与气相色谱相结合的方法；结合了毛细管电泳与液相色谱的特点；还可与质谱联用	分离离子和中性分子；用于各种复杂混合物的分析
超临界流体色谱(SFC)		超临界流体(CO_2、NH_3、乙烯等)	介于 GC 和 LC 性能之间；利用程序升压将不同极性的组分分离；使样品分离和萃取合二为一	适用于分离极性很低的化合物、各种结构类似物

分配色谱是液相色谱中的一种重要类型，基于样品在固定相和流动相之间的分配平衡进行分离。液-液色谱是其中的典型代表。

5.3.3.1 液-液色谱

液-液色谱（liquid-liquid chromatography，LLC）是根据被分离的组分在流动相和固定相中溶解度不同而分离的。流动相与固定相为互不相溶的两种液体，组分既溶解于固定相，也溶解于流动相，根据在两相中溶解度的不同进行分配，相当于液-液萃取。其固定相是在惰性载体表面涂敷或键合一层固定液薄膜，前者称涂层固定相，后者称键合固定相。现在行业内多采用的是化学键合固定相，比如C18、C8、氨基柱、氰基柱和苯基柱。

按固定相和流动相的极性不同，液液色谱法可分为**正相色谱法（normal-phase chromatography，NPC）**和**反相色谱法（reversed-phase chromatography，RPC）**（见表5-7）。其中，NPC常用于分离中等极性和极性较强的化合物（如酚类、胺类、羰基类及氨基酸类等）。而RPC在现代液相色谱中应用最为广泛，随着柱填料的快速发展，其应用范围逐渐扩大，已经应用于某些无极性样品或易解离样品的分析过程中。

表5-7　液液分配色谱的分类

类型	正相色谱法	反相色谱法
固定相极性	大(硅胶—OH、硅胶—CN)	小(硅胶—C18、硅胶—苯基)
流动相极性	小(烃类+适量极性溶剂)	大(甲醇-水、乙腈-水、水-无机盐的缓冲液)
分析对象	极性或中等极性化合物； 异构体和极性不同的化合物	多环芳烃等低极性化合物； 改变流动相配比也可分离极性化合物； 缓存液可用于易解离化合物
组分洗脱次序	极性小先洗出	极性大先洗出

5.3.3.2　液-固色谱

液-固色谱（liquid-solid chromatography，LSC）又称“**液固吸附色谱**”，是以固体吸附剂作为固定相，通常是化学性质不太活泼、表面积大的多孔吸附剂（如硅胶或者氧化铝，粒度为5～10 μm）在它们的表面存在吸附中心。被分离组分在色谱柱上根据固定相对组分吸附力的大小不同进行分离，是一个吸附-解吸附的平衡过程（见图5-19）。

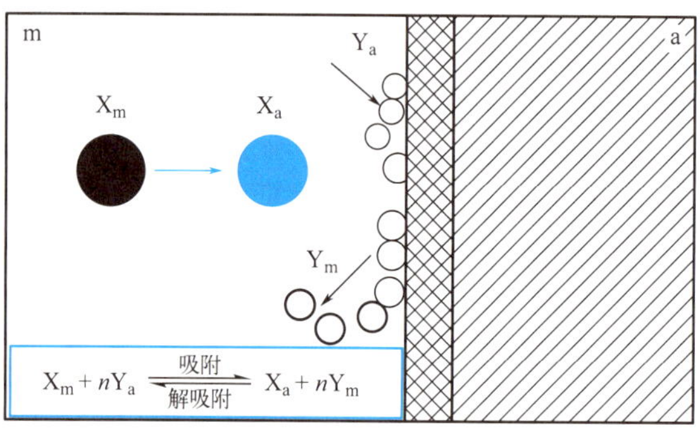

图5-19　液固吸附色谱示意图

a—固定相（吸附剂）；m—液体流动相；X—试样中各组分（溶质）；Y—流动相分子（溶剂）；
X_m—流动相携带的溶质组分；X_a—吸附剂吸附的溶质组分；
Y_m—回到流动相中的溶剂分子；Y_a—吸附剂表面的溶剂分子

当多组分的溶液渗过装有细粉多孔吸附剂的柱体时，由于吸附剂对各组分的吸附力不同，因此产生选择性吸附。以适当淋洗液淋洗时，各组分在各层吸附剂与淋洗液之间不断重复吸附与解吸附过程，使各组分逐步分离。易被吸附的试样组分，柱内移行速度慢，保留值

t_R 就大。此法可分离有机物和无机物，更适于分离分子量为 200～1000 的组分，大多时候用于分离非离子型化合物、同分异构体等。

5.3.3.3　离子色谱

离子色谱（ion chromatography，IC）是分析阴离子和阳离子的一种高效液相色谱方法，其以低交换容量的离子交换树脂为固定相对离子性物质进行分离，再用电导检测器连续检测流出物电导变化。

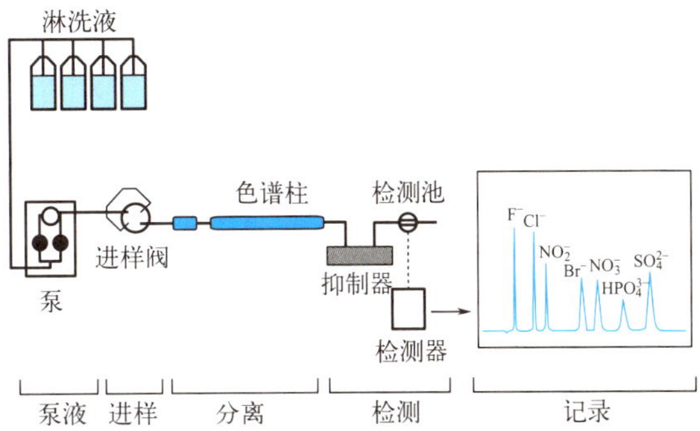

图 5-20　离子色谱仪结构示意图

IC 系统的构成与 HPLC 相同（见图 5-20），仪器由流动相传送、进样、分离柱、检测器和数据处理等组成，在需要抑制背景电导的情况下通常还配有 MSM 抑制器或类似抑制器。其主要不同之处是 IC 的流动相要求耐酸碱腐蚀以及在与水互溶的有机溶剂（如乙腈、甲醇和丙酮等）中不溶胀。离子色谱最重要的部件是分离柱，高效柱和特殊性能分离柱的研制成功，是离子色谱迅速发展的关键。

一般根据离子色谱交换分离方式，可以分为**离子交换色谱（ion exchange chromatography，IEC）**、**离子排斥色谱（ion chromatography exclusion，ICE）**和**离子对色谱（ion-paired chromatography，IPC）**，各自的异同之处见表 5-8。IEC 用低容量的离子交换树脂，ICE 用高容量的树脂，IPC 用不含离子交换基团的多孔树脂。

表 5-8　离子色谱的分类

类型		离子交换色谱（IEC）	离子排斥色谱（ICE）	离子对色谱（IPC）
分离方式		离子交换（组分离子与流动相离子竞争固定相表面的反电荷吸附位置并分离）	离子排斥（Donnon 膜排斥效应，电离组分受排斥不被保留，而弱酸则有一定保留）	吸附和离子对的形成（分离的选择性主要由流动相决定）
流动相		含盐的缓冲水溶液加适量有机溶剂	稀盐酸	加入离子对试剂和含适量有机溶剂的水溶液
固定相	树脂骨架	苯乙烯-二乙烯基苯的共聚物		
	离子交换功能基	含 SO_3^-、COO^-、NH_3^+ 等官能团的阳、阴离子交换树脂	磺化 H 型阳离子交换树脂	不含离子交换基团的多孔树脂-反相色谱柱
应用		适用于多种化合物的分离，特别是有机酸、氨基酸、多肽及核酸等带电分子	主要用于有机酸的分离，也可以用于醇类、醛类、氨基酸和糖类的分离	主要用于表面活性阴离子和阳离子以及金属络合物的分离

5.3.3.4　体积排阻色谱

体积排阻色谱（size exclusion chromatography，SEC），又称为凝胶色谱、凝胶渗透色

谱、分子排阻色谱、尺寸排阻色谱等。SEC 利用各组分排阻能力的差异进行分离，组分中的小分子量化合物可以进入孔中，滞留时间长；而其中的大分子量化合物不能进入孔中，直接随流动相流出，如图 5-21 所示。样品组分和固定相之间原则上不存在相互作用，色谱柱的固定相是具有不同孔径的多孔凝胶。SEC 常用于分离高分子化合物，如组织提取物、多肽、蛋白质和核酸等。当洗脱液为水溶液或缓冲液时，称为凝胶过滤色谱（GFC），在生物学领域应用广泛；当使用有机溶剂作为洗脱液时，称为凝胶渗透色谱（GPC），被广泛用于高分子领域。

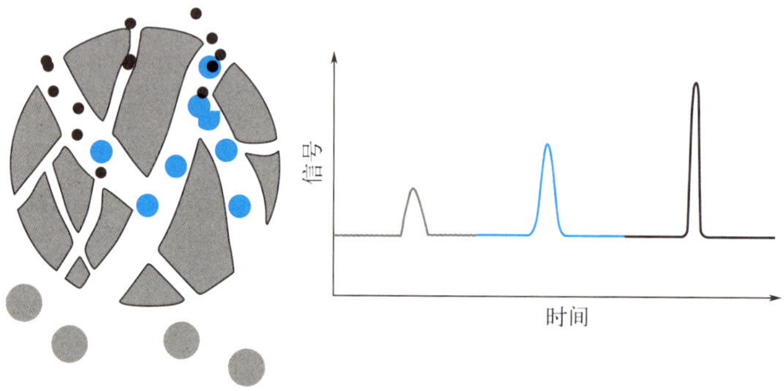

图 5-21　体积排阻色谱的分离原理示意图

探讨完液相色谱分类后，可依据各种复杂样品的特性（如分子量、溶解度、官能团等）和分析目标（定性、定量等），合理选择液相色谱分离类型，如图 5-22 所示，以确保分析的有效性和准确性。

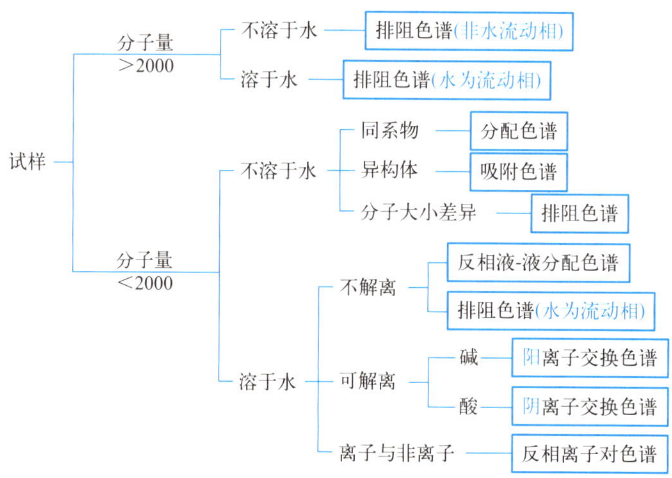

图 5-22　液相色谱分离类型选择参考表

不溶于水的同系物的极性存在差异，利用液液分配色谱，以合适的固定液就可以把它们分开；异构体的空间结构不同，吸附性能不同，采用吸附色谱可实现分离；溶于水不解离的物质类似于弱极性物质，用反相色谱；溶于水可解离的物质，解离物呈酸性的选择阴离子交换色谱，呈碱性的选择阳离子交换色谱；溶于水的离子和非离子共存的物质，采用反相离子对色谱法。溶于非极性和弱极性溶剂的物质选择 C4、C8、C18 反相色谱；溶于中等极性或极性溶剂的物质选择氰基或氨基正相色谱。

5.3.4 液相色谱法的优点和不足

液相色谱法具有分离效果好、分析速度快、灵敏度高等优点，因此在许多领域都得到了广泛的应用。液相色谱不受样品的挥发性和热稳定性的限制，非常适合于分离与生物、医药有关的大分子和离子型化合物，不稳定的天然产物，种类繁多的其他高分子及不稳定的化合物；对于很难分离的样品，用液相色谱常比用气相色谱更容易完成分离；液相色谱对样品的回收比较容易，而且是定量的，样品的各个组分很容易被分离出来。因此，在很多场合，液相色谱不仅作为一种分析方法，而且可以作为一种分离手段，用以提纯和制备具有中等纯度的单一物质。

然而，液相色谱法也存在一些局限性，例如对样品的前处理要求较高，需要选择合适的流动相和固定相等；对于某些复杂样品，液相色谱法的分离效果可能受到基质干扰、共流出物干扰等因素的影响；此外，它的分析成本较高，分析时间一般比气相色谱长。因此，在实际应用中，需要根据具体的实验目标和样品性质选择合适的液相色谱方法并进行优化。

高阶选修 A5-5 液相色谱新技术

超高效液相色谱（ultra performance liquid chromatography，UPLC）是基于 HPLC 理论及原理的，涵盖了小颗粒填料、非常低系统体积及快速检测手段等全新技术，大大提高了分离度、灵敏度、分析速度、色谱峰容量等（见图 A5-6）。UPLC 使用的是粒径＜2 μm 的均匀小颗粒，从而减小涡流扩散项 A，进一步提高柱效率 H，这要求系统能承受更高的压力（比如 9000 psi），需要更小的系统体积（死体积），并且需要能适应可能只有几秒峰宽的高速检测器。同时在操作 UPLC 时，需要注意溶液的制备，样品溶液和流动相都需要经过 0.22 μm 的微孔滤膜过滤，以保护色谱系统不受污染。

UPLC 适用于复杂样品的快速分离和分析，特别是在药物研发、环境监测和食品安全等领域具有重要应用价值。例如：（制药）用于控制药物的稳定性、片剂溶出度研究和药品的质量控制，帮助确保药物的安全性和有效性；（环工）检测饮用水中的酚类化合物和污染物，进行生物监测以保护环境免受污染；（食品）软饮料和水的质量测定，果汁中的糖分分析，蔬菜中多环化合物的分析，以及防腐剂的分析；（医学）尿液分析、血液中的抗生素分析，以及肝脏疾病中胆红素和胆绿素的分析，还有脑细胞外液中的内源性神经肽检测等。

多维液相色谱（multi-dimensional liquid chromatography，MDLC）是一种先进的色谱技术，它通过使用两个或更多色谱柱来提高分离能力，每个系统可能具有不同的分离机制。在一个维度中未完全分离的组分可以在第二个维度中进一步分离，这通常通过使用切换阀来实现，该切换阀可以将第一个色谱柱的洗脱组分选择性地转移到第二个色谱柱中进行进一步分析，例如在线二维液相色谱仪（见图 A5-7）。相比于一维液相色谱，多维液相色谱显著增加了峰容量，可以分离更多的组分；还具有高分辨率、高选择性、自动化、易于与质谱等检测技术联用的优点，提供更全面的分析结果。

MDLC 尤其适用于复杂样品的分析。例如：（生物）蛋白质和多肽的分离分析，尤其是在表达谱的研究中；（石化）分析石油产品中的复杂成分，如汽油、轻油、煤油等；（环工）检测和分析环境样品中的有害成分；（食品）香味分析和成分鉴定；（药物分析）药物质量控制、杂质分析和光学异构体的分析。

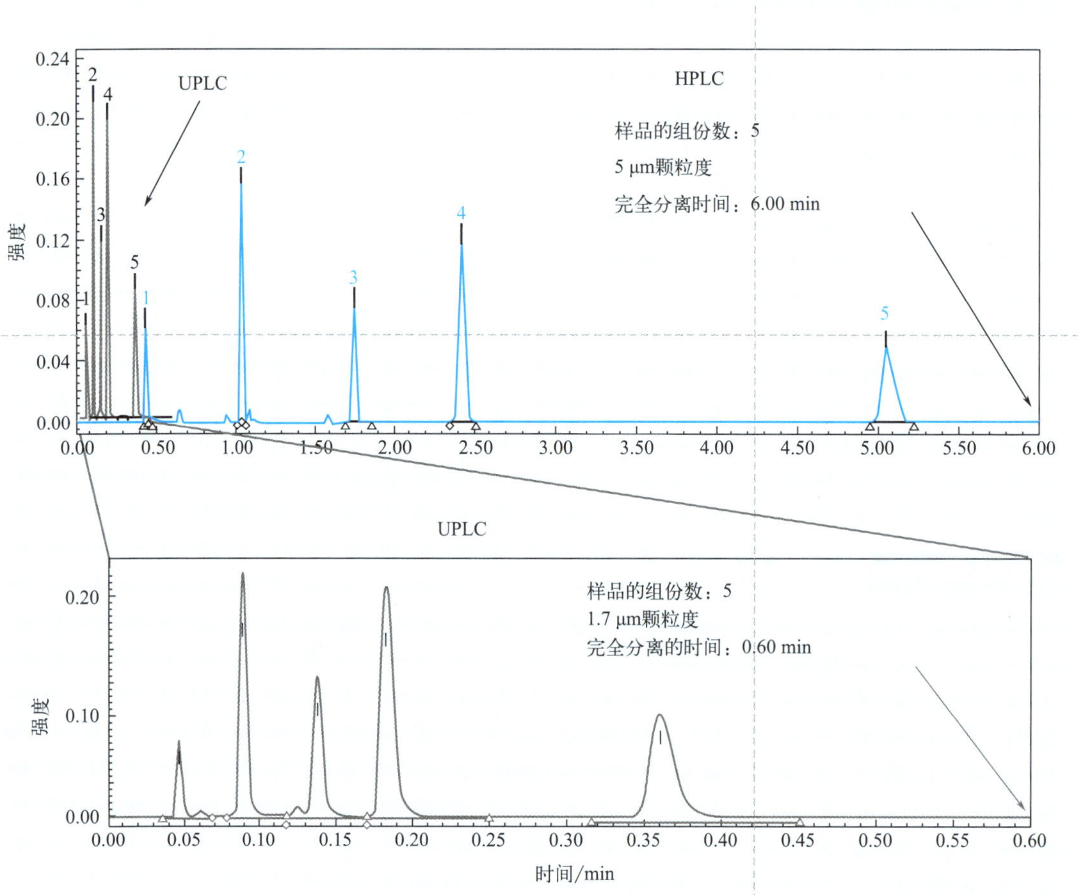

图 A5-6　UPLC 和 HPLC 的色谱分析对比图

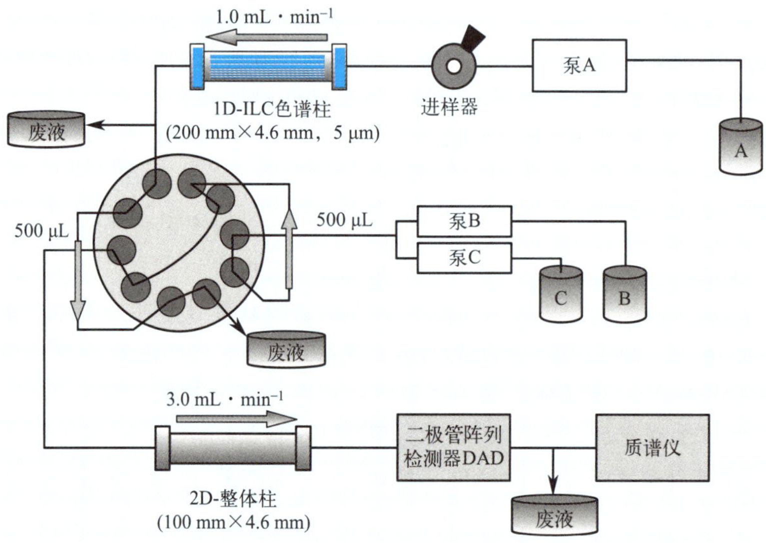

图 A5-7　在线二维液相色谱仪示意图

高速逆流色谱（high-speed counter current chromatography，HSCCC）基于两相溶剂体系在高速旋转的螺旋管内建立起一种特殊的单向性流体动力学平衡。在这种平衡下，一相作为固定相，另一相作为流动相，通过连续洗脱过程实现分离（见图 A5-8）。HSCCC 的分离原理是利用溶质在两相溶剂中的分配系数差异，无需任何固态支撑物或载体，不存在样品的不可逆吸附，理论回收率为 100%。它具有操作简便、样品负载能力强、制备量大、分离效率高、重现性好等优点。

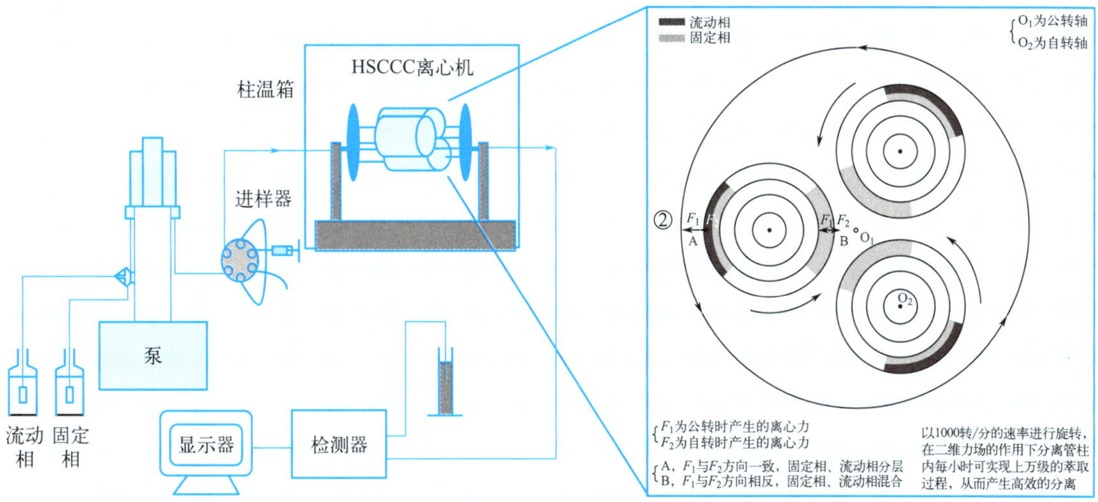

图 A5-8　HSCCC 的结构原理示意图

HSCCC 技术因其独特的优势，已成为一种备受关注的新型分离纯化技术，尤其在天然产物行业中被认为是一种有效的新型分离技术。如用于抗生素成分的分离检定；用于环境样品中的污染物分析；在中药成分的分离、指纹图谱和质量控制研究中有广泛应用；多肽、蛋白质等生物大分子的分离以及手性化合物的分离；从天然植物中分离黄酮、生物碱、植物多酚等化学成分。

5.3.5　液相色谱法的应用与发展

液相色谱法是一种广泛应用于分离和分析复杂混合物的技术。它的应用范围广泛，可以应用于石油化工、食品分析、生化医药等领域。

5.3.5.1　在化工分析中的应用

液相色谱法广泛应用于化工行业的各个领域，特别是在烃类化合物的分析中表现出色。通过对石油产品的分离和分析，可以控制其质量和稳定性，同时也可以为石油化工过程的优化提供数据支持。例如，分析石油中的芳烃、烷烃和酚类化合物，确定它们的浓度和分布，这对于石油产品的组分分离、质量评估、合成工艺的优化以及生产过程的控制至关重要。此外，在汽油、柴油产品质量控制、润滑油氧化物测定以及塑料、橡胶中添加剂的分析等方面，液相色谱技术同样展现出强大的应用潜力。

拓展案例 B5-4 化妆品中多类禁用物质的在线稀释调制 2D-LC-MS 分析应用

[Zhang L P, Shen L L, Zhong Q S, et al. Diluting modulation-based two dimensional-liquid chromatography coupled with mass spectrometry for simultaneously determining multi-class prohibited substances in cosmetics. Journal of Chromatography A, 1695, (2023): 463954.]

化妆品越来越多地应用于日常生活中，其中的违禁物质种类繁多，很难实现快速、全面地测定，而大多数化妆品中违禁物质的分析方法只包括一类或两类。目前，液相色谱和质谱联用（LC-MS）已广泛应用于化妆品中违禁物质，如激素、抗感染药物等的筛选。

本研究开发了一种基于在线稀释调制的中心切割二维液相色谱-质谱方法（2D-LC-MS），可以同时检测化妆品中的多类违禁物质（见图 B5-5）。该系统接口仅由一个样品环和一个十通阀组成，结合了亲水相互作用色谱（HILIC）和反相液相色谱（RPLC）技术。在系统中，第二维分析的流速不受第一维分析的限制。所建立的 2D-LC-MS 方法减少了分析物的共洗脱，扩大了化妆品中禁用物质的分析覆盖范围。通过稀释调制策略，在不使用额外补充泵的情况下将来自第一维 LC 的强溶剂进行在线稀释，实现了良好的柱头聚焦效果，解决了流动相不相容的问题，最终将该 2D-LC-MS 方法应用于化妆品中 126 种禁用物质的检测，包括激素、局部麻醉药、抗感染药、拟肾上腺素药、抗组胺药、农药等化学物质（见图 B5-6）。

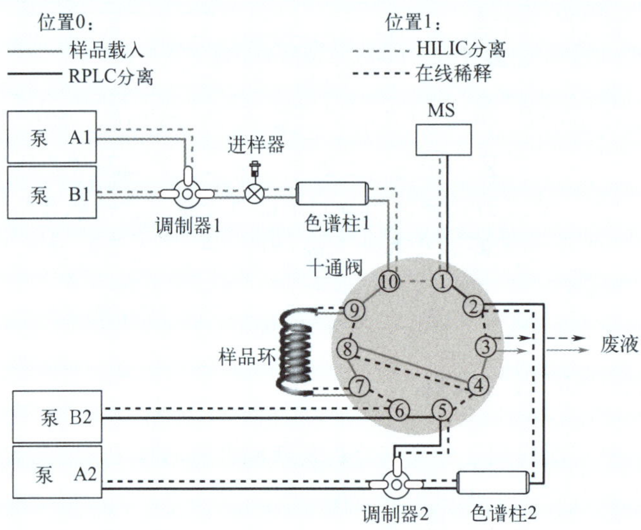

图 B5-5 2D-LC 系统原理示意图

本研究结果表明，所有 126 种分析物均具有良好的线性关系，相关系数（R^2）均大于 0.990。检测限（LODs）和定量限（LOQs）的范围分别为 0.259 pg · mL^{-1}～16.6 ng · mL^{-1} 和 0.864pg · mL^{-1}～55.3 ng · mL^{-1}。日内和日间精度的相对标准偏差（RSDs）（%）分别在 6%和 14%以内，方法准确度在 86.1%～118.0%的范围内，所有分析物的回收率均在 85.2%～109.3%之间。此外，在运行 2D-LC-MS 方法时，没有观察到残留。结果表明，所建立的 2D-LC-MS 方法具有良好的线性、高灵敏度、令人满意的准

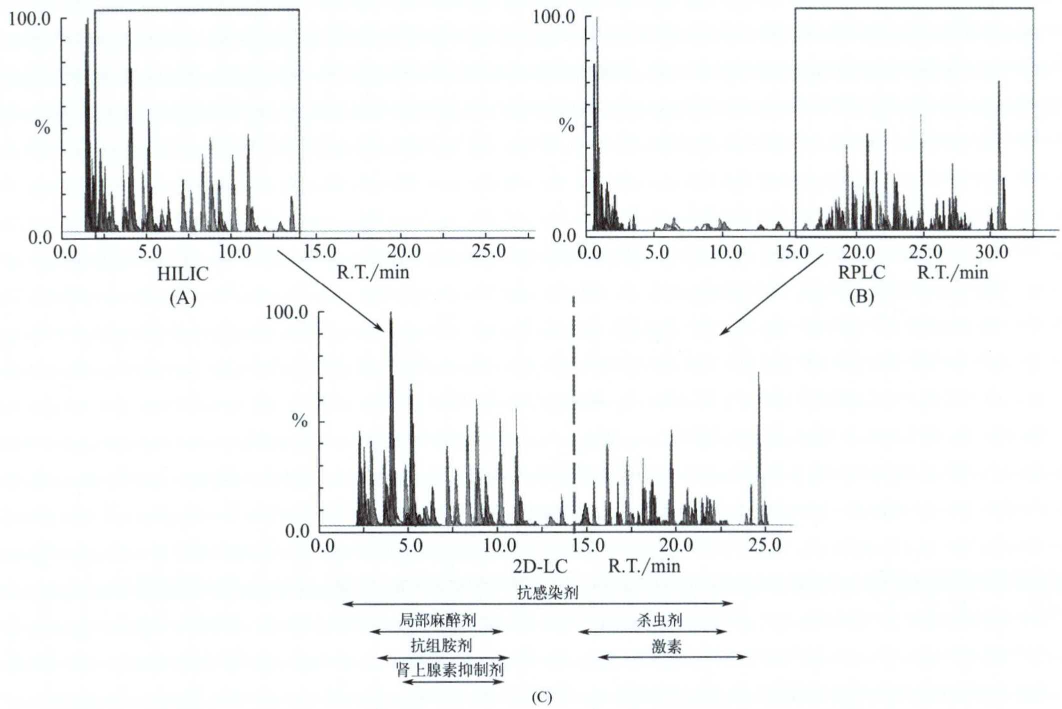

图 B5-6　由 HILIC 法（A）、RPLC 法（B）和 2D-LC 法（C）获得的 126 个标准品的典型色谱图

确度和可重复性。应用该方法对当地超市购买的 12 种化妆品中的 126 种禁用物质进行筛选，被测试的化妆品包括爽肤水、保湿乳、洁面乳、沐浴乳、隔离霜、修复霜、粉底、散粉、面膜和卸妆水产品。在检测的化妆品中，一个沐浴乳样品中检测到 5.39 $\mu g \cdot g^{-1}$ 的吗啉，一个粉底样品中检测到 14.25 $\mu g \cdot g^{-1}$ 的异恶唑草酮的非法添加。

（1）亲水相互作用色谱（HILIC）和反相液相色谱（RPLC）分离技术各自的特点是什么？

（2）请问 2D-LC-MS 与传统 1D-LC 相比有什么优势？

答：（1）HILIC 与 RPLC 色谱分离互补，如表 B5-5 所示，结合两者分离模式的优点，可解决低极性化合物与高极性化合物在单维 HILIC 或 RPLC 方法中因无法保留导致在死时间附近共洗脱的问题，且相较于 RPLC 方法，HILIC 方法更有利于保留和分离极性酚酸类化合物。

表 B5-5　HILIC 与 RPLC 色谱对比

亲水相互作用液相色谱(HILIC)	反相液相色谱(RPLC)
极性固定相(例如二氧化硅)	非极性固定相(例如 C18)
极性流动相(水/乙腈)	极性流动相(水/乙腈,水/甲醇)
通过增强流动相的极性降低保留性 (增加流动相中的水以减小保留性)	通过减弱流动相的极性降低保留性 (增加流动相中的乙腈以减小保留性)
洗脱顺序:非极性到极性	洗脱顺序:极性到非极性

(2) 传统的一维液相色谱 (1D-LC) 方法在分析复杂样品中的多类分析物方面存在明显的局限性。当分析覆盖范围广泛的物质时，1D-LC 通常需要多次进样。相比之下，2D-LC 连接两种具有不同分离机制的 LC 系统，可以提高分辨率和峰容量，有利于复杂样品的分析。

5.3.5.2 在环境分析中的应用

在石油化工中，液相色谱法被广泛应用于水体中有机污染物的分析、微量元素的测定，甚至环境样品的前处理和分离纯化等。

例如，HPLC 可以准确测定水体中的有机氯、有机磷、有机氮等有害物质的浓度，为水质监测和净化提供重要依据。高效液相色谱与电感耦合等离子体质谱 (HPLC-ICP-MS) 技术结合，可以快速准确地测定水体、土壤、大气等环境样品中微量金属元素的含量，这为环境保护和资源利用提供了科学依据。通过 HPLC-MS 联用技术，可以对环境中的复杂有机物进行分析，为环境中有毒物质的追踪和鉴定提供技术支持。

拓展案例 B5-5　水质中多环芳烃类的高效液相色谱法测定 (HJ 478—2009)

多环芳烃是公认的“三致物”(致癌、致畸、致突变)，准确测定和监控水中多环芳烃类物质 (PAHs) 的浓度十分紧迫和重要。

通过大量实验研究，在国家标准 HJ 478—2009 的基础上，形成二氯甲烷液液萃取，TurboVap Ⅲ型氮吹仪浓缩、置换，PAH 柱分离，40%乙腈+60%水流动相梯度洗脱，以及二极管阵列检测器 DAD 和荧光检测器 FLD 等定性定量的具体操作规程。用正己烷或二氯甲烷萃取水中多环芳烃 (PAHs)，萃取液经硅胶或弗罗里硅土柱净化，用二氯甲烷和正己烷的混合溶剂洗脱，洗脱液浓缩后，用具有荧光/紫外检测器的高效液相色谱仪分离检测。16 种多环芳烃加标回收率在 65.2%～99.1%之间，苯并 [a] 芘的荧光检测器的检出限是 0.001 $\mu g \cdot L^{-1}$。

采用该方法分别对宝钢化工 1 期和 2 期生化出水中的 16 种多环芳烃进行测定，国家标准限定的 6 种特定多环芳烃：苯并 [a] 芘、荧蒽、苯并 [b] 荧蒽、苯并 [k] 荧蒽、茚并 [1,2,3-c,d] 芘、苯并 [g,h,i] 芘的总量为 4.811 $\mu g \cdot L^{-1}$，苯并 [a] 芘为 1.101 $\mu g \cdot L^{-1}$；1、2 期外排水和 3 期外排水中 6 种特定多环芳烃均未检出，远低于《炼焦化学工业污染物排放标准》(GB 16171—2012) 要求的企业水污染物排放中规定的 6 种多环芳烃 (PAHs) 50 $\mu g \cdot L^{-1}$、苯并 [a] 芘 0.03 $\mu g \cdot L^{-1}$ 的排放限值。2 个外排水结果与上海市环境监测中心检测结果基本一致。

在标准规定的色谱条件Ⅰ下 (见表 B5-6)，测得两种不同检测器串联的 16 种多环芳烃标准色谱 (见图 B5-7)。样品的测定：取 10μL 待测样品注入高效液相色谱仪中，记录色谱峰的保留时间和峰高 (或峰面积)；同时应做空白试验 (蒸馏水代替水样) 和标准曲线试验 (PAHs 浓度为 0.1 $\mu g \cdot mL^{-1}$、0.5 $\mu g \cdot mL^{-1}$、1.0 $\mu g \cdot mL^{-1}$、5.0 $\mu g \cdot mL^{-1}$、10.0 $\mu g \cdot mL^{-1}$)，按与样品测定相同步骤分析，并检查分析过程中是否有污染。

表 B5-6　HJ 478—2009 色谱条件 I

类别	操作条件
色谱柱	Zorbax Eclipse PAH4.6 mm×250 mm×5 μm 专用柱
梯度洗脱程序	65%乙腈+35%水，保持 27 min； 以 2.5%乙腈·min^{-1} 的增量至 100%乙腈，保持至出峰完毕
流动相流量	1.2 mL·min^{-1}
检测器	(HPLC 具有可调波长的紫外检测器或荧光检测器和梯度洗脱功能) 紫外检测器的波长：254 nm、220 nm 和 295 nm。 荧光检测器的波长：激发波长 λ_{ex}=280 nm，发射波长 λ_{em}=340 nm。 20 min 后：λ_{ex}=300 nm，λ_{em}=400 nm、430 nm 和 500 nm

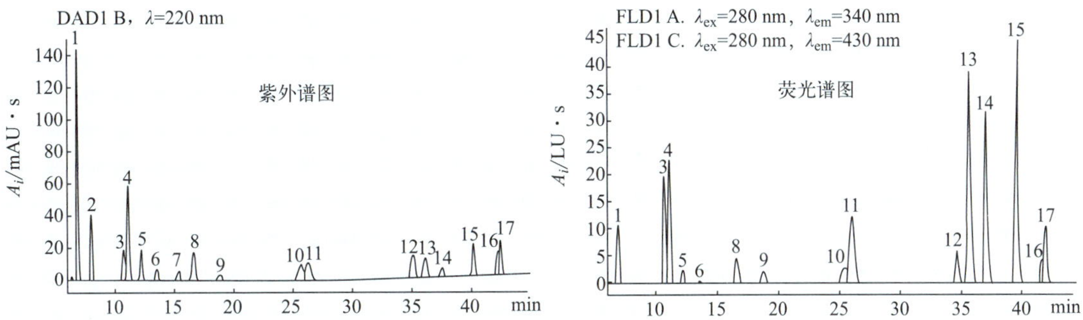

图 B5-7　16 种多环芳烃标样的色谱图（紫外、荧光检测器）

1—萘；2—苊；3—芴；4—二氢苊；5—菲；6—蒽；7—十氟联苯；8—荧蒽；9—芘；10—䓛；11—苯并［a］蒽；12—苯并［b］荧蒽；13—苯并［k］荧蒽；14—苯并［a］芘；15—二苯并［a,h］蒽；16—苯并［g,h,i］芘；17—茚并［1,2,3-c,d］芘

(1) 色谱分析行业内常有“荧光检测器比紫外检测器灵敏 10～100 倍（越灵敏，检出限越低）”的说法，你认为这种说法正确吗？

(2) 当焦化企业的外排水中应严格控制其中苯族烃的含量，那么实际样品中超低甚至未有检测值时，一般会采用哪种分析方法验证分析方法的准确度？

答：(1) HJ 478—2009 标准中荧光检测器和紫外检测器的方法检出限是在一个数量级上，有些多环芳烃的紫外检测器的检出限甚至低于荧光检测器的，与行业内通常认为的荧光检测器比紫外检测器灵敏 10～100 倍（越灵敏，检出限越低）的说法不一致，而实验中实测 DAD 检测器的检出限比 FLD 高一个数量级与行业内说法较一致。(220nm 非最灵敏检测峰)

(2) 对于复杂样品，一般会采用标准物加入法计算加标回收率。查 HJ 478—2009 标准，其空白试样加标时各组分的回收率在 60%～120%，十氟联苯加标回收率在 50%～130%。

5.3.5.3　在材料分析中的应用

HPLC 在材料分析中的应用是多方面的，它已经成为材料科学领域不可或缺的分析工具。液相色谱在聚合物的分子量分布、单体含量、添加剂和共聚物组成的测定中发挥着重要作用。它可以帮助研究者理解聚合物的链结构、分子量分布和组成，进而优化材料的性能。液相色谱在纳米材料的表征中也扮演着重要角色，包括尺寸分布、形状和表面修饰的分析，这对于理解纳米材料的性质和应用至关重要。在能源材料领域，液相色谱被用于分析电池材料中的电解质成分、燃料电池中的催化剂稳定性以及太阳能材料中的杂质含量等，也可以帮助研究材料在长期使用过程中的化学变化，如老化、氧化和降解，从而为材料的改进和寿命预测提供数据支持。

拓展案例 B5-6 水性涂料中甲醛含量的高效液相色谱测定（GB/T 34683—2017）

水性涂料因其环保特性在建筑和装修领域得到广泛应用。然而，涂料中甲醛（HCHO）含量的控制对于保障人体健康和环境安全至关重要。《水性涂料中甲醛含量的测定　高效液相色谱法》（GB/T 34683—2017）为涂料行业提供了一种精确测定甲醛含量的方法。某涂料生产企业需要定期检测其水性涂料产品中的甲醛含量，以确保产品符合环保标准。企业实验室采用 GB/T 34683—2017 标准进行分析，以优化产品质量控制流程。

样品前处理和衍生化过程如图 B5-8 所示，最后送入高效液相色谱仪检测，一般配有紫外检测器（UVD）或二极管阵列检测器（DAD）。具体的色谱检测条件如表 B5-7、表 B5-8 所示。测定系列甲醛标准工作溶液，并绘制标准工作曲线（见图 B5-9），其线性回归方程为 $y=310.96x-7.41$，相关系数 $R^2=0.9997$。待测样品溶液 $A_x=95.21$ mAU。

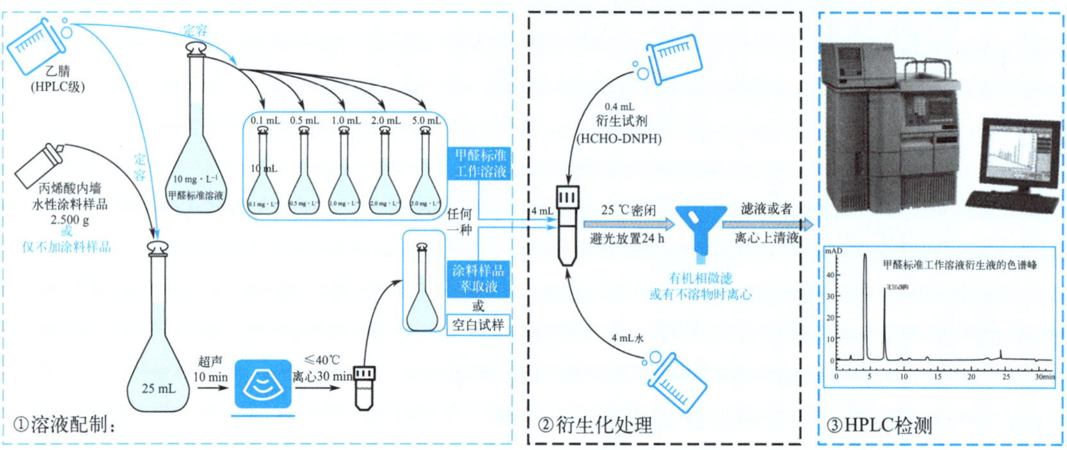

图 B5-8　样品前处理/衍生化/高效液相色谱法测甲醛示意图

表 B5-7　GB/T 34683—2017 色谱条件

色谱柱		C18 反相柱，5.0 μm，4.6 mm×150 mm，25 ℃
流速		1.0 mL · min^{-1}
进样量		20 μL
检测波长		355 nm
流动相	流动相 A	乙腈（HPLC 级），含 0.1%磷酸 85%（质量分数）
	流动相 B	水，含 0.1%磷酸 85%（质量分数）

表 B5-8　GB/T 34683—2017 梯度淋洗

时间/min	流动相 A/%	流动相 B/%
0	55	45
20	55	45
21	100	0
26	100	0
27	55	45
32	55	45

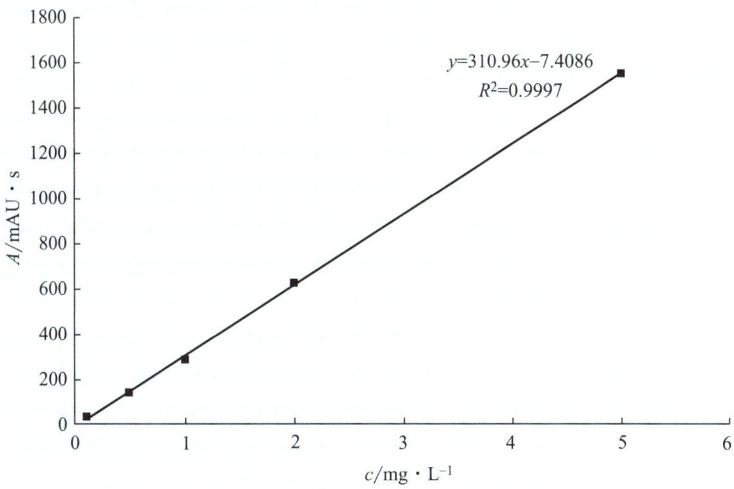

图 B5-9　甲醛标准工作曲线

（1）请问样品前处理衍生化的作用是什么？

（2）为什么采用梯度淋洗？

（3）已知甲醛标准样品与色谱峰面积的线性方程为 $y=310.96x-7.41$，且某丙烯酸内墙涂料样品的色谱峰面积 $A_x=95.21$ mAU · s，请问该丙烯酸内墙涂料样品中含有多少甲醛污染物，是否达标？（2020 年新国标要求水性内墙涂料中游离甲醛含量≤50 mg · kg^{-1}）

答：（1）样品前处理衍生化的作用主要是提高甲醛含量测定的选择性、灵敏度和准确性。在高效液相色谱法（HPLC）测定水性涂料中甲醛含量的过程中，衍生化步骤涉及使用特定的衍生试剂（如 2,4-二硝基苯肼）与甲醛发生反应，生成衍生物。

这一步骤的作用包括：①增强检测信号：衍生化反应可以增强甲醛的紫外吸收或荧光特性，从而提高检测器的灵敏度。②改善分离效果：衍生化产物可能具有更好的色谱行为，有助于在复杂样品基质中实现更有效的分离。③提高稳定性：衍生化可以减少甲醛的挥发，提高其在色谱分析中的稳定性。④减少干扰：衍生化有助于减少样品基质和其他组分的干扰，提高分析的选择性。

（2）采用梯度淋洗的原因是提高复杂样品的分离效率和缩短分析时间。梯度淋洗通过在分析过程中逐渐改变流动相的组成或极性，实现以下目的：①改善分离：梯度淋洗可以根据不同组分的保留特性，动态调整流动相的极性，从而实现更有效的分离，尤其是对于具有宽沸程或极性差异大的组分。②缩短分析周期：通过梯度淋洗，可以在较短的时间内实现从强极性到弱极性组分的洗脱，从而显著缩短分析时间。③提高峰形质量：梯度淋洗有助于改善峰形，减少拖尾现象，提高色谱图的对称性和分辨率。④增加灵敏度：梯度淋洗可以优化检测条件，提高检测器对特定组分的响应，从而增加分析的灵敏度。

(3) 已知线性方程 $y=310.96x-7.41$，$A_x=95.21\ \text{mAU}\cdot\text{s}$，代入计算得：$c_x=0.33\ \text{mg}\cdot\text{L}^{-1}$

则试样中甲醛的含量：$w_x=\dfrac{cV}{m}=\dfrac{0.33\ \text{mg}\cdot\text{L}^{-1}\times 4.0\ \text{mL}}{2.500\ \text{g}}=0.53\ \text{mg}\cdot\text{kg}^{-1}$

该丙烯酸内墙涂料样品甲醛含量≤50 $\text{mg}\cdot\text{kg}^{-1}$，达标。

高阶选修 A5-6　色谱联用技术

色谱联用技术是将色谱与其他可定性、定量、定结构的分析技术直接在线联用，从而实现更复杂混合物的分离和分析。如色谱与质谱、红外、原子光谱的联用可以增强色谱分析的定性能力，如确定分子量、结构和元素的价态等；而多维色谱技术可以借助于不同的分离模式使单一分离模式下分不开的复杂混合物在多种模式的色谱联合使用后得到更好的分离效果。

色谱与其他仪器的连接是通过一种称为“接口”的装置实现的（见表 A5-5）。色谱分离后的各个组分逐一通过接口进入第二级分析仪器，接口是联用技术的关键部件。色谱联用装置对“接口”有以下要求：①传递效率高：确保至少 30%的样品量通过接口进入下一级仪器，以保障整体灵敏度；②重现性好：样品通过接口的传递需稳定可靠，接口应具有良好的重现性；③兼容性广：接口需兼容前、后级仪器的各种操作模式和条件；④化学稳定：样品在通过接口时一般不发生任何化学变化，如果发生变化也应可控，便于后续分析推断出变化前的组成和结构；⑤色谱峰完整：接口不得影响后级色谱峰的完整性和柱效率；⑥操作简便：接口设计应简单、可靠、快速，以减少样品传递时间。除上述一般要求来确保色谱联用装置在复杂样品分析中的准确性和高效性外，接口还要满足特定联用仪器的要求。

表 A5-5　色谱联用技术

联用技术		技术特点	应用领域
色谱-质谱	GC-MS	定性未知组分；推断化合物的分子结构；鉴定出未完全分离的色谱峰；无法分析热稳定性差、分子量较大的化合物；几何异构体辨别能力差	常用于环境分析中的有机污染物，如空气、水质和土壤中的污染分析；有害物质检测和产品质量控制
	LC-MS	适合于热不稳定、不易衍生化、不易挥发和分子量较大的化合物	可用于蛋白质组学、代谢组学、生物标志物研究以及蛋白质翻译后修饰研究等；可用于水质、大气和土壤的分析，检测其中的有机污染物；农药残留检测和食品中毒研究
	CE-ESI-MS	分析生物大分子物质；将毛细管电泳的高分离能力与质谱的高灵敏度、强定性完美结合	可用于蛋白质组学、代谢组学以及药物代谢等方面的研究；分析环境中的污染物等

续表

联用技术		技术特点	应用领域
色谱-傅里叶变换红外光谱	GC-FTIR	同步跟踪扫描气相色谱馏分；鉴定分析复杂混合物，特别是几何异构体	用于有机化合物的结构分析和鉴定；大气污染、水体污染等的监测和分析；药物成分分析、代谢物研究等；食品添加剂、农药残留等的检测
	LC-FTIR	结合了 LC 高分离效能和 FTIR 高分辨率、高灵敏度特性；实现对复杂混合物中各组分的定性和定量分析；但 FTIR 信号容易受到水蒸气、CO_2 等杂质的干扰	在材料检测领域具有显著优势；可以判断化合物的结构相似性及纯度
	SFC-FTIR	结合 SFC 的高效分离能力和 FTIR 的高灵敏度、高分辨率特性；对复杂混合物中各组分的精确分析和鉴定	用于已知物的鉴定；高分子材料一致性判定；SFC-FTIR 能够实现对复杂混合物中各组分的精确分析和鉴定
色谱-原子光谱	GC-ICP-AES	可对金属有机化合物价态、形态进行分析	用于测定大气、水体和土壤中的重金属元素污染；矿石、岩石等地质样品的元素分析；食品中的重金属、农药残留等有害元素；生物样品（如血液、尿液等）中金属元素的测定
	LC-ICP-AES	类上	用于测定水体、土壤等环境样品中的重金属和有毒元素；药物代谢产物的分析和生物样品中金属元素的检测
色谱-色谱	多维 GC	解决的是传统一维气相色谱在分离复杂样品时峰容量严重不足的问题；具有优良的保留时间重现性	适用于复杂基质中特定成分的分析，如石油产品、香味分析和旋光异构体的分析等
	多维 HPLC	可对单一模式不能完全分离的组分进行进一步的分离和分析；灵敏度高、操作简单、精密度高、分辨力高以及分析速度快；但成本高昂	分离蛋白质组学；适用于低挥发性、分子量大、热稳定性差的有机污染物质的分离和分析；药物分析
	LC-GC	利用 LC 分离目标组分，在线转入 GC 分离检测	食品中的矿物油、多环芳烃检测；水体中的有机污染物测定，包括烃类、卤代烃、醛类、酯类等；土壤和大气中的有害物质监测；生物样品中的代谢物分析等

超临界流体色谱（supercritical fluid chromatography，SFC）的基本原理是利用超临界流体（通常是二氧化碳）作为流动相，通过改变压力和温度来调节流动相的密度和溶剂强度（见图 A5-9），从而实现对样品的分离，结合了气相色谱和液相色谱的优点。超临界流体具有类似于气体的低黏度和高扩散性，同时又拥有类似于液体的溶解能力，因此能够提供快速的分离速度和高效的分离能力。该法具有高分离效率、高选择性、低溶剂消耗、热稳定性，以及可与多种检测器兼容的优点。

SFC 特别适用于分析那些既不适合传统气相色谱（如高沸点、热不稳定化合物）也不适合液相色谱（如低极性、易挥发化合物）的样品。例如：（制药）药物成分的分离、

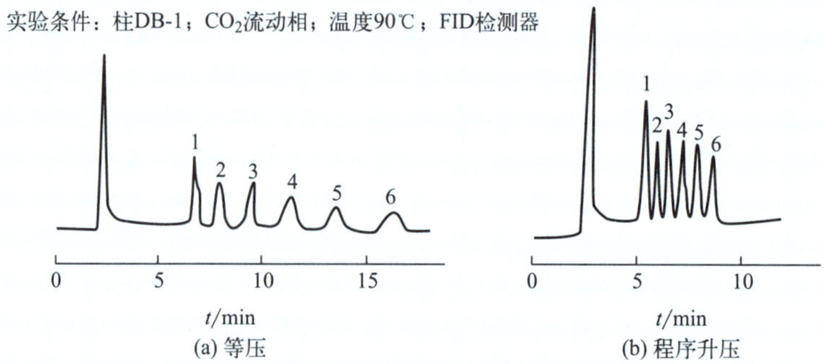

图 A5-9 程序升压对 SFC 分离改善的效应

1—胆甾辛酸酯；2—胆甾癸酸酯；3—胆甾月桂酸酯；4—胆甾十四烷酸酯；5—胆甾十六烷酸酯；6—胆甾十八烷酸酯

杂质分析和手性化合物的拆分；（环工）分析环境样品中的有机污染物，如多环芳烃（PAHs）和农药残留；（化工）分离和鉴定天然产物中的活性成分，如植物提取物中的生物碱和萜类化合物。

亲和色谱（affinity chromatography，AC）是一种基于生物分子间特异性相互作用的柱层析技术，用于分离和纯化目标生物分子。该技术一般包括选择亲和配体、制备亲和柱、样品处理、样品进样和洗脱目标物等步骤。配体通常是与目标分子特异性结合的分子，如蛋白质、酶、抗体、核酸等，它们通过非共价键的方式与目标分子相互作用，如图 A5-10 所示。因此，该技术具有高选择性、高纯度、原位纯化、快速分析的特点；同时由于配体与目标分子之间的结合是可逆的，这更加便于目标分子的洗脱和纯化。

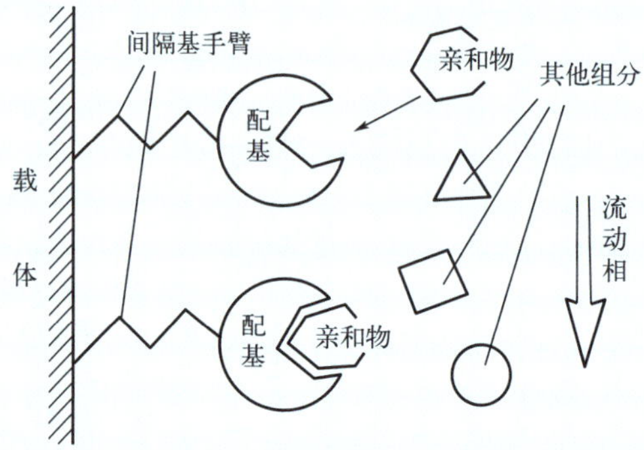

图 A5-10 亲和色谱法示意图

亲和色谱适用于多种生物分子的分离，包括蛋白质、核酸、多肽等。例如，利用固定化金属亲和色谱法从海洋细菌中分离纯化金属蛋白酶；利用固定化的抗原或蛋白质 A/G 等亲和介质从血浆中分离抗体；通过基因工程手段在目标蛋白上引入特定的标签，这些标签可以特异性地与某些配体结合，实现目标蛋白的亲和纯化；研究药物与蛋白质的相互作用，例如利用亲和色谱分析药物与血清蛋白的结合特性；利用手性配体与目标分子特异性结合的差异，实现对映体的分离。

毛细管电泳色谱（capillary electro chromatography，CEC）是一种结合了毛细管电泳（CE）和高效液相色谱（HPLC）优点的分离技术。它将 HPLC 常用的各种固定相有选择性地填充到毛细管电泳用的毛细管内，以压力和电渗流共同驱动流动相，利用样品各组分在固定相和流动相中分配系数和本身淌度的差异，实现类似色谱的分离过程。CEC 不仅适用于带电物质的分离，也适用于中性物质的分离，因此对于复杂的混合样品显示出强大的分离能力。毛细管电泳色谱仪的基本构造如图 A5-11 所示，包括进样系统、分离系统、检测系统。

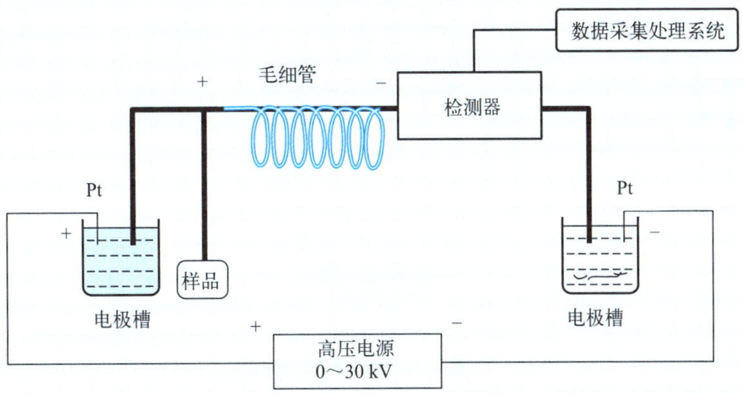

图 A5-11　毛细管电泳色谱仪示意图

毛细管电泳色谱法的优点包括操作简单、试样量少、分离效率高和成本低。它能够提供高分离速度和高柱效率，同时避免使用压力泵系统，简化了输送系统。然而，它在迁移时间的重现性、进样的准确性和检测灵敏度方面可能略逊于高效液相色谱法。

毛细管电泳色谱法的检测系统可以使用多种类型的检测器，包括紫外、荧光、激光诱导荧光、质谱、安培和电导检测器，以适应不同类型的分析需求；也具有不同的分离模式，如填充柱电色谱和胶束电动毛细管色谱，前者利用电渗透驱动极性溶剂通过反相高效液相色谱毛细管柱进行分离，后者则是在缓冲溶液中加入表面活性剂形成胶束，作为准固定相，根据溶质在水相和胶束相之间的分配系数进行分离。

毛细管电泳色谱法广泛应用于小分子、多肽、蛋白质、核苷酸和 DNA 等生物分子的分离分析。例如，毛细管凝胶电泳（CGE）可用于蛋白质和核酸等生物大分子的分离；毛细管等电聚焦电泳（CIEF）则适用于蛋白质、多肽等生物大分子的分离。该技术在其他领域也有相应的应用：（材料）分析材料中的添加剂、助剂等成分，以及纳米材料的表面修饰和功能化研究；（环工）环境样品中污染物的分析，如重金属离子、有机污染物等；（制药）用于药物成分的分离和鉴定，包括手性药物的对映体分离，以及药物代谢产物的分析。

微型化色谱技术是现代分析仪器发展的重要趋势，它能有效减少溶剂和样品的消耗，提高检测效率，并降低成本。这种技术特别适用于生物组学研究等无法获得大量样品的领域，并且对于极微量样品的分离，微型化色谱技术可以有效减少样品稀释次数。此外，微型化色谱技术有利于色谱装置的模块化、集成化设计。

芯片液相色谱作为色谱仪器微型化的一种重要方式，已经在学术界和产业界受到广泛关注。它在微流控芯片上制备色谱柱，并集成相应的流体控制系统和检测系统，具有更高的灵活度和可集成性。然而，芯片液相色谱技术也面临挑战，需要在芯片基底材料、色谱柱结构设计、微流体控制技术、检测器技术等方面进行创新。业界也在芯片液相色谱商品化上取得了一定成果，例如安捷伦公司推出的 HPLC-Chip/MS 系统，就是一款经典的商品化芯片色谱产品，已在蛋白质定量、糖蛋白分析、蛋白质磷酸化分析、药用小分子分离等领域得到应用。新兴技术正在不断推动色谱技术走向便携式检测（point-of-care testing，POCT）领域。随着技术的不断进步和创新，预计未来“plug-and-play”的芯片色谱将成为现实，为现场快速检测提供强有力的工具。

综上所述，色谱技术不断发展创新，涌现出了多种新技术以满足不同领域的研究需求。这些新技术在分离效率、分析速度、灵敏度以及应用范围等方面都有所提升，为科学研究和技术创新提供了有力支持。

习题

知识点——色谱基础理论

1. 选择题

(1) 在色谱分析中，用于定量的参数是（　　）

A. 保留时间　　B. 调整保留值　　C. 峰面积　　D. 半峰宽

(2) 塔板理论不能用于（　　）

A. 塔板数计算

B. 塔板高度计算

C. 解释色谱流出曲线的形状

D. 解释色谱流出曲线的宽度与哪些因素有关

(3) 在气-固色谱分析中，色谱柱内装入的固定相为（　　）

A. 一般固体物质　　B. 载体　　C. 载体＋固定液　　D. 固体吸附剂

(4) 当载气流速越小，范弟姆特方程中，分子扩散系数 B 越大，所以应选下列气体中哪一种作载气最有利？（　　）

A. H_2　　B. He　　C. Ar　　D. N_2

(5) 下列关于色谱流出曲线的描述，正确的是（　　）

A. 根据色谱峰的保留值和区域宽度可以评价色谱柱的分离效率

B. 根据色谱峰的保留值可以进行定量分析

C. 根据色谱峰个数，可以判断出样品所含组分的数目

D. 通过两个色谱峰的距离可以评价固定相（流动相）的选择是否合适

2. 填空题

(1) 按流动相的物态可将色谱法分为________和________。前者的流动相为________，后者的流动相为________。

(2) 速率理论的范弟姆特式方程：$H=A+B/u+Cu$，A 为________，B/u 为________，

Cu 为传质阻力项。与 GC 相比，HPLC 的流动相黏度大，因此 Van Deemter 方程中的________项可以忽略，其速率理论方程可简写为 $H=$________。

(3) 被分离组分分子与固定液分子的性质相近，则它们之间的作用力越强，该组分在柱中停留时间越________。

(4) 组分分子在色谱柱内运行的________、________及________等是造成色谱峰扩展，柱效率下降的主要原因。

(5) 色谱分离中，流动相极性小于固定相极性的称为________色谱；反之，流动相的极性大于固定相的极性，称为________色谱。

3. 简答题

(1) 从给定的色谱图上可以得到哪些信息？

(2) 能否根据理论塔板数来判断分离的可能性？为什么？

(3) 试述速率方程式中 A、B、C 三项的物理意义。

(4) 写出分离度 R 的定义式及其与有效塔板数 n' 之间的关系式。相邻两组分完全分离时 R 应满足何条件？

(5) 有哪些色谱定量方法？试述它们的特点及适用情况。

知识点——气相色谱

1. 选择题

(1) 为测定某组分的保留指数，气相色谱法采取的基准物是（　　）

A. 苯　　B. 正庚烷　　C. 正构烷烃　　D. 正丁烷和丁二烯

(2) 指出下列哪一种气体不是气相色谱法常用的载气（　　）

A. N_2　　B. H_2　　C. O_2　　D. He

(3) 试指出下列说法中，哪一个是错误的？（　　）

A. 固定液是气相色谱的固定相

B. N_2 是气相色谱的流动相

C. 气相色谱法主要用来分离沸点低、热稳定性好的物质

D. 气相色谱法是分离效能高、分析速度快的分析方法

(4) 在气-液色谱法中，首先流出色谱柱组分的特点是（　　）

A. 溶解能力小　　B. 吸附能力小

C. 溶解能力大　　D. 吸附能力大

(5) 在气-液色谱中，为了改变色谱柱的选择性，主要可进行如下哪种操作？（　　）

A. 改变固定相的种类　　B. 改变载气的种类和流速

C. 改变色谱柱的柱温　　D. （A）和（C）

2. 填空题

(1) 气相色谱常用的检测器有________、________、________和________。

(2) 气相色谱分析中，分离极性物质，一般选用________固定液，试样中各组分按________分离，________的组分先流出色谱柱，________的组分后流出色谱柱。

(3) 气相色谱定量分析中对归一化法要求的最主要的条件是________、________。

(4) 气相色谱分析中，分离非极性物质，一般选用________固定液，试样中各组分按________分离，沸点________的组分先流出色谱柱，沸点________的组分后流出色谱柱。

(5) 气相色谱仪气化室的作用是________。

3. 简答题

(1) 气相色谱定量分析时，为什么要引入定量校正因子？

(2) 色谱峰宽是如何产生的？其宽度与柱分离效果的关系如何？

(3) 简要说明气相色谱分析法的分离原理。

(4) 气相色谱仪包括哪些基本组成部分？分别有什么作用？

(5) 测得石油裂解气色谱图（前四个组分衰减 1/4），经测定各组分的 f_i' 值及从色谱流出曲线量出各组分的峰面积分别为：

组分	空气	甲烷	二氧化碳	乙烯	乙烷	丙烯	丙烷
峰面积/mV·s	34	214	4.5	278	77	250	47.3
校正因子/f_i'	0.84	0.74	1.00	1.00	1.05	1.28	1.36

用归一化法定量，求各组分的质量分数为多少？

知识点——液相色谱

1. 选择题

(1) 在液相色谱中，为了改变色谱柱的选择性，可以进行如下哪些操作（　　）

A. 改变流动相的种类或柱子

B. 改变固定相的种类或柱长

C. 改变固定相的种类和流动相的种类

D. 改变填料的粒度和柱长

(2) 在液相色谱中，某组分的保留值大小实际反映了哪些部分的分子间作用力（　　）

A. 组分与流动相　　B. 组分与流动相和固定相

C. 组分与固定相　　D. 组分与组分

(3) 液相色谱中通用型检测器是（　　）

A. 紫外吸收检测器　　B. 示差折光检测器

C. 热导池检测器　　D. 氢火焰离子化检测器

(4) 在液相色谱中，梯度洗脱最宜于分离（　　）

A. 几何异构体　　B. 沸点相近、官能团相同的试样

C. 沸点相差大的试样　　D. 分配比变化范围宽的试样

(5) HPLC 与 GC 比较，可忽略纵向扩散项，主要原因是（　　）

A. 柱前压力大　　B. 流速比 GC 的快

C. 流动相黏度大　　D. 柱温低

2. 填空题

(1) 在液相色谱中，流动相在使用之前，必须进行________处理。

(2) 空间排阻色谱与其他色谱法的不同之处在于它是按________进行分离的。

(3) 用色谱柱分离乙酸甲酯、丙酸甲酯和正丁酸甲酯三种物质，它们的峰面积分别为 18、44 和 30，相对校正因子 f' 分别为 0.60、0.70 和 0.80，则乙酸甲酯和丙酸甲酯的质量分数分别是________和________。

(4) 高效液相色谱仪的荧光检测器是________类型的检测器，有机物产生荧光的电子跃迁类

型有________和________。

(5) 在液相色谱中，为了减少固定液的流失，一般用________固定相。

3. 简答题

(1) 在液相色谱中，提高色谱柱柱效率最有效的途径是什么？简述理由。

(2) 在高效液相色谱中，为什么要对流动相脱气？

(3) 比较 GC 和 HPLC 中的流动相。

(4) 分离、测定下述化合物，宜选用哪种色谱方法？

①聚苯乙烯分子量分布；②多环芳烃；③氨基酸；④Ca^{2+}、Ba^{2+}、Mg^{2+}；⑤啤酒；⑥大气层中的有害气体。

(5) 色谱分离中哪些情况适合使用程序升温、梯度淋洗？

第6章 材料表征方法

内容提要

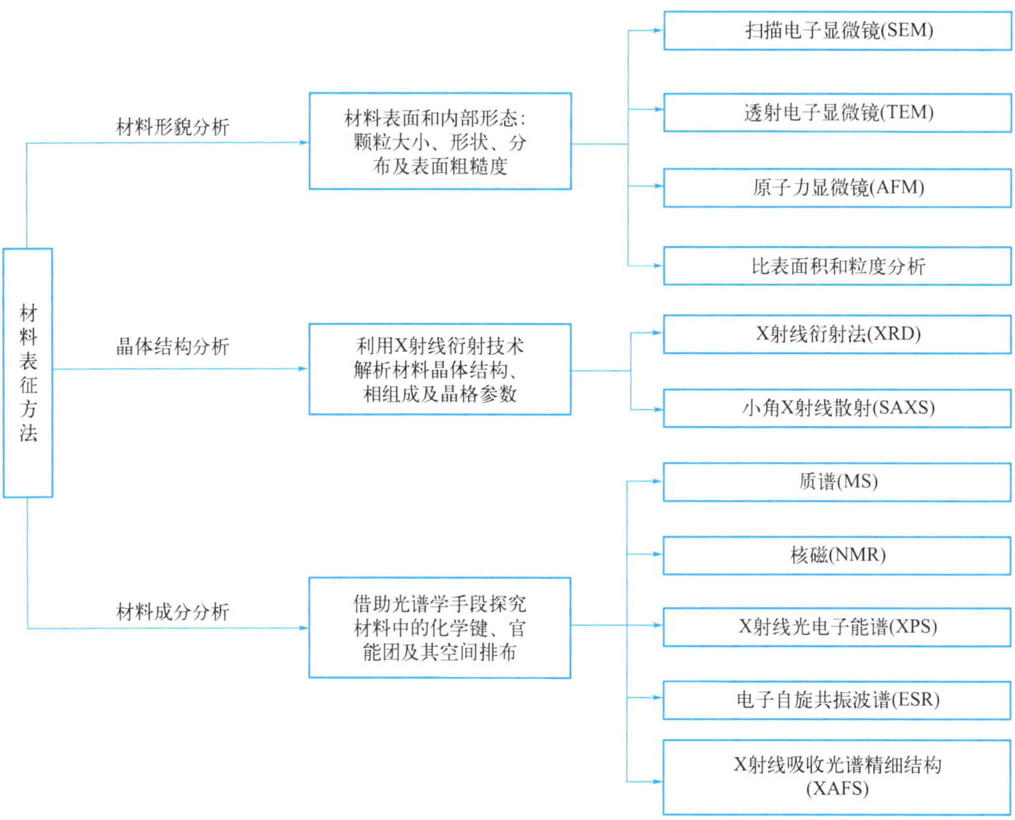

6.1 材料的形貌分析

材料形貌分析方法是材料科学中不可或缺的工具，能够直观、高分辨率地展现材料的表面及内部微观结构，包括颗粒形态、尺寸分布、界面结构、缺陷分布等关键信息。通过形貌分析，研究人员能够深入理解材料的形成机制、生长过程以及性能与结构之间的关联，为材料的设计、优化和性能提升提供科学依据。此外，形貌分析还在材料失效分析、质量控制和新产品开发中发挥着重要作用，对于推动材料科学及相关领域的技术进步具有重要意义。本节内容主要介绍扫描电子显微镜、透射电子显微镜、原子力显微镜、比表面积和粒度分析等常用的材料形貌分析方法。

6.1.1　扫描电子显微镜

扫描电子显微镜（scanning electron microscope，SEM），又称扫描电镜，是一种利用电子束扫描样品表面从而获得样品信息的电子显微镜。自从 1942 年世界上第一台 SEM 问世以来，扫描电子显微技术已经成为材料科学和技术各个领域广泛应用且不可或缺的研究手段。

6.1.1.1　扫描电子显微镜的基本原理

SEM 主要是利用聚焦的高能电子束对样品表面进行逐点扫描，通过检测电子与样品相互作用产生的各种信号来获取样品表面的形貌、成分和结构信息，具有景深大、分辨率高、成像直观、立体感强、放大倍数范围宽以及待测样品可在三维空间内进行旋转和倾斜等特点。它不仅能产生光学显微镜那样的拓扑信息，也能够提供表面附近的化学成分及其分布的详细信息。因此，可以利用 SEM 获取材料的形貌、组成等理化性质。

6.1.1.2　扫描电子显微镜的构造

扫描电镜可粗略分为镜体和电源电路系统两部分。镜体部分由电子光学系统、信号收集和显示系统以及真空抽气系统组成，整体结构如图 6-1 所示。

① 电子光学系统：由电子枪、电磁透镜、扫描线圈和样品室等部件组成。由电子枪发射的高能电子束经两级电磁透镜聚焦后汇聚成一个几纳米大小的束斑，在扫描线圈的作用下发生偏转并在试样表面和屏幕上做同步扫描，激发出试样表面的多种信号。由于样品不同部位表面的物理性质、化学性质、表面电位、所含元素成分及凹凸形貌不同，致使电子束激发出的电子信息各不相同。为了获得较高的信号强度和图像分辨率，扫描电子束应具有较高的亮度和尽可能小的束斑直径。

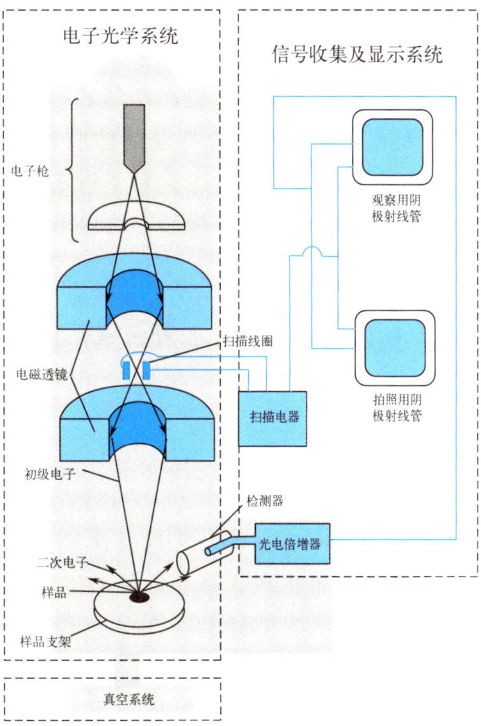

图 6-1　SEM 基本构造示意图

② 信号收集及显示系统：该系统的作用是将电子束轰击试样表面后产生的各种物理信号进行选择、收集和放大，以提供各种符合分析要求的信息，并最终显示于荧光屏上或摄成照片，它包括检测器、放大器、显示器和记录系统。扫描电镜通常装备有多种信号检测器，不同的信号常使用不同的检测器，主要有二次电子检测器、背散射电子检测器、试样电流放大器、透射电子接收器和 X 射线检测器等。

③ 真空系统：SEM属于高真空系统的仪器，它的真空度靠真空泵来实现。真空系统的作用是建立能确保电子光学系统正常工作、防止样品污染所必需的真空度，一般情况下要求保持 $10^{-8} \sim 10^{-3}$ Pa。

④ 附件部分：X射线能谱仪（energy dispersive X-ray spectroscopy，EDX或EDS）是扫描电镜的一个重要附件，利用它可以对样品的组成成分进行定性、半定量和定量分析，其特点是探测效率高，可同时分析多种元素。电子背散射衍射分析技术（electron backscattered diffraction，EBSD）的主要特点是在保留扫描电子显微镜常规特点的同时，进行空间分辨率亚微米级的衍射（给出结晶学的数据），该技术已在材料微观组织结构及微织构表征中广泛应用。

6.1.1.3 扫描电子显微镜的样品要求

扫描电子显微镜对样品的要求非常严格，以确保能够获得高质量的图像和准确的分析结果。以下是SEM对测试样品的主要要求。

① 样品的基本性质：样品应为固体，可以是块状、粉末或沉淀物等形态，必须干燥、无水、无易挥发溶剂；样品应无毒、无放射性，以避免对仪器和操作人员造成危害；样品表面应清洁，无污染物，以确保图像质量；磁性样品需要预先去磁，以免观察时电子束受到磁场的影响；样品的尺寸应适中，直径为10～30 mm，高度不超过20 mm，以确保能够安装在样品台上；样品在电子束扫描下应具有良好的热稳定性，不会被电子束分解或产生热效应导致形貌变化；样品在真空环境中应保持稳定，不会与残留气体发生化学反应导致变质。

② 样品的导电性：对于导电性良好的样品，如金属、石墨等，可以直接用SEM进行观察。而对于非导电或导电性较差的样品，如陶瓷、塑料等，需要在其表面蒸镀一层导电膜（如金、铂、碳膜等），以提高样品的导电性，防止电荷积累而影响观察。

③ 样品的制备：根据样品的性质和形态选择合适的制备方法。对于块状样品，可以直接用导电胶黏结在样品台上；对于粉末样品，可以撒在导电胶带上或用乙醇分散后滴加在硅片上自然风干；对于液体样品，可以取悬浊液滴加在硅片上自然风干或用红外灯烘干后再进行SEM观察。

拓展案例 B6-1　SEM在复合催化材料的形貌和成分分析中的应用

（Zhang Q，Sun X，Dang Y，et al. Oxygen vacancy-induced nonradical degradation of nitroso-containing organics in Fe_3O_4@N-C electro-Fenton reaction at a wide pH range. J. Electroanal. Chem.，2024，963，118309）

材料表面形貌直接影响材料及其复合材料的物理、化学和力学等诸多性能。SEM的大景深、高分辨率和试样准备简单的特点使其成为材料表面形貌观察的首选方法。此外，每一种元素都有它的特征X射线，在SEM中，可以利用特征X射线谱来分析材料微区的化学成分。图B6-1是利用高温热解法制备的四氧化三铁锚定氮掺杂多孔碳催化剂（Fe_3O_4@N-C）的SEM形貌表征图和其相应元素的EDX元素映射图像。如图B6-1(a)所示，Fe_3O_4@N-C是由纳米片组成的花状结构，且其表面呈多孔状［见图B6-1(b)］。这是由于高温碳化过程，Fe_3O_4 晶体内部留下微小的孔隙，形成氧空穴（V_o）来维持电荷平衡。从图 B6-1(c)—(f) 可以看出 Fe、O、N 和 C 四种元素均匀分布在 Fe_3O_4@N-C 中，表明 Fe_3O_4 纳米颗粒成功锚定在氮掺杂的碳骨架中。

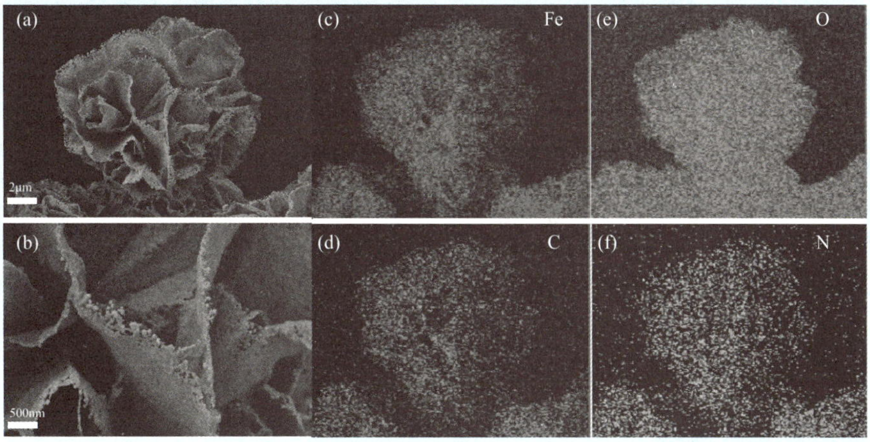

图 B6-1　Fe_3O_4@N-C 催化剂的 SEM 形貌表征图［(a)—(b)］和相应的 EDX 元素映射图［(c)—(f)］

拓展案例 B6-2　SEM 在陶瓷复合材料断口形貌和断裂机理分析中的应用

(Liu W，Tian J，Xiang D，et al. Fabricating superior thermal conductivity SiC-AlN composites from photovoltaic silicon waste，J. Clean. Prod. 2020，274，122799)

通过材料断口的形貌观察与分析，可以研究材料的断裂方式和断裂机理，这是判断材料断裂性质和断裂原因的重要依据，特别是在材料的失效分析中，断口分析是最基本的分析手段。图 B6-2 为碳化硅-氮化铝（SiC-AlN）陶瓷复合材料的典型断口形貌。从图中可以看出，随着烧结温度和 AlN 含量的增加，断口微孔的数量和尺寸都在减小。然而，由于陶瓷晶粒的快速生长和烧结添加剂的蒸发作用，在最高温度 1950 ℃时，又出现了一些明显的大孔隙［见图 B6-2（d）］。整体来看，随着烧结温度和 AlN 含量的增加，微孔演化过程与复合材料密度的变化趋势一致。此外，还可基于断口形貌来分析复合材料的断裂机理。在温度低于 1850 ℃或 AlN 含量低于 2%时，复合材料的主要断裂方式是晶间断裂。当烧结温度和 AlN 含量超过临界点时，开始出现穿晶解理断裂，并随着烧结温度和 AlN 含量的增加而逐渐增加。需要注意的是，在最低温度为 1800 ℃时烧结的复合材料中几乎没有发现 SiC 晶须，这是因为 SiC 晶须 1800 ℃时在 Y-Al-Si-O-C-N 熔体中不稳定，而且由于其溶解度比 SiC 粉末高，因此晶须溶解在熔体中。此外，从图 B6-2（e）—（h）可以看出，与 AlN 含量低于 5%的复合材料不同，在大的 SiC 晶粒中分布着许多没有明显生长的细晶 SiC，这可以归因于 AlN 的加入在 SiC 表面形成阻挡层，特别是在 SiC 晶界处形成 2Hss 相，抑制了细晶 SiC 的生长。

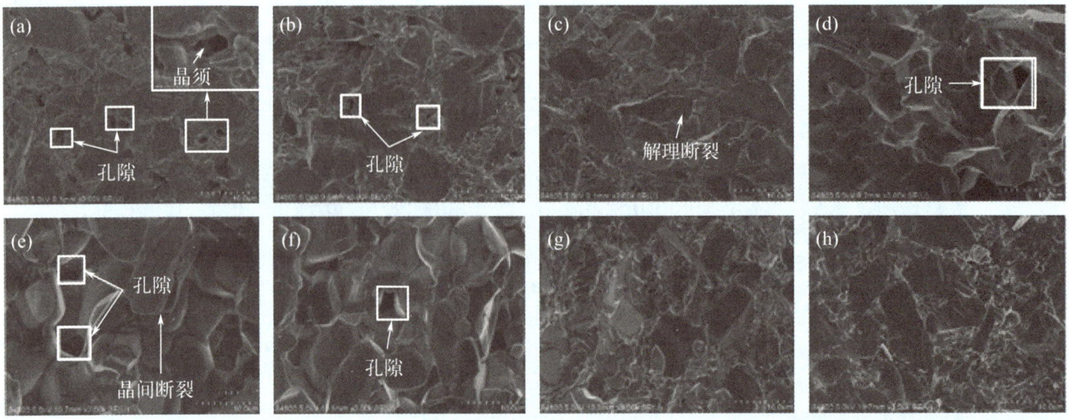

图 B6-2 SiC-AlN 陶瓷复合材料在不同温度和不同 AlN 含量下的断口形貌：[(a)—(d)] 1800 ℃、1850 ℃、1900 ℃、1950 ℃；[(e)—(h)] 0% AlN，2% AlN，10% AlN，15% AlN

6.1.2 透射电子显微镜

6.1.2.1 透射电子显微镜的基本原理

透射电子显微镜（transmission electron microscope，TEM），又称透射电镜，是把经加速和聚集的电子束投射到非常薄的样品上，电子与样品中的原子碰撞而改变方向，从而产生立体角散射。散射角的大小与样品的密度、厚度相关，因此可以形成明暗不同的影像。由于电子的德布罗意波长非常短，透射电子显微镜的分辨率比光学显微镜高很多，所以 TEM 的分辨率可达 0.1～0.2 nm，放大倍数为几万～百万倍。TEM 是集形貌观察、结构分析、缺陷分析、成分分析于一体的综合性分析方法，已成为材料研究最重要的工具之一。除了具有与 SEM 相同的功能外，利用电子衍射功能，TEM 还可对同素异构体加以区分，还能对含量过低的某些相进行分析。在放大倍数较低的时候，TEM 成像的对比度主要是由材料不同的厚度和成分对电子的吸收不同而造成的。而当放大倍数较高的时候，复杂的波动作又会造成成像亮度的不同，因此需要专业知识来对所得到的图像进行分析。TEM 的不同模式可以利用物质的化学特性、晶体方向、电子结构、样品造成的电子相移以及电子吸收对样品进行成像。

6.1.2.2 透射电子显微镜的构造

透射电子显微镜系统由照明系统、成像系统、记录系统和真空系统四大部分组成（见图 6-2）。

① 照明系统，包括电子枪和聚光镜。电子枪是产生电子的装置，由阴极、栅极和阳极组成。阴极管发射的电子通过栅极上的小孔形成射线束，经阳极电压加速后射向聚光镜，起到对电子束加速和加压的作用。

聚光镜系统是通过改变电子的入射角度，使电子束进一步聚集，缩小入射范围，从而增加电子束的强度，减小直径，增强相干性，此时打到样品表面将获得高分辨率的微观形貌组织。聚光镜系统可用于调节电子束的电流密度、束斑大小和束孔径角。

② 成像系统，是透射电镜的核心部分，包括成像透镜、光阑、消像散器。其中，成像透镜由物镜、中间镜和投影镜组成。成像系统可将透过试样的电子束成像和放大，并最终投影在荧光屏或照相底片上，从而获得高质量分辨率的放大图像以及衍射花样。

物镜是对试样成像放大最为关键的透镜，中间镜和投影镜只负责进一步放大图像，并不能分辨结构形貌，因此物镜没有分辨出的图像细节，后期同样无法分辨。通常要求物镜的各种像差尽可能地小，并且借助物镜光阑和消像散器进一步减小像差，以提高图像的衬度和分辨能力。物镜和试样之间的距离是固定不变的（即物距不变），物镜放大倍数的变化是通过改变物镜的焦距和像距来实现的。

中间镜位于物镜和投影镜之间，通常由两个弱激磁、长焦距的变倍透镜组成，通过改变其激磁电流，可以调节透射电子显微像的放大倍数。如若把中间镜的物平面和物镜的像平面重合，将得到放大像；如果把中间镜的物平面和物镜的背焦面重合，则得到电子的衍射花样。

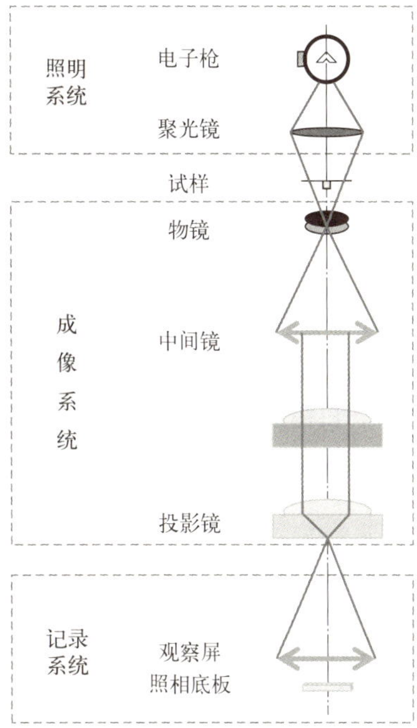

图 6-2　TEM 基本构造示意图

投影镜是成像系统中的最后环节，属于强激磁、短焦距磁透镜，它将经过两次放大后的电子图像再次放大，最终投射清晰的图像到荧光屏上。由于大的景深和焦长，投影镜的稳定性非常好，中间镜在改变电流以改变放大倍数时对荧光屏上图像的清晰度几乎没有影响，所以，投影镜无须改变它的电流，仍能获得清晰的电子图像。

③ 记录系统，位于镜筒的下部，包括荧光屏和照相装置两部分。观察者需要在荧光屏上对电子显微像进行选区和聚焦等调整与观察分析，这就要求荧光屏的发光效率高，光谱和余辉适当，分辨力好。目前多采用能发黄绿色光的硫化锌-镉类荧光粉作为荧光屏的涂布材料，荧光屏直径为 15～20 cm。现代电镜多选用电荷耦合器件（charge coupled device，简称 CCD）相机对各种电子图像进行记录和存储，并可将图像直接输出、转录或通过网络进行远距离传送。

④ 真空系统，整个透射电镜的光学系统都处在真空状态下，存在电子的区域都要求高度真空，如果真空度不理想，空气进入电镜内部将造成气体电离现象，不仅会使阴极灯丝发生氧化反应而断裂，而且电子高速运行时与气流碰撞将发生散射，影响图像衬度和分辨率。为了提高效率，电子枪、镜筒、照相室和试样预抽室等各部分互相隔离，各自装有气阀，各部分可单独抽真空和放气，而不破坏其他部分的真空状态。

⑤ 附件部分　a. X 射线能谱仪（energy dispersive X-ray spectroscopy，EDX 或 EDS）。高能电子束照射到试样材料激发出的特征 X 射线是各种原子的一个特定标志。EDX 可以探测到这些 X 射线，并且按照能量排列成谱图，根据谱峰的位置和强度可以确定材料所含元素的种类和含量。

b. 电子能量损失谱（electron energy loss spectroscopy，EELS）。高能电子穿过试样时，部分电子与试样物质的分子、原子发生碰撞并且损失能量。损失能量的多少与试样中参与碰撞的粒子的种类、碰撞类型、化学键合和试样厚度都有关系。EELS 可以收集从试样透射的电子，并且对它们的能量损失情况进行分析。从原理上说，EELS 可以得到试样的厚度、成分、价态、电子密度、能带和邻近原子分布等信息。

c. 高分辨率透射电子显微镜（high-resolution transmission electron microscope，HR-TEM）。HRTEM 的分辨率可以达到 0.1 nm 甚至更高，这使得它能够分辨出原子级别的细节，可直接观察到晶体缺陷、界面结构、原子排列等信息，这对于材料科学和固体物理学的研究至关重要。HRTEM 的成像原理与 TEM 类似，但它采用了更高级的成像技术，如相衬成像和球差校正等，以实现更高的分辨率。相衬成像利用电子波与样品相互作用产生的相位变化来增强图像对比度，而球差校正技术则减少了透镜的球差，提高了图像质量。

d. 扫描透射电子显微镜（scanning transmission electron microscopy，STEM）。STEM 是一种独立的显微成像技术，有专门的扫描透射显微镜。但是装备了必要的附件后，这种技术也可以在 TEM 上实现。在这种模式下，电子束在试样上扫描，透过试样后形成电子散射。用一个环形或者圆形探测器接收电子散射，并转化为电信号在显示器上形成图像（见图 6-3）。STEM 图像也分为明场像（bright field，BF）和暗场像（dark field，DF），明场像的探测器安装在扫描电镜样品的正下方，当入射电子束穿过样品后，散射角度较小的电子经过光阑孔选择后进入明场探测器形成明场像；散射角比较大的电子经 DF-STEM 电极板反射，由二次电子探头接收形成暗场像。相比于 TEM 和 HRTEM，STEM 具有更高的图像衬度、更强的电子束穿透能力和更小的电子束损伤，特别适用于观察高放大倍数下的高聚物材料。

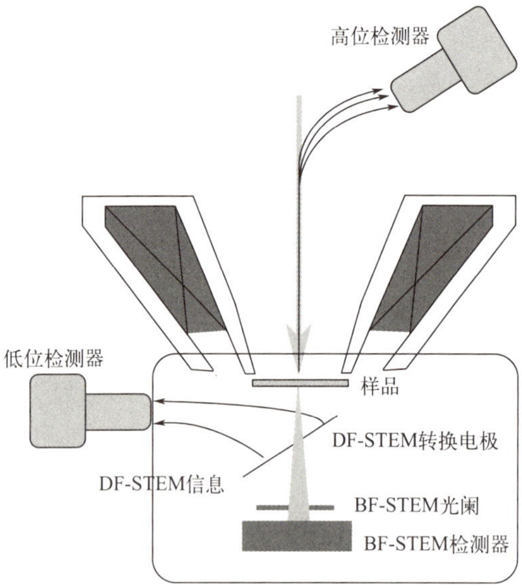

图 6-3　STEM 成像原理图

6.1.2.3　透射电子显微镜的样品制备

试样制备是电子显微技术中不可缺少的重要组成部分，用于透射电镜观察的试样通常应满足三个条件：①样品必须足够薄。由于电子束的穿透能力有限，所观察的样品厚度一般不能超过 0.1 μm（对于高分辨率透射电镜而言，样品的厚度必须小于 20 nm），也就是说样品的观察区对入射电子束必须是“透明”的。②在透射电镜中，图像衬度主要是由样品不同区域散射电子的能力之间的差异产生的。对于大多数高聚物材料和生物材料等不同区域散射电子能力相差不大的样品，所得图像的固有衬度很弱，难以观察到其微观结构。因此，必须使用某种样品制备技术，如重金属染色，以增强图像衬度。③透射电镜镜筒内是真空的，所以观察的样品必须不含水分。对于导电样品，有时需要在其表面喷镀一层很薄的碳膜，以防止电荷累积而影响观察。

常见的透射电镜样品制备方法有以下几种。

① 粉碎分散法。适用于材料粉末可以被电子束穿透的物质。通常先将样品研磨至 100 nm 以下，然后，将粉末样品分散在蒸馏水、酒精或丙酮中，超声分散均匀，滴在附有

支持膜的铜网上，待液体完全挥发后，置入电镜中观察。

② 超薄切片法。这种方法在高聚物和生物材料的表征中得到了广泛应用。在切片之前应用包埋剂对样品进行固定，然后在超薄切片机上将样品切成<100 nm 的薄片。这种技术的特点是样品的化学性质不会改变，但可能使样品的微观结构发生形变。常用的包埋剂是环氧树脂系列或丙烯基系列。环氧树脂包埋剂固化时间短，而且耐电子束轰击，但是图像衬度较弱。丙烯基包埋剂有较强的图像衬度，但其在电子束轰击下的稳定性较差。

③ 离子轰击减薄法。这种方法是用离子轰击样品表面，使样品材料溅射出来，以达到减薄的目的。常用于脆性材料和非导电硬质材料，有时用于导电材料，有时也用于耐高温的聚合物及其复合材料。采用离子轰击减薄时，需先将样品切割、研磨成 50～80 μm 的薄片，随后将其置于离子轰击减薄仪中，利用加速的氩离子束从两侧轰击样品，使其表面的原子不断地被剥离，直至薄片样品穿孔为止（见图 6-4）。离子减薄的时间长短取决于材料的性质、薄片的厚度和减薄时所选取的各项参数，一般需要几个小时甚至几十个小时。离子减薄会产生热，使样品温度升至 100～300 ℃，故最好用液氮冷却样品。样品冷却对不耐高温的材料非常重要，否则会引起材料相变，样品冷却还可减少污染和表面损伤。

④ 化学减薄法。该方法是利用化学试剂对物质的溶解作用，以达到减薄样品的目的。通常采用硝酸和盐酸等强酸作为化学减薄液。首先将样品制成厚度为 0.1～0.2 mm，直径为 3 mm 的薄圆片，将薄片放入适当的溶液（如乙醇、丙酮、乙醚等）中洗涤，去除油污。用尖端涂有耐酸漆的镊子夹住样品，并悬挂在化学减薄液中进行减薄。减薄过程中不断检查样品的厚度，直至样品形成电子束可以穿透的薄区（<100 nm），随后将样品放入清水中洗涤，并用氢氧化钠溶液中和，最后用清水洗涤。

⑤ 电解减薄法。这种方法适用于金属或合金等具有导电性能的材料样品制备，通常使用双电解减薄仪制备（见图 6-5）。首先将试样制成厚度为 0.1～0.2 mm，直径为 3 mm 的圆片，并置入电解槽中。在电解槽四周或槽内放入干冰或液氮，以降低减薄时产生的高温。当电极两端连接上电压后，电解液从试样两侧的喷管中射出，试样被电解而逐渐变薄。当试样圆片出现穿孔时，仪器会自动报警并切断电源，随后应迅速将试样放入水中清洗，以防止孔洞进一步扩大。电解减薄比较省时，如果条件适宜，能够得到大而均匀的薄区。电解减薄时所使用的电解减薄液条件（包括减薄液的成分、浓度、温度和所加电压）可查阅有关文献，也可通过实验确定某种试样电解减薄的最佳条件。

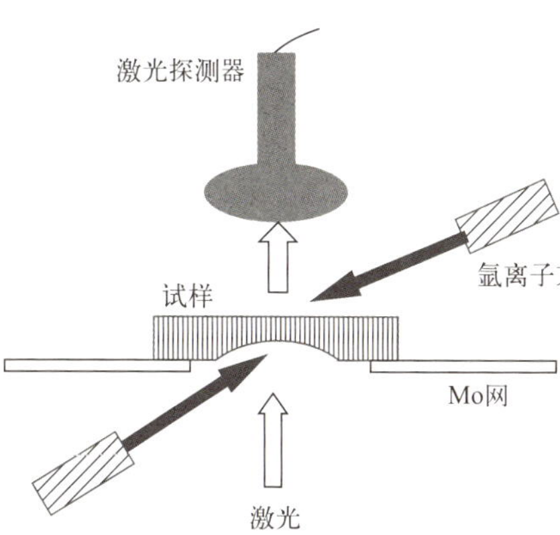

图 6-4　离子轰击减薄法示意图

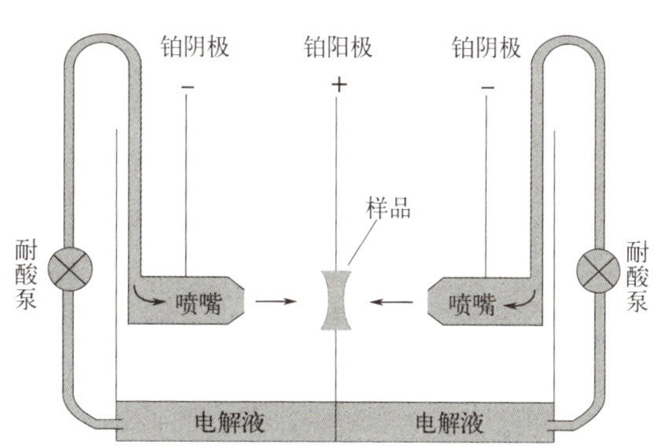

图 6-5　电解减薄法示意图

⑥ 表面复型法。这种方法是把准备观察的样品的表面形貌（表面显微组织浮凸）用适宜的非晶薄膜复制下来，然后对这个复制膜（叫作“复型”）进行透射电镜观察与分析。复型适用于金相组织、断口形貌、形变条纹、磨损表面、第二相形态及分布、萃取和结构分析等。制备复型的材料本身必须是“无结构”的，即要求复型材料在高倍成像时也不显示其本身的任何结构细节，这样就不会干扰被复制表面的形貌观察和分析。常用的复型材料有塑料、真空蒸发沉积碳膜（均为非晶态物质）。常用的复型有一级复型、二级复型、萃取复型，其中萃取复型可以把要分析的粒子从基体中提取出来，这样分析时就不会受到基体的干扰；其余复型仅是试样表面的一个复制品，只能提供有关表面形貌的信息，而不能提供试样内部组成相、晶体结构、微区化学成分等本质信息，因而用复型作电子显微分析有很大的局限性，目前复型用得不如薄膜样品多。

⑦ 重金属染色法。一般的生物材料和高聚物材料都由轻元素组成，对入射电子的散射能力弱，因而电子图像衬度很低。重金属染色法是一种提高这类材料电子图像衬度十分有效的方法。对生物试样，多用铅、铀、镧、银、铋等重金属对被观察样品进行染色，使样品的某些结构比较疏松的部位吸收重金属元素而增加密度，但不改变试样的形态，从而提高图像衬度。

6.1.2.4 透射电子显微镜的成像模式

透射电镜通常有以下两种工作模式。

① 图像模式。在这种模式下，TEM 相当于一台放大镜，可以观察试样的形态学结构，如晶粒形状和尺寸、晶体结构和缺陷、相分布和聚合物聚集态的组织结构等。

② 衍射模式。在这种模式下，TEM 相当于一台电子衍射仪，观察到的是电子被试样散射后形成的衍射光强度分布，从而给出试样的结晶学信息。电子衍射的强度在空间中是三维分布的，我们通常观察到的只是其中的一个截面，即电子衍射图或叫电子衍射谱。衍射模式包括以下三种成像类型（见图 6-6）。(a) 明场成像：只让中心透射束穿过物镜光栏形成的衍衬像称为明场像，所形成的像是亮背景上的暗图像。(b) 暗场成像：只让某一衍射束通过物镜光栏形成的衍衬像称为暗场像，所形成的是暗背景上的亮图像。(c) 中心暗场成像：入

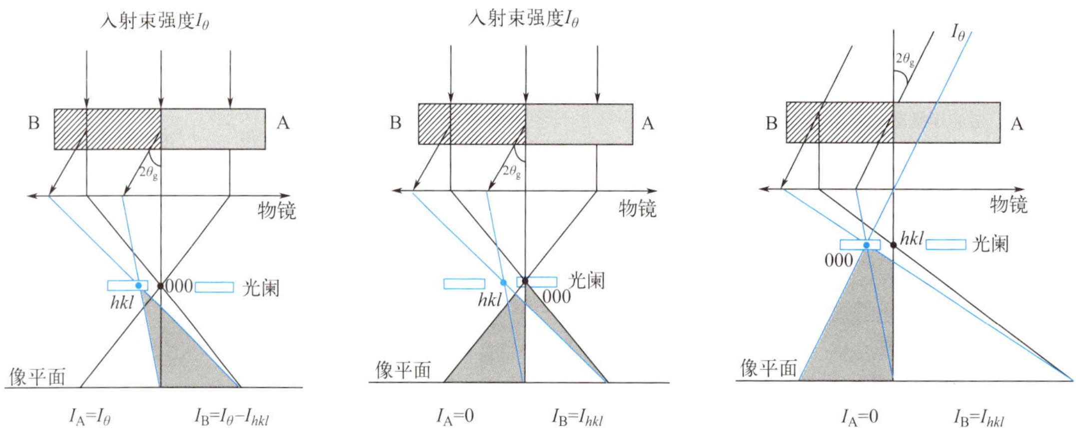

(a) 明场成像　(b) 暗场成像　(c) 中心暗场成像

图 6-6　TEM 的三种衍射成像示意图

射电子束相对衍射晶面倾斜角，此时衍射斑将移到透镜的中心位置，该衍射束通过物镜光阑形成的衍衬像称为中心暗场成像。

高角环形暗场像（high angle angular ark field-scanning transmission electron microscopy，HAADF-STEM），也被称为高角环形暗场成像，是 STEM 的一种重要成像模式。HAADF-STEM 是通过聚焦的电子束撞击样品表面，产生散射电子，这些散射电子在高角度环形暗场探测器中被收集，进而形成材料的微观结构图像，可避免 TEM 和 HRTEM 中复杂的衍射衬度和相干成像。由于散射电子的强度与材料的原子序数和电子密度密切相关，因此 HAADF-STEM 图像能够直接反映材料的原子排列和电子密度分布。

电子衍射花样通常有三种类型（见图 6-7）。

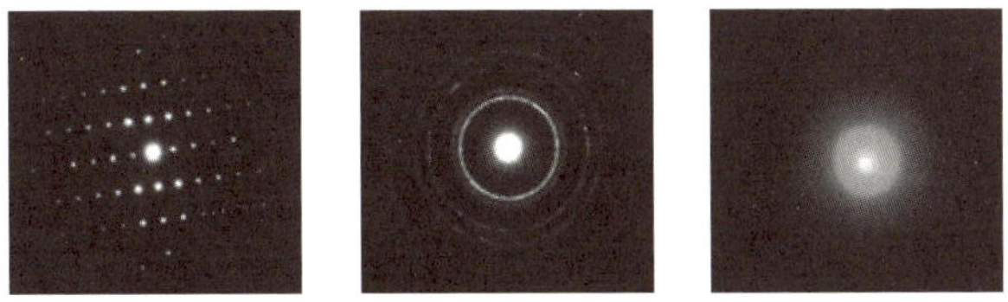

单晶衍射花样　　多晶衍射花样　　非晶体衍射花样

图 6-7　不同样品的 TEM 衍射花样图

① **单晶衍射花样**：为斑点状，由平行入射的电子束经薄单晶弹性散射形成。单晶花样是一个零层二维倒易截面，其倒易点规则排列，具有明显的对称性，且处于二维网格的格点上。

② **多晶衍射花样**：各衍射圆锥与垂直入射束方向的荧光屏或照相底片的相交线，为一系列同心圆环。每一族衍射晶面对应的倒易点分布集合成一个半径为 $1/d$ 的倒易球面，与 Ewald 球的相贯线形成圆环，因此样品各晶粒晶面族晶面（hkl）的衍射线轨迹形成以入射电子束为轴，2θ 为半锥角的衍射圆锥，不同晶面族衍射圆锥 2θ 不同，但各衍射圆锥共顶、共轴。

③ **非晶体衍射花样**：由弥散的同心圆环组成。

据此，可判断所观察的区域是单晶体、多晶体或非晶体。对于单晶体和多晶体，可对其衍射花样进行标定，确定晶体的基本结构，或确定已知晶体的取向等，也可用于计算晶体的晶面间距和某些晶面的夹角。

拓展案例 B6-3　TEM 在复合催化材料的形貌、晶格和成分分析中的应用

（Jiang W，Meng L，Zhang S，et al. Design of highly sensitive and selective xylene gas sensor based on Ni-doped MoO_3 nano-pompon. Sensor Actuat. B-Chem.，2019，299，126888）

TEM 不仅可以用于材料的形貌表征和成分分析，还可用于材料内部结构的细节观察。晶格条纹是晶体表面上呈现出来的一种有序排列的条纹状结构，与晶体内部原子的排列方式密切相关，每个晶体都有自己特定的晶格结构。在 HRTEM 下，这些条纹或呈现出交叉的网状图案，或呈现出平行或斜向的直线状图案，它们对应着晶体中的晶面。图 B6-3(a) 是采用简单的一步溶剂热法制备的 5% Ni^{2+} 掺杂的三氧化钼（5% Ni^{2+}-MoO_3）气敏材料的 TEM 图像，可以看出该复合材料是尺寸为 200～300 nm、均匀分层的绒球结构，这有利于提高该材料的比表面积和活性位点。从图 B6-3(b) 的局部放大图可以清楚地看到组装绒球的二维纳米片结构。而在指定区域的 HRTEM 下［见图 B6-3(c)～(d)］，

可以观察到晶格间距分别为 0.135 nm 和 0.326 nm 的清晰晶格条纹，这分别对应 MoO_3 的（202）和（021）晶面。此外，图 B6-3(e)～(g) 分别对应于5% Ni^{2+}-MoO_3 绒球结构中的 Mo、O 和 Ni 元素，且其在复合材料中均匀分布，表明成功制备了该气敏材料。

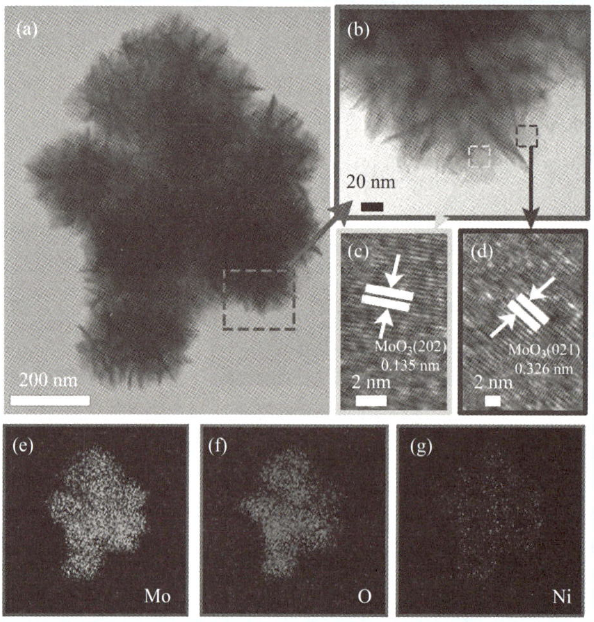

图 B6-3　5% Ni^{2+}-MoO_3 复合材料的 TEM 图像（a），局部放大 TEM 图像（b），HRTEM 图像［(c)～(d)］以及 EDX 元素映射图像［(e)～(f)］

（Wei S，Chang S，Qian J，et al. Selective cocatalyst deposition on $ZnTiO_{3-x}N_y$ hollow nanospheres with efficient charge separation for solar-driven overall water splitting. Small，2021，17，2100084）

图 B6-4 是在 $ZnTiO_{3-x}N_y$ 中空纳米球内外表面选择性沉积铂和氧化铑两种纳米粒子的复合光催化剂（Pt@$ZnTiO_{3-x}N_y$@RhO_x）的 EDX 能谱图。从图 B6-4(a) 中可以看出，

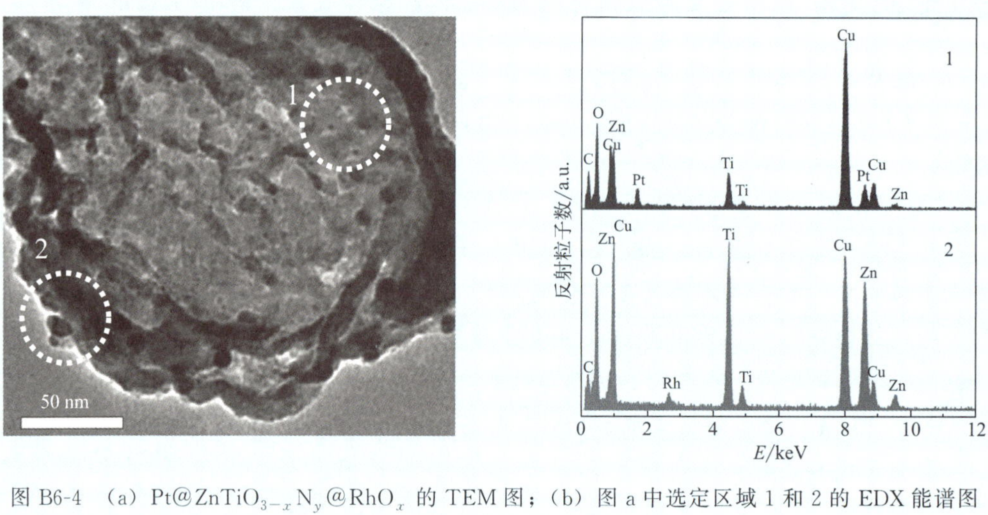

图 B6-4　(a) Pt@$ZnTiO_{3-x}N_y$@RhO_x 的 TEM 图；(b) 图 a 中选定区域 1 和 2 的 EDX 能谱图

对应的是 Pt 位于纳米球的内部（区域 1），而区域 2 是位于纳米球表面的 RhO_x（区域 2）。图 B6-4(b) 是其相应的 EDX 能谱图，结果显示，空心纳米球含有 C、O、Zn、Cu、Ti 等元素，而在空心球内部含有 Pt，表面含有 RhO_x，表明该复合催化剂的成功制备。

拓展案例 B6-4　TEM 在单原子催化剂分析中的应用

（Cai Y，Fu J，Zhou Y，et al. Insights on forming N，O-coordinated Cu single-atom catalysts for electrochemical reduction CO_2 to methane. Nature Communications，2021，12，586）

HRTEM 通过球差校正技术，能够在原子尺度上实现对样品的清晰成像。这一技术使得科学家能够直接观察到单原子催化剂中单个原子的位置和分布，为催化剂的结构和性能研究提供了关键信息。此外，结合电子能量损失谱（EELS）技术，HRTEM 可以进一步分析单原子催化剂中元素的化学状态，有助于揭示催化剂中原子间的相互作用和催化机制。

南京大学朱文磊教授团队通过低温煅烧（250 ℃）金属有机配合物（Na_2[Cu(EDTA)]）的方法，将金属有机配合物转化为碳点，同时保留金属催化剂的配位环境，在碳点上构建了结构独特的 CuN_2O_2 位点，获得了 N、O 配体修饰的 Cu 单原子结构。图 B6-5(a) 是单原子催化剂制备过程示意图，图 B6-5(b) 是该碳点基铜单原子催化剂（Cu-CD）的 HRTEM 表征图，其中原子尺度上的亮点代表单个 Cu 原子的位置（圆圈内），可以看出 Cu 单原子主要分布在 Cu-CD 框架的边缘，这种结构有利于降低反应中关键中间体物种的能量。

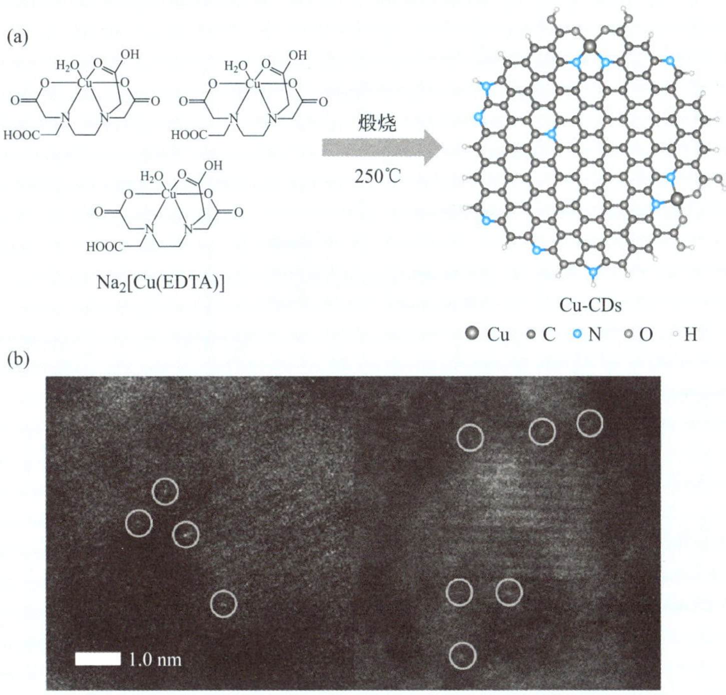

图 B6-5　(a) Cu-CD 单原子催化剂制备示意图；(b) 使用球差校正技术的 Cu-CO HRTEM 图像

6.1.3 原子力显微镜

6.1.3.1 原子力显微镜的基本原理

原子力显微镜（atomic force microscope，AFM）是一种可用来研究包括绝缘体在内的固体材料表面结构的分析仪器。它是通过检测待测样品表面和一个微型力敏感元件之间极微弱的原子间相互作用力，来研究物质的表面结构及性质。将一个对微型力极端敏感的微悬臂一端固定，另一端的微小针尖接近样品，这时它将与其相互作用，作用力将使得微悬臂发生形变或运动状态发生变化。扫描样品时，利用传感器检测这些变化，就可获得作用力的分布信息，从而以纳米级分辨率获得表面形貌结构及表面粗糙度信息。AFM 的优点是在大气条件下，不需要进行其他制样处理，可用以高倍率观察几乎所有样品表面（对表面光洁度有一定要求），并且可以得到样品表面的三维形貌图像。与电镜法不同的是，除了真空环境外，AFM 还可用于大气、溶液以及不同温度下的原位成像分析；同时，也可以给出纳米材料表面形貌的三维图和粗糙度参数。除此之外，AFM 还可用于研究纳米材料的硬度、弹性、塑性等力学性能及表面微区摩擦性能。

6.1.3.2 原子力显微镜的构造

AFM 系统主要包括力检测部分、位置检测部分、反馈系统三部分。

图 6-8 是 AFM 的结构和工作原理简图，即将对微弱力极敏感的弹性微悬臂一端固定，另一端的针尖与样品表面轻轻接触，当针尖尖端原子与样品表面间存在极微弱的作用力（吸引力或排斥力）时，微悬臂会发生微小的弹性形变。将微悬臂弯曲的形变信号转换成光电信号并进行放大，即可得到原子力间的微弱变化信号。针尖和样品之间的力 F 与微悬臂的形变 Δz 之间遵循胡克定律（Hooke's law）

$$F = k\Delta z \tag{6-1}$$

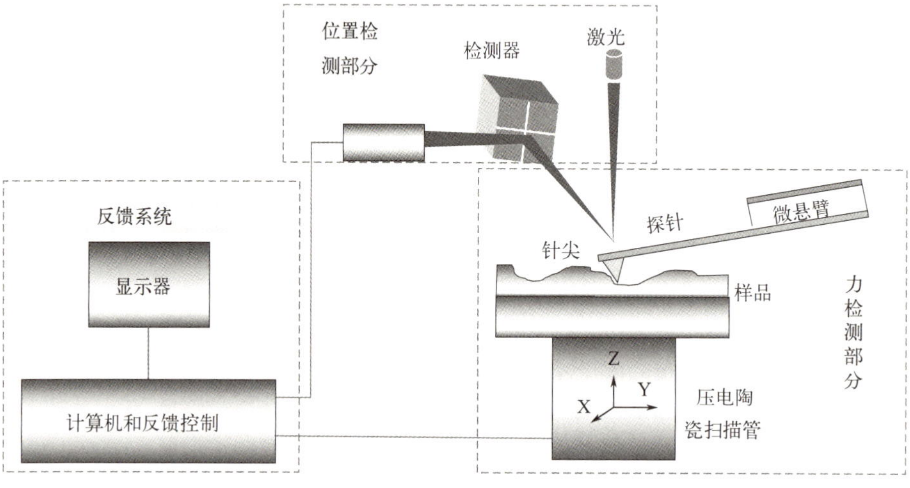

图 6-8　AFM 的构造示意图

其中，k 为微悬臂的力常数。测定微悬臂形变量的大小，就可以获得针尖与样品之间作用力的大小。有许多方法可用于检测微悬臂微小形变的大小，例如，光学检测法、电容检测法、隧道电流检测法和压敏电阻检测法等，其中，光学检测法中的光束偏移技术原理简明，技术上容易实现，是目前应用最为广泛的方法。

(1) 力检测部分

① 探针：是 AFM 的核心部件，主要包括对微弱力极敏感的微悬臂，其一端固定，另一端装有一个微小的针尖。针尖材料通常选择较硬的金属，如钨丝，经过电化学腐蚀和聚焦离子束切削加工后形成尖端半径为数十纳米的探针。探针的尖端大小和形状直接影响 AFM 的平面分辨率，通常探针越尖，图像的平面分辨率越高。

② 探针定位与扫描装置：该装置使用压电陶瓷元件，在空间的 ***X***、***Y***、***Z*** 方向上各使用一个元件，以实现探针的精确移动控制。通过压电陶瓷的伸缩，可以精确地控制探针在样品表面的扫描路径和位置。

③ 微悬臂：微悬臂通常由硅片或氮化硅片制成，长度一般为 100～500 μm，厚度在 500 nm～5 μm 之间。微悬臂的弹性系数和针尖的形状等规格的选择是依照样品的特性以及操作模式的不同而定的。

(2) 位置检测部分

该系统使用二极管激光器发出的激光束，经过光学系统聚焦在微悬臂背面，并从微悬臂背面反射到由光电二极管构成的光斑位置检测器。当微悬臂发生形变时，反射光束的位置也会发生变化，光电二极管检测到光斑的位置变化，就能获得被测样品表面的形貌信息。这种光学检测系统具有高精度和高灵敏度，能够检测到微悬臂的微小形变。

(3) 反馈系统

反馈系统用于保持探针与样品表面之间的相互作用力的恒定。当探针在样品表面扫描时，如果微悬臂发生形变，反馈系统就会通过调整压电陶瓷的伸缩来改变探针的位置，以保持二者之间作用力的恒定。这样，就可以获得样品表面形貌的准确信息。

6.1.3.3　原子力显微镜的工作模式

AFM 有多种操作模式，常用的有接触模式、非接触模式和轻敲模式（见图 6-9）。根据样品表面不同的结构特征和材料的特性以及不同的研究需要，选择合适的操作模式。

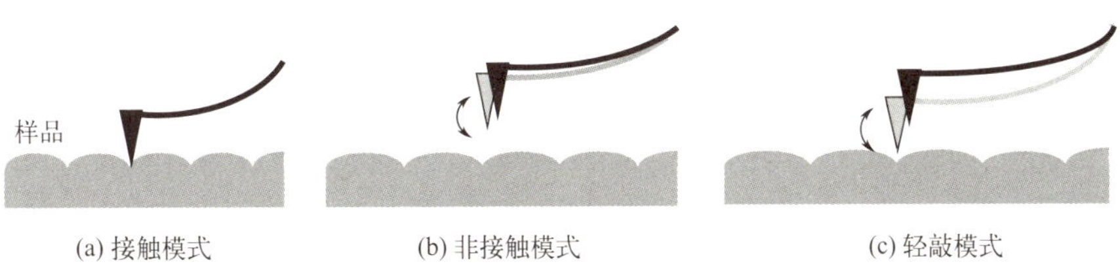

图 6-9　AFM 不同操作模式的示意图

① 接触模式（contact mode）：**探针针尖始终和样品保持接触，以恒高或恒力的模式对样品表面进行扫描**。针尖位于弹性系数很低的微悬臂末端，微悬臂的弹性系数低于原子间作用力的有效弹性系数。当扫描管引导针尖在样品上方轻轻滑过时，接触作用力使微悬臂发生

弯曲，从而反映出样品表面形貌的起伏。

优点：可以达到很高的分辨率，具有对原子和分子尺度晶格成像的能力；扫描起伏较大的样品一般比较容易；扫描容许速度较快。

缺点：有可能对样品表面造成损坏；有可能使图像变形；样品表面有水膜时，对成像影响大；不适用于研究生物大分子、低弹性模量样品以及容易移动和变形的样品。

② 非接触模式（non-contact mode）：成像时，AFM 探针悬臂在样品表面几到几十纳米的范围内处于振动状态。探针所检测到的作用力主要为范德华力和静电力等对成像样品没有破坏的长程作用力。非接触模式下针尖与样品之间的吸引力通常比接触模式下的排斥力小，并且更难以保持稳定。

优点：对样品表面没有损伤；适用于柔性、弹性表面的研究。

缺点：分辨率低，扫描速度慢，通常用于扫描疏水样品的表面，不适用于在液体中成像，在生物中的应用也很少。

③ 轻敲模式（tapping mode）：介于接触模式和非接触模式之间的扫描模式，是所有 AFM 模式中最常见的一种，通过使用处于振动状态的探针针尖对样品表面进行敲击来生成形貌图像。扫描过程中，探针悬臂的振幅随样品表面形貌的起伏而变化。轻敲模式的分辨率与接触模式相当，适用于生物大分子、聚合物等软样品的成像研究。

优点：不会刮擦样品表面，因而不会对样品造成损伤；可以对较软的样品进行成像分析，并且可以不受样品表面附着的水膜的影响。

缺点：扫描速度没有接触模式快，在真空和液下难操作，反馈控制比较复杂。

拓展案例 B6-5 AFM 在聚合物涂层形貌和表面粗糙度分析中的应用

（党媛．基材通用型细胞膜和贻贝黏附双仿生抗生物污染涂层的构建及性能研究[D]．西安：西北大学；2015）

AFM 可以对样品表面形态、纳米结构、链构象等方面进行研究，从而获得纳米颗粒尺寸、孔径、材料表面粗糙度等信息。此外，AFM 在垂直方向的分辨率约为 0.01 nm，相比于 SEM 的破坏式样品厚度测量，AFM 可以对纳米材料的厚度、台阶等进行无损测量。AFM 系统还可对样品的形貌进行丰富的三维模拟显示，使图像更适合于人的直观视觉。此外，AFM 的高度图像还可用于样品表面微区的高分辨粗糙度测量，应用合适的数据分析软件能得到测定区域内粗糙度各表征参数的统计结果。

图 B6-6 是空白硅片、聚多巴胺（PDA）、聚多巴胺/甲基丙烯酰氧乙基磷酰胆碱和聚多巴胺/对硝基苯氧甲酰甲基丙烯酸乙酯二元随机共聚物（PDA/PMEN91 和 PDA/PMEN73）等聚合物涂层的 AFM 2D 和 3D 形貌图像。空白硅片表面非常平整，浸涂 PDA 后，出现了均匀分布的 10～15 nm 的微区结构。接枝 PMEN 聚合物后，2D 和 3D 形貌图中出现了 50～60 nm 的形貌特征，且呈现不均一的分布。从空白硅片、PDA 到 PDA/PMEN 的涂层构建过程中，伴随着形貌变化的同时，表面的粗糙度（Rq）也从空白硅片的（0.172±0.004）nm 显著增加到（0.672±0.011）nm（PDA）、（2.103±0.038）nm（PDA/PMEN91）和（1.940±0.056）nm（PDA/PMEN73）。涂层表面形貌和粗糙度的显著变化说明了 PDA 和 PDA/PMEN 涂层的构建是成功的。

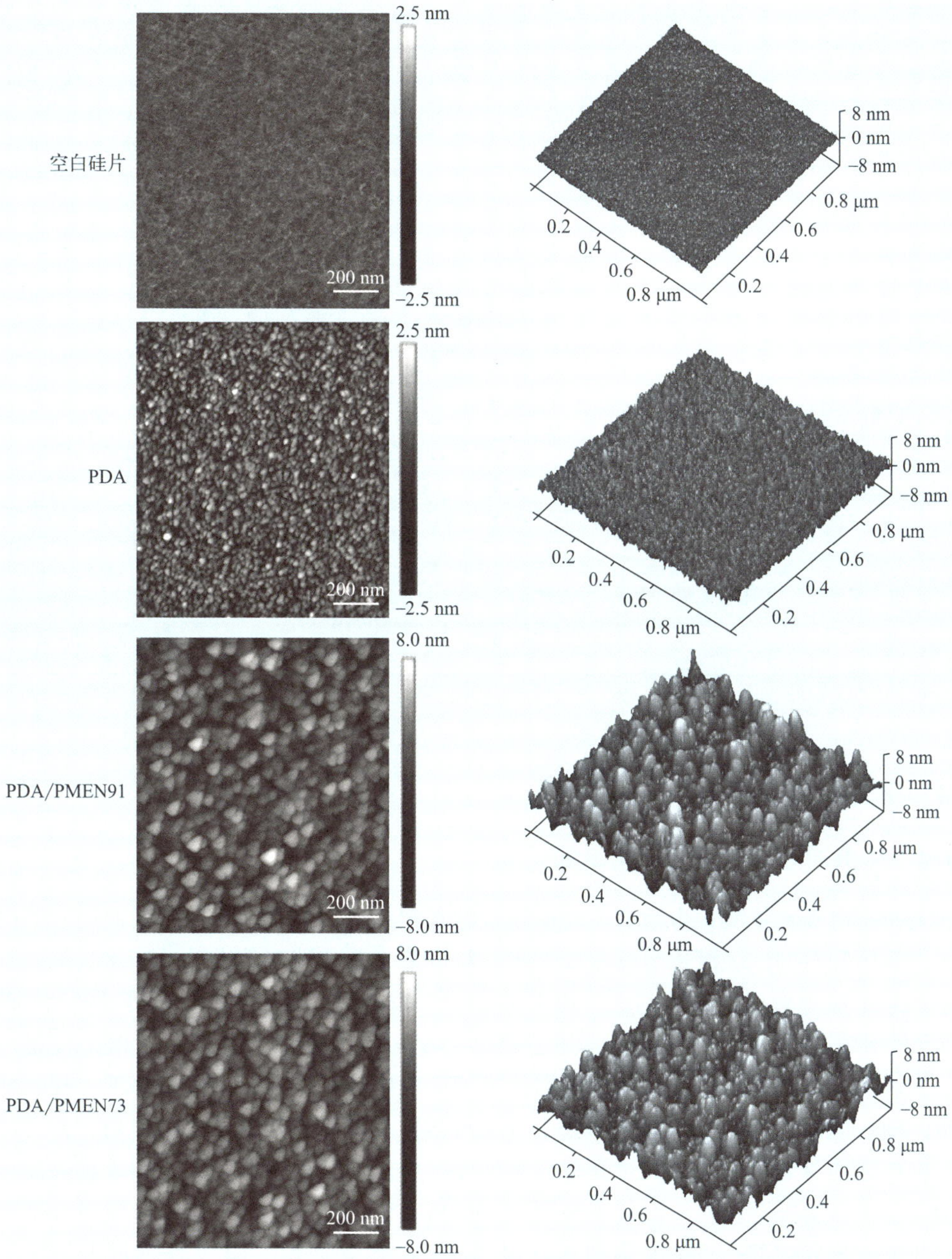

图 B6-6　硅片表面浸涂得到的不同聚合物涂层 1 μm^2 扫描范围下 AFM 的 2D 和 3D 图像（PDA 代表聚多巴胺；PMEN 代表含磷胆碱和活性酯基的无规共聚物）

目前，已发展了多种显微技术用于表征材料的微观结构，主要包括历史悠久的光学显微镜（OM）、传统的透射电子显微镜（TEM）和扫描电子显微镜（SEM），以及近代发展起来的原子力显微镜（AFM）。它们有着不同的功能和适用场合，在材料结构表征中没有一种显微镜能够完全代替其他显微镜，它们所起的作用是相互补充的，表 B6-1 给出了上述几种显微镜的主要性能比较。

表 B6-1　AFM 与 SEM、TEM、OM 的主要性能比较

项目	AFM	SEM	TEM	OM
图像类型	力学图像	散射电子图像	透射电子图像	光学图像
空间分辨率	0.1 nm，三维可分辨	二次电子像 3～6 nm，三维可分辨，但 z 方向难以定量	点分辨率 0.3～0.5 mm，线分辨率 0.1～0.2 mm，二维可分辨	20 nm，二维可分辨
样品测试环境	实环境、大气、液体、真空	高真空	高真空	实环境
样品损伤	几乎无损伤	电子束损伤、喷镀导电膜引起的损伤	电子束损伤、切片或粉碎等制样引起的损伤	几乎无损伤
样品要求	表面较平坦	表面导电，能置于真空中	一般厚度<100 nm	不能完全透明
样品制备	简单快速	简单，非导体需镀导电膜	繁杂耗时	简单
样品性能测量	微区力学和物理性能测量	无	无	无
元素分析	无	有(EDX)	有(EDX)	无

6.1.4　比表面积分析

6.1.4.1　比表面积分析仪的基本原理

比表面积对多孔物质尤为重要，同样粒径的颗粒可能因为孔结构的不同而拥有不同的比表面积。粉体颗粒的比表面积与其粒度大小、粒度分布及孔隙率等有关。气体吸附法是在朗格缪尔单分子层吸附理论的基础上，由 Brunauer、Emmett 和 Teller 三人于 1938 年进行推广，从而得出了多分子层吸附理论（BET 理论）方法，因此又称 BET 法。**BET 法是测定比表面积常用的方法，主要是依据气体在固体表面的吸附特性，在一定的压力下，被测样品颗粒（吸附剂）表面在超低温下对气体分子（吸附质）具有可逆物理吸附的作用，并对应一定压力存在确定的平衡吸附量。通过测定该平衡吸附量，利用理论模型来等效求出被测样品的比表面积**。由于实际颗粒外表面的不规则性，严格来讲，该方法测定的是吸附质分子所能到达的颗粒外表面和内部孔道的总表面积，即“等效”比表面积。BET 理论最大的优势是考虑到了由样品吸附能力不同带来的吸附层数之间的差异，与物质实际吸附过程更接近，可测定的样品范围广，测试结果的准确性和可信度高。

BET 法的基本原理如下所述：

任何置于吸附气体环境中的物质，其固态表面在低温下都将发生物理吸附。根据 BET 多层吸附模型，吸附量与吸附质气体分压之间满足 BET 方程。

$$\frac{p}{X(p_0-p)}=\frac{1}{X_mC}+\frac{(C-1)p}{X_mCp_0} \tag{6-2}$$

式中，p 为测定吸附量时的吸附质气体压力，Pa；p_0 为吸附温度下气体吸附质的饱和蒸气压，Pa；p/p_0 为相对压力；X 为测定温度下气体吸附质分压为 p 时的吸附量，kg 或 m^3；X_m 为单分子层吸附质的饱和吸附量，kg 或 m^3；C 为 BET 常数。

BET 方程中的 X 可由吸附等温线来计算。将 $\frac{p}{X(p_0-p)}$ 对 $\frac{p}{p_0}$ 作图，一般得到一条直线，由直线斜率 a 和截距 b 可得出单分子层的气体吸附量 $X_m=\frac{1}{(a+b)}$。通常 C 足够大，故可将直线的截距 b 取为零，通过饱和单分子层吸附量就可计算出测定样品的总表面积：

$$S=\frac{X_m}{M}NA=\frac{X_mNA}{M} \tag{6-3}$$

式中，N 为阿伏加德罗（Avogadro）常数；A 为吸附质分子的横截面积，m^2；M 为吸附质的摩尔分子量，$kg \cdot mol^{-1}$。

因此，样品的比表面积为：

$$S_m=\frac{S}{M_x} \tag{6-4}$$

$$S_v=\frac{S}{V_x}S_v \tag{6-5}$$

式中，S_m 为质量比表面积，$m^2 \cdot kg^{-1}$；S_v 为体积比表面积，$m^2 \cdot m^{-3}$；M_x 为试样的质量，kg；V_x 为试样的体积，m^3。

6.1.4.2　BET 法的测试过程

BET 法测定吸附量普遍采用全自动物理吸附仪，还可利用电子吸附天平以及气相色谱法等测定仪器。以全自动物理吸附仪为例，BET 法的测试过程为：首先，将样品经过真空干燥脱气处理，以保证测试粉末的质量恒定，同时需选择合适的温度、压力和时间，使得测试过程中不会出现可检测的物理或化学变化，以确保能够产生可信赖的 BET 图。随后，将样品放入弯管中进行测量，使用比表面积测定分析仪，在液氮环境中及一定温度条件下，测量随气压变化样品对氮气的吸附和解吸附的变化曲线。最后，依据 BET 多层吸附理论，计算样品的比表面积。

图 6-10 为静态容量法和静态重量法的物理吸附分析仪的示意图。容量法的仪器主要由玻璃件构成，采用氮气作为吸附气体。测量前，将适量氦气引入测量体系进行死空间测定，

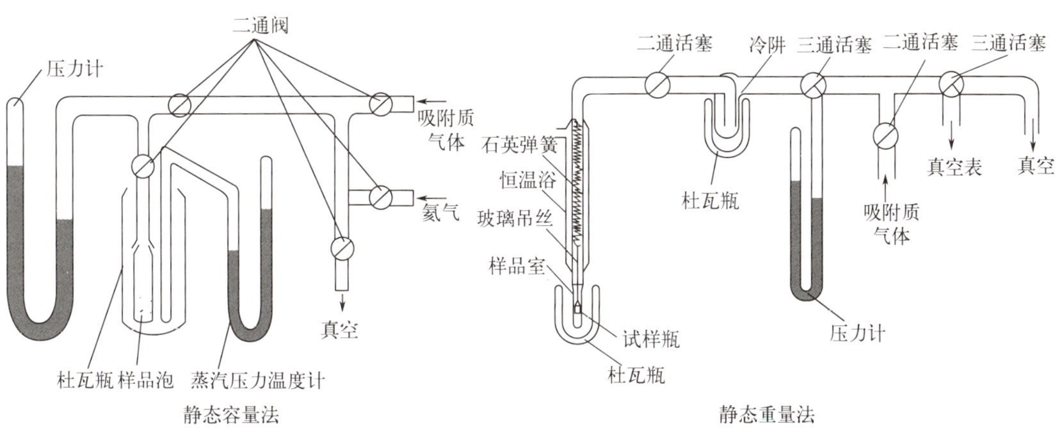

图 6-10　静态容量法和静态重量法的物理吸附分析仪示意图

然后抽空氦气并对样品进行脱气处理。脱气后，将一定量的吸附气体充入测量体系，再将装有液浴的杜瓦瓶套在样品管上保温，进行吸附测量。当吸附达到平衡后，就可根据充气压力、吸附平衡压力、死空间因子等参数，分别计算充入和剩余的吸附气体体积，从而求出吸附的气体体积。重量法通常采用弹簧天平或电子天平来测量样品吸附的气体质量。测量前，将装有样品的试样瓶通过玻璃丝挂在石英弹簧钩上，然后抽空系统。当真空度达到要求后充入适量的吸附气体，并将装有液浴的杜瓦瓶套在样品室上，进行吸附测量。当吸附达到平衡时，测量平衡压力、石英弹簧伸长值以及吸附的气体质量，从而确定样品的吸附量。

6.1.4.3 影响 BET 法测试结果的因素

① 样品预处理时间。以氢氧化镍为例，它的处理时间至少需要 8 小时。其干燥过程容易板结，故处理温度不宜过高（一般 90 ℃），这样就导致处理温度不够，因此，用延长时间来弥补。

② 样品的处理温度。以氧化铝为例，它的处理温度一般是 300 ℃。若降低其处理温度，容易造成测试结果偏小，且 BET 测试曲线线性很差。

③ 处理时的真空度。真空度偏低，使得真空室蒸汽的饱和蒸气压偏高，同时样品表面处理不干净，都将造成测试结果偏小（个别样品除外）。

④ 称样量多少。样品量的多少和其自身的比表面积大小有关。一般比表面积越大，称样量越少，反之则越多。但是在样品管体积一定的情况下，量太多容易造成管路堵塞；太少容易出现脱附峰拖尾现象。因此，应选择合适的称样量。

⑤ 测试样品的自身吸附特性。大部分样品处理后的比表面积都是大于处理前的比表面积，有的样品不处理的时候比表面积很大，处理后反而变小，这与其自身的吸附特性密切相关。

⑥ 仪器的类型。一般来说，静态容量法测得的结果比动态色谱法测得的结果更准确，这是由于前者测的是吸附数据，后者得到的是脱附数据。若样品中存在不规则的孔，氮分子进入孔内脱附时，出口很小，就有可能导致氮气出不来，造成脱附的数据失真。

拓展案例 B6-6 BET 在催化剂比表面积和孔隙结构测试中的应用

（Zhang Q，Sun X，Dang Y，et al. Oxygen vacancy-induced nonradical degradation of nitroso-containing organics in Fe_3O_4@N-C electro-Fenton reaction at a wide pH range. J. Electroanal. Chem.，2024，963，118309）

BET 测试是一种常用的比表面积测量方法，通过测量氮气在样品表面的吸附量来评估材料的比表面积和孔隙结构。该测试方法在材料科学、环境监测、药物研发和燃料电池等领域有广泛的应用。通过 BET 测试，可以优化材料的孔隙结构，提高其吸附性能和化学反应效率，对吸附剂、催化剂等材料的研究具有重要意义。图 B6-7 是商业四氧化三铁（Fe_3O_4）和利用高温热解法制备的四氧化三铁锚定的氮掺杂多孔碳催化剂（Fe_3O_4@N-C）的 N_2 吸附-脱附等温曲线和孔径分布图。根据 Brunauer-Deming-Deming-Teller（BDDT）分类，样品表现出典型的Ⅳ型等温线和 H3 磁滞回线［见图 B6-7(a)］，表明所制备的材料为典型的介孔结构。与 Fe_3O_4 相比，Fe_3O_4@N-C 表面具有更多的微孔结构［见图 B6-7(b)]。Fe_3O_4@N-C 的 BET 比表面积（53.95 $m^3 \cdot g^{-1}$）是 Fe_3O_4（15.16 $m^3 \cdot g^{-1}$）的 2 倍以上，这与 Fe_3O_4@N-C 具有微孔和介孔的多级孔结构密切相关，较高的比表面积和多级孔结构使该复合催化剂具有更丰富的活性位点。

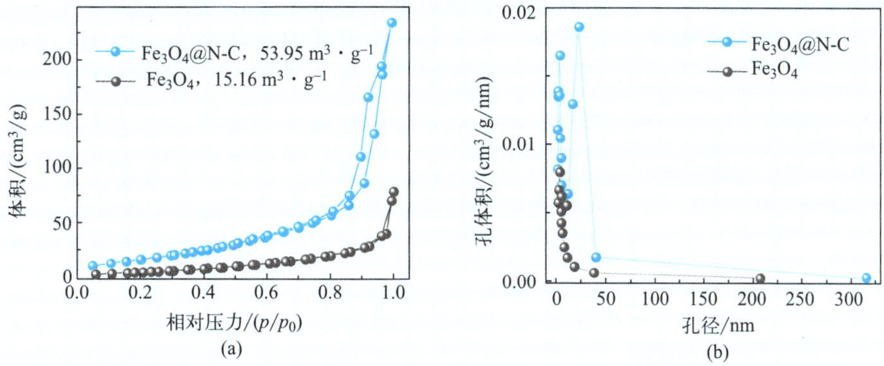

图 B6-7 Fe_3O_4 和 Fe_3O_4@N-C 的（a）N_2 吸附-脱附等温线和（b）孔径分布图

6.1.5 激光粒度分析

粒度指颗粒的大小，一般情况下，粒度越小，比表面积越大。颗粒的大小常用粒径（particle diameter）和粒度（particle size）两个术语来表述。粒径是以单颗粒为对象，习惯上表示颗粒的大小；粒度则以颗粒群为对象，表示所有颗粒群的平均粒度以及颗粒大小的分布（粒度分布）。由于颗粒形状通常很复杂，难以用一个尺度来表示，所以常用等效粒度来表示。球形颗粒的粒径是其直径，不规则颗粒的粒径常为等效粒径，大多数情况下所说的粒径是一种等效意义上的粒径。颗粒按大小可分为纳米颗粒、超微颗粒、微粒、细粒、粗粒等。随着纳米技术的发展，纳米材料的颗粒分布以及颗粒大小也是纳米材料表征的重要指标。在粒度分析中，其研究的颗粒大小一般为 1 nm～10 μm。图 6-11 是粒度划分及尺度范围。

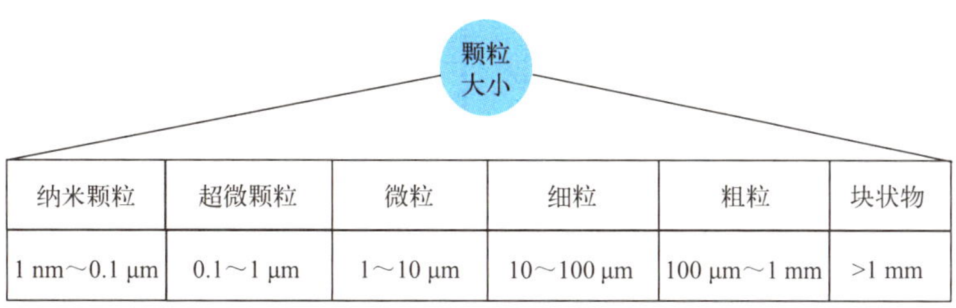

图 6-11 材料颗粒度划分及尺度范围

粒度分析常用的方法有沉降法、电镜观察法、筛分法、电超声粒度分析法和激光粒度分析法。其中激光粒度分析法测量精度高、速度快、重复性好、可测的粒径范围广、能进行非接触测量，是目前主要采用 Fraunhofer 原理进行粒度分布分析的方法。针对不同被测体系的粒度范围，又可具体划分为激光衍射式和动态光激光散射式粒度分析仪两种。

6.1.5.1 激光粒度仪的工作原理

激光粒度仪的工作原理是 Fraunhofer 衍射（弗氏衍射）和 Mie 散射（米氏散射）两种光学理论的结合。粒子受光照后，能发生对光的吸收、反射、折射、散射和衍射等现象，由于粒子的粒径和光的波长不同，可在粒子周围形成不同角度和光强度的分布。以激光作为相干光源，通过探测由纳米颗粒的布朗运动所引起的散射光的波动速率，来测定粒子的大小分布，这种方法称为动态光散射法或准弹性光散射法。该方法的特点是测定快速，测定一次只用十几分钟，而且一次可以得到多个数据；能在分散性最佳的状态下进行测定，可获得精确的粒径分布。光在传播过程中遇到障碍物时会发生衍射，此衍射光强度与粒子的大小、形状等几何因素有密切的关系，可以利用激光衍射现象测量纳米微粒的尺寸及分布，这种方法称为激光衍射法。该方法中粒子的衍射环不受粒子移动的影响，被测定的光强度同粒子个数成一定比例，利用这一衍射环可以测定出粒子群的粒径分布。

6.1.5.2 激光粒度仪的构造

激光粒度仪是利用激光所特有的单色性、聚光性及容易引起散射现象的光学性质制造的。激光粒度仪因具体用途不同，仪器的构造差异很大，但总体结构基本相同。激光粒度分析仪一般由激光源、样品分散系统、检测器等组成（如图 6-12 所示）。一般采用激发波长为 632.8 nm 的半导体激光器的单色光作为激发源，当悬浮在分散介质中的颗粒受到激光的照射时，就会产生衍射现象；该衍射光通过傅氏透镜后，在焦平面上形成靶心状的衍射光环，衍射光环的半径与颗粒的大小有关，衍射光环的光强度与相关粒径的颗粒多少有关。通过放置在焦平面上的环形光电接收器阵列，就可以接收到激光对不同粒径颗粒的衍射信号或光散射信号；将光电接收器阵列上接收到的信号经模数转换器（analog to digital converter，简称 A/D 转换器）等转换后传输给计算机，再利用弗氏衍射和米氏散射理论对这些信号进行处理，就可以得到样品的粒度分布情况。

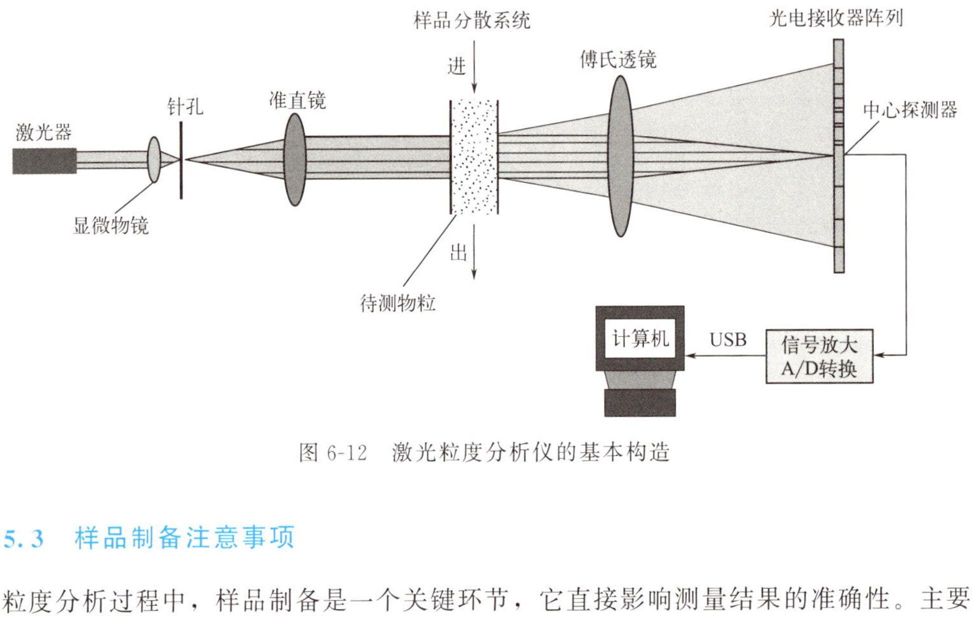

图 6-12 激光粒度分析仪的基本构造

6.1.5.3 样品制备注意事项

粒度分析过程中，样品制备是一个关键环节，它直接影响测量结果的准确性。主要影响因素有取样方式、分散介质、分散剂等。

① 取样要具有充分的代表性。为了克服粉体样品发生离析现象而对分析结果产生的影响，分析样品一般全部放到烧杯等容器中制成悬浮液。取样时采取的总的原则是：a. 在物料移动时取样；b. 采用多点取样；c. 取样方法要固定。

② 分散介质是指用于分散样品的液体。粒度分析需要把粉体样品制备成悬浮液试样，所以选择合适的分散介质很重要：a. 所选定的介质要与被测物料具有良好的亲和性；b. 要求介质与被测物料之间不发生溶解，不发生颗粒膨胀等变化；c. 沉降介质应纯净，无杂质；d. 使颗粒具有适当的沉降速度。常用的沉降介质有水、水＋甘油、乙醇、乙醇＋甘油等。其中甘油是增黏剂，用来增大介质的黏度，以保证较粗的颗粒在层流区内沉降。

③ 为了将试样与分散介质混合制成一定浓度的悬浮液，并使团粒分离，颗粒呈单体状态均匀分布在液体中，一般需要将分散剂溶解到介质中，浓度一般为 0.2%左右。分散剂浓度过高或过低都会对分散效果产生负面影响。当用乙醇、苯等有机溶剂作沉降介质时，一般不用加分散剂。一般采用超声分散和搅拌等促进颗粒均匀分散。

拓展案例 B6-7　白炭黑制备过程中粒度分布变化及其分形特征研究

（郭雨，陈君华，石国亮，等．白炭黑制备过程中粒度分布变化及其分形特征 [J]. 硅酸盐通报，2015，34（06）：1536-1542）

激光粒度分析仪是研究颗粒物粒径分布情况的重要仪器，能较为直观地看出不同反应阶段颗粒单体及其聚集体的粒度变化规律，从而实现对产品粒度的有效控制。在粉末冶金制品研究中，对材料中的粒子尺寸、形态等特征进行精确测量，可以为产品性能的控制和改进提供重要依据。图 B6-8 是硫酸法制备白炭黑过程中的粒度分布曲线。可以看出，反应初期产生了大量的游离硅酸单体，并发生了快速的自缩聚反应，使得生成的聚合硅酸粒子粒径大小不一，沉淀粒径 D_{50} 较大，粒径分布较宽。随着硫酸用量的增加，颗粒经酸化发生多次缩聚反应，并进一步脱水、生长和陈化，粒径 D_{50} 逐渐减小，粒径分布窄化。而干燥造成白炭黑粒子团聚，使得 D_{50} 和粒度分布再次增大，这种变化规律不会随着原料种类、助剂以及外场等条件的改变而变化。

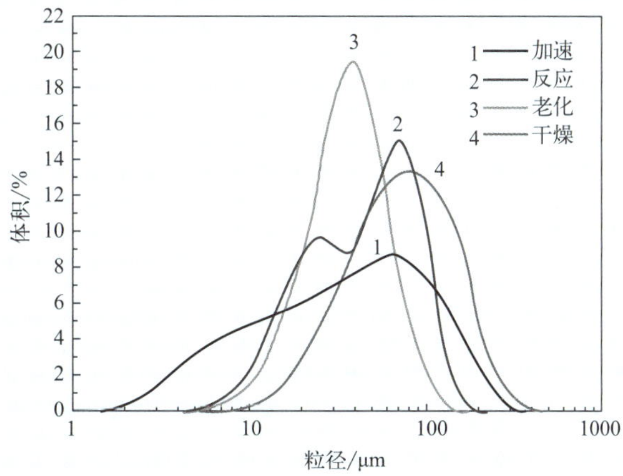

图 B6-8　硫酸法制备白炭黑过程中的粒度分布变化图

6.2 材料的晶体结构分析

化学组成对纳米材料的制备及纳米材料的性能有极大影响，是决定纳米材料应用特性的最基本因素。因此，对化学组分的种类、含量，特别是微量添加剂、杂质的含量级别、分布等进行表征，在纳米材料的研究中都是必需的。X 射线可用来研究物质的微观结构，它是一种波长很短的电磁波（0.05～0.25 nm），具有很强的穿透力。用高能电子束轰击金属“靶”材产生 X 射线，它具有与靶中元素相对应的特定波长，称为特征（或标识）X 射线。X 射线衍射分析是利用 X 射线在晶体物质中的衍射效应进行物质结构分析的最有效、应用最广泛的技术，现已渗透到物理、化学、地球科学、材料科学以及各种工程技术科学中，成为一种重要的实验方法和结构分析手段，具有无损分析试样的优点。本节内容主要介绍常用的 X 射线衍射和小角 X 射线散射两种材料结构分析方法。

6.2.1 X 射线衍射

X 射线衍射（X-ray diffraction，XRD）可用于纳米材料的晶体结构分析、尺寸测试和物相鉴定。XRD 物相分析是基于多晶样品对 X 射线的衍射效应，对样品中各组分的存在形态进行分析测定的方法。测定的内容包括各组分的结晶情况、所属的晶相、晶体的结构、各种元素在晶体中的价态、成键状态等。物相分析与一般的元素分析有所不同，它在测定各种元素在样品中含量的基础上，还要进一步确定各种晶态组分的结构和含量，因此，只能得到较宏观的测量结果。此外，采用该方法进行测试时，需要用 X 射线衍射仪测试标准物质对仪器进行校正。XRD 可用于分析未知物的成分，但不足之处是灵敏度较低，一般只能测定含量在 1%以上的物相，且定量分析的准确度也不高，一般在 1% 的数量级；同时，所需要的样品量较大，一般需要几十至几百毫克，才能得到比较准确的结果。由于非晶态的纳米材料不会对 X 射线产生衍射，所以一般较少用此法对非晶纳米材料进行分析。

6.2.1.1 X 射线衍射的基本原理

布拉格衍射（又称 X 射线衍射的布拉格形式），最早由布拉格在 1913 年提出，他发现了固体在反射 X 射线后会产生晶体线，晶体在特定的波长及入射角时，反射出来的辐射会形成集中的波峰（称为布拉格尖峰）。在物理学中，布拉格定律给出晶格的相干和不相干散射角度。

布拉格定律：两个波的波程差为 $2d\sin\theta$，当波程差为波长的整数倍时，即

$$2d\sin\theta = n\lambda (n=0,\ 1,\ 2,\ 3\cdots) \tag{6-6}$$

其中，θ 为入射角，d 为晶面间距，n 为衍射级数，λ 为入射线波长，2θ 为衍射角。当散射波位相相同，相互加强。凡是满足布拉格定律的散射波位相都完全相同，其振幅互相加强，从而在与入射线成 2θ 角的方向上出现衍射线（见图 6-13），而在其他方向上的散射线的振幅互相抵消，X 射线的强度减弱或者等于零。布拉格方程简明扼要地给出了 X 射线的衍射方向，即当入射 X 射线与晶体中的某个晶面（hkl）之间的夹角满足布拉格方程时，在其反射线的方向上就会产生衍射线，反之则不可。

当一束单色 X 射线入射到晶体时，由于晶体是由原子规则排列成的晶胞组成的，这些

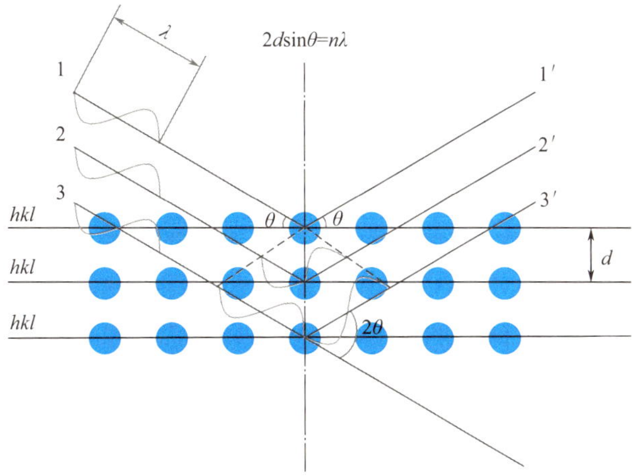

图 6-13　布拉格定律描述的 X 射线衍射示意图

规则排列的原子间距离与入射 X 射线波长有相同数量级，故由不同原子散射的 X 射线相互干涉，在某些特殊方向上产生强 X 射线衍射，衍射线在空间分布的方位和强度，与晶体结构密切相关，这就是 X 射线衍射的基本原理。

衍射线在空间分布的方位与晶体结构的关系可用布拉格方程表示，波长 λ 可用已知的 X 射线衍射角测定，进而求得面间隔，即结晶内原子或离子的规则排列状态。将求出的衍射 X 射线强度和面间隔与已知的表进行对照，即可确定试样结晶的物质结构，此即定性分析。对衍射 X 射线的强度进行比较，即可进行定量分析。

根据其原理，某晶体的衍射花样主要有两个特征：衍射线在空间的分布规律和衍射线束的强度。其中，衍射线的分布规律由晶胞大小、形状和位向决定；衍射线束的强度则取决于原子的种类和它们在晶胞中的位置。因此，不同晶体具有不同的衍射图谱。

6.2.1.2　X 射线衍射仪的组成

X 射线衍射仪包括 X 射线发生系统、测角仪、探测系统、X 射线控制系统，其基本构造如图 6-14 所示。

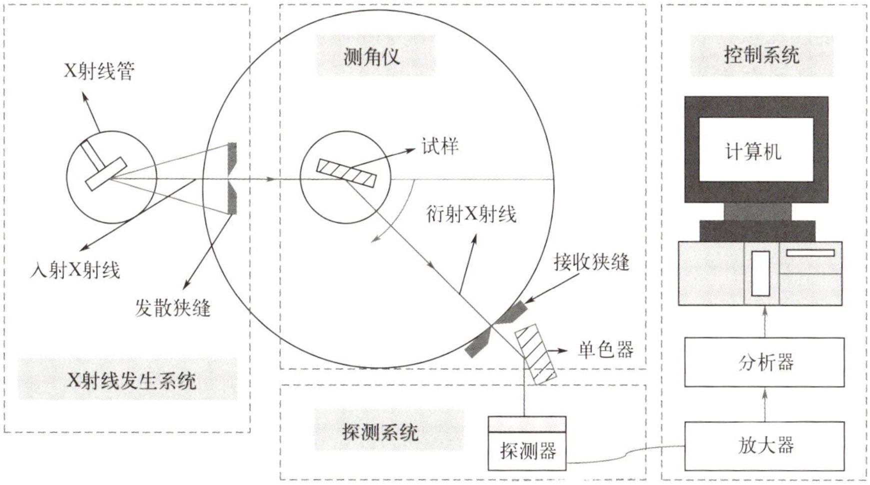

图 6-14　X 射线衍射仪的构造示意图

① X 射线发生系统是产生 X 射线的装置，由 X 射线管、高压发生器、管压和管流稳定电路以及各种保护电路等组成。

② 测角仪是测量角度 2θ 的装置，是 X 射线衍射仪测量的核心部分，用来精确测量衍射角。其制作较为复杂，直接影响实验数据的精度。

③ X 射线探测系统是测量 X 射线强度的计数装置，其主要功能是将 X 射线光子的能量转换成电脉冲信号。通常用于 X 射线衍射仪的辐射探测器有正比计数器、闪烁计数器和位敏正比探测器。

④ X 射线控制系统包括数据采集系统和各种电气系统、保护系统。X 射线能对人体组织造成伤害，在自己做好防护措施的同时，也要确保防护系统的安全性。对设备要定期进行检查维护，操作者要学习射线防护知识，同时也要接受射线职业健康检查。

6.2.1.3 X 射线衍射样品的制备

(1) 粉体样品的制备

由于样品的颗粒度对 X 射线的衍射强度和重现性影响很大，因此制样方式对物相的定量分析也存在较大的影响。一般样品的颗粒越大，参与衍射的晶粒数就越少，而且还会产生初级消光效应，使得强度的重现性较差。所以，一般要求粉体样品的颗粒度大小为 0.1～10 μm，且参比物质结晶完好。对于晶粒小于 5 μm，且吸收系数小的样品（如 MgO、Al_2O_3、SiO_2 等），一般可以采用压片、胶带粘和石蜡分散的方法进行制样。由于 X 射线的吸收与其质量密度有关，因此要求样品制备均匀，否则会严重影响定量结果的重现性。

(2) 薄膜样品的制备

对于薄膜样品，需要注意的是薄膜的厚度（>20 nm）。由于 XRD 分析的穿透能力很强，一般适合比较厚的薄膜样品的分析。在制备薄膜样品时，要求样品具有比较大的面积，薄膜比较平整且表面粗糙度要小。如果样品表面十分不平整，则根据实际情况可以用导电胶或者橡皮泥对样品进行固定，并使样品表面尽可能平整，这样获得的结果才具有代表性。

(3) 特殊样品的制备

对于样品量比较少的粉体样品，一般可采用分散在胶带纸上黏结，或分散在石蜡油中形成石蜡糊的方法进行样品制备。要求尽可能分散均匀以及每次分散量控制相同，以保证测量结果的重复性。

拓展案例 B6-8　XRD 在复合光催化材料物相分析中的应用

（Sun X，Wang T，Xu X. Enhanced charge separation via $ZnIn_2S_4$@S-doped-C_3N_4 S-scheme heterojunction for efficient photocatalytic water splitting under visible light. Int. J. Hydrogen Energy，2024，68：149-158）

物相分析通常是指确定试样物质的组成成分。晶体的 X 射线衍射图像实质上是晶体微观结构的一种精细复杂的变换，每种晶体的结构与其 X 射线衍射图之间都有着一一对应的关系，其特征 X 射线衍射图谱不会因为其他物质混聚在一起而产生变化，这就是 X

射线衍射物相分析方法的依据。制备各种标准单相物质的衍射花样并使之规范化，将待分析物质的衍射图谱与之对照，从而确定物质的组成相，是物相定性分析的基本方法。目前，常用 X 射线衍射仪法得到衍射图谱，随后用国际粉末衍射标准联合委员会（JCPDS）编辑出版的粉末衍射卡片（PDF 卡片）进行物相分析。鉴定出各个物相后，根据各物相衍射峰的强度正比于该组分的存在量（需要做吸收校正者除外），就可对各种组分进行定量分析。

图 B6-9 是利用 XRD 研究了复合光催化剂的物相和晶体结构。g-C_3N_4（CN）在 13.2°和 27.4°有两个突出的峰，分别对应于 g-C_3N_4（JCPDS No. 87-1526）的（100）和（002）晶面，它们分别归属于三-s-三嗪环的周期性排列和平面内共轭芳环。硫（S）掺杂的 g-C_3N_4（SCN）样品显示出与原始 CN 相似的衍射图像，表明少量 S 掺杂不会改变 CN 的晶体结构。然而，在主峰中，特别是观察到（002）平面轻微地向低角度方向移动，这一现象主要是较小的 N^{3-} 被较大的 S^{2-} 取代而导致 CN 晶体膨胀。硫化铟锌（$ZnIn_2S_4$，ZIS）含有六个衍射峰（21.4°、27.5°、30.1°、47.3°、52.2°、55.6°），分别对应于（006）、（102）、（104）、（110）、（116）、（022）平面（JCPDS No. 65-2023）。复合光催化剂 $ZnIn_2S_4$@g-C_3N_4（ZIS/CN）和 $ZnIn_2S_4$@S 掺杂的 g-C_3N_4（ZIS/SCN）的衍射图谱由 ZIS 和 SCN 的特征峰组成。复合后，28°处的特征峰略有偏移，这是由于 SCN 的（002）平面与 ZIS 的（102）平面重叠所致。然而，复合材料上并没有检测出 SCN 的其他特征峰，这可能是复合材料中的 SCN 负载含量低导致的。

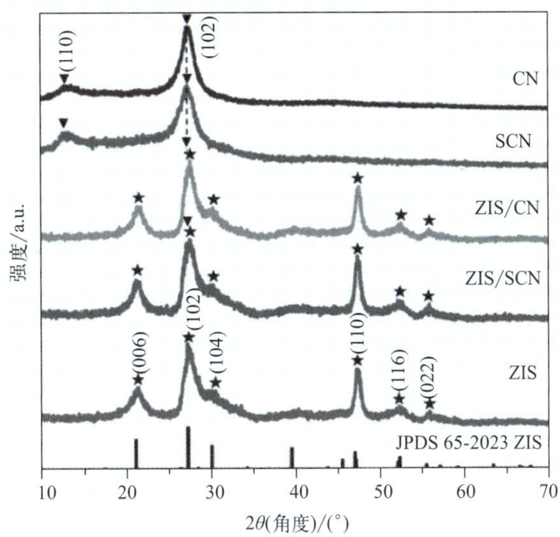

图 B6-9　CN、SCN、ZIS/CN、ZIS/SCN、ZIS 的 XRD 谱图

6.2.2　小角 X 射线散射

小角 X 射线散射（small angle X-ray scattering，SAXS）是指当 X 射线透过试样时，在靠近原光束 2°～5°的小角度范围内发生的散射现象。早在 1930 年，Krishnamurti 就观察到炭粉、炭黑和各种亚微观大小的微粒在 X 射线透射光附近出现连续散射的现象。小角 X 射

线散射技术被用来表征物质的长周期结构、准周期结构、界面层以及呈无规则分布的纳米体系，还可用于金属和非金属纳米粉末、胶体溶液、生物大分子以及各种材料中所形成的纳米级微孔、合金中的非均匀区和沉淀析出相尺寸分布的测定等。与其他方法相比，SAXS 对试样的适用范围较宽，可以是液体、固体、晶体、非晶体或它们的混合体，也可以是包留物和多孔性材料等。用于 SAXS 测试的样品制备简单，且测试过程中样品一般不会被破坏，因此样品可反复使用或供其他测量使用。

6.2.2.1 小角 X 射线散射基本原理

小角 X 射线散射是一种基于物质内部电子密度不均匀性导致 X 射线发生散射而建立的分析技术。由于 X 射线具有极大的能量，当其照射到晶体时，晶体中的原子会在 X 射线的作用下被迫做周期性的运动，从而会以原子球为单位对外发射次生波，该波的频率与入射 X 射线一致，这个过程就称为 X 射线的散射。散射效应的存在，当 X 射线照射到物质上时，会与物质中的电子云发生相互作用，导致 X 射线偏离原来的传播方向。这种偏离的程度与散射体和周围介质的电子云密度差异有关。若试样内部存在纳米尺度的电子密度不均匀区，则散射的 X 射线波长会发生改变，入射光和散射光发生不相干散射，即小角 X 射线散射。而对于完全均匀的物质，其散射强度为零。根据电磁波的散射遵循的反比定律，被照物体的有效尺寸相对于入射波越大，电磁波的散射角越小。因此，SAXS 主要用于研究数百至上千埃的亚微观结构物质（如高聚物、蛋白质、溶胶凝胶、超细粉末、多孔碳等）。

6.2.2.2 小角 X 射线散射仪的组成

小角 X 射线散射仪主要包含 X 射线光源、准直系统、样品台、光束遮挡器（beamstopper）和**探测器五个部分**（见图 6-15）。对于 SAXS 分析技术，在小角度范围内（$<0.1°$）将入射光束从散射信号中分离出来十分具有挑战性，如果入射光束的发散角大于该小角的要求，就很难将强度相对较弱的散射花样从强度很高的直射光束中分离出来，所以需要入射光束的发散度必须保持较小的数值，因此需要设定准直系统。光束遮挡器的作用是控制 X 射线的照射范围，确保只有必要的 X 射线进入探测器，从而减少散射线的产生和不必要的辐射，提高信噪比。SAXS 实验可能用到四种不同类型的探测器：二维探测器、电荷耦合器件（charge-coupled device，CCD）探测器、影像板与固态探测器或互补金属氧化物半导体（complementary metal-oxide-semiconductor，CMOS）探测器。在选择探测器时需要考虑到分辨率、线性动态范围、精确度、敏感度等因素，根据实验要求选择合适的探测器。

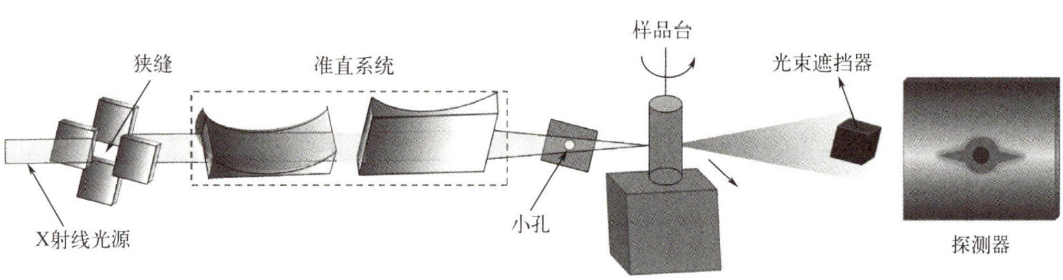

图 6-15 小角 X 射线散射仪的构造示意图

6.2.2.3　小角 X 射线散射的特点

(1) SAXS 的样品要求

固体样品：①粉末样品须充分研磨，无明显颗粒感；②片状样品的表面须平整，可折叠制样，最佳厚度为 1 mm；③块体样品最佳厚度为几微米到几十微米，纤维样品梳理整齐，尽量保持伸直状态。

液态和悬浮液样品：①被测物质在液态载体中要均匀分布，均匀悬浮，无沉淀；②被测物质和液态载体的电子密度差应尽可能大；③液态和悬浮液样品都置于透明的容器中，由于液态载体和容器都有散射，因此在测定样品的散射数据之后，必须在相同的实验条件下，对盛有液态载体的容器做一次散射数据收集，两者相减，扣除载体和容器的散射，才能获得待测样品的散射数据。

(2) SAXS 的优势

SAXS 是一种非破坏性的分析方法，具有许多自身优势：①适用样品范围宽，干、湿态样品都适用；②与 TEM 相比较，几乎不需要特殊样品制备，能表征 TEM 无法测量的样品；③对弱序、液晶性结构、取向和位置相关性有较灵敏的检测；④可以直接测量体相材料，有较好的粒子统计平均性。

(3) SAXS 的局限性

SAXS 方法也存在一定的局限性：①散射强度一般随试样厚度的增加而增强，但某些物质对 X 射线吸收大，厚度增大使得散射强度减弱并可能产生多重散射，导致分析结果误差较大；②实验上测量的散射强度除样品的散射强度外，仍有空气、狭缝边缘、荧光、分散介质和仪器电压波动等引起的寄生散射（统称背景散射），因此，正确地扣除背景散射对解决某些结构问题是十分重要的；③不同的准直系统对散射曲线也会产生不同的影响，如针孔准直系统不适合实时观测，狭缝准直系统可使数据“失真”或产生“模糊”效应。SAXS 最初的理论公式都是针对点状截面的初级光束推导出来的，只有用针孔准直才能具有这样的截面。但在实际测量中，为了提高散射强度的要求，人们多使用狭缝光阑。

拓展案例 B6-9　**SAXS 在非晶合金相分离过程中的应用研究**

(Antonowicz J，Kedzierski M，Jezierska E，et al. Small-angle X-ray scattering from phase-separating amorphous metallic alloys undergoing nanocrystallization. J. Alloys Compd.，2009，483：116-119)

小角散射技术是研究亚微观结构和形态特征的最有效方法之一，适用于从固体（如：粉体颗粒、微相分离、高分子薄膜、纳米复合材料）到液体（如：胶体、蛋白质溶液）的各种样品，可以测定样品的大小、形状、粒径分布、孔隙度、内部结构、取向、结晶度等参数。图 B6-10 是利用小角 X 射线散射技术研究二元快淬非晶合金 $Al_{91}Gd_9$ 在退火状态下的相分离以及纳米晶的形成过程。由图可知，随着退火时间的延长，最大散射峰强度增大，峰位置向低 q 值方向移动，且插图内广角 X 射线散射（wide angle X-ray scattering,

WAXS）谱图中，在非晶“晕”上出现的衍射峰对应于面心立方铝（FCC-Al）的纳米晶相。峰值位置移向小角区域，说明相分离粗化过程中成分起伏的尺度增大，从而推动了富铝区域面心立方纳米晶铝的形成。

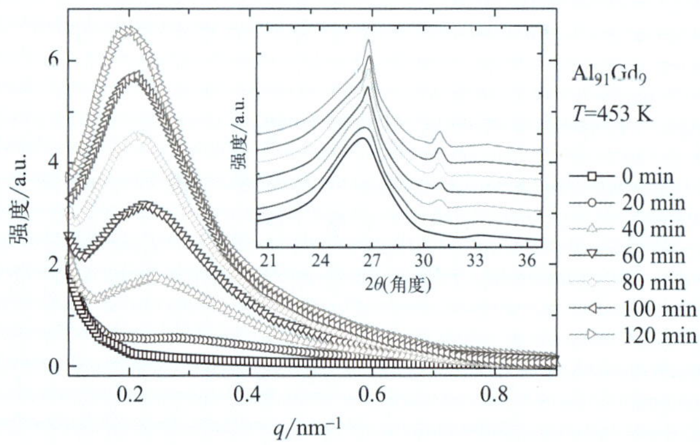

图 B6-10　$Al_{91}Gd_9$ 合金在 453 K 退火时 SAXS 谱图的演变

插图为获取的 WAXS 光谱

6.3　材料的成分分析

成分分析是指确定材料物质由哪些化学元素和哪些化合物组成，以及各个组成物所占质量分数和空间分布情况，作出定性或者定量的表征。成分分析方法可分为化学分析法和物理分析法。前者一般是破坏性方法，分析过程中试样外形被破坏，给出的结果是试样整体的平均值。本节仅涉及成分分析的物理方法。目前已经发展出了多种物理分析方法。总体来讲，物理方法大都是利用微细高能粒子束或光子束入射到物体表面，或者探针针尖的力学作用，激发出各种不同的物理信号，检测并分析这些信号，测定出试样的元素组成或者化合物组分（定性或定量）。所用的高能粒子可以是电子、离子或原子，而光子可以是 X 射线、可见光、红外光或紫外光等。最常用的物理分析方法有特征 X 射线分析术（包括使用电子探针 X 射线显微仪和装有能谱仪或波谱仪的电子显微镜）和 X 射线光电子能谱，其他还有背散射电子谱、俄歇电子谱、电子能量损失谱和二次离子质谱等。

6.3.1　质谱

质谱（mass spectrometry，MS）分析法是一种很重要的分析技术，它是通过一定措施使被测样品分子产生气态离子，然后在高真空系统中按质荷比（m/z）的不同对分子离子及碎片离子质量进行分离和测定，以确定样品的分子量及分子结构的方法。质谱法可获得无机、有机、生物大分子和高分子聚合物的分子质量及结构信息，并对复杂混合物的各组分进行定性及定量分析。质谱分析法具有分析速度快、灵敏度高及图谱解析相对简单的优点。目前，质谱分析法已被广泛应用于地质、石油、化学、材料、环境、生物、医药等领域。质谱仪器种类很多，按其用途可分为同位素质谱仪、气体分析质谱仪、无机质谱仪、有机质谱仪等。

6.3.1.1　质谱仪的基本原理

质谱仪是测定物质质量的仪器，基本原理是将分析样品（气、液、固相）电离（ionization）为带电离子（ion），带电离子在电场或磁场的作用下可以在空间或时间上分离：

$$M \xrightarrow{\text{电离}} M^+ \text{ 或 } M^-$$

这些离子被检测器（detector）检测后，即可得到其质荷比（mass-to-charge ratio，m/z）与相对强度（relative intensity）的质谱图（mass spectrum），进而可以推算出分析物中分子的质量。通过质谱图或精确的分子量测量，可以对分析物作定性分析，利用检测到的离子强度可作准确的定量分析。

6.3.1.2　质谱仪的构成

质谱仪的种类很多，但是基本结构相同。如图 6-16 所示，**质谱仪的基本构造主要分成五个部分：进样系统（sample inlet）、离子源（ion source）、质量分析器（mass analyzer）、检测器（detector）及数据分析系统（data analysis system）**。此外，质谱仪还需要一个高真空系统，维持在 10^{-10} torr 至 10^{-4} torr（1 torr=133.322 Pa）的低压环境中，让样品离子不会因碰撞而损失或使测量得到的 m/z 值有偏差。

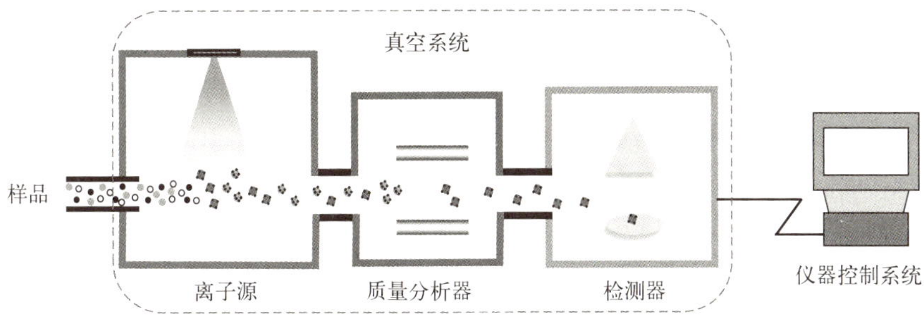

图 6-16　质谱仪构造示意图

(1) 进样系统

质谱仪的进样方式和离子源有很多种，具有不同理化性质的样品（如熔点、蒸气压、纯度等）往往要求不同的电离技术和相应的进样方式，两者要配套使用。常用的进样方式有可控漏孔进样（又称储罐进样、参考进样）、插入式直接进样（探头进样）和色谱法进样三种。a. 可控漏孔进样用于气体或低沸点液体样品的进样。该进样系统一般可加热到 200 ℃，大多数样品经过加热容易除去，但有时样品（如胺、碘代烷）有较强的记忆效应，则不容易除去。b. 探头进样（即插入式直接进样）适用于有一定挥发性的固体或高沸点液体样品。例如，合成的“纯”样品，通常蒸气压低或稳定性差，只能通过这种方式进样。c. 色谱进样是最重要也是最常用的进样方式之一。有机质谱仪能与色谱仪直接联用，组成气相色谱-质谱（GC-MS）或液相色谱-质谱（LC-MS）联用系统。色谱仪作为分离工具及质谱仪的进样系统，而质谱仪则成为色谱仪的检测器。

(2) 离子源

离子源的作用是使样品中的分子或原子电离成离子。在进行质谱分析时，首先是使样品分子形成气态离子，并且通过离子化的过程讨论质谱方法的应用。对于给定的分子而言，其质谱图的面貌在很大程度上取决于所用的离子化方法。在质谱仪中，要求离子源产生的离子多、稳定性好、质量歧视效应小。离子源一般可分为气相离子源和解吸离子源两大类。气相离子源一般是将样品汽化后再离子化，用于分析沸点低于 500 ℃、分子量小于 1000、热稳定的化合物。解吸离子源是将液体或固体样品直接转变成气态离子，其最大的优点是能用于测定非挥发、热不稳定、分子量达到 10^5 的样品。对于有机化合物样品，由于其形态和分析要求的不同，可以选用不同的电离方式进行离子化。离子源又可分为硬电离源和软电离源。硬电离源有足够的能量碰撞分子，使它们处在高激发能态，其弛豫过程包括键的断裂并产生质荷比小于分子离子的碎片离子。由硬电离源所获得的质谱图，通常可以提供被分析物质所含功能基团的类型和结构信息。而由软电离源获得的质谱图中，分子离子峰的强度很大，碎片离子峰较少且强度低，但提供的质谱数据可以得到样品精确的分子量。

常用的离子源包括：①电子轰击源。电子轰击电离（electron ionization 或 electron impact ionization，EI）是使用具有一定能量的电子通过碰撞直接作用于样品分子，使其电离。电子轰击电离源是应用最广泛的离子源，主要适用于有机样品的电离。②化学电离源（chemical ionization，CI）是一种软电离技术，它与电子轰击电离互补，从而扩展了质谱的应用范围。CI 源比 EI 源更容易得到较强的分子离子峰，但碎片离子少，质谱图大为简化。在结构分析中，若能同时获得 CI 源和 EI 源产生的质谱图，将给质谱的解析带来很大帮助。③基质辅助激光解吸电离源（matrix-assisted laser desorption ionization，MALDI），是一种结构简单、灵敏度高的电离源。基质的主要作用是作为把能量从激光传递给样品的中间体。此外，大量过量的基质使样品得以有效分散，从而减少被分析样品分子间的相互作用。MALDI 特别适合用于飞行时间质谱（time of flight mass spectrometer，TOF），属于软电离技术，主要用于分析分子量从几千到几十万的极性生物大分子及高聚物，得到的多是分子离子、准分子离子，碎片离子和多电荷离子较少。④电喷雾电离源（electro spray ionization，ESI）是一种使用强静电场的大气压电离技术，常作为四极杆质量分析器、飞行时间或傅里叶变换离子回旋共振仪的离子源，主要应用于液相色谱-质谱仪。ESI 是一种软电离方式，即便是分子量大、稳定性差的化合物也不会在电离过程中发生分解，采用这种电离源可得到无碎片质谱，特别适合于分析热不稳定的生物大分子。

(3) 质量分析器

质量分析器的作用是将离子源产生的离子按照质荷比的不同、时间的先后、空间的位置以及轨道的稳定性进行分离，并允许足够数量的离子通过，产生可被快速测量的离子流，最终得到按质荷比顺序排列的质谱图。常用的质量分析器主要有双聚分析器、四极杆分析器、飞行时间分析器、离子阱分析器、回旋共振分析器等。

(4) 检测器

质谱仪常用的离子检测器有直接电检测器、电子倍增检测器和微通道板等。①直接电检测器，用平板电极或法拉第圆筒接受由质量分析器出来的离子流，然后由直流放大器或静电放大器进行放大后记录。②电子倍增检测器，原理与光电倍增管类似，但所涉及的是二次电子发射效应。由质量分析器出来的加速正离子束攻击电子倍增管的高能打拿极，发射二次电子，然后被后续的一系列次级电子发射极（倍增极）放大，记录倍增电子产生的电流信号即得质谱。③微通道板，由大量微型通道管（管径为 20 mm，长约 20 mm）组成的。微通道管由高铅玻璃制成，具有较高的二次电子发射率。每一个微通道相当于一个通道型连续电子倍增器。整块微通道板相当于若干电子倍增器并联，每块板的增益为 10^4。

(5) 仪器控制系统

仪器控制系统就像是整个质谱仪的大脑，直接影响质谱仪的主要技术指标和质谱分析结果，它由电源控制系统、同步与时序控制系统和数据采集系统组成。

拓展案例 B6-10 质谱在确定有机化合物结构式中的应用

纯物质结构鉴定是质谱最成功的应用领域。在确定了未知化合物的分子量和化学式以后，首先根据化学式计算该化合物的不饱和度，确定化合物化学式中双键和环的数目。然后，着重分析碎片离子峰、重排离子峰和亚稳离子峰，根据碎片峰的特点，确定分子断裂方式，提出未知化合物的结构单元和可能的结构。必要时结合试样来源、物理化学性质及红外、紫外、核磁共振等分析方法的波谱信息，确定未知化合物的结构式。此外，质谱法还可以定量测定有机分子、生物分子及无机试样中元素的含量。质谱定量分析最早用于同位素丰度的研究。稳定的同位素可以用来“标记”各种化合物，在考古学和矿物学研究中，应用同位素比测量来确定岩石、化石和矿物的年代。质谱法也早已用于定量测定一种或多种混合物组分的含量，主要应用于石油工业中烷烃、芳烃组分的分析。当采用质谱法直接测定待测物的浓度时，一般用质谱峰的峰高作为定量参数。对于混合物中各组分能够产生对应质谱峰的试样来说，可通过绘制峰高相对于浓度的校正曲线，即外标法进行测定。为了获得较准确的结果，也可选用内标法。

问题： 图 B6-11 是组成式为 $C_8H_8O_2$ 的化合物的质谱图，请根据质谱图信息确定该化合物的结构式。

解析： 该化合物的摩尔质量 $M=136\ g \cdot mol^{-1}$，由于不饱和度 $U=8-8/2+0/2+1=5$，而且质谱中存在 $m/z=77$、39、51 等峰，可以推断该化合物中含有苯环。

高质量端质谱峰 $m/z=105$ 是 $m/z=136$ 失去质量为 31 的碎片（$—CH_2OH$ 或 $—OCH_3$）产生的，$m/z=77$（苯基）是 $m/z=105$ 失去质量为 28 的碎片（$—CO$ 或 $—C_2H_4$）产生的。因为质谱中没有 $m/z=91$ 离子，所以 $m/z=77$ 对应的是 105 失去 CO，而不是 105 失去 C_2H_4。

由此，推断化合物的结构为：

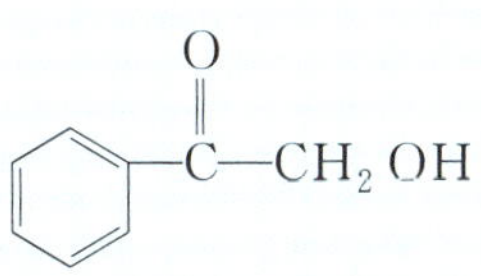

1-苯基-2-羟基乙酮

或

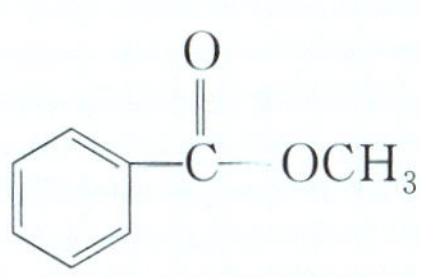

苯甲酸甲酯

进一步结合这两种化合物的标准质谱图，可确定该化合物为 1-苯基-2-羟基乙酮。

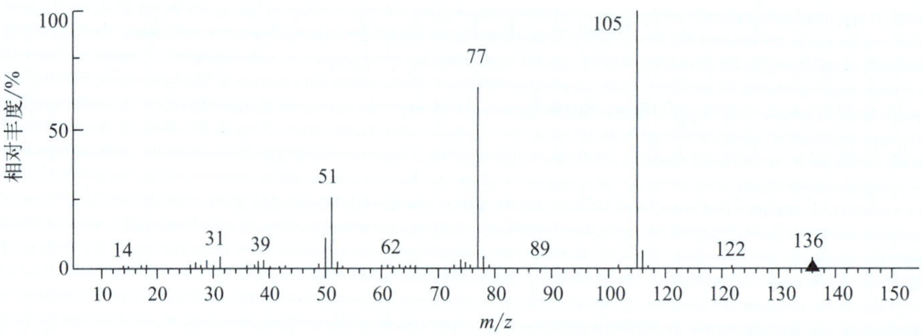

图 B6-11　化学式为 $C_8H_8O_2$ 的化合物的质谱图

6.3.2　核磁共振谱

核磁共振现象最早是由两位美国人珀塞尔和布洛赫分别于 1945 年和 1946 年在做石蜡、水的磁共振实验时发现的。在外磁场的作用下，当用一定频率的电磁波照射分子时，可引起分子中有磁矩的核发生能级跃迁。这种原子核在磁场中吸收一定频率的电磁波而发生能级跃迁的现象称为核磁共振（**nuclear magnetic resonance，NMR**），以核磁共振信号强度对照射频率（或磁场强度）作图，即为核磁共振图谱（NMR spectum），建立在此原理基础上的一类分析方法称为核磁共振谱法（NMR spectroscopy），或称核磁共振光谱法。它能够给出对物质结构变化很敏感的信号，而且具有很好的唯一性。对解决高聚物的微结构序列分布、立体规整性、数均序列长度、组成分析、相变等问题有其独到之处。目前，生物和医学是核磁共振谱法应用较为活跃的领域，已成为测定有机物结构、构型和构象的重要手段。另外，它还是磁性材料研究的主要手段之一。

6.3.2.1　核磁共振谱的基本原理

核磁共振谱属于吸收光谱，它是检测和记录磁性核在外加磁场中能级之间转变的技术。所以只有磁性材料才能吸收电磁波发生磁能跃迁。在强磁场中，某些元素的原子核和电子能量本身所具有的磁性，被分裂成两个或两个以上量子化的能级。吸收适当频率的电磁辐射，可在所产生的磁诱导能级之间发生跃迁。在磁场中，这种带核磁性的分子或原子核吸收从低能态向高能态跃迁的两个能级差的能量，会产生共振谱，可用于测定分子中某些原子的数目、类型和相对位置。

原子核的自旋运动产生磁场，其磁场可用核磁矩 μ 描述，核磁矩 μ 和自旋量子数 I 之间的关系是：

$$\mu=\gamma\frac{hI}{2\pi} \tag{6-7}$$

式中，γ 为磁旋比；h 为普朗克常数。

自旋量子数与原子核的质子数和中子数有关。当为偶-偶核（即质子数和中子数均为偶数）时，自旋量子数为 0；当为奇-偶核时，自旋量子数为半整数；当为奇-奇核时，自旋量子数为整数。

在外磁场中，核磁矩在外磁场方向上的投影（μ_z）只有 $2I+1$ 个取值。一具有核磁矩的核置于均匀的外磁场（B）中，则与 B 的相互作用能（E）为：

$$E=-\mu_z B=-g\beta B$$

式中，B 为磁感应强度，T。

两相邻核磁能级能量差（ΔE）：

$$\Delta E=g\beta B=\frac{\mu\beta B}{I}$$

式中，g 为核磁旋运动 g 因子，β 为核磁子。

核磁矩的自然单位共振吸收频率（ν）：

$$\nu=\frac{g\beta B}{h}=\frac{\mu\beta B}{I}$$

按 $\gamma=\frac{g\beta}{h}$，则 ΔE 与 ν 又可分别用以下两式表达：

$$\Delta E=\frac{\gamma h B}{2\pi}$$

$$\nu=\frac{\gamma B}{2\pi}$$

产生核磁共振的条件即为满足共振吸收频率表达式。由此可知，可以通过改变射频（源）信号频率（当外磁场 B 固定时）或改变外磁场 B 大小（当射频源信号频率不变时）的方式，使样品产生核磁共振，这两种方式分别称为扫频式和扫场式。

6.3.2.2　核磁共振谱线的特征

(1) 谱线的宽度

由 NMR 共振条件可知，NMR 谱线应为无限窄，但由于以下几个原因，谱线总有一定的宽度。

① 自然宽度。核磁并非固定在某一能级上，而是在两个能级间跃迁，即在某一能级上的寿命是有限的，寿命越短，谱线越宽。

② 偶极加宽。因样品含有大量的核磁，并在其周围产生磁场，从而被测原子核除受外磁场的作用外，还受相邻核产生的磁场的作用，而相邻核产生的磁场也有一个分布，从而使谱线加宽。

③ 非均匀加宽。实际上在样品体积范围内的外磁场并非均匀分布，而是在某个数值范围内有微小差别，从而在样品体积范围内各部分原子核的共振频率值也不同，故导致谱线加宽。

④ 弛豫加宽和调制加宽。自旋-晶格弛豫过程使原子核在给定能级中的平均寿命减少，造成谱线加宽。用连续波测定 NMR 吸收时，往往改变磁场，即相当于加了一个调制，从而产生一定的频谱，使谱线加宽。

(2) 谱线的线型

溶液中的 NMR 谱线的线型一般为洛伦兹（Lorentz）型；固态中的 NMR 谱线的线型为高斯（Gaussian）型。

(3) 谱线的强度

一般 NMR 谱线的积分强度正比于产生此峰的核数，由此可进行定量测定。

(4) 化学位移

由核磁共振条件可知，同种类原子核的核磁共振频率应该相同，但 1951 年 Arnold 等观察到乙醇的质子 NMR 谱（HNMR）分裂为组峰，各个峰的积分面积比为 3∶2∶1，这恰与乙醇中的各基团的质子数一致。人们把分子内或分子间的同类核因化学环境不同而引起的共振频率不同的现象称为“化学位移”，它起源于电子对核的屏蔽。

(5) 核自旋-自旋偶合作用

在更高分辨率下测乙醇的质子谱，发现原有三条谱线的每一条进一步分裂为更多的谱线，这种分裂起因于核 i 与核 j 的磁矩间的相互作用，通常用自旋偶合常数来表示偶合作用的大小。

6.3.2.3 核磁共振谱仪的构造

核磁共振谱仪由强磁场、探头、射频发生器、扫描发生器、接收器和记录处理系统组成（见图 6-17）。

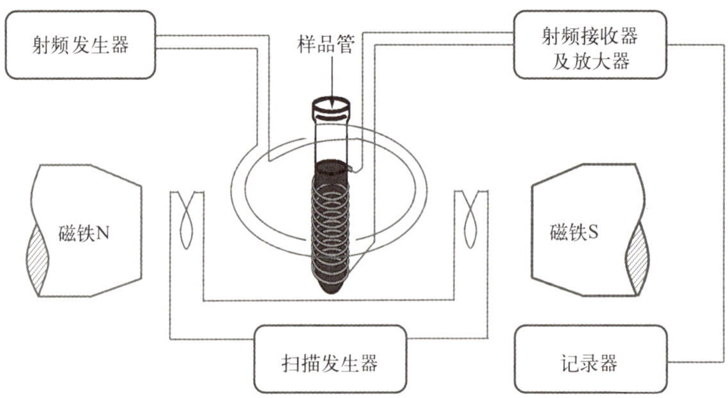

图 6-17 NMR 的基本构造示意图

① 强磁场的作用是使样品中的核自旋体系的磁能级发生分裂。强磁场由磁铁提供，它是核磁共振谱仪最重要的组成部分。为使原子核的核磁能级分裂并获得足够灵敏度的核磁共振信号，要求磁铁提供的磁感应强度应大于 1 T。常用的磁铁有永久磁铁、电磁铁和超导磁体三种。

② 探头是放置样品管的地方，它是核磁共振谱仪的关键部件，包括样品管、传送线圈、接收线圈和预放大器等元件。

③ 射频发生器的目的是产生固定频率的射频场，激发核磁能级之间的跃迁，并将射频源信号通过探头传送线圈向样品辐射。辐射一般有两种形式：一种是连续波，射频场作用在样品上，连续激发核亚能级之间的跃迁；另一种是射频脉冲，射频场以脉冲方式加到样品上，观察核磁共振。这种形式的核磁共振谱仪也叫脉冲傅里叶变换核磁共振谱仪。

④ 扫描发生器以扫场方式或扫频方式扫描，当满足共振条件时，样品发生核磁共振；探头接收线圈感应出共振信号，经预放大的载有核磁共振信号的射频由接收器接收，经一系列检波、放大后显示在示波器或记录仪上，得到核磁共振谱。

6.3.2.4　核磁共振的样品制备

(1) 样品量

不同场强需要的样品量不同，如 300 兆核磁、分子量是几百的样品，测氢谱大约需要 2 mg 的样品，测碳谱大约需要 10 mg。600 兆核磁测氢谱大约需要几百微克的样品。

(2) 氘代试剂的选择

因为测试时溶剂中的氢也会出峰，而溶剂的量远远大于样品的量，溶剂峰会掩盖样品峰，所以用氘取代溶剂中的氢，氘的共振峰频率和氢差别很大，氢谱中不会出现氘的峰，从而减少了溶剂的干扰。在谱图中出现的溶剂峰是氘取代不完全的残留氢的峰。另外，在测试时需要用氘峰进行锁场。由于氘代溶剂的品种不多，要根据样品的极性选择极性相似的溶剂，常用氘代溶剂的极性从小到大是：苯、氯仿、乙腈、丙酮、二甲亚砜、吡啶、甲醇、水。还要注意溶剂峰的化学位移，最好不要遮挡样品峰。

(3) 是否必须加四甲基硅烷（TMS）

测试样品加 TMS 是作为定化学位移的标尺，也可以不加 TMS 而用溶剂峰作为标尺。

拓展案例 B6-11　核磁共振技术在分子结构和分子相互作用研究中的应用

（Xing C M，Meng F N，Quan M，et al. Quantitative fabrication，performance optimization and comparison of PEG and zwitterionic polymer antifouling coatings. Acta Biomater.，2017，59：129-138；He Y，Yu Z，Jiang Y I，et al. A $H_2@C_{60}$ ^1H NMR probe for sensitively detecting the supramolecular interactions between a molecular tweezer and C_{60}. Chem. Commun.，2024，60：8716.）

核磁共振技术从 20 世纪 40 年代后期问世以来，其应用日趋广泛，在金属材料、无机化学、有机化学、生物和医学领域都有应用。核磁共振技术可以通过对样品中原子核的共振频率进行测量，从而得到一系列特征信号，这些信号的位置、强度和形状与分子结构密切相关，因此可以确定分子的化学环境、键合方式以及分子结构的空间排布等信息。核磁共振技术还可以通过对反应物和产物的核磁共振信号的变化进行监测，获得反应速率、反应中间体的生成和消失过程等信息，用于研究化学反应的动力学过程。此外，核磁共振技术可以通过对分子中不同原子核的共振信号的变化进行监测，从而得到分子间的距离、角度和相对位置等信息，用于研究分子间的相互作用。这些功能对于研究分子的空间构型、分子间相互作用力以及分子的自组装等过程具有重要意义。

图 B6-12(a) 是以 D_2O 为溶剂，测定含磷胆碱两性离子（MPC 单体）和活性酯侧链（NPCEMA）的二元随机共聚物（命名为 PMEN10）的核磁共振氢谱（^1H NMR）图，结构式与谱图中各字母所标峰相对应。3.33 ppm 为 MPC 中与季氨氮相连的三个甲基的质

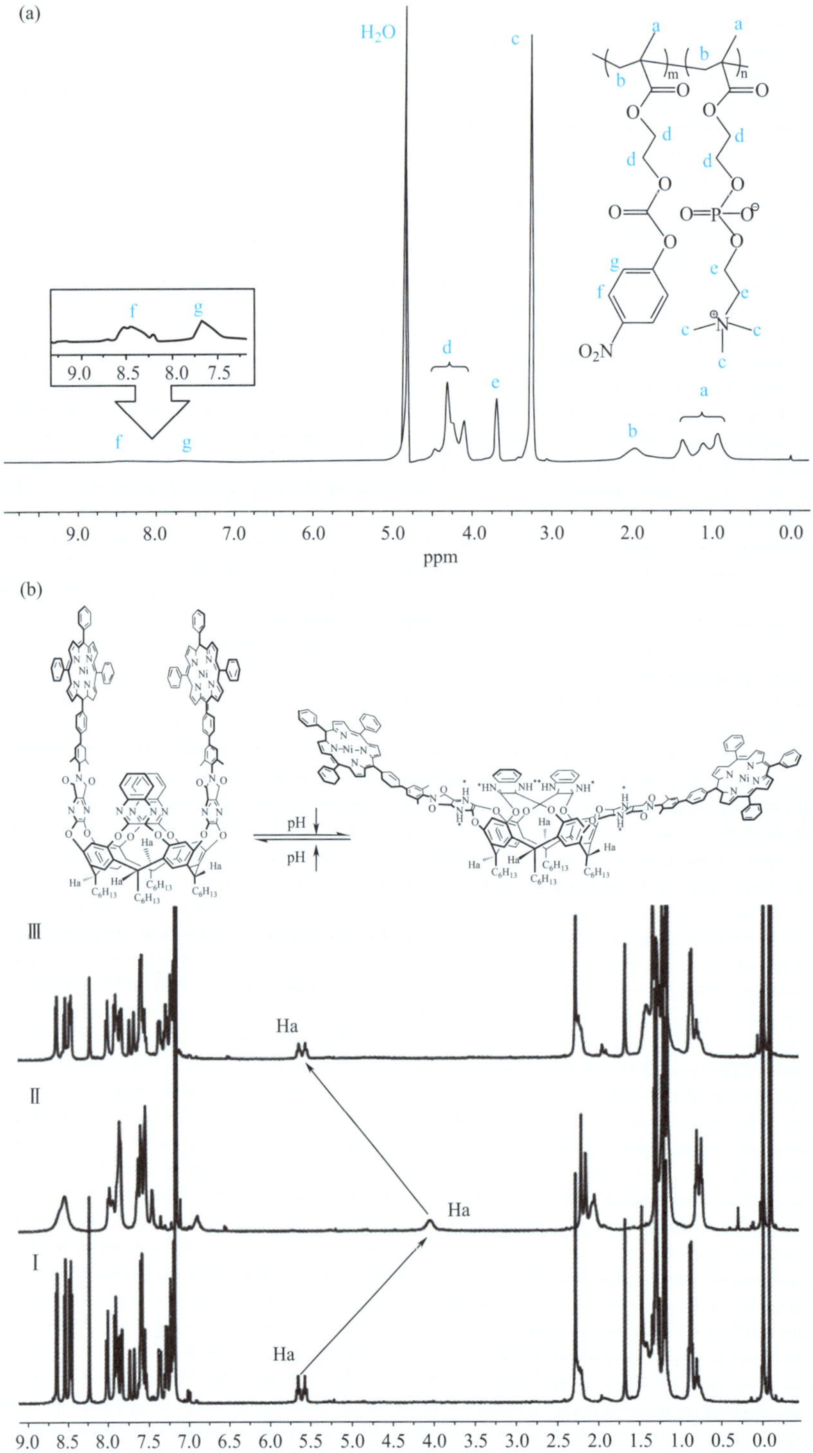

图 B6-12 （a）PMEN10 的 ^{1}H NMR 谱图；（b）分子镊 5 在不同酸性条件下的结构转换示意图和 ^{1}H NMR 谱（Ⅰ，中性 $CDCl_3$ 溶液；Ⅱ，加 30 mL TFA-d 后的 $CDCl_3$ 溶液；Ⅲ，加入 30 mL TFA-d 和 30 mL NaOD 后的 $CDCl_3$ 溶液）

子出峰，是 MPC 单体的特征出峰，可用来定量聚合物结构中 MPC 单元的相对摩尔含量。7.42 ppm 和 8.15 ppm 为 NPCEMA 中苯环上四个质子出峰，以这两个峰面积的平均值来定量 NPCEMA 单元的含量。图中 5～7 ppm 范围内未见出峰，表明所得二元共聚物 PMEN 中没有残余单体，说明图中的特征峰是聚合物中 MPC 和 NPCEMA 的出峰，证实了 PMEN 的聚合是成功的。

图 B6-12(b) 是以间苯二酚［4］芳烃为桥接材料，合成的 pH 调节的 bis-Ni（Ⅱ）卟啉分子镊（根据配体不同，本案例中的分子镊命名为分子镊 5）在不同条件下的核磁共振氢谱（^{1}H NMR），以研究其构象转变。如图所示，在中性氘代氯仿（$CDCl_3$）溶液中，亚甲基质子信号在 5.61 ppm 时，以双偶态出现（谱线Ⅰ），表明分子镊子的构象为封闭（花瓶）形式；加入 30 mL 氘代三氟乙酸（TFA-d）后，亚甲基的质子信号转移到高场，位于 4.06 ppm 处，双重态变为单重态，这表明分子镊 5 在酸性条件下转化为开放（风筝）形式（谱线Ⅱ）。在进一步向体系中加入 30 mL 氘代氢氧化钠（NaOD）后，亚甲基质子信号向下移动到原始状态（双重态，5.61 ppm），表明通过向体系中加入氘化钠分子，镊 5 恢复到封闭（花瓶）形式（谱线Ⅲ）。

6.3.3　X 射线光电子能谱

X 射线光电子能谱（X-ray photoemission spectroscopy，XPS）也称为化学分析光电子能谱（electron spectroscopy for chemical analysis，ESCA）。XPS 能够通过化学位移效应得到分子化合物的信息，这为定量解释材料表面物质结构提供了其他测试方法无法替代的作用。从 XPS 指纹特征可进行除氢、氦外的各种元素的定性分析和半定量分析。作为一种典型的非破坏性表面测试技术，XPS 主要用于纳米材料表面的化学组成、原子价态、表面微细结构状态以及表面能谱分布等的分析，其信息深度为 3～5 nm，绝对灵敏度很高，是一种超微量分析技术，在分析时所需的样品量很少（10～18 g），但相对灵敏度通常只能达到千分之一左右，且对液体样品的分析比较复杂。通常，影响 XPS 定量分析准确性的因素相当复杂，如样品表面组分分布的不均匀性、样品表面的污染物、记录的光电子动能差别过大等，在实际分析中往往采用标准样品校正的方法来测量元素的相对含量。

6.3.3.1　X 射线光电子能谱的工作原理

与高速电子流类似，当 X 射线照射固体物质时，物质原子某一能级的电子也会从试样表面逸出，这类逸出的电子称为光电子，这种物理现象称为光电效应。设 X 射线光子的能量为 $h\nu$，电子在该能级的结合能为 E_b，逸出试样后的光电子动能为 E_k，根据爱因斯坦光电定律，下式成立

$$E_k = h\nu - E_b - \varphi$$

式中，φ 为功函数，也称逸出功。

上式表明物质中某能级的电子（束缚电子）逸出物体表面，除去克服原子核对它的吸引（相应于结合能 E_b）外，还必须克服整个晶体对它的吸引，亦即电子逸出表面所做的功（逸出功 φ）。X 射线光子能量 $h\nu$ 由 X 射线管靶的性质决定，是已知值。所以，如果测定了功函数和电子的动能，就可求出电子的结合能。光电子能谱分析能测得的最基本数

据正是电子的结合能，它对每个元素具有特征值，因而 XPS 可用于试样表面的成分元素分析。

XPS 是一种对样品表面敏感，主要获得样品表面元素种类、化学状态及成分的分析技术，特别适用于对各元素的化学状态的鉴别，其特点包括：①分析层薄，分析信息可来自固体样品表面 0.5～2.0 nm 区域薄层；②分析元素广，可分析元素周期表中除 H 和 He 以外的所有元素；③主要用于样品表面中各类物质的化学状态鉴别，能进行各种元素的半定量分析；④具有测定深度-成分分布曲线的能力；⑤由于 X 射线不易聚焦，其空间分辨率较差，在微米级；⑥数据收集速度慢，对绝缘样品存在充电效应问题。

6.3.3.2 X 射线光电子能谱仪的构造

XPS 仪一般由 X 射线源、样品台、电子能量分析器、检测器和真空系统等部分组成（见图 6-18）。

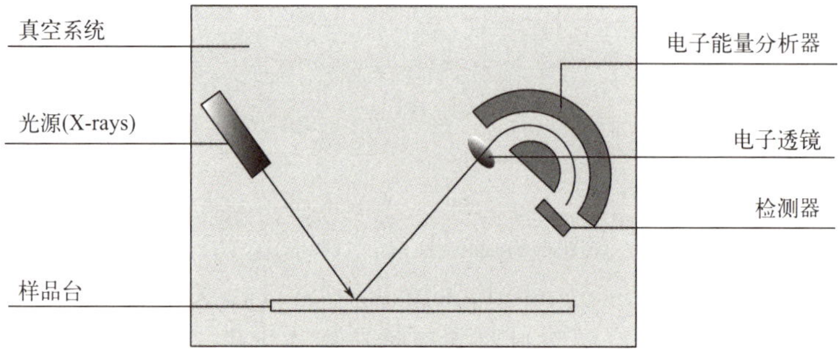

图 6-18 XPS 的基本构造示意图

（1）射线源

射线源由加热的灯丝及阳极靶等组成，其工作原理是：由灯丝发出的热电子被加速到一定的能量去轰击阳极靶材，引起其原子内壳层电离；当较外层电子以辐射跃迁的方式填充内壳层空位时，释放出具有特征能量的 X 射线。XPS 适用的 X 射线，主要考虑谱线的宽度和能量，目前最常用的 X 射线是 Al 和 Mg 的特征 K_{α} 射线。

（2）样品台

样品置于能精确调节位置的样品台上，样品台处于超高真空中，样品经原子级表面清洁处理后送进系统，进入样品室。

（3）电子能量分析器

电子能量分析器是光电子能谱仪的核心部件，其作用在于把具有不同能量的光电子分别聚焦并分辨开。通常情况下，通过改变分析器两端的电位，就能对激发出的光电子能量范围进行扫描。在 XPS 中，因为要测量谱线的化学位移，对分辨率要求较高，因此半球形分析器和筒镜形分析器是最常用的，其中半球形分析器更常用。

(4) 检测器

样品在 X 射线的激发下发射出来的电子具有不同的动能，必须把它们按能量大小分离，这个工作是由电子能量分析器完成的。分辨率是能量分析器的主要指标之一。XPS 的独特功能在于它能从谱峰的微小位移来鉴别出试样中各元素的化学状态及电子结构，因此能量分析器应有较高的分辨率，同时要有较高的灵敏度。筒镜形分析器在低分辨率下工作有较高的灵敏度，而半球形分析器可在高分辨率下工作且有较高的灵敏度。因此，对于 XPS 来说，采用半球形分析器可以获得较高分辨率和较高强度的谱图。

(5) 真空系统

一般情况下，样品分析室的真空度要优于 10^{-5} Pa，这是为了防止残留气体吸附到样品表面上，甚至可能与样品发生反应。此外，X 射线光电子能谱仪还要避免外磁场的干扰。

6.3.3.3　X 射线光电子能谱的样品制备

一般为固体样品，取直径小于等于 10 mm、厚度为 1 mm 左右的片状，必须没有手指印、油或其他表面污染物。

(1) 无机材料

①溶剂清洗（萃取）或长时间抽真空，以除去试样表面的污染物。例如，对不溶于溶剂的陶瓷或金属试样，用乙醇或丙酮擦洗，然后用蒸馏水洗掉溶剂，最后吹干或烘干试样，达到去污目的。②一般商品仪器都配有氩离子枪，可以用氩离子刻蚀法除去表面污染物。利用该方法要注意的是，由于存在择优溅射现象，刻蚀可能会引起试样表面化学组成的变化。因此，若需利用该方法清洁试样表面，最好用一标准样品来选择刻蚀参数，以避免待测样品表面被氩离子还原及改变表面组成。③擦磨、刮剥和研磨。如果样品表层与内表面的成分相同，则可用 SiC 砂纸擦磨或小刀刮剥表面污层。如果是粉末样品，可采用研磨的方法使之暴露出新的表面。而对于块状样品，也可在保护气下，打碎或打断样品，测试新露出的端面。需要注意的是，在这些操作过程中，不要带入新的污染物。④真空加热法。对于耐高温的样品，可采用在高真空度下加热的办法除去样品表面的吸附物。

(2) 有机物和高聚物

①压片法。对疏松软散的样品可用此法。②溶解法。将样品溶解于易挥发的有机溶剂中，然后将其滴在样品台上晾干或吹干后再进行测量。③研压法。对不易溶于具有挥发性有机溶剂的样品，可将少量样品研压在金箔上，使其形成薄层，再进行测量。

(3) 样品安装的方法

一般是把粉末样品粘在双面胶带上或压入钢箔（或金属网）内，块状样品可直接夹在样品托上或用导电胶粘在样品托上进行测定。对块状样品来说，尺寸大小在 1 cm×1 cm 左右即可。

拓展案例 B6-12 XPS 在复合电催化剂的元素组成和化学状态分析中的应用

（Wen W，Dang Y，Tang J，et al. A novel MXene@MOF@Pt NPs-based enzyme-free electrochemical sensor for highly sensitive detection of hydrogen peroxide released from living cells. J. Electrochem. Soc.，2024，171，057514）

从 $E_k = h\nu - E_b - \varphi$ 可以看出，当入射 X 射线的能量 $h\nu$ 固定，φ 为一常数，而光电子动能 E_k 可以通过实验测得，这样就可以得到光电子的结合能，从而确定物质的元素种类。目前，除氢、氦以外的所有元素均可以发生光电离作用，产生光电子，因此，XPS 技术可以一次性对所有元素进行分析。此外，X 射线辐照后从样品表面出射的某种能量的光电子的强度（光电子的数量）与样品中该原子的多少有关，因此，可以利用这一对应关系进行元素的半定量分析。由于光电子的强度不仅与原子的多少有关，还与光电子的平均自由程、样品的表面光洁度和元素所处的化学状态以及仪器的状态有关，因此，XPS 技术一般不能给出所分析元素的绝对含量，仅能提供元素的相对含量。

图 B6-13 展示了利用 XPS 进行 MXene@ZIF-8@Pt NPs 纳米复合电催化剂的元素组成和化学状态的分析结果。XPS 全谱图证明了复合材料中锌（Zn）、氧（O）、钛（Ti）、碳（C）和铂（Pt）的存在［见图 B6-13(a)］。在 Zn 2p 谱图中存在两个不同的峰［见图 B6-13(b)］，结合能分别为 1044.8 eV 和 1021.8 eV，对应于 Zn $2p_{1/2}$ 和 Zn $2p_{3/2}$，轨道分裂能为 23 eV，表明复合材料中的锌离子处于+2 价态。O 1s 谱图中的 531.2 eV 峰来自

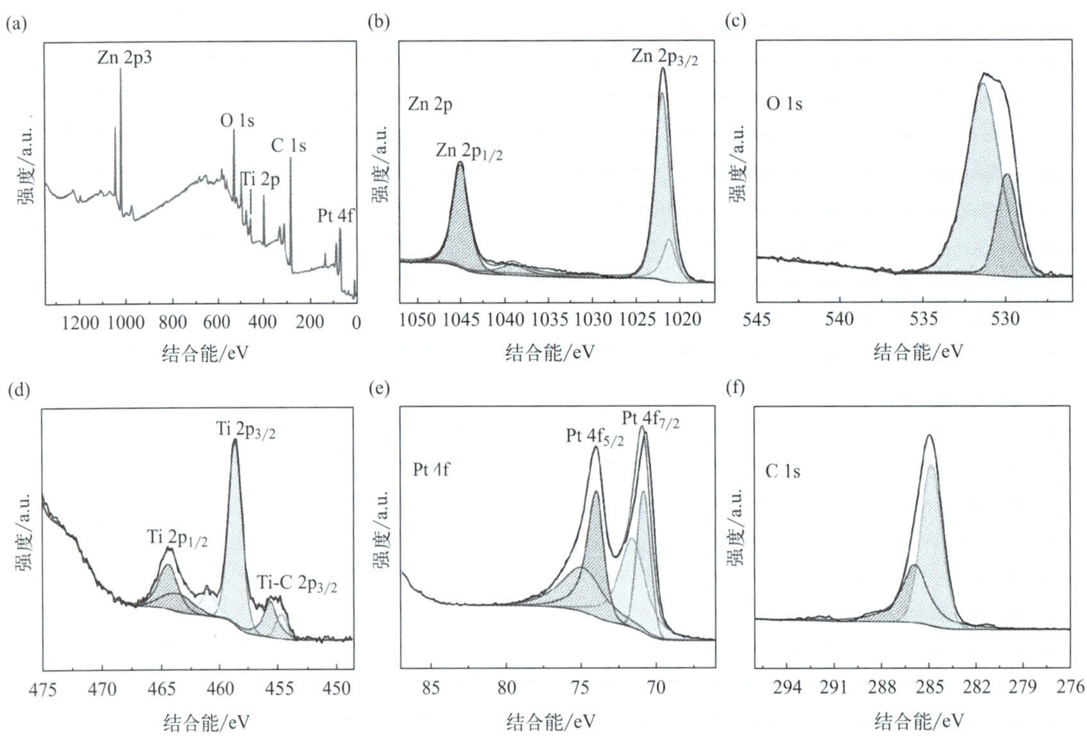

图 B6-13 (a) MXene@ZIF-8@Pt NPs 纳米复合材料的 XPS 全谱图；(b) Zn 2p；(c) O 1s；(d) Ti 2p；(e) Pt 4f；(f) C 1s 的高分辨率 XPS 谱图

晶格氧［见图 B6-13(c)］。如图 B6-13(d) 所示，在 Ti 2p 谱图中的 454.6 eV、455.5 eV、458.5 eV、460.9 eV、463.8 eV 和 464.4 eV 处的峰分别对应于 Ti-C $2p_{3/2}$、Ti^{2+}/Ti^{3+} $2p_{3/2}$、Ti^{4+} $2p_{3/2}$、Ti-C $2p_{1/2}$、Ti^{2+}/Ti^{3+} $2p_{1/2}$ 和 Ti^{4+} $2p_{1/2}$。Pt 4f 谱图中 70.6 eV 和 74.0 eV 处的峰分别对应于 Pt^0 $4f_{5/2}$ 和 Pt^0 $4f_{7/2}$［见图 B6-13(e)］，证明 Pt NPs 的成功负载。在 MXene@ZIF-8@Pt NPs 纳米复合材料的 C 1s 谱图中可以观察到 284.6 eV 处的峰［见图 B6-13(f)］。从 XPS 分析结果来看，在 MXene@ZIF-8@Pt NPs 中，Zn 元素主要以 Zn^{2+} 的形式存在，这与 ZIF-8 中 Zn 元素的存在形式相对应；Pt 元素也主要以 Pt 单质的形式存在，进一步表明 Pt NPs 的成功负载。

6.3.4　电子自旋共振波谱

电子自旋共振波谱（electron spin resonance，ESR）又被称为电子顺磁共振谱（electron paramagnetic resonance，EPR），该方法是利用具有未成对电子的物质在磁场作用下吸收电磁波的能量使电子发生能级间跃迁的特征，对顺磁性物质进行检测与分析，从而给出与其电子状态和所处环境有关的信息。因此，ESR 可用于自由基、奇电子分子、过渡金属络合物、稀土元素离子和三重态分子等的检测。ESR 是目前检测催化、辐照、生化等物理化学过程中产生未成对电子（自由基）的唯一直接方法，具有检测灵敏度高、样品不受破坏和对化学反应无干扰等优点。因此，通过追踪反应过程中未成对电子的形成、消失、再生和转移，对研究反应机制和了解物质的结构与性能的关系有重要的作用。

6.3.4.1　电子自旋共振波谱的基本原理

物质的磁性与该物质分子内电子的某种形式的运动有关。原子中的电子能进行两种运动，一种是围绕原子核的轨道运动，产生轨道磁矩和轨道角动量；另一种是围绕通过其中心的轴所做的自旋运动，产生自旋磁矩和自旋角动量。物质的磁性主要来自电子自旋磁矩的贡献，轨道磁矩的贡献不到 1%，可忽略不计。

当自由电子处于外加磁场 B_0 中时，与外加磁场的相互作用将使电子的自旋能级从简并态分裂为两个能级。在产生了自旋能级分裂的基础上，如果在垂直于外磁场 B_0 的方向上加一个中心频率为 ν 的电磁波，当电磁波的能量与塞曼能级间距相适应，即满足：

$$h\nu = E_\alpha - E_\beta = \Delta E = g\beta B_0$$

部分处于低能级中的电子会吸收电磁波的能量而跃迁到高能级中，这就是共振吸收现象，也称顺磁共振现象（见图 6-19）。受激发跃迁产生的吸收信号就是 ESR 的电子信号来源，经过电子学的系统处理可得到 ESR 谱线。

6.3.4.2　电子自旋共振波谱仪的构造

电子自旋共振波谱仪主要由磁体系统、微波系统、信号处理系统、记录和显示系统构成（见图 6-20）。

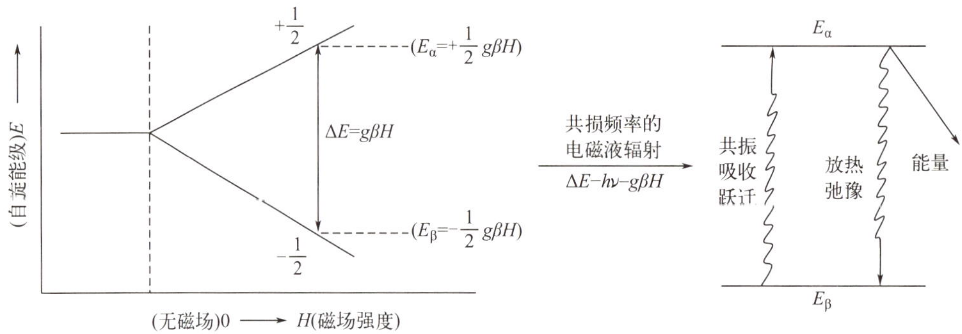

图 6-19 电子自旋共振吸收结构示意图

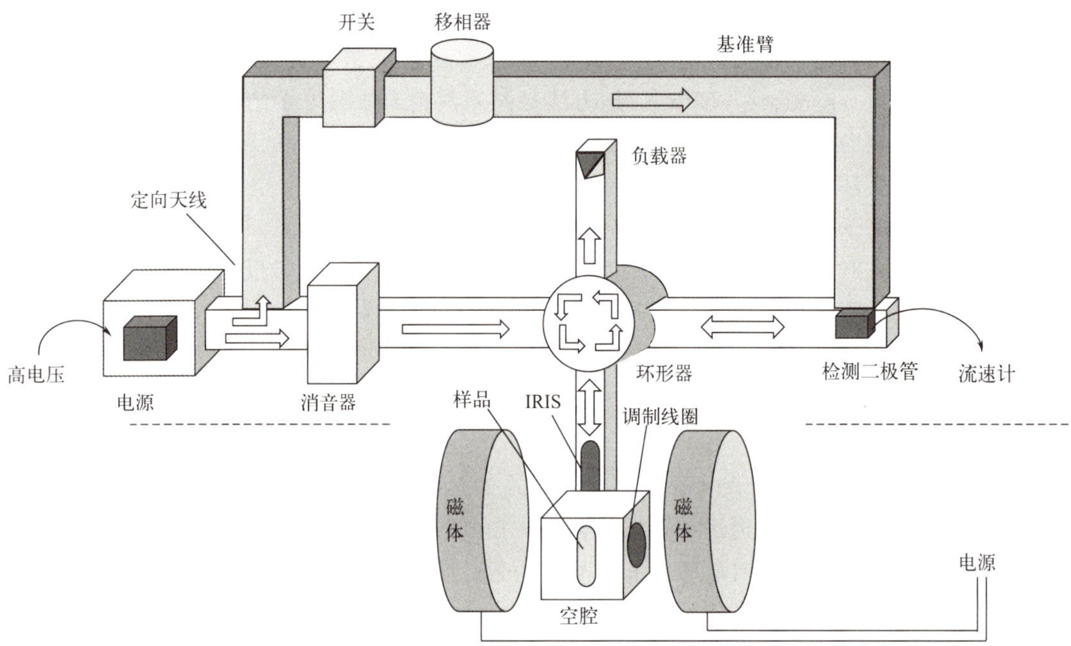

图 6-20 ESR 的基本构造示意图

(1) 磁体系统

在目前使用的电子自旋共振波谱仪中，较多的是用电磁铁作为磁场源。当需要较强的磁场时，通常使用超导磁体作为磁场源。在 ESR 仪中，最常用的是 X 波段，但现代的波谱仪也配备多种波段的微波系统，可供切换使用。

(2) 微波系统

主要是由微波桥和谐振腔等构成。微波桥由产生控制和检测微波辐射的器件组成。微波桥内由波导、隔离器、衰减器、环形器、晶体检波器和自动频率控制单元组成，微波频率一般为 $1\leqslant\nu\leqslant100$ GHz。常用的微波源有速调管和耿氏二极管。一般情况下，ESR 仪采用固定微波频率，改变磁场强度来满足其共振条件。

谐振腔是 ESR 仪的核心部件，它能使微波能量集中于腔内的样品处，使样品在外磁场作用下产生共振吸收，样品放置在谐振腔内微波场最强而电场最弱的地方。谐振腔通常有矩形和圆形两种类型。谐振腔的性能可用品质因数 Q 值来衡量，谐振腔的 Q 值越高，仪器的灵敏度越高。通常情况下，典型矩形腔的 Q 值为 10000 左右，圆柱形腔的 Q 值可达 20000。

(3) 信号处理系统

将顺磁共振吸收信号经电子系统放大和处理，在显示器或记录仪上得到吸收信号的一次微分曲线，即 ESR 谱。

(4) 记录和显示系统

现代的波谱仪一般都配备有微型计算机，能把 ESR 信号进行储存、显示、打印、绘图以及数据处理等。

6.3.4.3 电子自旋共振波谱的样品制备

在 ESR 研究中，通常碰到的样品不外乎气体、液体和固体三类。

(1) 气体样品的制备

主要是顺磁分子如 O_2、NO、NO_2、ClO_2；原子如 H、N、O；气相中的自由基。如测试香烟中的自由基含量，主要的制样手段是对烟气进行富集，以达到测试需求的浓度。一般在 13～133 Pa（10^{15}～10^{16} 分子/cm^3）的条件下测 ESR 谱，得到的分辨率最好。

(2) 液体样品的制备

对于液体样品，主要是液体经辐照和光解产生的自由基，辐照产生的自由基可用泵输送流过共振腔；而光解产生的自由基，可将光通过腔壁的石英窗直接照射样品来实现。在样品制备过程中还需注意，①溶剂的选择：对于极性大的溶剂，要将样品放在毛细管中进行测试，以避免溶剂对微波的吸收；②除氧操作：液体中的氧气对信号的干扰非常大，因此需要对样品进行通氮或者真空除氧，以保证测试过程中能看到精细的结构信息；③浓度控制：浓度过大或过小都会对样品信号造成干扰，导致精细结构的丢失，因此选择适当的浓度对测试结果有帮助。

(3) 固体样品的制备

对固体样品，既可在腔中经光照、辐照、热裂解或放电来产生自由基，亦可在腔外产生自由基后再转移至腔中进行测定。在样品制备时需注意：①除潮处理：保护 ESR 图谱细节不受影响；②样品粒径：要注意固体样品的颗粒大小，以免堵塞送样管；③稀释操作：粉末样品的顺磁浓度如果太大也会对信号造成干扰，可以采用干燥硅胶或碳酸钙进行固体稀释。

在样品制备和测试过程中还应考虑自由基的稳定性，很多自由基的寿命较短，以致在常规条件下无法用 ESR 谱来观测。因此，如何使活泼自由基稳定是非常重要的。实验中常常采取以下措施：①低温冷冻（液氮或液氦）；②稳定在分子筛表面；③稳定在有机玻璃或有机晶体的基质中；④用自旋捕捉剂与之结合形成稳定自由基。

拓展案例 B6-13 ESR 用于催化反应中的自由基和缺陷类型分析

（M B Asif，S J Kim，T S Nguyen，et al. Highly efficient micropollutant decomposition by ultrathin amorphous cobalt-iron oxide nanosheets in peroxymonosulfate-mediated membrane-confined catalysis. Chem. Eng. J.，2024，485，149352；Lin J，Sun S，Luo J，et al. Effects of oxygen vacancy defect on microwave pyrolysis of biomass to produce high-quality syngas and bio-oil：Microwave absorption and in-situ catalytic. Waste Manage.，2021，128：200-210）

绝大部分有机自由基（如羟基、超氧、单线态氧、甲酸根、硫酸根等）较为活泼，存在周期短暂，需通过自旋捕获剂与其反应，形成相对稳定的自旋加合物进行检测。图 B6-14(a) 是超薄无定形钴氧化铁纳米片（A/Co_3-Fe ONS）活化过氧单硫酸盐（PMS）降解体系中活性物质的 ESR 分析结果。在测试中，采用 5,5-二甲基吡咯啉-n-氧化物（DMPO）作为 $SO_4^{\cdot -}$ 和 HO· 的自旋捕获剂，通过形状、高度比、信号宽度和超精细耦合常数（即 a_H 和 a_N）的检测，可以得出 ESR 光谱仪显示的自由基加合物。在本研究中，通过 ESR 在 A/Co_3-Fe ONS/PMS 体系中发现了 HO·（$a_H=a_N=14.9$ G，高度比为 1：2：2：1）和 $SO_4^{\cdot -}$（$a_N=13.2$ G，$a_H=9.7$ G，$a_H=1.48$ G，$a_H=0.78$ G）的特征信号，说明该降解体系中含有 HO· 和 $SO_4^{\cdot -}$ 两种自由基。

此外，ESR 还可用于空位缺陷的鉴定。在探究氧空位缺陷对生物质微波热解催化性能的影响研究中，以同时具有微波吸收和催化性能的三氧化二铁（Fe_2O_3）和四氧化三铁（Fe_3O_4）晶体为催化剂，利用 ESR 表征了 Fe_2O_3 和 Fe_3O_4 催化剂中氧空位缺陷的存在。图 B6-14(b) 所示的 ESR 谱中 $g=2.004$ 的信号值表示两种催化剂均存在单电子捕获的氧空位，但是 Fe_3O_4 的信号峰值强度比 Fe_2O_3 强，表明 Fe_3O_4 表面有更多的氧空位和单电子分布，而单电子的存在有利于提高 Fe_3O_4 的催化性能，提高其对生物质的微波热解效率。因此，Fe_3O_4 比 Fe_2O_3 具有更好的微波吸收和催化性能。

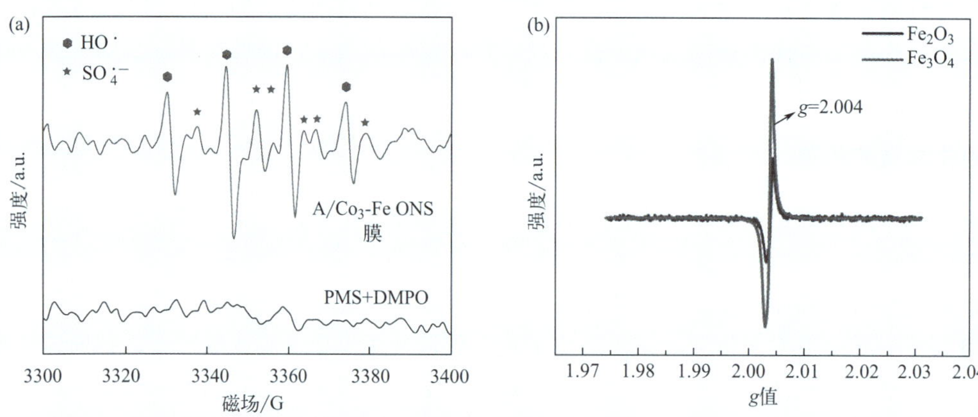

图 B6-14 （a）ESR 用于降解体系中自由基的分析鉴定；（b）Fe_2O_3 和 Fe_3O_4 催化剂的 ESR 光谱对比图

6.3.5　同步辐射

6.3.5.1　同步辐射的基本原理

同步辐射（synchrotron radiation，SR）是带电粒子在磁场中沿着弧线轨道运动时，以接近光速发射出的一种电磁辐射。当高能电子在磁场中以接近光速运动时，如果运动方向与磁场垂直，电子将受到与其运动方向垂直的洛伦兹力的作用而发生偏转。按照电动力学的理论，带电粒子作加速运动时都会产生电磁辐射，因此，这些高能电子会在其运行轨道的切线方向产生电磁辐射。这种电磁辐射最早是在同步加速器上观测到的，因此就称作同步加速器辐射，简称同步辐射（或同步光）。从定义可以看出来，同步辐射的产生需要满足三个条件：第一，粒子必须是带电的，这个粒子不一定是电子，也可以是其他带电荷的粒子；第二，“相对论性”要求粒子速度接近光速，能量高；第三，粒子的运动方向是能改变的，所谓在电磁场中受到的合力不为零。

6.3.5.2　同步辐射光源的构造

同步辐射光源主要由直线加速器、电子同步加速器（booster）和电子储存环三大部件组成（见图 6-21）。粒子在直线加速器中产生并加速后注入增强器继续加速到设定能量后，再注入电子储存环中做曲线运动，在运行的切线方向射出同步辐射光。

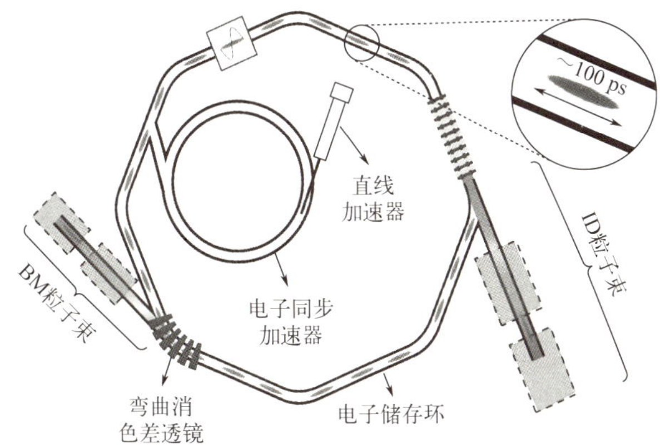

图 6-21　同步辐射光源构造示意图

同步辐射光源克服了以往几乎所有光源的不足之处，其主要特点可归结为：

① 高亮度。与一般的 X 射线相比，同步辐射光源亮度要高出几个数量级，而第三代光源由于使用各种插件，其亮度比一般光源要高十几个数量级。

② 偏振性好。在高能电子运动方向上，同步辐射的瞬时偏振可达 100%，而在储存环轨道平面的上方或下方，同步辐射光则分别为左旋或右旋偏振光。

③ 准直性好。同步辐射 X 射线有着天然的准直性和低发散度，这使得其源尺寸非常小。同步辐射光束的平行性可以与激光束相媲美，能量越高，光束的平行性越好。

④ 有时间结构。一般同步辐射光脉冲的脉宽为几十皮秒量级。

⑤ 光谱连续且范围宽。覆盖了从远红外到硬 X 射线的各种波长。

⑥ 可精确计算。同步辐射 X 射线具有精确的可计算性，故可用作标准去校正其他光源。

6.3.5.3 同步辐射 X 射线吸收光谱精细结构

同步辐射 X 射线吸收光谱精细结构（X-ray absorption fine structure，XAFS）是同步辐射所特有的结构分析方法，它能够提供物质的微观局域结构（包括电子结构和几何结构）信息，是研究材料局域原子或电子结构的一种有力工具，已被广泛应用于催化、能源、纳米等热门领域。它测量的基本物理量为 X 射线质量吸收系数 μ（E）。原子核外电子所具有的能量是量子化的，即处于一些分离的能级：K、L、M…。当一束能量为 E 的 X 射线穿透物质时，它的强度会因为物质的吸收而有所衰减，其透射强度 I 与入射强度 I_0 的关系满足式(6-8)：

$$I = I_0 e^{-\mu(E)d} \tag{6-8}$$

式中，d 为物质厚度；$\mu(E)$ 为吸收系数，其大小反映物质对 X 射线的吸收能力，是 X 射线光子能量的函数。

假设有一束单色 X 光入射到一片铜箔上，逐渐提高 X 射线光子的能量，当达到铜原子的某个能级时，光子就会被 Cu 原子共振吸收，形成吸收系数的突变（即吸收边）。由 K 壳层电子被激发而形成的吸收边称为 K 吸收边，由 L 壳层电子被激发而形成的吸收边称为 L 吸收边。如果以足够小的能量步长，仔细测量吸收边附近铜的吸收谱，会发现 Cu 的吸收系数在吸收边高能侧，随着光子能量的增加并不单调下降，而是有振荡（见图 6-22)，这种振荡就是 XAFS。

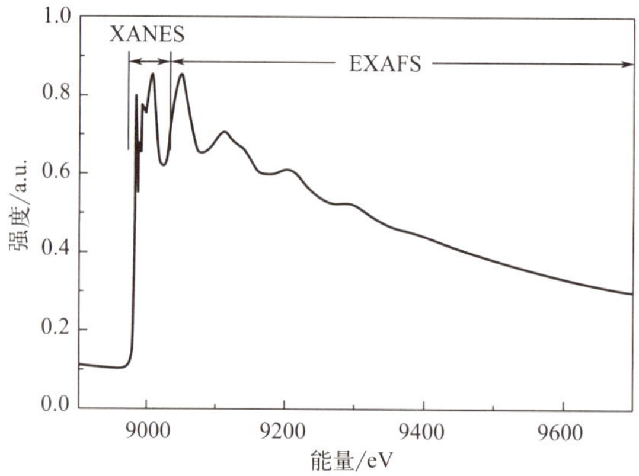

图 6-22 铜箔的 K 吸收边 XAFS 谱

XAFS 由 X 射线吸收近边结构（X-ray absorption near edge structure，XANES）和扩展 X 射线吸收精细结构（extended X-ray absorption fine structure，EXAFS）两部分组成。XANES 对吸收原子的电子结构（价态、轨道杂化、对称性等结构信息）比较敏感，而 EXAFS 通过数据处理和拟合可以获得吸收原子近邻配位原子的结构信息（原子种类、键长、配位数和无序度因子等）。

XAFS 具有以下的特点：

① XAFS 现象来源于吸收原子周围最邻近的几个配位壳层原子的贡献，主要取决于短程有序作用，不依赖晶体结构，因此可用于非晶态材料的研究，如催化剂的活性中心、表面层结构、生物酶中金属蛋白和无定形材料的研究，甚至溶液的研究等，比通常 X 射线衍射的应用要更加广泛。

② X 射线吸收边具有原子特征，可以调节 X 射线光子能量到某一特定原子的吸收边处，特定原子的局域环境，而不受其他元素原子的干扰。对不同种类的原子，可由吸收边位置的不同分别研究，进而得到更全面的信息。

③ 由散射振幅对于配位原子的依赖性可以探测配位原子的种类；由散射振幅的大小可知配位原子的个数，由 Debye-Waller 因子可知原子围绕其平衡位置的变化，对原子间距的测定可精确到 0.01 埃。

拓展案例 B6-14　XAFS 用于赤铁矿结构中的空位缺陷分析

(Liu J，Xiang Y，Chen Y，et al. Quantitative contribution of oxygen vacancy defects to arsenate immobilization on hematite. Environ. Sci. Technol.，2023，57：12453-12464)

XAFS 仅对目标原子的近邻结构敏感而不依赖长程有序结构，通过对 XAFS 谱图的解析能够获得关于材料中目标元素的局域原子及电子结构信息和元素的配位信息，这对于不具有周期性结构的样品有着重要意义。扩展 X 射线吸收精细结构（EXAFS）是 XAFS 的一个重要组成部分，通过拟合分析，EXAFS 可以提供配位原子种类、配位数、键长等更具体的结构信息，对于研究物质的微观结构和性能关系至关重要。将 XAFS 和 EXAFS 结合起来分析，可以更加全面地了解物质的微观结构和性能之间的关系，这种整体性的分析方法对于解决复杂物质的结构问题具有重要意义。

图 B6-15 是具有不同空位缺陷浓度的赤铁矿样品（根据 $NaBH_4$ 浓度的不同，分别记为 H-0M、H-0.7M 和 H-1.5M）中 Fe-Fe 和 Fe-O 的 EXAFS 光谱分析。图 B6-15(a) 为 H-0M、H-0.7M 和 H-1.5M 样品的 Fe K 边 EXAFS 光谱，三个样品的 Fe K 边 EXAFS 谱图相似，说明 $NaBH_4$ 处理没有改变赤铁矿样品的基本结构。此外，三个样品均在大约 5.5 $Å^{-1}$ 处出现了明显的信号，这是典型的氧化铁晶体特征信号。图 B6-15(b) 给出了三种赤铁矿样品的傅里叶变换 EXAFS 径向分布函数（Fourier transform EXAFS，FT-EXAFS），在 FT-EXAFS 光谱中观察到 Fe-O 和 Fe-Fe 两个壳层。利用 Artemis 软件拟合

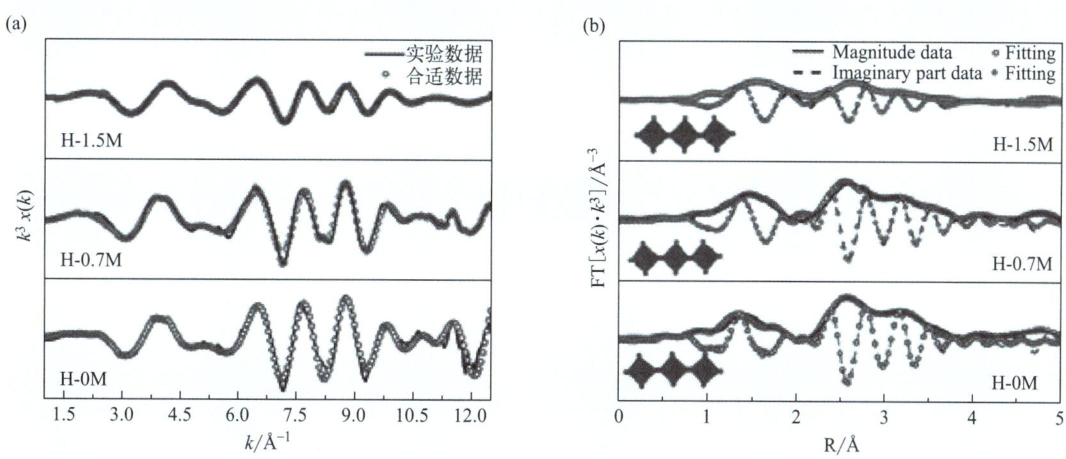

图 B6-15

(c)

样品	壳层	R/Å	CN	σ^2(Å^2)	ΔE/eV	R因子
H-0M	Fe-O_1	1.90(1)	2.9(2)	0.005(2)	−1(3)	0.015
	Fe-O_2	2.09(6)	3.3(6)			
	Fe-Fe_1	2.94(2)	2.0	0.003(1)		
	Fe-Fe_2	3.36(1)	3.0			
	Fe-Fe_3	3.63(1)	3.0			
H-0.7M	Fe-O_1	1.91(2)	2.1(4)	0.011(4)	9(2)	0.013
	Fe-O_2	2.06(1)	2.5(7)			
	Fe-Fe_1	2.91(0)	2.0	0.002(1)		
	Fe-Fe_2	3.35(1)	3.0			
	Fe-Fe_3	3.63(1)	3.0			
H-1.5M	Fe-O_1	1.93(9)	0.6(7)	0.016(1)	5(5)	0.005
	Fe-O_2	2.03(6)	1.6(2)			
	Fe-Fe_1	2.98(0)	2.0	0.007(1)		
	Fe-Fe_2	3.32(1)	3.0			
	Fe-Fe_3	3.65(2)	3.0			

图 B6-15 EXAFS 光谱的傅里叶变换

(a) k 空间和 (b) R 空间曲线（[FeO_6] 结构模型中存在氧空位时，绿色为要去除的氧原子）；

(c) 缺陷赤铁矿铁 K 边 FT-EXAFS 光谱拟合参数

FT-EXAFS 光谱，可得到配位信息 [见图 6-37(c)]。在 Fe-O 壳层中存在两种配位结构，第一个为 Fe-O_1 配位，键长为 1.90～1.93 Å；第二个为 Fe-O_2 配位，键长为 2.03～2.09 Å。H-0M 样品的总 Fe-O 配位数（CN_{Fe-O}）为 6.2。值得注意的是，H-0.7M 和 H-1.5M 样品的 CN_{Fe-O} 总值分别降至 4.6 和 2.2。H-0.7M 和 H-1.5M 样品中 CN_{Fe-O} 值相对较低，说明赤铁矿结构中存在铁或氧空位。此外，在 Fe-Fe 壳层中观察到三种配位结构，分别对应于边缘共享（Fe-Fe_1 和 Fe-Fe_2）和角共享（Fe-Fe_3）Fe-Fe 配位。结果表明，缺陷赤铁矿中主要缺陷类型为氧空位而非铁空位。

习题

1. 扫描电镜对放入样品腔中观察的样品有一定的要求，具体是什么？
2. 为什么说扫描电镜是“综合分析工具”，利用扫描电镜可以获得材料的哪些信息？这些信息分别是通过采集什么信号得来的？
3. 要进行断口形貌观察，判断断裂原因，应选用哪种电子显微分析仪器？用什么物理信号？同时要分析断口上某种颗粒相的化学成分，应如何操作？用哪种物理信号？请说明理由。
4. 透射电镜由哪几个主要部分组成？对成像质量影响较大的部件有哪些？
5. 透射电镜对薄膜样品的基本要求是什么？具体工艺过程如何？双喷减薄与离子减薄各适用于制备什么样品？

6. 要对材料中某种细小的析出相进行形态和结构分析，应选用哪种电子显微分析仪器？如何进行分析？请说明理由。
7. 原子力显微镜利用的是哪两种力？原子力显微镜是如何探测材料形貌的？
8. 结合所学内容，试比较说明光学显微镜与电子显微镜的主要区别及适用对象。
9. 试用所学课程内容分析，如何获得某纳米材料的比表面积和粒径分布情况，并阐明比表面积大的多孔材料有哪些潜在应用领域。
10. X 射线衍射仪（XRD）对样品有什么要求？可以获得材料的哪些信息？能否利用 XRD 对材料进行定量分析？
11. 试述小角 X 射线散射（SAXS）的原理、用途以及优缺点。
12. 质谱仪由哪些部分组成？常用的离子源有哪些？比较它们各自的特点和应用范围。
13. 质谱法用于样品定量分析的依据是什么？
14. 利用核磁共振技术可以获得材料的哪些信息？其样品制备有哪些注意事项？
15. 在 X 射线光电子能谱（XPS）技术中，最常用的 X 射线源是哪种？主要用于分析材料的哪种性质？
16. XPS 测试中，对样品制备有哪些要求？
17. 为什么用电子自旋共振光谱（EPR）测定光催化中的自由基要加入捕获剂 DMPO？DMPO 起什么作用？
18. 在 EPR 测试中，针对不同的样品（气、液、固），制样时需要注意什么？
19. 同步辐射光源的特点是什么？
20. 简述同步辐射 X 射线吸收精细结构光谱（XAFS）的特点及用途。

附　录

附录 1　常用基准物质的干燥条件和应用

基准物质		干燥后的组成	干燥条件和温度/℃	标定对象
名称	分子式			
碳酸氢钠	$NaHCO_3$	Na_2CO_3	270～300	酸
十水合碳酸钠	$Na_2CO_3 \cdot 10H_2O$	Na_2CO_3	270～300	酸
硼砂	$Na_2B_4O_7 \cdot 10H_2O$	$Na_2B_4O_7 \cdot 10H_2O$	放在装有 NaCl 和蔗糖饱和溶液的密闭器皿中	酸
碳酸氢钾	$KHCO_3$	K_2CO_3	270～300	酸
二水合草酸	$H_2C_2O_4 \cdot 2H_2O$	$H_2C_2O_4 \cdot 2H_2O$	室温空气干燥	碱或 $KMnO_4$
邻苯二甲酸氢钾	$KHC_8H_4O_4$	$KHC_8H_4O_4$	110～120	碱
重铬酸钾	$K_2Cr_2O_7$	$K_2Cr_2O_7$	140～150	还原剂
溴酸钾	$KBrO_3$	$KBrO_3$	130	还原剂
碘酸钾	KIO_3	KIO_3	130	还原剂
铜	Cu	Cu	室温干燥器中保存	还原剂
三氧化二砷	As_2O_3	As_2O_3	室温干燥器中保存	氧化剂
草酸钠	$Na_2C_2O_4$	$Na_2C_2O_4$	130	氧化剂
碳酸钙	$CaCO_3$	$CaCO_3$	110	EDTA
锌	Zn	Zn	室温干燥器中保存	EDTA
氧化锌	ZnO	ZnO	900～1000	EDTA
氯化钠	NaCl	NaCl	500～600	$AgNO_3$
氯化钾	KCl	KCl	500～600	$AgNO_3$
硝酸银	$AgNO_3$	$AgNO_3$	220～250	氯化物

附录 2 弱酸及其共轭碱在水中的解离常数（25 ℃，I= 0）

弱酸	分子式	K_a	pK_a	共轭碱	
				pK_b	K_b
砷酸	H_3AsO_4	$6.3\times10^{-3}(K_{a1})$	2.20	11.80	$1.6\times10^{-12}(K_{b3})$
		$1.0\times10^{-7}(K_{a2})$	7.00	7.00	$1\times10^{-7}(K_{b2})$
		$3.2\times10^{-12}(K_{a3})$	11.50	2.50	$3.1\times10^{-3}(K_{b1})$
亚砷酸	$HAsO_2$	6.0×10^{-10}	9.22	4.78	1.7×10^{-5}
硼酸	H_3BO_3	5.8×10^{-10}	9.24	4.76	1.7×10^{-5}
焦硼酸	$H_2B_4O_7$	$1\times10^{-4}(K_{a1})$	4	10	$1\times10^{-10}(K_{b2})$
		$1\times10^{-9}(K_{a2})$	9	5	$1\times10^{-5}(K_{b1})$
碳酸	H_2CO_3	$4.2\times10^{-7}(K_{a1})$	6.38	7.62	$2.4\times10^{-8}(K_{b2})$
	(CO_2+H_2O)①	$5.6\times10^{-1}(K_{a2})$	10.25	3.75	$1.8\times10^{-4}(K_{b1})$
氢氰酸	HCN	6.2×10^{-10}	9.21	4.79	1.6×10^{-5}
铬酸	H_2CrO_4	$1.8\times10^{-1}(K_{a1})$	0.74	13.26	$5.6\times10^{-14}(K_{b2})$
氢氟酸	HF	6.6×10^{-4}	3.18	10.82	1.5×10^{-11}
亚硝酸	HNO_2	5.1×10^{-4}	3.29	10.71	1.2×10^{-11}
过氧化氢	H_2O_2	1.8×10^{-12}	11.75	2.25	5.6×10^{-3}
磷酸	H_3PO_4	$7.6\times10^{-3}(K_{a1})$	2.12	11.88	$1.3\times10^{-12}(K_{b3})$
		$6.3\times10^{-8}(K_{a2})$	7.20	6.80	$1.6\times10^{-7}(K_{b2})$
		$4.4\times10^{-13}(K_{a3})$	12.36	1.64	$2.3\times10^{-2}(K_{b1})$
焦磷酸	$H_4P_2O_7$	$3.0\times10^{-2}(K_{a1})$	1.52	12.48	$3.3\times10^{-13}(K_{b4})$
		$4.4\times10^{-3}(K_{a2})$	2.36	11.64	$2.3\times10^{-12}(K_{b3})$
		$2.5\times10^{-7}(K_{a3})$	6.60	7.40	$4.0\times10^{-8}(K_{b2})$
		$5.6\times10^{-10}(K_{a4})$	9.25	4.75	$1.8\times10^{-5}(K_{b1})$
亚磷酸	H_3PO_3	$5.0\times10^{-2}(K_{a1})$	1.30	12.70	$2.0\times10^{-13}(K_{b2})$
		$2.5\times10^{-7}(K_{a2})$	6.60	7.40	$4.0\times10^{-8}(K_{b1})$
氢硫酸	H_2S	$1.3\times10^{-7}(K_{a1})$	6.88	7.12	$7.7\times10^{-14}(K_{b2})$
硫酸	H_2SO_4	$1.0\times10^{-2}(K_{a2})$	1.99	12.01	$1.0\times10^{-12}(K_{b1})$
亚硫酸	H_2SO_3 (SO_2+H_2O)	$1.3\times10^{-2}(K_{a3})$	1.90	12.10	$7.7\times10^{-18}(K_{b2})$
偏硅酸	H_2SiO_3	$6.3\times10^{-8}(K_{a1})$	7.20	6.80	$1.6\times10^{-7}(K_{b1})$
		$1.7\times10^{-10}(K_{a2})$	9.77	4.23	$5.9\times10^{-5}(K_{b2})$
		$1.6\times10^{-12}(K_{a3})$	11.8	2.20	$6.2\times10^{-3}(K_{b1})$
甲酸	HCOOH	1.8×10^{-4}	3.74	10.26	5.5×10^{-1}
乙酸	CH_3COOH	1.8×10^{-5}	4.74	9.26	5.5×10^{-10}
一氯乙酸	$CH_2ClCOOH$	1.4×10^{-3}	2.86	11.14	6.9×10^{-12}
二氯乙酸	$CHCl_2COOH$	5.0×10^{-2}	1.30	12.70	2.0×10^{-13}

续表

弱酸	分子式	K_a	pK_a	共轭碱	
				pK_b	K_b
三氯乙酸	CCl_3COOH	0.23	0.64	13.36	4.3×10^{-14}
氨基乙酸盐	$^{+}NH_3CH_2COOH$	$4.5\times10^{-3}(K_{a1})$	2.35	11.65	$2.2\times10^{-12}(K_{b1})$
乳酸	$^{+}NH_3CH_2CO^{-}$ $CH_3CHOHCOOH$	$2.5\times10^{-10}(K_{a2})$ 1.4×10^{-4}	9.60 3.86	4.40 10.14	$4.0\times10^{-5}(K_{b1})$ 7.2×10^{-11}
苯甲酸	C_6H_5COOH	6.2×10^{-5}	4.21	9.79	1.6×10^{-10}
草酸	$H_2C_2O_4$	$5.9\times10^{-2}(K_{a1})$ $6.4\times10^{-5}(K_{a1})$	1.22 4.19	12.78 9.81	$1.7\times10^{-13}(K_{b2})$ $1.6\times10^{-10}(K_{b1})$
d-酒石酸	CH(OH)COOH | CH(OH)COOH	$9.1\times10^{-4}(K_{a1})$ $4.3\times10^{-5}(K_{a2})$	3.04 4.37	10.96 9.63	$1.1\times10^{-1}(K_{b2})$ $2.3\times10^{-10}(K_{b1})$
邻-苯二甲酸	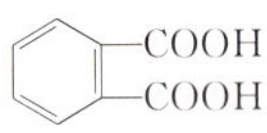	$1.1\times10^{-3}(K_{a1})$ $3.9\times10^{-5}(K_{a2})$	2.95 5.41	11.05 8.59	$9.1\times10^{-12}(K_{b2})$ $2.6\times10^{-9}(K_{b1})$
柠檬酸	CH_2COOH | C(OH)COOH | CH_2COOH	$7.4\times10^{-4}(K_{a1})$ $1.7\times10^{-5}(K_{a2})$ $4.0\times10^{-7}(K_{a3})$	3.13 4.76 6.40	10.87 9.26 7.60	$1.4\times10^{-11}(K_{b3})$ $5.9\times10^{-10}(K_{b2})$ $2.5\times10^{-8}(K_{b1})$
苯酚	C_6H_5OH	1.1×10^{-10}	9.95	4.05	9.1×10^{-5}
乙二胺四乙酸	H_6-$EDTA^{2+}$ H_5-$EDTA^{+}$、H_4-EDTA H_3-$EDTA^{-}$、H_2-$EDTA^{2-}$、H-$EDTA^{3-}$	$0.13(K_{a1})$ $3\times10^{-2}(K_{a2})$ $1\times10^{-2}(K_{a3})$ $2.1\times10^{-3}(K_{a4})$ $6.9\times10^{-7}(K_{a5})$ $5.5\times10^{-11}(K_{a6})$	0.9 1.6 2.0 2.67 6.16 10.26	13.1 12.4 12.0 11.33 7.84 3.74	$7.7\times10^{-14}(K_{b6})$ $3.3\times10^{-13}(K_{b5})$ $1\times10^{-12}(K_{b4})$ $4.8\times10^{-12}(K_{b3})$ $1.4\times10^{-8}(K_{b2})$ $1.8\times10^{-4}(K_{b1})$
铵离子	NH_4^{+}	5.5×10^{-10}	9.26	4.74	1.8×10^{-5}
联氨离子	$+H_3NNH_3^{+}$	3.3×10^{-9}	8.48	5.52	3.0×10^{-6}
羟氨离子	$NH_3^{+}OH$	1.1×10^{-6}	5.96	8.04	9.1×10^{-9}
甲胺离子	$CH_3NH_3^{+}$	2.4×10^{-11}	10.62	3.38	4.2×10^{-4}
乙胺离子	$C_2H_5NH_3^{+}$	1.8×10^{-11}	10.75	3.25	5.6×10^{-4}
二甲胺离子	$(CH_3)_2NH_2^{+}$	8.5×10^{-11}	10.07	3.93	1.2×10^{-4}
二乙胺离子	$(C_2H_5)_2NH_2^{+}$	7.8×10^{-12}	11.11	2.89	1.3×10^{-3}
乙醇胺离子	$HOCH_2CH_2NH_3^{+}$	3.2×10^{-10}	9.50	4.50	3.2×10^{-5}
三乙醇胺离子	$(HOCH_2CH_2)_3NH^{+}$	1.7×10^{-8}	7.76	6.24	5.8×10^{-7}
六亚甲基四胺离子	$(CH_2)_6N_4H^{+}$	7.1×10^{-6}	5.15	8.85	1.4×10^{-9}
乙二胺离子	$^{+}H_3NCH_2CH_2NH_3^{+}$ $H_2NCH_2CH_2NH_3^{+}$	1.4×10^{-7} 1.2×10^{-10}	6.85 9.93	7.15 4.07	$7.1\times10^{-8}(K_{b2})$ $8.5\times10^{-5}(K_{b1})$
吡啶离子		5.9×10^{-6}	5.23	8.77	1.7×10^{-9}

① 如果不计水合 CO_2，H_2CO_3 的 $pK_{a1}=3.76$。

附录 3 氨羧配位剂类配合物的稳定常数 $\lg K_{MY}$ ($18\sim25$ ℃，$I=0.1$ mol·L^{-1})

金属离子	$\lg K_{MY}$						
	EDTA	DC_yTA	DTPA	EGTA	HEDTA	NTA	
						$\lg\beta_1$	$\lg\beta_2$
Ag^+	7.32			6.88	6.71	5.16	
Al^{3+}	16.3	19.5	18.6	13.9	14.3	11.4	
Ba^{2+}	7.86	8.69	8.87	8.41	6.3	4.82	
Be^{2+}	9.2	11.51				7.11	
Bi^{3+}	27.94	32.3	35.6		22.3	17.5	
Ca^{2+}	10.69	13.20	10.83	10.97	8.3	6.41	
Cd^{2+}	16.46	19.93	19.2	16.7	13.3	9.83	14.61
Co^{2+}	16.31	19.62	19.27	12.39	14.6	10.38	14.39
Co^{3+}	36				37.4	6.84	
Cr^{3+}	23.4					6.23	
Cu^{2+}	18.80	22.00	21.55	17.71	17.6	12.96	
Fe^{2+}	14.32	19.0	16.5	11.87	12.3	8.33	
Fe^{3+}	25.1	30.1	28.0	20.5	19.8	15.9	
Ga^{3+}	20.3	23.2	25.54		16.9	13.6	
Hg^{2+}	21.7	25.00	26.70	23.2	20.30	14.6	
In^{3+}	25.0	28.8	29.0		20.2	16.9	
Li^+	2.79					2.51	
Mg^{2+}	8.7	11.02	9.30	5.21	7.0	5.41	
Mn^{2+}	13.87	17.48	15.60	12.28	10.9	7.44	
Mo(Ⅴ)	~28						
Na^+	1.66						1.22
Ni^{2+}	18.62	20.3	20.32	13.55	17.3	11.53	16.42
Pb^{2+}	18.04	20.38	18.80	14.71	15.7	11.39	
Pd^{2+}	18.5						

续表

金属离子	$\lg K_{MY}$						
	EDTA	DCyTA	DTPA	EGTA	HEDTA	NTA	
						$\lg\beta_1$	$\lg\beta_2$
Sc^{3+}	23.1	26.1	24.5	18.2			24.1
Sn^{2+}	22.11						
Sr^{2+}	8.73	10.59	9.77	8.50	6.9	4.98	
Th^{4+}	23.2	25.6	28.78				
TiO^{2+}	17.3						
Tl^{3+}	37.8	38.3				20.9	32.5
U^{4+}	25.8	27.6	7.69				
VO^{2+}	18.8	20.1					
Y^{3+}	18.09	19.85	22.13	17.16	14.78	11.41	20.43
Zn^{2+}	16.50	19.37	18.40	12.7	14.7	10.67	14.29
Zr^{4+}	29.5		35.8			20.8	
稀土元素	16～20	17～22	19		13～16	10～12	

注：EDTA：乙二胺四乙酸

DCyTA（或 DCTA，CyDTA）：1,2-二氨基环己烷四乙酸

DTPA：二乙基三胺五乙酸

EGTA：乙二醇二乙醚二胺四乙酸

HEDTA：*N*-β 羟基乙基乙二胺三乙酸

NTA：氨三乙酸

附录 4　常见金属离子的 $\lg\alpha_{M(OH)}$

金属离子	$I/(mol\cdot L^{-1})$	pH 值													
		1	2	3	4	5	6	7	8	9	10	11	12	13	14
Ag(Ⅰ)	0.1											0.1	0.5	2.3	5.1
Al(Ⅲ)	2					0.4	1.3	5.3	9.3	13.3	17.3	21.3	25.3	29.3	33.3
Ba(Ⅱ)	0.1													0.1	0.5
Bi(Ⅲ)	3	0.1	0.5	1.4	2.4	3.4	4.4	5.4							
Ca(Ⅱ)	0.1													0.3	1.0
Cd(Ⅱ)	3									0.1	0.5	2.0	4.5	8.1	12.0
Ce(Ⅳ)	1～2	1.2	3.1	5.1	7.1	9.1	11.1	13.1							

续表

金属离子	I/(mol·L^{-1})	pH 值													
		1	2	3	4	5	6	7	8	9	10	11	12	13	14
Cu(Ⅱ)	0.1								0.2	0.8	1.7	2.7	3.7	4.7	5.7
Fe(Ⅱ)	1									0.1	0.6	1.5	3	3.5	4.5
Fe(Ⅲ)	3			0.4	1.8	3.7	5.7	7.7	9.7	11.7	13.7	15.7	17.7	19.7	21.7
Hg(Ⅱ)	0.1			0.5	1.9	3.9	5.9	7.9	9.9	11.9	13.9	15.9	17.9	19.9	21.9
La(Ⅲ)	3										0.3	1.0	1.9	2.9	3.9
Mg(Ⅱ)	0.1											0.1	0.5	1.3	2.3
Ni(Ⅱ)	0.1									0.1	0.7	1.6			
Pb(Ⅱ)	0.1							0.1	0.5	1.4	2.7	4.7	7.4	10.4	13.4
Th(Ⅳ)	1				0.2	0.8	1.7	2.7	3.7	4.7	5.7	6.7	7.7	8.7	9.7
Zn(Ⅱ)	0.1									0.2	5.4	5.4	8.5	11.8	15.5

附录 5　校正酸效应、羟基配位效应后常见金属 M-EDTA 配合物的条件稳定常数

离子	pH 值														
	0	1	2	3	4	5	6	7	8	9	10	11	12	13	14
Ag^{+}					0.7	1.7	2.8	3.9	5.0	5.9	6.8	7.1	6.8	5.0	2.2
Al^{3+}			3.0	5.4	7.5	9.6	10.4	8.5	6.6	4.5	2.4				
Ba^{2+}						1.3	3.0	4.4	5.5	6.4	7.3	7.7	7.8	7.7	7.3
Bi^{3+}	1.4	5.3	8.6	10.6	11.8	12.8	13.6	14.0	14.1	14.0	13.9	13.3	12.4	11.4	10.4
Ca^{2+}					2.2	4.1	5.9	7.3	8.4	9.3	10.2	10.6	10.7	10.4	9.7
Cd^{2+}		1.0	3.8	6.0	7.9	9.9	11.7	13.1	14.2	15.0	15.5	14.4	12.0	8.4	4.5
Co^{2+}		1.0	3.7	5.9	7.8	9.7	11.5	12.9	13.9	14.5	14.7	14.1	12.1		
Cu^{2+}		3.4	6.1	8.3	10.2	12.2	14.0	15.4	16.3	16.6	16.6	16.1	15.7	15.6	15.6
Fe^{2+}			1.5	3.7	5.7	7.7	9.5	10.9	12.0	12.8	13.2	12.7	11.8	10.8	9.8
Fe^{3+}	5.1	8.2	11.5	13.9	14.7	14.8	14.6	14.1	13.7	13.6	14.0	14.3	14.4	14.4	14.4
Hg^{2+}	3.5	6.5	9.2	11.1	11.3	11.3	11.1	10.5	9.6	8.8	8.4	7.7	6.8	5.8	4.8
La^{3+}			1.7	4.6	6.8	8.8	10.6	12.0	13.1	14.0	14.6	14.3	13.5	12.5	11.5
Mg^{2+}						2.1	3.9	5.3	6.4	7.3	8.2	8.5	8.2	7.4	

续表

离子	pH 值														
	0	1	2	3	4	5	6	7	8	9	10	11	12	13	14
Mn^{2+}			1.4	3.6	5.5	7.4	9.2	10.6	11.7	12.6	13.4	13.4	12.6	11.6	10.6
Ni^{2+}		3.4	6.1	8.2	10.1	12.0	13.8	15.2	16.3	17.1	17.4	16.9			
Pb^{2+}		2.4	5.2	7.4	9.4	11.4	13.2	14.5	15.2	15.2	14.8	13.9	10.6	7.6	4.6
Sr^{2+}						2.0	3.8	5.2	6.3	7.2	8.1	8.5	8.6	8.5	8.0
Th^{4+}	1.8	5.8	9.5	12.4	14.5	15.8	16.7	17.4	18.2	19.1	20.0	20.4	20.5	20.5	20.5
Zn^{2+}		1.1	3.8	6.0	7.9	9.9	11.7	13.1	14.2	14.9	13.6	11.0	8.0	4.7	1.0

附录 6 标准电极电位 $E^\ominus$ （18~25 ℃）

半反应	$E^\ominus$/V
$F_2(气)+2H^++2e^-═2HF$	3.06
$2O_2+4H^++4e^-═O_2+2H_2O$	2.07
$S_2O_8^{2-}+2e^-═2SO_4^{2-}$	2.01
$H_2O_2+2H^++2e^-═2H_2O$	1.77
$MnO_4+4H^++4e^-═MnO_2(固)+2H_2O$	1.695
$PbO_2(固)+SO_4^{2-}+4H^++2e^-═PbSO_4(固)+2H_2O$	1.685
$HClO_2+2H^++2e^-═HClO+H_2O$	1.64
$HClO+H^++e^-═\frac{1}{2}Cl_2+H_2O$	1.63
$Ce^{4+}+e^-═Ce^{3+}$	1.61
$H_5IO_6+H^++2e^-═IO_3^-+3H_2O$	1.60
$HBrO+H^++e^-═\frac{1}{2}Br_2+H_2O$	1.59
$BrO_3^-+6H^++5e^-═\frac{1}{2}Br_2+3H_2O$	1.52
$MnO_4^-+8H^++5e^-═Mn^{2+}+4H_2O$	1.51
$Au^{3+}+3e^-═Au$	1.50
$HClO+H^++2e^-═Cl^-+H_2O$	1.49

续表

半反应	$E^\ominus/V$
$ClO_3^- + 6H^+ + 5e^- = \frac{1}{2}Cl_2 + 3H_2O$	1.47
PbO_2(固)$+4H^+ + 2e^- = Pb^{2+} + 2H_2O$	1.455
$HIO + H^+ + e^- = \frac{1}{2}I_2 + H_2O$	1.45
$ClO_3^- + 6H^+ + 6e^- = Cl^- + 3H_2O$	1.45
$BrO_3^- + 6H^+ + 6e^- = Br^- + 3H_2O$	1.44
$Au^+ + 2e^- = Au^-$	1.41
Cl_2(气)$+2e^- = 2Cl^-$	1.3595
$ClO_4^- + 8H^+ + 7e^- = \frac{1}{2}Cl_2 + 4H_2O$	1.34
$Cr_2O_7^- + 14H^+ + 6e^- = 2Cr^{3+} + 7H_2O$	1.33
MnO_2(固)$+4H^+ + 2e^- = Mn^{2+} + 2H_2O$	1.23
O_2(气)$+4H^+ + 4e^- = 2H_2O$	1.229
$IO_3^- + 6H^+ + 5e^- = \frac{1}{2}I_2 + 3H_2O$	1.20
$ClO_4^- + 2H^+ + 2e^- = ClO_3^- + H_2O$	1.19
Br_2(水)$+2e^- = 2Br^-$	1.087
$NO_2 + H^+ + e^- = HNO_2$	1.07
$Br_3^- + 2e^- = 3Br^-$	1.05
$HNO_2 + H^+ + e^- = NO$(气)$+H_2O$	1.00
$VO_2^+ + 2H^+ + e^- = VO^{2+} + H_2O$	1.00
$HIO + H^+ + 2e^- = I^- + H_2O$	0.99
$NO_3^- + 3H^+ + 2e^- = HNO_2 + H_2O$	0.94
$ClO^- + H_2O + 2e^- = Cl^- + 2OH^-$	0.89
$H_2O_2 + 2e^- = 2OH^-$	0.88
$Cu^{2+} + I^- + e^- = CuI$(固)	0.86
$Hg^{2+} + 2e^- = Hg$	0.845
$NO_3^- + 2H^+ + e^- = NO_2 + H_2O$	0.80

续表

半反应	$E^{\ominus}/V$
$Ag^{+}+e^{-} = Ag$	0.7995
$Hg_2^{2+}+2e^{-} = 2Hg$	0.793
$Fe^{3+}+e^{-} = Fe^{2+}$	0.771
$BrO^{-}+H_2O+2e^{-} = Br^{-}+2OH^{-}$	0.76
O_2(气)$+2H^{+}+2e^{-} = H_2O_2$	0.682
$AsO_2^{-}+2H_2O+3e^{-} = As+4OH^{-}$	0.68
$2HgCl_2+2e^{-} = 2Hg+2Cl^{-}$	0.63
Hg_2SO_4(固)$+2e^{-} = 2Hg+SO_4^{2-}$	0.6151
$MnO_4^{-}+e^{-} = MnO_4^{2-}$	0.588
$MnO_4^{-}+2H_2O+3e^{-} = MnO_2$(固)$+4OH^{-}$	0.564
$H_3AsO_4+2H^{+}+2e^{-} = HAsO_2+2H_2O$	0.559
$I_3^{-}+2e^{-} = 3I^{-}$	0.545
I_2(固)$+2e^{-} = 2I^{-}$	0.5345
Mo(Ⅵ)$+e^{-} =$ Mo(Ⅴ)	0.53
$Cu^{+}+e^{-} = Cu$	0.52
$4SO_2$(水)$+4H^{+}+6e^{-} = 2S_2O_6^{2-}+2H_2O$	0.51
$HgCl_4^{2-}+2e^{-} = Hg+4Cl^{-}$	0.48
$2SO_2$(水)$+2H^{+}+4e^{-} = S_2O_3^{2-}+H_2O$	0.40
$Fe(CN)_6^{3-}+e^{-} = Fe(CN)_6^{4-}$	0.36
$Cu^{2+}+2e^{-} = Cu$	0.337
$VO_2^{2+}+4H^{+}+e^{-} = V^{3+}+2H_2O$	0.337
$BiO_3^{+}+6H^{+}+7e^{-} = Bi+3H_2O$	0.32
Hg_2Cl_2(固)$+2e^{-} = 2Hg+2Cl^{-}$	0.2676
$HAsO_2+3H^{+}+3e^{-} = As+2H_2O$	0.248
$AgCl$(固)$+e^{-} = Ag+Cl^{-}$	0.2223
$SbO^{+}+2H^{+}+3e^{-} = Sb+H_2O$	0.212
$SO_4^{2-}+4H^{+}+2e^{-} = SO_2$(水)$+2H_2O$	0.17

续表

半反应	$E^{\ominus}/V$
$Cu^{2+}+e^{-}=Cu^{+}$	0.159
$Sn^{4+}+2e^{-}=Sn^{2+}$	0.154
$S+2H^{+}+2e^{-}=H_2S$(气)	0.141
$Hg_2Br_2+2e^{-}=2Hg+2Br^{-}$	0.1395
$TiO^{2+}+2H^{+}+e^{-}=Ti^{3+}+H_2O$	0.1
$S_4O_6^{2-}+2e^{-}=2S_2O_3^{2-}$	0.08
AgBr(固)$+e^{-}=Ag+Br^{-}$	0.071
$2H^{+}+2e^{-}=H_2$	0.000
$O_2+H_2O+2e^{-}=HO_2^{-}+OH^{-}$	−0.067
$TiOCl^{+}+2H^{+}+3Cl^{-}+e^{-}=TiCl_4^{-}+H_2O$	−0.09
$Pb^{2+}+2e^{-}=Pb$	−0.126
$Sn^{2+}+2e^{-}=Sn$	−0.136
$Ni^{2+}+2e^{-}=Ni$	−0.152
AgI(固)$+e^{-}=Ag+I^{-}$	−0.246
$H_3PO_4+2H^{+}+2e^{-}=H_3PO_3+H_2O$	−0.276
$Co^{2+}+2e^{-}=Co$	−0.277
$Ti^{+}+e^{-}=Ti$	−0.3360
$In^{3+}+3e^{-}=In$	−0.345
$PbSO_4$(固)$+2e^{-}=Pb+SO_4^{2-}$	−0.3553
$SeO_3^{2-}+3H_2O+4e^{-}=Se+6OH^{-}$	−0.366
$As+3H^{+}+3e^{-}=AsH_3$	−0.38
$Se+2H^{+}+2e^{-}=H_2Se$	−0.40
$Cd^{2+}+2e^{-}=Cd$	−0.403
$Cr^{3+}+e^{-}=Cr^{2+}$	−0.41
$Fe^{2+}+2e^{-}=Fe$	−0.440
$S+2e^{-}=S^{2-}$	−0.48
$2CO_2+2H^{+}+2e^{-}=H_2C_2O_4$	−0.49

续表

半反应	$E^{\ominus}/V$
$H_3PO_3+2H^++2e^-$ ══ $H_3PO_2+H_2O$	−0.50
$Sb+3H^++3e^-$ ══ SbH_3	−0.51
$HPbO_2^-+2H_2O+2e^-$ ══ $Pb+3OH^-$	−0.54
$Ga^{3+}+3e^-$ ══ Ga	−0.56
$TeO_3^{2-}+3H_2O+4e^-$ ══ $Te+6OH^-$	−0.57
$2SO_3^{2-}+3H_2O+4e^-$ ══ $S_2O_3^{2-}+6OH^-$	−0.58
$SO_3^{2-}+3H_2O+4e^-$ ══ $S+6OH^-$	−0.66
$AsO_4^{3-}+2H_2O+2e^-$ ══ $AsO_2^-+4OH^-$	−0.67
Ag_2S(固)$+2e^-$ ══ $2Ag+S^{2-}$	−0.69
$Zn^{2+}+2e^-$ ══ Zn	−0.763
$2H_2O+2e^-$ ══ H_2+2OH^-	−0.828
$Cr^{2+}+2e^-$ ══ Cr	−0.91
$HSnO_2^-+H_2O+2e^-$ ══ $Sn+3OH^-$	−0.91
$Se+2e^-$ ══ Se^{2-}	−0.92
$Sn(OH)_6^{2-}+2e^-$ ══ $HSnO_2^-+H_2O+3OH^-$	−0.93
$CNO^-+H_2O+2e^-$ ══ CN^-+2OH^-	−0.97
$Mn^{2+}+2e^-$ ══ Mn	−1.182
$ZnO_2^{2-}+2H_2O+2e^-$ ══ $Zn+4OH^-$	−1.216
$Al^{3+}+3e^-$ ══ Al	−1.66
$H_2AlO_3^-+H_2O+3e^-$ ══ $Al+4OH^-$	−2.35
$Mg^{2+}+2e^-$ ══ Mg	−2.37
Na^++e^- ══ Na	−2.714
$Ca^{2+}+2e^-$ ══ Ca	−2.87
$Sr^{2+}+2e^-$ ══ Sr	−2.89
$Ba^{2+}+2e^-$ ══ Ba	−2.90
K^++e^- ══ K	−2.925
Li^++e^- ══ Li	−3.042

附录 7 某些氧化还原电对的条件电极电位 $E^{\ominus\prime}$

半反应	$E^{\ominus\prime}$/V	介质
$Ag(Ⅱ)+e^- = Ag^+$	1.927	$4mol \cdot L^{-1} HNO_3$
$Ce(Ⅳ)+e^- = Ce(Ⅲ)$	1.74	$1 mol \cdot L^{-1} HClO_4$
	1.44	$0.5 mol \cdot L^{-1} H_2SO_4$
	1.28	$1 mol \cdot L^{-1} HCl$
$Co^{3+}+e^- = Co^{2+}$	1.84	$3 mol \cdot L^{-1} HNO_3$
$Co(乙二胺)_3^{3+}+e^- = Co(乙二胺)_3^{2+}$	−0.2	$0.1 mol \cdot L^{-1} KNO_3$
		$0.1 mol \cdot L^{-1}$ 乙二胺
$Cr(Ⅲ)+e^- = Cr(Ⅱ)$	−0.40	$5 mol \cdot L^{-1} HCl$
$Cr_2O_7^{2-}+14H^++6e^- = 2Cr^{3+}+7H_2O$	1.08	$3 mol \cdot L^{-1} HCl$
	1.15	$4 mol \cdot L^{-1} H_2SO_4$
	1.025	$1 mol \cdot L^{-1} HClO_4$
$Fe^{3+}+e^- = Fe^{2+}$	−0.12	$1 mol \cdot L^{-1} NaOH$
	0.767	$1 mol \cdot L^{-1} HClO_4$
	0.71	$0.5 mol \cdot L^{-1} HCl$
	0.68	$1 mol \cdot L^{-1} H_2SO_4$
	0.68	$1 mol \cdot L^{-1} HCl$
	0.46	$2 mol \cdot L^{-1} H_3PO_4$
	0.51	$1 mol \cdot L^{-1} HCl$
		$0.25 mol \cdot L^{-1} H_3PO_4$
$Fe(EDTA)^-+e^- = Fe(EDTA)^{2-}$	0.12	$0.1 mol \cdot L^{-1}$ EDTA pH=4～6
$Fe(CN)_6^{3-}+e^- = Fe(CN)_6^{4-}$	0.56	$0.1 mol \cdot L^{-1} HCl$
$FeO_4^{2-}+2H_2O+3e^- = FeO_2^-+4OH^-$	0.55	$10 mol \cdot L^{-1} NaOH$
$I_3^-+2e^- = 3I^-$	0.5446	$0.5 mol \cdot L^{-1} H_2SO_4$
I_2(水)$+2e^- = 2I^-$	0.6276	$0.5mol \cdot L^{-1} H_2SO_4$
$MnO_4^-+8H^++5e^- = Mn^{2+}+4H_2O$	1.45	$1 mol \cdot L^{-1} HClO_4$
$SnCl_6^{2-}+2e^- = SnCl_4^{2-}+2Cl^-$	0.14	$1 mol \cdot L^{-1} HCl$
$Sb(Ⅴ)+2e^- = Sb(Ⅲ)$	0.75	$3.5mol \cdot L^{-1} HCl$
$Sb(OH)_6^-+2e^- = SbO_2^-+2OH^-+2H_2O$	−0.428	$3mol \cdot L^{-1} NaOH$
$SbO_2^-+2H_2O+3e^- = Sb+4OH^-$	−0.675	$10 mol \cdot L^{-1} KOH$
$Ti(Ⅳ)+e^- = Ti(Ⅲ)$	−0.01	$0.2 mol \cdot L^{-1} H_2SO_4$
	0.12	$2 mol \cdot L^{-1} H_2SO_4$
	−0.04	$1 mol \cdot L^{-1} HCl$
	−0.05	$1 mol \cdot L^{-1} H_3PO_4$
$Pb(Ⅱ)+2e^- = Pb$	−0.32	$1 mol \cdot L^{-1} NaAc$

附录 8 常见难溶化合物的溶度积常数 K_{sp} （18~25 ℃，I= 0.1 mol · kg^{-1}）

微溶化合物	K_{sp}	pK_{sp}	微溶化合物	K_{sp}	pK_{sp}
AgAc	2×10^{-3}	2.7	$Cr(OH)_3$	6×10^{-31}	30.2
Ag_3AsO_4	1×10^{-22}	22.0	CuBr	5.2×10^{-9}	8.28
AgBr	5.0×10^{-13}	12.30	CuCl	1.2×10^{-3}	5.92
Ag_2CO_3	8.1×10^{-12}	11.09	CuCN	3.2×10^{-20}	19.49
AgCl	1.8×10^{-10}	9.75	CuI	1.1×10^{-12}	11.96
Ag_2CrO_4	2.0×10^{-12}	11.71	CuOH	1×10^{-14}	14.0
AgCN	1.2×10^{-16}	15.92	Cu_2S	2×10^{-48}	47.7
AgOH	2.0×10^{-8}	7.71	CuSCN	4.8×10^{-15}	14.32
AgI	9.3×10^{-17}	16.03	Cu_2CO_3	1.4×10^{-10}	9.86
$Ag_2C_2O_4$	3.5×10^{-11}	10.46	$Cu(OH)_2$	2.2×10^{-20}	19.66
Ag_3PO_4	1.4×10^{-16}	15.84	CuS	6×10^{-36}	35.2
Ag_2SO_4	1.4×10^{-5}	4.84	$FeCO_3$	3.2×10^{-11}	10.50
Ag_2S	2×10^{-49}	48.7	$Fe(OH)_2$	8×10^{-16}	15.1
AgSCN	1.0×10^{-12}	12.00	FeS	6×10^{-18}	17.2
$Al(OH)_3$ 无定形	1.3×10^{-33}	32.9	$Fe(OH)_3$	4×10^{-38}	37.4
As_2S_3 ①	2.1×10^{-22}	21.68	$FePO_4$	1.3×10^{-22}	21.89
$BaCO_3$	5.1×10^{-9}	8.29	Hg_2Br_2 ③	5.8×10^{-23}	22.24
$BaCrO_4$	1.2×10^{-10}	9.93	Hg_2CO_3	8.9×10^{-17}	16.05
BaF_2	1×10^{-5}	6.0	Hg_2Cl_2	1.3×10^{-18}	17.88
$BaC_2O_4\cdot H_2O$	2.3×10^{-8}	7.64	$Hg_2(OH)_2$	2×10^{-24}	23.7
$Co(OH)_2$ 新析出	2×10^{-15}	14.7	Hg_2I_2	4.5×10^{-29}	28.35
$Co(OH)_3$	2×10^{-44}	43.7	Hg_2SO_4	7.4×10^{-7}	6.13
$Co[Hg(SCN)_4]$	1.5×10^{-8}	5.82	Hg_2S	1×10^{-47}	47.0
α-CoS	4×10^{-21}	20.4	$Hg(OH)_2$	3.0×10^{-25}	25.52
β-CoS	2×10^{-25}	24.7	HgS 红色	4×10^{-53}	52.4
$Co_3(PO_4)_2$	2×10^{-35}	34.7	HgS 黑色	2×10^{-52}	51.7

续表

微溶化合物	K_{sp}	pK_{sp}	微溶化合物	K_{sp}	pK_{sp}
$MgNH_4PO_4$	2×10^{-13}	12.7	$MnCO_3$	1.8×10^{-11}	10.74
$MgCO_3$	3.5×10^{-3}	7.46	$Mn(OH)_2$	1.9×10^{-13}	12.72
MgF_2	6.4×10^{-9}	8.19	MnS 无定形	2×10^{-10}	9.7
$Ti(OH)_3$	1×10^{-40}	40.0	MnS 晶形	2×10^{-13}	12.7
$TiO(OH)_2$④	1×10^{-29}	29.0	$NiCO_3$	6.6×10^{-9}	8.18
$ZnCO_3$	1.4×10^{-11}	10.84	$Ni(OH)_2$ 新析出	2×10^{-15}	14.7
$Zn_2[Fe(CN)_6]$	4.1×10^{-16}	15.39	$Ni_3(PO_4)_2$	5×10^{-31}	30.3
$BaSO_4$	1.1×10^{-10}	9.96	α-NiS	3×10^{-19}	18.5
$Bi(OH)_3$	4×10^{-31}	30.4	β-NiS	1×10^{-24}	24.0
BiOOH②	4×10^{-10}	9.4	γ-NiS	2×10^{-26}	25.7
BiI_3	8.1×10^{-19}	18.09	$PbCO_3$	7.4×10^{-14}	13.13
BiOCl	1.8×10^{-31}	30.75	$PbCl_2$	1.6×10^{-5}	4.79
$BiPO_4$	1.3×10^{-23}	22.89	PbClF	2.4×10^{-9}	8.62
Bi_2S_3	1×10^{-97}	97.0	$PbCrO_4$	2.8×10^{-13}	12.55
$CaCO_3$	2.9×10^{-9}	8.54	PbF_2	2.7×10^{-8}	7.57
CaF_2	2.7×10^{-11}	10.57	$Pb(OH)_2$	1.2×10^{-15}	14.93
$CaC_2O_4\cdot H_2O$	2.0×10^{-9}	8.70	PbI_2	7.1×10^{-9}	8.15
$Ca_3(PO_4)_2$	2.0×10^{-29}	28.70	$PbMoO_4$	1×10^{-13}	13.0
$CaSO_4$	9.1×10^{-6}	5.04	$Pb_3(PO_4)_2$	8.0×10^{-43}	42.10
$CaWO_4$	8.7×10^{-9}	8.06	$PbSO_4$	1.6×10^{-8}	7.79
$CdCO_3$	5.2×10^{-12}	11.28	PbS	8×10^{-28}	27.9
$Cd_2[Fe(CN)_6]$	3.2×10^{-17}	16.49	$Pb(OH)_4$	3×10^{-66}	65.5
$Cd(OH)_2$ 新析出	2.5×10^{-14}	13.60	$Sb(OH)_3$	4×10^{-42}	41.4
$CdC_2O_4\cdot 3H_2O$	9.1×10^{-8}	7.04	Sb_2S_3	2×10^{-93}	92.8
CdS	8×10^{-27}	26.1	$Sn(OH)_2$	1.4×10^{-23}	27.85
$CoCO_3$	1.4×10^{-13}	12.84	SnS	1×10^{-25}	25.0
$Co_2[Fe(CN)_6]$	1.8×10^{-15}	14.74	$Sn(OH)_4$	1×10^{-56}	56.0
$Mg(OH)_2$	1.8×10^{-11}	10.74	SnS_2	2×10^{-27}	26.7

续表

微溶化合物	K_{sp}	pK_{sp}	微溶化合物	K_{sp}	pK_{sp}
$SrCO_3$	1.1×10^{-10}	9.96	$SrSO_4$	3.2×10^{-7}	6.49
$SrCrO_4$	2.2×10^{-5}	4.65	$Zn(OH)_2$	1.2×10^{-17}	16.92
SrF_2	2.4×10^{-9}	8.61	$Zn_3(PO_4)_2$	9.1×10^{-33}	32.04
$SrC_2O_4\cdot H_2O$	1.6×10^{-7}	6.80	ZnS	2×10^{-22}	21.7
$Sr_3(PO_4)_2$	4.1×10^{-28}	27.39			

注：① 为下列平衡的平衡常数 $As_2S_3+4H_2O \rightleftharpoons 2HAsO_2+3H_2S$。

② BiOOH $K_{sp}=[BiO^+][OH^-]$。

③ $(Hg_2)_mX_n$：$K_{sp}=[Hg^{2+}]^{2m}[X^{-2m/n}]^n$。

④ $TiO(OH)_2$：$K_{sp}=[TiO^{2+}][OH^-]^2$。

参考文献

[1] 武汉大学．分析化学［M］．6 版．北京：高等教育出版社，2016.

[2] Daniel G. Harris，Charles A. Lucy. Quantitative chemistry analysis［M］. 10th edition，NY：W. H. Freeman. 2020.

[3] 黄杉生．分析化学［M］．北京：科学出版社，2008.

[4] 华东理工大学，四川大学．分析化学［M］．7 版．北京：高等教育出版社，2018.

[5] 曾泳淮．分析化学［M］．3 版．北京：高等教育出版社，2010.

[6] ［美］Gary D. Christian，Purnendu K. Dasgupta，Kevin A. Schug. 分析化学（ANALYTICAL CHEMISTRY）［M］. 7 版．李银环，杨婷，沈宏，杨丙成．上海：华东理工大学出版社，2017.

[7] 胡坪，王氢．仪器分析［M］．5 版．北京：高等教育出版社，2019.

[8] 张新祥，李美仙，李娜．仪器分析教程［M］．3 版．北京：北京大学出版社，2022.

[9] 齐海燕，秦世丽，张旭男．光谱分析法［M］．哈尔滨：哈尔滨工业大学出版社，2021.

[10] 董慧茹，王志华，杨屹．仪器分析［M］．4 版．北京：化学工业出版社，2024.

[11] ［德］Carl H. Hamann，［英］Andrew Harnnett，［德］Wolf Vielstich. 电化学（Electrochemistry）［M］. 陈艳霞，夏兴华，蔡俊．北京：化学工业出版社，2020.

[12] 高鹏，朱永明，于元春．电化学基础教程［M］．3 版．北京：化学工业出版社，2024.

[13] 孙毓庆．现代色谱法［M］．2 版．北京：科学出版社，2015.

[14] 苏立强，郑永杰．色谱分析法［M］．2 版．北京：清华大学出版社，2017.

[15] 师宇华，费强，于爱民，等．色谱分析［M］．北京：科学出版社，2015.

[16] 常铁军，刘喜军．材料近代分析测试方法［M］．5 版．哈尔滨：哈尔滨工业大学出版社，2018.

[17] 杨序纲，吴琪琳．材料表征的近代物理方法［M］．北京：科学出版社，2013.

[18] 李倩，何喜红，杜金晶．现代材料分析测试方法与应用［M］．北京：冶金出版社，2022.